石油石化金属材料应用及发展

张国信　熊建新　龚　宏　苏　航　主编

中国石化出版社

内容提要

本书详细阐述了石油石化金属材料的应用及发展。全书内容分为四部分，第一部分介绍了石油石化金属材料的应用现状，包括石油地质专用管、油气长输管线焊接钢管、大型储罐用钢、压力容器用钢的应用和研发情况，以及金属材料的分类和特点，包括国内外低合金钢、不锈钢、耐蚀合金钢、钛合金以及焊接材料等；第二部分具体论述了油田用金属材料、油气储运用金属材料和炼油、化工以及煤化工用金属材料，内容包括选材原则、国内外应用现状、存在的问题和需求与趋势；第三部分介绍了石油石化金属材料的检测以及石化设备常见的腐蚀及失效分析；第四部分结合石油石化行业发展趋势，对石油石化金属材料的未来发展进行了展望。

本书可供从事石油石化金属材料研发、生产、使用的工程技术人员使用，也可供从事物资采购、材料管理的技术人员及管理人员参考。

图书在版编目(CIP)数据

石油石化金属材料应用及发展 / 张国信等主编.
—北京：中国石化出版社，2018.10
ISBN 978-7-5114-4899-6

Ⅰ.①石… Ⅱ.①张… Ⅲ.①石油化工-化工设备-金属材料-研究 Ⅳ.①TE960.2

中国版本图书馆CIP数据核字(2018)第234281号

中国石化出版社出版发行
地址：北京市朝阳区吉市口路9号
邮编：100020 电话：(010)59964500
发行部电话：(010)59964526
http://www.sinopec-press.com
E-mail：press@sinopec.com
北京科信印刷有限公司印刷
全国各地新华书店经销
*
787×1092毫米 16开本 24印张 516千字
2019年1月第1版 2019年1月第1次印刷
定价：120.00元

《石油石化金属材料应用及发展》
编　委　会

前　言

石油石化是国家的支柱产业，在我国国民经济的发展中发挥着不可替代的作用。石油石化工业是迄今为止使用金属材料种类最多、腐蚀介质最复杂和承受大量各种复杂载荷的工业体系。金属材料是石油石化行业中应用最广泛、不可或缺的资源，石油石化的各生产领域，如石油勘探和开采、油气输送、石油炼制和化工、原料和产品储存等，都需要使用不同的装备。这些装备，大到钻机、压力容器和管道，小到泵阀、管件，都离不开金属材料。金属材料在使用中还要承受各种苛刻的工作条件，如强腐蚀、高温或低温、高压、高磨损等。金属材料是石油石化的发展基石，材料安全关系到装置的安全生产、经济效益、发展规模和企业形象。国际上石油石化装备的每一次重大进步也都是以材料技术进步为先导，并集中反映在石油钻采、石化容器、管道、机械等主要石油石化材料应用领域。

随着中国石油石化行业的快速发展，材料问题已日益成为石油石化技术进步的制约因素。一方面，装备大型化、原料劣质化、装置长周期运行要求对材料的服役性能提出更高要求；另一方面，高硫油气田开采、页岩油/气开采、煤制气、煤化工等绿色低碳战略新兴业务对新材料的应用需求逐渐增多，特别对具有耐高压、高温、低温、腐蚀及磨损等特殊要求材料的研究和应用提出了迫切需求。

为了满足石油石化工程和装备发展的战略需求，2013 年，中国石化科技部、物装部联合中国钢研科技集团公司、中国石化工程建设有限公司、中石化洛阳工程有限公司等多家单位或部门共同组织开展了针对中国石油石化装备（主要包括油气开采与管输、炼油化工、煤化工装备等）用金属材料的专题调研，以掌握中国石油石化装备的材料应用现状、存在问题，预测未来材料和装备发展需求，确定未来新材料技术攻关方向，以使金属材料的技术研发有利于促进石油石化装置向大型化、高参数、集成化方向发展和满足劣质原料加工、实施新工艺新技术的要求、实现装置长周期运行的目标。

调研组经过历时约1年的石油石化用户企业、钢铁生产企业、设备制造企业及相关研究机构的现场走访和数据调研，走访了10个省市自治区，20个城市，27个企业研究院所，50余个场、站及附属单位，收集了数百万字的资料和近千张现场照片，前后召开了20余次现场会议，最终于2015年5月完成了“石化用钢应用现状及发展需求调研报告”，并通过了中国石化集团公司的技术鉴定。

《石油石化金属材料应用及发展》是在上述调研课题和调研报告的基础上，组织有关专家经过反复讨论，重新编排结构、精心甄选内容编写而成。编写过程中，结合本书的宗旨，根据需要对内容作了必要的增补或筛选，并在调研报告基础上提出石油石化行业用金属材料的发展趋势和方向，为行业读者提供更加有价值的参考建议。

本书从材料特性、材料应用两个视角分别阐述了石油石化金属材料的品种特点以及应用需求。全书分为四部分：

第一部分为第1章和第2章，总体上介绍石油石化金属材料的应用现状，包括石油地质专用管、油气长输管线焊接钢管、大型储罐用钢、压力容器用钢的应用和研发情况，以及金属材料的分类和特点，包括国内外低合金钢、不锈钢、耐蚀合金钢、钛合金以及焊接材料等。

第二部分为第3章至第5章，具体论述油气田用金属材料、油气储运用金属材料和炼油、化工以及煤化工用金属材料，内容包括选材原则、国外应用现状、国内应用现状、存在的问题和需求与趋势。

第三部分为第6章，介绍石油石化用金属材料的检测以及石化设备常见的腐蚀及失效分析。

第四部分为第7章，结合石油石化行业发展趋势，针对产业发展对金属材料的需求，对石油石化用金属材料的未来发展进行了展望。

本书的数据和内容来自生产和科研一线，较好地反映了中国石油石化各生产领域内金属材料的应用现状，并针对性地提出了发展需求和展望，同时，本书还紧密结合了国内外在用相关材料标准的应用情况，对国外相应的金属材料应用也作了较深入的对比分析。这使得本书既可供广大工程技术人员、科研工作者使用，也可为企业营销人员和管理部门提供有益的参考。

由于编者水平以及时间的限制，本书难免存在疏漏或错误之处，欢迎读者批评指正！

目　　录

第 1 章　石油石化用材料概述 …………………………………………………………（ 1 ）

1.1　石油石化工业发展现状 …………………………………………………………（ 1 ）

1.2　石油石化用材料分类 ……………………………………………………………（ 2 ）

1.3　我国石油石化装备及工程用金属材料 …………………………………………（ 2 ）

1.4　石油石化用钢目前存在的问题 …………………………………………………（ 6 ）

第 2 章　石油石化用主要金属材料…………………………………………………（ 8 ）

2.1　石油石化用低合金钢板 …………………………………………………………（ 8 ）

2.2　石油石化用低合金钢管 …………………………………………………………（ 31 ）

2.3　石油石化用不锈钢 ………………………………………………………………（ 55 ）

2.4　石油石化用耐蚀合金 ……………………………………………………………（ 73 ）

2.5　石油石化用钛合金 ………………………………………………………………（ 85 ）

2.6　石油石化泵阀用不锈钢、耐蚀合金及有色金属材料 …………………………（113）

2.7　石油石化用焊接材料 ……………………………………………………………（126）

第 3 章　油气田金属材料应用 ………………………………………………………（141）

3.1　井筒工程用金属材料 ……………………………………………………………（141）

3.2　地面工程用材 ……………………………………………………………………（185）

3.3　海洋工程用金属材料 ……………………………………………………………（205）

第 4 章　油气储运用材 ………………………………………………………………（228）

4.1　大型原油储罐 ……………………………………………………………………（228）

4.2　低温储罐及球罐用镍系低温钢板 ………………………………………………（234）

4.3　长输管线用材 ……………………………………………………………………（240）

第 5 章　炼油化工用材 …………………………………………………… (257)

5.1　炼油用材 ………………………………………………………………… (257)
5.2　化工用材 ………………………………………………………………… (283)
5.3　煤化工用材 ……………………………………………………………… (300)

第 6 章　石油石化用材检测、失效与腐蚀防护 ……………………… (319)

6.1　石化用材的检测与评价 ………………………………………………… (320)
6.2　金属材料失效分析 ……………………………………………………… (328)
6.3　石油化工装置常见腐蚀类型 …………………………………………… (331)

第 7 章　石油石化用材的未来发展与展望 ………………………… (358)

7.1　油气田用材未来发展展望 ……………………………………………… (358)
7.2　石化装备发展对材料的新要求 ………………………………………… (361)

参考文献 ………………………………………………………………… (366)

第1章 石油石化用材料概述

1.1 石油石化工业发展现状

中国近代石油工业始于19世纪中叶，到新中国建立前夕，我国原油产量仅有 12×10^4 t/a。新中国成立以后，石油工业进入了快速发展轨道，50年代末60年代初，中国先后发现了克拉玛依、青海冷湖、玉门、大庆、胜利等油田，1956年原油产量突破 100×10^4 t，1965年原油产量突破 1000×10^4 t，1978年原油产量突破了 10000×10^4 t，到2015年原油产量达到 21500×10^4 t。伴随着我国天然气成藏理论认识与油气勘探工程技术的进步，建成了以鄂尔多斯、塔里木、四川盆地等地为主的天然气主产区，天然气产量由建国初期的 $0.1671\times10^8\text{m}^3$ 发展到2015年的 $1271\times10^8\text{m}^3$，目前，我国油气勘探开发技术总体上已经接近或达到了世界先进水平，一些主要专业领域的技术水平，如复杂断块油藏勘探、三次采油技术已经居于世界领先水平。稠油、高凝油、低渗透等低品位油藏开发技术也居世界前列。以水平井和酸化压裂技术为代表的非常规油气勘探开发已经取得重大突破，2015年我国页岩气产量 $44.71\times10^8\text{m}^3$，页岩气勘查新增探明地质储量 $4373.79\times10^8\text{m}^3$，剩余技术可采储量 $1303.38\times10^8\text{m}^3$。

中国炼油工业从建国初期的炼油能力仅为 17×10^4 t/a起步，1964年达到了 1000×10^4 t/a，1983年达到了 10000×10^4 t/a，1996年达到了 20000×10^4 t/a，2015年达到了 70000×10^4 t/a。建立了镇海炼化、大连石化、茂名石化、上海石化、天津石化、青岛炼化等一批千万吨级的炼厂，成为仅次于美国的全球第二大炼油大国。我国广大石油化工工程技术人员通过近70年的不懈努力，先后研发出常减压蒸馏、催化裂化、加氢精制、加氢裂化、制氢、催化重整、延迟焦化、芳烃分离、歧化异构化等工艺和工程技术，并成功迈出国门，走向海外。

中国乙烯工业始于1962年兰州石化公司5000t/a乙烯装置建成投产，2008年乙烯产能达到 1000×10^4 t/a，2015年达到 2117×10^4 t/a，我国成为仅次于美国的乙烯全球第二大生产国。经过50多年的发展，中国乙烯工业总体水平步入了世界先进国家行列，乙烯装置运行达到世界一流水平，2013年采用中国自主知识产权建成的中国石化武汉分公司 80×10^4 t/a乙烯装置建成投产，为中国百万吨级乙烯裂解工艺技术和装备达到世界先进水平奠定了基础。

中国的煤化工始于20世纪50年代煤气化技术的研究与开发，近年来，我国煤化工产业得到了快速发展，已经开发出多种拥有自主知识产权的煤气化技术和煤化工技术，并成功建成多套大型化煤化工装置，多项创新成果创造了世界第一，煤直接液化、煤间接液化、煤制烯烃、煤制油、煤制天然气和煤制乙二醇等技术已处于世界领先地位，截至2015年年底，我国已建成19套煤（甲醇）制烯烃、4套煤制油、3套煤制天然气和9套煤制乙二醇示范及产业化推广项目。

1.2 石油石化用材料分类

石油石化用材料按材质可分为碳素结构钢、低合金钢、高合金钢、镍基合金、钛合金、铜合金、铝合金、金属复合材料、非金属复合材料及其他材料等；按成材形状可分为板材、管材、复合板/管、型材、棒线材、铸锻件及连接材料（焊接材料、法兰、管件）等；按材料加工状态又可分为热轧、挤压、拉拔、热处理、铸造、锻造、机械复合、爆炸复合、轧制复合、堆焊复合等多种类型；按应用领域分可分为井筒工程用材料、地面工程用材料、炼油化工用材料、石油机械用材料以及海洋工程用材料等，如图1.2－1所示。

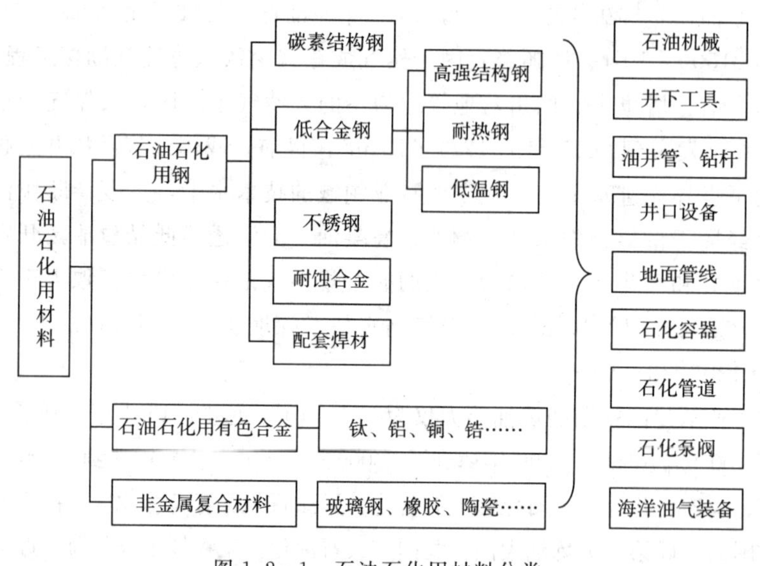

图1.2－1　石油石化用材料分类

1.3 我国石油石化装备及工程用金属材料

1.3.1 石油石化行业用金属材料的主要品种和数量

我国石油石化行业规模以上企业按2015年投资2.32万亿元计算，消费钢材7000×10^4t/a，主要品种包括石油地质专用管、管线钢、锅炉和压力容器用钢板、无缝钢管、焊接钢管、型钢以及螺纹钢和线材等。

目前，国产金属材料基本能够满足石油石化生产建设需要，但是一些运用于工况条件苛刻的钢材品种仍需进口，如超高压钢管、特殊要求的合金以及部分双相钢。常用的主要钢材品种包括：

1.3.1.1 石油地质专用管

石油地质专用管需 300×10^4 t/a 左右。其中 J55、N80、P110 等 API 标准系列占总量 70%，非 API 标准系列占总量 30%，需套管 230×10^4 t/a 左右，需油管 55×10^4 t/a 左右，需钻杆 15×10^4 t/a 左右。

1.3.1.2 油气长输管线焊接钢管

油气长输管线主要包括天然气集输管线、原油集输管线和成品油集输管线。近年来，我国每年以 5500～6000km 建设速度建设油气长输管线，约需各品种管线钢 150×10^4 t/a，其中 X80、X70 高钢级管线钢主要用于天然气输送管道干线，X65、X60 钢级管线钢主要用于天然气输送管道支线和原油输送管道干支线，X60、X52、X46 等钢级的管线钢主要用于成品油输送管道。

1.3.1.3 大型储罐用钢

储罐是石油石化行业中的重要设备之一，包括原油储罐、LNG 储罐、化工原料储罐等。中国石油石化行业各类储罐用板需 30×10^4 t/a 左右，主要品种包括 12MnNiVR（SPV490Q）、Q345R、Q235B、06Ni9DR 以及用于乙烯、丙烯等化工低温球罐的高强度钢板，主要钢种为 07MnNiMoVDR（B610CF-L2）、07MnNiDR、08Ni3DR 和 15MnNiNbDR 等。

1.3.1.4 压力容器用钢

石油石化业用压力容器钢板涉及的标准、牌号和规格较多，常用的有碳素结构钢板，如 Q245R 等；低合金高强度钢板，如 Q345R、18MnMoNbR、13MnNiMoR 等；低温钢板，如 16MnDR、15MnNiDR、09MnNiDR 等；中温抗氢钢板，如 15CrMoR、14Cr1MoR、12Cr2Mo1R 等；不锈钢板，如 S11306、S30408、S32168、S30403、S21953 等以及不锈钢复合钢板，需用量在 100×10^4 t/a 左右。此外，在压力容器制造中还需要不同材质的锻件、钢管、焊材和棒材。

1.3.2 石油石化用金属材料研制情况

多年来，中国石化依靠国内研究机构和钢铁企业，依托重点工程项目，采取产学研相结合的方式，与中国钢研科技集团、宝钢、鞍钢、武钢、舞钢、南钢、天津钢管等钢铁企业共同开展了大线能量高强度储罐用钢、高镍基合金油管、高强度管线用钢、LNG 低温储罐用钢板、低温球罐用钢、特厚加氢合金钢板、抗硫管线用管等研制攻关工作，取得了丰硕成果，同时极大地促进了国内钢铁企业的技术进步。

1.3.2.1 大线能量高强度储罐用钢

随着石油石化工业的发展，原油储罐的大型化因具有节省钢材、减少占地面积、方便操作管理、减少油罐附件、节省投资等优点成为世界发展趋势。国外在 20 世纪 50 年代末期已经开始采用高强钢板建造 10×10^4 m³ 大型原油储罐，我国直到 80 年代中期才在秦皇岛由日本工程公司设计，日本钢铁企业供货并指导施工建成了首座 10×10^4 m³ 浮顶原油储罐，由于进口钢板价格昂贵，交货周期长，严重制约着石化工程建设。

1996 年，中国石化北京燕山分公司为了满足 1000×10^4 t/a 原油加工能力的要求，决定联合中国石化工程建设公司、武汉钢铁公司等企业以我国低焊接裂纹敏感性钢材 20 多年研发成果为基础，开展国产化攻关，研制大线能量焊接高强度钢板，建造 4 台 $10\times10^4\,m^3$ 原油储罐。

经过各参与研制攻关的企业近 3 年多时间的努力，完成大线能量高强度钢板 WH610D2 的研制以及焊接工艺等工作，各项数据均满足建造大型原油储罐用钢板的要求，钢板实物质量达到进口钢板水平。国产 WH610D2 大线能量高强度钢板首次成功应用于 $10\times10^4\,m^3$ 大型原油储罐的建造，并随后大量运用于国家储备油库的建设工程，节省数十亿元投资，彻底打破国外厂商的技术垄断，使我国大型储罐用高强钢板的制造步入国际先进行列。

1.3.2.2 高镍基合金油管研发

根据我国能源战略的部署，中国石化制定了“准备南方，为中国石化油气勘探中长期发展寻找后备基地”战略方针，先后在四川盆地的普光、双庙、毛坝等地区加大勘探力度，经过 4 年多的艰苦努力，终于取得了历史性的突破，发现了迄今为止我国陆地最大的天然气气田。

普光气田的重大突破，推动了我国油气勘探理论发展，同时也给中国冶金行业，特别是钢管制造业带来严峻的挑战。自 20 世纪 70 年代以来，我国石油勘探队伍先后在塔河和川东北地区的作业过程中陆续发现油气伴生气体含有 CO_2 和 H_2S，并随着钻井深度的增加，含量不断增加，川东北天然气中 H_2S 和 CO_2 含量之高，在国内外油气勘探开发史上也属罕见；同时地层水中含有较高浓度的 Cl^-，管材的服役条件恶劣，给普光气田的开发带来了前所未有的难度。

2006 年，中国石化与宝钢、中国石油大学合作，针对高含 H_2S 和 CO_2 且地层水中富含氯离子的恶劣工况环境，由宝钢承担产品的技术研究和生产任务，中国石化中原油田分公司选择试验井并进行管柱设计，中国石油大学负责腐蚀试验性能评价。2009 年 6 月，经过开展冶炼技术、浇铸技术、热挤压技术、冷轧技术、热处理技术等关键技术的攻关、特殊气密封扣研制以及腐蚀性能的评价等相关工作，成功研制了在纯净度、力学性能、耐腐蚀性能和实体性能等方面均达到国际同类产品先进水平的高抗 H_2S、CO_2 腐蚀镍基合金油管，并顺利实现下井投用。国产高钢级、高抗硫、镍基合金油管的工业化应用，打破了国外厂商技术和市场的垄断，大幅降低了涉酸油气田的投入成本，为我国开采高含 H_2S、CO_2 的油气田提供了有力的装备保障。

1.3.2.3 特厚加氢合金钢板

加氢反应器是炼油加氢装置的关键设备之一，其操作条件苛刻，材料长期处于高温、高压及临氢工况环境。随着我国对油品质量要求越来越高以及加氢装置大型化步伐的加快，反应器的直径、壁厚也相应地需加大、加厚，大型锻件的制造能力已难以满足市场需求，板焊结构替代锻焊结构成为加氢反应器大型化发展趋势之一，厚度超过 120mm 的加氢反应器用钢板需求量大幅增大，而此钢板的生产集中在国外少数几家钢铁企业，价格高且交货周期长，制约着我国炼油工业的发展。

2010年，中国石化与舞阳钢铁公司合作，先后研制开发了137mm、150mm、198mm厚12Cr2Mo1R（H）钢板，经检测，钢板的各项性能指标达到了国际先进水平，满足了我国大型板焊加氢反应器用材的迫切需求，打破了国外技术垄断，降低了工程造价，缩短了工程建设周期。

1.3.2.4　LNG储罐用06Ni9DR钢板

随着全球环保压力增加和技术进步，能源消费的低碳化趋势日益明显，天然气作为清洁、优质能源，对优化中国能源消费结构、改善大气环境具有重要作用。我国的LNG产量远远满足不了现代化发展的需求，需要大量进口LNG，建设大型LNG储罐。储罐内罐是LNG储罐的核心部分，不仅直接承受低温LNG的环境，还要承受液氮的干燥和预冷温度，温度将达到－196～－163℃，能够承受如此低温的材料仅有国外少数几家钢铁企业制造，进口价格高，制造周期长。中国石化2013年将大型LNG接收站设计、建造列入企业“十条龙”攻关项目，LNG储罐用钢板国产化为其重要内容之一，在中国钢研科技集团、南京钢铁联合有限公司、鞍山钢铁公司等企业的大力协助与密切配合下，立足于制定具有国际先进水平的采购技术标准，充分利用国内先进炼钢和轧制装备，攻坚克难，在取得大量实验数据的前提下，成功制造出了高于进口钢板技术要求、实物质量达到国际先进水平的LNG储罐用钢板，并在国内首次实现了采用国产LNG储罐用钢板建造大型LNG储罐，大幅降低了工程投资，促进了国内钢铁企业低温材料制造能力和水平的提高。

1.3.2.5　高强度管线钢的开发

管线是石油石化工业的血管，原油、成品油、天然气的长距离输送均需通过管线钢制成的管线管实现。随着我国能源战略的实施，油气的输送量迅猛增长，为提高输送效益，研制高强度管线钢，提高输送压力就成为长输管线发展的关键。中国石油、中国石化依托西气东输、川气东送、西南成品油管线等重大工程，在中国钢研科技集团、宝山钢铁集团、鞍山钢铁集团、华北石油钢管、中石化石油机械股份有限公司沙市钢管厂等企业共同参与下，进行X70、X80抗大变形管线钢、高强度厚规格管线钢的合金化和组织控制技术以及制管技术的研究和工业生产运用，产品性能达到国际先进水平，并使我国高强度管线钢与制管技术迈入世界先进行列。

在国内钢铁研究与制造企业的大力支持和配合下，目前石油石化行业所需石油地质专用管、油气集输用管线钢、压力容器用钢、大型结构型钢、特殊材质的管件及阀门用钢已基本实现国产化，尤其是对大型储罐用钢、高镍基合金油管、大型LNG低温储罐用钢板、特殊环境用双牌号不锈钢、双相钢、抗大变形高强度管线用钢、低温球罐用钢、临氢CrMo钢板等高技术含量钢材的攻关研制，使我国钢铁制造业掌握了一大批具有自主知识产权的材料制造核心技术，部分石油石化用钢材的研究和制造水平在国际上名列前茅。

1.4 石油石化用钢目前存在的问题

目前，我国装备制造业进入了一个新的快速发展时期，中国石油石化工业所需装备和材料基本可以立足于国内生产，这使得中国石油石化工程建设成本大幅降低，建设周期大大缩短，装置运行成本费用不断下降，同时，装备与材料制造业的进步也促进了我国石油石化工程设计、建造和应用技术的进步。

但随着化石能源开采难度的日益加大，人类对安全环保要求的不断提高，石油石化企业竞争的日益加剧，生产所需装备与材料安全、稳定、长周期、经济运行的要求越来越高，装备和材料的性能和质量面临新的挑战，也相继产生了一些问题，给石油石化企业生产建设带来安全、环保隐患，其主要原因有以下方面：

1.4.1 标准

一是标准更新速度缓慢，性能指标总体要求相对较低，难以满足石油石化提质增效的要求；

二是标准交叉重复现象严重。目前，石油石化装备与材料用钢采用的标准种类繁杂，标准的权威性和统一性亟待加强；

三是石油石化关键和重要装备用钢的制造标准体系还没有形成，制造商认证认可制度还没有建立，优胜劣汰的机制尚未建立。

1.4.2 材料性能与质量

一是少数制造企业为追求“低成本”，擅自变更成分控制范围，减少关键生产工序环节，导致产品加工及服役性能显著退化，影响了产品正常使用寿命；

二是少数制造企业对入厂原材料和关键部件把关不严，造成产品出现“木桶效应”，影响了整台装备的安全运行；

三是对特殊材料的关键工序、特殊工艺研究的不深、不透，造成性能指标达不到设计要求，迫使用户让步接收。

1.4.3 创新研发

一是研发前瞻性不够。当前，石油石化进入了一个高速发展的新时代，原料劣质化、来源多元化、产品多样化、装置大型化、工艺复杂化已经成为石油石化行业发展的显著特征，而石油石化用钢的研发往往滞后于石油石化工艺技术的发展；

二是研发创新性不强。石油石化用钢的研发还是以消化吸收国外产品和技术为主，基础研究和性能评价还亟待加强；

三是新产品推广力度不足。石油石化用钢涉及板、管、锻、焊、丝等金属材料的多种形态，在新产品研发方面往往缺乏系统配套性，严重制约了新材料的推广与应用。

1.4.4　材料的耐蚀性

一是材料服役的环境日益苛刻，材料面临的腐蚀由单一因素向多种腐蚀因素叠加转化；

二是材料的腐蚀环境日益复杂，材料腐蚀由单一类别向多种腐蚀形态共存转变；

三是针对多种腐蚀因素叠加和多种腐蚀形态共存的基础研究还非常薄弱。

1.4.5　石化装置大型化

一是大型化使工程设计面临新的挑战；

二是大型化给装备制造业提出了新的困难，钢板的轧制、铸锻以及机械加工能力都面临新的困难；

三是大型化给工程施工带来新的课题，超大型设备的运输、吊装以及现场的组对焊接都是新的课题。

第2章　石油石化用主要金属材料

2.1　石油石化用低合金钢板

2.1.1　概述

低合金钢是碳含量低于0.25%、合金元素总含量低于5%、综合性能明显优于普通碳素钢的一大类低合金结构钢的简称。它是在普通低碳钢的基础上，加入一种或多种少量合金元素，采用普通的冶炼和铸造工艺，通常在热轧状态下就能获得明显高于碳素钢的高性能，具有高强度和优良的塑性、韧性、焊接性、冷热加工性、耐蚀性、耐磨性和成型性。

2.1.1.1　分类

低合金钢是一类合金元素含量相对较低的低碳钢的总称，种类繁多，分类方法也颇多，每种分类方法都是根据某一方面的特性进行分类的，现有的分类方法大体上有以下几类。

按强度高低是最主要的分类方法之一：采用屈服强度的最低值分成295MPa、345MPa、390MPa、420MPa、460MPa、490MPa、590MPa、690MPa级；随着现代冶金装备和技术的不断发展，屈服强度级别也不断增长，目前已发展出785MPa、890MPa、960MPa甚至1100MPa以上级别。我国典型的低合金钢标准GB/T 1591《低合金高强度结构钢》即以屈服强度为主要依据进行牌号划分，例如，目前最常用的材料牌号Q345、Q390即为屈服强度最低值为345MPa和390MPa。按功能特性分类：有高强高韧钢、大热输入量焊接钢、耐大气腐蚀钢、耐海水腐蚀钢、耐磨钢、抗层状撕裂钢、抗疲劳钢、抗中子辐照钢等；按用途分类：有建筑用钢、桥梁用钢、船舶用钢、压力容器用钢、工程机械用钢、农业机械用钢、自行车用钢、车辆用钢和石油天然气用钢等。其中，涉及石油石化用低合金钢主要包括低合金钢容器板、钢管等。

目前，中国低合金钢产品标准主要有9个，包含牌号有70个，如表2.1.1-1所示。另外，还有许多专业用牌号及特殊用途牌号分别纳入不同的专业用钢标准。

表 2.1.1-1　纳入中国国家标准的低合金高强度钢主要牌号

标准名称		标准号	主要牌号
低合金高强度结构钢		GB/T 1591—2008	Q345　Q390　Q420　Q460 Q500　Q550　Q620　Q690
船舶及海洋工程用结构钢		GB/T 712—2011	AH32　DH32　EH32　FH32 AH36　DH36　EH36　FH36 AH40　DH40　EH40　FH40
桥梁用结构钢		GB/T 714—2015	Q345q　Q370q　Q420q　Q460q Q500q　Q550q　Q620q　Q690q
锅炉和压力容器用钢板		GB/T 713—2014	Q245R　Q345R　Q370R　Q420R 18MnMoNbR 13MnNiMoR 15CrMoR 14Cr1MoR 12Cr2Mo1R 12Cr1MoVR 12Cr2Mo1VR　07CrAlMoR
焊接气瓶用钢板和钢带		GB/T 6653—2008	HP235　HP265　HP295　HP325　HP345
汽车大梁用热轧钢板和钢带		GB/T 3273—2015	370L　420L　440L　510L　550L　600L 650L　700L　750L　800L
钢筋混凝土用钢	热轧光圆钢筋	GB/T 1499.1—2008	HPB235　HPB330
	热轧带肋钢筋	GB/T 1499.2—2007	HRB335　HRB400　HRB500 HRBF335　HRBF400　HRBF500
耐候结构钢		GB/T 4171—2008	Q235NH　Q295NH　Q355NH　Q415NH Q460NH　Q500NH　Q550NH　Q265GNH Q295GNH　Q310GNH　Q355GNH

也可以按显微组织分类，通过对组织特征的区分，可与宏观力学性能、化学成分和生产工艺联系起来。这种按显微组织的分类方法往往为学术界所重视，据此主要可分为：

①铁素体-珠光体钢。一般低碳低合金钢在热轧或正火状态下可得到铁素体和珠光体组织。中国用量最大的低合金高强度钢 16Mn（现在按强度分类应为 Q345）在热轧状态下、15MnV 和 15MnTi 在正火状态下均为铁素体＋珠光体组织。16Mn 钢的屈服强度 $R_{eL}\geqslant 345$MPa，15MnV 和 15MnTi 钢的屈服强度均 $R_{eL}\geqslant 390$MPa。在控轧控冷条件下，14MnNb 钢的铁素体晶粒可细化至 11～12 级，屈服强度可达 390MPa 以上。在控轧控冷条件下，铁素体＋珠光体组织屈服强度的极限值可达 440MPa 以上，最大的生产厚度可达 30mm 以上。

②少珠光体钢。这类钢是从铁素体-珠光体钢发展而来的。通过降低碳含量（≤0.10%）、复合微合金化以及控轧控冷可得到超细微的铁素体组织，其中珠光体的体积分数很小，甚至珠光体基本消失。这类钢的屈服强度可达 440MPa 以上。由于碳含量的降低，这类钢的焊接性和低温韧性得到大幅度的改善。

③针状铁素体钢（低碳贝氏体钢）。这类钢的显微组织不是多边形铁素体，而是细小的针状铁素体（又称低碳贝氏体）组织。这种钢由于含有 Mn、Mo、B 等提高淬透性的元素，即使碳含量很低（<0.08%），也可以得到具有高位错密度的针状铁素体。当碳含量为 0.02%～0.04%时，通常将这类钢的组织称为超低碳贝氏体。这类钢的屈服强度在 415～690MPa 之间，同时具有优异的焊接性、抗裂纹扩展性和良好的低温韧性，广泛用于寒冷地带的输送管线。

④低碳回火马氏体钢。这类钢的碳含量一般都不高于 0.16%，同时添加 Mn、Cr、Ni、Mo、B 等合金元素提高钢的淬透性，添加 Mo、V 等合金元素提高回火稳定性。钢的显微组织为低碳回火马氏体，或低碳回火马氏体＋下贝氏体组织。屈服强度为 440～780MPa，这类钢的塑性转折温度（NDTT）很低，可达－60℃以下。12MnCrNiCuMoVB 和 12CrNi3MoV 钢就是这类钢的典型代表。

⑤双相钢。指马氏体、奥氏体或贝氏体与铁素体基体两相组织构成的钢（区别于耐蚀领域的双相不锈钢）。双相钢是低碳钢或低合金高强度钢经临界区热处理或控制轧制后而获得。典型的双相钢屈服强度为 310MPa，拉伸强度为 655MPa。双相钢用于制造冷冲、深拉成型的复杂构件，也可用作管线钢、链条、冷拔钢丝、预应力钢筋等。

2.1.1.2 合金元素的作用

目前，新型的低合金高强度钢以低碳（≤0.1%）和低硫（≤0.015%）为主要特征。常用的合金元素按其在钢的强化机制中的作用可分为：固溶强化元素（Mn、Si、Al、Cr、Ni、Mo、Cu 等）；细化晶粒元素（Al、Nb、V、Ti、N 等）；沉淀硬化元素（Nb、V、Ti 等）以及相变强化元素（Mn、Si、Mo、Cr 等）。

C 是最强的强化元素之一，可增加珠光体量，显著提高钢的强度，但对塑性、韧性和焊接性有不利影响。在低合金高强度钢中，C 含量有越来越低的趋向。由于 C 是最经济的强化元素，在某些用途的低合金钢中仍保持较高的含量是合理的。

Mn 是主要的铁素体固溶强化元素之一，可改变珠光体和铁素体的比例。在冷却时，Mn 可降低 $\gamma \rightarrow \alpha$ 相变温度，可细化铁素体晶粒，同时使含 Mn 的微合金钢再结晶停止温度和相变开始温度的区间加大，有利于控轧工艺的实施。

Si 是较强的固溶强化元素，能显著提高钢的强度，但较高的 Si 对韧性不利，导致脆性转折温度升高。在双相钢中，较高的 Si 含量有利于铁素体和马氏体的分离，扩大卷取温度窗口。Si 是强脱氧元素，在镇静钢中的 Si 含量一般需达到 0.1%以上。

V、Ti、Nb 是常用的 3 种微合金化元素，属强碳氮化物形成元素。在热加工过程中，随着温度的变化，各种微合金元素的碳氮化物的溶解度积发生变化，因而产生溶解和析出。碳氮化物的应变诱导析出有阻碍再结晶的作用。Nb、V、Ti 在这方面的作用各有特点：Nb 提高奥氏体未再结晶区温度的作用最大，通过控轧得到未再结晶的伸长的奥氏体晶粒转变为铁素体的细化晶粒作用最为显著。通常的 Nb 含量为 0.02%～0.05%；V 在奥氏体中的溶解度较大，因而在铁素体中的沉淀强化作用较强，钢中 V 含量一般为 0.05%～0.10%；Ti 和 N 的结合力最强，在钢水凝固过程中即形成了稳定的TiN颗粒，对再加热时奥氏体晶粒的粗化有显著的阻碍作用。用于固定N的Ti含量约为0.02%。Ti含量较高时则形成$Ti_4C_2S_2$，有球化硫化物夹杂的作用。复合微合金化往往能产生综合效果，获得优异的性能。如少珠光体钢采用Nb-V复合，再结晶控制钢采用Nb-Ti复合，采油平台用钢采用Nb-Ti复合，超低碳贝氏体钢采用Nb-B-Ti复合等。

Mo主要用于提高钢的淬硬性，促进贝氏体的形成。Mo能提高淬火钢的回火稳定性。此外，Mo还能增加Nb在奥氏体中的溶解度，有利于增强铁素体的沉淀强化作用。

Ni在铁素体中有固溶强化的作用，同时能提高基体的低温韧性。Ni与Cu、P复合添加有提高耐大气腐蚀的作用，Ni与Cu复合添加有提高耐海水腐蚀的作用。

Cr提高淬透性的作用显著，还有提高耐大气腐蚀能力的作用。

La、Ce等稀土元素和O、S有很强的亲和力，所形成的稀土硫化物或硫氧化物在高温时不易变形，有控制硫化物夹杂形态的作用。但钢中加入过量的稀土元素易导致带状氧化物夹杂。

P是强固溶强化元素。P在钢中易偏析，引起低温脆性，还有回火脆性倾向。一般情况下钢中P含量要尽量限制。但P有利于提高钢的耐大气腐蚀的能力。在深冲冷轧高强度薄钢板中，P作为固溶强化元素（<0.1%）有利于保持高的γ值。

2.1.1.3 低合金钢的性能

低合金钢的性能要求是强度、韧性、焊接性和特殊功能特性。

1）强度

低合金焊接结构钢往往以屈服强度作为承载能力和结构安全性设计的主要判据。为节省钢材、减少使用量、减小使用钢材的厚度、提高承载能力和保证结构安全性，通常都选用高强度低合金钢。提高钢的强度具有显著的经济效益，如把钢筋钢的的屈服强度由Ⅱ级（屈服强度335MPa）提高到Ⅲ级（屈服强度400MPa）可节约钢材14%以上，降低结构重量，减少材料成本。因此低合金钢都向高强度方向发展，强度是低合金钢的重要指标之一。低合金钢的强化方法主要有析出强化、细晶强化、固溶强化、位错和亚结构强化等。不同种类的钢，其强化方法也各有特色，可以是单一的强化方法，也可以是多种强化方法的复合。对钢强度的影响可用修正的霍尔-佩齐（Hall-Petch）公式来表示：

$$\sigma_s(\text{MPa}) = \sigma_0 + \sigma_{ss} + \sigma_p + \sigma_D + kd^{-1/2}$$

式中 σ_0——铁素体晶格摩擦力，MPa；

σ_{ss}——固溶强化增量，MPa；

σ_p——析出强化增量，MPa；

σ_D——位错及亚结构强化增量，MPa；

k——常数，$\text{MPa}\cdot\text{mm}^{1/2}$；

d——晶粒尺寸，mm。

晶粒细化强化是低合金钢最重要的强化方式，晶粒越细，强度越高。它可通过再结晶和低温加热细化奥氏体晶粒，通过增加铁素体生核密度细化铁素体晶粒等；钢中的合金元素，尤其是碳氮化物形成元素在加热、变形、冷却过程中的溶解-析出行为，对钢的晶粒细化和强度的提高有重要作用，控轧控冷工艺是细化晶粒的有效工艺手段，热处理也可显著提高钢的韧性。细化晶粒是既提高钢的强度又改善钢的韧性的唯一方法，在低合金钢中被广泛采用。析出强化是另一种通常采用的强化方法，利用钒、铌、钛、铝等碳氮化物形成元素，在钢中析出硬质的第二相强化钢的基体，可大幅度提高钢的强度；在镍铜时效钢中，细小弥散的 ε-Cu 第二相粒子也能显著提高钢的强度；通过塑性变形和相变产生的位错及亚结构是提高强度的另一种方法，变形越大，其位错密度就越高，强化能就越大；低碳钢由奥氏体淬火成马氏体时，相变导致位错密度急剧增加，剧烈冷变形和淬火马氏体中位错密度可高达 $5\times10^{12}/cm^2$，强度增量可达 440MPa 以上。固溶强化是低合金钢常采用的另一种强化方法。间隙式固溶的异质原子有主要有碳和氮，强化效果很强，但在平衡状态下在 α-Fe 中的固溶量相当少，它虽然能显著提高钢的强度，但严重损害钢的韧性和焊接性。置换式固溶强化的异质原子主要有磷、硅和锰，其溶于 α-Fe 中形成固溶体，显著提高钢的强度。在置换式固溶强化元素中，虽然磷和硅的固溶强化效果比较显著，但对韧性和焊接性危害比较大，所以应适当控制其含量。在低合金钢中间隙式固溶强化和置换式固溶强化都不是主要的强化手段。

2）韧性

低合金钢的韧性（韧度）是其非常重要的性能，它对钢在各种服役条件下的安全性起重要作用。细化钢的晶粒尺寸，不仅能提高钢的强度，而且也能改善韧性，所以细化低合金钢的晶粒是最理想的强韧化方式。通过微合金化和控轧控冷技术的结合，可显著细化钢的晶粒，改善微观结构，降低韧脆转变温度，提高钢的断裂韧性和冲击韧性。采用坯料低温加热可细化原始奥氏体晶粒；采用弥散的微合金化合物可阻止奥氏体晶粒长大；反复形变再结晶可细化奥氏体晶粒；阻止形变奥氏体再结晶并获得“扁平”的形变奥氏体晶粒，增加相变时的形核面积，可细化晶粒；降低最终锻轧温度，增大冷却速度，可细化相变铁素体晶粒；利用析出物和夹杂物作为铁素体的生核核心，增大铁素体的生核密度，可细化铁素体晶粒等。除细化晶粒提高钢的韧性外，采用合金化方法，添加一定量的合金元素镍也可显著提高钢的韧性，在低温钢和高韧性钢中被广泛采用。锰能细化晶粒，也能提高钢的韧性；加入钢中的酸溶铝与氮结合形成 AlN，消除钢中游离氮对韧性的极大危害并可细化晶粒，显著降低冲击转变温度；降低碳含量，研制低碳和超低碳的低合金钢可显著提高韧性并明显改善焊接性。但是冲击韧性并不能精确地代表钢抵抗裂纹产生和扩展的能力，在要求非常高的情况下，就要采用裂纹源爆炸试验，模拟钢材在遭受爆炸冲击波作用下的工况条件，测定出钢材抵抗裂纹产生和扩展的能力，求出各项特征值，它可较好地弥补冲击试验的不足。

影响低合金钢综合性能的因素是多方面的，有化学成分、显微组织和制造工艺等，因此在设计低合金钢时，必须根据钢的服役条件和环境因素全面考虑，在满足强度要求的情况下，尽量提高钢的韧性，如图 2.1.1－1 所示。

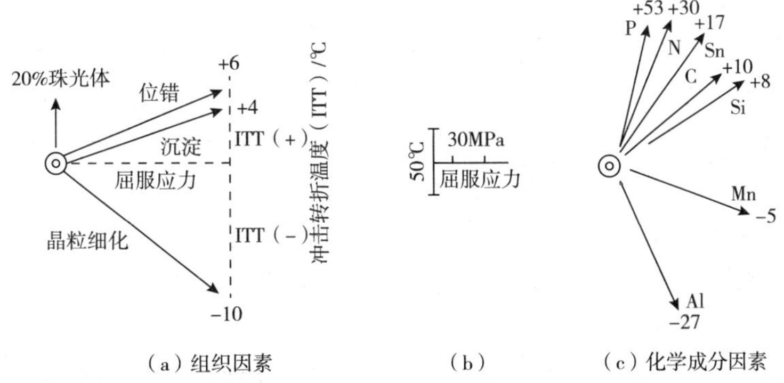

（a）组织因素　　（b）　　（c）化学成分因素

图 2.1.1-1　影响低合金钢强度和韧性的因素

2.1.2　国内外石油石化用低合金钢板研究应用现状

国际上，石油石化容器用钢的使用已有百年历史，各类容器用钢的发展日臻成熟。目前，世界上容器用钢主要为三大标准体系，包括起步最早的美国标准体系、日本工业标准体系和欧洲标准体系等三大体系，其中欧洲标准吸纳欧盟成员国，如英国、德国、法国、瑞典等，及少数典型企业的标准规范体系后形成的。总体上，国外的石油石化容器用钢按照使用环境和功能主要可分为通用型、高温临氢、耐低温、耐蚀等四大类。

美国对通用型压力容器用钢的研究、开发和使用及纳标最早，其规范体系也最为成熟，材料标准以 ANSI 和 ASTM 标准为主，经 ASME 标准采纳后，成为 ASME 标准牌号。压力容器由材料制作成设备，需经 ASME 设计规范认可，本文主要以 ASME 标准为基础进行阐述。美国压力容器用钢的种类和牌号非常多，仅标准号就达数百种之多。日本和欧洲的压力容器用钢研发和应用略晚于美国，其标准和规范体系也有别于美国，但也充分体现了本国或本地区的研发和应用特点，例如，日本和欧洲的压力容器用钢标准力争统一、集中，把最常用的容器用钢尽量体现在几个标准内，并充分展示近一段时期的科研成果和应用情况。

2.1.2.1　国外研发应用现状

1）通用型

SA-20 为美国压力容器用钢的通用要求，适用于大部分工况条件下使用的、数十种标准容器用钢牌号。在 SA-20 标准的总体框架下，典型的通用型压力容器用钢标准和牌号包括 SA-285（压力容器用中低强度碳素钢板）、SA-299（压力容器用碳锰硅钢板）、SA-414（压力容器用碳素钢薄板）、SA-455（压力容器用高强度碳锰钢板）、SA-515（中、高温压力容器用碳钢板）、SA-516（中、低温压力容器用碳钢板）、SA-517（压力容器用淬火加回火高强度合金钢板）、SA-537（压力容器用经热处理的碳锰硅钢板）、SA-612（中、低温压力容器用高强度碳钢板）、SA-841（用热机械处理控制工艺（TMCP）生产的压力容器用钢板）等。

与压力容器用钢板相配套的，美国的压力容器用管件、棒型材、铸锻件、法兰、阀门、钢丝等相应的产品和牌号也非常齐全。

与美国的容器用钢相比，日本和欧洲则尽量在少量的材料标准中体现其研发和运用成果。例如，日本的 JIS G3113～3118，欧洲的 EN 10028-2～6，均体现了这一原则，既包括较宽范围的强度等级（最高到 690MPa），也涵盖了各种不同的交货状态供用户选择（热轧、正火、热机械处理、淬火加回火等）。

总体而言，国外通用型压力容器用钢材料具有如下特点（以美国为主）：

①材料牌号种类齐全，化学成分含量范围适用明确，带来材质的多样化。如碳素钢、碳锰钢、碳锰硅钢、低合金钢、合金钢等。

一般的碳素钢，如 SA-285 中的 A、B、C 级钢，分别为不同的碳含量，搭配不高于 0.9%的 Mn 含量，仅用于一般抗拉强度不高于 500MPa、厚度不大于 50mm 的较为简单宽松服役工况的设备场合，且可以不进行炉外精炼，甚至可以是非镇静钢，可以满足相对较低经济成本的材料要求。为兼顾材料成本和设备服役环境要求，也可以对碳素钢进行附加要求。如 SA-515 和 SA-516 中的各类牌号，其成分与 SA-285 相类似，但对炉外精炼（镇静钢、真空处理）、热处理状态、应用检测与评价（高温拉伸试验、冲击测试等、超声波检测、落锤实验）等方面要求加以完善后，就可以应用到相对苛刻的容器环境，产品的应用厚度也显著增加（200mm 以上）。

将碳素钢的 Mn 含量上限提高至 1.5%，形成 C-Mn-Si 钢系列（SA-299），材料的适用范围提高，抗拉强度级别最高上升至 690MPa，产品厚度增加至 200mm，并应满足各种检测与应用评价。进一步在 C-Mn-Si 钢的基础上，添加微量的 V 或 Nb 微合金化元素，使压力容器用钢的强度和韧性水平提升（如 SA-737 中的高强度低合金钢板）。若辅以微量的 Cu、Ni、Cr、Mo 等元素，材料的强度等级、性能匹配、服役环境等方面均有较大的选择余地。美国压力容器用钢所采用的低合金钢与合金钢体系是目前国际上三大标准体系中最为丰富和完善的，仅钢板就多达数十种标准、近百种钢牌号，体现和囊括了完备的研发成果和应用系统，例如，Mn-Mo 系、Mn-Mo-Ni 系（SA-533）、V、Nb、Ti 系（SA-562 和 SA-737）、Mn-V-Ni 系（SA-225）、Ni-Cu-Cr-Mo-Nb 系和 Ni-Cu- Mn-Mo-Nb 系（SA-736）、Cr-Ni-Mo-V 系和 Cr-Ni-Mo-B 系（SA-517）等。

强度等级的丰富也带来了设计上的方便。美标从普通的屈服强度 165、185、205MPa（SA-285）一直到屈服强度最高的 690MPa 级热处理型压力容器用钢，几乎每隔 50～100MPa 的强度等级就有至少一种压力容器用钢材料可供选择，如表 2.1.2－1 所示。容器设计和建造者很容易通过强度级别及其他一些参数找到相应的材料标准与牌号。

②材料的交货状态明确，且具有各种各样交货状态的钢种材料供选择，如热轧态、正火态、淬火加回火态、热机械处理态、淬火加沉淀热处理等。明确的交货状态对保证材料的应用性能十分重要。

表 2.1.2－1　美国压力容器用钢按强度等级划分的钢牌号

标准及牌号等级	屈服强度下限范围/MPa	抗拉强度下限范围/MPa
SA-285：A、B、C SA-515：60 级、65 级和 70 级 SA-516：55 级、60 级、65 级和 70 级	≤260	≤485
SA-299：A、B SA-662：A、B、C SA-738：A	265～325	400～550
SA-533：1 类 SA-537：1 类、3 类 SA-737：B SA-841：1 类	330～385	485～550
SA-225：C、D SA-533：2 类 SA-537：2 类 SA-543：3 类 SA-724：A、C SA-736：A 级 2 类 SA-737：C SA-738：B、C、D SA-832 SA-841：2 类、4 类、6 类	390～485	515～725
SA-533：3 类 SA-543：1 类 SA-724：B SA-736：A 级 1 类、A 级 3 类、C 级 1 类 SA-738：E SA-841：5 类、7 类、8 类	490～585	620～725
SA-517：A-P SA-543：2 类 SA-736：C 级 1 类 SA-841：3 类	≥590	690～795

在国外的压力容器用钢设计选材时，一般推荐钢板采用稳定状态（正火态或回火态、退火态，高强度时采用淬火加回火工艺）交货，但根据设备建造需要、对材料力学性能的要求以及材料成本要求，也允许使用热轧态、热机械处理（TMCP）状态交货，例如 SA-841 特殊规定了采用 TMCP 工艺生产焊接压力容器用钢。在一些场合下，由于材料处理工艺的需要，也可以提供在线或离线冷却（热轧、正火或淬火）加沉淀热处理交货态（沉淀热处理本质上也是一种回火热处理状态，但材料内部发生的相变过程不同于一般的回火过程），如 SA-736 规定的沉淀硬化型含 Cu 高强度低合金钢。在欧洲和日本的容器用钢材料应用和标准体系中，也注重提供多种交货状态供选择，例如，仅 EN10028 一个欧洲标准就提供了热轧、正火、TMCP 和淬火加回火等多种交货状态。在中低强度（屈服强度 235

～460MPa等级范围)，可选择正火（或正火轧制）、热轧或TMCP状态交货。更高强度等级则一般采用淬火加回火热处理工艺来实现。

需要指出的是，在美国压力容器用钢材料标准中，经常允许正火热处理采用加速冷却来满足材料的力学性能要求。

③注重材料的服役工况和环境选择，为用户根据设备不同的工况条件正确选材提供依据和方向。

同样是成分相近的压力容器用碳钢板，SA-515用于中、高温环境，而SA-516用于中、低温环境，这些服役工况的差异通过化学成分和生产工艺的精细控制来实现，同时采用不同的检测评价应用考核手段来比对（例如SA-515为奥氏体本质粗晶粒钢，SA-516符合低温冲击韧性的检测要求等)。其他标准，如SA-225常适用于焊接多层压力容器的建造，SA-537适用于熔化焊压力容器，SA-543推荐用于50mm以上厚度钢板的压力容器，SA-562用于搪玻璃的焊接压力容器，SA-724适用于多层焊接压力容器，SA-736和SA-737用于焊接压力容器和管道部件，SA-738适用于中低温焊接压力容器。

④配套齐全。与压力容器用钢板相配套的，有大量的管件、棒型材、铸锻件、法兰、阀门、钢丝及其他零部件材料等相应的产品和牌号，不同强度级别和综合性能，不同的适用工况，可供选择，可达近百种之多，种类非常齐全。如：

SA-210（锅炉和过热器用无缝中碳钢管）

SA-352（低温承压件用铁素体和马氏体钢铸件）

SA-592（压力容器用淬火加回火高强度低合金锻制配件和零件）

SA-234（中、高温用锻制碳钢和合金钢管道配件）

SA-962（在低温到蠕变温度范围任意温度使用的钢制紧固件或紧固件材料或两者的通用要求）

SA-905（压力容器用缠绕钢丝）

SA-194（高温高压螺栓用碳钢和合金钢螺母）

⑤使用厚度范围大。目前的最大使用厚度超过300mm。为了满足装置大型化的发展趋势，各类压力容器的容积越来越大，设计压力越来越高，必然要求加大用钢的厚度。随着标准的更新换代，压力容器用钢的厚度上限不断提升，有的牌号甚至不设厚度上限，以方便根据实际需求选用或定制。

2）耐低温型

在石油石化生产、储存和运输各类液化气体时，由于环境温度的要求，需要用到耐低温型压力容器用钢。低温钢的主要功能是在服役过程中防止材料因低温脆性而发生意外失效，低温韧性是其关键技术指标之一，通常用低温冲击功来表征。所有铁素体型钢铁材料均有冷脆转化特性，材料长期处于脆性温度区域服役将不可避免导致材料和设备的失效。通过提高钢的纯净度、细化晶粒和合金化、改变相结构等途径可不同程度地降低钢的冷脆转化温度、提高钢的低温冲击性能。三种低温钢因采用获得低温韧性的不同手段而区分，表2.1.2-2列出石油石化领域常用的三类低温钢及其使用范围。Ni 元素是铁素体型钢降低冷脆转化温度、显著改善低温韧性的最有效元素。添加不同含量的 Ni 元素，可获得宽达－196～－60℃的服役温度范围。Ni 含量越高，服役的环境温度可以越低。当环境温度明显低于液氮温度（－196℃），则需要采用奥氏体型不锈钢来获得超低温韧性。

表 2.1.2－2　石油石化领域各类液化气的服役温度及所使用的钢材

气体种类	沸点/℃	使用钢种	钢类
氨	－33.4	低碳铝镇静钢	低碳铝镇静钢或微 Ni 钢（－40℃以上）
丙烷	－42.1	低碳铝镇静钢或微 Ni 钢	
丙烯	－47.7	微 Ni 钢或 1.5％Ni 钢	镍系铁素体型低温钢（－196～－40℃）
硫化氢	－61	2.25％Ni 或 3.5％Ni 钢	
二氧化碳	－78.5	3.5％Ni 钢	
乙炔	－84	3.5％Ni 钢	
乙烷	－88.6	3.5％Ni 钢	
乙烯	－103.9	3.5％Ni 钢或 5％Ni 钢	
甲烷	－161.5	9％Ni 钢或 5％Ni 钢	
氧	－183	9％Ni 钢	
氩	－195.8	9％Ni 钢	
氮气	－196	9％Ni 钢	
氢	－252.8	奥氏体不锈钢	奥氏体不锈钢（－196℃以下）
氦	－268.9	奥氏体不锈钢	

铝镇静细晶粒钢和细晶粒高强度钢是国外最早开发和使用的一类低温钢，因其材料成本较低、生产工艺简单而受到广泛应用。通过在普通碳素钢或碳锰钢中采用提高冶炼纯净度、AlN 细化及加入微量 Ni 元素，可有效提高钢的冷脆转化温度，使钢的服役温度达到－60～－20℃的范围，例如美国低温压力容器用钢 SA-516、SA-612、SA-662 和SA-738，日本低温压力容器用钢 SLA24A～SLA42 和欧洲低温压力容器 P275NL～P460NL2 等，均属这一类钢。

细晶粒低温钢无法满足所有低温液化气体生产和储运的设备要求，低温甲醇洗吸收塔、液化乙烯气（LEG）、液化天然气（LNG）储罐等设备，其工作温度均低于－60℃，在普通细晶粒低温钢的脆性转化温度以下。早期，在普通细晶粒低温钢无法满足低温服役要求时，一般使用 Ni-Cr 系奥氏体不锈钢，由于其合金元素含量和材料采购成本高，应用受到很大限制。20 世纪 30 年代，美国研制了 Ni 含量为 2.25％和 3.5％的低温钢，用于石化工业中的乙烯、化肥、人造橡胶、液化石油气（LPG）以及城市煤加压气化工程中的低温甲醇洗设备和其他一些低温装置。40 年代，2.25％Ni 和 3.5％Ni 低温钢陆续纳入 ASTM 标准体系。1944 年，美国 INCO 公司又研制出可在－196℃的低温环境下使用的 9％Ni 钢，因成本低、比强度高、低温韧性好等优势取代成本较高的 Ni-Cr 不锈钢。1952 年 9％Ni 钢开始用于液氧低温容器的建造，1956 年列入 ASTM 标准，1960 年美国 CBI、INCO、U. S. Steel 三公司联合开展了称为“Operation Cryogenic”的研究，证实了 9%Ni 钢具有优良的低温性能，从此 9%Ni 钢开始了大量应用，其中大部分 9%Ni 钢板用于 LNG 低温工程建造。受美国 Ni 系低温钢的成果推动，日本和欧洲也于 60 年代开始研制 Ni 系低温钢并有所发展，研制了不同于美国 ASME 规范的 5%Ni 低温钢，应用于 LEG 储罐的建造。

美国镍系低温钢主要包括 2.25%Ni、3.5%Ni、5%Ni、8%Ni 和 9%Ni 钢，主要包括 SA-203、SA-353、SA-553、SA-645、SA-844 等几大标准，其中仅 9%Ni 钢一个钢种的标准就有三个（SA-553、SA-353 和 SA-844），分为淬火加回火、正火加回火和在线淬火等不同处理工艺，主要用于储存－165℃下的 LNG。SA-645 则是美国独立研发出来的添加一定 Mo 元素的 5%Ni 钢，最低可应用于－170℃，用于替代 9%Ni 钢，降低材料采购成本。ASME 规范要求低温下使用的镍系低温钢要进行低温冲击试验，冲击温度应为受压时的最低温度或储存低温液体的温度二者取其低值。并要求镍系低温钢超过一定厚度应进行焊后热处理。世界各国建造大型低温储罐或低温吸收塔大都使用美国 ASME 规范的镍系低温钢材。

日本沿用美国 ASME 规范体系，在 JIS G3127《低温压力容器用镍钢钢板》中规定了镍含量为 2.25%～9%的系列低温镍钢钢种，使用温度为－196～－70℃。为了降低焊接残余应力、改善焊缝和热影响区的组织形态，提高焊接接头的低温韧性和淬硬倾向，对于低温容器和管道一般要进行焊后热处理，我国及其他一些国家对低温钢都有较详细的热处理要求。但日本规范规定对本国生产的低温钢都按 9%Ni 钢的标准进行焊后热处理，日本产 5%～8%钢与其他国家标准中的材料不同，无论哪一种都是以具有－170℃以下良好低温钢几乎相同的性能和使用温度为前提而研制的。JIS 通过试验证明，焊后热处理可使焊接接头部位的韧性大幅度地提高，在熔合区有一定的提高，而在热影响区反而出现了脆化。所以 JIS 规范规定 3.5%Ni 钢厚度 25mm 以内的平坦线状对接接头，在－110℃以上使用时，没有必要进行焊后热处理；对于 5%Ni 钢和 9%Ni 钢厚度在 35mm 以内的平坦线状对接接头，在－170℃以上使用时，没有必要进行焊后热处理。镍系低温钢在 ASME、JIS 和 EN 等三大国际标准体系中的牌号对比如表 2.1.2－3 所示。

表 2.1.2－3　镍系低温钢三大国际标准体系钢种牌号对比

规范体系	标准	牌号	通俗名称或简单描述
ASME	SA-203	A，B	2.25%Ni 钢
		D，E，F	3.5%Ni 钢
	SA-645		特殊热处理 5%Ni 钢
	SA-553	T1	淬火加回火 9%Ni 钢
		T2	淬火加回火 8%Ni 钢
	SA-353		双正火加回火 9%Ni 钢
	SA-844		直接淬火加回火 9%Ni 钢

续表

规范体系	标准	牌号	通俗名称或简单描述
JIS	G3127	SL2N255	2.25%Ni 钢
		SL3N255，SL3N275，SL3N440	3.5%Ni 钢
		SL5N590	特殊热处理 5%Ni 钢
		SL9N520	双正火加回火 9%Ni 钢
		SL9N590	淬火加回火 9%Ni 钢
EN	10028：4	11MnNi5-3，13MnNi6-3	0.5%Ni 钢
		15NiMn6	1.5%Ni 钢
		12Ni14	3.5%Ni 钢
		X12Ni5	5%Ni 钢
		X7Ni9，X8Ni9	9%Ni 钢

欧洲压力容器用镍系低温钢体系则不同于美国和日本，主要集中体现在 EN 10028-4 标准中，特点如下：

①简化了 5%Ni 钢的成分体系（去除其中的强化元素 Mo），修改了力学性能要求，使其远远满足－104℃服役温度下 LEG 储罐的建造要求，安全裕量较大，受到世界各国 LEG 储罐建造者的欢迎。显见，如 3.5%Ni 钢和 9%Ni 钢常常采用美国 ASME 规范生产，唯独专门用来建造 LEG 运输船的 5%Ni 全球各地几乎均采用 EN 规范生产。

②增加了 0.5%Ni 和 1.5%Ni 的品种，使镍系低温钢的应用温度和范围得以向较高温区扩大。镍系低温钢发展至今，在低温钢领域占据主导地位，与欧洲对镍钢品种开发、拓展和应用的贡献紧密关联。

③细化了产品的技术要求，减小材料的主要成分和杂质元素含量控制范围，力学性能尤其是低温冲击功的要求更高，使产品规范的可操作性和执行性更高，以 9%Ni 低温钢为例说明三大标准体系的技术要求，如表 2.1.2－4 所示。一般若采用美国或日本的产品标准，供需双方还需制定要求和细节更为详尽的供货技术条件，而 EN 10028-4 标准基本可作为双方的供货协议的主要框架技术内容。

表 2.1.2－4　9%Ni 低温钢三大国际标准体系的具体技术要求对比

规范	牌号	成分控制（上限或范围）/%								力学性能		
		C	Si	Mn	Ni	S	P	Mo	V	$R_{p0.2}$/MPa	R_m/MPa	A_{KV}(－196℃)/J
ASME SA-553	Type-1	0.13	0.15～0.40	0.90	8.5～9.5	0.035	0.035	—	—	585	690～825	27
JIS G3127	SL9N590	0.12	0.30	0.90	8.5～9.5	0.025	0.025	—	—	590	690～830	34
EN 10028-4	X7Ni9	0.10	0.35	0.3～0.8	8.5～10	0.005	0.015	0.10	0.01	585	680～820	80

与低温钢板相配套，国外发达国家在低温钢的铸锻钢、法兰、阀门或其他零件等相关配

件的研究、开发、生产和应用方面的工作也同步进行。例如，与普通低温碳钢板或低合金钢板相配套，有不少铸锻管配件：SA-333、SA-352（低温承压件用铁素体和马氏体钢铸件）、SA-420（低温用锻制碳钢和合金钢管配件）、SA-592（压力容器用淬火加回火高强度低合金锻制配件和零件）等。而与镍系低温钢板相配套铸锻钢、法兰、阀门或其他零件等相关配件，其研发力量和产品体系、工艺技术和相关标准规范也是成熟的。与欧洲 EN 10028-4 镍系低温钢板相匹配的，有较为完整的 EN 10222 镍系低温钢锻钢标准和 EN 10269 低温用钢棒材标准，其中包括了 5%Ni 钢和 9%Ni 钢等镍系低温钢的主要品种，其化学成分、热处理工艺、主要力学性能等主要技术指标均与 EN 10028-4 中相应的镍系低温钢板相一致。在美国镍系低温钢体系中，更是在 SA-522 中规定了低温锻制或轧制 8%Ni 和 9%Ni 合金钢法兰、配件、阀门和零件，与 SA-553 的 8%Ni 和 9%Ni 低温钢板全面对接配套。

进入 21 世纪，日本和欧美等工业国家仍然对 Ni 系低温钢尤其是 9%Ni 钢进行大量研发和改进，并在原有基础上开发出许多新型改良钢种，目前已实现批量应用的“超级 9%Ni 钢”是其中最为典型的品种。超级 9%Ni 钢在 Mo、Cu 微合金化的情况下，限制脆性元素 Si 含量，最大产品厚度可达 50mm 以上，且强韧性水平有所提升（表 2.1.2－5），尤其是止裂韧性显著上升，安全裕量提高，可满足 $25\times10^4m^3$ 以上容量的超大型 LNG 储罐的建造需求。JFE 钢铁公司在其特有的超级在线加速冷却系统上生产的 9%Ni 钢，其常规力学性能与传统 9%Ni 钢（轧制后淬火-回火工艺）相当，但抑制裂纹扩展性却得到显著提高，进一步满足了对安全性的要求。

表 2.1.2－5　新日铁普通和超级 9%Ni 钢的性能对比　%

	C	Si	Mn	S	P	Mo	Ni	厚度/mm	$R_{p0.2}$/MPa	R_m/MPa	A/%	KV_2（77K）/J
JIS G3127	≤0.12	≤0.30	≤0.90	≤0.025	0.025	—	8.5～9.5	6～100	≥590	690～830	≥21	≥41
普通 9%Ni 钢	0.05	0.24	0.56	≤0.002	0.001	—	9.39	6～40	609	713	34	284
超级 9%Ni 钢	0.05	0.08	0.59	≤0.003	0.000	0.08	9.35	50	632	747	33	277

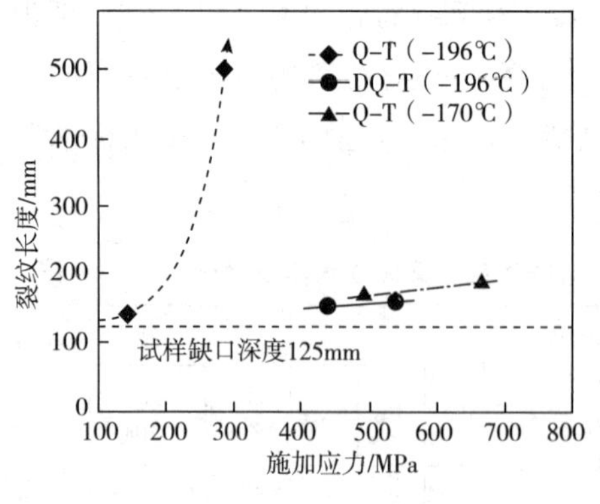

图 2.1.2－1　采用在线热处理（开发的 DQT）和离线热处理 9%Ni 钢的止裂性能对比

DQ-T—开发钢；Q-T—传统钢；

箭头表示裂纹贯通整个试样

与此同时，为了提高应用效果，降低使用成本，日本最近开发 6%Ni 和 7%Ni 低温钢，用来取代 9%Ni 钢。尤其是已开始小批量投入商业运营的 7%低温钢，采用在线热处理工艺生产，获得和传统 9%Ni 钢相当的强度和低温韧性水平（图 2.1.2－1），已经通过日本经贸和工业部的官方评审，并应用于实际 LNG 低温储罐工程（日本仙北一期 LNG 工程 5 号储罐）中，取得了良好的效果。

3）中高温耐热及临氢型

在炼化装置中，设备往往需要承受高温高压环境，并可能处于临氢、高温硫和硫化氢的工况下，使用条件苛刻，容器用钢的制造难度大。对于普通高温高压环境，采用碳锰钢（或低合金钢）或耐热及不锈钢即可满足要求，例如，在美国容器用钢体系中，SA-515（中、高温压力容器用碳钢板）、SA-204（压力容器用 Mo 钢板）、SA-240（压力容器和一般用途用耐热 Cr 和 Cr-Ni 不锈钢板、薄带和钢带）等，均可以满足一般条件下的高温高压环境要求。

但是，在大部分炼化装置中，除了承受高温高压的环境条件外，设备还都处在临氢介质中运行，氢进入金属内部与钢中一种成分或元素发生化学反应，导致金属破坏。通常的破坏形式有：①氢腐蚀和表面脱碳：氢与不稳定碳化物反应生成甲烷，引起钢的脱碳和裂纹；②氢致脆化；③硫化氢腐蚀和应力腐蚀；④回火脆性：长期处于高温回火状态导致钢材韧性下降；⑤堆焊层氢致剥离。在低碳钢中加入含量不大于 10%的 Cr、Mo 等元素，以形成钢材的稳定碳化物，从而改善加氢反应器设备的高温持久强度和蠕变极限，同时提高抗氢能力和抗回火脆性，即 Cr-Mo 抗氢钢。直到目前，Cr-Mo 钢仍是抗氢钢的主力品种，Cr、Mo 元素含量的选择或选材依据是美国石油学会（API）提出的 Nelson 曲线（图 2.1.2－2）。

美国耐热抗氢钢体系的主要特点包括：

①牌号和种类多，用户选择范围广，包括碳素钢与低合金钢、不锈钢、Cr-Mo 钢、Mo 钢、Cr-Mo-V 钢、Cr-Mo-W 钢、Cr 不锈钢、Cr-Ni 不锈钢等。

经过超过 70 年的研究与开发，美国的耐高温临氢容器用钢的种类最丰富、齐全。其中，以 Cr-Mo 钢为主，如 SA-387（压力容器用 Cr-Mo 合金钢板）、SA-204（压力容器用 Mo 合金钢板）、SA-240（压力容器和一般用途用耐热 Cr 及 Cr-Ni 不锈钢板）、SA-542（压力容器用淬火加回火的 Cr-Mo 和 Cr-Mo-V 合金钢板）、SA-832（压力容器用 Cr-Mo-V 合金钢板）和 SA-1017（压力容器用 Cr-Mo-W 合金钢板）等，见表 2.1.2－6。

表 2.1.2－6　美国常用 Cr-Mo 系压力容器用钢牌号

标准	牌号	通俗名称或简单描述
SA-204	A、B、C	0.5Mo 钢
SA-387	2	0.50Cr-0.5Mo 钢
	12	1.00Cr-0.5Mo 钢
	11	1.25Cr-0.5Mo 钢
	22、22L	2.25Cr-1.0Mo 钢
	21、21L	3.00Cr-1.0Mo 钢
	5	5.00Cr-0.5Mo 钢
	9、91	9.00Cr-1.0Mo 钢
SA-542	A、B	2.25Cr-1.0Mo 钢
	C、E	3.00Cr-1.0Mo-0.25V 钢
	D	2.25Cr-1.0Mo-0.25V 钢
SA-832	21V、23V	3.00Cr-1.0Mo-0.25V 钢
	22V	2.25Cr-1.0Mo-0.25V 钢
SA-1017	23 级	2.25Cr-0.15Mo-1.5W 钢
	911 级	9.00Cr-1.0Mo-1.0W 钢
	122 级	11.0Cr-0.4Mo-2.0W 钢

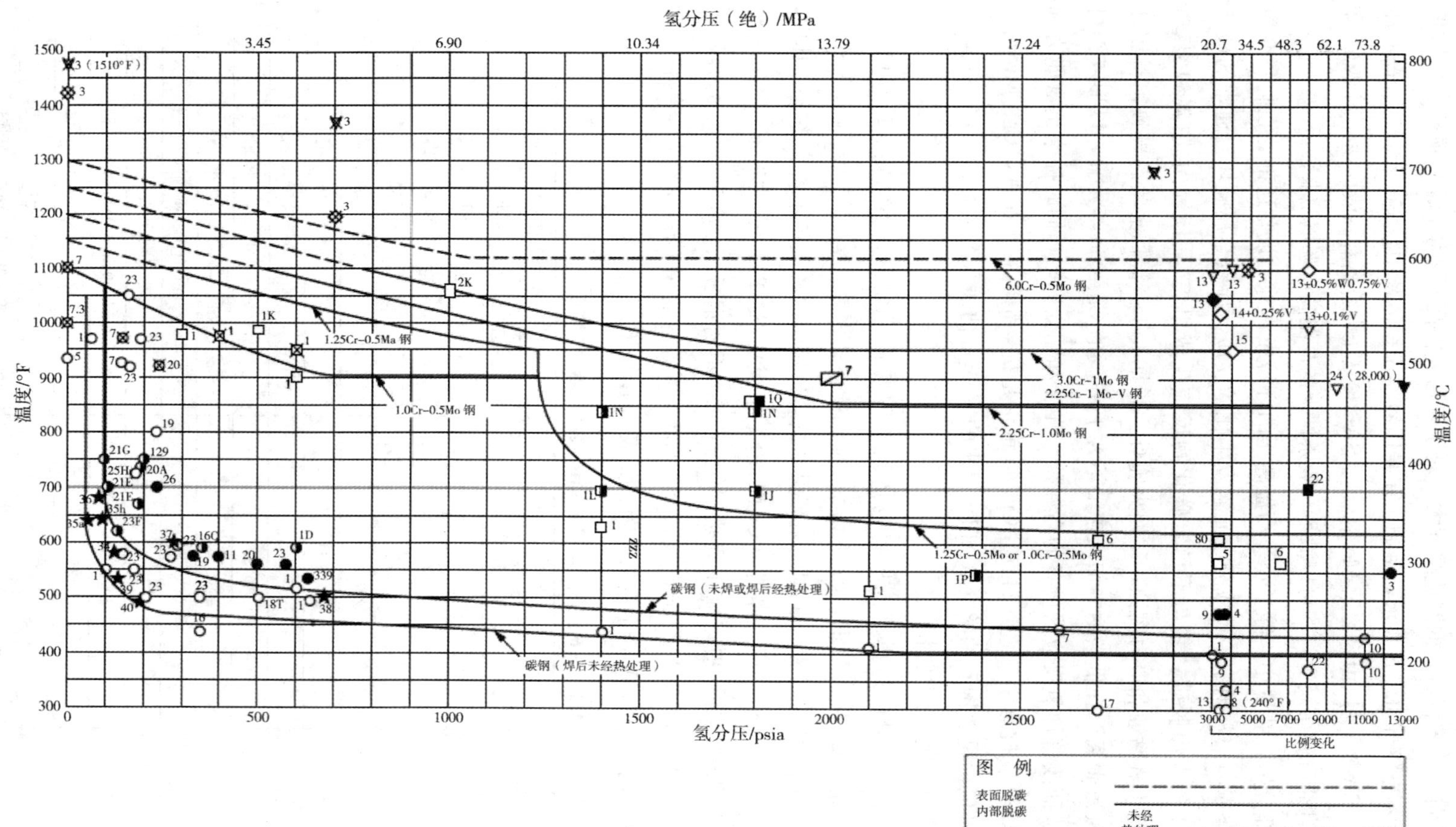

注1：本曲线给出的极限是基于G.A.Nelson最初收集的操作经验和API征集的补充资料。

注2：奥氏体不锈钢在任何温度条件下或氢压下不会脱碳。

注3：本曲线给出的极限是基于铸钢及退火钢和正火钢采用ASME规范第Ⅷ篇第1分篇应力值水平，补充资料见API941第5.3节和第5.4节。

注4：曾报道1.25Cr–1MoV钢在安全范围内发生若干裂纹，详见API941附录B。

注5：包括2.5Cr–1MoV级钢是建立在10000h实验室的试验数据，这些合金至少等于3Cr–1Mo钢性能，详见API941中相关内容。

图2.1.2–2　Nelson曲线图（2016版）

除了少量仅要求回火脆性的高温环境选择 SA-204 的 0.5Mo 钢外，国外在大部分场合均使用 SA-387 规定的 10 个牌号 Cr-Mo 钢，最低 2 级（0.5Cr-0.5Mo 钢），最高直至 9 和 91 级 Cr-Mo 钢（9Cr-1Mo）。其中最为常用的是 22、22L 级（2.25Cr-1Mo 钢）和 21、21L 级（3Cr-1Mo 钢），在全球范围内得到广泛应用，其最高设计使用温度可达到 450℃。近年来，随着炼化要求的进一步苛刻，又开发出不同的 Cr-Mo-V 和 Cr-Mo-W 系列高温临氢钢（SA-542、SA-832 和 SA-1017），使用温度突破 454℃。并对原有的 Cr-Mo 钢系列的杂质元素严格限制，以提高临氢钢的实际使用性能（提高抗回火脆化性能）。

②交货状态齐全，要求明确具体。少量品种，如 SA-387 中 91 级，可热轧交货，大部分均需要热处理。

根据使用工况、标准规定和用户要求，可采用退火、正火、正火加回火、淬火加回火等热处理方式，并明确可使用加速冷却来帮助正火型容器用钢获得较好的力学性能。同时，考虑到高温临氢钢的特点，对于需要回火的容器钢规定了最低的回火温度。对于 1.25Cr-0.5Mo 以下，最低回火温度为 620℃；对于 2.25Cr-1Mo 和 3Cr-1Mo，最低回火温度可提高至 675℃，对于 91 级 Cr-Mo 钢则可提高至 730℃以上。

③厚度规格大。

标准规定的最大厚度为 150mm，而为了满足服役的实际使用需要，最大厚度往往达到 200mm 以上。

④研究与开发一直较为活跃。

例如，Cr-Mo-V 和 Cr-Mo-W 型钢就是为了满足更为苛刻的服役环境，近二十多年来美国新开发的耐高温和临氢钢品种。常规的 2.25Cr-1Mo 高温临氢钢在 450℃以上高温区的设计应力强度或许用应力是受蠕变断裂强度控制的，在此高温区域里，其强度将急剧下降，为此，以往的设计只将温度控制在 454℃以下。但近年来，随着加工原油日趋重质或超重质化，在生产工艺上出现了重质油裂化和煤液化等新工艺，操作温度和操作条件更趋苛刻，生产装置和设备更趋大型化，常规的 2.25Cr-1.0Mo 高温临氢钢高温强度、临氢侵蚀等能力不能满足日益苛刻的加氢反应器设备建造需求。20 世纪 80 年代～90 年代，美国石油学会（API）制定了高温高压临氢压力容器用材开发计划，美国材料性能学会（MPC）负责具体实施，AISI、ASME、ASTM 等行业协会和用户均参与研制，开发出 2.25Cr-1Mo-0.25V 和 3Cr-1Mo-0.25V 等 Cr-Mo-V 型临氢钢。此后不久，日本新能源开发组织（NEDO）筹划，新日铁负责研发的3Cr-1Mo-0.25V-Ti-B 和 3Cr-1Mo-0.25V-Ca-Nb 钢将 Cr-Mo-V 型临氢钢的性能进一步提升，纳入 JIS 标准（G4110 规定的 SCMQ4V 和 SCMQ5V）并获得 ASME 规范案例的认可。

改良后的 2.25Cr-1Mo-0.25V 钢和 3Cr-1Mo-0.25V 钢与传统的2.25Cr-1Mo 钢相比，具有更多的优势和特点：

a）强度和许用应力显著提高，含 V 能显著提高钢的强度，454℃时 2.25Cr-1Mo-0.25V 钢的设计应力强度为 169MPa，2.25Cr-1Mo 钢的设计应力强度为 150MPa，两者相比提高 12.6%，因而在相同条件下可减轻设备质量约 8%～10%。在 482℃时，

2.25Cr-1Mo-0.25V 钢的设计应力强度为 163MPa，2.25Cr-1Mo 钢的设计应力强度仅为 117MPa，两者相比提高 39.3%。这是因为基体析出弥散细小的 V-Mo 复合碳化物，提高了材料强度，传统 Cr-Mo 钢和改进型 Cr-Mo-V 钢的力学性能详细对比情况如表 2.1.2－7所示。

表 2.1.2－7　传统 Cr-Mo 钢和改进型 Cr-Mo-V 钢的力学性能对比

材料	室温拉伸强度 σ_b/MPa	室温屈服强度 $\sigma_{0.2}$/MPa	室温延伸率 δ_5/%	室温断面收缩率 ψ/%	夏比冲击功（V 形缺口）/J	高温拉伸强度（482℃）σ_b/MPa	高温屈服强度（454℃）$\sigma_{0.2}$/MPa
2.25Cr-1Mo	515～690	≥310	≥18	≥45	平均值≥54	—	≥230
2.25Cr-1Mo-0.25V	585～760	≥415	≥18	≥45		≥330	≥338
3Cr-1Mo-0.25V	585～760	≥415	≥18	45		≥330	≥338

b）抗氢腐蚀性能明显提高，钢中添加能形成碳化物稳定元素 V、Ti、Nb 等，就可以使碳的活性降低，从而有效改善钢的抗氢蚀性能。在压力 20MPa、氢分压 16MPa、恒温 550℃×1000 h 后的对比实验结果显示，传统 2.25Cr-1Mo 钢发现气泡痕迹，2.25Cr-1Mo-0.25V 钢没有发现气泡或孔洞、晶界微裂纹等。合金碳化物都是稳定碳化物，其中以 VC 型碳化物化学稳定性最高，不但有效地抑制了甲烷的形成，而且遏制了气泡的成核、生成速率、密度和大小。正因为如此，2.25Cr-1Mo-0.25V 钢的极限使用温度可达到 510℃，比传统 2.25Cr-1.0Mo 钢高出 56℃。

c）抗氢脆性能明显改善，2.25Cr-1Mo-0.25V 钢应力强度应子门槛值比2.25Cr-1Mo 钢高得多，这是由于 VC 型微细碳化物呈弥散分布，增大了碳化物界面，降低了氢的扩散速度。

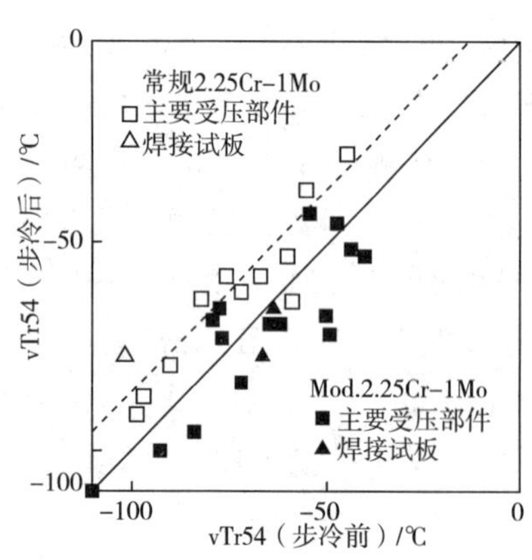

图 2.1.2－3　传统 Cr-Mo 钢和改进型 Cr-Mo-V 钢的回火脆性比较

d）回火脆性倾向降低，回火脆化倾向是钢材长期在高温工况或从高温缓慢冷却时，材料呈现断裂韧性和冲击功下降、脆性转变温度提高的现象。原因是钢中杂质和某些合金元素偏析，使晶界凝聚力下降，冲击试样断口晶界脆裂。下图为两台锻焊结构反应器主要受压部件和焊接试板步冷前后的转变温度。从图 2.1.2－3 中可以看出，2.25Cr-1Mo-0.25V 钢步冷前后的转变温度增量均较传统 Cr-Mo 钢小，显示了回火脆性倾向有所降低。

2.1.2.2　国内研发应用现状

1）发展简史

我国容器用钢的研究和标准体系的建立始于20世纪60年代。当时我国工业体系的基础较为薄弱，几乎所有的工业产品用钢材均采用普通碳素钢生产，16Mn是当时由冶金工业部钢铁研究总院自主研发的一款经典的低合金钢品种，广泛应用于建筑、桥梁、船舶、海洋工程和机械等各个工业领域，大大推动了我国钢铁产品的发展。在60年代末，16Mn被正式纳入我国容器用钢的标准体系GB 6655，我国的第一个低合金压力容器用钢牌号16MnR正式诞生（当时GB 6654为我国的容器用碳素钢标准）。1972年，16Mn又被纳入锅炉用钢的标准体系GB 713，发展了16Mng低合金钢。随着冶金技术的不断发展和钢铁产品的不断进步，容器用低合金钢体系逐渐建立并不断发展，15MnVR、15MnVNR、15MnNbR、15CrMoR等相继成为纳入容器用钢标准GB 6654。发展至1996年（GB 6654—1996），虽然与国外先进标准仍有不小的差距，但我国容器用钢的标准体系也显示出其在我国工业体系中的重要性。尤其是2005年，ASME锅炉及压力容器规范批准并公布案例2506，正式采纳我国国家标准GB 6654—1996《压力容器用钢板》（被GB/T 713—2014所替代）中的16MnR钢可用于制造ASME规范第Ⅷ卷第1册的压力容器，这是我国压力容器用钢板首次被国际公认的权威性ASME规范所采纳，说明16MnR在国际压力容器材料标准领域内已占有一席之地，从而证明其钢种的成熟性和可靠性。

2008年，我国的压力容器用钢标准和锅炉用钢标准合二为一，并于2014年进行修订，形成了现行的GB/T 713—2014《锅炉和压力容器用钢板》。同时，发展了低温压力容器用钢的标准GB/T 3531—2014和调质用高强度压力容器用钢的标准GB/T 19189—2011，以及LNG储罐专用9%Ni钢的标准GB/T 24510—2009。我国压力容器用钢的专用标准情况如表2.1.2-8所示。

表2.1.2-8　我国压力容器用钢标准汇总

标准号	名　称	钢种牌号数量		
		通用型	低温型	中高温临氢型
GB/T 713—2014	锅炉和压力容器用钢板	5	—	7
GB/T 19189—2011	压力容器用调质高强度钢板	2	2	—
GB/T 3531—2014	低温压力容器用钢板	—	6	—
GB/T 24510—2009	低温压力容器用9%Ni钢板	—	1	—

2）通用型低合金钢容器板

我国通用型压力容器用钢有7个钢牌号（GB/T 713—2014标准中5个正火型钢种，GB/T 19189—2011标准中2个调质型钢种），正火型压力容器用钢的屈服强度级别为245～420MPa和490MPa级，如表2.1.2-9所示。其中Q370R和Q420R的产品厚度和适用面均无法满足大范围压力容器用钢的建造需要，只用在少量特殊场合。

表 2.1.2-9 我国通用型压力容器用钢标准牌号及特征

标准	牌号	屈服强度级别	交货状态	最大厚度	描述
GB/T 713—2014	Q245R	245MPa	正火	250mm	相当于过去的 20R
	Q345R	345MPa	正火	250mm	相当于过去的 16MnR
	Q370R	370MPa	正火	100mm	相当于过去的 14MnNbR
	Q420R	420MPa	正火	30mm	相当于过去的 17MnNiVNbR
	13MnNiMoR	390MPa	正火+回火	150mm	主要应用于球罐和分离器建造
GB/T 19189—2011	07MnMoVR	490MPa	淬火+回火	60mm	低焊接裂纹敏感性钢，主要用于球罐制造
	12MnVR	490MPa	淬火+回火	60mm	专用于大线能量焊接储罐

①我国的通用型压力容器用钢只有 7 种，容器设计和建造者的选择面非常有限。这 7 种牌号中，12MnNiVR 是专用大线能量焊接石油储罐用钢，07MnMoVR 通常适用于焊接裂纹敏感性要求较高的球罐制造，Q420R 只能用到最大厚度 30mm，产品厚度严重受限，实际在工程应用中最为常用的钢种也只有 Q245R 和 Q345R 等 2～3 种。

②我国主力压力容器用钢牌号仍然是 Q345R（16MnR），虽然历经 40 余年的发展，在钢的冶炼、化学成分、韧性水平的技术要求方面均有大幅的提高，但是钢的强度等级一直保持 345MPa 级别。与该钢种相匹配的国外牌号有 ASTM 体系的 A299 和 A516-Gr.70，JIS 体系的 SPV355 和 EN 体系的 P355（GH，N，M）。但是，随着工业体系的成熟和完善，国外相继发展了强度级别为 420MPa 级和 460MPa 级的通用型压力容器用钢品种，如 JIS 体系的 SPV410 和 SPV450，EN 标准的 P420M、P460（N，M）等。

③交货状态的技术规定过于机械化，我国目前规定压力容器用钢的主要交货状态为热轧态，低强度级别的采用正火态或正火+回火态，高强度级别则采用调质态（淬火+回火）。国外标准较我国标准具有较大的灵活性，JIS G3115—2005 虽然规定了各种强度等级压力容器用钢的交货状态，但也强调经供需双方协商可以进行适当调整。而 EN10028 标准则直接提供了各种交货状态的钢种牌号供选择，如正火型常规碳素钢、正火型细晶粒钢、TMCP 型细晶粒钢和调质型细晶粒钢等。

与我国其他工业领域相比，如建筑、桥梁、船舶、管线等，经过多年的技术积累，低合金钢最高强度级别已经由 Q345 发展到 Q460，2008 年发展至最高级别 Q690，极大满足了该领域各类工程需要。自从 2000 年以来，我国主要大型钢铁企业的冶金装备和技术发生了翻天覆地的变化。目前我国大型钢铁企业均已基本具备了国际一流的冶金工艺装备，并配置了大量先进检测装备。冶金装备的更新和升级换代以及相对应的研发和生产技术的提高为国内钢材的生产和选用带来了日新月异的变化。首先，许多过去称之为“高技术难度”的钢材品种，在国内市场需求的牵引带动下，在冶金装备和研发技术的保证下，有了开发的动力和可能，并快速进入产业化和工程应用，如 LNG 超低温压力容器用 9%Ni 钢，石油输送用高钢级管线钢 X80、X90，海洋平台用Q690特厚板等。其次，普通钢级的钢铁产品在生产规格得到大幅度的拓展，稳定性上也有了较大的提高，主要体现在厚度规格跨度大，中厚板轧机最薄可生产至5mm以下，最厚可至150mm、200mm甚至更厚，板宽国内可生产最宽近5m，长度可在25m以上，产品的生产合格率也比过去有了大幅度提高。船体用钢也随后跟进，国内开发的最高级别钢种达到F690，并很快纳入国家标准中。而压力容器用钢却仍然停留在Q345的强度级别水平上近40年（490MPa级调质态的容器用钢直至2003年才正式纳入压力容器国家标准中），没有明显的发展。我国各个工业领域（包括压力容器）的典型标准牌号比较见表2.1.2-10。

表2.1.2-10　我国各个工业领域的典型标准牌号比较

领域	压力容器	低合金钢	船体用钢	桥梁用钢	管线钢
标准	GB/T 713—2014	GB/T 1591—2008	GB/T 712—2011	GB/T 714—2008	API
Q345	Q345R	Q345	D36	Q345q	X52
Q390	13MnMoNiR	Q390	D40	Q390q	X56
Q420	Q420R（受限）	Q420	DH420	Q420q	X60
Q460	空缺	Q460	DH460	Q460q	X65
最高级别	12MnNiVR （Q490）	Q690	F690	Q690q	X100
交货状态	N、NT	各种状态	HR、CR、TMCP、N	各种状态但不包括NT	一般为TMCP

材料的应用研究和基础数据积累严重缺乏，影响容器用钢的设计和选材。目前，材料的生产研发和工程应用脱节情况严重，材料的生产企业往往只注重产品研发和推广，却忽略材料的应用研究和基础数据积累，导致用户“有材料可用，却不知如何最好的使用”。在许多压力容器设备中，经常面临长期高温高压的工作环境，材料的耐高温持久性能是最为重要的应用数据，却没有渠道获取。即使像目前使用非常成熟的Q345R钢材料，也很难系统性找到超过10000h的高温持久数据。

3）低温型

我国低温压力容器用钢分为低合金钢、镍钢和不锈钢三种，纳入低温压力容器专用材料标准的共有8个牌号，如表2.1.2-11所示。其中低合金细晶粒钢是我国颇具特点的一类，早在20世纪60年代，为了节约贵重的镍资源，我国就开展了大量无镍（或微镍）型低温钢的研究工作，并于“八五”期间开发出一系列经济好用的低合金细晶粒低温钢，09MnNiDR、DG50等牌号是其中的典型代表。目前，GB/T 3531—2014收录了4个细晶粒低温钢牌号：16MnDR、15MnNiDR、15MnNiNbDR和09MnNiDR等，GB/T 19189—2011收录了2个细晶粒高强度低温钢牌号：07MnNiVDR和07MnNiMoDR，服役温度范围为－70～－40℃。

表 2.1.2-11 低温压力容器用钢标准牌号及特点

类别	标准	牌号	交货状态	最低使用温度/℃
低合金钢	GB/T 3531—2014	16MnDR	正火（+回火）	-40
		15MnNiDR	正火（+回火）	-45
		15MnNiNbDR	正火（+回火）	-50
		09MnNiDR	正火（+回火）	-70
	GB/T 19189—2011	07MnNiVDR	淬火+回火	-40
		07MnNiMoDR	淬火+回火	-50
镍系低温钢	GB/T 3531—2014	08Ni3DR	正火+回火	-100
		06Ni9DR	淬火+回火	-196
	GB/T 24510—2009	9Ni590	淬火+回火	-196
奥氏体不锈钢	GB/T 24511—2009	S30408 S31608	固溶处理	-196 以下

随着我国对 LNG、LEG 等低温能源气体生产和储运要求的急剧增加，我国对-70℃温度以下使用的低温容器用钢的需求变得非常迫切，“十五”和“十一五”期间，我国进口的 3.5%Ni、5%Ni 和 9%Ni 钢就达数十万吨，价值百亿元以上。为了满足 LNG 工业对国产镍系低温钢的需求，钢铁研究总院等科研院所联合国内钢铁企业，开展镍系低温钢的研制工作，成功研制出 3.5%Ni、5%Ni 和 9%Ni 钢，并于 2009 年先后推动了 9%Ni 钢和 5%Ni 钢国产化工程应用。2014 年，3.5%Ni 钢（08Ni3DR）和 9%Ni 钢（06Ni9DR）纳入 GB/T 3531—2014 国家标准中。短短几年间，用国产 9%Ni 钢成功建造了 LNG 储罐 20 余台，用国产 5%Ni 钢和 9Ni 钢成功建造 LNG、LEG 运输船 30 余艘，累计用钢量达近 10×10^4 t，采购价格降低到原来进口的 1/4，打破了国外的技术和价格垄断。

我国的低温压力容器用钢材料的研究与开发经历了近半个世纪的历程，从大力开发无镍低温钢、低合金高强度低温钢，直至现在以镍系低温钢为研发重点。尤其在低合金低温钢方面，取得了许多里程碑式的成就，但也有一些问题：

①我国大规模研发和应用镍系低温钢的时间较晚，但总体上与国际先进水平相比仍较落后。国外的镍系低温钢的研发和应用非常成熟，且呈体系化发展，从最低的 1.5%Ni 钢，到 2.25%Ni、3.5%Ni、5%Ni 钢，直至最高的 9%Ni 钢。我国的 3.5%Ni、5%Ni 和 9%Ni 钢均是为了满足市场的工程迫切需要而参照国外标准牌号进行研仿开发的，研究、开发、应用和纳标过程显迫切而不充分。例如，9%Ni 钢虽然已实现国产化，但在应用过程中出现钢板剩磁过高，影响焊接质量和效率的问题已开始显现，说明 9%Ni 钢板还需要进行更充分的应用研究工作。3.5%Ni 钢虽于 2014 年纳入国家标准 GB/T 3531，但仍然没有实现批量国产化是目前面临的最迫切问题。

②无论是低合金低温钢还是镍系低温钢，均缺乏与钢板相配套的铸锻件、法兰、管材及其他零配件的标准和研发生产途径，为低温压力容器的设计和选材带来困难。

③可持续性研发制度和条件不足，制约了我国低温压力容器用钢尤其是镍系低温钢的

进一步发展。事实上，进入 21 世纪，为了兼顾超大型低温储罐设备的安全性和材料成本经济性，日本和欧美等工业国家利用先进的冶金装备条件仍然对 Ni 系低温钢尤其是 9%Ni 钢进行大量研发和改进，并在原有基础上开发出许多新型改良钢种，如与传统 9%Ni 钢相比，安全裕量更高的“超级 9%Ni 钢”、“DQT-9%Ni 钢”和成本大幅降低的“7%Ni 钢”等。而我国在成功开发出 9%Ni 钢后对相关产品和后续研发的关注和支持力度明显下降。

4）中高温及临氢型

在临氢操作工况下工作的压力容器，随着操作温度和操作氢分压的升高，环境中的氢不断渗入到设备用钢中，并和钢中的渗碳体（Fe_3C）和不稳定碳化物析出的碳起化学反应，生成甲烷气，最终导致钢材破裂，即产生氢腐蚀现象。化学反应式如下：

$$2H_2 + Fe_3C \longrightarrow 3Fe + CH_4$$

$$C + 2H_2 \longrightarrow CH_4$$

生成甲烷气的化学反应在晶界上进行，它在钢中的扩散能力很小，没有能力从钢材中扩散出去，于是就在钢材缺陷部分聚集，形成巨大的局部压力，造成应力集中，导致微观孔隙发展，以致形成内部裂纹，使钢材强度和延性显著降低，最后导致材料破裂。

设备的操作温度在 200℃以下时，钢内部吸附的氢并未与钢材的组分发生任何化学变化，也没有改变钢材的组织状态，只是钢材中吸附了氢，钢材变脆，韧性降低，此种现象称为氢脆（暂时的氢脆是可逆的）；Cr-Mo 钢在 220℃以上时钢材内部的氢与钢材中不稳定碳化物发生反应后，生成的甲烷气将使钢材脱碳，形成鼓包、开裂，致使钢材的强度、塑性和韧性大大降低，这种现象称为氢腐蚀（不可逆）。影响氢腐蚀敏感性最关键的因素是钢材的化学成分、操作温度、暴露期间的氢分压和应力水平。

为避免钢材发生氢腐蚀，就需要设法防止钢中甲烷气的生成。在普通碳素钢的基础上，添加阻止渗碳体分解和强碳化物形成元素 Cr、Mo、V 等，便可以达到这个目的。这就是 Cr-Mo 钢作为抗氢钢并得到广泛使用的主要原因。临氢压力容器常用的 Cr-Mo 钢有 1Cr-0.5Mo、1.25Cr-0.5Mo-Si、2.25Cr-1Mo、2.25Cr-1Mo-0.25V、3Cr-1Mo、3Cr-1Mo-0.25V-Ti-B 等。

2.1.3　石油石化用低合金钢板的发展趋势

国际上，压力容器用钢材料的发展趋势体现如下几个特点：

（1）精细化，专业化，品种多样化。

国外发达国家由于工业发展时间长，体系相对成熟，压力容器用钢材料正朝着精细化、专业化的方向发展，品种也随着服役工况的不同而变化，使每一个品种都更为合适的发挥其优势作用，过去一种或几种材料牌号“包打天下”的局面不再存在。甚至同一种材料成分或牌号的钢种，也可以由于交货状态的不同，而选择性应用于不同的服役环境下。例如，对于通用型容器用钢，多层压力容器可选用 SA-225 或 SA-724，搪玻璃用压力容器可选用 SA-562，考虑更低碳当量的材料可选用 SA-841。对于－104℃温度下 LEG 储罐的运输船，可选用定制开发的 5%Ni 钢，既避免了选用 9%Ni 钢造成材料成本的无谓增加，又可显著降低因为过去选用3.5%Ni钢安全裕量不足的风险（LEG海上运输属低温动态载荷，与陆地上静态LEG储罐相比服役环境恶劣得多）。而在中高温临氢钢方面，更是不断有新材料品种推出（仅ASME规范就有多达20多种牌号可供选择），来满足各种不同的高温高压和临氢环境要求。

（2）材料系列化、配套化。

压力容器设备主要建造材料是钢板，与之相配套还应有一定量的管件（无缝管和焊管）、铸件、锻件、法兰等零配件。随着国外容器用钢材料体系的日臻成熟，如钢板相配套的零配件材料也较为完善。例如，在美国通用型压力容器，仅ASME标准体系就有大量的管件、棒型材、铸锻件、法兰、阀门、钢丝及其他零部件材料等相应的产品和牌号，不同强度级别和综合性能，不同的适用工况，可供选择，可达近百种之多，种类非常齐全。低温钢领域也表现得较为明显，在美国和日本，建造LNG储罐，不仅可采购到9%Ni低温钢板，也有相应的9%Ni锻钢、管件供应。而在国内，则只能通过修改储罐设计规范，用其他产品来替代。

（3）注重设备服役的安全性。

随着炼化和储运环境的恶化和设备运行要求的提高，对设备服役安全性的要求与日俱增。设备的安全性主要体现在材料服役的安全上。超级9%Ni钢和DQT工艺生产的9%Ni钢逐步代替传统9%Ni钢。煤液化的工作温度为480℃，以前采用2.25Cr-1Mo钢生产反应容器，使用寿命较短，且易出现安全事故。采用2.25Cr-1Mo-0.25V钢后，将工作极限温度提高至500℃以上，安全裕量显著增加。

（4）在保证安全的前提下考虑全寿命经济性。

随着石化容器服役环境的日益苛刻，材料成本在装备中的成本快速增加，国外发达国家在石化容器用钢的选材方面遵循“在保证安全的前提下考虑全寿命经济性”原则。①在保持结构设计不变的情况下，选用既能保证安全又可降低选材成本的材料。例如，LNG储罐，9%Ni钢被应用主要是由于钢板和焊接接头均具有良好的断裂韧性——启裂韧性和止裂韧性，能有效保证储罐的安全。日本近十年来，采用Cr、Mo微合金化、特殊热处理和TMCP在线工艺共同作用生产6%Ni钢和7%Ni钢，已被证实具有和9%Ni钢相当低温断裂韧性，可以应用于LNG储罐，而材料成本则可以降低25%以上。②在保证结构设计不变的情况下，选用更长寿命的材料，使设备的单位时间的建设和运营成本降低。例如，过去在石油石化行业大批量采用不锈钢制作油气运输管道，对于某些腐蚀气氛极强（如硫酸露点腐蚀）的环境，不锈钢管道的更换频率很大。若采用钛合金管或者钛-钢复合管，尤其是后者，虽然一次性材料成本投入较高，但后续的维修、更换费用大大降低，全寿命成本得以显著降低。③改变结构设计，选用性能更优的材料，通过降低设备重量来降低材料成本。国际上常见的做法是，在吨钢成本不显著增加的情况下，选用强度级别更高的钢种（如从SA-841的C级提高至E级，强度提高25%以上，成本增加不超过15%），通过减少材料采购数量来保证设备的全寿命经济性。

我国的压力容器用钢与国外先进水平相比，仍然有比较大的差距。表现在：

（1）材料标准和牌号相对较少，与工业发展水平不配套，有空缺。

例如，美国 ASTM 拥有近百种压力容器专用钢标准，加上与之相配套的材料标准数百种。日本也有 11 个专用压力容器用钢标准，材料牌号上百种。我国只有四个专用的压力容器用钢材料标准和一个设计标准，共 23 个牌号。我国没有专门的中高温临氢 Cr-Mo 钢标准，只在 GB/T 713—2014 中设置了 15CrMoR 等 6 个牌号，而美国仅 ASME SA387—2005 一个压力容器用 Cr-Mo 合金钢板标准，就包括 8 个级别 10 个牌号的钢种，加上其他标准所涉及的达数十种之多。

（2）强度等级偏低、牌号规划设计系统性不足。

我国通用的压力容器用钢为 Q345R，屈服强度级别为 345MPa，而日本使用 SPV410 和 SPV490 已经较为普遍。最高的屈服强度仅为 490MPa，而美国、日本和欧洲等国的最高强度级别已经达到 690MPa 级别，且大量使用。

对于通用性压力容器用钢，通常情况强度等级一般为 40～70MPa 为台阶进行划分，如热轧和正火型容器用钢，分为 345MPa、390MPa 和 460MPa，我国则存在 345MPa、370MPa 和 420MPa 这样的划分，且部分牌号等级的适用面过窄。

（3）材料牌号的适用面范围不足。

现有材料牌号主要针对容器用钢板，而建造压力容器设备所需的其他管件、棒型材、铸锻件、法兰、阀门、钢丝及其他零部件材料等相应的产品和牌号严重缺乏，影响到压力容器设备设计与选择。

（4）应用研究和基础数据严重缺乏，导致用户在选材和使用中存在困扰。

很多钢牌号直接参照国外标准和产品等同采用，甚至还没有国产化批量产品，例如 08Ni3DR（3.5％Ni）钢，我国参照美国 ASME SA-203 标准选用，已累计使用进口 3.5％ Ni 钢数十万吨，最近刚纳入国家标准体系，应用研究数据不够，影响到材料最大限度的发挥其技术和性能特点。即使像目前使用非常成熟的 Q345R（过去的 16MnR），在超过 10000h 的高温持久数据方面都是不全面的。

2.2　石油石化用低合金钢管

2.2.1　概述

油井管（竖管）包括套管、油管及钻柱构件（钻杆、钻铤、方钻杆等）在石油工业中占有重要位置，是石油工业的基础。油井管服役条件恶劣，油管柱和套管柱通常要承受几百甚至一千个大气压的内压或外压，几百吨的拉伸载荷，还有高温及严酷的腐蚀介质作用，因此对材料的力学性能和耐蚀性均有较高的要求。

近年来随着全球石油供应的严峻形势，使得一些严酷腐蚀环境的油气田和其他苛刻条件的油气田相继投入开发，对特殊用途油井管如超高强度钻杆、高强度抗硫钻杆、高抗扭钻杆、高抗挤套管、抗 H_2S 或 CO_2 腐蚀油套管、特殊螺纹接头油套管、适应可膨胀管技术、套管钻井技术、连续管钻井等的需求也随之急剧增加。油井管的质量、品种和服役性能在一定程度上已经成了制约石油工业进一步发展的关键因素，仅符合API标准的油井管已经无法满足使用要求，高性能的非API油井管得到了迅速发展。

国外油井管主要生产商主要有Teneris集团、V&M集团、日本钢管联盟、俄罗斯TMK集团、美钢联等，它们以完整的产业结构、强大的开发能力、不断开发新产品以适应国际石油行业发展的需要，基本控制了高端油井管的技术和市场。

管线钢（横管）是解决油气资源运输的主要载体之一。进入21世纪，管线钢出现一个蓬勃发展的趋势。管线钢发展的动力来自两个方面，其一是世界石油工业的发展。由于极地油气田、海上油气田和腐蚀环境油气田等恶劣环境油气田的开发，为节省管线工程的建设投资、降低运输费用、保障钢管输送运行的可靠性，不仅要求管线钢具有高的强度，而且要求具有高的韧性、疲劳性能、抗断裂性能和耐腐蚀性能，同时还要求力学性能的改善不会恶化钢的焊接性能和加工性能。其二是冶金技术的进步。自1959年微合金化钢开始在油气管工程中应用以来，国际上对微合金管线钢已经行了50年的研究与生产。目前，管线钢的设计和生产过程由于采用了冶金数学、清洁生产、过程智能控制等高新科技，通过微合金化、超纯净冶炼和现代控轧、控冷技术，已能够提供超纯净度、超均匀性和超细晶粒的具有优良强韧特性的管道管材。管线钢已成为低合金高强度钢和微合金化钢领域内最富活力、最具研究成果的一个重要分支。

2.2.2 国内外石油石化用低合金钢管研究应用现状

2.2.2.1 油井管

世界上大多数国家的油井管普遍采用API标准，其中套管和油管采用API SPEC 5CT和STD 5B，分4组17个钢级，钻杆采用API SPEC 5D，接头、钻铤和方钻杆等采用API SPEC7。我国从1982年起直接或等效采用API标准。

国际上使用的油井管除依据API标准生产外，在特殊工况环境下，还需要大量非API标准油井管，当前非API钢级油井管已占油井管总量的35%以上。国内外非API钢级油套管主要有以下几种：

1）抗硫ERW油井管

ERW套管具有尺寸精度高、力学性能稳定、抗压溃性能好及抗爆裂性能高等优势，且生产成本明显低于同钢级的无缝钢管，越来越多的国家打破“焊接套管多用于浅井，无缝管多用于深井”的普遍观念，开始将ERW焊管作为油井管使用，焊接套管下井最深已超过7000m，最长使用超过12年。焊接套管不仅使用在陆地，而且还用于海洋油气井中，使用的钢级也不断拓展。日本的焊接套管已占其油井管产量的70%以上，美国的焊接套管的应用率大于50%，由此可见石油工业中直缝电阻焊套管代替传统的无缝管已成为必然趋势。但是由于焊接套管存在焊缝性能薄弱区，其有限的抗硫性能一直是限制其更广泛应用的一个主要障碍。在抗硫焊接套管方面，国外已开始进行研究并取得了一定的成果，开发出相应产品并在油田批量使用。美国Lone Star和新日铁等公司开发出抗硫套管产品，

Lone Star 的抗硫焊管产品牌号有 H_2S-90、H_2S-95 和 C95，新日铁有 SM95TSE 等抗硫焊管产品，其生产技术保密，未向外公开。

我国 ERW 焊管基本为低钢级 J55 套管，所占比例仅为 10%。近年来，中国石油天然气集团公司十分关注以焊接钢管替代无缝钢管的技术开发和应用推广工作，现已在宝鸡石油钢管建设了 70×10^4 t/a 产能的“热张减＋整体管热处理”工艺的先进 ERW 钢管生产线，宝钢也建设了先进的 ϕ610 ERW 焊接钢管机组，为焊接钢管的推广应用创造了良好的条件。同时，相关的研究机构也针对新工艺进行了大量的理论研究工作。

随着国内钢管厂家的高等级 ERW 焊接套管生产技术水平不断提高，用户对焊管接受和认可程度也在不断提高，从发展趋势来看，焊管替代无缝管是大方向。抗硫焊管产品由于其创新性在生产成本方面和国外产品相比具有很大优势。相对于抗硫无缝管，抗硫焊管在实体力学性能、尺寸精度和价格方面具有较强优势，在提高产品使用性能的同时能够为油田用户节约投资成本。尽管我国 ERW 套管生产厂家已开发出 API 系列套管产品，但在抗硫套管产品领域的研发仍是处于起步阶段。因此，开发出抗硫 ERW 套管产品，实现焊管力学性能和抗硫性能的双提高，可满足油田用户在提高套管产品性能的基础上降低生产成本的要求。

2）高抗硫、抗挤性能套管

在含有硫化氢的地层活跃区域进行勘探与开采时必须使用具有高抗挤毁性能和抗硫性能的套管。开发同时具有抗硫和抗挤性能的套管是目前世界各钢铁工业和能源工业发达国家正在努力研发的热点和重点。但是由于对高抗挤抗硫性能的机理研究尚不透彻，生产工艺不够成熟，产品的各项指标仍难以完全满足油田用户对复杂地质条件下对套管的使用性能要求。

用于含 H_2S 油气田油井管的抗硫性能检验均要求按 NACE TM 0177 国际标准中的 A、B、D 法进行。API 标准规定，当标准试样在规定的酸性溶液中采用恒载荷法，即材料在承受轴向 80%名义屈服强度的载荷作用下，经 720 h 不断裂，则可作为一般抗硫油井管使用。但是对于那些高井压和高 H_2S 含量的油气井，用户要求材料必须为同时承受 90%以上轴向名义屈服强度（试验方法 A）和周向应力条件（试验方法 D）下不失效的高抗硫非 API 标准油井管系列产品。

国外各大钢管厂家已经开发出抗挤系列套管产品，典型牌号如 V&M 公司的 VM-80HC～140HC，住友金属的 SM-80～110TT、SM-95TT～125TT，NKK 的 NKHC-125，川崎的 KO-110T、KO-95CTYS。抗硫系列套管产品典型牌号如 V&M 公司的 VM-90HCS、VM-95HCS、VM-80HCSS～110HCSS，住友金属的 SM-95TS，川崎的 KO-95TS 等，这些产品在油田已普遍应用。

抗硫化氢腐蚀套管是油井管中的高技术含量的产品，过去其生产技术只被少数国外先进的大型钢管企业垄断。目前国内生产企业通过多年的努力已逐步掌握了抗硫化氢套管的制造技术，开发了具有自主知识产权的高强度抗硫化氢套管产品。从整体来看，我国油井管的生产工艺装备已接近或达到国际先进水平，但是在高端抗硫套管的生产技术和使用技术水平上与发达国家相比还存在着差距。突出的问题表现在高抗挤抗硫套管产品的开发还处于初级阶段，其品种及规格不全，对抗硫和抗挤毁机理缺乏定量和准确的认识，抗硫焊管和高抗挤抗硫套管的使用技术不配套，限制了产品的研发和推广应用，不利于我国能源工业的健康发展。

目前国内高抗挤抗硫套管产品的生产技术尚不够成熟，不具备多规格多钢级产品批量供货能力，同时产品使用技术还不完善，油田用户认可和接受的程度不高。高抗挤抗硫套管产品能够适用于盐岩层、泥岩层、盐膏层等地应力高并且含有硫化氢的地层，避免了套管受压损坏变形和硫化氢腐蚀造成的断裂，提高油田开采和开发的安全性，油田对此类产品的需求量将逐年增加。

3）连续油井管

连续油管（Coiled Tubing，简称 CT）技术始于 20 世纪 60 年代，80 年代广泛应用于石油工业，迄今已有半个世纪的发展历史。现在，该技术已经成为石油天然气勘探开发领域中一项日益完善的高技术，它以占地面积小、作业成本低、搬迁安装方便、保护油层、增加油井产量和使用范围广等诸多不可比拟的优势得到了迅速发展，已广泛应用于小井口钻井、完井、试油、采油、修井和集输等各个作业领域，被誉为“万能作业设备”。

连续油管是相对于常规的单根螺纹连接油管而言的，又称为挠性油管、蛇形管或盘管，是一种缠绕在卷筒上，可以连续下入或从油井起出的一根无螺纹连接的长油管（例如长达 7925m）。连续油管钻井技术是近年来国际石油钻采业的热点话题，也是我国石油制管业面临创新的重点课题。连续油井管合金元素设计原理：

①C 在连续油管钢中主要以固溶的方式存在，以提高奥氏体的淬透性，得到贝氏体组织并保证热处理后得到一定量的 M/A 岛硬相组织，但 C 含量不宜过多，否则会影响带状组织及焊接性能。

②Si 主要以固溶方式存在于钢中，抑制贝氏体转变期间渗碳体的形成，使碳进一步积聚于未转变的奥氏体中，形成富碳的 MA 组元，并且能够促进多边形铁素体生成。但是，Si 加入量过多会降低钢的塑性和韧性，并且引起焊接性能恶化。

③Mn 既能以固溶状态存在，也可以进入渗碳体中取代一部分 Fe 原子，起到固溶强化作用，还能形成硫化物。Mn 元素在奥氏体中聚集，可提高奥氏体稳定性。

④Al 是强铁素体形成元素，Al 的加入会使奥氏体单相区缩小并右移。与 Si 对钢的影响类似，Al 能抑制渗碳体的生成，并且炼钢时加入少量的 Al 来脱氧。然而，Al 含量过高时，钢中 Al 的氧化产物增加，杂质含量增加，会降低钢的洁净度和表面性能。

⑤P 在钢中也可以抑制渗碳体的析出，对铁素体有显著的固溶强化作用。但是，P 含量过高，会影响钢的使用性能，如在低温下钢会产生冷脆效应。

⑥S 在钢中与 Mn 结合形成 MnS，降低 Mn 的有效含量，同时降低钢的抗 HIC 能力，因此，S 在钢中的含量控制得越低越好。

⑦Mo 在钢中能明显提高奥氏体的稳定性，抑制多边形铁素体生成，形成单一的针状铁素体组织。

⑧Cu、Cr、Ni 有很强的固溶强化作用，并且都是奥氏体稳定元素，提高淬透性，促进贝氏体生成，同时还能提高钢的抗腐蚀能力。

⑨固溶的 Nb 能显著提高奥氏体再结晶温度，增加未再结晶区变形量，析出的碳氮化铌颗粒能增加铁素体形核点，并阻止先共析铁素体晶粒长大，使得到的铁素体晶粒细小。

连续油管的技术优势主要包括：①降低钻井作业成本；②适用于高压油层和欠平衡压力钻井；③减少钻井事故，节省钻井液循环时间；④更适用于钻小井眼井、老井侧钻、老井加深；⑤有利于提高自动化水平；⑥保护油藏等。

连续油管是一种高强度、高塑性并且具有一定抗腐蚀性的油气管材。根据对连续油管技术的分析，其管体材料应满足以下四点要求：

①高强度。采用连续油管进行修井，测井和钻井，国外作业深度可达 6000m 以上，国内一般在 3500m 以下，由于井深，要求管柱强度较高；同时连续油管在井下进行不同作业时管柱要承受拉、压、弯复合载荷，并且管子内外还要承受 20～70MPa 的液体或气体压力。因此，连续油管屈服强度一般要＞485MPa，抗拉强度＞552MPa。

②高塑性。连续油管缠绕在卷筒上，每次作业时从卷筒上打开矫直，经过一个称作“鹅颈”的导向拱弯曲后进入注入头，经过注入头矫直并在夹持力作用下注入井下。作业完毕后提升卷曲在卷筒上，每卷产品大约可重复使用 15～25 次。在一次下井过程中连续油管需要塑性变形 3 次，作业完毕卷曲时再变形 3 次。如果在水平井作业，变形次数更多，这就要求管体的伸长率不小于 26%，屈强比不大于 0.85。

③抗蚀性。连续油管在井下作业时，油气中可能含有 H_2S、CO_2 等腐蚀介质，用于酸化作业时，要用连续管向井下注入酸液，在应力和酸性介质的共同作用下，对连续油管抗腐蚀性也提出了更高的要求。

④稳定的产品质量。由于连续油管单根长度在几千米，任何一处的质量缺陷都有可能造成管柱失效，因此在连续油管制造过程中，一要确保卷板质量稳定可靠；二要确保带钢对接接头质量稳定可靠；三要确保整个 ERW 焊缝质量稳定可靠；最后通过严格的理化性能、射线、超声、电磁、水压等一系统检测方法确保最终产品的质量。

连续油管材料从普通碳素钢发展成了高强度低合金钢，钢级从最初的 CT55 发展到 CT100，对应的屈服强度级别为 482～689MPa，产品性能（如强度、塑性、抗腐蚀性以及疲劳寿命等）也发生了根本性改变。同时根据酸性介质和特殊服役要求，还开发出了 16Cr、钛合金等抗腐蚀性连续油管以及玻璃纤维复合连续油管。

常用的连续油管制管材料有碳钢、调质合金钢和钛合金钢等复合材料。随着制管材料性能的改善和制管工艺水平的提高，连续油管的强度和可靠性得到了很大改善，连续油管制管材料的屈服强度可达到 620MPa、689MPa、758MPa 和 827MPa。抗腐蚀性连续油管的应用，为含有 H_2S 和 CO_2 等酸性气体环境油气藏开发提供了一种安全手段，极大保障了作业者的安全。更高强度的连续油管制管材料、更大的连续油管外径和不断降低的成本是推动连续油管钻井技术革命的关键因素，极大地拓展了连续油管钻井技术应用领域。

4）膨胀套管

膨胀套管是石油天然气开采领域的一项重大创新技术，国内外专家预测该技术将对油气井工程技术产生革命性的影响。膨胀套管可用于钻井、套管修补、完井和采油气作业等，被认为是21世纪石油钻采行业的核心技术。该技术由壳牌公司于1991年提出并在近20年得到迅猛发展，现已形成了一套完整的套管材料、套管连接和钻井作业技术。

为实现石油套管优异的可膨胀性能，一般要求钢管材料应具有较高的强度、韧性、较低的屈强比、较高的加工硬化能力和均匀延伸塑性等，同时要求钢管应具有良好的尺寸精度、壁厚均匀性和椭圆度等。对于可膨胀套管的管材的研究，曾使用过低碳不锈钢、低碳合金钢、高压锅炉钢等，目前国外认为K55、L80、N80、S95和P110级套管可用作膨胀管材料，特别针对L80、K55做了大量研究。试验表明，膨胀后管材的性能还能满足API标准的要求，其性能如表2.2.2－1所示。

表2.2.2－1 L80和K55材料膨胀前后的性能对比

材料	性能	API 5CT	膨胀前	径向膨胀20％
L-80	屈服强度 $\sigma_{0.2}$/MPa	551.6（最小）	567.4	568.1
	抗拉强度 σ_b/MPa	655.0（最小）	668.1	722.6
	屈强比	0.84	0.85	0.79
	伸长率/％	14.0（最小）	27.1	19.4
K-55	屈服强度 $\sigma_{0.2}$/MPa	379.2（最小）	484.00	547.4
	抗拉强度 σ_b/MPa	655.0（最小）	761.9	799.8
	屈强比	0.58	0.64	0.68
	伸长率/％	9.5（最小）	26	27

膨胀管管材还可采用一种特殊的材料，Al-killed C-Mn钢，组织状态为铁素体加珠光体，经20％膨胀后其力学性能变化如表2.2.2－2所示，与L-80、K-55的性能变化类似。屈服强度、抗拉强度和硬度均有不同幅度的提高，挤毁强度、冲击韧度降低，其性能指标基本接近K-55。管材膨胀后内部会有残余的拉应力存在，经NACE TM 0177试验，证明上述材料对应力腐蚀不敏感。

表2.2.2－2 Al-killed C-Mn材料膨胀前后的性能对比

性能	未膨胀	膨胀后	时效后
屈服强度 $\sigma_{0.2}$/MPa	299	382	401
抗拉强度 σ_b/MPa	458	507	540
屈强比	0.65	0.75	0.74
伸长率/％	19	6	5
最大伸长率/％	36	22	18
应变强化指数 n	0.19	0.07	0.07
挤毁强度/MPa	286	217	273
硬度/HRB	72.6 ±3.9	85.6 ±0.4	89.0 ±0.3

Long Star和V&M已开发出可膨胀套管系列，最高钢级655MPa（95ksi），膨胀量达

25%以上。V&M 开发了可膨胀套管的特殊螺纹 VAMET。除以上领域以外，国外其他重点发展领域还包括深井、超深井的超高强度套管、低温高韧性油套管、耐腐蚀油套管等等。

我国的膨胀套管技术起步较晚，研究的重点主要集中于膨胀套管的装置设计、膨胀套管的连接技术等。在膨胀管材技术开发方面，成都无缝引进了成套的实体膨胀管生产线，针对无缝膨胀管材进行了一些研究；宝鸡钢管公司引进了国际上最先进的 HFW＋热张减＋整体管热处理的焊管生产线，目前也正进行焊接膨胀管的生产技术开发。然而，由于受国外技术封锁，我国的膨胀管管材尚未完全实现国产化。目前我国油气开采行业对抗硫可膨胀套管也有着极为迫切的市场需求。例如四川普光气田主体共部署开发井 39 口，2008 年 5 月 12 日汶川地震期间，部分开发井发生不同程度套管变形，通过 40 臂井径监测 31 口井/54 井次，发现 29 口气井产层套管不同程度变形。四川普光气田属于高含硫气井，而目前针对超深高腐蚀环境普光气田 177.8mm 产层套管的复杂井套管修复技术仍然是国内外的难题，大部分套变井未作处理，主要采用规避套变段措施投产。2003 年在胜利油田的 T61-C162 井采用 Eventure 公司生产的实体可膨胀管进行了国内的第一次现场应用。国内对可膨胀管的技术需求非常大，仅套管补贴 1 项就有 7000 口左右的油气井套管由于腐蚀等原因穿孔或泄漏，急需补贴大修，该数字还在以每年 1000 口井的速度增加。

2.2.2.2　管线钢

管道输送是石油天然气最经济安全的运输方式。按照服役环境的不同，管线钢可以分为高强度长输管线、抗大应变管线、厚壁海底管线和耐腐蚀油气输送管线。

1）高强度长输管线

管道输送是将石油天然气从遥远的开采地向最终用户端长距离输送的重要方式。在 5000km 距离以下，石油天然气的管道输送是较其他运输方式相比最为经济的一种手段。与其他方式相比，管道输送具有输送量大，成本低，安全性高、便捷、高效等优点。第二次世界大战后，油气输送管线发展迅猛，输送压力不断提高，国外新建天然气管道的设计工作压力都在 10MPa 以上。输送压力的提高要求增加钢管壁厚，壁厚增加势必带来钢管重量的增加。在此情况下，只有提高管线钢级，才能减小钢管壁厚，节约钢材，降低管道建设的成本。一般情况下，钢管费用占整个管道投资的 25%～30%。如图 2.2.2-1 所示，在较高工作压力下，X100 管线钢的应用具有巨大的经济效益，可使长距离油气管线成本节约5%～12%，主要体现在材料节约、提高输送压力、减小施工量、降低维护费用、优化整体方案等方面。

提高管线钢的强度是保证大直径和高压输送的重要条件，能有效降低输送成本和提高输送效率。输油最大管线管径从 762mm（20 世纪 60 年代）增加到目前的 1219mm，而输气管线管径则增加到目前的 1420mm。研究表明高压输送较低压输送在投资成本和运行成本上占绝对的优势，见图 2.2.2-2，当然，管径并不是越大越好，输油管线合适的最大管径约 1220mm，输气管线合适的最大管径为 1420mm。在输送压力方面，当输送压力从 7.5MPa 增加至 10～15MPa 时，输气管线的输送能力可提高 35%～60%。在国外，输送压力逐渐提高（图 2.2.2－3），最大输送压力从 0→6.2MPa→10MPa→14MPa 逐渐提高，目前，国外新建油、气管线的输送压力一般在 10MPa 以上。近年来，我国的管线钢发展也较为迅速，新铺设的输油管道直径也达到了 1219mm，最大输送压力达到了 10.0MPa 以上。

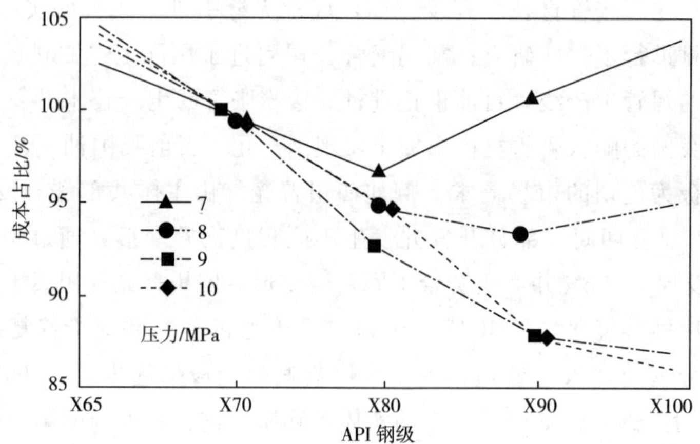

图 2.2.2－1　采用不同钢级钢管建设的成本变化

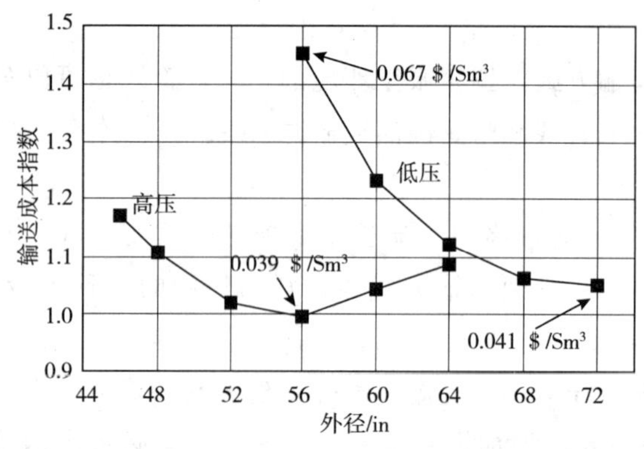

图 2.2.2－2　高压（100.140 bar）和低压输送（45.75 bar）天然气 30×10^9 Sm^3/a 的单位输送成本计算

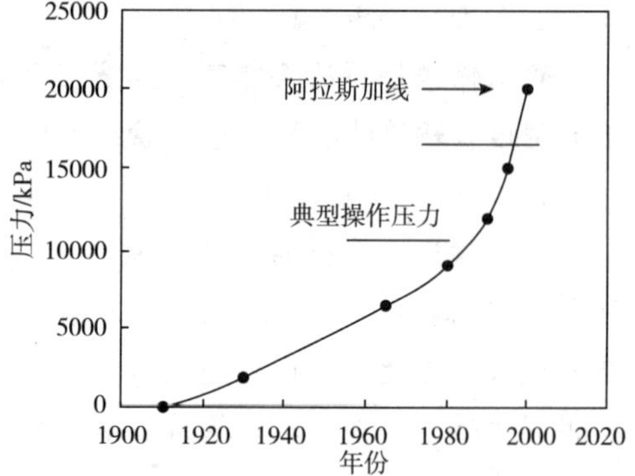

图 2.2.2－3　北美地区天然气输送

管线钢主要用于输油、输气管道，要求其钢材的强度高、韧性好，钢材的疲劳强度高，焊接性好。管线钢必须是纯净钢，其洁净度要求：超低 S、低 P、低 H、低 O，加钙处理使硫化物夹杂球化。输气管线选材时，应选用屈服强度较高的钢种，以减少钢的用量；但并非屈服强度越高越好，屈服强度太高会降低钢的韧性，选钢种时还应考虑钢的屈强比，用以保证制管成型质量和焊接性能。钢在经反复拉伸压缩后，力学性能会发生变化，强度降低，严重的降低 15%，即包申格效应，在定购制管用钢板时必须考虑这一因素。可采取在该级别钢的最小屈服强度的基础上提高 40～50MPa。钢材的断裂韧性与化学成分、合金元素、热处理工艺、材料厚度和方向性有关。应尽可能降低钢中 C、S、P 的含量，适当添加 V、Nb、Ti、Ni 等合金元素，采用控制轧制、控制冷却等工艺，使钢的纯度提高，材质均匀，晶粒细化，可提高钢韧性。

铁素体-珠光体管线钢（Ferrite-Pearlite steel，简写为 F-P steel），这是 20 世纪 60 年代以前管线钢所具有的基本组织形态，其基本成分是 C-Mn。X52 和低于该强度级别的管线钢均属于铁素体-珠光体钢。铁素体-珠光体钢含碳量 0.10%～0.25%，含 Mn 量 0.30%～1.70%，一般采用热轧和正火热处理。20 世纪初人们开始认识在 C-Mn 系的基础上加入微量 Nb、V、Ti 等微合金元素，并利用控制轧制技术，通过微合金元素的碳（氮）化合物析出强化提高材料的强度，同时降低 C 含量，提高韧性和焊接性能，进而开发出了少珠光体钢。少珠光体管线钢的典型化学成分有 Mn-Nb、Mn-V、Mn-Nb-V 等。一般含碳量小于 0.1%，Nb、V、Ti 的总含量小于 0.10%，代表钢种是 20 世纪 60 年代末的 X56、X60 和 X65。这类钢突破了传统铁素体-珠光体钢热轧正火的生产工艺，进入了微合金化钢控轧的生产阶段。实践表明，现代控轧工艺可生产出细晶粒钢。对于 C-Mn 钢，晶粒尺寸最小为 6～7μm。对于少珠光体钢，晶粒尺寸可细化至 4～5 μm。由于晶粒细化使屈服强度每增加 15MPa，可同时导致韧脆转变温度下降 10℃，所以少珠光体钢可以获得较好的强韧配合。

针状铁素体管线钢（Acicular Ferrite pipeline steel，简写为 AF steel）于 20 世纪 70 年代初投入实际工业生产，典型成分为 C-Mn-Mo-Nb，通常碳含量小于 0.08%。针状铁素体钢通过微合金化、控制轧制和控制冷却，综合利用晶粒细化、微合金化元素的析出相与位错亚结构的强化效应，可使钢的屈服强度达 550MPa，－60℃的冲击韧性达 80 J。

为开发北极和近海能源的需要，在针状铁素体研究的基础上，超低碳贝氏体（Ultra-Low Carbon Bainite steel，简写为 ULCB steel）管线钢应运而生。新的冶炼技术发展已为在工业上生产超低碳贝氏体钢提供了可能。超低碳贝氏体钢在成分设计上，选择了 C、Mn、Nb、Mo、B、Ti 的最佳配合，从而在较大冷却速度范围内都能形成完全的贝氏体组织。在保证优良的低温韧性和焊接性的前提下，通过适当提高合金元素含量和进一步完善控轧与控冷工艺，超低碳控轧贝氏体钢的屈服强度可提高至 700～800MPa，因而超低碳贝氏体钢被誉为 21 世纪的控轧钢。但由于含硼的超低碳贝氏体管线钢中的硼元素焊接过程中难以控制，使其未能在管线钢中得到广泛应用。

对更高级别的管线钢（X100 以上级别）采用针状铁素体已不能满足其强度的要求，一般采用贝氏体/马氏体复相组织，代表了未来管线钢的发展方向。但目前仍处于研究阶段，其应用还需要较长时间的系统研究，如焊接性能、止裂性能、实地爆破试验、大批短距离的服役试验等工作，才能够进入大规模使用。

热机械控轧工艺（TMCP，Thermo Mechanical Controlled Processing）是组合了控制轧制和控制冷却的轧制方法。输油、输气管线钢是控轧控冷技术应用最早和最广泛的领域。在高韧性管线钢生产中，铸坯的再加热温度是轧制工艺中主要的控制参数之一。既希望第二相粒子处于完全固溶状态，以便在随后的轧制过程中通过溶质拖曳机制显著阻止奥氏体再结晶，又不能使原始奥氏体晶粒发生粗化，继而在随后的轧制过程中出现混晶现象。加热温度选择是否合理，直接影响钢的原始奥氏体晶粒尺寸和所加入微合金元素的固溶情况，进而影响随后轧制过程中奥氏体再结晶晶粒尺寸及碳氮化物的析出状态与数量，最终影响热轧卷板的综合性能。一般要求再加热温度略高于 Nb（C、N）的全固溶温度。待温段通过再结晶使奥氏体晶粒微细化。加大奥氏体未再结晶区的累积压下量，使奥氏体变形导致晶粒压扁拉长，以增加奥氏体每单位体积的晶界和变形带面积。控制轧制后的奥氏体用高于空冷的速度从 A_{r3} 以上的温度控制冷却至相变温度区域，对铁素体进行控制冷却，并使其进一步细化。控制冷却引起的 A_{r3} 降低，对未再结晶奥氏体进行控冷时产生明显的铁素体晶粒细化效果。控冷后细化了变形奥氏体组织，经快速冷却，相变组织将相应变化，钢中析出物的大小、数量、析出部位发生变化，得到所期望的组织，提高钢的强韧性。

对于 X100 级管线钢，目前国外几大钢管生产厂家均采用低碳高锰的纯净钢，结合微钛处理，在炼钢和轧钢工艺过程中通过 Nb、Mo、B 和 Ni 等合金元素的固溶强化、沉淀强化、细晶强化等作用，得到具备高强度高韧性以及良好焊接性的管线钢。各厂家在生产时都十分注意 X100 级管线钢化学成分的准确控制、非再结晶区的总压下量、终冷温度以及贝氏体＋马氏体组织的控制。目前，国外已有日本新日铁公司、欧洲钢管公司等多家国外企业研制成功 X100 管线钢。

日本钢铁公司 NSC（Nippon Steel Corporation）早在 1985 年就开始了 X100 级管线钢的研究。1998 年起至今，加拿大管道公司 TCPL（Trans Canada Pipelines Limited）一直进行着 X100 级管线钢的开发应用等研究工作，并于 2002 年 9 月，将 NKK 提供的 14.3mm 厚的 X100 钢管用于 WESTPATH 项目中 Saratoga 部分试验段的建设，并取得了一系列技术成果。为检验管材的止裂性能，用直径 36in（914.4mm）的 Grade 690 钢级的钢管进行了两次全尺寸爆破试验，结果证明扩展裂纹的止裂与预测的止裂韧性值相符。据此，2002 年新版的加拿大管道标准 CSA Z245.1—2002 中也首次将该钢级列入标准。

英国 BP 公司 10 年前开始与钢铁和制管企业合作，为非酸性天然气输送管道开发了 X100 管线钢钢管，并进行了冶金、理化性能评价，可焊性评估以及钢管现场弯曲试验。为确定 X100 管材对钢管长程开裂的止裂能力，还进行了多次全尺寸爆破实验。Europipe 从 1995 年起，已有小尺寸产品问世，其管壁厚度范围 12.7～25.4mm 之间，管径在＜914.4～1422.4mm 之间。为解决 X100 级管线钢的现场焊接性问题，意大利 SNAM 公司在对 Europipe 生产的 X100 级钢管进行了多种焊接工艺试验后得出，只要采取适当的措施，X100 级钢管现场焊接的焊缝强度和韧性可获得满意的结果。

1993 年，埃克森美孚公司开始 X120 超高强度管线钢的研发工作，针对新的合金设计、热轧钢板的热动力学和相变机制、HAZ 和焊缝金属的性能，在实验室进行了几次小规模钢板实验，取得了 6 项专利。在 1996 年分别与日本新日铁（NSC）和住友金属签订了 X120 钢管联合开发协议，以期进一步开发和商业化推广应用。具体已做了以下几方面工作：合金化原理和轧钢、制管工艺的确定；母材、HAZ、焊缝金属的力学试验和适用性验证实验；焊接技术和工艺的研究；管线设计方针的确定；X120 的应用环境评定。X120 管线钢的研究目标见表 2.2.2-3，要求在满足高强度的同时还需具有－30℃大于 231 J 的高止裂韧性。表 2.2.2-4 为新日铁开发的 X120 管线钢的基本成分，表 2.2.2-5 为住友钢铁开发的 X120 管线钢的基本成分。使用这种钢管可使长距离管线输送工程总造价降低 5%～15%。

表 2.2.2-3 X120 的目标性能

项 目	管体母材	焊缝及热影响区
拉伸强度（环向）/MPa	屈服强度≥827 抗拉强度≥931	抗拉强度≥931
−30℃ CVN 冲击功/J	≥231	≥84
−20℃ CTOD/mm	≥0.14	≥0.08
CVN 的 DBTT	≤−50℃	
−20℃ B-DWTT 的 SA	≥75%	
屈强比	≤0.93	

表 2.2.2-4 新日铁开发的 X120 管线钢母材的基本成分(质量分数) %

C	Mn	Ti	Nb	Mo	B	其他	P_{cm}
0.04	1.93	0.020	含	0.32	0.0012	Cu、Ni、 Cr、Nb	0.21
0.036	1.96	0.017	含	0.34	0.0012	Cu、Ni、 Cr、Nb	0.21

表 2.2.2-5 住友钢铁开发的 X120 管线钢的化学成分(质量分数)

C	Si	Mn	其他	$C_{eq.}$	P_{cm}
0.05	0.06	1.56	Cu，Ni，Mo，Nb，V，Ti，B	0.52	0.20

国外高钢级管线钢的开发与应用已有 20 余年的历史，在 X80 管线钢的冶炼与轧制、钢管制造等方面积累了丰富的经验，生产技术趋于成熟；X100 管线钢的开发生产也已积累了一定的经验，并建成了多条试验段工程；X120 管线钢的生产技术仅掌握在少数几个钢铁企业，相关技术尚需完善。

为满足现代管道工程大口径、高压输送对厚规格高性能管线钢的需求，尤其是满足陕京二线、川气东送和西气东输二线等对高钢级厚规格管道工程用钢的迫切需要，2000 年科技部组织国内多家钢铁企业、研究院所共同承担了国家“十五重大技术装备国产化”和“十一五国家科技支撑计划”项目，进行了高钢级厚规格管道用钢的研制工作。经过多年的联合攻关，在管线钢的强韧化机理研究和生产技术开发等方面有重大突破，形成了合金化设计、高洁净钢冶炼、高均质无缺陷铸坯和全流程组织细化控制技术，开发并规模化生产了高钢级厚规格输气管道工程及配套材料全系列化用钢：X80 钢带的最大厚度达 18.4mm、X70 达 19.1mm，X80 钢板最大厚度达 33mm、X70 达 30.4mm 及不同厚度规格的热煨、冷煨弯管、管件和站场等用管道工程用钢板。2004 年厚规格 X80 钢板/带应用于冀宁联络线 X80 试验段，奠定了 X80 钢大规模应用的基础。高钢级厚规格管道工程系列用钢保障了川气东送和西气东输二线等国家重大工程的建设。

2006 年 7 月鞍钢成功研制开发了 X100 管线钢宽厚板，成为国内首家掌握 X100 级管线钢生产技术的钢铁企业。2007 年 8 月武钢成功开发了 X100 板卷。2009 年钢铁研究总院和本钢合作成功试制了 X100 管线钢。另外，宝钢、济钢等也已成功试制了 X100 管线钢。2010 年宝鸡钢管公司成功研制了 X100 螺旋埋弧焊管，管径 1219mm、壁厚 15.3mm。

宝钢于 2005 年启动了 X120 管线钢的前期研发，2006 年 10 月宝钢在新投产的 5000mm 宽厚板轧机上成功试制出超高强度 X120 管线钢宽厚板，成为国内第一家、全球第四家具备 X120 管线钢试生产能力的企业。2008 年 3 月太钢在 2250mm 热连轧生产线上成功轧制了 X120 板卷，成为全球首家实现 X120 管线钢卷板试生产的企业。

2）高强度抗大应变管线

根据对油气管道进行的失效分析表明：油气管道的失效模式主要包括：断裂、过量变形、腐蚀、机械损伤等四类。大量事实表明，地震和地质灾害引起的管道损坏是管道失效的主要原因之一。如表 2.2.2-6 所示，在地震、滑坡、不连续冻土等地质灾害的作用下，管道将承受大的应变。此过程中，管道发生断裂、局部屈曲和梁式弯曲等现象，如图 2.2.2-4 所示。为了保证输送管线的安全和稳定，管道应具有足够大的变形能力来承受压缩、拉伸、局部弯曲等应变，显然，基于应力设计的管线在这些地区已经不能适应，建议针对这类管线工程采用基于应变设计，使用具有高强度、良好焊接性能、高韧性、高塑性和大变形性能的管线钢——抗大变形管线钢，防止管道受到大应变时发生破裂，导致油气泄漏，引发灾难。

表 2.2.2-6 地震及地层运动中的地层应变与管道应变

地震水平	地层应变/%	管道应变/%
中规模地震	～0.1	～0.05
大规模地震	～0.1	～0.2
地层侧向运动	2	0.9～1.2
地层断层运动	不连续位移	1.4～1.6

图 2.2.2-4 管道屈曲现象

为了提高管道的变形能力，对油气输送管道采用了基于应变设计的方法。基于应变设计方法是在以纵向（轴向）位移控制为主或部分以位移控制为主的状态下，为了保证管道在塑性变形下（应变大于 0.5%）能够满足特定目标而进行的设计。抗大变形管线钢是高性能管线钢重要的发展方向之一。抗大变形钢管就是具有足够大的变形能力来承受由于地震、山体滑坡、泥石流、崩塌、黄土湿陷、流动沙丘、悬空和冻土融沉等较大规模的地面位移引发的压缩应变、拉伸应变、局部弯曲变形的钢管，表现为既有高的强度，又具有良好的韧塑性。大变形钢优良的力学性能，如良好的强度与塑性的匹配、较好的均匀变形性能等，是由其显微组织特征——在具有良好塑性变形能力的铁素体基体上弥散分布着一定体积分数的强化相（贝氏体或马氏体）所决定的，为了在传统热连轧机组上开发性能优异的中温卷取铁素体贝氏体热轧双相钢，其合金成分设计须满足在常规热轧条件下能够得到理想的50%左右多边形铁素体加弥散分布的第二相贝氏体的双相组织，并避免珠光体的出现。

大变形管材在化学成分上的主要特点是低碳、多元、微合金，主要合金元素以 Si、Mn 为主，另外根据生产工艺及使用要求不同，还可加入适量的 Cr、Mo、Nb、V、Ti、B 等合金元素，组成了以 C-Si-Mn 系、C-Si-Mn-Mo 系、C-Si-Mn-Cr-Mo 系、C-Si-Mn-Cr-Nb 系和 C-Si-Mn-Cr-Mo-Nb 系为主的双相钢系列。为了得到理想的组织和性能，可以通过添加合金元素的方式来改变相的热力学稳定性和相变动力学，使得相变点改变，相变被促进或被抑制，相分布也被改变，此外，合金元素也可以作为固溶或析出硬化相影响强度和晶粒尺寸。在添加的主要合金元素中，Si、P、Al 有加快铁素体形成的作用，C、Mn、B、Cr、Mo 有延缓铁素体形成的作用，添加 Mo、Cr 延缓珠光体和贝氏体的形成，Si 能够抑制贝氏体转变时渗碳体的析出。各主要元素对相变过程的影响可概括如下：

①C 是钢中的基本元素，显著地影响所有的相变过程和最终的组织和力学性能。C 在双相钢中的强化作用主要是影响第二相的体积分数和硬度，还影响钢板的焊接性能，C 含量增加，抗拉强度增加，但塑性下降。控制 C 富集于亚稳奥氏体区域而避免其析出，是获得多边形铁素体包围贝氏体团双相组织的保证，同时考虑到焊接性等要求，限制 C 含量在 0.2%以下，而 C 含量太低则不易得到双相组织。

②Si 是非碳化物形成元素，区域范围内 Si 含量的增加引起 C 上坡扩散，促进 C 在奥氏体中的富集，从而促进冷却过程多边形铁素体的形成。Si 提高 A_3、A_1 临界点并有强烈的固溶强化作用。但 Si 含量过高会给热轧表面质量和涂镀带来不利影响，因此 Si 含量不宜过高。

③Mn 是钢中最常用的合金化元素之一，是典型的奥氏体稳定化元素，能显著提高钢的淬透性，并起到固溶强化和细化铁素体晶粒的作用，可显著推迟珠光体转变和贝氏体转变。但 Mn 作为扩大奥氏体相区元素，会降低 A_3、A_1 临界点，在推迟珠光体转变的同时抑制铁素体的析出。随 Mn 含量的升高，铁素体和贝氏体转变 C 曲线逐渐分离，但高的 Mn 含量使得组织中第二相组织易趋于带状分布。

④Cr 是奥氏体稳定化元素，尤其中温范围稳定作用更为强烈，当 Cr 和 Mn 配合时可强烈地阻碍贝氏体转变，降低贝氏体转变温度。此外，Cr 是中强碳化物形成元素，它与 C 原子有较强的亲和力，可阻碍碳原子的扩散，显著提高钢的淬透性，强烈推迟珠光体转变。Cr 虽是弱固溶强化元素，但能增大奥氏体的过冷能力，从而细化组织、得到强化效果。

⑤Mo 也是中强碳化物形成元素，对奥氏体的淬透性有良好的影响。Mo 可显著提高亚稳奥氏体稳定性，Mo 抑制铁素体和珠光体转变，降低贝氏体开始转变温度，但对贝氏

体转变的推迟作用并不明显，使得CCT曲线中高温铁素体和珠光体（尤其是后者）相变显著右移，而贝氏体转变区域则向下移动，从而在铁素体转变区和贝氏体转变区之间形成具有较宽温度范围的亚稳奥氏体区域。加入Mo可以提高抗拉强度，降低屈强比，并保持塑性基本不变。

⑥Nb、V、Ti分属ⅣB、ⅤB族，是极强的C、N化合物形成元素，钢中加入少量（<0.1%）的上述三种元素，就有可能从根本上改变钢的组织。在钢中添加微量的Nb、V、Ti，就可保证钢在碳当量较低的情况下，通过其碳、氮化物质点（尺寸小于5 nm）的弥散析出及Nb、V、Ti的固溶，细化晶粒，极大地提高钢的强度、韧性，特别是低温韧性，使钢具有良好的可焊性、使用性。

日本JFE-HIPER开发出的性能优良的高形变能管线钢管X52～X100级已实现商品化。代表性级别的力学性能如表2.2.2-7所示。所有钢管的应力-应变曲线都是连续屈服型的，都可得到高n值和低屈强比。图2.2.2-5为X80级的JFE-HIPER的（B+F）双相组织，可通过贝氏体体积分数及其形态的最佳化，得到优良的形变性能。

表2.2.2-7 JFE-HIPER的（B+F）力学性能

钢级	尺寸			纵向拉伸性能				夏比冲击	
	管径/mm	壁厚/mm	D/t	$R_{t0.5}$/MPa	R_m/MPa	$R_{t0.5}$/Rm	n	CVN/J	$FATT85$/℃
X70	762.0	19.1	40	463	590	78	0.16	271	−98
X80	610.0	12.7	48	553	752	74	0.21	264	−105
X100	914.4	15.0	61	651	886	73	0.18	210	−143

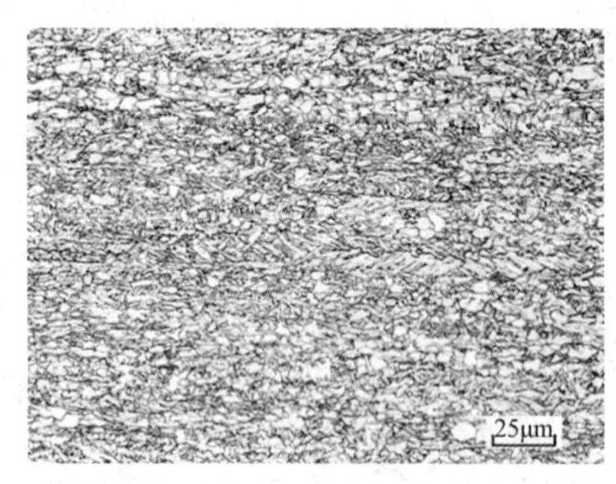

图2.2.2-5 X80级的（B+F）双相组织

日本已生产出3000t X65级JFE-HIPER管线钢管并用于国内的天然气管线的铺设，生产了44000t X52和X60管线钢管用于国外地震多发地区天然气管线的铺设。今后，随着冻土、地震多发地区的开发，大变形管线钢的需求会更大。同时近年来，由于国际上几条大型天然气输送管线拟通过地震带、冻土带、滑坡地域和海域，促进了基于应变的管道设计理念的产生，因而进一步推动了大变形管线钢概念的形成和提出。例如加拿大的Mackenzie Valley输气管线的设计拉伸极限应变为1%～2%，弯曲极限应变为1%～1.5%。俄罗斯萨哈林岛至日本的海底输气管道的极限拉伸应变为4%。这些基于应变设计的管线都提出了应用大变形管线钢的迫切需求。

日本JFE公司采用HOP工艺获得了（B+MA）双相组织。采用HOP生产的X80级JFE-HIPER的（B+M/A）复相组织金相照片如图2.2.2-6所示。在该复相组织中，

M/A岛的含量大约占 8%，基体为 B 组织。其力学性能如表 2.2.2-8 所示。

表 2.2.2-8　采用 HOP 生产的 X80 级 JFE-HIPER 的（B+MA）力学性能

钢级	尺寸		纵向拉伸性能				夏比冲击
	管径/mm	壁厚/mm	$R_{t0.5}$/MPa	R_m/MPa	$R_{t0.5}$/Rm	n	FATT85/℃
X80	15.6	762	532	702	0.76	0.12	<-120
	17.5	1016	581	734	0.79	0.14	-90

研究表明，B+M/A 复相钢表现出优异的力学性能。其抗拉强度可达 1000MPa，而伸长率可达 20%以上。目前，JFE 钢厂已经为北美提供了大批量 X80 级大变形 UOE 直缝埋弧焊管，这种 X80 级管线钢屈服强度被控制在很窄的范围内，拉伸强度波动范围也很窄，各项性能指标都超过了 API 规定的标准，具有很好的综合性能。

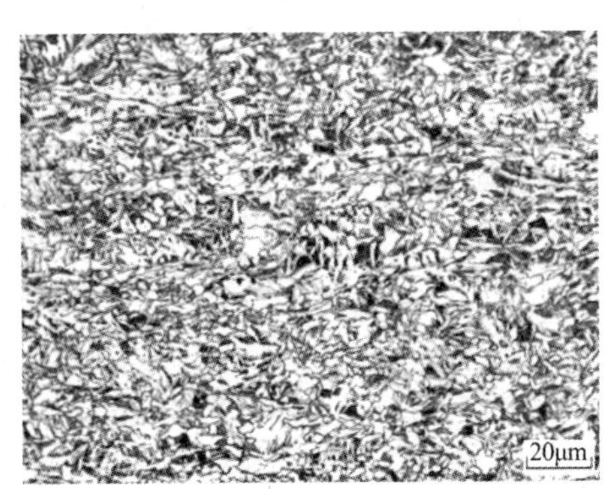

图 2.2.2-6　采用 HOP 生产的 X80 级 JFE-HIPER

钢铁研究总院联合鞍钢开发了 26.4mm X80 抗大变形管线钢板，实现了 26.4mm X80 抗大变形管线钢板的工业生产，钢板性能完全满足技术指标要求。并顺利通过了中石油组织的 X80 抗大变形管线钢板/管鉴定。

3）厚壁海底管线

海底管线和陆地管线的服役环境不同，恶劣多变的海洋环境对海底管线用钢提出较陆地管线更加严格的质量和性能要求。海底管线不仅对钢管横向强度有要求，纵向强度同样需要满足标准。海底管线钢使用环境恶劣，铺设成本极高，一旦出现油气泄漏，带来的环境污染和经济损失难以估量，因此，对产品质量的稳定性有极为苛刻的要求。随着海洋石油、天然气开采不断向深海发展，尤其是水深>2100m 后，对海底管线的抗压溃性要求非常高。图 2.2.2-7、图 2.2.2-8 分别是管线钢径厚比（D/t 值）与压曲应变、极限应变的关系图，结果表明压曲应变和极限压缩应变随 D/t 增大而减小，D/t 值越大，对海底管越不利，要保持管道的大口径，则需要增加管壁的厚度，随着水深的增加，钢管的壁厚需要增加，使钢管 D/t 值减小。

为保证海底管道所用钢管的圆度和全线钢管内外径的一致性，对钢板的宽度、厚度公差等尺寸要求十分严格；为避免钢板表面划伤引起钢管承压时起裂和钢板表面（尤其是板边）油污导致焊缝内部气孔，对钢板的表面质量要求非常苛刻，严禁大面积油污，对每一条钢板表面划伤和任意一处的表面油污均必须进行彻底清理。

厚规格海底管线钢不仅要求较高的强度，而且要求钢板具有很高的洁净度（极低的 S、P 含量：S≤0.0015%、P≤0.015%；严格的残余元素含量控制：As≤0.03%；Sb≤0.01%；Sn≤0.02%；Pb≤0.01%；Bi≤0.01%）、优异的低温韧性（尤其是低温落锤撕裂韧性）和变形能力（低屈强比、高延伸率）。与常规陆地管线钢相比，海底管线钢对力学性能的稳定性要求更加严格，强度的波动范围更窄。通常海底管线钢成分设计原理：

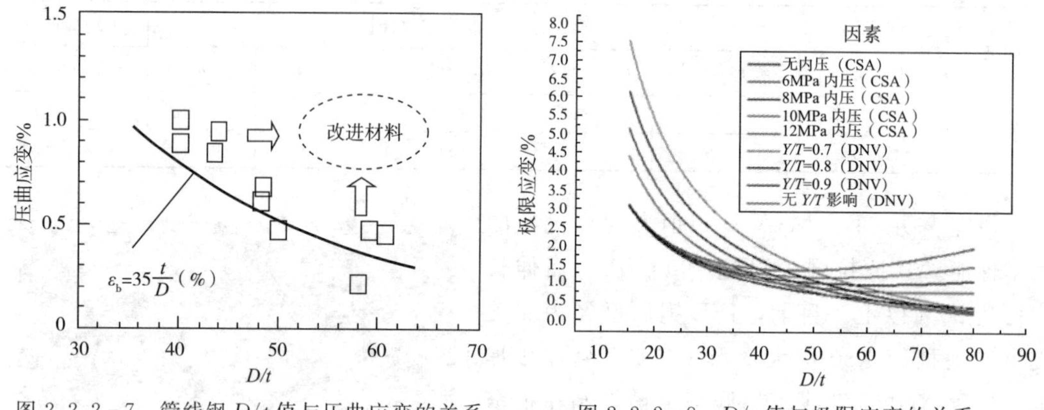

图 2.2.2-7　管线钢 D/t 值与压曲应变的关系

图 2.2.2-8　D/t 值与极限应变的关系

①加入适量的 C，通过固溶强化大幅提高钢的强度，降低屈强比，同时避免加入过量引起的低温韧性和焊接性能恶化。

②Si 起固溶强化作用，避免因添加过量显著恶化钢的塑、韧性。

③Mn 加入较高的经济合金元素锰，显著提高钢的强度，在一定程度上细化晶粒，改善钢的冲击韧性，同时避免加入过量引起成分和组织偏析。

④尽可能降低 P、S、N 的含量，减少引起中心偏析、热脆、冷脆、时效和钢板各向异性的可能性，改善低温韧性。

⑤通过微合金化抑制奥氏体再结晶和晶粒长大，细化奥氏体晶粒和成品组织，提高钢的强度、韧性，同时改善焊接性能。

⑥加入一定量的 Mo 促进贝氏体相变，适度抑制先共析铁素体转变，改善板厚方向组织、性能的均匀性，同时加入过量导致对铁素体相变的过度抑制，不利于双相组织的形成。

⑦适量加入 Ni、Cr、Cu，起固溶强化作用，同时提高钢的淬透性，改善低温韧性和耐腐蚀性能。

⑧加入一定量的 Al，起脱氧、固氮、去除夹杂和细化晶粒的作用，同时避免加入过量引起钢中氧化物夹杂含量显著上升，导致低温韧性下降。

⑨在二次精炼过程中对钢进行钙处理，显著改善钢中的夹杂物形态，降低夹杂物熔点，利于夹杂物上浮、去除，显著提高钢的横向冲击韧性，降低横、纵向力学性能差异。

⑩严格控制 As、Sb、Sn、Pb、Bi 等低熔点、有害元素的含量，提高钢的纯净度，改善低温韧性。

目前国际上 X65 级海底管线钢主要采用铁素体＋珠光体或针状铁素体为主体的组织设计，而 X70 级海底管线钢则主要采用针状铁素体型的组织设计。成分设计上采用低 C－高 Mn－高 Nb－Ti 的合金化设计或以低 C－高 Mn－Nb－Ti 系为基，根据性能要求适当添加 Mo、Ni 等合金化元素，同时严格控制 S、P、N、O 等有害元素含量，采用两阶段控制轧制（高温再结晶区轧制＋未再结晶区轧制）＋快速冷却的传统TMCP工艺或三阶段控制轧制技术（高温再结晶区轧制＋未再结晶区轧制＋两相区轧制）进行钢板的生产。

我国自开发海洋油气资源以来，海底管道建设用管材主要依靠进口，“十二五”期间，将进一步加快自主深水油气勘探开发的步伐，海底管道建设用管材将逐步从以采用进口为主向国产化的转变。

2011年科技部组织国内多家钢铁企业、研究院所共同联合承担了863计划“深海高压油气输送用高强厚壁管材关键技术研究”课题。通过对海洋油气输送钢材性能受深水环境影响的研究，进行X70高强厚壁深水高压油气输送用管材的强韧化机理研究、成分组织设计、冶炼轧制技术研究，开发X70钢级、厚度36.5mm高强厚壁深水高压油气输送钢管用板材；结合当前国内最先进的JCOE直缝埋弧焊接钢管生产线，开展高强厚壁钢管的JCO成型工艺技术、多丝埋弧焊接技术、钢管扩径技术等技术研究，开发出了适用于深水的X70钢级、管径ϕ762～ϕ1016mm、壁厚36.5mm高强厚壁钢管。

初步预计，今后几年我国每年将需要$20\times10^4\sim25\times10^4$t/a的海底管线钢，随着未来10年我国将深水油气田开发技术由1000～3000m的规划发展，深海管线钢的应用比例将逐渐提高。

4）耐腐蚀油气输送管线

人类对油气资源不断开采，品质较好的油气资源匮乏，目前新开发的油田深度在5000～7000m，井的深度大，油、气中所含腐蚀介质越多，同时随含CO_2油井、含H_2S油井和H_2S+CO_2油井的开发，要求输送管线应具有更高的抗酸性能，主要包括抗HIC＋SCC、抗CO_2腐蚀管线钢。我国的几大油气田（如四川、长庆、中原、华北、塔里木等）都含有不同程度的H_2S。在对运行的各种集输管道和输送管进行安全评价时发现普遍存在由硫化氢应力腐蚀引起的气泡和微裂纹等缺陷。H_2S应力腐蚀不仅造成因裂纹而引起的油、气的泄漏，而且往往会造成重大的经济损失、人员伤亡以及环境污染等。

高强度低合金钢在饱和H_2S环境下，如输送被称作酸性气体的未经干燥的含H_2S天然气时会产生应力腐蚀开裂（SSCC）、内部氢诱裂纹（HIC）或表面鼓包等破坏。在酸性环境下使用的管线钢是以高韧性和抗HIC性能为特征，这些特性来自钢的高纯净度和低的夹杂物含量。为了满足强度、焊接性和可制造性，抗HIC管线钢的成分设计和冶炼、连铸、轧制等工艺参数的控制是十分重要的，这样才能保证获得均匀的显微组织。通过厚板轧制后的加速冷却可形成铁素体＋贝氏体组织或针状铁素体组织以取代带状的铁素体＋珠光体组织。抗酸管线钢各合金元素设计原理：

①由于在管线钢中，随着C含量的增加，焊接性恶化，韧性下降，同时，偏析加剧，抗HIC和SSC能力下降。因此随管线钢级别的提高，C含量在逐渐降低。钢中C含量在0.06％以下时，HIC敏感性小；大于0.06％时，HIC敏感性急剧增加。随着C含量的降低，抗H_2S应力腐蚀门槛值R_{th}呈下降的趋势。

②Mn是管线用高强度低合金钢的基本合金元素。根据产品冷却速度、规格和所要求的性能水平，添加量在1.1％～2.0％的范围。钢中加入Mn，在不降低韧性的条件下可同

时起到固溶强化的作用；高的Mn/C比对提高屈服强度和冲击韧性是有益的。但由于Mn在钢中与C、P一样易形成偏析带，造成钢的组织和硬度不均匀性。

管线钢中加入适量的Mn，可提高钢管的淬透性，起到固溶强化作用，弥补低C或者超低C造成的强度下降。研究发现，C的质量分数为0.05%～0.15%的热轧钢，Mn的质量分数超过1.6%以后，随着Mn的质量分数增加，HIC长度增加。这是因为在中、低强度铁素体-珠光体管线钢中，Mn和P的偏析产生的带状组织在热轧过程形成了对HIC敏感的低温转换硬组织带，HIC经常沿珠光体带扩展，这也是管线钢的HIC多数出现在板厚中心的缘故。因此增加Mn的质量分数，将导致更多的带状组织生成，从而使HIC敏感性增加，所以管线钢Mn的质量分数一般限定在0.8% ～1.6%。但C含量低于0.05%的热轧钢，当Mn含量达2.0%时，仍具有优良的抗HIC性能。

③在管线钢中加入Nb、V、Ti等微合金化元素可有效阻止奥氏体晶粒的长大，细化晶粒，增强管线钢抗H_2S腐蚀性能。

④加入适量Mo可与Mn起到相同的固溶强化作用，并在轧后冷却能力不足即较低的冷却速度下也能得到针状铁素体组织。

⑤S是影响管线钢抗HIC能力和抗SSC能力的主要元素。法国G. M. Pressouyre等研究表明：当钢中S含量大于0.005%时，随着钢中S含量的增加，HIC的敏感性显著增加。当钢中S含量小于0.002%时，HIC明显降低。由于S易与Mn结合生成MnS夹杂物，钢中硫化夹杂物的存在增大了HIC的敏感性，夹杂物数量越多，且呈明显带状时，对材料抗HIC能力影响越大，应控制其含量及形态。硫化物还影响管线钢的低温冲击韧性，降低S含量可显著提高冲击韧性。管线钢中S的控制通常是在炉外精炼时采用喷粉、加顶渣或使用钙处理技术完成。

P在钢中是一种易偏析元素，偏析区的淬硬性约是C的2倍。P的偏析促使HIC形成，P形成的夹杂能引起钢的热脆性和塑性降低，增加金属的增氢效果，从而降低钢在酸性介质和H_2S介质中的稳定性。降低P的含量可以明显提高钢的抗HIC性能。P还会恶化管线钢的焊接性能，显著降低钢的低温冲击韧性使钢管发生冷脆。

⑥氢是导致白点和发裂的主要原因，管线钢中的氢的质量分数越高，HIC产生的几率越大，腐蚀速率越高，平均裂纹长度增加越显著。钢中的氢主要在炼钢初期通过CO剧烈沸腾去除，自从真空技术出现后钢中氢的质量分数已可稳定控制在2×10^{-6}的水平。除此之外，要杜绝在后续工序中加入的造渣剂、变性剂、合金剂、覆盖剂等受潮现象，避免碳氢化合物、空气与钢水接触，这样有助于降低钢中的氢含量。

钢中氧含量过高，氧化物夹杂以及宏观夹杂增加，严重影响管线钢的洁净度。钢中氧化物夹杂是管线钢产生HIC和SSC的根源之一，危害钢的各种性能，尤其是当夹杂物直径大于50 μm，严重恶化钢的各种性能。为了防止钢中出现直径大于50 μm的氧化物夹杂，减少氧化物夹杂数量，一般控制钢中氧含量小于0.0015%。钢中含溶解氧过高，高温形成金属氧化物和硅酸盐类，硅酸盐类夹杂物具有可塑性，热加工时沿变形方向延伸，而金属氧化物为基底的复相硅酸盐中的脆性相不变形，产生微裂纹而损害了钢的韧性。控制氧的方法常采用添加强脱氧剂。

⑦在合金元素中，唯有 Cu 对 HIC 的作用最为明显。Cu 能够非常有效地提高抗大气腐蚀和显著减少氢致裂纹产生的能力。这是因为 Cu 在钢中不易发生腐蚀，而以铜元素的形式沉积在钢的表面，它具有正电位，成为钢表面的附加阴极，促使钢在很小的阳极电流下达到钝化状态；正是这种钝化膜的形成，能够降低氢在钢中的渗透速度，减少了氢的侵入，因而阻止了氢致裂纹的产生，有利于提高抗氢脆应力腐蚀和沟状腐蚀性能。在 BP 溶液（pH＝5.2）中，随着 Cu 的质量分数的增加，HIC 敏感性明显降低。这是因为 Cu 进入钢表面形成钝化膜，减少了氢的侵入，从而阻止了 HIC 的形成。但在 pH 值小于 3.5 的 H_2S 环境中，Cu 的钝化膜不再形成，这时 Cu 阻止 HIC 的作用消失。在 H_2S 环境中，含 Cu 量大于 0.2%的钢表面能形成一层 FeS 和 Cu 的黑色保护层，其最外层为富含铜的 γ-Fe_2O_3，内部结构主要是 FeS，减小了钢的吸氢速度，进而减轻腐蚀。此外，Cu 在钢的轧制冷却过程中起固溶强化作用。含 Cu 的镍钢 CLR 可降到 1%以下，使表面气泡减少或表面没有气泡。

⑧Cr 含量对钢的抗硫化性能的影响很大，钢中 Cr 含量愈多，S 对钢的相对腐蚀就愈小。在高温 H_2S 或 H_2S-H_2的腐蚀介质中，一般常用钢为 Cr-Mo 钢及 Cr-Ni 钢，在有些腐蚀较为严重部位，采用 Cr-Al 合金，其机理在于钢中 Cr 有抑制硫醇吸附的作用，并且 Cr 含量在 5%以上时，会在所形成的表面膜内产生稳定的尖晶石型 $FeCr_2S_4$。但对 H_2S 来说，只有当 Cr 含量大于 12%时，腐蚀速率才明显降低。

⑨Ni 属于非碳化物形成元素，一般固溶于钢基固溶体中，降低相变温度，细化晶粒，提高强度和韧性还能够改善铜在钢中引起的热脆性。Cu、Ni 能够提高钢的抗 HIC 能力。这是因为 Cu、Ni 能够在酸性浓度较大的环境中形成致密的氧化膜，降低了氢原子进入钢的基体，减缓 H_2S 腐蚀，提高了抗 HIC 能力。

Ni 是促使合金钢形成稳定奥氏体组织的主要元素，具备使 A_{r3}点最低和碳当量或冷裂纹敏感系数 P_{cm}的增加最小的特性。0.3%以下含量的 Ni 与 Nb、V 共存时，使相变温度降低，促使细小沉淀物的形成。但由于含 Ni 钢上的析氢过电位最低，氢离子易于放电，因而强化吸氢过程，使钢的硫化物破裂敏感性增加。

目前，国内外均已对石油管材在 H_2S 介质环境下的腐蚀机理和规律进行了广泛的研究，取得了许多有价值的研究成果。美国石油学会（API）和美国腐蚀工程师协会（NACE）已建立了国际公认的 H_2S 腐蚀测试方法和标准指标。

影响 H_2S 均匀腐蚀和点蚀的因素主要是 H_2S 浓度、pH 值、温度、流速、介质组成、腐蚀产物膜以及暴露时间等。对抗硫油管的研究表明，影响硫化物应力开裂、氢诱发裂纹和氢鼓泡的因素主要为环境因素和材料因素两大类。其中，材料因素中的硬度（强度）、显微组织、夹杂物和化学成分是主要因素。

一般氢致裂纹易萌生于珠光体条带与铁素体基体的界面上，带状珠光体组织是氢致裂纹萌生与扩展的聚集场所。由于碳化物和 MnS 等夹杂物常在带状珠光体边界析出，在应力作用下，氢易于在此处沉淀而引起微观区域氢脆，从而产生裂纹，此即为裂纹萌生阶段。带状组织对 SSCC 非常敏感，能明显降低钢的抗 SSCC 性能。Mn、P、S 含量较高的管线钢中，偏析的珠光体条带组织明显，氢致裂纹在此处萌生并沿偏析带界面扩展，裂纹走向与偏析带几乎重合，表明钢中的带状组织对 HIC 十分敏感。在氢渗透过程中，氢被偏析带界面捕获且达到临界值以后，氢致裂纹便在该处起源。由于偏析的珠光体条带与铁素体的界面是良好的输氢通道，同时钢轧制后位错密度增高，能加速氢原子沿位错通道的扩散，这就促进了氢致裂纹沿偏析带的扩展。一旦氢致裂纹形核，裂纹尖端塑性区就有滑移带产生，滑移带与珠光体交界处又有大量位错产生，并伴以高浓度的氢气团，因此，偏析的珠光体条带对 HIC 敏感性高于铁素体。通过控制 Mn、P 含量和降低 S 含量，提高钢的纯净度，以减少带状组织是防止钢材氢致开裂的有效措施。

大量研究证明，绝大多数钢的强度级别越高，其抗 H_2S 性能越差。经破坏事故和实验数据分析，材料不发生 SSCC 的最高硬度值在 HRC20～27 之间，HRC 值越大，临界应力值和断裂时间越低。美国标准 NACE MR 0175 中规定，抗 H_2S 管线钢的硬度不大于 HRC22，相当于强度级别不超过 X90～X100；并建议在 H_2S 环境下使用的管线钢级别不超过 X65；若焊缝硬度超过 HRC22（HV_{10}248）时，应采取一些必要的措施如热处理和重焊等。

图 2.2.2－9 为抗硫钢的 HIC 裂纹长度率随硬度值的变化曲线。可见随着硬度的升高，试验钢的 HIC 裂纹长度率不断增大，抗 H_2S 性能恶化。硬度超过 HV_{10}230 时，裂纹长度率已经超过 15%，达不到抗酸管线钢对抗 HIC 性能的指标要求。

从图 2.2.2－10 统计分析可以看出，S 偏析最大，最大偏析度为 2.47，统计偏析度为 0.54，S 在钢种属于极易偏析的元素，因此 S 含量的控制是抗硫化氢钢的重点。钢中 S 偏析受 Mn 的影响也比较大，其含量直接影响 MnS 夹杂物的多少。但只有在 Mn 和 S 的质量分数之积达到一定值时才容易产生 MnS 夹杂物，如果控制好 S 的含量，有利于减少 MnS 夹杂物的生成量，抗硫化氢钢对于 Ca/S 比有较严格的要求，一般要求 Ca/S 大于 2，即使利用 Ca 处理来减少 MnS 夹杂的数量。总体来说抗硫化氢腐蚀钢板对 S 含量的控制提出了极高的要求，考虑到硫对抗硫化氢管线钢的影响较大，设计 S 含量上限为 0.001%。

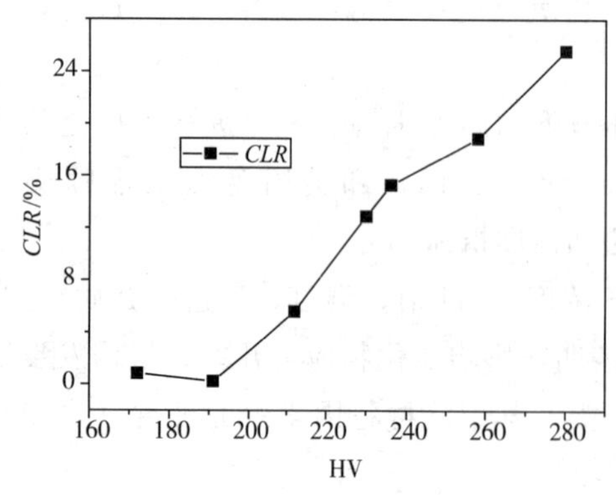

图 2.2.2－9　抗硫钢的 HIC 裂纹长度率随硬度值的变化曲线

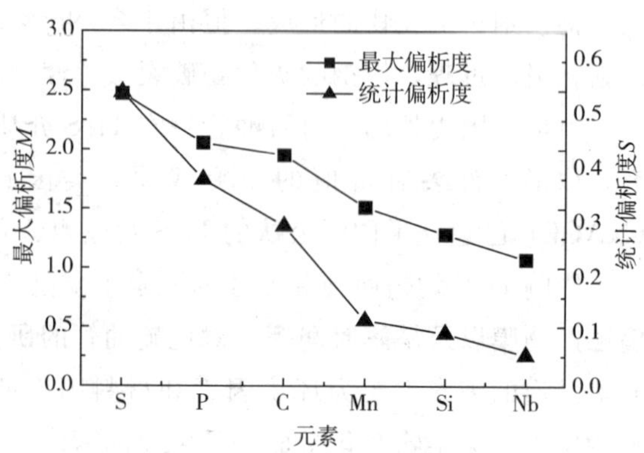

图 2.2.2－10　各元素偏析度情况

P 偏析仅次于 S，最大偏析度为 2.01，统计偏析度为 0.38，在钢的凝固过程中，由于

C对凝固前沿溶质扩散行为的影响，P偏析会显著增加，尤其在铸坯凝固末端会产生P的富集，P的富集容易成为氢的富集源。因此在抗硫化氢管线钢生产过程中P的控制同样十分重要，尽量控制在较低的水平，设计P含量上限为0.012%。

钢中氧含量过高，氧化物夹杂以及宏观夹杂增加，严重影响管线钢的洁净度。钢中氧化物夹杂是管线钢产生HIC和SSC的根源之一，危害钢的各种性能，尤其是当夹杂物直径大于50 μm，严重恶化钢的各种性能。为了防止钢中出现直径大于50 μm的氧化物夹杂，减少氧化物夹杂数量，一般控制钢中氧含量小于0.0015%。钢中含溶解氧过高，高温形成金属氧化物和硅酸盐类，硅酸盐类夹杂物具有可塑性，热加工时沿变形方向延伸，而金属氧化物为基底的复相硅酸盐中的脆性相不变形，产生微裂纹而损害了钢的韧性。控制氧的方法常采用添加强脱氧剂。抗硫化氢管线钢转炉冶炼控制终点氧含量，采用强脱氧工艺，LF精炼控制底吹工艺，保证夹杂物的充分上浮、去除。抗H_2S类管线钢非金属夹杂物满足钢种要求，钢中B类和D类夹杂物得到有效控制。

H_2S产生及严重程度决定于输送气体介质中的H_2S分压。国际标准规定，当$p_{H_2S}>$ 300 Pa时必须对管材提出抗SSCC和HIC的要求，$p_{H_2S}=p_0*H_2S\%$，这个公式表明同样的$H_2S\%$（体积分数），管道操作压力p_0越高则p_{H_2S}越高，从而越容易产生H_2S腐蚀。随着输气压力的提高，要满足$p_{H_2S}<300$Pa则须将H_2S含量降得非常低，如$p_0=10$MPa时，需将H_2S降至0.003%以下，因此抗H_2S腐蚀钢的需求量是相当大的。国际上普遍采用美国腐蚀工程师协会（NACE）标准TM 0177《含H_2S环境中金属材料抗硫化物应力开裂实验室试验》方法进行SSCC试验。管线钢的抗HIC性能测试一般执行NACE TM 0284《管线钢和压力容器钢抗氢致裂纹评估》标准。

抗H_2S管线钢是石油天然气用钢中性能要求等级最高、生产难度最大的钢种，由于其对钢水的纯净度、化学成分的控制、铸坯的偏析控制及控轧控冷的要求极高，传统的冶金工艺无法满足要求，国外仅日本、德国、加拿大等为数不多的钢厂能批量生产抗硫化氢腐蚀的管线钢。

欧洲钢管公司（其前身为曼内斯曼钢管公司）近30年来一直致力于抗HIC管线钢的生产。2004年以前生产的抗HIC管线钢最高钢级是X65，2005年发展到X70。从1981年到2005年共生产了300×10^4 t/a酸性环境下使用的管线管，最大壁厚达41mm。

由于C、Mn偏析不利于抗HIC性能，因此对X70抗HIC管线钢不能采用C和Mn来提高强度。将抗HIC管线钢的钢级从X65提高到X70可以采用两种不同途径。一种是提高Nb含量，加入Ti以固定钢中的N，这样的C_{eq}（IIW）只有0.32%左右。欧洲钢管公司生产的陆地管线用X70抗HIC管线管其平均成分（质量分数,%）为C 0.039、Mn 1.39、C_{eq}（IIW）0.31、P_{cm} 0.13，满足X70管线管的强度要求，－10℃的DWTT试验的断口剪切面积为100%，－20℃的夏比冲击功大于400 J，具有很高的低温冲击韧性，并通过NACE TM 0284标准B溶液（pH＝5）的HIC检验。另一种方法是对厚壁管线钢在Nb、V系的X65管线钢基础上增加Cu、Ni、Cr和Mo等合金元素以提高强度，这样的C_{eq}（IIW）在0.39%左右。欧洲钢管生产的外径1016mm、壁厚34.3mm海底酸性环境用

X70 管线其平均成分（质量分数,%）为 C 0.038、Mn 1.43、C_{eq}（IIW）0.41、P_{cm}0.17，Nb、V、Ti 微合金化，含 Ni、Cu、Cr、Mo，同时采用了纯净钢技术，平均 P 的质量分数为 0.009%，S 的质量分数为 0.0005%。通过优化的 TMCP 技术得到均匀的贝氏体组织，具有高强度和高韧性，同样也通过 NACE TM0284 标准 B 溶液（pH=5）的 HIC 检验。

集输管线是将天然气从气井输送到集气站或将油井产出液（油、水、气）输送到联合站的管线，采出的原油、天然气成分复杂，含有大量的污水、伴生气、H_2S、和 CO_2 等，管内的这些介质对管线的腐蚀速度影响很大，集输管线的腐蚀也日益加剧。目前使用材料多为 20 钢为代表的碳钢管，腐蚀严重。西北塔河油田，油气集输管道平均寿命 2～3 年，每年腐蚀泄漏 1400 余次，腐蚀治理费用 4000 万元/年。胜利油田东辛采油厂，采油管线每年腐蚀穿孔 1700～1800 次，仅污染赔付就达到 2000 万元/年。图 2.2.2-11 为西北某油田某采油厂年腐蚀穿孔数据。

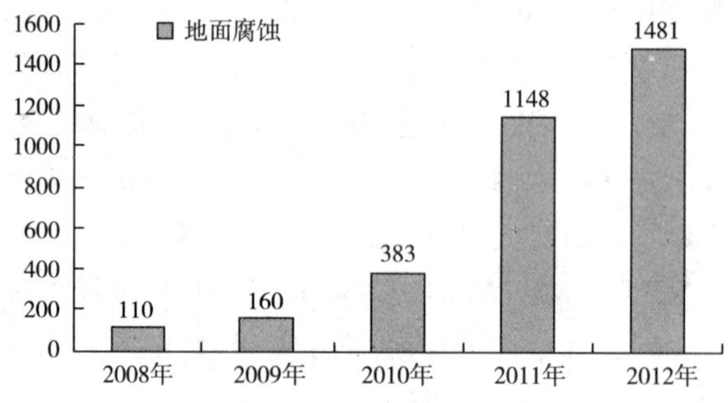

图 2.2.2-11 西北某油田某采油厂年腐蚀穿孔数据

在耐腐蚀管线钢生产技术开发方面，武钢、宝钢、鞍钢、首钢、太钢、沙钢等企业在高洁净钢冶炼、均质化连铸等方面已开展卓有成效的技术开发工作；钢铁研究总院、东北大学、北京科技大学、中科院金属所等大学和研究院也开展了大量的耐腐蚀机理研究和耐腐蚀管线钢技术基础研究开发工作。2011 年以前，武钢、宝钢、鞍钢和太钢等企业均进行过 X65（含）以下钢级耐腐蚀钢的工业化试制，但在更高钢级、产品规格、制管开发和应用等方面还需进一步发展。

2011 年科技部组织国内多家钢铁企业、研究院所共同承担了“十二五”国家科技支撑计划项目“高强度耐腐蚀石油天然气集输和输送用管线钢生产技术”。在实验室分析研究钢的洁净度、合金成分、组织、偏析等因素对 H_2S 腐蚀的影响规律基础上，对产品的化学成分、炼钢工艺、连铸工艺、轧钢工艺和显微组织等方面的研究取得了重要进步，确定了 X60、X70 抗酸钢的合金成分设计、低 C、低 P、低 S 和高洁净钢冶炼技术、高均质化连铸坯控制技术，以及钢板组织形态控制等技术。截至 2014 年已完成了 X60、X70 抗酸管线钢的大批量工业生产供货 5.5×10^4t，产品通过了番禺、宝世顺、辽阳等制管企业和中东管道业主的认可，并实现了工业化和工程化应用。

集输管线材料多用 20 钢，腐蚀严重，维护成本巨大，亟需延寿。增加钢中 Cr 的含量可以明显提高集输管线耐二氧化碳腐蚀能力。1%Cr集输管线成本国内已有少量应用，成本较20钢增加10%，寿命提高30%～50%左右，已在塔河油田试验25 km。但总体寿命偏低，全寿命维护成本仍然较高，推广动力不足。2013年国内开发了3%Cr集输管线用钢，成本较20钢增加不超过30%，寿命提高大于100%。技术关键在于成分设计与轧制工艺控制，焊接制管技术。根据统计资料显示，国际上每年用于酸性环境的钢管需求数量上百万吨。国内目前仅大量用到低钢级X52MS耐腐蚀管，对高钢级耐腐蚀管线未大批量应用。高钢级耐腐蚀管线在国内需要逐步推广使用。高钢级耐腐蚀管线可进行高压大流量输送含有H_2S的天然气，且钢级越高，壁厚约小，节约材料且环保。

目前我国油气田集输管道每年用钢量近百万吨，使用环境复杂，包括高H_2S、高酸度、高CO_2、高Cl^-、高温等环境，目前使用材料多为20钢为代表的碳钢管，腐蚀严重。对现有的油气田集输管道进行升级改造，采用耐蚀集输管线将会取得良好的经济和社会效益。

2.2.3　石油石化用低合金钢管的发展趋势

2.2.3.1　油井管

经过国内外油井管企业、石油公司和研发机构多年的努力，无缝抗硫管的钢级已比较齐全，强度级别最高已达125ksi（862MPa），基本满足了含硫油气开采对钢级的要求。但随着油气开采对成本控制的要求日益迫切，如何有效降低抗硫管生产成本已成为一个重要的课题。另一方面，各种复杂地质条件的油气开采亟需各种具有更高抗硫化氢腐蚀性能和抗挤毁性能的高抗挤抗硫套管。由于受国外技术封锁，我国的膨胀管管材尚未完全实现国产化。目前我国油气开采行业对抗硫可膨胀套管有着极为迫切的市场需求。为了满足严酷的服役条件，减少连续油井管失效事故，目前国内市场急需开发具有耐蚀性能的连续油井管；目前国内连续油井管最大直径只能做到88.9mm，需要开发114.3mm以上直径的大口径连续油井管。目前膨胀管材用料的合金成分较高，贵金属及稀有金属用量较多，直接导致了管材用钢的碳当量偏高，不利于管材的焊接，同时造成膨胀管的成本较高，繁杂的热处理工艺也不利于大规模工业化生产，提高了工艺成本，降低了生产效率。

因此，进一步丰富抗硫管的品种和结构，开发出各种高性能低成本ERW套管、无缝套管、连续油井管和膨胀管成为摆在能源以及钢铁工业面前的一项重要的战略任务。具体工作包括：

（1）开发高耐腐蚀的80ksi（550MPa）、90ksi（620MPa）和95ksi（655MPa）钢级的热轧钢带和ERW钢管。制定自主知识产权的生产和应用标准，实现以ERW钢管替代无缝钢管的重大技术变革，所开发的钢板和ERW钢管满足ISO 11960标准，耐腐蚀性能达到NACE标准考核要求，且钢管具有良好的尺寸精度和抗挤压性能，满足深井对耐腐蚀钢管的要求，实现耐腐蚀油套管的低成本高效化生产和应用。

（2）开发具有耐蚀性能的抗硫连续油井管。抗硫性能满足（NACE）标准TM 0177《含H_2S环境中金属材料抗硫化物应力开裂实验室试验》要求，抗HIC性能满足NACE

TM 0284《管线钢和压力容器钢抗氢致裂纹评估》标准要求。

(3) 开发大口径连续油井管。目前国内连续油井管最大直径只能做到88.9mm，需要开发114.3mm以上直径的大口径连续油井管。

(4) 开发80ksi（550MPa）钢级常规膨胀量（15%～20%）及大膨胀量（20%～30%）可膨胀管材及热处理工艺，同时开发80ksi（550MPa）钢级耐蚀膨胀管材及热处理工艺，要求开发合金元素成本低廉、热处理工艺简单的经济性膨胀管。

2.2.3.2 管线钢

受土地、环保、建设、运营等因素制约，新疆煤制气管道工程（新粤浙管道）必须采用X80高钢级管线钢进行高压输送。常温输送含H_2天然气介质的管道应用已经比较成熟，但多为低强度钢级，比如20、B（L245）、X52（L360）等，从目前了解的情况来看输送含H_2介质的管道最高也没有超过X70。新粤浙管道工程气源主要是准东地区煤制气和伊宁地区煤制气，气体中CO_2和H_2的含量之和为3%（摩尔分数），其中H_2的含量在2%左右；管线设计压力为12MPa，氢分压达到了0.24MPa；介质输送温度为常温，约30～40℃。新粤浙管道所用管道为X80钢级，强度等级较高，但目前针对X80管线钢在H_2环境下的腐蚀破坏的相关研究非常少，X80管线钢在H_2环境下的腐蚀机理和形式都还不清楚，实际的工程应用更是罕见。需要通过相关的试验来考核模拟实际工况条件下钢管的表面、内部质量、组织和性能变化，评估钢管运行的可靠性，对新粤浙管道的安全运行进行风险评估。

经过西气东输二线、三线建设，我国在X80管线钢生产、制管、管道设计与施工等方面已取得了突出成绩，但按现有干线管径1219mm、输气压力12MPa实施方案，年输气量仅达$300\times10^8m^3$。欲实现$450\times10^8m^3$以上超大输气量，可采用X80管道、输气压力不变、管径增加的方案；也可采用提高钢级，使用X90、X100，管径不变，压力增加的技术方案。两者相比，采用X90/100技术方案在建设成本、土地使用等方面更具优势，但X90/100管道建设在国际上尚属重大技术难题。另外，如采用超大口径X80方案，需要更宽、更厚的X80钢板和钢带，而厚规格管线钢的断裂韧性控制也是国际性难题。

受土地、环保、建设、运营等因素制约，在四线及以后的管道建设中，迫切需要开发超大输气量管道建设技术，而特厚X80钢板/带、X90/100钢板/带是制约超大输气量管道技术发展的关键瓶颈，因此，开发特厚X80、X90/100材料制造技术、制管技术和环焊技术是超大输量管道建设的关键，是未来超大输量管道建设的基石。

X80管道的环焊缝目前普遍存在焊缝冲击值单值较低的情况，例如单值最低为16～40J，对管道的安全运行带来了极大的隐患，因此需要分析研究现有X80管道的环焊缝冲击值单值较低的原因和解决措施。

我国海洋油气勘探开发用管材研究开发起步较晚，虽然近年来，各大钢厂和制管企业相继开始进行了海洋管材的研发，基本掌握了1500m以内深海管材的制造技术。但与发达国家相比我国深海油气管道的材料和建设水平还存在较大差距。

目前国产深海管线最大应用厚度只有31.8mm，国际先进水平达到44mm；目前深海管线最大强度水平仅应用到X70级别，海油设计单位希望达到X80级别，现有的陆地X80

管线材料由于服役环境不同，很难满足海洋环境特殊的施工、服役要求。

3%Cr集输钢管中因含有较高含量的Cr，造成焊接困难，需要进行HFW焊接原型技术开发、焊管制造工艺开发。

2.3 石油石化用不锈钢

2.3.1 概述

不锈钢的发明是世界冶金史上的一项重大成就，20世纪初，L. B. Guillet于1904～1906年和A. M. Portevin于1909～1911年在法国，W. Giesen于1907～1909年在英国分别发现了Fe-Cr和Fe-Cr-Ni合金的耐腐蚀性能。P. Monnartz于1908～1911年在德国提出了不锈性和钝化理论的许多观点。1912～1913年，H. Brearly在英国开发了工业用12%～13%Cr的马氏体不锈钢。C. Dantsizen于1911～1914年在美国开发了14%～16%Cr、0.07%～0.15%C的铁素体不锈钢。E. Maurer和B. Strauss于1912～1914年在德国开发了<1%C、15%～40%Cr、<20%Ni的奥氏体不锈钢；1929年，B. Strauss取得了低碳18-8型不锈钢的专利权；为了解决18-8型不锈钢的敏化态晶间腐蚀，1931年，德国的E. Houdreuot发明了含钛的18-8型不锈钢。几乎与此同时，在法国的Unieux实验室发现奥氏体不锈钢中含有铁素体时，钢的耐晶间腐蚀性能会得到显著改善，从而开发$\gamma+\alpha$双相不锈钢。1946年，美国的R. Smithetal研制了马氏体沉淀硬化不锈钢17-4PH，随后既具有高强度又可进行冷加工成型的半奥氏体沉淀硬化不锈钢17-7PH和PH15-7Mo的相继问世。至此，不锈钢家族中的主要钢类，即马氏体、铁素体、奥氏体、$\gamma+\alpha$双相以及沉淀硬化型等不锈钢便基本齐全了。

20世纪40～50年代，开发了节镍型的Cr-Mn-N和Cr-Mn-Ni-N奥氏体不锈钢；60年代，开发了$\gamma:\alpha$接近1的双相不锈钢和$C+N\leqslant150\times10^{-6}$的高纯铁素体不锈钢以及马氏体时效不锈钢。根据不同用途对性能的要求，进一步用Mo、Cu、Si、N、Mn、Nb、Ti等元素合金化或进一步降低钢中的C、Si、Mn、S、P等元素，又研制了许多新钢种。如耐氯化物点蚀、缝隙腐蚀的高纯、高铬钼铁素体不锈钢（00Cr25Ni4Mo4、00Cr29Mo4Ni2等）以及高Mo含N的Cr-Ni双相不锈钢（00Cr25Ni7Mo3N、00Cr25Ni7Mo3WCuN等）；提高低碳、超低碳Cr-Ni奥氏体不锈钢的强度和耐蚀性而开发的控氮不锈钢；提高Cr-Ni奥氏体不锈钢耐局部腐蚀性能并抑制钢中金属间相析出的高Cr、Mo、N含量超级奥氏体不锈钢（00Cr25Ni20Mo6CuN、00Cr24Ni22Mo7Mn3CuN等）；耐发烟硝酸以及浓硫酸的高Si不锈钢等。据统计，目前世界各国纳入各种标准的牌号已有百余种，而未纳标的非标准牌号就更多了。不锈钢在石油石化装置中有广泛的应用，主要的应用部位主要有：

①油气勘探开发方面：含H_2S、CO_2等油气田的开发用油套管、井口设施（采油树）、无磁钻铤、钻井液收集器等；

②油气集输方面：含硫油气输送、LNG运输船及接收站、阀门、加气站、加气车、

地下储气库等；

③炼化设备方面：反应器（堆层）、塔（复合层）、换热器、塔内件、炉管、工艺管道、泵、阀门等；

④化工方面：气化炉复层及内件、水洗塔复层及内件、变换炉复层及内件，处理合成气的工艺设备及管线等。

2.3.2 国内外石油石化用不锈钢研究现状

2.3.2.1 国内外石油石化用耐蚀不锈钢

1）国外石油石化用耐蚀不锈钢

（1）超级铁素体不锈钢

超级铁素体不锈钢是指耐点蚀、耐缝隙腐蚀性能远优于常规铁素体不锈钢，并可与超级奥氏体和某些镍基耐蚀合金相媲美的高 Cr、Mo 铁素体不锈钢，其耐点蚀指数通常接近或大于 35，这类钢在热的氯离子溶液中具有极高的耐均匀腐蚀和局部腐蚀性能、低的韧-脆性转变温度、焊接性和综合性能良好。常用超级铁素体不锈钢牌号及化学成分见表 2.3.2-1。

表 2.3.2-1 已经商业化的超级铁素体不锈钢的化学成分 %

名称	C	Si	Mn	S	P	Cr	Ni	Mo	Cu	N	Nb
DIN1.4575	≤ 0.025	≤ 1.00	≤ 1.00			27.00 29.00	3.50 4.00	1.80 2.50		≤ 0.035	12×（C+N） 0.60
S44635 Monit	≤ 0.025	≤ 0.75	≤ 1.00	0.030	0.040	24.50 26.00	3.50 4.50	3.50 4.50		≤ 0.035	0.20+4×（C+N） 0.80
S44600 (Sea-Cure)	≤ 0.030	≤ 1.00	≤ 1.00	≤ 0.030	≤ 0.040	25.00 28.00	1.00 3.80	3.00 4.00		≤ 0.04	6×（C+N） 1.0
S44700	≤ 0.01	≤ 0.2	0.3	0.02	0.025	28.00 30.00	0.15	3.50 4.20	≤ 0.15	≤ 0.02	
S44735 290Mo	≤ 0.030	≤ 1.00	≤ 1.00	≤ 0.03	≤ 0.04	28.00 30.00	1.0	3.60 4.20		≤ 0.045	6×（C+N） 1.0
S44800 FS10	≤ 0.01	≤ 0.2	≤ 0.3	≤ 0.02	≤ 0.025	28.00 30.00	2.00 2.50	3.50 4.20	≤ 0.15	≤ 0.02	
SUS447J1	≤ 0.01	≤ 0.4	≤ 0.4	≤ 0.02	≤ 0.025	28.50 32.00		1.50 2.50		≤ 0.015	加 Nb
00Cr27Mo4Ti	≤ 0.02	≤ 1.00	≤ 1.00	≤ 0.02	≤ 0.025	27.00 28.00	1.50 2.50	3.50 4.00		≤ 0.02	10×（C+N） 0.5
S44736 AL29-4-2C	≤ 0.03	≤ 1.00	≤ 1.00	≤ 0.03	≤ 0.04	28.00 30.00	2.00 2.50	3.50 4.20		≤ 0.045	6×（C+N） 1.0

它们的耐苛刻介质腐蚀性能优良，在各种水，包括海水做为冷却介质的各种换热器设备，例如，其典型牌号00Cr30Mo2在含氯化物溶液中耐点腐蚀、应力腐蚀、均匀腐蚀均优于316、317及00Cr25Ni5Mo2N钢，在NaOH和醋酸中耐蚀性与纯Ni相当，主要用于NaOH浓缩设备、烟气脱硫设备、火电厂冷凝器等。

（2）超级马氏体不锈钢

超级马氏不锈钢是一系列超低碳马氏体不锈钢，通常含有12%～17%Cr、一定含量的Ni（2%～6.5%）及Mo（≤2.5%）、Cu元素的，具有超高洁净度、强韧性好、耐蚀性优于传统马氏体不锈钢的特点，特别是焊接性能达到极大的改善。

按Cr含量不同，超级马氏体不锈钢有13%Cr、17%Cr型，为提高钢的耐蚀性和增加回火稳定性以及强化二次硬化效应适当地加入钼和铜。在传统马氏体不锈钢中加入氮或以氮取代部分碳是另一类超级马氏体不锈钢的基本特征。典型超级马氏体不锈钢的化学成分列入表2.3.2-2。

表2.3.2-2　典型超级马氏体不锈钢的化学成分　　%

类型	牌号	C	Si	Mn	Cr	Ni	Mo	Cu	N	备注
Cr13型	00Cr13Ni5Mo	≤0.03	≤0.3	0.4～1.0	12.0～14.0	4.0～6.0	0.5～1.0	—		中国
	00Cr13Ni5Mo2	≤0.02	0.2	≤0.4	12.5	5	2.0	—		住友金属
	00Cr13Ni6Mo2Ti	≤0.01	0.3	≤0.4	12	6.2	2.5	—		住友金属
	00Cr13Ni5Mo2Cu	≤0.02	0.3	0.5～0.7	13	5.0	1.5～2.0	1.5		新日铁
	00Cr13Ni5MoN	≤0.02	0.2	≤0.7	13.3	4.8	1.6	0.1		达日明
	00Cr13Ni6.5Mo2.5Cu	≤0.015	0.15	≤2.0	12	6.5	2.5	0.4	0.08	比利时
Cr17型	00Cr16Ni5Mo	≤0.03	—	—	16	5	1	—		瑞典
含N型	3Cr15Mo1N	≤0.3	≤	≤	15	—	1	—	0.3	德国

超级马氏体不锈钢中的Ni可以改善低温性能，含小于2%Ni的Cr13型超级马氏体不锈钢具有良好的低温韧性，可满足－20℃环境对冲击性能的要求，含大于4.5%Ni的超级马氏体不锈钢可满足－40℃下对冲击性能的要求，其焊缝和热影响区也具有良好的韧性。

含氮的超级马氏体不锈钢的典型代表牌号是3Cr15Mo1N，此牌号是为了改善高碳（1.0%C）的含钼Cr17型（440C）马氏体不锈钢的韧性而发展的新钢种，在淬火回火状态下与高碳17Cr型马氏体不锈钢具有相同的硬度，但其滚动轴承的寿命却得到显著提高。

超级马氏体不锈钢除具有相应牌号马氏体不锈钢的高强度、高硬度外，尚具有较之优秀的塑韧性、耐蚀性和焊接性能，尤其焊接性能是常规马氏体不锈钢无法比拟的。因此，它既可以应用于常规马氏体不锈钢传统应用领域，如泵、轴类、压缩机、阀类等，又可以用于对焊接性能有较高要求的使用部位，如海上石油天然气开采用无缝管和输送管道、湿天然气处理设施、液态天然气输送管线、水力发电等。

（3）超级奥氏体不锈钢

超级奥氏体不锈钢拥有优异的耐蚀性能和良好的综合机械性能，因而被广泛应用于具有较强腐蚀性的恶劣环境中，如化工设备、制药厂、烟气管道脱硫、废弃物焚烧厂、溶剂回收、海水管道系统、核电站冷凝管等。此类钢的主要商品牌号及其主要化学成分如表 2.3.2-3所示。

表 2.3.2-3 超级奥氏体不锈钢的牌号和主要化学成分 %

牌 号	商品牌号	UNS 编号	Mn	Cr	Ni	Mo	Cu	N
00Cr20Ni18Mo6CuN	254SMO	S31254	≤1.0	19.5～20.5	17.5～18.5	6～7	0.5～1.0	0.15～0.25
00Cr24Ni20Mo7CuN	654SMO	S32654	2.0 4.0	24 25	21 23	7 8	0.45 0.55	0.45 0.55
00Cr21Ni24Mo6N	AL-6XN	N08367	≤1.0	20 22	23.5 25.5	6 7	≤0.75	0.18 0.25
00Cr20Ni25Mo6CuN	Cronifer-1925 hMo	N08926	≤2.0	19 21	24 26	6 7	0.5 1.5	0.15 0.25
00Cr22Ni27Mo7CuN	Incology 27-7Mo	S31277	≤ 3.0	20.5 23	26 28	6.5 8.0	0.5 1.5	0.3 0.4
00Cr24Ni17Mo4CuNNb	NIROSTA	S34565	3.5 6.5	23 25	16 18	3.5 5.5	—	0.4 0.6
00Cr24Ni22Mo6Mn3W2N	UR B66	S31266	2.0 4.0	23 25	21 24	5.2 6.2	1.0 2.5	0.35 0.60

随着现代石油、化工、机械、能源（燃煤、燃油电厂和核电以及陆地、海洋深井和超深井油气田开发等）工业以及环保（如烟气脱硫）、海洋开发（如海水淡化、海洋工程）等领域的兴起和发展，对在这些领域中服役的大型装置和关键设备、构件等的耐蚀性能和综合力学性能的要求越来越高。超级奥氏体不锈钢就是主要为解决原有普通奥氏体不锈钢（如 304 和 316）耐蚀性，特别是耐点蚀、耐缝隙腐蚀和耐应力腐蚀以及强度偏低等无法满足客观需求而被开发出来的。典型的例子为含 6%Mo 和 7%Mo 的超级奥氏体不锈钢，这些钢种都是针对一些工况条件苛刻的工业，如石油化工、造纸和海上系统等而开发出来的。

在 20 世纪 30 年代，为解决在硫酸介质中的腐蚀问题，在法国和瑞典，人们曾开发了含 20%Cr、25%Ni、4.5%Mo 和 1.5%Cu 的合金，并被命名为 904L。自 70 年代以来，904L 在纸浆及造纸工业和化学工业等方面被广泛使用，并很快地被推广到其他工业领域。而在美国则按相似的方法研制出了含 20%Cr、30%Ni、2.5%Mo 和 3.5%Cu 的 20 号合金。20 号和 904L 号合金为超级奥氏体不锈钢的进一步发展奠定了基础。德国在 904L 高钼不锈钢的基础上提高钼含量并加入 0.2%N 而开发出了 Cronifer 1925hMo。

瑞典的阿维斯塔钢铁有限公司（ Avesta Jernverk AB）于 50 年代首次生产出了用于特殊环境下的含 6%Mo 不锈钢。其主要合金含量为：16.5%Cr，30%Ni 和 6%Mo，这也就是后来 Avesta 254SMO 的雏形。美国 Allegheny Ludlum 公司也于 70 年代初期研制出了

AL-6XN。由于此钢在氯化物溶液中具有良好的耐点蚀、缝隙腐蚀和应力腐蚀性能，因而自 70 年代起就大量用于海水冷凝器中的薄壁管，且使用情况良好。

Avesta 254SMO 就是 20 世纪 70 年代开发最早的含较高钼和氮合金元素的超级奥氏体不锈钢之一。它在还原性介质和含氯化物介质中具有优异的耐全面腐蚀和耐局部腐蚀性能，同时由于铬、钼和氮的固溶强化作用，使此钢强度比一般铬镍奥氏体不锈钢高。在 80 年代初，瑞典又开发出了含 20%Cr、15%Ni、4.5%Mo、8%Mn 和 0.45%N 的超级奥氏体不锈钢。它的耐蚀性能和 Avesta 254SMO 相当，但较高的锰含量增大氮固溶度的同时，也加大了此钢的冶金难度和增强了金属间相的析出敏感性。虽然这一系列的超级奥氏体不锈钢的耐蚀性能和强度远优于传统奥氏体不锈钢，但在苛刻环境中服役时，其耐局部腐蚀性能与一些较好的镍基合金和钛合金比较还存在一定的差距。

在 90 年代初，在 Avesta 254SMO 的基础上，瑞典于 1992 年成功开发出了 Avesta 654SMO 超级奥氏体不锈钢。654SMO 的出现，是不锈钢发展史上的一个里程碑。此钢的耐点蚀当量（PREN）达到约 55，此值不仅优于所有含钼 6%的超级奥氏体不锈钢，而且也超过现有超级铁素体不锈钢和超级双相钢。虽然钢的 PREN 不能完全代表钢的耐蚀性能，但可预期此钢会有较高的耐蚀性，特别是耐点蚀和耐缝隙腐蚀等性能。在许多介质中，此钢可以代替镍基耐蚀合金，从而填补了不锈钢和高镍耐蚀合金之间没有高耐点蚀、高耐缝隙腐蚀不锈钢的空白。

到 2000 年，美国特种金属公司也开发了一种 7Mo 型超级奥氏体不锈钢 Incoloy 27-7Mo。它改善了普通 6Mo 钢的耐腐蚀性能和力学特性，此钢优异的综合性能与高镍耐蚀合金相比又有价格较低的优势，因而获得了较广泛的应用。

（4）超级双相不锈钢

双相不锈钢的发展历经三代，如图 2.3.2-1 所示。超级双相不锈钢通常指含 25%～27% Cr、6.5%～7.5% Ni、3%～4% Mo、N≤0.3%，含适量 Cu、W、Si 等元素，耐点蚀当量（PREN）≥40 的高 Cr、高 Mo、高 N 的超低碳双相不锈钢。这类钢比通常的双相不锈钢有更好的耐苛刻介质局部腐蚀的性能与更好的焊接性能。其代表牌号及其 PREN 值如下：00Cr25Ni7Mo3.5CuN（Zeron 100）：PREN＝40、00Cr25Ni6.5Mo3.5CuN：PREN＝40.55、00Cr25Ni7Mo4N（2507）：PREN＝43 等。

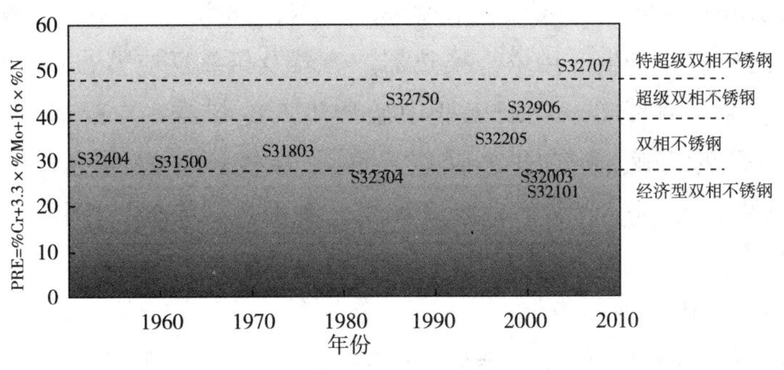

图 2.3.2-1　双相不锈钢的发展历程

双相不锈钢发展与应用开始于20世纪30年代，法国在1935年获得第一个专利，其发展已经历经三代，第一代双相不锈钢以美国40年代开发的329钢为代表，含高铬、钼，耐局部腐蚀性能好，但含碳量较高（≤0.1%C），因此焊接时失去相平衡，沿晶界析出碳化物导致耐蚀性及韧性下降，焊后必须经过热处理，一般用于铸件，在应用和发展上受到限制。随后至60年代中期，瑞典开发了著名的3RE60钢，特点是超低碳，含铬为18%，焊接及成型性能良好，广泛代替AISI 304L、316L用作耐氯离子应力腐蚀的材料，该钢的问题是在焊接热影响区易出现单相铁素体组织，导致耐应力腐蚀及晶间腐蚀性能下降。

70年代以来，随着二次精炼技术AOD和VOD等方法的出现和普及以及连铸技术的发展，容易冶炼出超低碳（≤0.03%）的钢，同时发现氮作为奥氏体形成元素对双相不锈钢焊缝相平衡维持及提高富氮奥氏体相的耐孔蚀能力的重要作用。正是利用氮元素的独特效果，以及钢中容易获得超低碳，改进了第一代双相不锈钢的缺点，从而开创了第二代新型的含氮双相不锈钢，开发了新的应用领域。第二代双相不锈钢，不论是18Cr型还是22Cr和25Cr型大多数属于超低碳型，并且含有钼、铜或硅等提高耐蚀性的元素。

80年代后期发展的超级双相不锈钢（Super DSS）是属于第三代双相不锈钢，牌号有SAF2507、UR52N+、ZERON100等，这类钢的特点是含碳量低（0.01%～0.02%），含高钼和高氮（Mo约4%，N约0.3%），钢中铁素体含量40%～50%，此类钢具有优良的耐孔蚀性能，孔蚀抗力当量值大于40。该钢种有更佳的耐腐蚀性，包括苛刻条件下耐局部腐蚀的能力，机械强度又高，使得此类双相不锈钢可以应用于条件更苛刻的环境中。第三代超级双相不锈钢已得到了很大的发展，并广泛地应用于各工业领域。

进入2000年以来，双相不锈钢的发展呈现两种趋势。一方面进一步提高钢中合金元素含量以获得更高强度和更加优良的耐蚀性，如瑞典SANDVIK公司新开发的SAF2906和SAF3207；另一方面转向开发低镍量且不含钼或仅含少量钼的经济型双相不锈钢，以降低双相不锈钢的成本和售价，并显著改善双相不锈钢的热加工性和焊接性，从而增加双相不锈钢与其他类型不锈钢的竞争优势。目前列入经济型双相不锈钢的有20世纪80年代开发的SAF2304（00Cr23Ni4N）和2000年以来新发展的2303（AL2303，00Cr23Ni3Mo1.5N）、2101型的LDX 2101（00Cr21 Mn5Ni1.5N）以及Armco Nitronic 19D（00Cr20Mn5Ni1N）。

00Cr25Ni6.5Mo3.5CuN、00Cr25Ni7Mo3.5CuN、00Cr25Ni7Mo3.5WCuN等超级双相不锈钢可用于制造氯乙烯生产用塔、换热器、容器及氯氧反应器、HCl冷却器、合成橡胶用聚合反应器、泵、管线等，化肥工业中硝酸生产冷却器、冷凝器、热浓硝酸用泵轴等，海洋石油开采的海底油气输送管线、海水管线、潜海水泵；00Cr25Ni7Mo4N、00Cr25Ni7.5Mo4WCuN用于含胺的碱溶液管线、海水热交换器、船用螺旋推进器和海底油气输送管道等。

2）国内石油石化用耐蚀不锈钢

在不锈钢工业化生产以来的100余年，其发展十分迅速，我国不锈钢产量和新钢种开发等方面均得到长足发展，从2001年开始，中国成为全球最大的不锈钢消费国，并在

2006 年成为最大的生产国，1998 年以来年均增长率达到 35%。2012 年，全球不锈钢粗钢产量总计达 3540×10^4t，中国不锈钢粗钢产量 1608.7×10^4t，占全球总产量的 45%，同比增长 14.17%，见图 2.3.2-2。在不锈钢产量大幅度增加的同时，五类不锈钢钢种也得到较大的发展，其突出的表现为陆续诞生的超级不锈钢（包括超级奥氏体、双相不锈钢、铁素体、马氏体）及其发展，其主要发展方向为高合金及多元合金化，其中氮合金化成为重要发展方向，如图 2.3.2-3 所示。

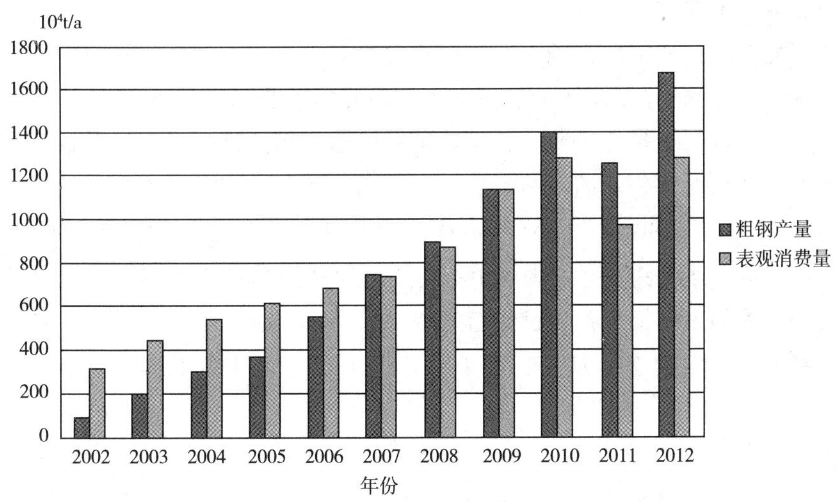

图 2.3.2-2　2002～2012 不锈钢粗钢产量与表观消费量对比图

在石油石化行业大量使用的不锈钢材料是奥氏体不锈钢，双相不锈钢的应用正在不断扩展，以下结合不锈钢发展的重要方向——超级不锈钢，简述超级奥氏体及双相不锈钢在国内的研究现状。

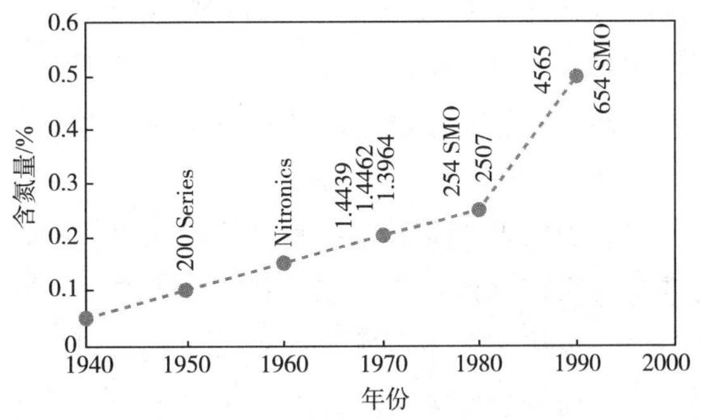

图 2.3.2-3　在不锈钢发展过程中 N 含量的不断提高

（1）超级奥氏体不锈钢

超级奥氏体不锈钢的概念在我国大约是 20 世纪 80 年代引入，国内对 254SMO 一类超级奥氏体不锈钢进行了相对系统的研究，80 年代初，根据合金化原则开发和研究了类似于 254SMO 的 00Cr20Ni18Mo6CuN 高合金不锈钢，其具有较标准不锈钢良好的耐点蚀和耐缝隙腐蚀性能，屈服强度较标准奥氏体不锈钢也大有提高（约 400MPa）。之后，国内的许多机构对 254SMO 的性能进行了不少的研究，其中包括热处理对组织性能的影响，合金元素如 Cu、Mn、Mo 等对 254SMO 组织、性能、析出行为等的影响；254SMO 在一些常规的或者特殊的腐蚀环境中的研究，如高氯离子环境局部腐蚀、有机环境、应力腐蚀等并提出相应的一些防护措施等，且与其他的钢种进行比较研究；针对 254SMO 难于热加工和在焊接时热影响区性能的影响也进行了不少的研究。

虽然国内的254SMO的研究取得了一定的成果，但仍需对其和与之相关的性能进行进一步的研究，为国内高性能钢铁材料的开发和研究提供支持。而且，对于654SMO等合金含量更高的超级奥氏体不锈钢研究较少，对于超级奥氏体不锈钢的产业化还停留在研究和研制阶段，未能形成批量生产，特别是在更高合金的超级奥氏体不锈钢生产方面还基本处于空白。

(2) 超级双相不锈钢

在国外研究双相不锈钢的基础上，以钢铁研究总院为代表的一批科研院校及企业于20世纪70年代中期开始研究和发展了双相不锈钢，确立了我国重点开发含N双相不锈钢的发展方向，虽然经过几十年的研究、开发，但总体水平仍然落后于国外发达国家。

随着双相不锈钢在国际上的不断发展，以及国内相关技术不断的进步和生产装备的持续改进，相对于20世纪90年代，双相不锈钢的开发、生产在国内已经有了长足的进步，以00Cr22Ni5Mo3N为代表的第二代双相不锈钢已经在国内可以大量生产，并得到广泛的应用，并且，国内的不锈钢工作者已经就超级双相不锈钢进行相关研究，一些企业具备了生产部分超级双相不锈钢牌号及品种的能力，但工艺稳定性尚不成熟，生产品种也比较单一。

对于特超级双相不锈钢，目前国外发达国家已经能够进行批量生产并得以实际应用，例如，瑞典已经针对热海水苛刻环境工业的需求，开发出工作温度60～90℃左右的SAF2906、SAF2707HD及3207HD等双相不锈钢，其强度指标、耐热海水点腐蚀及缝隙腐蚀性能均优于6Mo+N超级奥氏体不锈钢，且具有较大的原材料成本优势，代表了双相不锈钢发展及热海水用材的重要方向，并且已经有SAF2707海水冷凝器制造的实例，而国内虽然钢铁研究总院等已经就特超级双相不锈钢00Cr27Ni7Mo5N开展前期的研究工作，但其生产工艺的开发还鲜有报道。

尽管国内近年来双相不锈钢及超级双相不锈钢的开发及研究水平有较大幅度提高，但与发达国家相比依然存在较大差距，主要表现在氮成分的准确控制、热加工性能差、成材率较低、焊接工艺还不成熟、产品应用领域还存在一定的局限性。在一些重点工程领域，国内产品尚不能完全满足要求，主要还是依靠进口。

2.3.2.2 国内外石油石化用抗高温氧化、硫化腐蚀耐热钢

1) 高温腐蚀形态

炼油厂的高温炼化装置在650℃以上时，材料的腐蚀形态主要包括高温氧化、高温硫化、渗碳破坏、渗氮破坏、卤素腐蚀等。

(1) 高温氧化

氧化是金属材料高温腐蚀最常见的破坏形式，通常金属氧化时会形成一层氧化膜，当氧化膜具有完整、致密的结构时，会起到保护作用。但随着温度升高，氧化速度加快，氧化膜将逐渐失去保护作用，从而发生高温氧化。炼油厂发生氧化的部位主要包括：催化裂化装置反应-再生系统的再生器至放空烟囱之间的与烟气接触的设备和构件、延迟焦化装

置的加热炉辐射管、高温烟气管道等。

（2）高温硫化

金属在高温下与含硫介质（硫、二氧化硫、三氧化硫、硫化氢、有机硫等）作用，生成硫化物的过程，称为金属的高温硫化。不锈钢在 600℃以上易发生硫化，生成低熔点的硫化物，产生大量疏松的锈垢并脱落，使设备不断减薄而破坏。若有其他腐蚀介质共存，还可能相互促进而加速腐蚀。

（3）渗碳破坏

材料在高温一氧化碳、甲烷、乙烷或其他烃类气氛中均会发生渗碳作用，介质中的碳与材料中的合金元素 Cr、Nb、W、Mo、Ti 等反应，生成脆性碳化物，导致材料韧性降低。同时，由于材料中 Cr 发生损失，抗氧化性能也随之下降。渗碳作用还会造成蠕变强度的下降。NACE 的调查结果表明，渗碳是造成炉管更换的最主要原因。

（4）渗氮破坏

渗氮破坏过程与渗碳相似，即材料中的合金元素与环境中的氮形成脆性氮化物，使材料力学性能和抗氧化性能下降。高温氨环境下碳钢、低合金钢和不锈钢经常发生渗氮破坏。

（5）卤素腐蚀

高温卤素腐蚀机理与氧化、硫化类似，但不形成腐蚀层，腐蚀产物具有挥发性。高温卤素腐蚀随材料镍、铬含量的增加而降低，高镍合金的耐氯腐蚀性能强于不锈钢。

2）合金元素的作用

国外耐高温硫化、氧化腐蚀材料大多是在现有的 Cr-Mo 钢、Fe-Cr-Ni、Fe-Cr-Al 等钢种的基础上通过微合金化、表面防护等措施来进一步改善其耐高温腐蚀性能，通过添加 Cr、Al、Si 等合金元素，Y（钇）、Ce 等稀土元素，改善钢抗高温硫化、氧化的性能。各合金元素抗高温硫化、氧化所起的作用如下：

①Cr：高温硫化腐蚀过程中，Cr 元素比 Fe、Ni 等元素优先硫化，合金表面首先生成一层致密的铬的硫化物，相对于 Fe、Ni 形成的硫化物，铬的硫化物晶体缺陷少、完整、均匀，能阻碍金属离子向外扩散以及硫向合金基体渗透，从而降低腐蚀速率。铬含量的越高，致密的硫化铬层越厚、越完整。因此要保证材料抗硫化腐蚀能力，Cr 含量必须提高，研究表明，当合金铬含量 30%时，合金便具有良好的耐高温硫化腐蚀能力。

②Al：铝作为抗氧化、硫化元素，机理与 Cr 近，但作为耐蚀合金元素加入钢中，受钢塑性、韧性下降、过热敏感性增加等问题制约。美国发明的含 6%Al 的 Fe-25Cr-6Al 抗氧化、抗硫化合金，通过在氧化膜和基体界面形成 Al_2O_3 阻挡层，抑制了基体金属阳离子向外扩散来增加耐蚀性，尤其对硫化氢的耐蚀性效果更佳。含 Al 钢与 Cr-Mo 钢相比有一定优越性。Cr-Mo 钢基体中固溶的 Cr 在使用过程中会向碳化物中富集，造成基体贫 Cr，使 Cr 分布不均匀，从而降低耐蚀性。而含铝钢使用过程中 Al 在钢中始终均匀分布。代表性的含 Al 钢有 12Cr2AlMoV、Cr6AlMo、15Al3MoWTi 等。

③Si：Si 对氧化及硫化的作用主要是由于 Si 在氧化膜与基体界面形成 SiO_2 阻挡层，

从而抑制了金属表面离子的扩散，达到防止高温氧化和硫化的目的。但考虑到 Si 对焊接性能的影响，含量不应太高。

④Ni：Ni 对高温硫化具有很高的敏感性，极易生成生长速度快、疏松的硫化物，Ni 含量越高，厚度越大。Ni 的硫化物主要分布在外层，由于比体积大，缺陷浓度高，对金属离子的扩散的阻碍作用很小，起不到保护作用。因此 Ni 含量增加对抗硫腐蚀是不利的，在保证合金高温强度与组织稳定性的前提下，Ni 含量应尽量低。从抗氧化和热强性看，由于能形成钝化膜，镍对氧化性介质具有良好的抗腐蚀能力。通常高温腐蚀过程中硫化与氧化同时存在，以高温氧化为主，但硫化先于氧化发生，因此考虑到材料的抗氧化硫化综合性能，Ni 含量应控制在适当的水平。

⑤Y：稀土元素能够生成氧化物钉扎，使氧化物与基底结合牢固，不易剥落。25Cr-40Ni 合金中添加 Y 的研究结果表明，Y 含量小于 0.1%时，硫化腐蚀速率增加，大于 0.1%时，硫化腐蚀速率明显减小。在合金氧化过程中，Y 元素能促进 Cr 在合金中的扩散，从而形成 Cr_2O_3 层。硫化过程中 Y 也有类似作用，当 Y 含量小于 0.1%时，Cr 的扩散速率加快使硫化腐蚀速率增加，同时 Y 对 Cr 扩散速率的促进作用不足以使基体表面富集足够的铬来形成铬的硫化层，此时硫化速率随 Cr 含量增加而加快。当 Y 含量超过 0.1%，Cr 的扩散进一步加快，能够在基体表面大量富集，从而形成带保护性的硫化铬内层，同时由于 Fe、Ni 向外扩散被阻碍，还会形成一个由 $FeCr_2S_4$ 和 $NiCr_2S_4$ 组成的内亚层，从而使 Y 含量大于 0.1%的合金耐硫化、氧化腐蚀能力显著提高。

⑥Ce：研究表明，Ce 能降低 Fe-27Cr-7Al 合金高温氧化速率，在氧化初期，Ce 促进了 β-Al_2O_3的生成，并使之迅速转变为了 α-Al_2O_3，并使氧化膜更平整。

美国学者分别向 Fe-25Cr、Fe-25Cr-20Ni、Fe-25Cr-6Al 钢中添加抗高温硫化元素 Al、Si、Y、La、Hf 等进行试验，结果发现，Fe-25Cr、Fe-25Cr-20Ni 钢中分别加入 2%的 Al 或 Si，由于在氧化膜与基体界面形成 Al_2O_3或 SiO_2阻挡层，使 S 难以扩散进基体，从而改善了抗高温硫化、氧化的能力，并且加入 Al 的效果比 Si 更有效。上述钢中分别加入 Y、La、Hf 等稀土元素，改善了合金表面氧化膜的结构，使氧化膜变薄，晶粒细化、均匀，Fe 含量减少，主要成分为 Cr_2O_3，从而使抗硫化、氧化的能力进一步提高。

在 Fe、Ni、Co 基三种合金中，Co 基合金抗高温硫化性能最好，但由于造价高，整个结构件往往很少全部采用，而只是在表面使用，如在 800℃以上，含有大量硫酸盐煤灰环境下使用的 316 不锈钢，表面堆焊一层钨铬钴合金（75%～90%Co、10%～25%Cr 的钴基合金）后，高温硫化腐蚀明显降低。

3）常用抗氧化、硫化耐热钢

表 2.3.2-4 为国外炼油及石化设备高温装置常用耐热钢，通常 18Cr-8Ni、18Cr-12Ni 奥氏体不锈钢使用温度上限可达 816℃，但高于 650℃时强度会显著下降，并且随着温度升高，抗高温硫化性能也难以满足要求。因此温度更高时必须选用更高级别的耐热合金材料。新开发的耐热钢见表 2.3.2-5。

表 2.3.2-4　炼油及石化设备常用耐热钢　%

合金	C	Si	Mn	Cr	Ni	Mo	Al	Ti	Nb	Co	N	Fe
304H	0.07	0.75	—	19	9	—	—	—	—	—	—	Bal
316H	0.07	0.75	2.0	17	12	2.5	—	—	—	—	—	Bal
321H	0.07	0.75	2.0	18	10.5	—	—	4×C～≤0.6%	—	—	—	Bal
347H	0.07	0.75	2.0	18	10.5	—	—	—	8×C～≤1.0%	—	—	Bal
309H	0.07	0.75	2.0	23	13.5	—	—	—	—	—	—	Bal
310H	0.07	0.75	2.0	25	20.5	—	—	—	—	—	—	Bal
85H	0.20	3.5	0.8	19	15	—	1	—	—	—	—	Bal
253	0.08	1.7	0.6	21	11	9	—	—	—	—	0.17	Bal
330	0.05	1.2	1.5	19	35	9	—	—	—	—	—	Bal
800H	0.08	0.3	0.8	20	31	—	0.3	0.3	—	—	—	48
600	0.04	0.2	0.2	16	76	—	—	—	—	—	—	7
601	0.04	0.2	0.2	23	61	—	—	—	—	—	—	14
617	0.06	0.5	0.5	22	52	—	1.2	0.5	—	12	—	2
625	0.05	—	0.2	22	61	—	—		3.6	—	—	5

表 2.3.2-5　国外炼油及石化设备新开发的耐热钢　%

合金	C	Si	Cr	Ni	Co	Mo	Al	Ti	Nb	Zr	W	N	B	Re	Fe
803	0.08	0.3	27	34	—	—	0.4	0.4	—	—	—	—	—		Bal
HK4N	0.75	0.4	25	25	0.25	—		0.4	—	—	—	—	0.004		Bal
HPM	1.7	0.4	25	38	0.15	2				0.05			0.01		Bal
HR120	0.05	0.6	25	37	1	—	0.1	0.1	7	—	2	0.2	0.004		Bal
HR160	0.05	2.7	28	37	29	—		0.45		—	—	—	—		2
AC66	0.05	—	27	32	—			—	0.8	—	—	—	—		41
617CF	0.08	0.2	22	52	12.5	9	1.2	—	—	—	—	—	—		1.5
45TM	0.08	2.7	27	47	—	—		—	—	—		0.08	—	Re：0.01	23
602CA	0.18	—	25	63	—	—	2	—	—	0.07	—	—	—	Y：0.8	9.5

德国蒂森克虏伯 VDM 有限公司针对城市焚烧的高腐蚀环境开发了高性能镍基耐热材料 Nicrofer 45 TM 合金，材料号 2.4889/UNS N06045，化学成分见表 2.3.2-6，高温力学性能见表 2.3.2-7。

表 2.3.2-6　Nicrofer 45 TM 合金化学成分　%

合金	Ni	Cr	Fe	C	Mn	Si	Cu	Al	Re	S	P
Nicrofer45TM	BAL	26 29	21 25	0.05 0.12	≤ 1.0	2.5 3.0	≤ 0.3	≤ 0.2	0.05 0.15	≤ 0.015	≤ 0.01

表 2.3.2-7　Nicrofer 45 TM 合金力学性能

温度/℃	100	200	300	400	450	500	600	800	1000
R_m/MPa	≥595	≥570	≥545	≥520	≥510	≥500	≥460	≥190	≥170
$R_{P0.2}$/MPa	≥220	≥200	≥185	≥170	≥155	≥150	≥135	≥110	≥50

该合金高 Cr 含量加相对较高的 Si 含量以及稀土元素的协同作用，使合金表面形成了致密的 Cr_2O_3 和次氧化层 SiO_2，使合金具有更好的耐高温氧化、硫化、碳化、氯化物腐蚀、熔盐腐蚀等性能。不同合金在含氮气、9%氧气、2.5g/m³ HCl、1.3g/m³ SO_2 气氛中，1000h 的腐蚀数据见图 2.3.2-4，Nicrofer 45 TM 合金的抗硫化、氧化性能明显高于其他合金。

在石油石化行业，Nicrofer 45 TM 合金也用于强硫化和碳化环境的化工流程设备，如含硫的油气燃烧部件和位于硫化、碳化介质的热交换器管道时，以及各种处于高温腐蚀状态的工业炉部件。

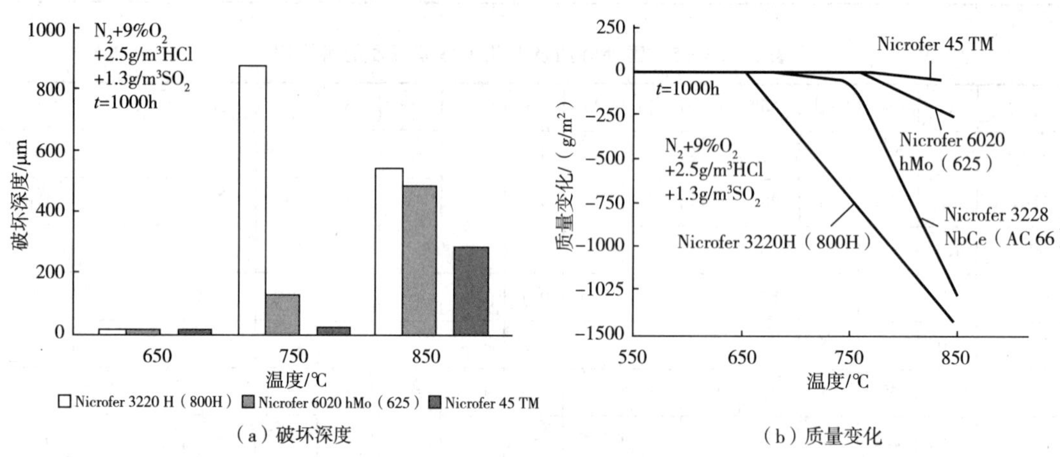

（a）破坏深度　　（b）质量变化

图 2.3.2-4　高温腐蚀速率

我国针对高温硫化、氧化环境开发的含 Al 和 Mo 钢如 15AlMoWTi、Cr6AlMo、12AlMoV、12Cr2AlMoV 等在工业中均取得了成效。综合考虑 Cr-Ni 系奥氏体不锈钢与 Cr-Al 系铁素体不锈钢的特点，研制了 Fe-Cr-Ni-Al 系双相耐热，典型钢号如 ZG1Cr25Ni10Al3SiRE，成分见表 2.3.2-8。

表 2.3.2-8　ZG1Cr25Ni10Al3SiRE 钢化学成分（质量分数）　%

合金	C	Cr	Al	Ni	Si	Re	S	P	Fe
Fe-Cr-Ni-Al	≤0.12	25.0 27.0	2.0 4.0	8.0 12.0	1.0 2.0	≤ 0.5	≤ 0.03	≤ 0.03	BAl

该钢具有优良的高温力学性能和抗高温氧化性能，在1250℃时短时抗拉强度可达40MPa以上，氧化增重速率稳定在0.2g/（m^2·h），是一种具有较大开发和使用价值的耐热钢。

国内高温耐热钢研制虽然取得了一些进展，但与国外相比还有一定差距，在复杂的高温硫化、氧化环境中，大多采用国外开发的钢种，有些关键部件还依赖进口。虽然一些高牌号合金可以解决高温硫化、氧化问题，但成本太高，因此需要在现有常用耐热合金如Cr-Ni不锈钢、Cr-Mo钢的基础上开发经济可用的高温耐热钢。

2.3.2.3 国内外石油石化用水煤浆喷嘴

水煤浆是由60%～70%的煤粉、30%～40%的水以及一定比例的添加剂，通过物理方法制备而成的新型煤基液体燃料。作为液体燃料，水煤浆必须通过喷嘴的雾化才能燃烧，因此喷嘴是水煤浆燃烧器中的关键部件之一，其结构的合理性决定水煤浆的雾化效果，材料的抗磨、抗热冲击性能则直接决定其使用寿命，并直接影响水煤浆应用的经济性和安全性。

煤气化过程中，水煤浆与气化剂（纯氧）通过装在炉顶的特殊设备——工艺烧嘴喷入高温气化炉内进行快速气化反应得到产物煤气。喷嘴结构和材料决定其性能和寿命，从而决定整个气化工艺的技术效能。

1）影响喷嘴使用寿命的失效方式

（1）冷却水盘管的破坏

煤气化工艺烧嘴设计冷却水盘管的目的是保护烧嘴处于高温工艺气体本体的部分不发生过烧，因此冷却水盘管本身受着最恶劣的外部环境，其破坏方式一般有三种：

①冷却水盘管和外喷头焊接处的热应力破坏。冷却水盘管和外喷头之间通过角焊缝焊接，使用的材料不同，处于烧嘴端部，在使用过程中，焊缝容易产生热应力导致的裂纹。

②冷却水盘管内冷却水温度如果控制不当，会造成盘管表面低温腐蚀，一般将冷却水温度控制在170℃以上较合适，盘管应选用高温性能稳定的材料，目前以Inconel 600最好。

③由于工艺烧嘴端面存在较强气体回流，与气化炉内壁之间的空隙还经常出现积渣，在烧嘴拔出过程中也可能造成盘管的损坏，增加盘管壁厚等级可以有效减轻这一损坏方式。

（2）冲蚀磨损

水煤浆浓度高、黏度大、雾化困难，且含有黄铁矿、石英等许多高硬度杂质，当水煤浆在喷嘴内与蒸汽进行能量交换而被加速时，煤浆中的固体煤粒子以及硬的杂质离子，会对喷嘴内壁产生剧烈摩擦，导致内壁发生磨损。

（3）热冲击裂纹

水煤浆经浆枪后端进入，在喷嘴（枪头）内被雾化，然后由喷嘴喷出燃烧，喷嘴外表面将受到炉内最高达1400℃的烟气辐射、热传导和对流复合加热作用，喷嘴靠前的部位，外表面受热严重、温度高。由于水煤浆中含有30%以上的水，对喷嘴内表面各零件的冷却能力很强，导致喷嘴内外表面温度差高达400℃以上，温度梯度非常大。因温度交变、梯度产生的交变热应力，会使喷嘴产生裂纹和碎裂等破坏现象。

煤气化工艺烧嘴运行一段时间后，外喷头端部会出现大量沿径向放射性分布的裂纹以及不规则龟裂，其形成原因目前还没有权威性的结论，但大多分析认为也是交变热冲击导致的热疲劳裂纹。

2）喷嘴材料的选用

通过对喷嘴的失效方式的分析可知，不同工艺装置的喷嘴材料，通常应满足以下要求：耐磨性好，在水煤浆冲击下具有较低的冲蚀磨损率；良好的抗热冲击性，能承受温度聚变带来的冲击，不会因热应力的交变而产生热疲劳裂纹、碎裂等；良好的加工工艺性，制造成本低；使用寿命长，性价比高。

目前国内外对于喷嘴结构方面的研究较多，材料方面的研究却很少，应用的水煤浆喷嘴材料主要有三大类：金属材料、硬质合金、陶瓷材料。

（1）金属材料

金属材料具有良好的加工工艺性，即使结构很复杂的喷嘴也可采用整体制作，喷嘴具有良好的韧性和热疲劳性能，在温度骤变和温度交变的恶劣环境下，也不易发生热疲劳破坏，并且可以通过热处理方法改善性能，是早期水煤浆喷嘴常用的材料。但大多金属材料硬度相对较低，耐磨损性差，如 45 钢、1Cr18Ni9Ti、Inconel 800H 等耐热合金，即使在低冲击角度下冲蚀率也较高，导致使用寿命非常短。GH188、UMCo50 是目前煤化工喷嘴最常使用的金属材料，其中 UMCo50 是所能选择的最好的喷嘴材料，该合金含 Co 48%～52%、Cr 27%～29%，适用于既要求耐氧化，同时需要一定的高温强度，又要求抗高温硫化腐蚀、抗热冲击和耐磨的应用环境，广泛应用于煤气化工艺喷嘴、石化装置中渣油气化炉锻件喷嘴等方面。镇海炼油厂渣油和炭黑油浆混合燃料 80kg 级烧嘴头部使用 UMCo50 合金后，寿命超过了 6 个月（4000h 以上）。国内某煤化工企业煤气化工艺烧嘴头部也使用 UMCo50 合金制造，但使用寿命最高 2～3 个月，有时甚至仅 1～2 个月，检修发现失效的主要原因是外喷头端面出现大量沿径向射线状分布的裂纹，说明在介质参数更高的环境下，UMCo50 合金抗热冲击性能或抗氧化性能并不能完全满足要求，需要开发新型的耐高温低膨胀合金。

国内针对电厂锅炉用喷燃气火嘴，开发了高铬节镍的 ZG4Cr24Ni9Si2N、ZG9Cr26Ni4Mn3SiN、ZG3Cr27Ni4Mn8Si2N 等耐热合金。ZG4Cr24Ni9Si2N 是一种高铬节镍型奥氏体耐热钢，具有良好的抗高温氧化性能和力学性能，使用寿命较 1Cr18Ni9Ti 可提高 5 倍左右，但缺点是铸造性能差。ZG9Cr26Ni4Mn3Si 主要特点是高温下抗氧化、抗变形、抗混燃煤磨损性能好，较高的碳含量提高了喷嘴的抗高温磨损能力，但导致塑性较差，易形成脆性断裂，抗热冲击性能不足。

（2）硬质合金

硬质合金是以高硬度难熔金属的碳化物（WC、TiC）微米级粉末主为要成分，以 Co、Ni、Mo 为黏接剂，在真空炉或氢气还原炉中烧结而成的粉末冶金制品，是 20 世纪 20 年代出现的一种工模具材料，其特点是高硬度、高弹性模量、热硬性好、线膨胀系数小，同时还具有耐酸、碱腐蚀和抗氧化性好等特点，典型的硬质合金包括 YT15（WC78～79/Ti15～16/Co6）、YG8（WC92/Co8）、YW1（WC82～84/TiC5～7/Ta（Nb）C4～6/Co6）等。

硬质合金喷嘴的抗冲蚀性能要远高于金属材料，但属于脆性材料，其韧性和抗热冲击性能比金属材料低，且加工工艺性能差，因此不适合制作结构复杂的喷嘴。实际应用中，通常把硬质合金制成环状或块状镶嵌在喷嘴某些磨损严重的部位上。实际应用显示，硬质合金喷嘴的使用寿命在 1000h 以上。

（3）陶瓷材料

陶瓷材料具有金属材料不具备的优点如高熔点、耐磨损、耐高温、耐腐蚀、密度小等，这些特点使其成为制造喷嘴材料的一种选择。陶瓷水煤浆喷嘴在日本、法国等国应用较多，通常也是在容易磨损的部位镶嵌由陶瓷材料制成的部件。日本对陶瓷和 WC 硬质合金材料进行了对比性试验，结果显示陶瓷材料的抗磨性明显优于 WC 硬质合金，陶瓷喷嘴使用寿命可达 2000 h 以上。

陶瓷材料的缺点是难加工、韧性差、脆性大，尤其是它的抗热震性能差，在高温环境下温度发生骤变和交变时，交变应力会导致开裂甚至碎崩，我国对氧化铝陶瓷水煤浆喷嘴的研究发现，喷嘴虽然磨损量很小，但破碎现象很严重。国内外在提高陶瓷材料抗热震性能方面作了大量研究，其中最常用的方法是对陶瓷材料采取增强补韧的手段来提高其强度和断裂韧性，如对氧化铝陶瓷通过加入氧化锆或碳化钛、氮化钛的混合物，或是加入结晶纹理或碳化硅晶须来改善其韧性，从而提高抗热冲击性能。

国外德士古公司、DOW 化学公司是水煤浆气化技术的领先者，多年来一直从事相关喷嘴的研发和改进，形成了一系列的专利产品；华东理工大学、西北化工研究院、中石化宁波工程有限公司、浙江大学等研究机构也设计开发了一系列喷嘴产品并申请专利。国外喷嘴的改进主要是针对结构的优化与创新，关于材料研发的报道较少；国内产品在磨损较严重的部位大多选用耐磨、耐腐蚀、耐高温的金属材料或高温陶瓷材料，其他部位为不锈钢或 Inconel 600 合金。

烧嘴寿命是制约水煤浆气化连续运行周期的关键因素。目前无论是进口还是国产都无实质性突破，GE 水煤浆气化炉工艺烧嘴使用寿命一般在 60 天左右。中石化 2010～2014 年期间进行自主研制，连续使用时间达 103 天。目前国内有 60 多台 GE 气化炉在运行或准备运行，开发更长寿命的水煤浆气化炉烧嘴有重要的现实意义。

2.3.3 石油石化用不锈钢的发展趋势

针对石油石化工业不同的腐蚀环境以及成熟经验，正确合理选用不锈钢。按生产装置设备设计要求，对于普通环境多采用普通不锈钢，以 304 类奥氏体不锈钢为主；高强度的采用加氮或马氏体、沉淀硬化不锈钢；需耐热的采用含碳较高的高 Cr-Ni 钢；需低温的多采用 300 系列不锈钢；特别对需耐腐蚀要求的，如抗晶间腐蚀的采用超低碳或稳定化不锈钢，抗卤素离子点蚀与缝隙腐蚀的采用高 CrNiMo 不锈钢，抗应力腐蚀破裂的采用双相不锈钢、超级奥氏体不锈钢与某些铁素体不锈钢等。

我国石油石化工业迅猛发展，随着高硫高酸原油开采、加工需要，钻采、炼化设备也大量采用了不锈钢，因此，我国石油石化行业对不锈钢的需求无论从数量还是从品种、品质上不断增加，主要体现在数量上呈现快速增长、品种上进一步拓宽、使用环境更加苛刻、品质要求越来越高、高端产品需求急迫。通过调研石油石化用材现状以及对未来石油石化环境及装备预测，对于不锈钢的需求，主要考虑性能—价格比，在满足各种性能的基础上，选择合适的、价格低的材料有重要的意义。

2.3.3.1 高强、耐蚀马氏体不锈钢

API Spec 5CT 标准中的 13Cr 油套管 API L80-13Cr 具有良好的耐 CO_2 腐蚀能力，但随着一些地质和和环境条件十分苛刻的油气田相继进行开发，要求管材具有更好的抗高温硫化氢和二氧化碳腐蚀能力，API L80-13Cr 管由于耐 H_2S 腐蚀和耐点蚀能力较差已经无法满足使用要求，22Cr～25Cr 的双相不锈钢、耐蚀合金等高性能材料可满足使用要求，但成本相对较高，沉淀硬化不锈钢的耐 H_2S 腐蚀能力有一定的提高且成本也较低，但耐点蚀能力也不足，因此需要开发高性能或具有特殊性能的超级 13Cr 油套管，来填补 13Cr 管和双相不锈钢之间的性能之间的空白。

目前国内外先进钢管集团已开发出大量非 API 13Cr 系马氏体不锈钢高耐蚀油套管，日本住友金属、JFE、A&M，宝钢、天津钢管等公司均建立了各自的非 API 13Cr 系产品，如表 2.3.3－1 所示。各级别的 13Cr 油套管化学成分见表 2.3.3－2。各钢级的适用条件见表 2.3.3－3。

表 2.3.3－1 国内外开发的超级 13%Cr 合金

公司	耐 CO_2 腐蚀	耐 CO_2＋少量 H_2S 腐蚀
住友金属	SM-13CrM	SM-13CrS
JFE	HP1-13Cr	HP2-13Cr、UHP-15Cr
宝钢	BG95-13Cr、BG110-13Cr	BG95-13CrU、BG110-13CrS
天津钢管	TP95-HP13Cr、TP110-HP13Cr、TP125-HP13Cr	TP95-SUP13Cr、TP110-SUP13Cr、TP125-SUP13Cr

表 2.3.3－2 各级别的 13Cr 油套管化学成分 %

		C	Si	Mn	P	S	Cr	Ni	Mo	Cu
住友金属	API L80-13Cr	0.15 0.22	≤1.00	0.25 1.00	≤0.02	≤0.01	12.0 14.0	≤ 0.5	—	≤ 0.25
	SM-13CrM	≤0.03	≤0.50	≤1.00	≤ 0.02	≤0.01	11.0 14.0	4.0 6.0	0.2 1.2	
	SM-13CrS	≤0.03	≤0.50	≤ 0.50	≤ 0.02	≤0.01	11.5 13.5	5.0 6.5	1.5 3.0	—
	高强高抗应力腐蚀油用井管不锈钢	0.001 0.05	0.50 1.00	≤2.0	≤0.03	≤0.002	16.0 18.0	3.5 7	2.0 4.0	1.5 4.0

续表

		C	Si	Mn	P	S	Cr	Ni	Mo	Cu
JFE	HP1-13Cr	≤0.025	≤0.50	≤0.60	≤0.02	≤0.01	13.0	4.0	1.0	—
	HP2-13Cr	≤0.025	≤0.50	≤0.60	≤0.02	≤0.005	13.0	5.0	2.0	—
	UHP-15Cr	≤0.03	≤0.50	≤0.60	≤0.02	≤0.005	15.0	6.0	2.0	1.0

表 2.3.3－3　各钢级的适用条件

钢级	适应条件
API L80-13Cr	油井温度超过 100℃时，会出现均匀腐蚀，另外不耐硫化氢腐蚀，不能用于含硫化氢的油井
SM-13CrM	耐二氧化碳腐蚀的临界温度为 150℃，硫化氢分压仅为 0.0003MPa，抗硫化所应力腐蚀开裂性差，仅适应于含二氧化碳的腐蚀环境
高强高抗应力腐蚀油井管用不锈钢	在含有硫化氢和二氧化碳的 150℃以上的高温氯化物水溶液环境中使用的油井管，屈服强度可达 758MPa 以上，甚至达 862MPa 以上
SM-13CrS	耐二氧化碳腐蚀的临界温度 180℃，硫化氢分压为 0.003MPa，具有一定抗硫化物应力腐蚀开裂的能力
HP1-13Cr	耐二氧化碳腐蚀的临界温度 160℃，但抗硫性不足，会因点蚀而产生硫化物应力腐蚀开裂，并通过氢脆传播
HP2-13Cr	当 pH 值 4.5 时，抗硫化氢腐蚀临界分压高达 0.01MPa
UHP-15Cr	耐二氧化碳腐蚀的临界温度 200℃，硫化氢分压为 0.01MPa

Cr-Mn-N 奥氏体不锈钢也具有较低的成本，耐 H_2S 腐蚀能力有显著的提高，但要满足力学性能需要进行冷变形，容易出现应力腐蚀失效，因此作为油井管的适应性还需要进一步的研究。因此，主要的发展趋势为：SM-13CrS 合金油井管的开发；沉淀硬化型 UHP-15Cr 合金油井管的开发；Cr-Mn-N 奥氏体不锈钢冷轧油井管的开发。

2.3.3.2　高强双相不锈钢

对于不锈钢，其性能特点为：强度：马氏体不锈钢（MSS）＞双相不锈钢（DSS）＞奥氏体不锈钢（ASS)；塑性/韧性：ASS ＞ DSS ＞ MSS；耐腐蚀性：DSS ≈ ASS ＞ MSS。可见，双相不锈钢（DSS）填补了 MSS 和 ASS 间的空白。DSS 的强度高于 ASS，耐腐蚀相当，且与 ASS 相比显著的成本优势，具有巨大的应用潜力。DSS 的生产数量只有世界总产量的 1%，但年增长速度为 10%。

DSS 分为三类，含 22Cr5Ni3Mo 的标准 DSS；含 25Cr7Ni，3.5～4Mo 和较高 N 的 Super/Hyper DSS；含 22Cr，3～4 Ni 和 0～2 Mo 的较低合金 DSS。

在 CO_2 和 H_2S 共存的环境下，当温度高于 200℃，Cl^- 含量很高时，需要采用双相不锈钢，甚至含 Cr 20%以上，Ni 30%以上的高 Ni、Cr 不锈钢和 Ni 基合金。目前，双相不锈钢油套管的代表产品包括 SM22Cr、SM25Cr、SM25CrW 等，化学成分见表 2.3.3－4，力学性能见表 2.3.3－5。

表 2.3.3－4　双相不锈钢油套管化学成分（质量分数）　%

钢级	C	Si	Mn	Cr	Ni	Mo	Cu	W	N
SM22Cr	≤0.03	≤1.00	≤2.00	21.0 23.0	4.5 6.5	2.5 3.5	—	—	0.08 0.20
SM25Cr	≤0.03	≤0.75	≤1.00	24.0 26.0	5.5 7.5	2.5 3.5	0.2 0.8	0.1 0.5	0.10 0.30
SM25CrW	≤0.03	≤0.80	≤1.00	24.0 26.0	6.0 8.0	2.5 3.5	0.2 0.8	2.0 2.5	0.24 0.32

表 2.3.3－5　双相不锈钢油套管力学性能

钢级	屈服强度/MPa	抗拉强度/MPa	断面收缩率/%	HRC
SM22Cr-110	≥759	≥862	12	≤36
SM22Cr-125	≥862	≥896	11	≤37
SM25Cr-110	≥759	≥862	12	≤36
SM25Cr-125	≥862	≥896	11	≤37
SM25CrW-125	≥862	≥896	11	≤37

SM22Cr 耐 CO_2 腐蚀的临界使用温度为 200℃，SM25Cr 耐 CO_2 腐蚀的临界使用温度为 250℃，两种双相钢均适用于 CO_2 分压大于 0.02MPa 并含有氯化物和 H_2S 的腐蚀油井环境，其 H_2S 临界分压高达 0.01MPa。在少量 H_2S 环境下，SM22Cr 和 SM25Cr 耐蚀性高于 SM13CrM 和 SM13CrS，相同强度和 H_2S 分压下，SM25Cr 抗硫化物应力开裂的能力高于 SM22Cr。SM25CrW 为超级双相不锈钢，PREN 值大于 40，其耐 CO_2 腐蚀的临界温度为 250℃，适用于 CO_2 分压大于 0.02MPa，并含有氯化物和 H_2S 的腐蚀油井环境，其 H_2S 临界分压高达 0.01MPa。

因此，主要的发展趋势为：SM22Cr-110 级双相不锈钢油井管的开发；SM25CrW-125 级双相不锈钢油井管的开发。

2.3.3.3　复合管

原油、天然气的腐蚀对输送管道引起了大量的失效，也是普遍存在的问题，造成了较大的经济损失，包括管道修复、居民补偿、环境治理以及环保处罚等费用，并造成较大的社会影响。其主要原因是管道材料的耐蚀性不足引起的，注入缓蚀剂是解决问题的方法之一，但会污染原油、天然气的品质，提高材料的耐蚀性能是解决问题的最有效办法。

根据原油、天然气的品质，部分油田采用了玻璃钢等非金属材料作为管道材料，耐蚀性可满足要求，但非金属材料的特点是易老化、脆性大、高温性能差，其长期运行稳定性还需要进一步的验证；选择不锈钢、耐蚀合金作为管道材料是理想的材料，力学性能和耐蚀性能等均能满足要求，主要问题是成本较高，采用碳钢＋不锈钢（耐蚀合金）双金属管道是降低成本的一个有效方法。

目前双金属管的制造主要有机械复合、爆炸复合和冶金复合，其中机械复合、爆炸复合双金属管的成本较低，但运行中出现了较多的问题，机械复合双金属管由于机械结合强度差、双金属层之间有缝隙，容易在局部点蚀后发生缝隙腐蚀而加速腐蚀；爆炸复合双金属管的不锈耐蚀层容易出现薄厚不均，薄区由于承受的变形大、缺陷多，容易发生先期点蚀而导致失效；冶金复合双金属管的耐蚀层厚度均匀性好，性能稳定，但制造成本高，因此，降低冶金复合管的价格具有重要的意义。

因此，主要的发展趋势为：冶金复合双金属管低成本工艺研究；离心铸造双金属管的开发。

2.4 石油石化用耐蚀合金

2.4.1 概述

金属腐蚀是金属材料表面由于受到周围介质的作用而发生状态变化并转变成新相或其他物质，从而使材质逐渐遭到破坏的现象，它是一个自发的破坏过程，不仅造成经济损失，还会引起人员伤亡、环境污染、资源浪费。据美国国家工程腐蚀协会2002年的调查表明，腐蚀作用对基础设施或产品造成的直接损失相当于国内生产总值的3.1%，大约为2760亿美元。中国每年因金属腐蚀造成的直接经济损失约占国民生产总值的4%，每年的经济损失达上千亿元。为了有效控制腐蚀，提高设备的可靠性与使用寿命，减少材料的使用量，金属耐蚀材料应运而生，主要包括不锈钢，镍基及铁镍基耐蚀合金和钛、钽等活性金属及其合金等，尤其是镍基及铁镍基耐蚀合金，在国民生产生活中获得了广泛的应用。

自1906年第一个工业化耐蚀合金 Monel 400 成功开发以来，耐蚀合金的发展历史已经超过了100年。同其他耐蚀材料相比，镍基及铁镍基耐蚀合金家族庞大，其不仅在诸多腐蚀环境中具有独特的抗腐蚀和抗高温腐蚀性能，而且具有强度高、塑韧性好，可冶炼、铸造、冷热变形、加工成型和焊接等性能，已广泛应用于石油天然气、化学化工、海洋装备和冶金等领域。

镍是铁磁性物质，属于重有色金属，具有较高的强度、延性，并有良好的成型性。镍的标准电极电位比氢稍低，容易极化，所以在腐蚀过程中不会逸出氢。镍的电位相对铁为正，同时镍耐化学性质活泼的卤素类气体及其氢化物侵蚀的能力和耐 NaOH、KOH 等氢氧化物介质腐蚀的能力远胜于铁。由于镍具有显著的钝化倾向，镍在低浓度的非氧化性酸，特别是在中性和碱性溶液之中，腐蚀过程明显变缓。镍在干、湿大气中耐蚀能力非常高，但不耐含 SO_2 的大气腐蚀。除了一般自然环境外，纯镍能耐氟、碱、盐和许多有机物的腐蚀。镍在所有的碱类溶液中都完全稳定（包括高温下和熔融碱液中），腐蚀率约比钢低两个数量级，这一特性使镍成为制造熔碱和碱液容器的优良材料。

尽管纯镍具有作为耐蚀材料基本品质，但对于多种苛刻而复杂介质而言，纯镍尚嫌不足。这可通过合金化形成镍基耐蚀合金来解决，这也是镍在耐蚀合金中的一个非常重要的特点，即镍对于 Cu、Cr、W 和 Mo 等具有极大的固溶能力，这些合金化元素赋予镍更加优良的耐蚀性能，形成各种成分广泛、耐蚀性能各异的系列镍基耐蚀材料。

在镍基耐蚀合金的发展过程中，主要通过添加 Cr、Mo、Cu、W 等元素来改善合金的耐蚀性能，其中，Cr 赋予 Ni 在氧化条件下的抗蚀能力，以及高温下的抗氧化、抗硫化能力，Mo 和 W 显著提高 Ni 在还原性酸中的抗蚀性，Cu 可提高 Ni 在还原性介质中的耐蚀性，同时加入 Cr 和 Mo 则可同时改善 Ni 在氧化性介质和还原性介质中的耐蚀性。

2.4.2 国内外石油石化用耐蚀合金的研究现状

耐蚀合金的分类可按其主要合金元素进行划分从二元的角度主要包括 Ni-Cu、Ni-Mo、Ni-Cr、Ni-Fe 等。从三元的角度则包括 Ni-Cr-Mo、Ni-Cr-Si、Ni-Cr-Fe、Ni-Fe-Cr 等。从钢种牌号来看，据不完全统计，目前，各系列商业合金有上百个，包括 Incoloy、Inconel、Monel、Hastelloy、Haynes 等多个系列的合金，见图 2.4.2－1。

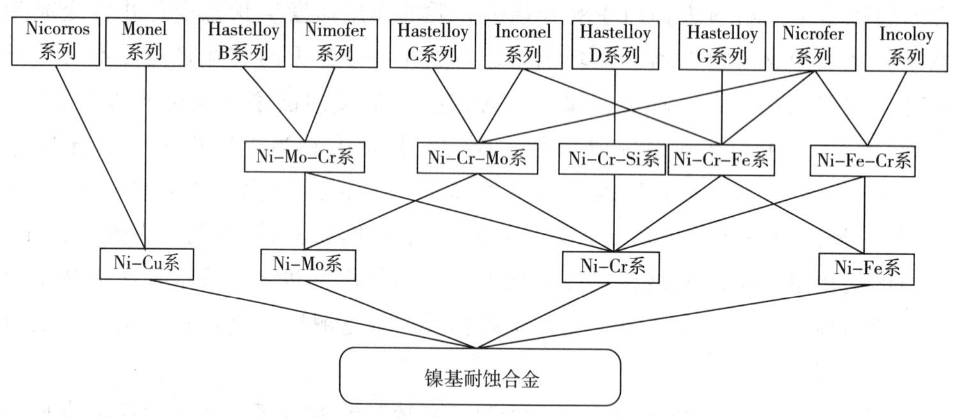

图 2.4.2－1 镍基耐蚀合金的族谱

2.4.2.1 Ni-Cu 系合金

Ni-Cu 系合金主要用于弱还原性溶剂，特别是氢氟酸。约含 70Ni 和 30Cu 的镍铜合金素以蒙乃尔（Monel）之名著称。典型的牌号有 Monel 400 合金，其标称成分 66.5%Ni，31.0%Cu，1% Fe，1% Mn，0.5%C。若再添加微量的硫（0.04%）以改善合金的切削性能，就成了 Monel 405；添加 2.7%Al 及 0.6%Ti，就成了弥散强化型的 Monel K-500 合金。

蒙乃尔合金兼有 Ni 和 Cu 的许多优点，在还原性介质中比镍基合金耐蚀，在氧化性介质中又较铜耐蚀，该合金在磷酸、硫酸、盐酸、盐类溶液和有机酸中都比 Ni 和 Cu 更为耐蚀，它是除铂、银外最好的耐氢氟酸腐蚀的金属材料之一。蒙乃尔合金在大气中能保持永恒的金属光泽，在淡水中和流动海水中的腐蚀速率很小，但在静止的海水中有点蚀倾向，在非氧化性的各种介质中有极好的耐蚀性。蒙乃尔在潮湿的环境中会受到氧化性酸类、氯化物和铵盐的浸蚀，所以在氧化性的水溶液中不耐蚀，另外，它在熔融苛性碱中会产生应力腐蚀。

Monel 400 合金在氟气、盐酸、硫酸、氢氟酸以及它们的派生物中有极优秀的耐蚀性，同时在海水中比铜基合金更具耐蚀性，主要用于动力工厂中的无缝输水管、蒸汽管；海水交换器和蒸发器；硫酸和盐酸环境；原油蒸馏；海洋结构物表层及海水淡化设备；制盐装置；海水中使用设备的泵轴和螺旋桨；核工业用于制造铀提炼和同位素分类的设备；制造生产盐酸设备使用的泵阀。

2.4.2.2 Ni-Mo 系合金

Hastelloy A 合金成分设计的出发点是以耐盐酸腐蚀为主要目标。含 Mo 约 28%的Ni-Mo 合金能耐常压下任何温度和浓度的盐酸浸蚀。同时，还耐硫酸、醋酸、磷酸、甲酸以及氯化氢气体等的腐蚀。但 Hastelloy A 合金只能用于 70℃以下的盐酸介质，目前已很少使用。

在 Hastelloy A 的基础上，调整 Mo 含量、降低 Fe 含量开发出 Hastelloy B 合金，它能应用于沸腾温度下任何浓度的盐酸介质。美中不足的是此合金在焊接热影响区容易出现晶间腐蚀。通过降低合金的 C、Si 含量而成功开发了 Hastelloy B-2，其不仅可以在沸腾温度下任何浓度的盐酸介质中使用，而且改善了合金在敏化状态和焊后状态的抗晶间腐蚀性能。Hastelloy B-3 的发明彻底改变了 Hastelloy B-2 在热处理过程中容易析出 Ni-Mo 沉淀相的缺点 同时加工性能也得到很大改善。不过 B 系列合金由于 Cr 含量很低，是针对还原性环境设计的，对氧化性介质却非常敏感。B 系列合金由于性能的特殊性，应用领域相对比较集中，其中最主要的就是醋酸生产（羰基合成法），此外一些硫酸回收系统中也用到该系列合金。

在 Ni-Mo 系合金的开发方面，哈氏公司的 Hastelloy B 系一枝独秀。除了蒂森克虏伯 VDM 的 Nimofer 6928 合金类似于 B-2，Nimofer 6929 类似于 B-4 外其他公司鲜有涉及。

2.4.2.3 Ni-Cr 系合金

Ni-Cr 系合金主要用于强氧化性介质。铬的加入使镍的耐氧化性酸、盐以及抗高温氧化、硫化、钒腐蚀的能力显著增加。含 15%Cr 可使 Ni 在稀硫酸中钝化；含 25%以上的 Cr 便可在充气的稀硝酸中钝化；若要求在热浓硝酸中耐蚀，则需要 35%～50%的铬。

在 Ni-Cr 中可加入 Mo、Si、Fe、Nb、Ti、Al、W 等元素。根据元素种类和含量的不同 可形成性能各异的合金品种，典型产品系列包括 SMC 公司的 Inconel、Incoloy，哈氏公司的 Hastelloy C、Hastelloy D、Hastelloy G 系列，蒂森克虏伯 VDM 公司的 Nicrofer 系列，如图 2.4.2-2、图 2.4.2-3 所示。

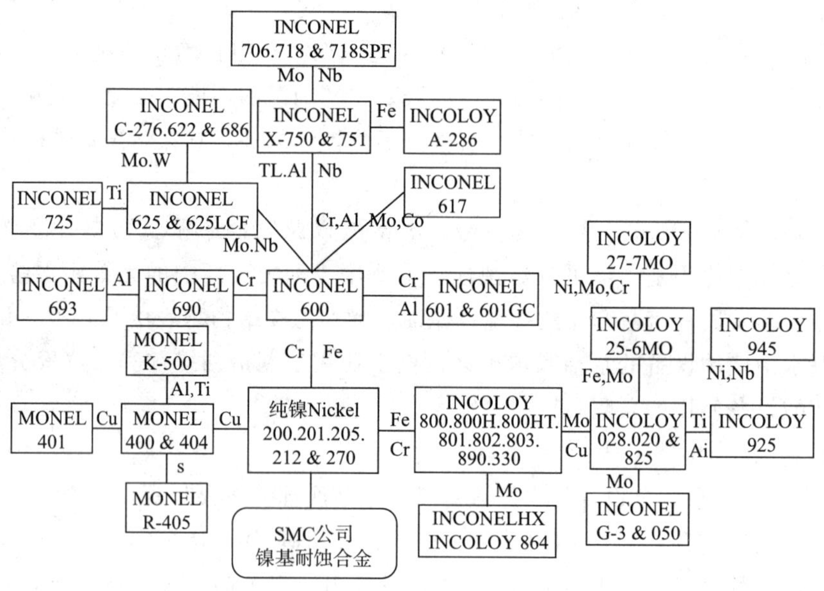

图 2.4.2－2　SMC 公司的主要产品

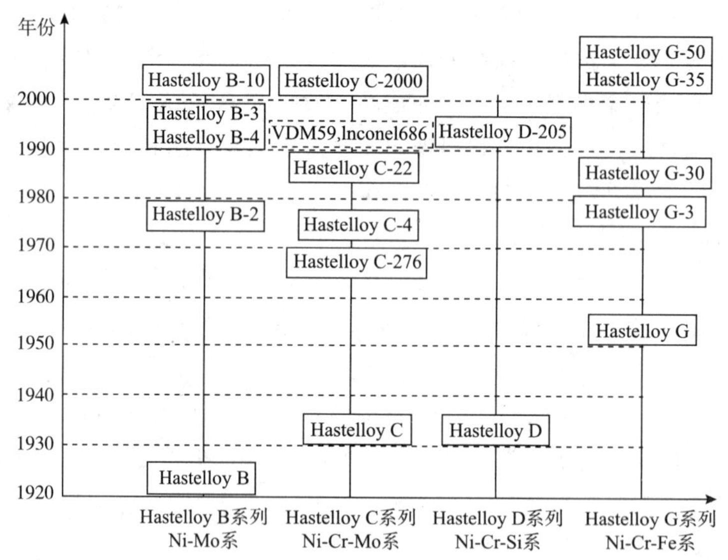

图 2.4.2－3　哈氏公司公司的主要产品

1）Ni-Cr-Mo 系合金

典型的 Ni-Cr-Mo 商业合金为 Hastelloy C 系列。在 Hastelloy A 合金的基础上用 15% Cr 替代部分 Fe 并加入 W 元素进行高温固溶处理，开发出了 Hastelloy C 合金，Hastelloy C 合金也存在焊后易产生晶间腐蚀的问题，适当降低 C、Si 含量则成为 Hastelloy C-276 合金。该合金自 20 世纪 60 年代问世后经过 40 余年的考验依然显示出强大的生命力。

Hastelloy C-276 合金 NAS 牌号为 NAS NW276，对应美标 UNS N10276，欧标 2.4819，日标 NW 0276。化学成分（质量分数，%）为：C≤0.010，Si≤0.08，Mn≤1.0，

P≤0.04，S≤0.03，Cr：14.5～16.5，Mo：15～17，Fe：4～7，Co≤2.5，W：3～4.5，V≤0.35。在6% $FeCl_3$ +1% HCl水溶液和Green deat h溶液中C-276的临界点蚀温度（CPT）>120℃，在6% $FeCl_3$ +1% HCl水溶液的临界缝隙腐蚀温度（CCT）为100℃，Green deat h溶液中的临界缝隙腐蚀温度（CCT）为110℃。C-276合金可用于纸浆和造纸工业，如煮解和漂白容器；FGD系统中的洗涤塔、再加热器、湿汽风扇等；在酸性气体环境中作业的设备和元件；乙酸和酸性产品的反应器；硫酸冷凝器；亚甲二苯异氰酸盐；不纯磷酸的生产和加工；热交换器、离心分离机、干燥机、反应槽、制盐成套设备、排烟脱硫装置。

尽管C-276合金降低了敏化温度区域内析出相的析出速度和析出量，大大提高了抗晶间腐蚀性能，但是焊后不敏化处理，在650～1090℃长期环境中，也会在晶界析出碳化物或产生Co2Mo6型金属间化合物相，使抗晶间腐蚀性能下降。在C-276的基础上将W含量降至零，C含量降至0.015%以下，同时减少Fe添加Ti即成为Hastelloy C-4合金。成分调整显著改进了合金的热稳定性，消除了合金中金属间化合物的析出和晶界偏析。C-4和C-276的耐腐蚀性相差无几，但在强还原性介质中C-276的表现更好一些，在高氧化性介质中则是C-4的耐蚀性更胜一筹。

在高氧化性环境下，含铬仅16%的C-276和C-4均不能提供有效的耐蚀性，需要提高Cr含量，同时使Cr、Mo、W达到优化平衡，从而获得高耐蚀性和良好热稳定性能的结合。据此设计了Hastelloy C-22。在高氧化性环境中C-22的耐蚀性比C-276和C-4优越，但在强还原性环境和严重缝隙腐蚀条件下却不如C-276和59号合金，因此C-22常应用于烟气脱硫系统及复杂的制药反应器中。在C-22的基础上适当降低Cr、Fe、W含量，将Co、Mn、V等元素含量降至零，同时适当提高Ni、Mo含量，可得到C-22的高强度版本C-22HS合金，其属于沉淀硬化型，通过特殊的热处理制度可析出沉淀硬化相Ni2MoCr，屈服强度可达C系列合金的2倍，同时还具有相当的耐腐蚀性能。SMC公司的Inconel 686合金也属于Ni-Cr-Fe系列，与C-276合金组成相似，Mo、W含量相当，但Cr含量提高至21%，因此合金化程度较高，适合在两性酸或两性混合酸，尤其是两性混合酸中含有较高浓度氯离子的腐蚀环境中应用，在海水中具有优异的抗均匀腐蚀、电化学腐蚀、局部腐蚀和氢脆的能力，不仅是理想的海洋环境应用材料，而且也适合应用于化工过程、污染控制、烟气脱硫、造纸、制药和垃圾处理等腐蚀环境中。Ni-Cr-Mo合金是以高Cr抗氧化性介质，以高Mo和W抗还原性介质，由于冶金的局限性，故不可能单纯通过增加Cr、Mo、W含量来提高抗氧化性和抗还原性。在59号合金基础上添加1.6%的Cu，可使合金抗还原性介质腐蚀能力大幅度提高，这就是目前C系列中最高端产品Hastelloy C-2000。

2）Ni-Cr-Fe系合金

Ni-Cr-Fe合金是镍基合金中商业牌号最多的系列。SMC公司生产的Ni-Cr-Fe合金大多可归入Inconel系列，典型产品有Inconel 600、690、693、718等。哈氏公司的产品则属于Hastelloy G系列，包括G-3、G-30、G-35、G-50。

由于Ni-Cr-Fe合金的Ni、Cr含量较高，具有优异的耐腐蚀、抗氧化性能，特别是耐氧化性介质的腐蚀及氧化能力，其本身不仅是优秀的耐蚀合金，而且也是出色的高温合金。

Inconel 600的Ni含量最高，属于固溶强化型合金，具有良好的耐高温腐蚀和抗氧化性能，优良的冷热加工和焊接工艺性能。在700℃以下具有满意的热强性和高的塑性，但是在含有硫化氢的还原性气氛中其上限温度为535℃。其典型应用为核发电设备、热交换器、热转换水管板、波纹管补偿器、热处理蒸筐、化工用蒸发罐、蒸馏器、酸和碱工业用机器、喷气发动机部件、涡轮喷气发动机的补燃部件、氯化设备、碱法纸浆设备、高温氯气处理设备、热处理炉部件等。

与Inconel 600合金相比，将Cr含量提高1倍，同时适当平衡Ni、Fe含量就得到Inconel 690合金。由于Cr含量高达27%以上，因此其具有显著的抗氧化能力及优异的抗应力腐蚀能力，是一种具有优异抗多种水性介质和高温气氛侵蚀能力的变形合金，同时还具有高的强度 良好的冶金稳定性和优良的加工特性。自20世纪80年代中期被推出以后，Inconel 690合金就受到了市场重视，典型应用为重油燃油炉的零部件、高压水蒸气发生设备、用于加压水反应堆的零件、波纹管补偿器膨胀节、放射性废物处理设备、生产玻璃与硅酸盐制品的机器，特别适合用来制造核电站蒸汽发生器的传热管。目前国际压水堆核电站蒸汽发生器传热管大多选用690TT合金管，包括国内大亚湾和秦山二期，根据第三代核技术对690合金管的需求，国内每年至少需要350t的690合金管材，由于690TT合金管技术含量较高，目前只有少数国家能够自主生产。

SMC公司1988年的专利产品Inconel 693正是在690合金的成分基础上，添加2.5%以上的Al并加入适量的Nb和Ti，同时适当降低Fe含量设计而来，693合金的高Ni、Cr含量赋予了它优异的氧化和硫化抗力，同时添加较高含量的Al显著改进了合金粉尘化和其他形式的高温腐蚀的抗力，693合金被称为现有合金中具有最佳耐化工和石化环境中的金属粉尘化能力的合金。

Inconel 718合金是1959年美国发明的一种镍基高温合金，作为一种Ni-Cr-Fe-Nb基同时含有少量Mo、Ti、Al和其他微量有益元素的时效硬化型合金，从低温到650～700℃的范围内均具有较好的加工性、焊接性及抗焊接裂纹能力，而且还具有高的屈服强度、抗拉强度和持久强度，是Inconel系列中最有名的牌号之一。目前已在各种工业领域得到了广泛应用，不仅是中温燃气涡轮的理想材料，而且也广泛用于液体燃料火箭、飞机和陆基汽轮机中的环、套和各种形式的薄板金属部件和低温储槽，以及各种紧固件和仪表部件等。而718合金不仅是一种优秀的高温合金，还是一种性能优异的耐蚀合金，特别是在含H_2S的复杂环境中有较高腐蚀抗力，被广泛用于制造酸性井下关键部件。

Hastelloy G-3合金是添加Mo、Cu的Ni-Cr-Fe合金，同时一些有害微量元素被严格控制以提高合金热影响区的腐蚀抗力及可焊性。Ni、Cr、Mo、Cu的配合使得G-3合金不仅具有优异的耐氧化及还原介质的腐蚀能力，而且对含氯环境的应力腐蚀开裂具有卓越抗力，同时还具有优良的耐点蚀和缝蚀的能力，特别适合用于处理还原性酸，比如硫酸和磷酸的工程、烟气脱硫系统以及化学、纸浆和纸张生产中空气污染控制工程，在高温、高酸性油气开采中，它还是油井管的主要选材之一。尽管哈氏公司产品目录中G-3已被更高级别的G-30、G-35取代，但目前G-3合金石油用管在石油天然气勘探开采领域仍得到了广泛应用，特别是在含高 H_2S、CO_2、Cl^- 的酸性环境油井管道中，G-3以其优良的力学性能和抗蚀能力成为备受青睐的候选材料。目前国外除了Haynes公司，主要有美国特殊钢公司、日本住友金属公司、德国V&M公司研究和生产G-3合金。这些公司对G-3合金的研究较早，具有多年的开发和生产经验。

Hastelloy G-30是为抵抗磷酸腐蚀而特别设计的，目前已成功应用于化肥工业的热交换管及其他部件中。由于该合金含有较高的Cr、Co，对于高氧化性酸介质的混合性环境如硝酸、盐酸、氢氟酸和硫酸，具有比其他多数镍基和铁基合金更优秀的抗腐蚀能力。G-35是G-30的升级版本最初是专门为工业湿法磷酸而设计，不仅对强氧化性溶液和混合酸具有更高的抵抗能力，而且对卤素离子引起的局部腐蚀也有极好的抵抗能力。

3）Ni-Cr-Si系合金

Ni-Cr-Si系商业化牌号并不多，目前批量生产的商业化D系列合金只有D-205，是哈氏公司于20世纪90年代初推出的针对极端强氧化性环境而设计的产品，是基于Ni-20Cr系发展而来，典型成分为65％Ni、20％Cr、6％Fe、5％Si、2.5％Mo、2％Cu、0.03％C。由于该合金硅含量较高，能够在表面产生相当稳定的氧化膜，与316L和高硅不锈钢Fe-17Cr-20Ni-5Si相比，不仅具有较高的抗应力腐蚀以及抗点蚀能力，而且具有优异成型性，以及良好的抗高温脆性，非常适合在高浓度热硫酸及其他高浓度氧化性酸介质中应用，典型应用为高温高浓度硫酸环境下的板式换热器。

2.4.2.4　Ni-Fe系合金

与其他系列相比，Ni-Fe系Ni含量大于30％，Fe＋Ni含量大于50％，通常也称为Fe-Ni系。由于增加了Fe含量，最高可达45％，Ni含量有所降低，因此成本上具有一定优势。同时还含有Cr、Mo、Cu、Ti和Al等元素，通常Cr含量仍高达20％以上，按三元系来分类属于Ni-Fe-Cr，部分属于Fe-Ni-Cr，其耐腐蚀性能尽管略逊于Ni-Cr-Fe系，主要性能则与之基本相当。商业系列主要有Incoloy和Nicrofer，典型牌号有Incoloy 800、800H、800HT、825、864和925等。

Incoloy 800是Inco公司（SMC公司前身）于20世纪50年代推出的，用来满足镍含量相对较低的耐热、耐腐蚀合金的市场需求。800合金是单相奥氏体型合金，由于具有较高的高温强度以及抗氧化、抗渗碳和其他形式的高温腐蚀性能，推出至今得到了广泛应用。典型应用包括热处理设备、化工和石化中有抗氯离子应力腐蚀要求的换热器和其他管道系统、核电站中蒸汽发生器管、家用电器中电加热元件的外壳、纸浆生产中蒸煮溶液的加热器、石油工业中的换热器等。

由于碳含量较高的800合金与碳含量较低材料相比具有更高的蠕变和断裂性能，因此将碳含量从0.05％提高至0.05％～0.10％，同时将平均晶粒尺寸的要求提高至ASTM 5级或更粗，则可提高设计应力，这就变成了Incoloy 800H合金。为了保持更高的许用设计应力，将C、Al和Ti含量控制在规定范围内的上限，获得比800H合金更高的抗蠕变和开裂性能，得到Incoloy 800HT。

Incoloy 825是Inco公司发明的一种添加了Mo、Cu和Ti的Ni-Fe-Cr固溶强化合金，其在还原性和氧化性介质中均具有优良的抗氯离子应力腐蚀开裂、抗点蚀、缝隙腐蚀的能力，可处理和储藏如硫酸和磷酸溶液等还原性酸，还可用于硝酸溶液、亚硝酸盐等氧化性介质，同时还具有优异的抗海水腐蚀能力。其典型应用为硫酸酸洗的加热管、容器等海水冷却热交换器、海洋产品管道系统、磷酸生产的热交换器、蒸发器、洗涤和浸渍管等、石油精炼中的空气热交换器以及厌氧气应用的阻燃合金等。

Incoloy 864合金是Inco公司于1998年为汽车排气系统专门研制的高性能、具有成本效益的Ni-Fe-Cr系合金，它具有优良的耐疲劳性、热稳定性和抗热盐腐蚀、点蚀和氯化物应力腐蚀开裂的能力。

Incoloy 925合金是20世纪70年代由美国发明的一种时效硬化型铁镍基合金。作为一种添加Mo、Cu、Ti和Al的Ni-Fe-Cr系时效硬化型合金，时效过程析出强化相Ni3（Al、Ti）。随着温度的升高，还可能析出其他中间相。合金中Ni、Cr、Mo、Cu的优化匹配不仅使其具有良好的力学性能，而且具有广泛的耐蚀性，包括抗氯离子应力腐蚀、含H_2S酸性油气环境的应力腐蚀、局部腐蚀以及在各种还原性氧化性介质中都有良好的耐蚀性。Incoloy 925合金在航空、舰船、能源等行业得到了广泛的使用，常用于制造油气钻井设备上的零部件，如管道、阀门、定位接头、钻具接头、封隔器，也用于制造某些紧固件。

2.4.3 石油石化用耐蚀合金的发展趋势

耐蚀合金具有良好的抗均匀腐蚀、点腐蚀、应力腐蚀和冲刷腐蚀，因此是石油石化设备选用的理想材料。但由于其价格的原因，限制了其使用，因此耐蚀合金一般应用于石油石化设备中关键部位。哈氏合金系列如Hasetelloy、Hasetelloy C-276、Hasetelloy C-22以及Incoloy 825、Inconel 718等具有很好的抗点腐蚀、缝隙腐蚀，高的抗腐蚀疲劳、良好的抗氯离子应力腐蚀性能。因此是海洋及氯离子环境下使用的理想材料。Incoloy 825、Inconel 625及C-276具有良好高温下抗H_2S腐蚀的能力，对CO_2腐蚀是免疫的。除了特别高的氯离子环境（如2.5%～10%），这些合金对卤化物也具有很强的抗腐蚀能力。Incoloy 825在硫酸中具有良好的耐蚀性能，即使硫酸的浓度达到了40%，其年腐蚀率只有0.51mm/a；但是含硫气体或单体硫对Hasetelloy G与Hasetelloy G-3这些合金耐蚀性能有较大影响，在一定环境下，硫能够引起严重的点腐蚀及开裂。即使C-276这样的耐蚀合金，虽然具有优良的抗腐蚀性能，但对硫腐蚀不是免疫的。Monel合金主要用于高温并有载荷下的耐蚀零件及设备，常用于制造输送浓碱液的泵、阀门等。此外，由于镍铜合金的高强度、抗蚀和无磁性，很适合于制作无火花工具、船用螺旋桨轴等。哈氏B-3、B-4合金则是90年代研究出的新型Ni-28Mo合金，它们的热稳定性、在非氧化酸中的耐蚀性和耐应力腐蚀能力均得到了提高，B-4还增加了延性和韧性，减少了B-2因热加工引起的脆性。Inconel 600（0Cr15Ni75Fe），不仅抗高温氧化，也可用于水溶液中，特别是强氧化性水溶液。它可用于室温的硫酸、磷酸、低浓度的盐酸、氢氟酸等环境中。在大气、水和蒸汽以及碱中耐蚀性极好，广泛用于化工、核动力工业等。C-4 合金降碳、降铁、去钨，并加入稳定化元素钛（0Cr16Ni63Mo16Ti），解决了 C-276 焊接引起的晶间腐蚀问题；C-22（0Cr22Ni60Mo13W3）是根据原子百分因子（APF）设计的，APF＝4Cr/（2Mo＋W）在 2.5～3.3 之间，则合金在氧化性和还原性两种介质中都具有良好的耐蚀性。C-22 合金的 APF 恰在其间，而且热稳定性和耐晶间腐蚀能力也较 C-276 有所改善。此外，其耐点蚀和缝隙腐蚀能力优异，耐应力腐蚀能力也超过曾被认为最好的 C-276 合金。

对于石油石化上经常涉及到的 H_2S/CO_2 腐蚀环境，图 2.4.3－1 为不同的耐蚀合金的 0.05mm/a 等腐蚀曲线，可以根据不同的腐蚀环境选择合适的材料，避免合金的性能不足或性能过剩。

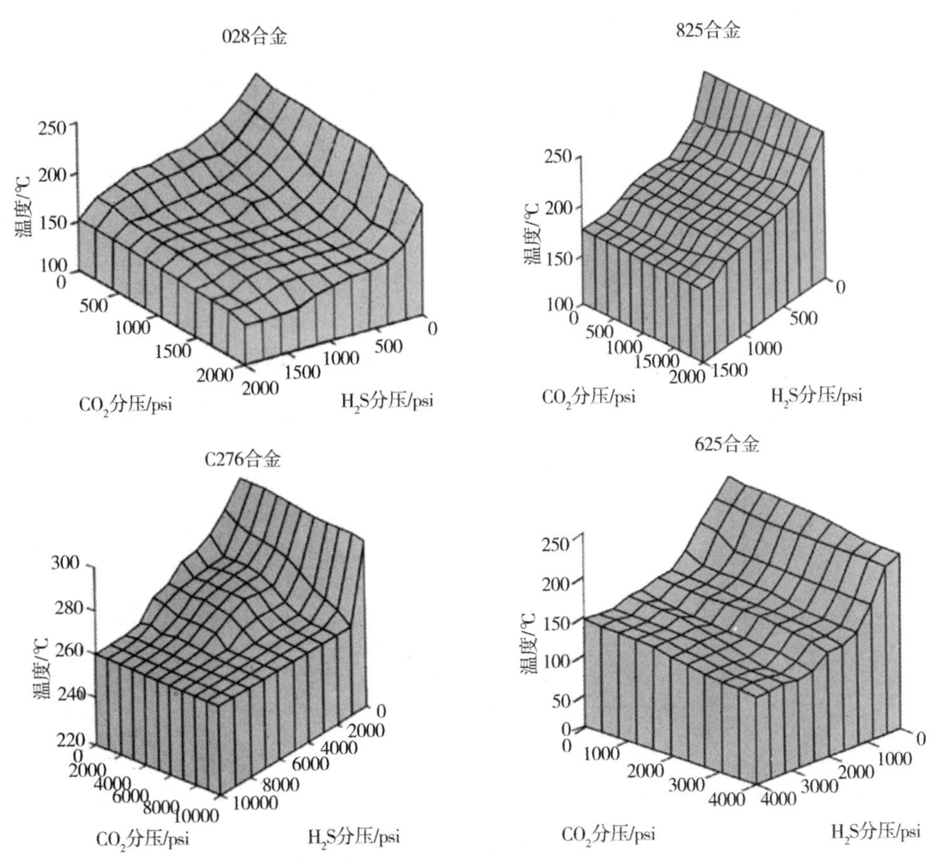

图 2.4.3－1　常用镍基合金在 H_2S/CO_2 环境中（无硫），腐蚀率≤0.05mm/a

2.4.3.1　高强耐蚀合金的开发

耐蚀合金成本较高，主要用于浓酸环境，当 H_2S、CO_2、Cl^- 含量高，井况复杂时，13Cr、22Cr、25Cr 等不锈钢已经无法满足开采需求，要使用 Fe-Ni 基或 Ni 基合金。目前 Fe-Ni 基或镍基耐蚀合金代表产品有 Sanicro28、Sanicro29、SM2535、SM2242、SM2035、SMC276、G3、825 等，化学成分见表 2.4.3－1，力学性能见表 2.4.3－2。

表 2.4.3-1 耐蚀合金油套管化学成分（质量分数） %

钢级	C	Si	Mn	Cr	Ni	Mo	Cu	Co	Ti	W	N	Fe
Sanicro28	≤ 0.02	≤ 0.60	≤ 2.00	27	31	3.5					1.0	
Sanicro29	≤ 0.02	≤ 1.00	≤ 2.50	27	31.5	4.4					1.0	
SM2535	≤ 0.03	≤ 0.50	≤ 1.00	24.0 27.0	29.5 36.5	2.5 4.0	≤ 1.5	—	—	—		余
SM2242	≤ 0.05	≤ 0.50	≤ 1.00	19.5 24.0	38.0 46.0	2.5 4.0	1.5 3.0	—	≤ 1.20	—		余
SM2035	≤ 0.03	≤ 0.75	≤ 1.00	19.5 24.0	33.0 38.0	4.0 5.0	≤ 0.07	—	—	0.2 0.8		余
SM2550	≤	≤ 1.0	≤ 1.00	19.5 24.0	47.0 54.0	6.0 9.0	≤ 1.2	—	≤ 0.69	≤ 3.0		余
SM2050	0.03	≤ 0.50	≤ 1.00	19.5 24.0	49.0 53.0	10.0 12.0	≤ 2.0	—	—	≤ 1.5		余
SMC276	≤ 0.01	≤ 0.80	≤ 1.00	19.5 24.0	余	15.0 17.0	—	≤ 2.5	—	3.0 4.5		4.0 7.0
C276				14.5 16.5	余	15.0 17.0	—	≤ 2.5	—	3.0 4.5		4.0 7.0
050				19.0 21.0	≥ 50	8.0 10.0	—	≤ 2.5	—	≤ 1.0		15.0 20.0
G3				21.0 23.5	余	6.0 8.0	1.5 2.5	≤ 5.0	—	≤ 1.5		18.0 21.0
825				19.5 23.5	38.0 46.0	2.5 3.5	1.5 3.0	—	0.6 1.2	—		余
028				26.0 28.0	30.0 34.0	3.0 4.0	0.6 1.4	—	—	—		余

表 2.4.3-2 耐蚀合金油套管力学性能

钢级	$R_p0.2$/MPa	R_m/MPa	A/%	HRC
Sanicro28-110	≥760	≥793	12	≤32
Sanicro28-125	≥862	≥896	10	≤35
Sanicro29-110	≥760	≥793	12	≤32
Sanicro29-125	≥862	≥896	10	≤37
SM2535-110	≥760	≥793	12	≤32

续表

钢级	$R_p0.2$/MPa	R_m/MPa	A/%	HRC
SM2535-125	≥862	≥896	10	≤34
SM2242-110	≥760	≥793	13	≤32
SM2242-125	≥862	≥896	10	≤34
SM2035-110	≥760	≥793	11	≤32
SM2035-125	≥862	≥896	9	≤33
SM2550-110	≥760	≥793	15	≤33
SM2550-125	≥862	≥896	13	≤36
SM2050-110	≥760	≥793	16	≤34
SM2050-125	≥862	≥896	13	≤36
SMC276-110	≥760	≥793	20	≤35
SMC276-125	≥862	≥896	14	≤37
C276-退火	≥359	≥761	64	≤83HRB
C276-冷加工	≥1082	≥1189	17	≤35HRC
050-冷加工	≥938	≥1016	24.1	≤30HRC
G3-退火	≥285	≥685	54	≤83HRB
G3-冷加工	≥825	≥973	18	≤28HRC
825-退火	≥324	≥690	45	≤83HRB
825-冷加工	≥786	≥900	15	≤28HRC
028-冷加工	≥875	≥965	17	≤28HRC

目前，我国已开展了 825 合金、G3 合金的研发工作。825 铁镍基合金的成本较低，已得到了大量的应用，但点蚀当量（PREN）值较低，而 Sanicro28 合金的成本还略低，PREN 值为 38，在高 H_2S 分压和高氯化物含量环境下，具有良好的耐蚀性。由于含合金元素 Cr、Mo 和 Ni 在强酸环境下具有良好的耐蚀性，含有 H_2S 和 Cl^- 环境下，具有良好的抗应力腐蚀性，并且高温下具有良好的力学性能，室温、低温下都具有良好的冲击韧性。Sanicro29 合金的 PREN 值为 42，较 Sanicro28 合金具有更好的耐局部腐蚀和抗硫化物应力腐蚀开裂的性能。

各合金的 PREN 值分别为 C276：72；050：57；G3：46；825：31；028：38。在 Cl^- 含量 15%、H_2S 分压 1.03MPa、CO_2 分压 4.83MPa、温度 149℃环境下，耐蚀性的顺序为：C276>050>G3>825>028。其中 Alloy 825 和 028 作为油管材料在世界范围内的含硫气井中广泛使用了多年，配合时效强化合金 925（UNS N09925）和 718（UNS SN07188）用于地表层以及井口装置，有非常长的服役经验。

钛合金具有极好的耐蚀性能，目前的成本已显著降低，基本与 G3 级耐蚀合金的成本相差不大，但作为油井管用材还需要进行大量的适应性研究。

因此，主要的发展目标为：Sanicro28/29 合金油井管的开发，高耐蚀 C276 合金油井管的开发，TC4 钛合金管的开发。

2.4.3.2 新型镍基耐蚀合金的国产化

近年来，一些高端牌号的耐蚀合金，超级奥氏体钢逐渐得到了开发应用，如以前很少应用的 Hastelloy C-276 合金、HastelloyB-3 合金已经在压力容器、管道上得到了较多的应用，而这类材料主要依靠进口，另外像 C-2000 等一些新型合金，国内缺乏深入系统的研究开发。对于 654SMO 等超级奥氏体不锈钢等也缺乏工业化开发研究。

针对国内应用材料的提升，一方面开展高端牌号的国产化，另一方面可以对一些新型材料开展预研究，对材料的成分、组织、耐蚀性能、成型性能进行研究，为新材料的应用奠定良好的基础。

2.4.3.3 镍基耐蚀合金工艺性能的研究

镍基耐蚀合金通常含有较高的 Nb、Ti、Al、Mo 等强化元素，比奥氏体不锈钢硬并且容易产生加工硬化，因此冷成型时所需动力较大，对需多次冷成型的构件，必要时需增加中间退火工艺。一般来讲，冷加工不会影响 G-30 抵抗均匀腐蚀的能力，也不会影响抗局部腐蚀的能力。但须注意的是，如果冷加工使金属纤维纵向延伸率≥10%时，在一些介质中，残余应力将会导致应力腐蚀。这可通过热处理减小或消除残余应力，以恢复耐应力腐蚀的能力。根据冷作成型的方式，成型时板、管的壁厚，曲率半径，冷作硬化程度等，决定成型件是否应进行固溶处理。

镍基耐蚀合金具有高强度、高韧性的特点，所以在机加工方面有一定的困难。如相对于一般不锈钢的加工，Hastelloy C-276 在加工时，由于切削时发热量大，且在冷却方面要选择具有好的冷却和润滑性能较好的乳化液。镍基合金的机加工硬化率高，因此在设计时应尽量减少其成型过程中的机加工量，同时对合金进行适当的热处理可以改善其机加工性能。

合金焊接后的性能变化主要与合金的热稳定性和焊接热影响区的析出相关。热稳定性可用析出反应速率来描述，它不但包括析出相的类型和数量，而且还包括与析出相有关的贫化区。在 G 系列合金中，由于 Cr、Mo、C、Fe、Co 含量不同，可能发生各种各样的析出反应，这些析出反应对晶间腐蚀的影响可通过相应的腐蚀速率来确定。

2.4.3.4 镍基耐蚀合金大尺寸规格板、管开发

随着石油石化工业的发展，产能的提升，大型及超大型的设备对耐蚀合金的尺寸规格提出了更高的要求，尤其是大直径的耐蚀合金管材，大尺寸的板材、大型法兰等锻件。由于镍基合金的高温变形抗力大、变形温度范围窄，因此其热成型是大型结构件制造的主要难点之一。

制造大型大型镍基合金结构件，首先从材料的冶炼、精炼及锭型的设计上都需要严格控制，减少有害元素及夹杂物的含量，降低其开裂倾向。在成型工艺上需要精确设计道次的变形温度、变形量及变形速度，防止其开裂。

由于镍基合金价格昂贵，可采用与普通结构材料不同的变形方式，如旋压、环轧等，

可以大幅度提高镍基耐蚀合金的成材率，减低其成本。对于复杂形状的镍基合金结构件，可以采用温变形的方式成型，在变形过程中，要严格控制其第二相的析出，防止其耐蚀性能的下降。

2.5　石油石化用钛合金

2.5.1　国外研究及应用现状与发展趋势

由于资源和技术力量不同，世界各个国家在石油石化领域的用钛比例有较大差异，如日本石油石化用钛约占其总用量的 12%，俄罗斯钛材主要用于航空和舰船，仅有 9%的钛材应用于有色金属设备和化工，而我国在石油石化领域的用钛量超过 50%，如图 2.5.1-1 所示。

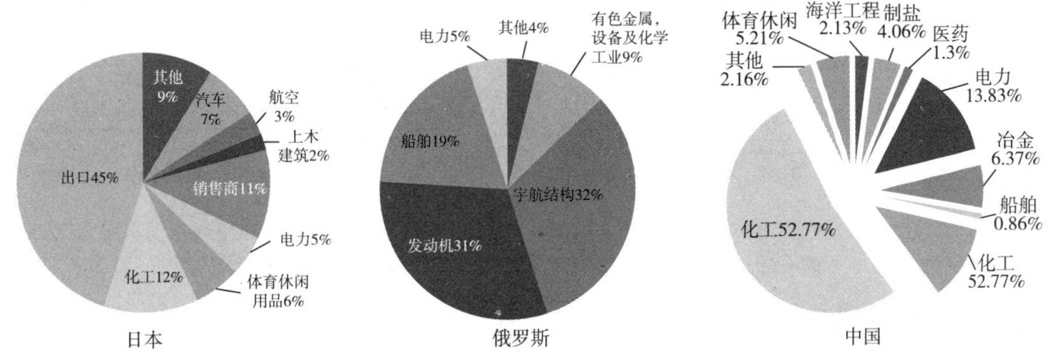

图 2.5.1-1　世界各国钛的应用格局

2.5.1.1　国外研究现状

钛是地壳中分布最广泛的元素之一，约占地壳总质量的 0.6%，仅次于铝、铁、镁，居第四位。在全球的钛资源中，钛铁矿占到 90%以上，其余是金红石矿。钛及钛合金之所以受到广泛关注，是因为它具有以下性能特点：

1）密度小、强度高、比强度大

常用金属的密度和比强度见表 2.5.1-1，其中钛的密度为 4.51g/m^3，仅为钢的一半多一点，钛合金的比强度是常用工业合金中最大的，典型钛合金（TC4）的比强度是 B30 铜合金的 5 倍、高强钢的 2 倍。因此可以用钛合金制造出强度高、刚性好、质轻的零部件及结构。

表 2.5.1-1　各种常用金属的比强度

材料	纯钛（TA2）	钛合金（TC4）	铝合金（LY12）	高强钢	纯铜	铜合金（B10）	铜合金（B30）
密度/（g/cm^3）	4.5	4.43	2.7	7.86	8.93	8.9	8.94
强度/MPa	500	980	450	850	229	300	370
比强度（强度/密度）	111	221	167	108	23	34	41

2）耐蚀性能优异

钛合金的另外一个突出优点是具有十分优异的耐蚀性，其在一些腐蚀介质，如潮湿的大气和海水、湿氯气、亚氯酸盐、硝酸、金属氯化物、硫化物以及有机酸等中的耐蚀性能远远优于合金钢及其他合金。图 2.5.1-2 和图 2.5.1-3 分别列出了钛合金与铜合金、合金钢的腐蚀速率对比。可以看到，在静态海水环境下，钛合金 1 万年才腐蚀不到 1mm，而铜的腐蚀速率是钛合金的 100 倍以上，钢的腐蚀速率是钛合金的 1000 倍以上，在高流速的情况下钛合金优势更明显。由此带来的好处是：采用钛合金的结构或装置可以在其服役期内免维护，全寿命服役成本大大降低；另外，这些结构或装置可以大大减少腐蚀裕量设计，减少结构厚度或管壁尺寸，并采用更高的流速，大大减少结构重量。

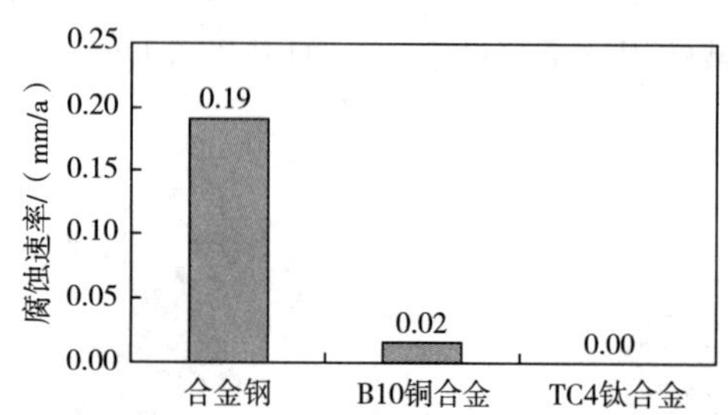

图 2.5.1-2　各种金属在静态海水环境下的腐蚀速率

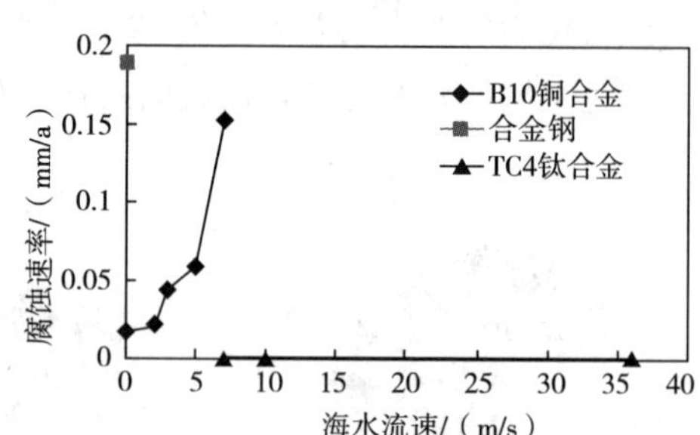

图 2.5.1-3　各种金属在动态海水环境下的腐蚀速率

3）耐高、低温性能好

通常铝在 150℃，不锈钢在 310℃开始失去原有较高的力学性能，而钛合金在 500℃以上仍保持良好的力学性能。一些低间隙元素的钛合金可以耐－255℃的低温，适用于液氧、液氮等超低温容器和贮箱等。

4）无磁性

钛不是铁磁体物质而是顺磁性物质，导磁率为 1.00004，在很强的磁场中也不会被磁化。

5）其他性能特点

钛合金具有良好的综合力学性能，强度跨度大，韧性水平高，低周疲劳性能好。同时钛合金也具有较好的加工性能，在保护气氛下具有良好可焊性、成型性。

2.5.1.2　钛材的加工性能研究

1）钛的焊接性

大多数钛合金可以使用氧乙炔焊的方法进行焊接，并且所有的钛合金均可以使用固态焊接。钛合金焊接对于气体保护的要求特别高，一般只有非常专业的人员才能保证符合要求的气体保护。目前主要采用熔焊（TIG、MIG、等离子焊、电子束焊、激光焊、电阻焊）、钎焊、固相焊（摩擦焊、爆炸焊、热压焊、扩散焊）等方法进行钛合金结构件的焊接。钛及钛合金主要的焊接方法及其特点如表 2.5.1-2 所示。

表 2.5.1－2　钛合金的主要焊接方法及其特点

焊接方法	特　点
钨极氩弧焊（TIG）	①可以用于薄板及厚板的焊接，板厚 3mm 以上时可以采用多层焊；②熔深浅，焊道平滑；③适用于修补焊接
熔化极氩弧焊（MIG）	①熔深大，熔敷量大；②飞溅较大；③焊缝外形较钨极氩弧焊差
等离子弧焊（PAW）	①熔深大；②10mm 的厚板可以一次焊成；③手工操作困难
电子束焊	①熔深大，污染少；②焊缝窄，热影响区小，焊接变形小；③设备价格高
扩散焊	①可以用于异种金属或金属与非金属的焊接；②形状复杂的工件可以一次焊成；③变形小

钛的化学活性强，在焊接高温时会吸收各种气体，使焊接接头的强度显著提高，而塑性和韧性急剧下降。鉴于钛及钛合金上述特殊性能，其焊接过程中的主要焊接缺陷包括：焊接接头的脆化、气孔、焊接接头裂纹、焊接变形等。其主要形成原因和相应的解决措施如表 2.5.1－3 所示。

表 2.5.1－3　钛焊接的主要缺陷及其成因、解决措施

焊接缺陷	形成原因	解决措施
脆化	造成脆化的主要元素有 O、N、H、C O：高温固溶，强度提高，塑性下降 N：形成脆性相 TiN H：TiH_2，片状或针状存在 C：间隙固溶，提高强度降低韧性，而且过饱和 TiC 网状分布，降低塑性 粗晶脆化：熔点高，导热性差，焊缝和热影响区金属高温停留时间长，晶粒长大	高纯度惰性气体 焊前清理
裂纹	O 和 N 使焊缝和 HAZ 脆性较大，在较大应力下产生裂纹 形成脆性相 TiH_2，氢原子聚集区局部应力增大 对热裂纹不敏感，S、P 杂质少，凝固收缩率小	减少焊接接头处 H 的来源，必要时真空退火处理 可以采用与母材成分相同的焊丝
气孔	氩气及母材、焊丝中的不纯气体（O_2、N_2、H_2、CO_2、H_2O）； 钛板及焊丝表面受到外部杂质的污染，如水分、油脂、氧化物磨料质点等	严格限制原材料中杂质气体的含量 预先清理，缩短焊接时间，良好的焊接工艺
变形	钛合金的热导率大约只有钢的 1/6，弹性模量只有钢的 1/2，刚性差，焊接时容易引起变形	采用小电流快速焊，通过工装增加刚性，对焊接区背面进行强制冷却，密封槽内垫紫铜垫圈导热

对于石油开采立管，由于在水下作业时，焊接处很难被保护，因此焊缝的气孔和杂质问题非常显著，气孔具有隐蔽性和难于控制等特点，特别是在表面附近，是提高许用最大

循环应力的关键。现在比较成熟的焊接方法有：TIG 焊、MIG 焊、小孔型等离子弧焊、减压电子束焊、激光焊、转动摩擦焊、径向摩擦焊等，这些方法都可以得到高质量的焊缝接头。

2）钛的机械加工性能

钛合金表面具有高敏感性，在加工处理过程中出现金属组织结构、表面状态变化，将导致钛合金的物理和力学性能下降，在一定程度上影响了钛合金产品的成材率，这也是造成钛合金产品成本高的一个重要原因。钛合金的机加工性能特点主要表现在以下几个方面：

①摩擦系数大，导热系数低，刀尖切削温度高。钛合金热导率仅为钢的 1/4、铝的 1/14、铜的 1/25，因而散热慢，不利于热平衡。切削时产生的切削热都集中在刀尖上，使刀尖温度很高，易使刀尖很快熔化或粘结磨损而变钝。

②弹性模量小。钛合金的弹性模量只有 30CrMnSi 的 56%，这说明零件的刚性差，切削时易产生弹性变形和振动，不仅影响零件的尺寸精度和表面质量，而且还影响刀具的使用寿命；同时造成已加工面的弹性恢复较大，刀具后面摩擦增加导致刀具过快磨损。

③化学活性大。在 300℃以上时有强烈的吸氢、氧、氮的特性，造成加工表面易产生脆硬的化合物，切屑形成短碎片状，使刀具极易磨损。

④钛合金化学亲和力较强，极易与其他金属亲和结合。在加工中切屑与刀具的粘结现象严重，使刀具的粘结和扩散磨损加大。

因此，在加工过程中，所选用的刀具材料、切削条件以及切削加工时间都会影响钛合金切削加工的效率和经济性，其加工原则如下：

①选用合理的刀具材料。针对钛合金材料的性能、加工方法、加工技术条件，合理地选用刀具材料。刀具材料应选择较常用、价格较低、耐磨性好、热硬性高，并具有足够韧性的材料。

②改善切削条件。机床-夹具-刀具的系统刚性要好。机床各部分间隙要调整好，主轴的径向跳动要小。

③合理的刀具几何参数。保证刀具耐用度，使切削顺利进行，获得合理的加工质量和效率。

④选择合理的切削用量。切削速度要低。因为切削速度越高，则切削刃温度剧增，从而直接影响着刀具的寿命，所以要选择合适的切削速度。切削深度要大。采用较低的切削速度、增大切削深度对钛合金的切削是有利的，可防止产生磨损或崩刃现象。切削加工中不能停止走刀。切削中停止走刀刀刃和被切削钛合金就会在高负荷下长时间摩擦，容易引起钛合金的加工硬化，产生烧结和挤裂而损坏刀具。

⑤对被加工材料进行适当的热处理。通过热处理来改变钛合金材料的性能和金相组织，达到改善材料切削加工性的目的。

⑥重视切屑控制。由于钛合金材料的性能和切削特点，加工过程中的切屑控制非常重要。要具有可靠的断屑措施，才能顺利地进行切削。

2.5.1.3　钛在不同介质中的耐腐蚀性能

1）海洋环境下的耐蚀性

钛是一种非常活泼的金属，在介质中的热力学腐蚀倾向大，但由于钛的表面容易形成钝态的氧化膜，它在氧化性、中性和弱还原性等介质中具有十分优异的耐蚀性。如，在海洋盐雾、海水冲刷管路，钛表面生成一层致密的、附着力强、惰性大的氧化膜，保护了钛基体不被腐蚀，即使由于机械磨损也会很快自愈或重新再生。表 2.5.1－4 和图 2.5.1－4 为几种常用金属材料在静态海水、海洋盐雾、高速海水冲刷环境下的腐蚀数据，从腐蚀数据可以看出，钛在这三种环境下几乎不发生腐蚀。因此，在船舶及海洋工程结构（如海水管路）中钛材是一种理想的耐蚀材料。

表 2.5.1－4　金属材料在静态海水中的腐蚀速率

金属材料	腐蚀速率/（μm/a）	金属材料	腐蚀速率/（μm/a）
蒙乃尔合金	0	硅青铜	25～50
镍铝青铜合金	25～50	锰青铜	25～50
铜镍合金	2.5～12.5	黄铜	12.5～50
铅	12.5	铜	25～50
锡青铜	25～50	铝青铜	25～50
镍铬钼合金	0	奥氏体铸铁	50
钛	0	钢铁	125
镍铬合金	0	铝合金	25～75
304，316 不锈钢	0	锌	25

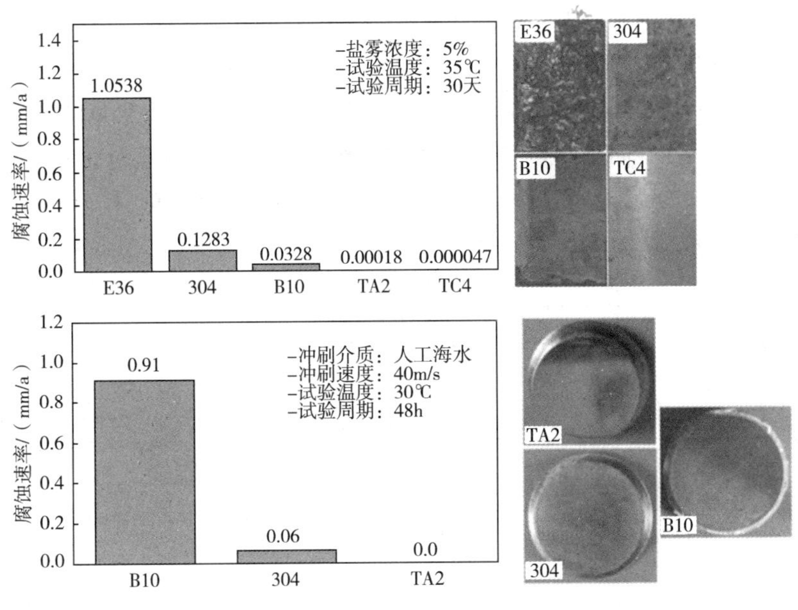

图 2.5.1－4　常用金属材料高速海水冲刷性能

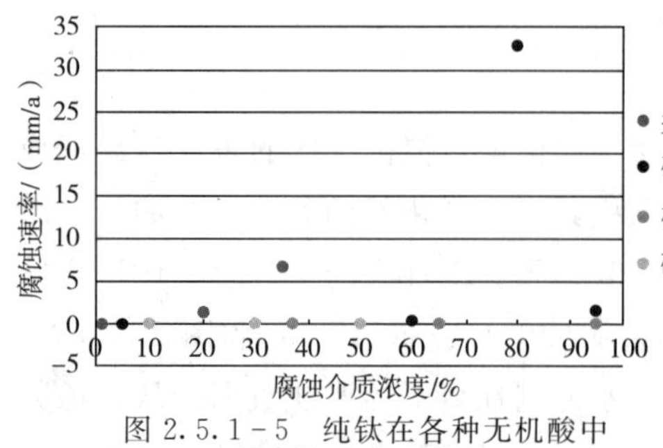

图 2.5.1-5　纯钛在各种无机酸中的腐蚀速率（室温）

2）在工业酸、碱中的腐蚀

随着石油石化工业发展，一些装置关键部位采用了钛材，在较多装置技改时也选用了钛设备，这同样是基于钛及钛合金在石油、化工行业中的高耐蚀性。表 2.5.1-5、图 2.5.1-5 为工业纯钛在各种无机酸中的腐蚀速率，从图中可以看出，硝酸在各种浓度下的腐蚀速率很低，钛制热交换器经受 193℃高温的 60%硝酸，使用多年未发生腐蚀；常温 80%的 H_2SO_4 对钛有较强的腐蚀作用，有研究表明，工业纯钛只能耐 5%以下的硫酸溶液，如果温度下降到 0℃，则硫酸浓度可以提高到 20%；在室温条件下，工业纯钛在 10%浓度以上的盐酸溶液中耐蚀性变差，而盐酸中微量的氧化剂（Fe^{3+}，Cu^{2+}，溶解的氧等）存在，可显著提高钛的耐腐蚀性；磷酸浓度达到 50%时，其腐蚀速率仍然较低。

表 2.5.1-5　纯钛在无机酸中的腐蚀数据（室温）　　mm/a

盐酸		硫酸		硝酸		磷酸	
浓度/%	腐蚀速率	浓度/%	腐蚀速率	浓度/%	腐蚀速率	浓度/%	腐蚀速率
1	0	5	0	37	0	10	0
5	0	10	0.23	65	0	30	0
10	0.175	60	0.277	95	0.0025	50	0.097
20	1.34	80	32.66				
35	6.66	95	1.4				

图 2.5.1-6 为纯钛在各种沸腾有机酸中的腐蚀速率，钛的实际腐蚀速率与有机酸溶液的还原性与氧化性有较大关系。现有的有机酸中仅有为数不多的几个会腐蚀钛材，如沸腾的草酸、三氯乙酸等。此外，钛可以耐较高浓度和温度的乙酸，并且已经应用于 204℃和 67%的对苯二酸和己二酸设备中，在柠檬酸、醋酸、乳酸等中有很好的耐腐蚀性能。

钛在碱和碱性介质中同样具有很强的耐腐蚀性能。不论是 NaOH、KOH，还是氨水、$Ca(OH)_2$ 都是耐腐蚀的。图 2.5.1-7 为纯钛在沸腾 NaOH 溶液中的腐蚀速率，从中可以看出，即使 NaOH 浓度达到了 73%，其腐蚀速率也仅为 0.13mm/a，具有良好的耐蚀性。

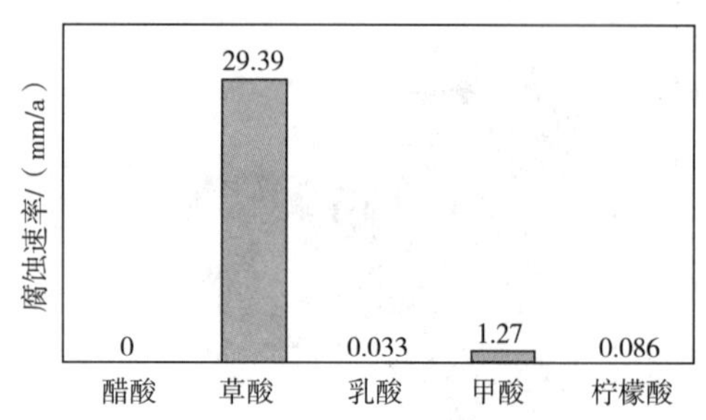

图 2.5.1-6　纯钛在各种有机酸（沸腾）中的腐蚀速率

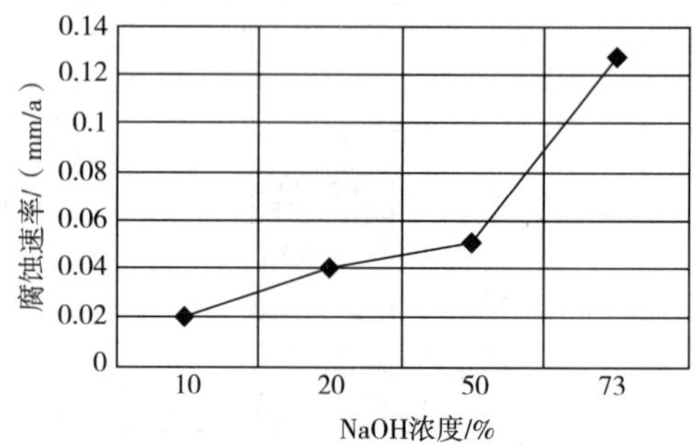

图 2.5.1-7　纯钛在沸腾 NaOH 溶液中的腐蚀速率

3）在卤素离子中的腐蚀

卤素离子包括 F^-、Cl^-、Br^-、I^-。氟化物对钛是最强的腐蚀介质，HF 的作用比 HCl 与 H_2SO_4溶解钛的能力还强。主要是 F^- 与 Ti_4^+ 的络合作用加速了钛的溶解；在各种氯化物溶液中，钛具有良好的耐腐蚀性能，而且也不会发生点腐蚀或应力腐蚀裂纹。表 2.5.1－6 所示为纯钛在不同条件氯化物中的腐蚀速率，从数据中可以看到，除了高温与高浓度的 $ZnCl_2$、$AlCl_3$、$CaCl_2$之外，纯钛在绝大部分氯化物溶液中都是耐腐蚀的。此外，钛对于溴和碘的耐蚀性与氯相似，只要维持一定量的水分就可以保证钛不发生腐蚀。

表 2.5.1－6　工业纯钛在卤素离子中的腐蚀

	浓度/%	温度/℃	腐蚀速率/（mm/a）
氯化钠	饱和	室温	0
	23	沸腾	0
氯化钾	饱和	室温	0
	饱和	沸腾	0
氯化铝	10	150	0.033
	20	149	16.0
	25	100	6.55
	40	121	109.2
氯化锌	50	150	0
	75	200	0.610
	80	200	203.2
氯化汞	1	100	0
	5	100	0.011
	10	100	0.001
氯化钙	10	100	0.008
	20	100	0.015
	62	154	0.406
	73	177	2.13
溴化钾	饱和	室温	0
碘化钾	饱和	室温	0

4）各种气氛中的腐蚀

钛在干氯气中产生强烈的腐蚀，甚至引起着火和自然。在提升装置中的内部气氛一般是还原性的，即无氧气和其他氧化剂的酸性气氛，还含有盐水、SO_2、CO_2 和 H_2S，温度有的可以达到 250℃。研究表明，钛合金在 CO_2 中完全耐蚀，在 SO_2 和 H_2S 溶液中也均未发现腐蚀、吸氢或应力腐蚀开裂的问题，如表 2.5.1－7 所示。相关研究表明，在高温达到 260℃的硫化氢环境中，同样没有发现钛的全面腐蚀和点蚀现象。

表 2.5.1-7 工业纯钛在二氧化硫和硫化氢环境中的腐蚀

腐蚀气氛	状态	浓度/%	温度/℃	腐蚀速率/（mm/a）
SO_2	干燥	—	室温	0
	水饱和	～100	室温	0.003
	$+3\%O_2+$少量SO_3	18	316	0.006
H_2S	水饱和	～100	室温	<0.127

5）其他类型腐蚀缺陷

钛与钛合金在石化领域经过多年使用，虽然大多数状态良好，但也暴露了一些问题，主要表现在以下几个方面：

（1）焊接区域的腐蚀

钛材的焊接重点是防污染问题，除了焊前对坡口及其两侧进行严格清理外，惰性气体保护是关键，如氩气纯度不低于99.99%，并应保证焊缝正反面及热影响区受到氩气保护，否则由于钛是活性金属，高温下与氧、氮、氢、碳等有极大亲和力，会产生裂纹、气孔等缺陷，成为腐蚀的敏感位置。至今发现的钛设备失效事故，很多是由于钛材焊接质量不合格造成的。如，岳化涤纶钛衬里氧化塔失效，主要由于背部未开检漏孔，无法用氩气保护，焊缝质量不能保证，造成泄漏而腐蚀穿孔。

此外，钛的焊区腐蚀与钛中铁含量和其他β稳定元素的含量有关，我国关对于各级别工业纯钛中铁含量的规定，分别为0.15%（TA0），0.25%（TA1），0.30%（TA2），0.40%（TA3），而铁在α-Ti中固溶度为0.05%～0.1%，这些数据均超过铁在钛中的固溶度极限，因此必然存在Ti-Fe第二相析出，从而导致焊缝中第二相金属间化合物的择优阳极溶解。为了防止焊缝腐蚀的发生，英国的规范规定在硝酸体系中，钛中的铁镍总含量应低于0.05%。

（2）吸氢与氢脆

钛的吸氢和氢脆是钛制设备腐蚀破坏的重要原因。当氢含量达到（80～150）$\times10^{-6}$时，利用金相显微镜就可以观察到针状氢化物相析出。随着氢含量进一步提高，氢化物的数量增加，体积增大。钛吸氢形成氢化物导致腐蚀破坏大致有以下几种情况：

①如果氢的扩散速度较慢，氢化物主要集中在钛材表面，则表面氢化物发生脆性剥落从而引起腐蚀加快；

②氢在应力作用扩散到应力场集中的位置形成氢化物，由于内部微裂纹在应力作用下的扩散贯通，形成氢致开裂；

③钛基体全面大量吸氢，导致钛材的氢脆破坏。

在无水的高温高压纯氢气环境中，钛具有严重的吸氢倾向，氢气中的水含量可以显著阻止钛的吸氢作用，图2.5.1-8是在316℃、5.5MPa的氢气中暴露96 h，测定不同水含量对于钛吸氢量的影响。数据表明，当氢气中水含量大于2%时，吸氢量就已经很小，当水含量达到22%以后，吸氢量基本上等于零。

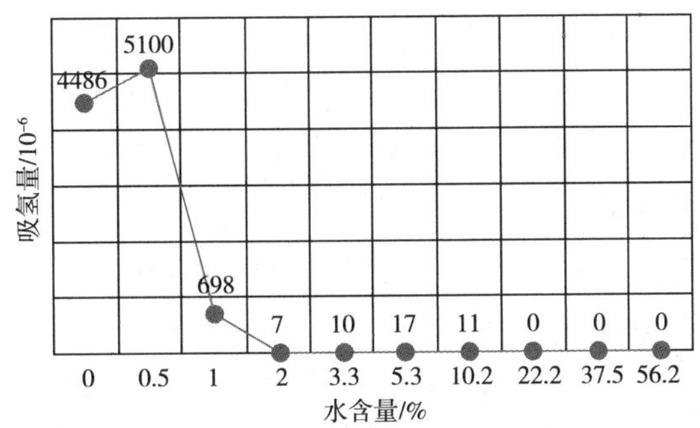

图 2.5.1－8　氢气中水含量对钛吸氢量的影响

（3）电偶腐蚀

由于钛的腐蚀电位较高，其与碳钢、不锈钢、铜合金接触在腐蚀介质中会加速低电位金属的腐蚀。钛和一些常用金属的腐蚀电位如图 2.5.1－9 所示。钛与其电位相近的耐蚀合金接触时不会发生腐蚀，但当存在较高的电位差时就会发生严重的电偶腐蚀，需要注意腐蚀防护问题。

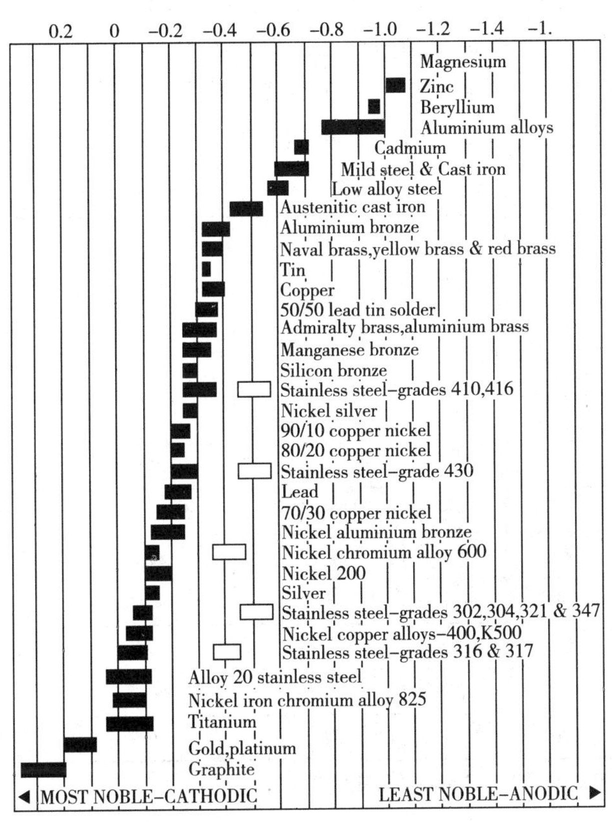

图 2.5.1－9　金属材料在流动海水中的腐蚀电位

2.5.1.4　钛的全寿命经济性研究

当前，石油、化工、海洋工程等领域对材料的要求也越来越高，选材原则一般包括以下几个原则：①材料能否满足性能要求。包括强度、塑性、韧性、耐腐蚀性、减重等；②材料的制造成本。即材料的工艺适应性或工艺成熟度；③材料在使用环境下可以服役的期限。在进行经济性分析时，不仅仅考虑设备的建造成本，还应考虑设备全寿命周期内的维护成本；④综合评价材料的性价比。

钛材具有优良的耐腐蚀性能，钛制部件是一种长效设备，在石油石化等装备的服役周期内，如果采用钛合金，其使用寿命远高于不锈钢等制作的部件。比如，在舰船的海水管路中，铜合金管道的平均服役期限为 8 年，而钛合金的服役期限为 40 年。因此，如果按 40 年计算，铜合金需要更换 5 次，按上述价格比和计算方法，在全寿命周期内，铜合金的投入是钛的近 8.3 倍。如果把检修和更换期间所引起的生产加工费、运输费、安装费用，以及由于设备更换而导致服役时间的缩短等考虑进去，钛合金的经济性更高。

美国发布的一项研究对比分析了 6 种典型耐蚀金属材料的综合经济性，见表 2.5.1－8。对比 25 年的全寿命成本可以看出，钛板材和管材的全寿命成本均低于其他金属材料，尽管建造费用会略高于钢和铜合金，但服役周期长，无需维护，再加上材料密度低、强度高，不仅可以大大降低建造费用，而且可以实现设备减重的目的。需要指出的是，上述全寿命成本同样没有将由于检修或更换所引起的费用考虑进去。如果将这部分费用加上去，钛的应用的价值将会更高。因此，从全寿命经济效益上看，钛的价值要远高于其他合金，是未来石化、海洋工程用材料发展的一个重要方向。

表 2.5.1－8　不同材料设备全寿命经济性对比

对比项目		不锈钢 316L	双相不锈钢 S31803	耐蚀合金 Inconel 625	铜合金 B30	铜合金 B10	钛
单价比	板材	1	2.5	18.5	5.3	3.6	3.3
	管	1	3.1	18.5	3.8	3.2	5.9
密度/（g/cm³）		7.8	7.8	8.5	8.9	8.9	4.5
相同设计设备质量比		1	1	1.09	1.14	1.14	0.58
加工工艺性		好	焊接性较差	差	好	好	较好
相同设计设备价格比	板材	1	2.5	20	6	4.1	1.9
	管	1.5	3.1	20	4.3	3.6	3.4
海水运行期/年		2	10	50	15	15	50
全寿命成本（按 25 年）	板材	12.5	6.25	20	10	6.7	1.9
	管	18.75	7.75	20	7.2	6.0	3.4

注：表中价格和设备重量比是以 316L 钢为 1 作基数。

此外，钛-钢复合板/管作为一种双金属复合材料，是以碳素钢为基层，纯钛或钛合金为复层，以爆炸、轧制等方法制成，其不仅满足结构的强度和刚度的要求，而且具有优异的耐腐蚀性。由于其制备过中用到钛的数量相对纯钛材较少，因而其是一种具有较高性价比的材料，在石油、化工、海洋工程领域有较大的应用潜力。

2.5.2 国外应用现状及发展趋势

2.5.2.1 油气开采用钛

近年来，世界范围内的能源需求不断增加，但是可开采的油气资源不断减少。为了满足人类对天然气等清洁能源需求不断增长的需要，不得不对一些地质结构复杂、高温高压、高腐蚀性油气资源进行开采开发；另一方面，地球埋藏的油气资源有 30%位于海底的地壳中，储量大约 1300×10^8t，海底钻采石油有很大的意义，石油向深海开采已成为一种必然趋势。随着油气开采工况的日益苛刻，油气开采设备对材料的要求越来越高，不仅需要重量轻、强度高，而且需要十分突出的耐蚀性，以保证其靠性，延长使用寿命。

早在 20 世纪 90 年代，美国就已经实现了钛合金在石油天然气勘探开发领域的工业化应用，取得了良好的效果。美国 RMI 公司于 20 世纪 90 年代开发设计出一种合金组元简单，合金含量低，材料成本低廉，加工性能良好的 $\alpha+\beta$ 型 Gr28 钛合金用于油井管的生产制造，在满足油气生产的强度与耐蚀性要求的前提下，显著降低了钛合金油井管的生产成本。同时，该合金有良好的机械加工性能以及优良的可焊性，热处理工艺简单，无需时效处理，具有高断裂韧性、高疲劳裂纹抗力和良好的延展性。室温下，该合金的屈服强度为 118ksi（814MPa），抗拉强度为 133ksi（917MPa），延伸率为 9%～13%，冲击吸收能量为 30～50J，满足 API 标准中 110 钢级管材的性能需求。之后，RMI 公司在此材料的基础上有开发出一系列适用于石油石化行业的钛合金材料，见表 2.5.2－1。

表 2.5.2－1 适用于石油石化行业的钛合金材料

钛合金名称	ASTM 牌号	屈服强度 ksi/MPa
Ti-38644 或 Ti Beta-C	19	130～170（900～1170）
Ti-6246	—	140～160（970～1100）
Ti-38644/Pd 或 Ti Beta-C/Pd	20	130～170（900～1170）
Ti-6-4 ELI	23	110（760）
Ti-6-4 RU	29	110（760）
Ti-3-2.5 RU	28	70～80（480～550）

在管材方面，RMI 公司成功地研制出钛合金材质的套管、油管和连续管，如图 2.5.2－1所示，这些管材采用热旋转-压力穿孔管材轧制工艺，可用于 ASTM Gr.19、20、23、28 和 29 钛合金无缝管的生产。该工艺可以在生产普通钢管的轧机上生产相同规格的钛合金管材，与传统的工艺相比，新工艺使钛合金管材的生产效率提高了 5～20 倍，新工艺生产的钛合金管材的尺寸外径从 48mm 到 610mm，最大壁厚可达 26mm，单根钛合金管的长度可达 12m 以上。RMI 公司开发的钛合金连续管采用焊接方式连接，可生产长度为 1830～3050m，外径可达 63.5mm，壁厚 3.2mm 的连续管。

Weatherford 公司的子公司 Grant Prideco 及 RTI 国际公司在 Texas 的子公司 RTI 能源系统公司于 21 世纪初研制出具有很高的强度、挠性和耐用性的钛合金钻杆，钻杆本体

(a)套管

(b)油管

(c)连续管

图 2.5.2-1 RMI 公司的钛合金管材产品

材料采用 Ti-6Al-4V 合金，屈服强度为 840MPa，疲劳寿命比钢钻杆提高了 10 倍。钛合金钻杆采用钛合金钻杆本体加钢制接头的结构，接头材料为 AE-AISI4135、4140 或 4145 铬钼钢，这样可以防止粘扣。钛合金钻杆本体与钻杆接头的联接是采用冷装配的方式联接，在钻杆接头上安装一个铜环解决了钛合金钻杆本体的疲劳失效问题。该钻杆于 2000 年在美国 TAXES 州完成了多口大斜度定向井的钻井，取得了良好的应用效果。

图 2.5.2-2 热采井中使用的钛合金套管

美国雪佛龙公司于上个世纪末开发出用在热采井上的钛合金套管，所用材料为 Ti-6246（原用于航空工业耐热高强度钛合金），制备出口径 244.5 ～ 406mm 的 145ksi（1000MPa）钢级的钛合金热采井用套管，使用汉庭开发的 APEX 扣型作为连接螺纹，管材使用表面涂裹玻璃润滑剂进行热挤压成型，2003 年起在井深 1520m，260～290℃的热采井中成功使用 20 多口井，取得良好的效果，见图 2.5.2-2。

综合来看，国外钛在油气开采工业中的应用主要包括：海上立管、高压采油管、热交换器、油气冷却装置、板式或管式热交换器、各种类型的泵（如深井泵和离心泵）、叶轮、阀门和其他管件配件。表 2.5.2-2 为国外油气开采中所使用的钛材，既有强度比较低的工业纯钛，也有高强度和可时效的钛合金。

表 2.5.2-2 用于油气开采的钛及钛合金种类和用途

名义成分	中国牌号	美国牌号	最低屈服强度/MPa	用途
工业纯钛	TA1	Gr1	140	板式换热器
工业纯钛	TA2	Gr2	275	管式换热器，海水管道
Ti-0.3Mo-0.8Ni	TA10	Gr12	345	管式换热器，地面管道，立管，输送管线

续表

名义成分	中国牌号	美国牌号	最低屈服强度/MPa	用途
Ti-3Al-2.5V	TA18	Gr9	485	地面管道，钻具上结构件，立管，输送管线，增压装置管道
Ti-3Al-2.5V-0.05Pd	TA25	Gr18	485	钻具上结构件，立管，输送管线，管道
Ti-3Al-2.5V-0.1Ru	TA26	Gr28	485	钻具上结构件，立管，输送管线，管道
Ti-6Al-4V ELI	TC4 ELI	Gr23	760	钻井立管，采油和输出管，锥形应力连接件，紧固件
Ti-6Al-4V-0.05Pd	TC22	Gr24	828	锥形应力连接件，采油和输出立管
Ti-6Al-4V-0.1Ru	TC23	Gr29	760	锥形应力连接件，采油和输出立管
Ti-3Al-8V-6Cr-4Zr-4Mo	TB9	Gr19	760	紧固件，管，各种工具

2.5.2.2　炼油、化工用钛

1）石油炼制

石油炼制时，由于原油中的盐分和硫对不锈钢、铜合金设备产生严重的腐蚀，因而，需要钛制热交换器、蒸馏塔、反应器等。此外，也用钛材制作热电偶保护管、泵的平板阀、配管、阀门、各种弹簧、测量仪器、托架等。

日本早在 20 世纪 70 年代就开始在水岛炼油厂开始采用钛制热交换器，现在已经安装了近 30 台。钛制热交换器的价格约为不锈钢的 2 倍，其使用寿命均在 8 年以上，与寿命只有 2～3 年的不锈钢相比，具有较高的全寿命经济性。目前，日本在石油炼制中约使用 50 台热交换器，每台热交换器用钛量为 800～1000kg。

2）石油化学工业

石油化工是经过原油炼制或合成得到三烯、三苯、醇、醛、酮等有机原料或合成树脂、合成橡胶的过程。石油化工工艺对设备的耐蚀性有较高的要求。美国的阿莫科（Amoco）公司是石油炼制与石油化学的综合企业，也是世界上最大的 PTA（对苯二甲酸）制造企业，在 PTA 制造工艺与设备材料开发方面处于世界领先地位，其石油化工反应容器直采用钛钢复合板制作，材料为在碳钢基材上覆盖 2mm 厚的钛板，直径 5.7m，高度 12m，重达 170t。在乙醛生产方面，美国采用 Ti-0.15%Pd 钛合金来制造反应器的衬里；日本在反应系统的槽、热交换器、配管等处使用了含钯的钛合金。日本建一座 6×10^4 t/a 乙醛的工厂需要钛材 20t。

钛材在国外醋酸生产中的应用，有氧化塔、分离塔、脱沸塔、粗馏塔、加热器、冷却器、泵阀等。丙烯氧化制取丙酮最好用钛材来解决设备的腐蚀问题。日本在生产丙酮中，使用钛钯合金反应器和配管等，建一座 3×10^4 t/a 丙酮的工厂需要钛 40t。

2.5.2.3 海洋用钛

海洋覆盖地球表面70%以上，海洋资源、能源的利用和开发备受关注，钛的耐海水腐蚀性能强，用于海洋工程各个领域也受到世界各国的广泛关注。

海水淡化是人类解决淡水资源的有效的方法。据推测，目前全世界已建和在建海水淡化装置已有20000多座，日产淡水约4000×10^{4}t。日本公司为沙特建造日产淡水3×10^{4}t的蒸馏法装置10座，用钛管3200t，平均日产1×10^{4}t的装置，需用钛107t。美国在1970～1975年每天海水淡化量为280×10^{4}m^3，1980～1985年增加20倍，海水淡化装置需要120×10^4～2.4×10^{8}m的管道，如果这些管道的10%使用钛材，则需要35000t钛管。在船舶海工领域，俄罗斯、美国、日本等国家，核潜艇、深潜器、原子能破冰船等舰船上都使用了大量钛材。

2.5.3 国内应用现状与发展趋势

2.5.3.1 我国钛资源概况

铜合金、耐蚀合金是最常用的耐腐蚀金属材料，但我国短缺其中所需的铜、镍、铬等资源。相比之下，钛是我国的优势资源，钛资源基础储量折合TiO_2约2×10^{8}t，占全球总储量的28.9%，居世界第一。我国钛资源中，钛铁岩矿占94%，多为钒钛磁铁矿伴生钛铁矿岩矿，主要在四川攀西地区，此外在河北、海南、广东、湖北、广西、云南、陕西、山西等地。我国钛工业一般采用钛铁矿生产的钛精矿作为原料，生产高钛渣、钛白粉、海绵钛、钛锭、钛加工材等各类产品，如图2.5.3-1所示。

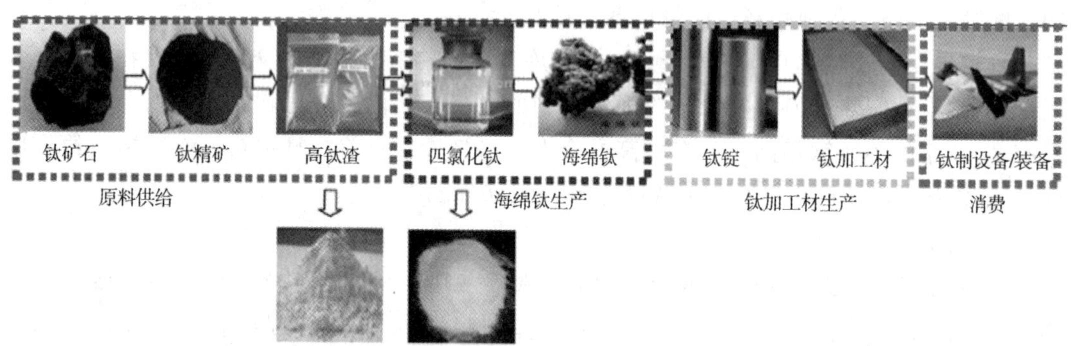

图2.5.3-1 我国钛工业产业链

近年来，我国钛产业取得长足的进步，海绵钛、钛锭、钛材的产量如图2.5.3-2、图2.5.3-3所示。目前我国海绵钛、钛材的产量均处于世界第一的位置。

在钛材方面，自从2005年以来，我国陆续从国外引进大吨位真空自耗电弧炉(>10t)、电子束冷床炉（EB）、大吨位快锻机、精锻机等先进装备，大幅度提高了我国钛材加工的技术水平，突破了制约钛加工材产能和质量的瓶颈问题，使后续加工能力得到了释放。国内形成了西北宝鸡、华东上海、东北沈阳三大片区的钛加材生产基地，产品有板材、棒材、管材、丝材等，我国钛材产量及产品结构如图2.5.3-4所示。

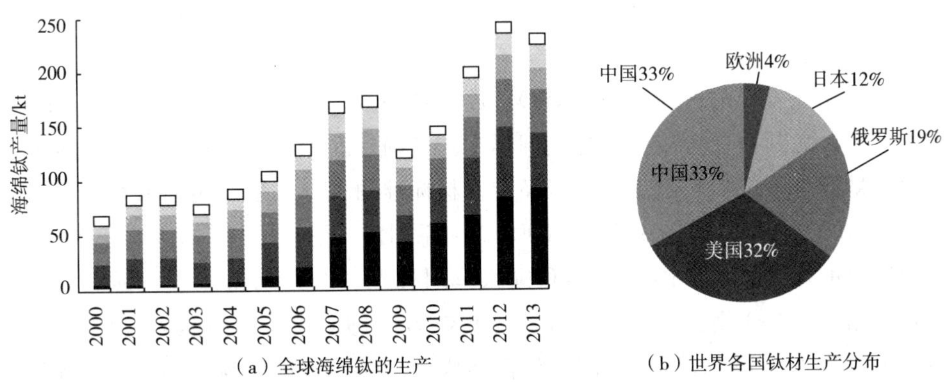

图 2.5.3-2　全球海绵钛及钛材生产格局

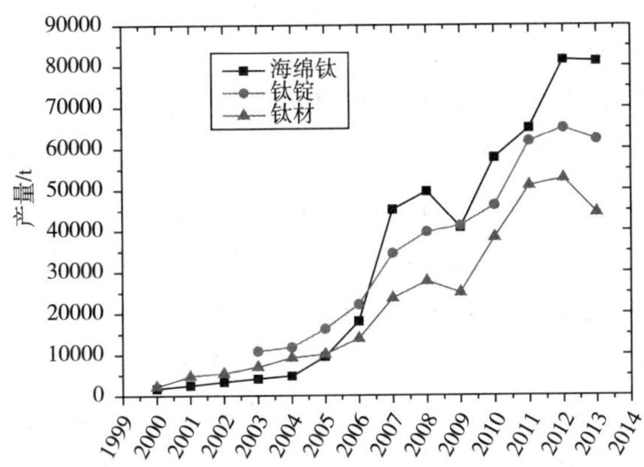

图 2.5.3-3　中国海绵钛、钛锭、钛材的产量变化

众所周知，钛应用规模受到制约的一个重要因素是价格相对较高。但近年来，由于钛产业的不断发展，产能大量过剩，而下游需求严重不足，钛材的价格大幅度下滑，以海绵钛为例，2006 年，海绵钛价格一度高达约 23 万元/t，目前海绵钛的价格大致稳定在 4～5 万元/t 左右，仅为十年前的 1/5，如图 2.5.3-5 所示。

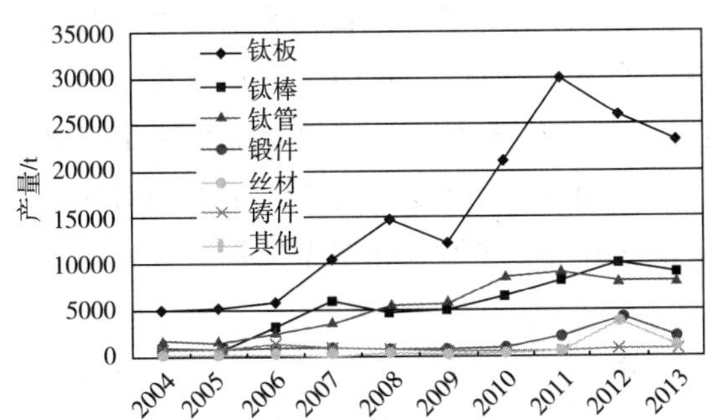

图 2.5.4-4　近几年我国钛材结构及产量

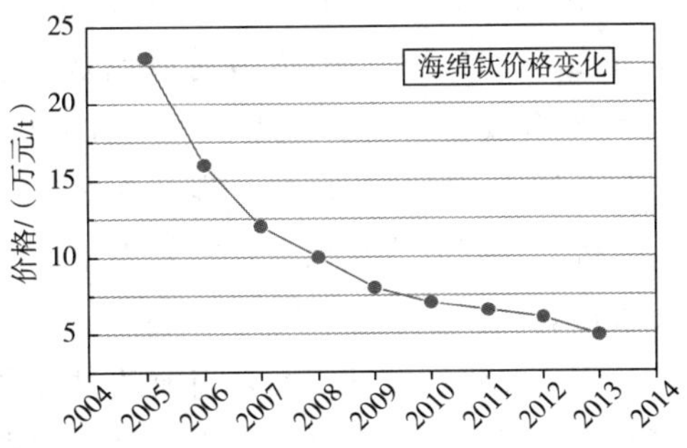

图 2.5.3-5　近年来我国海绵钛的价格变化

2.5.3.2 我国钛合金标准情况

1）国内外钛合金标准体系

目前，关于钛合金的国际标准（ISO）数量还较少，常用标准有美国、日本、德国、俄罗斯的标准，尤其被广为接受的是美国标准。美国标准无论是在被采用的程度上，还是就其技术含量而言，都代表了现在钛产品和钛材标准的先进水平。美国钛材标准体系最常用的是 ASTM（含 ASME）、AMS 和 MLI 三大系列。

我国钛材的标准体系由国家标准和国家军用标准两个系列组成：国标以满足民用为主，兼顾军用的一般通用要求，采标对象主要是 ASTM；国军标则是为满足军品的需求，采标对象主要是 AMS 和 MIL。我国钛材标准从 20 世纪 70 年代制定，至今已经过多轮次修订，目前已颁布的 GB 和 GJB 钛材标准包括产品、原料、方法等，已经建立了自己的钛合金体系，国标总体水平已与国际接轨，见表 2.5.3-1～表 2.5.3-4。

2）我国石油石化行业标准与规范

目前，我国石油石化行业所涉及到的标准体系较多，包括 API（美国石油学会标准）、ASTM（美国机械工程师学会标准）、GB（国家标准）、SH（石化行业标准）、HG（化工行业标准）、JB（机械行业标准）、NB（能源行业标准）。

在石油石化设备的设计与选材方面，我国以 API 标准为主（近 100 项），同时还采用了 ASTM 标准（约 150 余项）、GB 国标（近 300 项）、SH 行业标准（100 余项）等。

以石油石化用压力容器选材为例，美国采用 ASME《锅炉及压力容器规范》，其对容器选材的技术条件进行了规定，允许选材包括钢制材料和有色材料，如钛材，但钛只能用于－60℃以上的容器；国内主要采用 GB/T 150—2011《压力容器》，其规定了允许使用的材料包括钢和复合钢板（不锈钢-钢，镍-钢，钛-钢复合板，铜-钢复合板及其他复合钢板），要求设计温度不低于－253℃，设计压力不大于 35MPa，使用上限温度为 350℃；针对钛制容器，JB/T 4745—2002《钛制焊接容器》规定了钛制焊接容器（包含壳体构件为全钛，衬钛，和钛复合钢板制容器）的设计、制造检验和验收要求，该标准适用于钛制焊接常压容器及设计压力不大于 35MPa 的钛制焊接压力容器。

需要特别提出的是，在考虑材料技术特性和经济性的基础上，钛制容器的选材包括三个方面：全钛结构、衬套或衬底用钛、采用钛复合材料（板）。其中，钛复合板容器（如钛-钢复合板容器）不仅具有优异的耐蚀性能，而且价格低廉，优越的性价比决定了其在石化领域广阔的应用前景，表 2.5.3-5 为中、日、美在钛-钢复合板生产标准的对比。目前我国的钛钢复合板以爆炸复合为主，而日本和美国已实现了全轧制型钛钢复合板的商业化生产。

在油井管和钻杆方面，当前的材料主要采用耐蚀合金。API 规范（API spec 5CT《套管和油管规范》、API Spec 5D《钻杆规范》）中均未涉及钛材的应用要求，但由于石油石化设备的服役环境复杂多变，日益苛刻，API 标准下的钢及耐蚀合金甚至不能满足某些复杂工况下的安全性与功能性要求，因而急需非 API 标准的制定。我国尚未建立统一的压力管道标准，从而造成设计、采购、钢管生产、现场施工难以达成统一的技术协议和验收标准，其表现在：油气勘探开发及长距离油气输送管线主要以 API 标准为主；而炼油化工则以 GB 8163、GB 5310、GB 6479、GB 9948 等标准为主。

表 2.5.3-1　现行我国标准和美国 ASTM 标准的对照

类别	ASTM	GB
化学成分	—	GB/T 3620—2007
板材	B265—2000	GB/T 3621—2007
棒材	B348—2000	GB/T 2965—2007
锻件	B381—2000	GB/T 16598—2013
一般用途	B337—1998	GB/T 3624—2010
换热器用	B338—1998	GB/T 3625—2007
铸件	B367—2000	GB/T 6614—1994
海绵钛	B299—1992	GB 2524—2010

表 2.5.3-2　国内外钛牌号对照表

GB	ASTM	JIS	DIN	ГОСГ
TA0	GR. 1	1 类	3. 7025	BT1-00
TA1	GR. 2	2 类	3. 7035	BT1-0
TA2	GR. 3	3 类	3. 7055	—
TA3	GR. 4	4 类	3. 7065	—
TA6	—	—	—	BT5
TA7	GR. 6	—	3. 7115	BT5-1
TA9	GR. 7	12 类	3. 7235	—
TA10	GR. 12	—	3. 7105	—
TC1	—	—	—	OT4-1
TC2	—	—	—	OT4
TC4	GR. 5	60 类	3. 7165	BT6
TC6	—	—	—	BT3-1
TC10	AMS Ti-662	—	3. 7175	—
TC11	—	—	—	B19

表 2.5.3－3　各国工业纯钛牌号化学成分对照表

标准	牌号	化学成分/%，不大于							其他元素	
		Fe	C	N	H	O	Al	Si	单一	总和
ASTM	GR. 1	0.20	0.08	0.03	0.015	0.18	—	—	0.10	0.40
JIS	1类	0.20	—	0.05	0.013	0.15	—	—	0.10	0.40
DIN	3.7025	0.15	0.06	0.05	0.013	0.12	—	—	0.10	0.40
ГОС Т	BT1-00	0.15	0.05	0.04	0.008	0.10	0.30	0.08	0.10	0.40
GB	TA0	0.15	0.10	0.03	0.015	0.15	—	—	0.10	0.40
ASTM	GR. 2	0.30	0.08	0.03	0.015	0.25	—	—	0.10	0.40
JIS	2类	0.25	—	0005	0.013	0.20	—	—	0.10	0.40
DIN	3.7035	0.20	0.06	0.05	0.013	0.18	—	—	0.10	0.40
ГОС Т	BT1-0	0.25	0.07	0.04	0.010	0.20	0.70	0.10	0.10	0.40
GB	TA1	0.25	0.10	0.03	0.015	0.20	—	—	0.10	0.40
ASTM	GR. 3	0.30	0.08	0.05	0.015	0.35	—	—	0.10	0.40
JIS	3类	0.30	—	0.07	0.013	0.30	—	—	0.10	0.40
DIN	3.7055	0.25	0.06	0.05	0.013	0.25	—	—	0.10	0.40
ГОС Т	—	—	—	—	—	—	—	—	—	—
GB	TA2	0.30	0.10	0.05	0.015	0.25	—	—	0.10	0.40
ASTM	GR. 4	0.50	0.08	0.05	0.015	0.40	—	—	0.10	0.40
JIS	4类	0.50	—	0.07	0.013	0.40	—	—	—	—
DIN	3.7065	0.30	0.06	0.05	0.013	0.35	—	—	0.10	0.40
ГОС Т	—	—	—	—	—	—	—	—	—	—
GB	TA3	0.40	0.10	0.05	0.015	0.30	—	—	0.10	0.40

表 2.5.3-4　各国工业纯钛牌号机械性能对照表

标准	牌号	抗拉强度/MPa	屈服强度/MPa	延伸率/%	断面收缩率/%
		不小于（≥）			
ASTM	GR. 1	240	170	24	30
JIS	1 类	270～410	165	27	—
DIN	3. 7025	290～410	180	30	35
ГОСТ	BT1-00	295	—	20	—50
GB	TA0	280	170	24	30
ASTM	GR. 2	345	275	20	30
JIS	2 类	340～510	215	23	—
DIN	3. 7035	390～540	250	22	30
ГОСТ	BT1-0	345	—	15	40
GB	TA1	370	250	20	30
ASTM	GR. 3	450	380	18	30
JIS	3 类	480～620	345	18	—
DIN	3. 7055	460～590	320	18	30
ГОСТ	—	—	—	—	—
GB	TA2	440	320	18	30
ASTM	GR. 4	550	483	15	25
JIS	4 类	550～750	485	15	—
DIN	3. 7065	540～740	390	16	25
ГОСТ	—	—	—	—	—
GB	TA3	540	410	15	25
ASTM	GR. 7	345	275	20	30
JIS	12 类	340～510	215	23	—
DIN	3. 7235	390～540	250	22	—
GB	TA9	370	250	20	25
ASTM	GR. 12	483	345	18	25
DIN	3. 7105	480	345	18	—
GB	TA10	485	345	18	25
ASTM	GR. 5	895	828	10	25
JIS	60	895	825	10	25
DIN	3. 7165	890	820	10	25
ГОСТ	BT6	885	—	8	20
GB	TC4	895	825	10	25

表 2.5.3-5　中、日、美钛钢复合板生产标准对比

材料类别	国家	标准号及名称	覆层	基层	剪切强度/MPa	超声波探伤执行标准
钛-钢复合板	中国	GB/T 8547—2008 钛钢复合板	钛及钛合金	钢	0 类：≥196 1 类 2 类：≥140	GB/T 8547—2006 附录 A
		GB/T 8546—2008 钛-不锈钢复合板	钛及钛合金	不锈钢		
	日本	JIS G3603 钛复合钢板	钛及钛合金	钢	≥140	JIS G6061
	美国	ASTM B898 钛，锆，钽，铌金属复合板	钛，锆，钽，铌	钢或其他金属	≥137.9	ASTM A578

3）我国石油石化用钛标准体系的不足

作为新兴的工程材料，我国钛合金标准体系还存在诸多需要完善之处。

(1) 产品的尺寸精度和实物水平有待提高

在 GB 中，各牌号的性能指标中抗拉强度基本高于 ISO、ASTM 及 JIS 标准的相对应指标，但是标准订得高并不等于实物水平高，这还要取决于产品生产水平与质量控制水平。由于受我国钛工业生产装备水平的制约，在轧制棒材直径公差，板、带材的长、宽公差，管材长度公差等方面还与国外有一定差距。

(2) 国标通用性不够，行业标准缺失

石油石化用钛合金标准中，美国 ASTM 钛材纳标的牌号有 30 余个，而我国 GB 钛加工材中纳标牌号有 20 余个，对照可以发现，实际可以对应的只有 8 个牌号，其余的牌号大多用于军工、航空航天、舰船。石油石化行业作为我国用钛量最大的领域，但这些标准不能用于石油石化行业，钛材领域用钛量与标准适用比例不匹配，而美国 ASTM 纳标的大多数牌号均可以用于石油石化领域，且大多是耐蚀合金，可以军民通用，可用于航空航天、舰船兵器、海上与陆地深井采油以及人工关节、医疗器材、体育器材、建筑装饰等。

(3) 配套辅材标准不完善

钛合金的大规模应用必须要配以相应的辅材，如型材、焊材等，但在我国这方面的标准尚不健全，如急需开展钛合金型材的生产工艺技术研发，制定相应的技术标准。

2.5.3.3　油气开采与运输用钛

1）井筒工程

在油气开采过程中，深海和深地层的压力、温度和腐蚀等条件更加苛刻。例如我国川东北地区的普光和元坝气田，天然气储量大但开采条件异常恶劣，其中元坝气田气藏埋深 6240～6950m，平均埋深 6673m，相比其他气田平均深度要深 1000～2000m，地底温度高达 140～160℃，硫化氢和二氧化碳平均含量分别为 5%～7%和 10%；普光气田平均埋深 5947m，平均压力 55.8MPa，硫化氢和二氧化碳平均含量高达 15.16%和 8.64%，同时还含有氯离子和游离硫，强腐蚀介质含量创世界之最。普通钢管在如此恶劣的腐蚀环境下，几个小时就会发生脆断，从而带来难以估量的经济损失和重大安全事

故，为此不得不采用镍基耐蚀合金管。例如，普光气田井下工具主体材质为 718 合金，但全部依赖进口；单井 G3、825 合金（复合管）用量 5000～7000m，200 余吨，价值 3000 万元，整个气田耐蚀合金用量超过 2×10^4 t。然而，镍基合金虽然在 H_2S、CO_2 共存的环境下耐蚀性较好，但存在加工工艺复杂、生产技术难度大、材料成本高、表面易损伤等缺点。此外，我国镍资源匮乏，依赖于镍基合金耐蚀管材从长远来讲不利于油气战略发展。

国内学者将钛合金管材、国内外 P110 钢级 G3 合金油管及 API 相关标准力学性能要求对比，见表 2.5.3－6，可见钛合金管材的强度、冲击吸收功和硬度满足 API SPEC 5CT 中 P110 钢级的力学性能要求，与国内某 P110 钢级 G3 管力学性能基本相同，接近 P125 钢级 G3 管材性能。

表 2.5.3－6 钛合金油井管与国内外钢管性能对比

试验材料		拉伸性能			冲击性能/J		硬度（HRC）
		R_m/MPa	$R_p0.2$/MPa	A/%	横向	纵向	
钛合金管材		917	819	12	60	42	29.5
国内某 P110 钢级 G3 管		985	941	18	36	—	31.5
国外某 P125 钢级 G3 管		≥900	860～1000	≥10	100	—	37
API SPEC 5CT 要求	P110 钢级	≥862	785～965	≥12	≥20	≥41	—
	P125 钢级	≥931	862～1034	≥11	≥20	≥41	—

图 2.5.3－6 为耐蚀合金油井管和钛合金油井管的成本和重量比较，从图中可以看出，采用钛制油井管无论在单井成本还是设备减重方面都有突出优势。综上，由于钛及钛合金具有密度小、比强度高、耐腐蚀性能优异的特点，可以替代镍基耐蚀合金应用于油气勘探与开采领域，具有广阔的应用前景。基于减重、高耐蚀、降低采购成本三大刚性需求，预计未来不远的将来钛油井管、钛钻杆市场可能扩大到万吨以上。

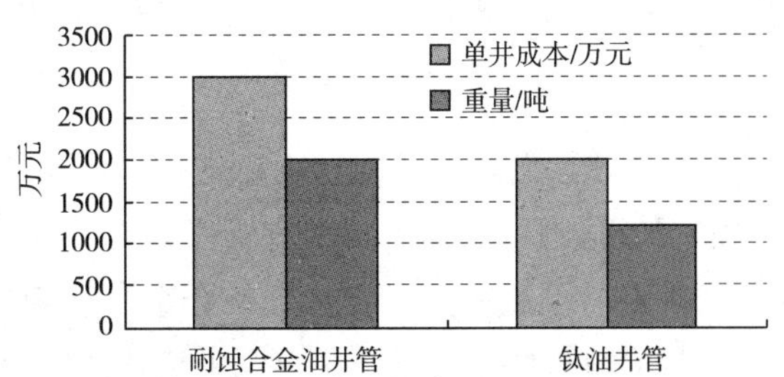

图 2.5.3－6 耐蚀合金油井管和钛油井管的成本比较

近几年，国内天津钢管、攀成钢等企业与石油石化用户行业一起积极开展了钛合金油井管研制工作，攻克了钛合金管成分优化、管体成型工艺、热处理工艺、矫直工艺、表面处理工艺及螺纹接头加工工艺、螺纹抗粘扣技术等诸多难题，形成了具有自主知识产权的钛合金管成套工艺技术，具备了批量生产能力。2015 年中石化在川东打造了国内首个全钛管示范油气井。该井为高硫高腐蚀油气井，全井使用国产 110ksi（760MPa）级高强钛合金管取代 G3 耐蚀合金油井管，共使用钛管 600 余根，总长 6000 多米，总重 60t，在不增加全井材料成本的前提下，减轻井筒重量近 50%，大幅降低了施工和维护成本。

2）地面工程

地面工程主要涉及油气的集输与储运等，主要设备材料包括压缩机、合金钢管、不锈钢管、泵、阀门等。

油气管道腐蚀与防护是影响安全性的关键问题，油气集输管道腐蚀主要是外腐蚀和内腐蚀两种形式。目前，我国油气田集输管道、长输管线每年用钢量约（100～200）$\times 10^4$t，其腐蚀环境多为高 H_2S、高酸度、高 CO_2、高 Cl^-、高温等，其管路材料中包括 5%～10% 左右的高耐蚀材料，多为各类铁素体、奥氏体不锈钢、双相不锈钢管材、泵阀以及不锈钢复合管、耐蚀合金复合管等，年需求约（10～20）$\times 10^4$t 不等，但腐蚀仍然严重，如西北某油田单井管道、集输管道大量使用 20 钢，腐蚀穿孔严重（图 2.5.3-7）；改 1Cr13 内衬管，仍无法解决。该油田管道平均寿命 2～3 年，每年腐蚀泄漏 1400 余次，腐蚀治理费用 6000 万元/年。保守估计，我国油田地面工程腐蚀治理＋污染赔偿损失总计超过 20 亿元/年。

图 2.5.3-7 西北某油田管道腐蚀情况

解决上述问题最有效的解决措施是从提高材料可靠性和使用寿命的角度入手，使用钛管或钢-钛复合管。目前，我国部分井场、站场涉酸油气集输所需的管线已经开始尝试用各种高耐蚀合金及其复合管材，钛合金、钛钢复合管、钛材堆焊的阀门等应列入备选材料。油气集输与储运设备是钛材未来重要的应用市场之一。

2.5.3.4 石化工业和化学工业用钛

1）石化用钛

近年来，国外进口原油多为中东富含 H_2S 和 CO_2 等的劣质原油，其含硫量高，酸值低，一般含硫量为 1.5%～2.5%，个别劣质油可达 2.85%～4.8%。炼化企业设备的高酸、高硫腐蚀问题日益严重，如表 2.5.3-7 所示。为了降低运营成本，要求延长石化设备检修间隔，从 3 年一大修改为 5 年、7 年一大修，大大提高了对材料服役性能的要求。此外，设备大型化，对降低设计冗余、减轻设备重量提出了迫切需求。因此，在保持经济性、安全性的前提下，高耐蚀、高比强度成为装备发展对材料的新要求。钛合金板、管及钛-钢复合板、管在该领域技术优势显著。

表 2.5.3-7 炼油厂各种材料出现的腐蚀类型

材料	腐蚀类型
碳钢、低合金钢	全面腐蚀，氢致开裂，硫化物应力腐蚀
Cr13	点蚀，冲蚀，环烷酸腐蚀
18-8，18-12Mo	点蚀，晶间腐蚀，应力腐蚀破坏
双相不锈钢	点蚀，选择性腐蚀
铝黄铜、海军黄铜	冲蚀，脱锌腐蚀
B30	硫化腐蚀，脱镍腐蚀
蒙乃尔合金	硫化腐蚀，游离氨腐蚀
铝合金	全面腐蚀，点蚀
Ni-P 镀层	因镀层质量有孔隙电偶腐蚀
渗铝钢	不耐还原性介质

目前，我国许多石化设备都已开始大量使用钛合金设备，如表 2.5.3-8 所示，包括钛制热交换器、洗涤塔、柱罐、泵、阀、管道系统和其他相关设备，采用钛管代替传统的碳素钢、B10、B30、蒙乃尔合金等。

表 2.5.3-8 我国石化设备用钛情况

使用场所	钛设备名称	曾发生损伤类型
精对苯二甲酸	氧化反应器，蒸馏塔，反应器冷凝器，溶解器，加氢反应器，进料预热器，第二薄膜蒸发器，浆料罐，醋酸罐，母液罐	机械开裂，焊缝蚀漏，吸氢腐蚀
乙醛	冷凝器，闪蒸塔，脱气罐，过滤器，催化剂再生器（顶盖）	缝隙腐蚀
醋酸	醋酸回收塔（塔板，紧固件），脱高沸塔塔顶冷凝器冷却器	吸氢腐蚀，缝隙腐蚀
醋酸乙烯	醋酸精馏塔	塔板氢脆开裂
己内酰胺	羟胺加热器，冷却器，二盐水解中间加热器	焊缝蚀漏
醇酮	催化荆制备塔、再沸器，铬酸制备槽	
己二酸	硝酸浓缩塔塔底再沸器，二次蒸发器	振动疲劳开裂
尿素	合成塔	衬里穿透性泄漏，氢脆
环氧丙烷	氯醇塔，预热器，给料泵	
丙烯酸	蒸馏塔，再沸器	
乙烯	海水冷却的冷凝器，冷却器	振动磨损断裂
发电	海水冷却的凝汽器	振动磨损断裂

对苯二甲酸是合成涤纶的原料，工业上用对二甲苯氧化法制取。不论高温氧化还是低温氧化均存在乙酸和溴化物的高温腐蚀，在温度高于 135℃的介质中，316L 不锈钢经过几

十小时即发生点蚀。故设计规范规定在135℃以上必须使用钛材。北京石化总厂（即后来的燕山石化）引进全套钛设备，包括氧化反应釜、溶剂脱水塔、加热器、冷凝器、再沸器等16台。南京扬子石化公司引进年产45×10^4t对苯二甲酸装置，有56台钛设备和大量钛管道阀门。上海石化引进的氧化反应釜高32m，上直径4m，下直径5.3m，容积为$505m^3$，设备自重达175t。使用钛材效果很好，推广应用前景光明。

乙醛氧化制乙酸是我国的通用工艺，现已采用钛材作为高沸物再沸器，一级品醋酸塔再沸器和冷凝冷却器等多种设备。在低级烷烃氧化制乙酸时副产品较多，甲酸含量达8%，腐蚀性极强，此时用钛代替不锈钢，效果十分理想。

钛材在醋酸生产中的应用有醋酸回收塔（塔板，紧固件）、脱高沸塔塔顶冷凝器冷却器等。上海试剂一厂采用轻油氧化法制取醋酸，传统使用的1Cr18Ni9Ti不锈钢设备使用寿命仅有2～3个星期，使用钛制针形截止阀、球形截止阀后，大大减少了停工损失，降低了维修费用。

在乙烯氧化制乙醛、乙醛氧化制乙酸和丙烯氧化合成丙酮的装置中，除原料和产品有一定腐蚀性外，主要腐蚀介质是催化剂，不锈钢在其中腐蚀很快，唯有钛具有良好耐蚀性。我国第一套乙烯氧化制乙醛装置已于1976年投入使用，至今钛设备的运行情况良好。

在含硫和含盐高的原油炼制中，钛制设备最为理想。我国也已在该系统中采用铸钛海水泵、催化裂化分馏中的钛制冷凝器、深冷分离钛冷凝器和多孔钛板等，都已正常操作运行十年以上。

2017年中国石化立项了全钛换热器研制项目，有望为解决高硫、高酸及高氯等劣质原油炼制加工产生的腐蚀问题提供全寿命解决方案。

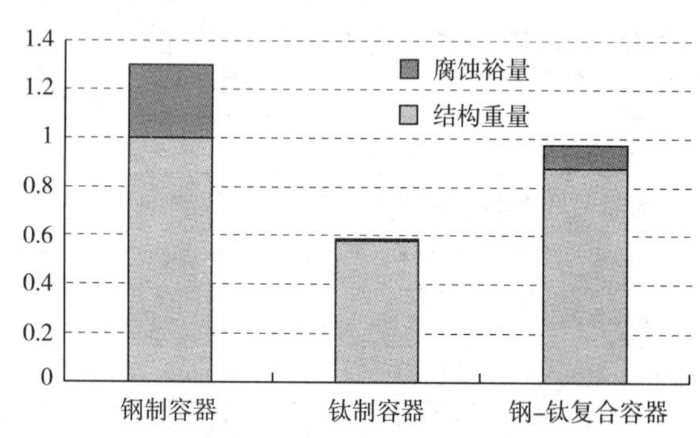

图2.5.3-8　钛、钛钢复合板管在石化容器减重方面前景广阔

此外，金属复合板容器、复合管和单层钛材一样，具有优异的耐蚀等性能，但价格低廉，优越的性价比使其广泛应用于石油、化工领域，目前，石化容器大量应用各种耐蚀合金复合板管、不锈钢复合板管，每年用量约$(20\sim30)\times10^4$t。从图2.5.3-8可以看出，钛合金板容器、钛钢复合板管在耐蚀性、减重等方面优势显著，具有较大的应用前景。

2）化学工业用钛

钛具有优异的耐酸、耐碱等化学介质腐蚀的特性，其在化学工业中大幅度提高了设备的可靠性和使用寿命，如表2.5.3-9所示。近年来，化工领域的用钛材量增加非常迅速，如图2.5.3-9所示，主要用于制造容器、混合器、泵体、交换柱罐、热交换器、导管、槽、搅拌器、冷却器和反应器等，如图2.5.3-10所示。各行业用钛量如图2.5.3-11所示，用钛量最大的是氯碱、纯碱和真空制盐。2013年，我国在化工领域用钛量大约3×10^4t，其中，数量最多的是换热器，其次是钛阳极和容器。

表 2.5.3-9　钛设备与传统设备使用寿命比较

装置及设备名称	原用材料	寿命	钛设备寿命	提高倍数
氯碱、湿氯冷却器	石墨	3～6年	10～20年	40
联碱、结晶外冷器	碳钢	2.5年	18年	7.2
制盐预热器	碳钢	<1年	15年	>15
防老剂丁冷却器	碳钢	7～40天	15年	770～135
T酸尾气吸收器	铅	1年	10年	10
己二酸硝酸换热器	00Cr18Ni8	4月	10年	30
PTA四溴乙烷管道	00Cr18Ni2Mo2	6月	20年	40
己内酰胺羟胺换热器	石墨	1年	10年	10
丙烯酸再沸器	00Cr18Ni8	4月	10年	30
乙酸精馏塔	00Cr18Ni2Mo2	1年	15年	15

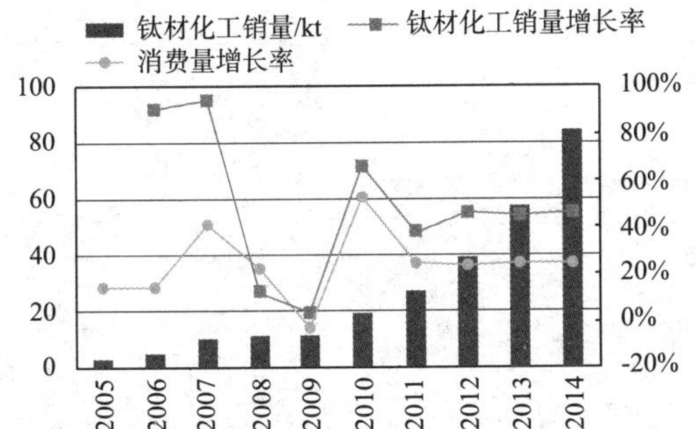

图 2.5.3-9　我国近年来化工领域用钛量变化

图 2.5.3-10　钛合金制造的化工设备

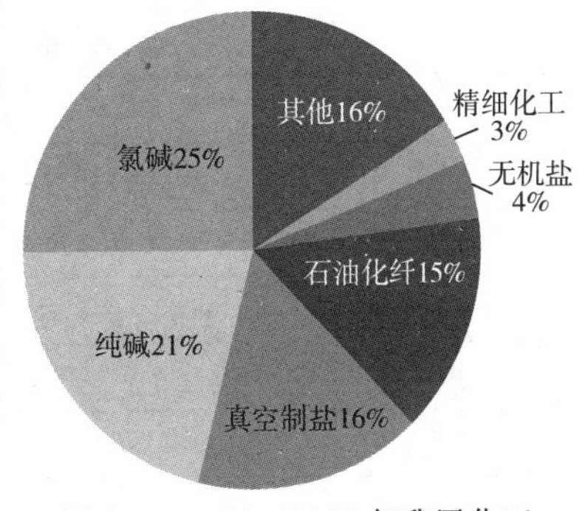

图 2.5.3-11　2013年我国化工领域用钛情况

氯碱工业是化学工业中应用钛最早的行业。钛制金属阳极电槽、离子膜电槽、湿氯冷却器、精制盐水预热器、脱氯塔等设备都已大量应用。以钛金属阳极为例，生产10000t烧碱，需要私用约5t钛材。它与石墨阳极相比有如下优点：使用寿命延长20倍以上（石墨阳极约半年，钛阳极7年以上），生产能力增加1倍；可以节约电15%，节约汽5%，此外还可以减少维修工作量和改善劳动条件。

在湿氯冷却器方面，传统使用不锈钢间接冷却器，一般使用8～10天就需要停车修理。而冷却器采用钛材后，其使用寿命大大提高，钛在高湿高氯环境下极耐蚀，其腐蚀速率仅为0.0025mm/a，而且使用钛制管壳式冷却器后，每天排出的含氯废水减少了 95%，基本消除了污染。

2.5.3.5　海洋工程用钛

在海洋平台结构海底装置中，钛作为“海洋金属”发挥了重大作用，如造价 60 亿的中海油第六代深水半潜式钻井平台“海洋石油 981”（图 2.5.3-12）大量采用了进口钛合金设备与构件，主要包括海上平台承重架、钻杆、井下管具、应力接头、海油生产、油井维修支承架、平台张拉力部件、深水隔水导管、压井管线、输出立管、海水换热器、管路、法兰、泵、阀等。

我国船用钛合金工业起步于 20 世纪 60 年代，经过几十年的发展，其研究、制造水平有了很大的提高，并初步形成了自己的船用钛合金体系，目前钛及钛合金得到了广泛的应用，主要用途集中在声呐导流罩、上层减重、热交换器、泵、阀、管道系统等部位。在深潜器方面，中国于 2007 年建造的“蛟龙号”深潜器（见图 2.5.3-13）下潜深度达到 7000m，是目前世界上下潜深度最大的深潜器（见表 2.5.3-10），其耐压壳体和载人舱均采用了钛合金材料。目前，我国舰船工业用钛量不超过 1000t/a，约占我国钛合金年消费量的 2%。随着未来深海探测、深海锰结核、可燃冰等资源开发的兴起，海工用钛的发展将迎来新的机遇。

图 2.5.3-12　中海油第六代深水半潜式钻井平台“海洋石油 981”

图 2.5.3-13　中国“蛟龙号”深潜器

表 2.5.3-10　国内外深潜器情况

序号	国家	名称	潜深	载人球壳材料	时间
1	美国	Alvin（阿尔文）	3600m	Ti-6Al-2Nb-1Ta-0.8Mo	1973
2	美国	Sea Cliff（海崖）	6100m	Ti-6Al-2Nb-1Ta-0.8Mo	1982
3	日本	S hinkai2000（深海 2000）	2000m	Ti-6Al-4V ELI	1981
4	日本	S hinkai6000（深海 6000）	6000m	Ti-6Al-4V ELI	1989
3	法国	Nautile	6000m	Ti-6Al-4V	1984
5	中国	蛟龙号	7000m	Ti-6Al-4V	2007

在海水淡化领域，我国早期的海水淡化装置使用铜合金、碳素钢等材料，因为这些材料不耐海水腐蚀，生产效率低，很快被耐海水腐蚀性能优异的钛材料所代替。根据相关统

计数据，一座日产 $1.36\times10^4\,m^3$ 的海水淡化工厂，如果全部采用薄壁焊接钛管做传热管时，则需要 1200～1500t 钛管。目前，中国在沿海地区、岛屿也使用了许多海水淡化装置，钛的主要应用是淡化装置的加热传热管，用钛量约 200～300t/a，主要采用法国、以色列、新加坡进口装备，其中部分设备采用了纯钛管作为海水蒸发器主要材料。随着中国沿海地区的经济发展以及淡水需求的日益增大，以多级闪蒸为龙头的大型蒸馏海水淡化装置（包括 MSF、ME、VC）的开发生产必将成为我国的一项新兴产业，海水淡化设备的开发引进将成为中国用钛的新领域。

在滨海发电领域，发电站凝汽器是利用海水量较大的设备，钛主要用于凝汽器。由于冷凝器是用海水做冷却水的，而海水中含有大量的泥砂、悬浮物质、海生物和各种腐蚀性物质，在海水与河水交替变化的淡盐水中的情况更为严重。传统的凝汽器是用铜合金管，这种铜合金管在海水中因各种腐蚀，经常遭到严重破坏。钛在海水，特别是污染海水中具有良好的耐蚀性，耐海水的高速冲刷腐蚀性能尤为突出。

表 2.5.3-11 和表 2.5.3-12 为我国海洋工程用钛的材料性能及应用情况汇总。

表 2.5.3-11　我国典型海洋工程用钛合金的力学性能

产品类型	规格/mm	牌号	力学性能				
			R_m/MPa	$R_p0.2$/MPa	A/%	Z/%	A_{KV}/kJ/m²
板材	4～18	Ti31	635	490	18	35	590
	4～20	Ti75	720	630	13	30	590
	20～70	Ti75	700	550	13	25	590
	4～10	Ti80	870	820	12	25	
	10～25	Ti80	880	785	12	25	590
	25～50	Ti80	880	785	10	25	590
	1～10	TC4	860	790	10	30	
锻件	ϕ50～90（棒）	Ti31	590	490	16	35	590
	ϕ300～650×240（饼）	Ti31	590	490	16	35	590
	ϕ50～90（棒）	Ti75	700	630	13	30	590
	ϕ2200/ϕ1700×300（环）	Ti75	700	630	13	30	590
	ϕ870×100（饼）	Ti80	900	840	7	16	340
	ϕ100～150（饼）	TC4	895	825	9	20	530
铸件		Ti75（ZTi60）	670	590	11	23	
		ZTC4	890	820	6		
管材	ϕ25×1.25	Ti75	730	630	13		
	ϕ10～15×25	Ti31	635	490	18		

表 2.5.3－12　我国海洋工程用钛情况

牌号	用途	产品类型
TA1，TA2	通海管路、阀及附件，热交换器及海水淡化装置，板式换热器，声学装置及换能零件，管式换热器，贯穿管接头，海水入口/出口管接头等	板材，管材，棒材
TC4，Ti80	油气平台支柱，钻井立管，绳索支架，海水循环加热系统的高压泵，提升管及连接器，紧固件，海底管道等；船舶螺旋桨及桨轴，发动机零件，系泊装置及发射装置	板材，管材，棒材，锻件
Ti80，TA5-A	船舶烟囱，桅杆，深潜器耐压壳体	板材，棒材
Ti31，Ti75	船舶，海洋装备，核工业，化工部门的常温高压、高温高压环境，热交换器，冷凝器，阀门，泵和管路及附件等	板材，管材，棒材
TA10，Ti75	管式换热器，临时管道与电缆，横梁，立管，输送管线	管材，棒材
TC10	石油钻井勘探、开采等设备	棒材
TC21	舰艇及石油钻井勘探设备，各种承力结构部件	棒材

2.5.4　存在的问题及未来需求

目前我国在石油石化领域面临的耐蚀方面的选材主要是以不锈钢、镍基材料为主，钛合金的应用还不广泛。钛材料的推广应用不仅有助于石油石化装备技术的跨越式发展，也有助于发挥国家资源优势，减少我国稀缺的镍、铬、铜等资源消耗，有助于保障国家战略资源的长期安全。目前制约钛及钛合金在石化方面应用的主要因素包括：

①钛及钛合金针对石油石化的应用研究有待完善。需要扩大在油气开采、储运、炼化、化工等不同环境下的钛材环境适用性研究。

②石油石化专用钛及钛合金标准有待建立。尽管国内部分企业已经研发出了多牌号的钛板、管、锻、棒等材料，也有相应标准，但是涉及石油石化选材、用材的钛合金标准、检测与测试标准还不完善，现有的标准自修订进程与钛合金工艺进步的同步性还需要进一步提高。

③焊接加工工艺技术配套不足，缺乏相关规范和人员培训。目前国内已经针对钛合金的焊接问题开展了大量研究，但存在焊接结构简单、焊接方法单一、焊接材料品种少、焊接质量检验标准缺乏等不足，与高质量钛合金结构件的市场需求相比，与国外钛合金的先进焊接技术与工艺相比，尚有较大的差距。因此，国内钛合金焊接研究与生产单位应根据钛合金材料及产业的发展，进一步研究各种钛合金材料的焊接性，优化现有焊接工艺，针对钛合金开发新的焊接方法，提高钛合金结构件的质量。

④缺乏配套齐全的型材、焊材、锻铸件、紧固件等。钛材与其他材料在一起使用会产生电偶腐蚀，从而使设备损坏，因此开发配套的型材、焊材、锻铸件、紧固件等，可以突破限制钛材应用的门槛。

钛的应用是一个利国利民的系统工程。需要以典型领域示范工程为引导，建立包括研究、生产、设计、使用、标准规范全产业链的合作平台，有组织地推动产业化发展。钛应用最佳的扩展空间是大范围替代进口铜合金、高温合金和耐蚀合金，未来 5～10 年，其发展最快的需求领域可能包括：石油工程用高强钛合金油井管、钛钻杆；地面工程、海洋工程集输用钛管、钛钢复合管；炼化换热器用钛管、高强钛板；耐腐蚀容器用钛板、钛钢复合板。

为达成以上应用，需要结合工程示范，重点加强应用技术研究和产品规范研究，解决以下配套材料和配套技术问题：

①石油石化用钛的焊接、加工、扣型技术研究；

②钛弯管、接头、泵/阀铸锻件等配套材料的研究；

③钛在各种油气环境中的服役性能研究；

④石化装备中钛的电偶腐蚀防护研究；

⑤石化专用钛及钛合金的标准规范研究。

2.6　石油石化泵阀用不锈钢、耐蚀合金及有色金属材料

2.6.1　概述

随着我国石油石化工业的发展，对设备运行的经济性、安全性、可靠性和稳定性提出了越来越高的要求，同时各类石化装置中的泵和阀的使用工况越来越向苛刻和复杂条件下发展，而泵和阀门的材料应用是否得当，直接影响阀门的使用寿命和生产的安全运行。如何正确选择和应用这些材料，充分发挥材料的功能以适应相应工况要求是至关重要的。

阀门产品选材和加工成型方法主要考虑阀门的工作压力、工作温度、口径、介质的腐蚀条件、介质的磨损冲刷条件、安全裕度等方面。选用金属材料包括：一般碳素钢、低合金钢、不锈钢、镍基耐蚀合金、钛合金和锆合金。阀体成型一般采用铸造、整体锻造、分体锻造＋焊接方法成型、粉末冶金热等静压成型。一般压力较低、形状较复杂的阀体采用铸造方法成型，压力较高、结构较简单的阀体采用整体锻造或者分体锻造＋焊接方法成型。目前采用粉末冶金热等静压成型苛刻条件下使用的阀体，已获得了很大成功。

2.6.2　国内外泵阀不锈钢、耐蚀合金及有色金属材料的发展现状

2.6.2.1　泵阀常用不锈钢材料

许多泵、阀门和配件处于各种腐蚀环境中，这些设备一般采用不锈钢，在泵阀产品设计中通常把铁素体不锈钢、马氏体不锈钢、奥氏体不锈钢和双相不锈钢统称为不锈钢。铁素体不锈钢的 Cr 含量为 12％～18％，Cr17Mo2Ti、Cr17、Cr25、Cr28 等都属于此类不锈

钢，耐应力腐蚀、耐点蚀能力是铁素体不锈钢最显著的特点，但其加工工艺性能和机械性能比较差。由于原始晶粒尺寸比较大，以及金属间化合物相的存在，高铬铁素体不锈钢脆性显著。马氏体不锈钢的 Cr 含量一般为 12%～18%还含有一定的 C 和 Ni 奥氏体形成元素，马氏体不锈钢可以分为三类：Cr13 型包括 1Cr13、2Cr13、3Cr13 等；高碳高铬型如 9Crl8、9Cr18MoV；低碳 17%Cr-2%Ni 型如 1Cr17Ni2 等。马氏体不锈钢具有很高的强度和耐磨性。

马氏体沉淀硬化不锈钢是沉淀硬化不锈钢中应用最普及的一类，由于沉淀硬化不锈钢具有优异的力学性能，所以，许多设计院和阀门制造厂均选用沉淀硬化不锈钢 17-4PH 作高压球阀及煤化工气化炉的灰浆系统和黑水系统用球阀的阀杆及固定轴等。如采用（双相）沉淀硬化不锈钢 CD-4MCu 合金制造的阀门，因为 CD-4MCu 合金的屈服强度约为 19Cr-9Ni 奥氏体不锈钢的 2 倍，并且具有高硬度和良好的塑性和冲击韧性，特别适合于带有冲刷条件下的腐蚀介质环境下使用，它广泛用于氧化和还原的强酸工况中，在有氯离子的环境中具有特殊的抗应力腐蚀开裂的性能。但是，所有的沉淀硬化不锈钢在 288℃以上停留数千小时后，都倾向于变脆。因此，所有的沉淀硬化不锈钢的最高使用温度应限制为≤316℃。

奥氏体不锈钢具有面心立方结构，无磁性，不能通过热处理强化，奥氏体不锈钢的种类繁多，是不锈钢家族最重要的一类，奥氏体不锈钢的产量约占不锈钢产量的 70%。由于其耐蚀，良好的常温和低温塑韧性、易成型性和良好的焊接性能而广泛应用于石油石化及其他工业领域用阀门产品。具体的分类和介绍本节不予以展开。在超低温阀门制造中，广泛应用的是 Cr-Ni 奥氏体不锈钢，即美国标准中的 300 系列不锈钢。其中，F304、F304L、F316 和 F316L 是超低温阀中用量较多的几种牌号。这四种牌号钢都属于亚稳型不锈钢，在超低温下会发生马氏体转变（即相变），如果需要得到稳定的奥氏体组织，可选用 F310 奥氏体不锈钢。在国外的一些标准或规范中，对奥氏体不锈钢的使用温度范围有明确的规定。例如日本高压气体法规定，SUS304L 和 SUS316L（相当于 F304L 和 F316L）允许使用到－269℃，而 SUS304 和 SUS316（相当于 F304 和 F316）只允许使用到－254℃。目前，国际上通用的是美国 ASTM A351 CF 类不锈钢铸件。由于铸件可能存在着合金偏析和树枝晶组织等缺陷，加之 CF 类不锈钢铸件都含有一定数量的铁素体，因此其低温韧性必然受到影响。一般情况下，CF 类不锈钢铸件的低温冲击值要低于同种牌号的变形合金。与美国 ASME B16.3 所规定的 CF 类不锈钢铸件的应用温度范围不同，日本 JIS 8243《压力容器的结构》奥氏体不锈钢铸件的最低使用温度限制在－196℃。

固溶处理是奥氏体不锈钢的基本热处理方法，是防止晶间腐蚀的重要手段。而作为超低温阀门使用的奥氏体不锈钢，固溶处理的目的是为了使碳化物充分溶解，提高其抗晶间腐蚀能力，从而可以在更低的温度下安全使用。对于含 Ti、Nb 的稳定化奥氏体不锈钢，固溶处理主要是为得到较均匀的成分和组织，保证其良好的韧性和塑性。对于铸件，固溶处理可使其在凝固过程中所产生的偏析得以改善，使组织接近均匀。此外，奥氏体不锈钢在焊接时，其热影响区由于碳化物析出及铁素体生成，会明显降低材料的低温韧性。因此，焊后亦应进行固溶处理，以恢复其低温韧性。

大部分Cr-Ni奥氏体不锈钢在常温下处于亚稳定状态，而在超低温范围内会因晶格畸变而发生马氏体转变。因马氏体的比体积比奥氏体大，由此而引起的体积膨胀和组织应力会使零件尺寸发生变化，最终导致阀门泄漏。为此需对其进行深冷处理。深冷处理一般在零件的精加工之前进行。为确保工件在使用过程中的组织稳定性，深冷处理所用介质的温度需等于或低于阀门工作温度。深冷处理的冷却介质多采用液氮或液氦等溶液。对于密封性要求较严或靠介质压力密封的超低温止回阀，可增加深冷处理的次数。

双相不锈钢的固溶组织中铁素体相（α）与奥氏体相（γ）大约各占一半，一般量少相的含量应不低于35%。双相不锈钢从20世纪40年代在美国诞生以来，已经发展到第三代。在抗腐蚀方面，特别是在海水，氯离子含量较高的条件下，双相不锈钢的抗点蚀、缝隙腐蚀、应力腐蚀性能明显优于普通的奥氏体不锈钢。一般认为双相不锈钢中铁素体相（α）与奥氏体相（γ）各占一半时，双相不锈钢具有最好的综合性能。现在双相不锈钢在工业阀门包括潜艇上用的阀门，应用越来越广泛。为了保证具有优良的耐蚀性，双相不锈钢的碳含量通常控制在低碳级（≤0.08%）或超低碳级（≤0.03%）的范围内。在美国ASTM标准中双相不锈钢中铬含量通常为20.0%～28.0%，镍含量4.0%～11.0%及一定量的Mo、Cu、Nb（Ti）和N等。双相不锈钢的铁素体（α）和奥氏体（γ）的比例与合金Cr当量和Ni当量有密切关系还与热处理有关系。双相不锈钢兼有奥氏体（γ）和铁素体（α）不锈钢的特点但双相不锈钢的使用温度应严格控制在600°F（316℃）以内，超过此温度，双相不锈钢会发生热老化和脆化。我国阀门行业尚无双相不锈钢技术标准，目前可参考ASTM A890-1999（2007修改版）《铸造Fe-Cr-Ni-Mo双相（奥氏体/铁素体）耐腐蚀不锈钢标准规范》，标准中列出了主要的双相不锈钢：1A（CD4MCu）、1B（CD4MCuN）、1C（CD3MCuN）、2A（CE8MN）、3A（CD6MN）、4A（CD3MN）、5A（CE3MN）、6A（CD3MWCuN）。

阀门用铸造双相不锈钢为低碳或超低碳高铬低镍不锈钢，钢液流动性较差，所以浇注温度应适当提高；同时铸件裂纹倾向较大，铸造双相不锈钢可采用适当的工艺措施降减少铸件冷却时的裂纹倾向。冶炼时应严格控制钢中C、S、P等含量外，精确调控主要元素含量及热处理条件，使其达到要求的双相比例。

目前国际上常用的阀体材料及使用温度见表2.6.2-1。

表 2.6.2-1　常用阀体材料及使用温度

材料名称	铸件		锻件		说明
	牌号	使用温度/℃	牌号	使用温度/℃	
灰铸铁	HT200　HT250 HT300　HT350	−15～200			用于 *PN*16 以下的低压阀
球墨铸铁	QT400-18　QT400-15	−30～350			用于 *PN*25 以下的中低压阀
	QT450-10　QT500-7				
碳素钢	WCA　WCB　WCC	−29～450	2535　A105	−29～425	用于高中压阀
			Q345　30Mn	−40～450	
低温碳钢	LCB	−46～345			用于低温阀
合金钢	WC6	−29～593	15CrMo　F11	−29～593	用于非腐蚀性介质高温高压阀
	WC9	−29～593	25Cr2MoV F22	−29～593	
	C5　C12	−29～650	1Cr5Mo F5a　F9	−29～650	用于腐蚀性介质高温高压阀
奥氏体不锈钢	CF8　CF8M CF3　CF3M	−196～650	304　304L 316　316L	−196～650	重油催化裂化
	高温 1 级 P1（CF8）	≤540			
	高温 2 级 P2（CF8）	550～650			
	高温 3 级 P3（CF8M）	650～730			
	高温 4 级 P4（CK-20 F310　F310H）	730～816			
	高温 5 级 P5（HK-30 HK-40）	>816 上限不定			烟道管件如烟道插板阀、烟道蝶阀
低温材料　奥氏体钢	CF8　CF8M CF3　CF3M	−196～−30	304　304L 316　316L		优先使用奥氏体钢
低温材料　铁素体钢 马氏体钢	LCB　LCC	−46			生产批量大、技术成熟时才能采用
	LC1	−59			
	LC2　LC211	−73			
	LC3	−100			
超低温材料	CF8　CF8M CF3　CF3M	−254（液氢）～ −101（乙烯）	304　304L 316　316L	−254～ −101	须经深冷处理，用于 LNG 阀门

2.6.2.2　泵阀用主要镍基耐蚀合金

镍基耐蚀合金主要包括：Monel、Inconel 和 Hastelloy。在还原性耐蚀环境主要选用 Monel 合金，在氧化性介质中包括氧化性酸、氧化性酸性盐、氧化性碱性盐，一般选择 NiCr 合金系，典型的包含 Inconel625 合金。在盐酸盐、非氧化性的 H_2SO_4、H_3PO_4、HF 酸环境下用 Ni-Mo 合金。主要为 Hastelloy 系列合金。

其中 Ni 和 Cu 可以任何比例混合而成固溶体合金，称为 Monel 合金。Ni-Cu 具有较好的耐 HF、海水盐水及缝隙腐蚀性能。Monel 合金 Ni70Cu30 是最早的镍基耐蚀合金。它既具有较高的强度和韧性，又具有优良的抗还原酸及强碱介质和海水等腐蚀的性能，通常用于制造输送氢氟酸（HF）、盐水、中性介质、碱盐及还原性酸介质的设备。

Monel 合金有铸造合金和变形合金（轧材）两大类。美国的变形 Monel 合金有 10 种之多，如 Monel 400、Monel C、Monel 403、Monel 404、Monel R-405、Monel 406、Monel 411、Monel K500、Monel 501 和 Monel 502 等。美国铸造 Monel 合金在 ASTM A494 中有 M35-1、M35-2、M-30H、M-25S 和 M-30C 5 种牌号。最常用的 Monel 合金是 Monel 400 和 Monel K500。

Inconel 和 Incoloy 是镍基合金中的 Ni-Cr-Fe 系合金，其中含 Fe 量较低的称其为 Inconel 合金；含 Fe 量较高的称其为 Incoloy 合金。Incoloy 合金因含 Fe 量高达 45%，因此，它实际上是镍基合金中的 Fe-Ni-Cr 合金。在目前耐蚀镍基合金中，它们在阀门生产上的应用量，仅次于 Monel 合金。

Inconel 600 中的高 Cr 含量，为该合金提供了较好的防止硫脆变的能力。因此，在包括含 S 的高温碱性介质中或要求高强度时，Inconel 600 常被用来代替 Ni 201。但是 Inconel 600 和所有的镍合金一样（除商业纯 Ni），当与高温、高浓度的碱性介质接触时，均会经受应力腐蚀的威胁。所以，用 Inconel 600 合金制作的设备，在使用前应进行完全消除应力处理，以保证运行时应力最小化。

Inconel 625（UNS N06625）合金是一种 Ni-Cr-Mo 固溶强化合金，无磁性。由于其具有优异的疲劳强度和抗氯离子应力腐蚀开裂能力，在碱水、盐水、淡水、中性盐和空气中，几乎不发生腐蚀，且具有抗高温起皮和氧化的能力，主要用在化工厂金属构件、燃气涡轮发动机和管道输送、隔热层、海水专用设备、污染控制设备（烟气脱硫系统）、核动力设备和核反应堆构件及宇航用途上。

Hastelloy B 合金的耐盐酸腐蚀性最好。将 Hastelloy B 合金的碳含量降至 0.02%、Si 含量降至 0.1%，即成为 Hastelloy B-2 合金。它可以在沸腾温度下任何浓度的盐酸介质中使用，并改善了敏化状态和焊后状态的抗晶间腐蚀性能。20 世纪 90 年代，Hastelloy B-3 的发明彻底改变了 B-2 在通过中间温度时容易析出 Ni-Mo 沉淀相的缺点，改善了加工性能。但 Hastelloy B 及 Hastelloy B-2 合金含 Cr 很低，不能用于氧化性环境中。Hastelloy C 是能适应各种环境的通用型耐蚀材料。C 系列合金化程度较高，Cr 元素和 Mo 元素分别起到耐氧化性介质和还原性介质腐蚀的作用，并共同起到抵抗局部腐蚀（点蚀和缝隙腐蚀）的作用。C 系列有 C、C276、C4、C22、C2000。在 20 世纪 30 年代产生了 C 族第一种合金即 Hastelloy C。20 世纪 60 年代有 C276；70 年代有 C4；80 年代有 C22；90 年代有合金 59、686、C2000 等。其中，Hastelloy C276（以下简称 C276）是 HAYIVES INTERNATIONAL INC. 公司 1968 年开发出来的一种改进型的哈氏合金 C 的可锻形式，主要耐湿氯、各种氧化性氯化物、氯化盐溶液、硫酸与氧化性盐，在低温与中高温酸中均有很好的耐蚀性能。因此，近 40 年来，在苛刻的腐蚀环境诸如化学工业、石油工业、烟气脱硫、纸浆和造纸、环保等工业领域中有着广泛的应用。其金相组织为奥氏体，属于镍基合金的一种，有很强的抗点蚀、应力腐蚀裂纹和耐酸的性能。

Hastelloy G 为 Ni-Cr-Cu-Mo 系合金。含 Cu 的 Ni-Cr-Mo-Cu 合金比 Ni-Cr-Mo 合金更耐硫酸、磷酸等介质的腐蚀。含高 Cr 量的 Ni-Cr-Mo-Cu 合金在硫酸、磷酸、含 F^-、Cl^- 的硫酸、磷酸和湿法磷酸等介质中具有良好的耐蚀性。加 Si、B 于Ni-Cr-Mo-Cu 合金中能耐热浓硫酸腐蚀并具有硬度高和耐磨性好的特点。

2.6.2.3 泵阀用钛合金材料

钛及钛合金密度约为 4.5g/cm^3、抗拉强度大于 300MPa，屈强比可达 0.9，其重量轻、强度高、屈强比高、无磁性、有生物惰性，尤其具备优良的耐腐蚀性能，既是现代金属，又是重要的战略金属，其在国民经济中的应用，反映一个国家的综合实力。第一个实用的钛合金是 1954 年美国研制成功的 Ti-6Al-4V 合金，由于它在耐热性、强度、塑性、韧性、成型性、可焊性、耐蚀性和生物相容性方面均达到较好水平，而成为钛工业中的王牌合金，占全部用钛量的 50%以上。许多其他合金都可以看作是 Ti-6Al-4V 合金的改型。目前，世界上已研制出的钛合金有数百种，最著名的合金有 20～30 种，如 Ti-6Al-4V、Ti-5Al-2.5Sn、Ti-2Al-2.5Zr、Ti-32Mo、Ti-Mo-Ni、Ti-Pd、Ti-811、SP-700、Ti-6242、Ti-1023、Ti-10-5-3、Ti-1100、BT9、BT20、IMI829、IMI834 等。常用耐蚀钛合金种类及其应用见表 2.6.2－2。

表 2.6.2－2 常用耐蚀钛合金种类及其应用

合金系	合金名义成分	合金的应用
钛钯系合金	Ti-0.2Pd　Ti-0.15Pd	主要用于稀盐酸、硫酸、磷酸等介质，具有良好的耐缝隙腐蚀性能
钛镍系合金	Ti-2Ni　Ti-1.5Ni	可用于高温海水淡化装置
钛钼系合金	Ti-32Mo-2Zr Ti-32Mo-0.2Pd	Ti-Mo 系合金具有较强的耐还原性酸腐蚀的性能。其中 Ti-32Mo 在高温、中等浓度的硫酸和盐酸中具有优异的耐蚀性
	Ti-25Mo-15V Ti-32Mo-2.5Nb	
	Ti-15Mo-0.2Pd	
	Ti-0.3Mo-0.8Ni	该合金可代替 Ti-0.2Pd 可耐缝隙腐蚀
钛钽系合金	Ti-5Ta　Ti-20Ta	钽的加入同时提高了钛在还原性和氧化性介质中的耐蚀性，钛钽合金在流动的硝酸中具有良好的耐蚀性

常用的钛及钛合金主要包括：工业纯钛、α、β、$\alpha+\beta$ 型钛合金。工业纯钛指具有几种不同 Fe、C、N、O 等杂质元素含量的钛材。它不能进行热处理强化，成型性能优异，易于熔焊和钎焊。工业纯钛应用广泛，典型变形工业纯钛牌号有 TA1、TA2、TA3 等；典型铸造工业纯钛牌号有 ZTA1、ZTA2、ZTA3。

钛合金是指以钛为基体，加入 Al、Sn、Cr、Mo、Mn 等元素组成的合金。钛合金通常按照退火状态相组成而进行分类，分为 α、β、$\alpha+\beta$ 型钛合金，α 型主要成分为 Ti 中加入 Al、Sn、Cr 等 α 相稳定元素，其退火状态下为单相 α 固溶体，不能进行热处理强化，强度相对较低，但在 500～600℃使用时能保持良好的高温强度。该类合金有良好的焊接性能、铸造性能、压力加工性能、组织稳定性和无冷脆性，缺点是较低的工艺塑性及对氢脆的敏感性。典型的 α 型变形钛合金牌号有 TA5、TA7、TA9 等。

β 型钛合金为 Ti 中加入 Cr、Mo、V 等元素的合金，这类合金经淬火处理后得到 β 固溶体组织，具有较高的强度和冲击韧性，压力加工性能和焊接性能良好。缺点是组织和性能不太稳定，应用较少。稳定的 β 型钛合金有 TB7 和 Ti40。

$\alpha+\beta$ 型钛合金其室温组织为 $\alpha+\beta$ 组织，是在稳定状态下含 5%～25%的 β 相以及从 β 区急剧冷却形成 β 型马氏体相 $\alpha+\beta$ 钛合金，它可通过热处理淬火加时效处理强化。$\alpha+\beta$ 型钛合金力学性能范围较宽，在宽广的温度范围内有较好的综合性能，可适合各种不同的用途。典型的该类型变形钛合金牌号有 TC4、TC16、TC11 等，典型的铸造钛合金牌号有 ZTC3、ZTC4 和 ZTC5 等。

O、C、N 是钛合金中经常存在的杂质元素，对钛及钛合金力学性能影响很大，它们能提高材料强度而降低其塑性，N 的影响最大，C 的影响最小，O 居中。除此以外，其他元素对钛的强度影响不那么强烈，按影响程度可依次排列为：Cr，Mo，Mn，Fe，V，Sn。Al 常作为 α、$\alpha+\beta$ 型钛合金 α 稳定元素和重要合金元素，对合金有细化晶粒作用，提高再结晶温度和相变温度，并有显著强化作用，且能够降低合金密度、增加合金弹性模量。Mo 常作为 β、$\alpha+\beta$ 型钛合金中的 β 稳定元素和重要的合金元素，在不显著降低材料塑性的情况下，有较大的强化作用，能够同时提高材料的断裂韧性、耐蚀性，降低其应力腐蚀敏感性。另外，H 对钛及钛合金的力学性能也有较大影响，其影响主要体现在氢脆上，H 含量达到一定数值后，将大大提高钛及钛合金对缺口的敏感性，从而降低缺口试样的冲击韧性等性能。对钛及钛合金来说，氢脆是一个重要的问题。钛容易从酸洗液、腐蚀液和热加工的高温气氛中吸氢。

非航空航天工业中，钛合金获得应用最主要原因是其具有优良的耐腐蚀性，工业纯钛具有优良的耐腐蚀性能，高的比强度及良好的加工性能，因而广泛用于海水冷却、海水淡化处理，以及盐溶液（包括氯化物，次氯酸盐、硫酸盐、硫化物）、湿氯气和硝酸等溶液的处理与输送设备上。在化工、电力、湿法冶金、油气开采与海洋工程等领域，钛材应用对促进生产发展起了积极的推动作用。但纯钛在高温氯化物溶液中会发生缝隙腐蚀，在还原性酸环境中会发生严重侵蚀，在较高温度下强度会有所下降，这些欠缺也限制了其应用。为此从 20 世纪 50 年代至今，美、日、俄等国关于耐蚀钛合金的研制一直没有停止过。最早开发的是抗硫酸、盐酸的Ti-15Mo、Ti-32Mo合金，同时为了解决抗缝隙腐蚀问题，Ti-0.15～0.20Pd合金也应运而生。但加Pd成本较高，又研制出Ti-2Ni合金，该合金虽然在高温盐水中抗缝隙腐蚀方面可代替Ti-0.15Pd，但在还原性酸中耐蚀性却比纯钛差，对氢脆敏感，且加工性较差，故促使美国开发了Ti-0.3Mo-0.8Ni合金，该合金价廉，耐蚀性能接近Ti-0.15Pd，且克服了Ti-2Ni的一些缺点。此外日本也开发了Ti-5Ta合金，解决了纯钛在高温高浓硝酸溶存钛离子少情况下的腐蚀问题。为降低成本，美、日发展了Ti-Ru合金代替Ti-Pd合金，另外还研究了在Ti-Al-V高强合金基础上添加少量Pd、Ru的耐蚀高强合金，以及添加Co、Ni、Pd、Ru等三元或多元耐蚀钛合金（详见ASTM与JIS中的钛合金）。我国自20世纪70年代以来也开展了Ti-15Mo，Ti-32Mo，Ti-15Mo-0.2Pd，Ti-2Ni，Ti-0.2Pd，Ti-0.3Mo-0.8Ni等耐蚀钛合金的研制。近年还研制出Ti-0.5Ni-0.05Ru与Ti-5Ta-0.4Mo-0.3Al合金。

大型精对苯二甲酸项目可作为钛阀应用的典型，因其介质主要含有一定杂质的高温高浓度醋酸，环境苛刻，介质特殊，必须应用高耐蚀材料。因此不同类型、不同规格的钛阀被大量应用，所用阀门种类涉及闸阀、截止阀、止回阀、安全阀、球阀、蝶阀等等。国内大型精对苯二甲酸项目所用钛阀产品长期并大量依赖进口，其阀体多选用ASTM 8367 C2（铸件）或ASTM 8381 F2（锻件）；阀门内件多选用ASTM 8381 FS。阀门用紧固件作为阀门重要零部件，在阀门设计、制造中也非常重要。就阀门用紧固件选材而言，国外一般分为两种，对于和介质接触部位普遍选用ASTM 8381 FS，而用于阀门外部不与介质直接接触的紧固件，常选用经一定表面处理的代用材料如不锈钢ASTM A194-8M等，既可降低成本，采购也相对容易。

钛阀在化工领域应用广泛，但必须注意其并非适于任何化学介质。其中4种无机酸：氢氟酸、盐酸、硫酸和正磷酸及4种热浓有机酸：草酸、甲酸、三氯乙酸、三氟乙酸以及腐蚀性极强的氯化铝，对钛及钛合金都有严重的腐蚀作用，因此钛阀不适应用于此类化工介质，在使用中应引起高度重视。

铸造钛合金及其产品的发展和应用晚于变形钛合金，其根本原因是其合金是一种高化学活性金属，在熔融状态下，几乎要与所有的耐火材料发生化学反应，这在某种程度上制约了钛合金的工程应用。

2.6.2.4 泵阀用锆合金

锆及锆合金在大多数有机酸、无机酸、强碱和某些熔融盐中都有优良的耐腐蚀性能，在化工中主要用作热交换器、洗提塔、反应器、泵、阀和腐蚀介质管道。锆及锆合金最广泛应用于合成醋酸工艺装置等系统，并成为其中温度高、腐蚀强的部分装置与管路系统首选金属材料。锆材阀门作为输送管线上控制介质流动的启闭单元也得到了广泛的应用。锆及锆合金阀门类型有旋塞阀、球阀、止回阀和截止阀等，其中以旋塞阀为主。产品通常使用和参照的标准主要有API 594、API 599、API 602、API 608、BS 1868、BS 5351、ASME B16.34和API 6D等。锆及锆合金阀门主要使用了ASTM B752、ASTM B493及ASTM B550等3类材料标准。ASTM B752为通用铸件标准，而非用于阀门行业的专业化铸件技术标准。因此，在使用该标准时应根据阀门使用的特点来选择使用其中的性能指标和检验要求，需要时应根据使用环境和状态进行必要的补充。该标准规定了锆及锆合金铸件的级别、熔炼工艺要求、化学成分、热处理及补焊、表面质量要求和标记等。在该标准的补充要求中，提出了射线探伤、渗透探伤、拉伸试验、硬度试验、冲击试验及高温热等静压。美国非核用工业锆合金锭牌号及化学成分如表2.6.2－3所示。一般设施用耐蚀锆基铸件牌号及化学成分如表2.6.2－4所示。在ASTM B493中，规范了锆及锆合金锻件的级别、材料和制造、化学成分、拉伸性能要求、工艺和质量等级要求、拉伸试验规则和方法、检验规则及标记要求等，基本符合阀门承压件和控压件的制造要求。该标准正文中没有规定具体的无损检测要求，只是在补充要求S1条中要求能够达到商定的内部质量要求。锆及锆合金阀门使用温度确定的材料最高使用温度参考值如表2.6.2－5所示。

对锆材表面进行氧化预膜、喷涂或电镀其他金属，是提高锆的耐蚀性的有效方法。例如，锆在700℃/2 h的热空气中进行氧化预膜处理，能在锆的表面形成一层致密氧化膜，提高了锆的耐蚀和耐冲刷性能。预膜锆在70％硫酸介质中，于140℃下，年腐蚀速率只有0.0052mm，仅为纯锆的1/20，预膜锆的耐磨性也提高了2倍。

表2.6.2－3　美国非核用工业锆及锆合金锭牌号及化学成分

牌号	化学成分（质量分数）/％≤									标准号
	Zr＋Hf≥	Hf	Fe＋Cr	Sn	H	N	C	Nb	O	
R60702	99.2	4.5	0.20（max）	—	0.005	0.025	0.05	—	0.16	ASTM B551/B551M—02（2002）
R60703	98.0	4.5	—	—	—	0.025	—	—	—	
R60704	97.5	4.5	0.20～0.40	1.0～2.0	0.005	0.025	0.05	—	0.18	
R60705	95.5	4.5	0.20（max）	—	0.005	0.025	0.05	2.0～3.0	0.18	
R60706	95.5	4.5	0.20（max）	—	0.005	0.025	0.05	2.0～3.0	0.16	

注：1. 未在化学成分表中规定的元素和成分，其分析要求和极限值由供需双方协商确定。

2. 作为板、带、箔材供应的有R60702、R60705和R60706四个牌号，作为棒、线、无缝管和焊接管、锻件供应的有R60702、R60704和R60705三个牌号，化学成分要求相同于ASTM B551/B551M-02。

表2.6.2－4　一般设施用耐蚀锆基铸件牌号及化学成分

牌号	化学成分（质量分数）/％　≤									标准号
	Hf	Fe＋Cr	H	N	C	O	P	Sn	Nb	残余元素总和	
702C	4.5	0.3	0.005	0.03	0.1	0.25	0.01	—	—	0.40	ASTM B752—1985
704C	4.5	0.3	0.005	0.03	0.1	0.3	0.01	1.0～2.0	—	0.40	
705C	4.5	0.3	0.005	0.03	0.1	0.3	0.01	—	2.0～3.0	0.40	

表 2.6.2-5　锆及锆合金阀门使用温度确定的材料最高使用温度参考值

合金代号（UNS）	制品型式	材料标准	状态	室温抗拉强度/MPa≥	室温屈服强度/MPa≥	最高使用温度/℃	指定温度下最大许用应力/MPa		
							～40℃	200℃	250℃
R60702	锻件	ASTM B493	退火	380	205	204	108	63.7	53.3
R60702	棒材	ASTM B550	退火	380	205	204	108	63.7	53.5
R60702	铸件	ASTM B752	退火	380	276	204	—	—	—
R60705	锻件	ASTM B493	退火	485	380	260	138	87	79.2
R60705	棒材	ASTM B550	退火	550	380	260	158	99.5	90.5
R60705	铸件	ASTM B752	退火	483	345	260	—	—	—

注：用于铸造壳体强度计算的最大许用应力应考虑铸造质量系数。

锆的复合材料的应用可节约锆的用量并大幅度降低成本。无论大型容器还是管道都可以采用内衬锆、外层用钢或其他材料的复合材料来制造。锆-钢复合材料在化工耐蚀设备上的应用已日趋广泛。

国内工业级锆制产品始于压力容器，并制定了部分锆材标准，如 GB/T 13747.1～24—1992，GB/T 21183—2007 以及 GB/T 26314—2010，但常用于阀门设计制造的铸件、锻件的国家或行业标准尚未制定。尽管一些锆材生产单位有相应的企业标准，但从目前的醋酸装置设计单位所采用的阀门相关标准体系、设计制造阀门的生产单位的实际设计制造检验操作的系统性而言，阀门生产单位选择标准体系完整的国际标准规范为基本依据更为适宜。2010 年国家能源局发布并实施了 NB/T 47011—2010 行业标准，该标准的制定和发布规范了我国锆制压力容器设计和制造的质量，也为锆制阀门的设计和制造提供了重要的基础支撑标准。尽管该标准在抗拉强度的安全系数、最高设计压力上与 ASME 标准有差异，但在制造与焊接环境、焊接工艺、无损检测、污染检验等方面较之 ASME 标准都有具体的规定，便于遵循和执行。因此，借鉴该标准的要求设计和制造，能够更好地保证锆及锆合金阀门的质量。目前，生产该类阀门的国外企业有美国福斯公司（Flowserve）、美国苏莫斯公司（XOMOX）和德国安策公司（AZ）等。在目前运行的醋酸装置中，此类阀门主要依赖进口。

2.6.2.5　阀门用耐磨密封材料

对大多数阀门来说，密封问题是首要问题。从阀门的泄漏来看，主要原因是一般阀芯元件的耐磨性和耐腐蚀性较差，阀芯易于磨损造成阀门的泄漏。镍基和钴基合金热喷焊是常用的阀体及阀座的硬化方法，具有喷焊层与基体材料结合力强、喷焊层厚度大等特点，其表面硬度一般为 54～60HRC。超音速喷涂是另一种常用的表面硬化技术，通常采用超音速喷涂碳化钨、碳化铬、陶瓷等材料，超音速喷涂的表面硬度一般可以达到 HRC70 以上。在传统的金属阀门中引入新型增韧陶瓷材料，采用新型陶瓷材料制作阀门的密封部件、易损部件及过流面，并与金属有机结合，利用陶瓷自身的高硬度和耐腐蚀的特性，提高阀门使用寿命，拓宽阀门使用领域。但受制于金属与陶瓷材料极性的不相容，需要解决好涂层的强度低、易剥落、热胀冷缩一致性差的问题。

目前阀门密封面陶瓷喷涂工艺已经比较成熟，应用较活跃的技术主要是等离子喷涂、火焰喷涂及电弧喷涂。等离子喷涂是以电弧放电产生的等离子体作高温热源，将送入的陶瓷喷涂粉末迅速熔化，并随高速射流喷射到阀门的工件表面上，形成耐磨、耐腐蚀覆盖层。其特点是零件形变小、涂层种类多、工艺稳定。近十几年来，等离子喷涂技术有了飞速的发展，根据需要可选用不同的设备来满足涂层性能的需要。等离子喷涂可熔化所有金属、合金及陶瓷材料。研究表明只要陶瓷涂层与基体的结合强度超过一定的数值就可满足阀门的多数工况，等离子喷涂工艺在阀门的密封面强化上有较大的潜力和优势。

涂层与基体的结合强度是保证涂层优良性能在产品使用过程中得到充分发挥的前提。提高涂层与基体的结合强度和改善涂层质量的途径主要有两点：一是提高热流密度（即提高热能），这一点在等离子喷涂工艺中被运用；二是提高粒子的运行速度（即提高动能）。超音速火焰喷涂（HVOF）是提高粒子运行速度的有效方法。利用一种特殊火焰喷枪获得高温、高速焰流用来喷涂陶瓷粉末等难熔材料并得到优异性能的喷涂层。由于有较高的冲击速度，因而涂层的结合强度高；可得到低孔隙率的喷涂层，降低了磨损率，提高了寿命，加强了密封；工艺简单，控制容易，能得到更均匀一致和重现性好的涂层；涂层硬度高，一般为70～72HRC（WC/Co）或46～48HRC（Ni基合金）。其缺点为喷涂粉末尺寸要求严格，喷射速度高，噪声大，粉末进入点处火焰温度约为2800℃，较等离子喷涂低，但火焰长，易使基体材料过热，对于阀门的喷涂处理温度不能超过阀门基体材料回火温度，略有一定的局限性。

电弧喷涂技术是以电弧为热源，将熔化的丝状的金属基陶瓷材料用高速气流雾化，并以高速喷射到工件表面形成涂层的一种工艺。其特点表现为，涂层性能优异，效率高，节能经济，使用安全。该方法对喷涂材料有一定限制，涂层材料主要为金属基材料，而且材料形状为丝状，大多数陶瓷材料不导电，实施较困难。

采用气相沉积技术也可以制备陶瓷密封面，气相沉积技术按其成膜机理可分为化学气相沉积、物理气相沉积、等离子气相沉积、低温气相沉积等几大类。近年来，物理气相沉积工艺发展迅猛，物理气相沉积技术表现出许多优点。使基体的温升较低，减小了形变的几率；涂层有极高的硬度，增强了耐磨性；涂层同基体有极高的结合强度，涂层不会脱落；能涂敷复杂的型面，涂层薄膜极薄，不需加工，保证形位精度。存在的主要缺点：沉积速率低，费用高；可实施的材料种类少。

2.6.2.6　泵阀材料的选择

泵阀材料一般按照标准选材，在具体的阀门材料选用方面，其中高温高压管道阀门在美国、日本等一些发达国家采用美国材料协会标准 ASTM A217 — WC6、WC9 钢等 CrMo 钢，60 万 kW 及以上超临界火电机组，采用 C12A 和 WB36 材质的阀门与之配套。

在一般腐蚀性环境选用不锈钢，较强或者特殊腐蚀性环境选用镍基耐蚀合金（主要涵盖 Hastelloy、Inconel 和 Monel 合金）和 Ti 合金。其中还原性耐蚀环境主要选用 Monel 合金，典型牌号 Ni68Cu28Fe（Monel400），在氧化性介质中包括氧化性酸、氧化性酸性盐、氧化性碱性盐，一般选择 NiCr 合金系，典型的包含 Inconel 625 合金。在盐酸盐、非氧化性的 H_2SO_4、H_3PO_4、HF 酸环境下用 Ni-Mo 合金，主要为 Hastelloy 系列合金。还有一些特殊耐蚀性能条件下选用 Ti 合金和 Zr 合金。

要决定使用哪种合金先要考虑设备所在的环境和材料的效能。以不锈钢为例，材质一经选定，这种不锈钢应提供最好的抗腐蚀性和力学性能。不锈钢的腐蚀有全面腐蚀和局部腐蚀两种，全面腐蚀发生是因为金属在环境中产生了电化学或化学反应的结果，其金属剥落几乎是一样的。如果不锈钢合金含量增加，它的抗全面腐蚀能力就增强。局部腐蚀是在特定的部位出现，这种类型的腐蚀包括坑腐蚀、隙间腐蚀、穴腐蚀、侵蚀腐蚀、晶粒间腐蚀和断裂应力腐蚀等，对这些腐蚀不能采用增厚材料进行补偿。当考虑各种材料的耐蚀能力时，基本的选材顺序是：

不锈钢材料耐点腐蚀、晶间腐蚀和应力腐蚀能力的顺序：

奥氏体不锈钢：1Cr18Ni9Ti→0Cr18Ni9（304）→0Cr18Ni11Ti（321）→00Cr19Ni10（304L） 0Cr17Ni12Mo2Ti（316）→ 00Cr17Ni14Mo2（316L）→ 00Cr19Ni13Mo3（317L）→00Cr20Ni25Mo4.5Cu（904L）→00Cr27Ni31Mo4Cu

铁素体不锈钢：0Cr13（410S）→0Cr13Al（405）→00Cr12Ti（409L）→00Cr17（430LX）→00Cr18Mo2→00Cr26Mo1→00Cr30Mo2

双相不锈钢：00Cr18Ni5Mo3Si2（3RE60）→ 00Cr22Ni5Mo3N（SAF2205）→ 00Cr25Ni7Mo4N（SAF2507）

耐高温腐蚀用材的顺序：

20→12Cr1MoV→12Cr2Mo1→1Cr5Mo→1Cr9Mo→P91→0Cr25Ni20

耐应力腐蚀用材的顺序：

16MnR→20R→07/09Cr2AlMoRE（经济性新钢种）

00Cr17Ni14Mo2（316L）00Cr19Ni13Mo3（317L）→00Cr20Ni25Mo4.5Cu（904L）

00Cr18Ni5Mo3Si2（3RE60）→ 00Cr22Ni5Mo3N（SAF2205）→ 00Cr25Ni7Mo4N（SAF2507）

0Cr13（410S）→00Cr12Ti（409L）→00Cr17（430LX）→00Cr18Mo2→00Cr26Mo1

注：铁素体不锈钢和双相不锈钢不得在大于 350℃的环境中使用。

2.6.2.7 阀门材料的标准及检验规范

随着现代工业技术的发展，迫切需要制定标准，美国最初阀门制造参照的标准是 1915 年 ASME 出版的“锅炉及压力容器规范”。该标准涉及到了安全排放阀。1924 年 MSS 的建立开始了多项阀门相关标准的制定。国际主要阀门标准机构——美国石油学会（API-American Petroleum Institute）建于 1919 年，API 的一项重要任务就是负责石油和天然气工业用设备的标准化工作，以确保该工业界所用设备的安全、可靠和互换性；国际标准化组织（ISO，International Orgranization for Standardization）是一个全球性的非政府组织，是国际标准化领域中一个十分重要的组织；美国国家标准学会（ANSI，American National Standards Institute）成立于 1918 年；美国材料与试验协会（ASTM，American Society for Testing and Materials）成立于 1898 年。

我国阀门标准体系在经历了 1988 年、2006 年和 2012 年三次系统编制后，形成了一个结构合理、水平先进、内容完善的具有较鲜明特色的体系。截至 2012 年 12 月底，全国阀门标准技术委员会负责制修订的现行有效标准共 125 项。材料标准共有 9 项，以国家标准为主。主要规定了阀门行业常用材料，如铸钢件、锻钢件、铸铁及铜合金等材料的技术条件。主要特点是采用国际先进标准，与国际接轨，体现国际性。表 2.6.2-6 是国外阀门行业的一些通用标准。这些标准将为我国大规模开发和应用天然气提供有力的支撑，也为减少设备进口，提高国产化率做出积极贡献。

表 2.6.2-6 通用标准

类型	说明	标准		
试验	各种类型	API 598	ISO 5208	MSS SP-61
	控制阀	FCI/ANSI 70-2		
	低温	BS 6364	MSS SP-134	
	短时排放	ISO 15848	API RP-622	ISA 93.00.01
	防火	API 607/ISO 10497	API 6FA	API 6FD
	精炼厂鉴定	API RP-591		
补焊	精炼厂阀门	API RP-621		
	管线阀门	API 6DR		
对焊端		ASME B16.25		
承插焊端		ASME B16.11		
端-端结构长度		ASME B16.10		
标志		MSS SP-25		
旁通及排放		MSS SP-45		
通用设计和试验		ASME B16.34		

2.6.3 泵阀材料发展趋势

石油石化及煤化工工业的发展离不开新材料及装备制造行业的进步，产业间存在密切的联系，需要相互间更加紧密的合作。随着我国石油化工能源工业的发展，对国内材料与装备制造业的要求也随之提高，比如：装置规模大型化，要求泵阀的规格口径增大，材料要求强度增加；原料劣质化、产品质量升级、结构调整，导致泵阀等装置的操作条件苛刻度提高，因此，需要严格控制冶金质量，实现高纯净的优质合金材料，以实现阀门压力等级和材料质量不断提高的要求；酸性天然气的开发利用，对泵阀材料冶炼要求高，必须满足耐酸性气腐蚀的要求；煤化工能源的发展，要求泵阀的耐磨损和结焦等能力相应提高。

因此，为加快石油石化及煤化工工业的发展，增强我国自主创新能力，需要加强新材料、泵阀制造行业与石油石化领域对接，为振兴民族工业作贡献。

2.7 石油石化用焊接材料

2.7.1 概述

焊接材料是在焊接过程中所消耗的材料，包括焊条电弧焊用焊条、气体保护焊用实心焊丝、药芯焊丝、埋弧焊用焊丝及焊剂、带极堆焊用焊带及焊剂、钎焊用钎料及钎剂、保护气体、电极等。本书中所指石油石化行业用的焊接材料是熔化焊消耗的金属材料及焊剂，主要包括焊条、气保护实心焊丝（包括氩弧焊用焊丝）、药芯焊丝、埋弧焊用焊丝及焊剂、带极堆焊用焊带及焊剂。

2.7.1.1 焊条

焊条是在金属丝（焊芯）表面涂有适当厚度药皮的供电弧焊用的熔化电极。焊芯是提供焊条熔敷金属的主要合金成分，焊接过程中的电流是通过焊芯在焊条端部形成电弧，电弧燃烧熔化焊芯和药皮，药皮在电弧热作用下一方面产生气体保护电弧，另一方面产生熔渣覆盖在熔池表面，防止熔化金属与周围气体相互作用。熔渣还有一个更重要的作用是与熔化金属产生冶金反应或添加合金元素，改善焊缝金属性能。

焊条按熔渣酸碱性分为两大类：酸性焊条和碱性焊条。熔渣以酸性氧化物为主的焊条称为酸性焊条，熔渣以碱性氧化物为主的焊条称为碱性焊条。碱性焊条与强度级别相同的酸性焊条相比，其熔敷金属塑性和韧性高、扩散氢含量低、抗裂性能好。但碱性焊条的焊接工艺性能较差，对锈、水、油污的敏感性大，容易产生气孔，有害气体和烟尘较多。

焊条标准是按照用途（合金成分）分的，从 2012 年开始，为了与国际标准接轨，按照国际标准化组织（ISO）标准重新制定，焊条标准又分为：非合金钢及细晶粒钢焊条（GB/T 5117—2012）、热强钢焊条（GB/T 5118—2012）、高强钢焊条、（GB/T 32533—2016）、不锈钢焊条（GB/T 983—2012）、镍和镍合金焊条（GB/T 13814—2008）、铜和铜合金焊条（GB/T 3670—1995）、铝和铝合金焊条（GB/T 3669—2001）、堆焊焊条（GB/T 984—2001）、铸铁焊条及焊丝（GB/T 10044—2006）。

2.7.1.2 气保护实心焊丝

气保护实心焊丝是由盘条直接拉拔加工而成的。为了防止焊丝生锈，碳钢和低合金钢焊丝一般要进行表面处理，目前主要是镀铜处理。非熔化极气体保护电弧焊（GTAW）用实心焊丝主要是钨极惰性气体保护电弧焊（TIG 焊）实心焊丝，它是惰性气体保护以钨棒作为电极和工件之间的电弧使金属熔化而形成焊缝。一般是采用纯氩气（氦气）焊接，由于保护气无氧化性，焊丝化学成分基本不发生变化，所以焊丝成分即为熔敷金属成分。TIG 焊的热输入小，焊缝强度和塑性、韧性都优良，但熔敷效率低。近年来，热丝 TIG 焊接方法在石油石化行业开始得到应用，使 TIG 焊的熔敷效率大大提高。TIG 焊几乎可以用于所有金属的焊接，尤其适用于焊接铝、镁等能形成难熔氧化物的金属以及像钛和锆这些活泼金属。

熔化极气体保护电弧焊实心焊丝又分用于熔化极惰性气体保护电弧焊丝（MIG 焊丝）和用于熔化极活性气体保护电弧焊丝（MAG 焊丝）。MIG 焊主要用于不锈钢和镍合金等高合金焊接，一般采用 Ar+2%O_2或 Ar+5%CO_2保护气。MIG 焊丝化学成分与 TIG 焊丝一样，焊丝成分与熔敷金属没有明显的变化。MIG 焊用铜合金焊丝、铝合金焊丝和钛合金焊丝一般采用惰性气体保护，不加入少量的氧化性气体。MAG 焊主要用于碳钢和低合金钢的焊接，一般采用 CO_2、Ar+ O_2或 Ar+CO_2保护气。由于保护气有一定的氧化性，使某些易氧化的合金元素烧损，故应适当提高焊丝中的 Si、Mn 等脱氧元素的含量。CO_2气体保护焊虽然也属于 MAG 焊的一种，但一般是单独称为 CO_2焊。

实心焊丝标准是按照用途（合金成分）分的，正在执行的实心焊丝国家标准都是修改或等同采用国际标准。从 2012 年开始，为了与国际标准接轨，按照国际标准化组织（ISO）标准重新制定，实心焊丝标准又分为：气体保护焊用碳钢、低合金钢焊丝（GB/T 8110—2008）、不锈钢焊丝和焊带（GB/T 29713—2013）、镍和镍合金焊丝（GB/T 15620—2008）、铜和铜合金焊丝（GB/T 9460—2008）、铝和铝合金焊丝（GB/T 10858—2008）、钛及钛合金焊丝（GB/T 30562—2014）。

2.7.1.3　药芯焊丝

药芯焊丝是焊条、气保护实心焊丝之后广泛应用的又一类焊接材料，它是由金属外皮和芯部药粉两部分组成的。药芯焊丝是结合焊条的优良工艺性能及可以方便调整合金成分优点和实心焊丝的高效率自动焊的优点而产生的一类新型焊接材料。药芯焊丝作为新型焊接材料有其特点，其优点有焊接工艺性能好，飞溅小、焊缝成型美观、熔敷效率高，合金系统调整容易，能耗低。其不足有：药芯焊丝在防潮保管方面比焊条和实心焊丝要求高，药芯焊丝的力学性能相对稍差。

药芯焊丝分类主要有按照保护方式分有气体保护药芯焊丝、埋弧焊用药芯焊丝和自保护药芯焊丝。气体保护药芯焊丝可根据保护气体的种类又可细分为 CO_2保护焊、惰性气体保护焊、混合气体保护焊，目前 CO_2保护焊药芯焊丝应用最为广泛。自保护药芯焊丝是在焊接过程中不需要外加保护气或焊剂的，是通过焊丝芯部粉料中的造渣剂、造气剂在电弧高温下作用产生的熔渣、气体对熔滴和熔化金属进行保护，与气保护药芯焊丝比较其突出的特点是设备相对简单、施焊过程中有较强的抗风能力，特别适合于远离城市、交通运输较困难的野外工程，在石油管线野外施工得到广泛的应用。

药芯焊丝国家标准按照用途分，主要是按照被焊钢种或合金分类，目前有：碳钢药芯焊丝（GB/T 10045—2001）、低合金钢药芯焊丝（GB/T 17493—2008）、不锈钢药芯焊丝（GB/T 17853—1999）。

2.7.1.4　丝极埋弧焊材料

丝极埋弧焊材料是由焊丝和焊剂组合而成的。从普通的碳钢到高端的镍基合金等许多金属材料都可以选用焊丝和焊剂配合进行埋弧焊接。焊缝金属成分和性能是由焊丝和焊剂共同决定的。埋弧焊丝有实心焊丝和药芯焊丝两种。目前埋弧焊应用大多的还是实心焊丝；对于一些合金元素含量较多，焊丝冶炼、拉拔加工比较困难的品种，尤其是用于埋弧硬面堆焊的焊丝，已开始大量采用药芯焊丝。从合金来分主要有碳钢埋弧焊丝、低合金钢埋弧焊丝、不锈钢埋弧焊丝、镍基合金埋弧焊丝。

丝极埋弧焊剂按其熔渣碱度分为酸性焊剂（$B_{IIW}<1.0$）、中性焊剂（$B_{IIW}=1.0\sim1.5$）、碱性焊剂（$B_{IIW}>1.5$）。一般来说，焊剂碱度越高焊缝金属氧含量越低、冲击韧性越高，但焊接工艺性能变坏、焊道成型变差。目前应用较广泛焊剂碱度的计算公式是国际焊接学会（IIW）推荐公式：

$$B_{IIW}=\frac{CaO+MgO+CaF_2+BaO+Na_2O+K_2O+0.5(MnO+FeO)}{SiO_2+0.5(Al_2O_3+TiO_2+ZrO_2)}$$

式中各组分含量按质量分数计算。

丝极埋弧焊剂从制造方法主要有熔炼焊剂、烧结焊剂。熔炼焊剂是把各种矿物原料按配方比例混合成炉料，然后在电炉或火焰炉中加热熔化，熔化的炉料经水冷却粒化、烘干、筛选制成的焊剂。熔炼焊剂抗吸潮好、焊接工艺良好、脱渣性能容易，但一般不能添加合金元素、碱度较低、焊缝韧性较差。随着石油石化设备的要求越来越高，高碱度焊剂在石油石化行业的应用在逐步增加。

烧结焊剂是把各种矿物原料按配方比例混合后加入粘结剂，经过造粒、烘干、烧结、筛选制成的焊剂。烧结焊剂发展很快，可以添加合金元素、碱度值调整范围大、焊缝韧性好、焊接工艺良好、脱渣性能容易，但抗吸潮差、焊前必须进行烘烤。随着石油石化设备的要求越来越高，熔炼焊剂在石油石化行业的应用在逐步减少。石油石化设备用焊剂应具有良好的冶金性能，焊接时配合适当的焊丝及合理的焊接工艺，焊缝金属能得到适宜的化学成分和良好的力学性能，以及较强的抗气孔、抗裂纹的能力，特别是要满足石油石化及核电等行业对设备焊缝低温韧性的高要求。其次，焊剂还必须具有良好工艺性能，在焊接过程中电弧稳定，焊缝成型良好，脱渣容易，特别是满足近年发展的窄间隙、多丝及高速焊接工艺要求。

埋弧焊接材料无论国家标准还是国际标准，都是按照焊丝和焊剂组合来考虑的，主要是按照熔敷金属合金分类，现正在执行的埋弧焊接材料国家标准有：埋弧焊用碳钢焊丝和焊剂（GB/T 5293—1999）、埋弧焊用低合金钢焊丝和焊剂（GB/T 12470—2003）、埋弧焊用不锈钢焊丝和焊剂（GB/T 17854—1999）。

2.7.1.5 带极堆焊材料

带极堆焊采用薄板式宽电极和大电流且又能实现自动焊的堆焊方法。由于堆焊效率高，可得到美观、稳定的堆焊层等优势在近年来获得了广泛应用，尤其应用于石油石化行业和核电行业的设备内表面耐腐蚀层堆焊。带极堆焊方法一般分为埋弧型和电渣型两种类型。二者的区别是：带极埋弧堆焊是利用电弧热熔化带极和焊剂；带极电渣堆焊是利用电流通过熔渣所产生的热源来熔化带极和焊剂。

1）带极埋弧堆焊（SAW）特点

①焊接热相对集中，由于电弧吹力的作用熔深相对较深，母材稀释率较高，一般为15%～20%左右；

②堆焊层与母材形成的熔合线（或称熔合面）为弧形，对防止石化加氢设备中不锈钢堆焊层的氢剥离有益处；

③堆焊焊道成型受熔池涡流电受磁场力作用相对较小，大多数情况下可以不用控装置也能获得满意的成型；

④由于埋弧的作用，焊工的工作环境相对较好，焊接所产生的烟雾较小。

2）带极电渣堆焊（ESW）特点

①焊接热比较分散，由于是通过熔渣电阻热熔化带极，熔深相对较浅，母材稀释率较低，一般为5%～12%，如果控制得好，不锈钢带极电渣堆焊第一层可达到超低碳的水平；

②堆焊焊道成型平整、表面光滑、焊道边缘润湿角度好，在焊道重叠部分一般不会发生夹渣和熔合不良等缺陷；

③焊剂多数是采用碱性焊剂，合金元素烧损少，堆焊金属中含氧量低，非金属夹渣少，具有良好的力学性能；

④堆焊时不需要在熔渣上撒焊剂，但红热的熔渣高温烤人，而且烟雾较大。

带极埋弧堆焊和电渣堆焊有各自的优缺点，在选择过程中可根据情况来定。如石化加氢装置制造过程中，许多企业采用第一层（过渡层）选用带极埋弧堆焊，充分发挥堆焊层与基体母材结合好，不易发生氢剥离的特点；第二层（耐蚀层）选用带极电渣堆焊，充分利用成型平整、焊道搭接好、堆焊金属纯度高的特点。

2.7.2　国内外石油石化用焊接材料现状

2.7.2.1　非合金结构钢和高强度钢焊接材料

非合金结构钢和高强度钢焊接材料是随着钢铁材料的发展而发展的。以前无论国内国外其焊接材料都是按照合金含量的高低分为碳钢和低合金钢焊接材料。随着钢铁材料按照不同用途的要求进行细分，焊接材料标准也进行重新分类，对于焊条和埋弧焊材料，ISO分别分为“非合金和细晶粒钢焊条”及“高强钢焊条”和“非合金钢及细晶粒钢实心焊丝、药芯焊丝和焊丝-焊剂组合分类要求”及“高强钢实心焊丝、药芯焊丝和焊丝-焊剂组合分类要求”。国内焊条也已经按照ISO的标准修改制订了GB/T 5117—2012《非合金和细晶粒钢焊条》及GB/T 32533—2016《高强钢焊条》，埋弧焊材料标准“非合金钢及细晶粒钢实心焊丝、药芯焊丝和焊丝-焊剂组合分类要求”及“高强钢实心焊丝、药芯焊丝和焊丝-焊剂组合分类要求”已完成送审稿的审查。

1）非合金结构钢焊接材料

非合金结构钢（通常称为碳钢）在石化石油行业主要有Q235R/Q345R和抗氢致诱导裂纹的Q235R（HIC）/Q345R（HIC）。针对高硫化氢气田勘探开发和当今原油质量的下降、对材料提出了越来越严格的要求，材料除满足基本的常温力学性能外，还需满足抗硫化物应力腐蚀开裂性能，如今抗硫化氢腐蚀的HIC钢材和管材已经广泛应用石油化工行业内。随着国内冶金水平的不断提高，钢材的S、P含量已经达到了很低的水平，S可以达到0.002%、P可以达到0.005%。国内的特种焊接材料企业都为适应HIC钢焊接的需要而开发了HIC钢用整套的焊接材料包括焊条、焊丝和埋弧焊材料，由于焊接材料的焊条药皮或焊剂材料为满足焊接工艺性能及保护熔化金属的要求，对熔敷金属中要求S、P的含量控制带来很大的困难，在严格控制原材料的条件下，S、P含量达到与母材相当的水平。安泰科技股份有限公司、哈尔滨威尔公司S、P含量一般为S≤0.005%，P≤0.010%，实际产品水平的熔敷金属能达到S≤0.004%，P≤0.008%的更高要求。产品除了熔敷金属化学成分和力学性能的要求外，还必须通过抗硫化物应力腐蚀开裂试验（SSC）（NACE TM0177、GB/T 4157）和抗氢诱导裂纹（HIC）试验，国内的这两家特种焊接材料企业都进行了大量的研究试验，积累了丰富的数据。国内的HIC钢焊接材料完全能满足技术要求，产品水平达到国际级，并获得市场的认可，得到了广泛的应用。到目前为止，HIC钢焊接材料在国内市场上还没有发现采用国外的材料。

2）高强度钢焊接材料

由于大型球罐和海工装备的结构具有高强度、大板厚和高拘束度的特点，又大多工作在低温环境，在追求高效率的基础上，要求焊接接头具有高韧性，国外知名企业由于长期的技术积累，在该领域具有较明显的先发优势，如日本的神户制钢和法国的法液空都推出了全系列埋弧焊材产品，屈服强度级别375～690MPa，韧性级别达到5Y（－60℃）。在针对厚板结构要求具有高的CTOD（临界张开位移）值，多家国外知名企业都对这一特性给予了充分关注，在焊接展览会上，美国ITW集团的试件采用焊剂TF-210搭配焊丝TSW-12KH焊接90mm厚板时，－20℃下的CTOD值为1.23mm，远高于0.15mm的规范要求。为防止焊接冷裂纹，要求配套焊材必须满足超低氢（H5）要求，在这方面国外知名企业的产品水平较高，海工装备专用的焊丝、焊剂组合普遍能满足H5级别，如日本神钢的US-80LT焊丝与PF-H80AS焊剂。为了保证焊缝金属的超低氢，众多国外企业推出的焊剂用铝箔塑料袋真空包装形式，法国奥林康公司的焊剂0P121TT采用这种包装后，可以不经烘干直接使用，亦满足H5级别扩散氢指标，这样就降低了由于烘干不足，造成扩散氢含量超标的问题，大大方便了现场施工。这些著名企业的特殊用途产品具有较多的实际应用业绩和强大的技术服务支持。

国内非合金结构钢和高强度钢焊材是随着冶金材料的发展而发展的，特别是此类焊接材料的杂质元素的控制得到了很大的提高。在这方面，国内企业也进行了大量的工作，国内的几个特殊焊接材料企业的60kg级埋弧焊焊接材料韧性级别达到5Y（－60℃）。在低温乙烯球罐采用国产07MnNiMoDR钢板取代进口钢板后，开发具有自主知识产权的07MnNiMoDR钢制－50℃低温球罐用焊条，正在逐步推广使用。

在针对厚板结构要求具有高的CTOD值，多家国内企业都对这一特性也开始做了一定的工作，－20℃下的CTOD值高于0.15mm的规范要求，但整体数据不足。对于焊接材料超低氢（H5）要求，国内的低合金高强度低氢药皮电焊条几乎都能满足要求，但埋弧焊材料对能满足H5级别有一定的难度，特别要同时满足高韧性、超低氢、良好工艺性能及窄间隙深坡口的脱渣性能。

3）管线钢的焊接材料

自 1992 年德国第一次建成 259 km 的 X80 级管线起，X80 级管线钢开始在全球范围内推广。2009 年开工的西二线干线全部采用 X80 级管线钢。随着冶金和材料的技术进步，管线钢的钢级也不断提高，从 X80 级逐渐向 X90/X100 甚至 X120 过渡。2007 年，X100 钢级正式被列入 API SPEC 5L 标准。2006 年 7 月鞍钢成为国内首家开发出 X100 管线钢宽厚板的钢铁企业，武钢、宝钢、本钢、济钢等也相继成功开发出 X90、X100 管线钢。2007 年华油钢管厂成功研制出 X100 钢级直缝埋弧焊管。2010 年宝鸡钢管公司成功研制了 X100 螺旋埋弧焊管。

管线焊材包含两个方面：制管用埋弧焊焊材和现场焊接用焊材。目前，X80 级管线制管用焊材已经比较成熟，现场焊接的环焊缝焊接材料还在不断发展中，特别是半自动焊用自保护药芯焊丝还存在一定问题。管线环焊缝焊接主要有全自动焊和半自动焊两种方法。全自动焊焊接设备比较复杂、价格比较昂贵，焊接材料主要是采用进口 BOHLER SG3-P 实心焊丝 。

X80 管道的环焊缝半自动焊由于设备简单，具有效率高、抗风能力强、适于野外操作等特点，在我国管道工程建设中使用比例达到 80%以上。但目前自保护药芯焊丝无论是进口还是国产普遍存在焊缝冲击值离散的情况，针对这种情况，国内外都开展了大量的研究工作。安泰科技股份有限公司与研究院和设计院合作开发出了新型 X80 管线钢的环焊缝自保护药芯焊丝，开发改良后的环焊缝自保护药芯焊丝解决了焊缝冲击值单值较低的情况，例如单值最低为 80 J 以上，环焊缝的性能指标满足了中国石化新疆煤制气外输管道工程线路焊接要求。

应该说国内低合金结构钢和高强度钢焊材与国际上差距相对不是很大，60kg 级以下的焊材已经接近世界先进水平，如石油储罐用焊接材料基本用国产材料，只是要根据工程的要求而补充一些特殊性能的数据和积累工程应用业绩。在更高级别的强度钢还需要研究，特别针对工程需求的特殊性能研究，包括埋弧焊焊剂、气保护焊丝和药芯焊丝，提高焊缝的低温韧性，降低氢含量。

2.7.2.2　Cr-Mo 耐热钢焊接材料

耐热钢包括抗氧化钢和抗高温蠕变钢或热强钢，它广泛应用于电站锅炉、石油化工、核动力等领域。按通行的国际惯例，耐热钢可分为铁素体耐热钢和奥氏体耐热钢，奥氏体耐热钢又称为耐热不锈钢。本节 Cr-Mo 耐热钢主要是指铁素体耐热钢，包括铁素体耐热钢、珠光体耐热钢和马氏体耐热钢，按照合金含量的高低分为 1Cr-0.5Mo、2.25Cr-1Mo、2.25Cr-1Mo-0.25V、5Cr-1Mo 和 9Cr-1Mo 等耐热钢。对于耐热钢焊条和埋弧焊材料，ISO 有专门独立的标准，分别分为“热强钢焊条”和“热强钢实心焊丝、药芯焊丝和焊丝-焊剂组合分类要求”。国内焊条也已经按照 ISO 的标准修改制定了 GB/T 5118—2012《热强钢焊条》，埋弧焊材料标准 GB/T 12470—2016《埋弧焊用低合金钢焊丝和焊剂》，气保焊实心焊丝仍采用 GB/T 8110—2008《气体保护电弧焊用碳钢、低合金钢焊丝》，药芯焊丝仍采用 GB/T 17493—2008《低合金钢药芯焊丝》。

1）1Cr-0.5Mo 耐热钢焊接材料

国内对一般性能要求的锅炉用 1Cr-0.5Mo 类耐热钢焊接材料，包括国内厂家不同热处理状态耐热钢用焊材均能满足要求。对煤化工和石油炼制等设备使用的 1Cr-0.5Mo 耐热钢焊接材料已经做过大量的研究工作，取得了大量研究数据，并得到了广泛应用，获得了许多工程经验。

随着我国冶金水平的提高，近年来 Cr-Mo 耐热钢焊接材料质量水平有很大的提高，S、P、Sn、Sb、As 等杂质元素已经达到了一个很低的水平，完全可以满足回火脆化系数 $\bar{X}\leqslant 15\times 10^{-6}$，甚至含量满足更低的要求，产品质量达到国外同类产品的水平。国内安泰科技股份有限公司和哈尔滨威尔公司的 1Cr-0.5Mo 钢焊接材料都能满足回火脆化系数 $\bar{X}\leqslant 12\times 10^{-6}$ 和 -30℃冲击韧性要求，已经在国内得到了大量应用。

2）2.25Cr-1Mo（V）耐热钢焊接材料

锅炉和石油精炼设备使用的 Cr-Mo 耐热钢长期工作在 375～575℃回火脆性温度区间，母材及焊缝中的 P、Sn、Sb、As 等杂质元素富集于晶界，减弱晶界强度、接头出现脆化和韧性下降，给设备安全运行造成严重影响。国外企业在该领域具有长期的技术积累，已经形成了较为成熟的产品系列，如神户制钢 2.25Cr-1Mo 钢用焊条（CM-A106N 焊条）熔敷金属 P、S、Sb、Sn、As 等杂质含量都很低，有利于提高焊缝金属的抗回火脆性。日本神户制钢的 2.25Cr-1Mo（V）埋弧焊材料，与其相应的焊丝配套的埋弧焊剂 PF200（D）及 PF500 具有超低氢及良好的低温韧性特点，得到国内制造厂的认可。

国内对煤化工和石油精炼等设备使用的 2.25Cr-1Mo 耐热钢焊接材料已经做过大量的研究工作，取得了大量研究数据，获得了许多工程经验和教训，由于当时我国的冶金水平和体制等原因，实际工业化产品的实物水平和质量稳定性方面与国外有一定的差距。

国内安泰科技股份有限公司和哈尔滨威尔公司对 2.25Cr-1Mo 钢用焊接材料也做了大量工作，不断完善提高实物产品质量，熔敷金属的 S、P、Sb、Sn、As 等杂质元素含量都很低，提高了焊缝金属的抗回火脆性。目前，国产 2.25Cr-1Mo 钢焊接材料已经在加氢核心设备上开始工业化应用。对于 2.25Cr-1Mo-0.25V 钢焊材，国内有关焊接材料生产厂已开始进行基础研究工作，但没有进行工业化生产和应用。

3）5Cr-1Mo/9Cr-1Mo 系列耐热钢

目前，在 T/P91、T/P92（NF616）、E911 耐热钢等焊接材料方面，国内也进行了许多工作，实际产品质量达到了比较高水平，完全能满足标准技术要求。但由于国内企业还缺乏足够的数据积累，如：几乎都不能提供数万小时的高温蠕变断裂强度及应用案例，推广应用还比较困难。

目前应用于超临界、超超临界锅炉的新型马氏体耐热钢有 T/P91、T/P92（NF616）、E911、T/P122（HCM12A）等的焊接材料，实际工程应用的产品基本仍为神户制钢、伯乐和曼彻特等国外厂家的焊接材料为主。

2.7.2.3　低温钢用焊接材料

低温钢通常是指温度小于−40℃工程用钢，目前在石油石化领域应用较广的低温钢有−40℃的16MnDR、−50℃的07MnNiMoDR、−70℃的09MnNiDR、−101℃的3.5%Ni钢、−196℃的9%Ni钢以及304不锈钢。

石油石化低温设备用焊材，由于低温韧性的要求主要采用钨极氩弧焊丝、埋弧焊材和焊条。由于焊缝组织是铸造组织，为了保证焊缝与低温钢母材相当的低温强韧性，一般焊接材料的Ni含量较母材高，具体还要根据焊接方法来确定。低温钢焊接材料没有专门的标准，把使用温度高于−101℃、熔敷金属Ni含量低于7%Ni焊接材料都纳入了非合金和细晶粒钢焊接材料标准。国内低温钢焊条标准也已经按照ISO的标准修改制定。对于−196℃的9%Ni钢焊接材料是采用镍合金焊接材料标准，低温用304不锈钢焊接材料采用不锈钢焊接材料标准。

1）−40/−50℃钢材料

国内低温压力容器用焊材，近十年有明显的进步，而且−40℃的16MnDR钢国内焊接材料完全满足要求。

日本神户制钢LB-65L和新日铁公司L-60LT焊条用于乙烯等低温球罐建造，其特点是较大的线能量条件下能满足610MPa强度和良好的低温韧性（−50℃），而且有的好立焊工艺性。−50℃级高强低温球罐用焊条，国内焊接材料企业相继研发成功，并应用于多个丙烯低温球罐中，通过了中国机械工程学会压力容器分会组织的技术鉴定。

2）−70℃的09MnNiDR钢用低温焊接材料

由于低温钢焊缝组织状态与被焊母材的不同，为了保证焊缝的低温性能，填充的焊接材料化学成分与母材有所不同。按照GB/T 5117—2012《非合金和细晶粒钢焊条》Ni含量为2.5%的E50XX-N5焊条熔敷金属可以满足−75℃的冲击韧性要求，由于受母材的影响，E50XX-N5焊条是否满足09MnNiDR钢实际产品焊接要求，还要焊接工艺评定来决定。GB/T 5293《非合金钢及细晶粒钢实心焊丝、药芯焊丝和焊丝-焊剂组合分类要求》没有具体说明什么成分的熔敷金属可以满足09MnNiDR钢的−70℃的冲击韧性要求，只是在焊丝-焊剂组合分类（型号）的第三部分数字7表示是−70℃的冲击韧性要求，至于其他要求如化学成分、拉伸性能等没有规定明确，可以根据工艺评定来确定。在实际工程中，根据设备的大小、板的厚度，国内有一套自己的焊接材料和焊接工艺要求，可以满足实际产品的要求。

3）−100℃的3.5%Ni钢焊接材料

Ni是提高钢的低温韧性的主要元素，又是降低韧性-脆性转变温度最有效的元素。按照GB/T 5117—2012《非合金和细晶粒钢焊条》Ni含量为3.5%的要求，E50XX-N7焊条熔敷金属可以满足−100℃的冲击韧性要求，由于母材含有3.5%Ni，焊接时几乎不存在稀释的问题，E50XX-N7焊条一般就被采用焊接3.5%Ni钢。GB/T 5293《非合金钢及细晶粒钢实心焊丝、药芯焊丝和焊丝-焊剂组合分类要求》没有具体说明什么成分的熔敷金属可以满足3.5%Ni钢的−100℃的冲击韧性要求，具体还要根据工艺评定来确定。

国外著名企业如神户制钢、法液空和伯乐焊材等厂家在－100℃的3.5%Ni低温钢焊材有一定的品牌和质量方面的优势，目前国内在实际的工程应用中还是以进口焊接材料的比例较高。国内在这方面已经做了许多工作，各项性能指标都能满足要求而且与国外实际产品水平相当，但由于国产的3.5%Ni钢焊接材料性能数据富裕度不大，许多用户为了稳妥起见，还是选择了质量更稳定的进口焊接材料。

4）9%Ni钢焊接材料

近年来，国内LNG产业得到迅猛发展，作为最适用于LNG储罐建造的钢种9%Ni钢被大量应用。法液空公司、林肯的曼彻特和日本神户制钢公司都分别配套该焊材的系列产品。国内外9%Ni钢焊接都采用Ni-Cr-Mo或Ni-Mo系的镍基合金材料，具有良好的现场焊接工艺性能、抗热裂性和超低温（－196℃）韧性。国内在研究开发9%Ni钢同时，也研究了配套的焊材系列产品，有多家企业在相应工程现场进行了试验，有的还通过了验收，但真正使用在实际工程的还不多。

2.7.2.4　不锈钢焊接材料

不锈钢在石油化工行业有非常广泛的应用。不锈钢焊接材料经过近十年的快速发展，尤其是随着近年不锈钢冶炼水平的提升给中国不锈钢焊材水平的提升提供了可靠保证。不锈钢焊条在常规品种上已基本能够满足市场的需求，产品覆盖了奥氏体、马氏体、铁素体、双相不锈钢及超级不锈钢等几大类产品，基本覆盖了中国、美国及欧盟标准中的产品类型，国内骨干不锈钢焊材生产厂家生产的常规不锈钢焊条的性能已接近或达到国外同类产品水平。

对于不锈钢焊接材料的标准也已经按照ISO的标准修改制定，分别有GB/T 983—2012《不锈钢焊条》、GB/T 29713—2013《不锈钢焊丝和焊带》、GB/T 17853—1999《不锈钢药芯焊丝》，GB/T 17854《不锈钢钢实心焊丝、药芯焊丝和焊丝-焊剂组合分类要求》。本节主要介绍在石油石化行业应用最广泛的奥氏体不锈钢、双相不锈钢的焊接材料。

1）奥氏体不锈钢焊接材料

奥氏体不锈钢以其良好的耐蚀性能和焊接性能而得到广泛的应用，由于冶金技术的提高，超低碳不锈钢焊接材料成为常规的材料。采用超低碳不锈钢焊接材料基本解决原来焊接接头的刀状腐蚀问题。

国外著名不锈钢企业主要针对特殊要求开发了满足个性要求的特殊不锈钢焊接材料，这些材料许多还没有纳入国家标准，或者说为了满足要求在标准的基础上进行改进调整。如山特维克的用于尿素装备制造的E310MoLN焊条；曼彻特推出的无磁性、低磁导率的316NF焊条；曼彻特公司还专门推出的耐高温不锈钢焊接材料，如SUPER304H、HR3C等不锈钢用焊条，在石化装备、超超临界锅炉等行业有着一定的应用。

由于超级奥氏体不锈钢的耐腐蚀等要求很高，使用工况条件恶劣，与母材相当成分的焊接材料是不能满足要求，一般都选用镍基合金焊接材料，具体选用哪种镍基合金材料要根据工况条件、实际应用的实例及试验研究数据来确定。

2）双相不锈钢焊接材料

双相不锈钢中一般是铁素体相和奥氏体相约各占50%，具有铁素体不锈钢和奥氏体不锈钢的优点，既有较高的强度和耐氯化物应力腐蚀性能，又有良好的韧性和焊接性能。随着冶金工业水平提高，使得更低的含 C 量、更高的含 N 量和更高的耐点蚀当量值（PREN＝Cr%＋3.3Mo%＋16N%）成为了可能。

双相不锈钢焊接材料是不锈钢焊接材料中发展最快的，国际标准已经增加多个型号双相不锈钢焊接材料，包括耐点蚀当量值（PREN）≥40 的超级双相不锈钢用焊接材料。山特维克和曼彻特围绕着双相不锈钢材料研究，同步开发许多配套焊接材料，其企业标准和牌号的影响力甚至超过国际标准。

国内的焊接材料企业对双相不锈钢焊接材料也做了大量工作，特别 2209 型双相不锈钢焊接材料国内已有许多企业可以生产。随着国内冶金水平提高，超级双相不锈钢焊接材料国内也开始生产，有些产品的耐点蚀性能达到国外同类产品的水平。

2.7.2.5 镍基合金焊接材料

镍基合金（包括铁镍基合金）既可以耐高温又可以耐腐蚀，因此也分为耐高温镍基合金（称为高温合金）和耐蚀合金镍基合金。镍基合金按照合金成分的不同分为 Ni-Cr 合金、Ni-Cr-Fe 合金、Ni-Cr-Mo 合金、Ni-Mo 合金、Ni-Cu 合金等。

镍基合金焊接材料的研发是与镍基合金研发同步进行的，焊接材料的合金成分一般也是与母材相当，只是还要考虑到焊接性能和焊缝铸造组织的使用性能（如耐蚀性能）。国内研究镍基合金焊接材料已有 50 多年的历史，早期主要用于军工项目，研发了许多独立于国际标准成分以外的材料，有些材料到现在还在应用。改革开放以来，随着石油化工设备和相关技术的引进，镍基合金焊接材料的研发主要是跟随 AWS 标准或仿制欧美公司的产品。通过多年的努力，国内几家特种焊接材料企业都有品种数量不等的镍基合金焊材，包括了石油化工领域常用的镍基焊材品种，如 NiCr、NiCrFe、NiCrMo、NiMo、NiCu 合金系列产品。

镍基合金焊接材料有专门独立的标准。国家标准也已经按照 ISO 的标准修改制订的，分别有 GB/T 13814—2008《镍及镍合金焊条》、GB/T 15620—2008《镍及镍合金焊丝》。本节主要介绍在石油石化行业应用最广泛的 Ni-Cr 合金、Ni-Cr-Fe 合金、Ni-Cr-Mo 合金、Ni-Mo 合金焊接材料。

1）Ni-Cr 合金、Ni-Cr-Fe 合金焊接材料

镍基合金焊接材料是著名的 SMC（国际超合金）公司引领 Ni-Cr 合金、Ni-Cr-Fe 合金技术的，紧随其后的是一些欧洲公司，如山特维克公司、曼彻特公司、法液空及伯乐公司。SMC 公司根据工业发展的要求，为解决用户的实际困难，一直在不断研究开发新的镍基合金材料及配套的焊接材料。但由于焊接材料特殊性，一些产品在应用中不断完善和改进，如 Inconel 690 合金的焊接材料。

国内许多企业对 Ni-Cr 合金、Ni-Cr-Fe 合金焊接材料研究也很深入，针对焊接热裂纹和耐腐蚀做了大量研究工作，如安泰科技股份有限公司围绕石油石化和核电领域的需求，

研制了 Cr 含量 20%的 ENiCrFe-3 改进型焊条，改善了耐腐蚀性能。

国内几家特殊焊接材料企业都能生产目前市场常用 Ni-Cr 合金、Ni-Cr-Fe 合金焊接材料产品。由于镍基合金焊缝金属的流动性不好，易产生热裂纹、气孔、夹渣和未熔合等缺陷，总体上，国内的镍基合金焊接材料在解决这些问题上及焊接工艺性能与国外著名企业的实际产品还是有一定的差距。

2）Ni-Cr-Mo 合金、Ni-Mo 合金焊接材料

Hastelloy 合金是 Ni-Cr-Mo 合金、Ni-Mo 合金系列的总称。由于 Ni-Cr-Mo 合金、Ni-Mo 合金含有一定量的大原子直径的固溶强化元素 Mo 及 W，采用相当成分的焊缝金属具有很好的抗热裂性能，通常其焊接材料熔敷金属的合金成分一般是与母材合金成分相当。

SMC 公司近年开发的 INCO-WELD 686CPT 焊材的点蚀当量（PREN）达到 50，其高合金组分（Cr+Mo+W）提高了其抵抗点蚀、裂隙腐蚀和常规腐蚀的能力，很好的耐蚀性能使其在腐蚀性工作环境中体现出了巨大的应用价值，它可以耐受很多种腐蚀介质的侵蚀，例如盐酸、硫酸、氧化氯溶液、浓热的含氯酸性溶液，譬如二氧化硫在 NaCl 盐水中的饱和溶液；同时它还对晶间侵蚀以及在高氧浓度环境敏化后的晶间侵蚀具有很好的抵抗能力。INCO-WELD 686CPT 适用于超级双相不锈钢、超级奥氏体不锈钢、INCONEL C-276/625/686 合金以及镍合金例如 UNS N06059/N06022 镍合金，也可以用来在部分钢种表面形成一层耐蚀防护堆焊层。

钢铁研究总院（现安泰科技股份有限公司）对 Ni-Cr-Mo 合金、Ni-Mo 合金焊接材料研究很早就进行了，如 30 多年前研制了新 2 号、新 3 号合金焊接材料，其中新 3 号合金与 INCO-WELD 686CPT 合金成分相当。安泰科技股份有限公司及其他国内特种焊接材料企业一般都能生产标准中大部分此系列焊接材料，而且得到较广泛的应用。但国内对此类焊接材料性能特性及微观组织深入研究的不多，许多企业不能提供技术支持和服务。有一些要求高的特殊品种，国内目前还不能供货，还需要继续进行研究工作。

在镍基合金丝极埋弧焊材料研究的还不太充分，虽然 LNG 钢焊接材料有丝极埋弧焊材，并积累了许多数据，但对一些机理性东西深入研究得不多；对镍基合金焊接材料应用于超级不锈钢材料的焊接，其在不同介质的耐腐蚀性能几乎没有数据积累和工程应用实例，完全参照国外的经验和工程实例。

2.7.2.6 带极堆焊材料

带极堆焊材料包括焊带和配套焊剂，石油石化用带极堆焊材料一般有不锈钢带极堆焊材料和镍基合金堆焊材料。我国至今还没有真正的带极堆焊（焊带和焊剂组合）的国家标准，只有不锈钢焊丝和焊带国家标准。同样，国际 ISO 和美国的 AWS 也没有专门的带极堆焊（焊带和焊剂组合）标准，只是焊带借用焊丝标准，也就是化学成分基本按照实心焊丝的标准，AWS 焊带的型号由焊丝型号 ER XXX 变成了 EQ XXX。我国的 GB/T 29713—2013《不锈钢焊丝和焊带》是修改采用国际标准 ISO 14343：2009，焊丝的型号表示是 SXXX，焊带的型号表示是 BS XXX。由于不锈钢带极堆焊在国内石化容器上得到广泛的应用，由全国锅炉压力容器标准化技术委员会组织业内专家制定了我国的行业标准

NB/T 47018.5《堆焊用不锈钢焊带和焊剂》，此行业标准和日本的 JIS 3322 主要特点基本相同，对焊带和焊剂组合的堆焊层提出了要求，也就是根据不同合金成分的要求分别对过渡层、耐蚀层及单层堆焊层作了具体规定。石油石化用镍基合金带极堆焊材料还没有相应标准。

1）不锈钢带极堆焊材料

不锈钢焊带根据堆焊方法的不同分为埋弧堆焊用焊带和电渣堆焊用焊带；根据堆焊层的不同又分为过渡层（第一层）焊带和耐蚀层焊带。耐蚀层焊带是根据接触的腐蚀介质确定材料成分，其过渡层焊带是根据耐蚀层化学成分和采用的堆焊方法的稀释率来确定，如加氢设备的耐蚀层焊带为 347 型不锈钢材料，其埋弧堆焊过渡层焊带是 Cr24Ni13 的 309 型，而电渣堆焊过渡层焊带则要选用 Cr22Ni11 的 309 型，这样堆焊的过渡层化学成分和铁素体含量比较合理。焊带尺寸在国内和欧洲一般厚度是 0.5mm，宽度分别是 30mm、60mm、75mm、90mm；日本焊带厚度是 0.4mm，宽度是 37.5mm、50mm、75mm、90mm。

不锈钢带极堆焊焊剂与丝极焊剂一样分为熔炼焊剂和烧结焊剂，由于熔炼焊剂存在合金元素烧损多，又不能加入合金元素等缺点，目前已很少应用了。烧结焊剂根据堆焊工艺分为不锈钢埋弧堆焊焊剂和电渣堆焊焊剂。随着不锈钢带极堆焊材料发展，堆焊焊剂的工艺水平已经满足现在生产要求，如果焊带成分设计合理，基本上可以一种焊剂配套不同品种焊带的堆焊，这对设备制造企业的管理带来了很大的便利。如安泰科技的不锈钢带极堆焊焊剂都可以一剂多带，不锈钢带极埋弧焊剂 SMJ34 适用各种不锈钢材料的过渡层和耐蚀层埋弧堆焊；不锈钢带极电渣焊剂 SHD202 适用各种不锈钢材料的过渡层和耐蚀层电渣堆焊。

国际上，研究开发不锈钢带极堆焊材料的主要是欧洲的山特维克、法液空和伯乐，日本的神户制钢和 WEL 公司。欧洲公司的主要产品是带极埋弧堆焊材料，日本公司主要是带极电渣堆焊材料。山特维克公司主要在双相不锈钢带极堆焊材料有明显的优势，而且有自己一套独立于国际标准之外的企业标准，并得到用户的认可。如 2209 系列材料，山特维克公司为了保证堆焊层的铁素体含量，实际采用的是 2206 型材料。在奥氏体不锈钢堆焊方面，国外企业为了提高效率，现在已开发了 90～120mm 宽的堆焊工艺和高速堆焊工艺，其堆焊速度可以达到 24m/h，与丝极埋弧焊的焊接速度相当，但真正应用到工程上还不多。

近年来，国内带极堆焊技术发展很快，安泰科技股份有限公司和哈尔滨威尔公司都投入了很大的精力进行研究开发，都取得了明显的效果，埋弧堆焊（SAW）和电渣堆焊（ESW）两种带极堆焊工艺技术都接近国际先进水平。现在国内带极堆焊无论是堆焊层化学成分和铁素体含量的控制，还是焊道成型、平整及脱渣性，以及焊带外观质量都接近国外实际产品的水平，基本能满足石油石化装备的实际工程要求。国内带极堆焊材料正逐步替代进口材料。安泰科技股份有限公司和哈尔滨威尔公司在国家压力容器标准委员会的组织下，制定了具有中国自己技术特点的行业标准《承压设备用不锈钢带极堆焊》（NB/T 47018.5）。不锈钢带极堆焊材料的品种，达到近 20 种；2209 型双相不锈钢堆焊材料在国内已成功应用。现在国内75mm宽焊带的埋弧堆焊和电渣堆焊已实际生产中使用，高速堆焊技术也正在进行工程化研究。

2）镍基合金带极堆焊材料

国内镍基合金带极堆焊技术近年来也有明显提高，实现了埋弧堆焊（SAW）和电渣堆焊（ESW）应用于工程实际。镍基合金焊带由于材料的特性不同，不像不锈钢焊带分那么细，而是一种焊带既可以用于埋弧堆焊，也可以用于电渣堆焊，同时也不分过渡层和耐蚀层焊带。焊带尺寸一般厚度是0.5mm，宽度分别是30mm、60mm。镍基合金带极堆焊现在主要是烧结焊剂，根据堆焊工艺不同分为镍基合金埋弧堆焊焊剂和电渣堆焊焊剂。由于镍基合金液态金属的流动性较差，堆焊焊道成型的好坏往往是判断焊剂质量水平重要因素，尤其是埋弧堆焊。

近年来，随着核电和煤化工的发展需求，国内镍基合金带极堆焊发展迅速，安泰科技股份有限公司和哈尔滨威尔公司进行了深入研究开发，取得了明显的效果，埋弧堆焊（SAW）和电渣堆焊（ESW）两种带极堆焊工艺技术都达到国际先进水平，在近年的煤化工工程设备中使用的NiCrMo-3型带极堆焊材料，国产材料完全替代了进口材料。国内基本上是一种焊剂配套不同品种焊带的堆焊，如安泰科技的镍基合金带极堆焊焊剂都可以一剂多带，镍基合金焊剂SMJ11适用各种镍基合金焊带的过渡层和耐蚀层埋弧堆焊；镍基合金带极电渣焊剂SDJ22适用各种镍基合金的过渡层和耐蚀层电渣堆焊。

2.7.3 石油石化用焊接材料发展趋势

2.7.3.1 国际石油石化用焊接材料发展趋势

焊接材料的发展主要有两个驱动因素：一是被焊材料（母材）的发展需要，二是高性能和高效需要。为了满足石油石化行业不断发展苛刻条件的需求，国际上实力雄厚冶金企业一直研究发展新型金属材料，同时，与母材相配套的焊接材料也得到了发展。国际上著名的特种焊接材料企业大多数是冶金企业，新的金属材料研究的同时焊接材料也在研究，这样他们在推广新材料时，也推广配套焊接材料及焊接技术，如日本的神户制钢、欧洲的山特维克、美国的超合金公司（SMC）等。高效自动化焊接材料近年来发展非常快，国际上许多实力很强的综合型焊接企业，利用焊接设备研发优势，一直研究新型焊接方法及配套新型焊接材料。

非合金结构钢和高强度钢焊接材料发展趋势是向高韧性和高效率方向发展。在材料方面，为了与不断发展的母材配套，主要是利用冶金技术的不断提高，进一步提高焊接材料纯净度，采用微合金化来提高焊缝金属的韧性及使用性能。在提高效率方面，主要研究满足高效焊接方法的焊接材料，药芯焊丝主要集中在高强度钢的低氢高韧性的药芯焊丝、耐气体（如H_2S）腐蚀钢药芯焊丝，近年来无缝药芯焊丝成为焊接材料研究的热门。国际上对多丝大线能量埋弧焊材料也一直在进行研究，主要难点是如何满足高韧性要求。在管线钢领域，在研究X100、X120管线钢的同时研制管用焊接材料及现场环焊缝焊接材料。

低温钢和耐热钢焊接材料研究主要围绕母材的发展而进行。低温钢焊接材料根据低温钢高强化发展趋势。国际上，主要耐热钢研究开发企业基本也是耐热钢焊接材料开发企业，发展趋势是提高耐热钢的高温蠕变性能、抗氢脆氢腐蚀性能、降低回火脆性，耐热焊接材料是与母材同步进行的。

不锈钢与镍基合金焊接材料研究主要围绕母材的发展、异种材料焊接包括堆焊来进行的。不锈钢焊接材料的发展趋势是针对不同介质的耐腐蚀性能研究专门高合金化、高耐蚀的超级不锈钢焊接材料，如超级铁素体不锈钢、超级奥氏体不锈钢和超级双相不锈钢焊接材料，另外为了降低成本采用特殊的不锈钢焊接材料代替贵重镍基焊接材料，所有这些是在大量的试验数据及工程应用数据的基础上，针对具体情况进行研究。

2.7.3.2　石油石化用焊接材料发展方向

焊材与母材是同等重要，焊材除要与母材相当的各项性能外，还要满足焊接工艺的要求，在某种意义上说焊材比母材研究还要有难度，由于焊缝是铸造组织且要通过多次不同的最高温度的热循环，组织结构复杂，不同的焊接工艺方法、不同的焊接参数、不同的规格和不同环境因素都带来不同的性能。所以通过焊材与母材的合理的匹配，在合适焊接工艺条件下，使焊接接头与母材有相当的性能是有相当难度的，特别是一些特殊材料。研究母材同时要研究母材的焊接性及配套的焊接材料，这样母材与焊材在研究过程中可以相互借鉴、相互参考，不断改进完善，达到焊材与母材尽可能匹配。

目前国内焊接材料发展方向主要还是跟随国际先进焊接材料及其发展趋势，围绕国内的母材发展和工程需要进行。非合金结构钢和高强度钢焊接材料与国内不断发展的母材配套，提高焊接材料纯净度和微合金化来提高焊缝金属的韧性及使用性能。在管线钢领域，研究X80现场环焊缝全自动焊丝，提高X80现场环焊缝自保护药芯焊丝焊缝的冲击韧性；研究X100、X120管线钢制管用焊接材料及现场环焊缝焊接材料。

低温钢和耐热钢焊接材料研究要围绕国内母材的发展而进行。低温钢焊接材料根据低温钢高强化发展趋势，研究高强度低温钢焊接材料。耐热钢焊接材料研究要根据现实工程的需要，逐步积累工程应用经验和数据，对耐热钢焊材的特殊性能进行研究试验。

不锈钢与镍基合金焊接材料研究要围绕国内母材的发展进行。不锈钢焊接材料的研究要针对现实工程不同介质的耐腐蚀要求，跟随国际上的先进材料研究焊接材料。满足耐不同介质的高合金化、高耐蚀的超级不锈钢焊接材料是发展方向。镍基合金焊接材料发展趋势也是依托母材的发展，提高国内镍基合金焊接材料综合性能及焊接工艺性能是非常重要的工作。无论不锈钢焊接材料，还是镍基合金焊接材料，要针对一些具体介质耐腐蚀性能进行研究试验，积累基础试验数据；要依托一些工程获得工程应用数据和经验。

2.7.3.3　石油石化用焊接材料需要开展的工作

1）对有足够技术储备的材料进行工程化研究

焊接材料企业应与工程公司（设计院）对接，了解设备对材料的要求和材料使用环境，对部分国内材料基本能满足要求、或补充少量数据就能完全满足要求的，积极完善数据和提高产品质量，提升工程公司使用信心。

利用设计院（工程公司）的优势，对有足够的研究试验数据材料进行工程化研究，由工程公司牵头，对已经成熟或已有大量数据只需要再根据工程要求补充必要的试验和数据的材料，经过专家评议通过适当工程项目应用。

如下焊材目前已经具备国产化条件：①加氢反应器材料 2.25Cr-1Mo 焊材、不锈钢带极堆焊材料；②镍基合金焊材包括 625 带极堆焊材料等；③9％Ni 焊材；④－101℃的 3.5Ni 焊材；⑤2205 系双相不锈钢焊材；⑥X80、X90 管线钢焊材；⑦海工用钢 60kg 级焊材。

2）对有技术储备不足的材料进行材料研究

对于不成熟或只有少量数据材料，需要再根据工程要求进行立项目专门研究，还要积累大量试验数据，材料如下：①加氢反应器 2.25Cr-1Mo-0.25V 焊材及焊接工艺的研究；②低温材料用焊接材料，5％Ni、7％Ni、9％Ni 钢用焊接材料技术开发和完善；③镍基合金用焊接材料不断完善补充；④超级双相不锈钢用焊接材料技术开发；⑤海洋工程用特殊用钢焊接材料技术开发。

第3章　油气田金属材料应用

油气田建设是一项十分繁琐复杂的系统工程，其涵盖地质勘探、油气井成井、油气开采、油气处理、油气集输等各个过程，同时也要满足陆地、海洋、山川、河流、沼泽、湖泊等各种自然环境的要求。由于受作业环境和成千上万米地下条件的制约，油气田建设用材较一般工程用材要求要严格得多，特别是在成井过程的井筒工程、油气处理和油气集输的地面工程，以及海洋工程建设过程中使用的大量金属材料，这些金属材料性质的优劣和选材直接关系到油气开发的成败和成本。因此，许多高等院校、科研院所和油气企业把油气田金属材料的开发与应用列为研究重点之一。

3.1　井筒工程用金属材料

井筒工程是指油气勘探开发过程中从钻井到采油作业之间建立井筒、评价井筒、应用井筒、维护井筒的所有工序和作业流程。井筒工程用材主要包括在钻完井、修井、开采等过程中所用到油管、套管、钻杆、连续油管、膨胀管、波纹管等油井管、钻通设备和井控装备用材。

3.1.1　井筒用材选材

井筒工程是支撑油气生产的关键，其井筒用材质量的优劣直接决定着油气井生产寿命和生产安全。通过多年的研发与实践井筒用材形成了符合其自身规律和特点、满足生产要求的原则和条件，成为井筒管材与装备生产厂家选材的重要依据。

3.1.1.1　要求

井筒用材选材的基本要求主要包括：材质特性、力学特性、加工特性和工作环境。

①材质特性。根据综合性能以能够满足工作条件为基础，选择科学合理的材料，包括铁、钢、合金、塑料、橡胶等。

②力学特性。材料力学性能优良，具有抗拉、抗压、抗切和耐磨性能，在使用环境及条件下不会发生过度变形、磨损和断裂、泄漏。

③加工特性。具有良好的冷、热加工（成型、焊接、热处理）性能，加工后材料的组分不会发生变化，力学性能稳定并有增强趋势或增强。

④工作环境。在高温、高压条件以及油、气、水和高腐蚀介质环境下满足工作要求。

⑤井筒用材选材除满足材质、特性等基本要求外，还应考虑以下因素：

a）经济性，在满足使用要求的前提下，以材料成本决定选材标准。金属选材的先后顺序一般为：碳钢→低合金钢→耐热抗氢钢→低温钢→奥氏体不锈钢→双相不锈钢→铝及铝合金→铁素体不锈钢→马氏体不锈钢→钛及钛合金→镍基合金→镍-铜及铜合金→锆→钽。

b）来源丰富，市场供应方便。

c）储存、制造和使用过程中不会造成环境污染和人体健康危害。

3.1.1.2 选材原则

油气勘探开发是高投入、高风险、高强度的行业，其所用的装备、工具和管材都以建立长寿命、高密封的油气生产通道为目的，不同的作业对象和工作环境有着不同的性能要求，不论是石油装备还是油气管材选材必须首先满足以下要求：

①高密封性。不论是用于建立油井通道的套管还是用于传递能量的钻杆，以及套管柱、钻杆柱和相配套的工具附件，均要在一定压力、温度下具有可靠的密封性，并保持在一定的生命周期内不发生泄漏现象。

②耐腐蚀性。套管、钻杆以及用于油气井施工的装备、井下工具均与钻井流体和地下流体相接触，这些流体或多或少的存在于含有 H_2S、CO_2、Cl^- 等介质的环境中，石油装备的制造用材必须根据油气井生产选择合理的材料，保证在高温高压和高腐蚀环境下的作业特性和生命周期。

③温度影响。由于石油装备特别是井下管材和工具，在深井或超深井中均要面临高温高压（HTHP）的考验，温度对油套管柱的强度、螺纹密封性及腐蚀性具有较大的影响。在高温情况下油管、钻杆强度均有不同程度的降低，也加剧了腐蚀性介质的腐蚀速度。在极低温条件下不论是钢材、合金还是橡胶、塑料性能也会发生很大的变化，所以在石油装备、工具选材上必须根据工作环境选择温度稳定性的材料，满足作业需要。

④载荷影响。油气勘探开发是高强度、高负载的作业，其所用装备工具及相关材料均要经受强拉、强扭、强压等极度条件的作业工况，特别是套管、钻杆以及井下工具，既要经受着强拉、强压、强扭也要经受着高温、高压、高腐蚀环境下的强拉、强扭、强压，并保证在1.2～1.5的安全系数内不会发生断裂和变形。

⑤冷热性能。特别是油井套管和钻杆在生产过程中由于受强度、硬度和其他特殊性能的要求，需要通过经热处理、冷处理、锻造等多种加工，所以石油装备、工具用材必须具有在加工处理后满足性能要求的特性。

3.1.1.3 选材标准

通过多年的探索实践，特别是近几年国内外酸性油、气田的成功开发，进一步完善丰富了酸性油、气田工程用金属材料。目前，已经形成了一套较为完善的工程用材选材、加工、生产应用标准体系。

1）油套管

油套管是封隔地层、建立油气生产通道、保证生产安全，实现油气生产的重要工具，其性能和质量的优劣直接关系到油井寿命和油气生产安全。目前国际和国内均已形成较为规范的选材类型和标准，主要分为API油套管和非API油套管两种。API油套管是按API标准选材和生产，性能达到API标准要求的指标；非API油套管是为了满足油套管在密封性、高抗挤、高强度、防硫化氢等特种性能要求而生产的油套管，不同的生产厂家具有不同的标准，国内外油套管及管材用材标准见表3.1.1－1。

表3.1.1－1　国内外油套管及管材用材标准

序号	国际标准	国内标准
1	API SPEC 5CT：Especificación para tubería de revestimiento y tubería de producción（石油油套管和油套管生产规范）	GB/T 19830/ISO 11960：2004 石油天然气工业－油气井套管或油管用钢管（petroleum and natural gas industries-steel pipes for use as casing or tubing for wells ）
2	EFC 16：Guidelines on materials for carbon and low alloy steels for H_2S-containing environments in oil and gas production（油气开采中用于含H_2S环境的碳钢和低合金钢材料要求指南）	SY/T 6857.1：石油天然气工业 特殊环境用油井管第1部分：含H_2S油气井环境下碳钢和低合金钢油管和套管选用推荐做法（petroleum and natural gas industries-OCTG. used for special environment-Part1：recommended practice on selection of casing and tubing if carbon and low alloy steel for use in sour service ）
3	EFC 17：Corrosion resistant alloys for oil and gas production：Guidance on garneral requirement and test method for H_2S service（油气开采中用于含H_2S环境的耐蚀合金的通用要求和试验方法）	SY/T 6950—2013：耐蚀合金套管和油管(Corrosion-resistant alloy casing and tubing)
4	ISO 13680：Petroleum and natural gas industries-Corrosion—resistant alloy seamless tubes for use as casing，tubing and coupling stock-technical delivery conditions（石油天然气工业油管、套管和接箍毛坯用耐蚀合金钢管）	GB/T 23802：石油天然气工业油管、套管和接箍毛坯用耐蚀合金钢管（Petroleum and natural gas industries—Corrosion-resistant alloy seamless tubes for use as casing，tubing and coupling stock-technical delivery conditions）
5	ISO 11960（fourth edition）：Petroleum and natural gas industries—steel pipes for use as casing or tubing for wells（石油天然气工业—井下用油套管）	GB/T 19830：石油天然气工业—油气井套管或油管用钢管 SY/T 6194：石油天然气工业—油气井套管或油管用钢管
6	NACE MR0175：Metals for Sulfide Stress Cracking and Stress Corrosion Cracking Resistance in Sour Oilfield Environments（酸性油田环境中抗硫化物应力开裂和应力腐蚀开裂的金属材料）	SY/T 0599：天然气地面设施抗硫化物应力开裂和应力腐蚀开裂的金属材料要求（Metallic materials requirement on resistance to sulfide stress and stress corrosion cracking for natural gas surface equipment）

续表

序号	国际标准	国内标准
7	ISO 15156/NACE MR 0175：Petroleum and natural gas industries—Materials for use in H_2S-containing environment in oil and gas production Part1：General principles for selection of cracking-resistant materials Part2：Cracking-resistant carbon and low alloy steels and the use of cast irons Part3：Cracking-resistant CRA（corrosion-resistant alloys）and other alloys （石油天然气工业油气田开采中用于含 H_2S 环境的材料 第 1 部分：选择抗裂纹材料的一般原则 第 2 部分：抗开裂碳钢、低合金钢和铸铁 第 3 部分：抗开裂耐蚀合金和其他合金）	GB/T 20972：石油天然气工业油气田开采中用于含 H_2S 环境的材料 第 1 部分：选择抗裂纹材料的一般原则 第 2 部分：抗开裂碳钢、低合金钢和铸铁 第 3 部分：抗开裂耐蚀合金和其他合金 （Petroleum and natural gas industries—Materials for use in H_2S-containing environment in oil and gas production Part1：General principles for selection of cracking-resistant materials Part2：Cracking-resistant carbon and low alloy steels and the use of cast irons Part3：Cracking-resistant CRA（corrosion-resistant alloys）and other alloys）

2）钻杆

钻杆是钻修井作业过程中传递能量、信息和输送流体的重要工具，目前国际和国内均已形成较为规范的选材类型和标准。其产品类型主要分为 API 钻杆和非 API 钻杆，API 钻杆是按 API 标准选材和生产，性能达到 API 标准要求；非 API 钻杆则根据需要选用特殊的材质满足不同性能需求，国内外钻杆及管材用材标准表 3.1.1－2。

表 3.1.1－2　内外钻杆及管材用材标准

序号	国际标准	国内标准
1	API SPEC 5DP Specification for drill pipe（钻杆规范）	SY/T 5561—2014：钻杆（Drill pipe）
2		GB/T 29166—2012：石油天然气工业　钢制钻杆（Petroleum and natural gas industries—Steel drill pipe）
3		SY/T 6697—2007：钻杆管体（Pipe body for drill pipe）
4		SY/T 6857.2—2012：石油天然气工业　特殊环境用油井管　第 2 部分：酸性油气田用钻杆（Petroleum and natural gas industries—OCTG used for special environment. Part 2：Drill pipe used in sour oil & gas fields）
5		GB/T 20659—2006：石油天然气工业　铝合金钻杆（Petroleum and natural gas industries-Aluminium alloy drill pipe）
6		SY/T 5144—2013：钻铤（Drill collar）

3）钻通设备

钻通设备主要包括防喷器、采集树等井口装置、高压闸阀和管线。其中，防喷器是钻修井作业过程中保证井口安全的重要设备，主要有钢材、合金和橡胶组成，其性能的优劣直接关系到井底压力是否能有效控制的重要保证，业界十分关注其质量和性能，国家、API均制定了相应的标准，规定了材质的选择范围，也为其他设备用材提供了借鉴，国内外钻杆及管材用材标准见表3.1.1-3。

表3.1.1-3　国内外钻杆及管材用材标准

序号	国际标准	国内标准
1	API SPEC 16A：Specification for Drill-Through Equipment Third Edition（钻通设备第三版规范）	GB/T 20174—2006：石油天然气工业　钻井和采油设备　钻通设备（Petroleum and natural gas industries—Drilling and production equipment-Drill-through equipment）
2	API 6 A：Specification for well head and Christmas tree equipment（井口装置和采集树设备规范）	GB/T 25430—2010：钻通设备　旋转防喷器规范（Specification for drill through equipment-Rotating control devices）
3	ISO 10423：Petroleum and natural gas industries—drilling and production equipment-well head and Christmas tree equipment（石油和天然气工业-钻探和开采设备-进口和采集树装置）	SY/T 5127：井口装置和采集树设备规范（Specification for well head and C hristmas tree equipment）

4）金属材料检验标准

为了评价井筒工程用金属材料性能是否满足作业需要，通过多年的研究探讨，形成了不同用途的材料检验标准，为井筒装备、工具制造和生产提供了依据。油气田设备用材料的实验室的检验标准见表3.1.1-4。

表3.1.1-4　材料检验标准

序号	国际标准	国内标准
1	NACE TM0177：Laboratory testing of metals for resistance to specific forms of environmental cracking in H_2S environment（金属在硫化氢环境中抗硫化物应力开裂和应力腐蚀开裂的实验室试验方法）	GB/T 4257：金属在硫化氢环境中抗特殊形式开裂实验室试验（Laboratory testing of metals for resistance to specific forms of environment cracking in H_2S environment）
2	NACE TM0284：Evaluation of pipeline and pressure vessel steels for resistance to hydrogen-induced cracking（管线钢和压力容器抗氢致开裂性能评定）	GB/T 8650：管线钢和压力容器抗氢致开裂性能评定（Evaluation of pipeline and pressure vessel steels for resistance to hydrogen-induced cracking）
3	NACE SP0472：Methods and controls to prevent in-service environment cracking of carbon steel weldments in corrosive petroleum refining environments（腐蚀性石油开采环境中防止碳钢焊接件在线环境开裂的方法及措施）	SY/T 0599：控制钢制设备焊缝硬度防止硫化物应力开裂技术规范（Technical specification of controlling weld hardness of steel equipment to prevent sulfide stress cracking）

续表

序号	国际标准	国内标准
4	NACE SP0198：Slow strain rate test method for screening corrosion-resistant alloys（CRAs）for stress corrosion cracking in sour oilfield service（酸性油田环境中筛选抗应力腐蚀开裂耐蚀合金的慢应变速率试验方法）	GB/T 15970.7：金属和合金的腐蚀　应力腐蚀试验　第7部分：慢应变速率试验（Corrosion of metals and alloys-stress corrosion testing part 7：slow strain rate testing）

3.1.2　国外井筒工程用材现状

国外井筒工程用材发展较为成熟，特别是以美国为代表的西方发达国家基本控制了井筒工程用材的标准制定，引领着井筒工程用材的发展方向。不论是油套管、钻杆，还是钻通设备、海洋工程装备，西方发达国家在产品生产和技术方面均引领行业、专业发展方向，成为行业发展的风向标。

3.1.2.1　油套管

国外特别是西方发达国家，油套管产品和技术已经形成系列化和个性化，能够根据油气井特性制造或定制各类产品，保证油气生产的安全、寿命，实现油气生产效益的最大化。油套管材质一般为钢管、合金钢管、复合材料、塑料管等，按照其应用可分为API油套管与非API油套管两类。非API油套管是指不按照或不完全按照API标准生产、检验的一类油套管，为了满足某些特殊使用性能而开发的个性化产品。近20年来，随着油套管服役条件越来越苛刻，API油套管已经不满足某些复杂工况下的安全要求与功能要求，因此非API油套管逐步发展起来。

1）API油套管

国际上大量使用的套管和油管主要依据API Spec 5CT标准生产。按照API Spec 5CT标准规定，API油套管共分4组15个钢级的产品，分别为：第1组为H、J、K、N、R钢级的所有套管和油管；第2组为C、L、M、T钢级的所有套管和油管；第3组为P钢级的所有套管和油管；第4组为Q钢级的所有套管。API油套管用材化学组分见表3.1.2－1。

表3.1.2－1　API油套管化学成分要求　　%

组别	钢级	类型	C		Mn		Mo		Cr		Ni	Cu	P	S	Si
			min	max	min	max	min	max	min	max	max	max	max	max	max
1	2	3	4	5	6	7	8	9	10	11	12	13	14	15	16
1	H40	—	—	—	—	—	—	—	—	—	—	—	0.030	0.030	—
	J55	—	—	—	—	—	—	—	—	—	—	—	0.030	0.030	—
	K55	—	—	—	—	—	—	—	—	—	—	—	0.030	0.030	—
	N80	—	—	—	—	—	—	—	—	—	—	—	0.030	0.030	—
	R95	—	—	0.45[c]	—	1.90	—	—	—	—	—	—	0.030	0.030	0.45

续表

组别	钢级	类型	C		Mn		Mo		Cr		Ni	Cu	P	S	Si
			min	max	min	max	min	max	min	max	max	max	max	max	max
2	M65	—	—	—	—	—	—	—	—	—	—	—	0.030	0.030	—
	L80	1	—	0.43[a]	—	1.90	—	—	—	—	0.25	0.35	0.030	0.030	0.45
	L80	9Cr	—	0.15	0.3	0.6	0.9	1.1	8	10	0.5	0.25	0.02	0.01	1
	L80	13Cr	0.15	0.22	0.25	1	—	—	12	14	0.5	0.25	0.02	0.01	1
	C90	1	—	0.35	—	1.2	0.25[b]	0.85	—	1.5	0.99	—	0.02	0.01	—
	T95	1	—	0.35	—	1.2	0.25[d]	0.85	0.4	1.5	0.99	—	0.02	0.01	—
	C110	—	—	0.35	—	1.2	0.25	1	0.4	1.5	0.99	—	0.02	0.005	—
3	P110	e	—	—	—	—	—	—	—	—	—	—	0.030[e]	0.030[e]	—
4	Q125	1	—	0.35		1.35		0.85	—	1.5	0.99	—	0.02	0.01	—

a 若产品采用油淬，则 L80 钢级的碳含量上限可以增加到 0.50%。

b 若壁厚小于 17.78mm，则 C90 钢级Ⅰ类的钼的含量无下限规定。

c 若产品采用油淬，则 C95 钢级的碳含量上限可增加到 0.55%。

d 壁厚小于 17.78mm，则 T95 钢级Ⅰ类的钼含量下限可减少到 0.15%。

e 对于 P110 的电焊管，磷的含量最大值是 0.020%；硫的含量最大值是 0.010%。

NL——不限制，但所示元素含量在产品分析时应报告。

同时，API Spec 5CT 标准也规定套管螺纹，主要包括：短圆螺纹 SC、长圆螺纹 LC、偏梯形螺纹 BC；油管螺纹主要分为：不加厚油管螺纹 NU、外加厚油管螺纹 EU、整体接头油管螺纹 IJ。

目前，全世界取得 API 会标使用权的油套管生产企业共 955 家，由于油价的影响，年消耗量在 1000×10^4t 左右，占油套管消耗量的 65%左右。世界知名的油套管生产企业主要是独联体地区的 TMK 公司、美国的 US steel（美钢联）、奥地利的 Voest Alpine（奥钢联）以及 Tenaris 集团、瓦卢瑞克·曼内斯曼（V&M）等。

2）非 API 油套管

在特殊工况环境下，现行 API 标准不能满足要求，需要使用非 API 标准的油管和套管。目前，非 API 油套管用量已占总量的 35%左右，其中特殊螺纹接头油套管约占 21%。非 API 油套管主要包括深井、超深井用油套管、低温高韧性油套管、高抗挤套管、抗 H_2S 应力腐蚀油套管、抗硫和高抗挤油套管、耐 CO_2 腐蚀油套管、耐 CO_2 + 低 H_2S 或 CO_2+Cl^- 腐蚀的油套管、耐 $CO_2+H_2S+Cl^-$ 共存环境的油套管、双相不锈钢油套管、耐蚀合金油套管、稠油热采油套管等 10 多个产品系列。非 API 油套管用材则根据油套管的使用环境和性能要求选用不同的材质。耐蚀合金油套管的材质应符合表 3.1.2-2 的要求，含 H_2S 油气井环境下碳钢和低合金钢油管和套管材质应符合表 3.1.2-3 的要求。

表 3.1.2-2　耐蚀合金油套管的材质化学组分要求

材料			主要成分（质量分数）/%					钢级[b]						抗点蚀最小当量数 PRE/%[c]
组别	组织	编号[a]	C	Cr	Ni	Mo	N	65	80	95	110	125	140	—
1	马氏体	13-5-2	0.02	13	5	2	—	N	Y	Y	Y	N	N	—
1	马氏体	15-2-1	0.1	15	1.5	0.5	0.08	N	Y	Y	Y	N	N	
1	马氏体-铁素体	13-1-0	0.03	13	0.5	0	0.01	N	Y	Y	Y	N	N	
2	双相奥氏体-铁素体	22-5-3	0.02	22	5	3	0.18	Y	N	N	Y	Y	Y	35
2	双相奥氏体-铁素体	25-7-3	0.02	25	7	3	0.18	Y	N[d]	N	Y	Y	Y	37.5
2	超级双相奥氏体-铁素体	25-7-4	0.02	25	7	4	0.27	N	Y	N[e]	Y	Y	Y	40
3	铁基奥氏体	27-31-4	0.02	27	31	3.5		N	N	N	Y	Y	Y	40
3	铁基奥氏体	27-32-3	0.02	25	32	3	—	N	N	N	Y	Y	Y	—
4	镍基奥氏体	21-42-3	0.02	21	42	3	—	N	N	Y	Y	Y	Y	—
4	镍基奥氏体	22-50-7	0.02	22	50	7	—	N	N	Y	Y	Y	Y	—
4	镍基奥氏体	25-50-6	0.03	25	50	6	—	N	N	Y	Y	Y	Y	—
4	镍基奥氏体	20-54-9	0.01	20	54	9	Fe=17	N	N	Y	Y	Y	Y	—
4	镍基奥氏体	15-60-16	0.01	15	60	16	W=4	N	N	Y	Y	Y	Y	—

a 材料编号：

——第一个数字：标准铬含量；

——第二个数字：标准镍含量；

——第三个数字：标准钼含量。

b Y 表示通用可供应，N 表示通用不可供应。

c PRE=%Cr+3.3（%Mo+0.5%W）+16%N，第二组材料可以含钨。

d A75 钢级可采用。

e A90 钢级可采用。

表 3.1.2-3　碳钢和低合金钢油管和套管材质化学组分要求

钢级/ksi	55[d]	80[d]	85	90	95	110
	最大值或许可范围[e]（质量分数），%					
C	0.35	0.35	0.35	0.35	0.35	0.35
Mn	1.50	1.40	1.00	1.00	0.75	1.00
Si	0.35	0.35	0.35	0.35	0.35	0.35
P	0.020	0.020	0.015	0.015	0.010[b]	0.010[b]
S	0.010	0.010	0.010	0.010	0.005	0.005
Cr	*	1.30	1.20	1.20	0.4～1.20	0.4～1.20
Mo	*	0.65	0.75	0.75	0.15～1.00	0.15～1.00
Cu	0.20	0.20	0.20	0.20	0.15	0.15

续表

钢级/ksi	55[d]	80[d]	85	90	95	110
	最大值或许可范围[e]（质量分数），%					
Ni	0.20	0.20	0.20	0.20	0.15	0.15
Al	0.040	0.080	0.040	0.040	0.040	0.040
Nb	a	0.040	0.040	0.040	0.040	0.040
V	a	a,c	0.050	0.050	0.050	0.050
Ti	a	0.040	0.040	0.040	0.040	0.040
B	a	0.0030	0.0030	0.0030	0.0030	0.0030

a 表示不是正常加入元素。

b 表示如果 Mo 最小含量为 0.30%，P 最大含量可以提高到 0.015%。

c 由制造厂选定，可在 Nb、V、Ti 三种元素中或添加一种，或添加他们的任意组合。

d 对于 J55 和 K55 的 ERW 管需要比表更为严格的要求以保证抗 HIC 和 SOHIC。特别是 C、Mn、P 和 S 含量比表规定的最大含量更低。另外需要 Ca 处理消除延长的Ⅱ型 MnS 夹杂。

e 在购方询问有意加入到没已撸批的所有元素（不管其加入的目的如何）的最低和最高浓度，制造厂应报告。

国外非 API 油套管主要生产商是欧洲的 V&M 公司、日本钢管联盟、阿根廷 Tenaris 公司等。非 API 标准油套管的代表为：

①用于深井、超深井的超高强度套管。超高强度套管一般采用超纯净技术降低超高强度钢中的磷、硫杂质元素和气体含量，提高套管的冲击韧性。其代表有：V&M 公司的 VM-140、150、155；住友的 SM-140G、150G、155G；JFE 的 NK-140、150；川崎公司（JFE 集团）的 KO-140V、KO-150V；Tenaris 公司的 TN-135DW、TN-140DW、TN-150DW。最低屈服强度一般在 879～1090MPa 之间，最高屈服强度一般在 1090～1301MPa 之间，抗拉强度在 879～1090MPa 之间。

②高抗挤压套管。高抗挤套管主要用于深井、超深井以及盐膏层等塑性地层中，与同级别的 API 套管相比高抗挤套管具有较高的抗外挤强度、具有较轻的重量，其代表产品主要有：JFE 集团的 JFE-95T、JFE-110T；V&M 公司的 VM-80HC～140HC 系列；Tenaris 公司的 TN-80HC～140 HC 系列和 P-110IC、P-Q125 IC；住友的 SM-80～125TT 等。

③低温高韧性油套管。主要要求套管在低温条件下，具有良好的冲击韧性和较低韧脆变化。主要产品有 V&M 公司的 VM-55L～125L；住友的 SM-90L/LL-110L/LL；Tenaris 公司的 TN-55LT～125LT。

④抗 H_2S 腐蚀套管。主要用于含硫化氢地层，要求套管具有足够的抗硫化氢应力腐蚀的能力。主要产品有 JFE 集团的 JFE-80S、JFE-85S/SS～110S/SS；V&M 公司的 VM-90S～125S；Tenaris 公司的 TN-80 S/SS～125 S/SS；住友的 SM-80S～125S 和 SM-C100、SM-C110。

⑤耐 CO_2 腐蚀套管。主要用于 CO_2 的酸性地层，要求套管具有足够的抗 CO_2 腐蚀能

力，根据地层中CO_2储存状态可分为耐干性CO_2腐蚀套管、耐湿性CO_2腐蚀套管，主要产品有JFE集团的JFE-13Cr-80～95、JFE-HP1-13Cr-95～110、JFE-UHP1-15Cr-125；V&M公司的VM80-13 Cr～VM95-13 Cr、VM95-13 CrSS、VM110-13 CrSS、VM22-65～140（双相不锈钢）、VM25-75～140（超级双相不锈钢）；Tenaris公司的TN-55CS～75 CS、TN-80Cr3～110Cr3；住友公司的SM13 Cr -80～95、SM13 CrI -80～110、SM13 CrM -80～110和SM13 CrS -95～110、SM22Cr -110～125、SM25Cr -110～125。

⑥耐$CO_2+H_2S+Cl^-$腐蚀套管。在CO_2、H_2S、Cl^-共存的环境中，套管必须使用铁镍基或镍基合金套管。主要产品有V&M公司的VM28-110/125/135、VM825-110/120、VMG3-110/125、VMG50-110/125；住友公司的SM2535/2242/2035-110/125、SM2550/2050-110/125/130/140、SM2060-110/125/130/140/150/155、SM276-110/125/130/140/150；Tenaris公司的Duplex22 Cr、super Duplex25 Cr等。

非API特殊螺纹是提高非API油套管和油套管柱连接强度，实现了多级密封（金属、弹性、螺纹、台肩等）的重要手段。目前，国外有30多家著名油套管厂商的科研机构开发了140多种有专利权的特殊螺纹接头油套管（目前尚存套管63种，油管59种，见表3.1.2-4），使用量约占油套管总使用量的21%，其中欧洲油气田特殊螺纹接头油套管的使用量高达60%。VAM系列特殊螺纹接头油井管年产量110×10^4 t，已占全球特殊螺纹接头油井管的50%左右。

表3.1.2-4 国外特殊螺纹接头油套管

国别	工厂	接头类型
德国	V&M	BDS，TDS，VAM，BIG OMEGA，DINO VAM，NEW VAM，VAM ACE，VAM FJL，VAM HP，VAM MUST，VAM BHW，VAM TM，VAM TOP（FL-D，HC，HT）等
美国	Hunting	SEAL-LOCK CONNECTION（APEX，BOSS，FLUSH，HC，HT，SF，XP） TKC CONNECTION（TKC Convertible BTC，TKC Convertible EUE，TKC Convertible LTC，TKC MMS LTC，TKC BTC and Plus，TKC FJ-150） TWO-STEP CONNECTION（TS-HD，TS-HD-SR，TS-HP，TS-HP-SR）等
	Hydril	TWO-STEP CONNECTION（Hydril SLX，Hydril MAC-Ⅱ） WEDGE THREAD CONNECTION（Hydril523，513，521，511，563） WEDGE THREAD CONNECTION（Hydril CS，PH-6，PH-4）
日本	住友金属	VAM系列（VAM，NEW VAM，TM，VAM ACE，VAM TOP）
	新日铁	NSCC，NSCT，BDS，TDS
	NKK	NK3SB，NK2SC，NKEL，NKSL
	川崎	FOX，BEAR
意大利、阿根廷、日本等	Tenaris	TenarisBlue，Tenaris Blue Near Flus h，TenarisBlue SAGD，AB TC Ⅱ，AB RTS，AB ST-Ⅰ. Tenaris 3SB，Tenaris MS，Tenaris ER，Tenaris PJD

3.1.2.2　钻杆

钻杆分为API钻杆和非API钻杆。国外在常用API标准钻杆的基础上，针对超深井、大位移井、腐蚀性油气井、超短半径水平井等复杂钻井工况，研发了抗硫钻杆、铝合金钻杆、钛合金钻杆、高强度钻杆等非API标准的高性能新型材料钻杆，形成了API标准钻杆和非API高性能钻杆系列。目前，国际上最主要的钻杆生产厂家为Grant（格兰特）、V&M（瓦姆）、Tenaris等。

1）API钻杆

API钻杆是按API标准生产的钻杆，本体材料主要包括E75、X95、G105、S135等钢级，常用规格为60.3mm（2⅜ in）、88.9mm（3½ in）、114.3mm（4½ in）、127mm（5in）、139.7mm（5½ in）等。在钻井过程中，接头处要经常拆卸，接头表面受到相当大的大钳咬合力的作用，所以钻杆接头壁厚较大，接头外径大于管体外径，并采用强度更高的合金钢。钻杆的化学成分要求和性能参数如表3.1.2－5所示。

表3.1.2－5　API钻杆材料化学成分要求（质量分数）　　%

	P	S
钻杆管体E级	≤0.030	≤0.020
钻杆管体：X、G、S级	≤0.020	≤0.015
钻杆接头	≤0.020	≤0.015

钻铤一般用普通合金钢和磁导率很低的合金钢制成，材料选择可进行双方商议，但用材中硫含量的质量分数不应超过0.015%，磷含量的质量分数不应超过0.025%。

API各种钻杆尺寸、不同壁厚和钢级的钻杆性能。API新钻杆性能指标见表3.1.2－6。

表3.1.2－6　API新钻杆性能指标

钻杆尺寸/mm	公称质量/(kg/m)	最小抗挤强度/MPa				最小抗内压强度/MPa				抗扭屈服强度/N·m				最小抗拉强度/kN			
		E	X	G	S	E	X	G	S	E	X	G	S	E	X	G	S
60.3	7.22	76.1	96.4	106.6	131.5	72.4	91.7	101.4	130.3	6454	8162	9030	11606	435.5	551.6	609.7	783.9
60.3	9.90	107.5	136.2	150.6	193.6	106.7	135.1	149.3	192.0	8460	10711	11850	15239	615.4	779.5	861.5	1107.6
73.0	10.20	72.2	89.2	96.6	117.6	68.3	86.5	85.6	122.9	10941	13856	15321	19700	605.1	766.4	847.1	1089.1
73.0	15.49	113.8	144.2	159.3	204.9	114.0	114.3	159.6	205.1	15633	19809	21896	28147	954.1	1208.8	1336.0	1717.8
88.9	14.15	69.2	83.2	90.0	108.8	65.6	83.2	92.0	118.2	19144	24256	26805	34465	864.9	1095.6	120.9	1556.9
88.9	19.81	97.3	123.3	136.2	175.1	95.2	120.5	133.2	171.3	25110	31807	31156	45189	1209.1	1531.5	1692.7	2176.3
88.9	23.08	115.6	146.5	161.9	208.1	116.1	147.1	162.5	209.0	28540	36146	39956	51327	1437.1	1820.3	2011.9	2586.7
101.6	17.65	58.0	68.7	73.8	87.2	59.3	75.1	83.0	106.7	26357	33380	36905	47440	1027.3	1301.3	1438.3	1849.3
101.6	20.85	78.3	99.2	109.6	139.0	74.7	94.6	104.5	134.4	31523	39929	44132	56727	1270.5	1609.3	1778.7	2286.9
101.6	23.38	88.9	112.7	124.4	160.0	86	108.9	120.4	154.7	34926	44240	48904	62883	1443.2	1828.0	2020.5	2597.5
114.3	20.48	49.6	57.9	61.71	71.1	54.5	69.0	76.3	98.1	35061	44417	49094	63113	1202.2	1522.8	1683.2	2164.0
114.3	24.72	71.6	87.9	95.3	115.8	67.8	85.9	94.9	121.1	41691	52809	58368	75045	1471.7	1864.1	2060.4	2649.0
114.3	29.78	89.1	113.2	125.1	160.8	86.5	109.6	120.1	155.7	49948	63262	69920	89891	1835.9	2325.5	2570.3	3304.6
114.3	33.98	102.1	129.4	143.0	183.9	100.5	127.4	140.8	181.0	55467	70258	77661	99842	2098.1	2657.5	2937.3	3776.5

续表

钻杆尺寸/mm	公称质量/(kg/m)	最小抗挤强度/MPa				最小抗内压强度/MPa				抗扭屈服强度/N·m				最小抗拉强度/kN			
		E	X	G	S	E	X	G	S	E	X	G	S	E	X	G	S
127.0	24.20	48.8	55.8	59.4	67.8	53.6	67.8	75.0	96.5	47427	60076	66394	85376	1460.6	1850.2	2044.9	2629.2
127.0	29.04	69.0	82.8	89.6	108.3	65.5	83.0	91.7	118.0	55711	70570	78000	100290	1761.3	2231.0	246508	3170.3
127.0	38.12	93.1	117.8	130.3	167.5	90.5	114.5	126.7	162.9	70719	89579	99015	127311	2360.3	2990.0	3304.4	4248.6
139.7	28.59	41.9	47.8	50.3	56.0	50.0	63.4	70.1	90.0	59900	75872	83857	107815	1657.0	2099.0	2320.0	2982.6
139.7	32.61	58.2	69.0	74.1	87.6	59.4	75.2	83.2	106.9	68632	86935	96087	123542	1946.1	2465.1	2724.6	3503.0
139.7	36.78	72.1	37.8	96.5	117.6	68.3	86.5	95.6	122.9	76563	96982	107191	137819	2213.7	2804.1	3099.2	3984.7
168.3	37.53	33.2	36.5	37.8	41.6	45.1	57.1	63.1	81.1	95653	121156	133914	—	2179.1	2760.3	3050.9	—

2）抗硫钻杆

酸性油气田用抗硫钻杆根据作业条件可分为：用于钻井液液柱压力不低于地层压力的钻井施工的钻杆（SS 钻杆）和用于钻井液液柱压力低于地层压力的欠平衡钻井施工的钻杆（SU 钻杆），其化学组分符合表 3.1.2－7 的要求。

表 3.1.2－7　酸性油气田用钻杆化学组分要求（质量分数）

元素	钻杆类型	
	SS 钻杆及接头	SU 钻杆及接头
S	≤0.005%	≤0.003%
P	≤0.012%	≤0.010%

由于 H_2S 对钻杆具有很强的腐蚀性，尤其是对高强度钻杆的腐蚀更为严重，为了保证在高含硫气田钻井施工的安全，在高含 H_2S 油气田施工多用抗硫钻杆。目前抗硫钻杆主要是按 IRP 标准生产的。IRP 标准中涉及抗硫钻杆的有 IRP1 标准与 IRP6 标准，其中按 IRP1 标准生产的抗硫钻杆主要用于含 H_2S 的苛刻酸性井，按 IRP6 生产的抗硫钻杆主要用于苛刻酸性井的欠平衡钻井施工。表 3.1.2－8 和表 3.1.2－9 分别列出 IRPl 与 IRP6 标准抗硫钻杆的性能参数。

表 3.1.2－8　IRP1 标准抗硫钻杆性能参数

钢级	屈服强度/MPa	抗拉强度/MPa	冲击功*/J	抗硫性能**
SS75	517～655	655～793	≥88	85%SMYS
SS95	655～758	724～896	≥100	
SS105	724～827	793～965	≥100	
工具接头	758～862	826～1000	≥90	60%SMYS

注：* 室温全尺寸纵向冲击功单个值；** 采用 NACE 0177—2005 标准 A 方法在 A 溶液中进行试验。

表 3.1.2－9 IRP6 标准抗硫钻杆性能参数

钢级	屈服强度/MPa	抗拉强度/MPa	冲击功*/J	抗硫性能**
SU75	517～621	621～758	管体≥125 加厚端≥100	管体 95%SMYS 加厚 80%SMYS 焊缝 80%SMYS
SU95	655～758	724～896	管体≥138 加厚端≥113	
工具接头	724～827	793～965	≥120	80%S MYS

注：*室温全尺寸纵向冲击功单个值；**采用 NACE0177 标准 A 方法在 A 溶液中进行试验。

从表中可以看出，满足 IRP1 标准的 SS 系列抗硫钻杆有 SS75、SS95、SS105 三个钢级，满足 IRP6 标准的 SU 系列抗硫钻杆仅有 SU75、SU95 两个钢级（标准制定者认为该标准过于严格，按目前的技术水平，无法生产出满足该标准的 105 钢级抗硫钻杆）。目前，Grant 公司已经成功研发了 SS120 钢级的抗硫钻杆，并在油田得到应用。

3）铝合金钻杆

铝合金材质钻杆因其密度小、重量轻、比强度高、弹性变形大，所需回转扭矩小、抗冲击能力强、耐腐蚀性好、与孔壁间摩擦阻力小等优点，成为高腐蚀性地层、大位移井、定向井、超深井及深部科学钻探、海洋钻井等钻杆柱设计优选方案之一。铝合金钻杆由于生产厂家不同，使用的材质也有所不同。铝合金钻杆一般使用的合金类型有：Al-Cu-Mg、Al-Zn-Mg、Al-Cu-Mg-Si-Fe 等合金。钢钻杆材料和铝合金钻杆材料的基本性能对比如表 3.1.2－10 所示。

表 3.1.2－10 钢材料和铝合金材料的基本性能

材料类型		屈服强度/MPa	抗拉强度/MPa	延伸率/%	屈服强度与容重比/m
钢	DZ50	490	690	12.0	7424
	DZ60	590	770	12.0	8940
	G-105	724	792	11.5	10970
	S-135	920	999	9.5	13968
	V-150	1170	1240	9.0	17756
铝合金	7E04	585	645	10.2	36563
	D16T	325	460	12.0	20313
	AK4-ITI	340	410	8.0	21251
	1953TI	480	530	7.0	30001

铝合金钻杆已列入 2009 年版 ISO13085 国际标准。铝合金材料钻杆的主要优点体现在：

①密度小，强度质量比高。铝合金钻杆的密度大约是钢质钻杆的 1/3，铝合金钻杆强度与质量之比是钢质钻杆的 1.5～2.0 倍，在钻机能力一定的情况下，应用铝合金钻杆能

够达到钢质钻杆无法达到的井深；在大位移钻井中，有助于增加水平段的延伸极限；在海洋钻井中，能有效降低平台的负荷。

②耐腐蚀性好。铝及其合金元素化学特性比较活跃，当其与氧反应后会在表面形成稳定的氧化膜，阻止其与周围环境进一步反应。铝合金钻杆在饱和 CO_2 溶液里长期浸泡也不腐蚀。经过实际使用，铝合金钻杆在任何温度下都可有效防止 H_2S 和 CO_2 腐蚀，两种常用铝合金钻杆材料 D16T、1953T1 的腐蚀速率见表 3.1.2-11。

表 3.1.2-11 铝合金材料的腐蚀速率

铝合金钻杆材料	腐蚀速率/(mm/a)		
	中性溶液	酸性溶液	H_2S
	pH=7	pH=2.5	饱和
	(5%NaCl)	(5%NaCl+0.5%CH_3COOH)	溶液
D16T	0.03	0.16	无腐蚀
1953TI	0.06	0.13	

③弹性模量小。在曲率大的定向井和水平井中使用铝合金钻杆时，钻柱与裸眼井段和套管井段的摩擦力减小，并减小了对套管的磨损。铝合金钻杆具有良好的抗弯曲载荷性能，更适合曲率大的定向井和水平井。

铝合金钻杆材料的缺点是强度随着温度的升高而降低。当温度达 200℃时，材料屈服强度和抗拉强度与室温相比有明显的下降，甚至高达 40%以上。目前，塔里木油田在国内率先引进了第一批铝合金钻杆，并进行了几口井的现场应用试验。

4）钛合金钻杆

为了解决钢制钻杆在短半径水平井钻探时出现早期疲劳问题，Grant Prideco 公司与 RTI 能源系统公司联合研制了钛合金钻杆。钛合金钻杆本体是由 Ti-6Al-4V（AST M5 钛）热滚压无缝管材加工而成，具有较高的抗拉强度和抗疲劳强度、较低的弹性模量、良好的耐腐蚀性，另外 Ti-6Al-4V 材料也具有良好的热锻造、机加工及焊接性能。这种钻杆具有很高的强度，而且质量轻，耐腐蚀。

钛合金钻杆与钢制钻杆相比有如下特点：

①密度小（钢的 56%），钛的密度为 4.4g/cm^3，钢材的密度为 7.8g/cm^3；

②高屈服强度（最小 827MPa），其强度质量比为 S135 钢的 1.54 倍；

③低弹性模量，钛的弹性模量为 119GPa，而钢为 210GPa；

④具有高抗疲劳特性，在空气和钻井液环境中其疲劳性能几乎相同；

⑤在钻井液与井下腐蚀性流体中显示出优异的抗腐蚀与抗冲刷特性；

⑥循环应力在 207～276MPa 之间时，钛合金的疲劳寿命比钢高 10 倍。

钛合金钻杆与钢钻杆性能对比如表 3.1.2-12 所示。

表 3.1.2－12　钛合金钻杆与钢钻杆机械性能对比

参　数	名称	
	ϕ73.02mm×9.195S-135	ϕ73.02mm×9.19
	钢钻杆	钛合金钻杆
抗拉强度/kN	1715.0	1524.4
扭转屈服强度/（N·m）	28173.0	25042.5
最低屈服强度/MPa	930.2	826.8
弹性模量/GPa	210	119
段重/（kg/m）	15.6	9.2

对于短半径井来说，使用钛合金钻杆可以显著增加钻柱寿命。与钢制钻杆相比，在弯曲井段可减少约 45％的应力，而且允许钻杆在旋转状态下通过短半径弯曲井段；对于大位移井来说，使用钛合金钻杆可以减少扭矩和刹车阻力，降低大钩负载，在现场施工中容易控制井眼轨迹，命中大位移井靶点；对于超深井来说，使用钛合金钻杆可以提高强度重量比，允许采用更深、更安全的钻柱设计，相对于通常采取的大尺寸钻杆＋小尺寸钻杆的钻柱组合方案，提高了水力性能；此外，钛合金是超深井钻探中理想的抗 H_2S 腐蚀高强度材料。

由于钛合金钻杆制造费用比钢钻杆要高，限制了钛合金钻杆的应用与推广。

5）超高强度钻杆

随着超深井技术的不断发展，即使是 S135 钢级钻杆也不能满足井深的要求，从而运生了超高强度钻杆。目前超高强度钻杆材料有 Z140、V150、UD165（V M165）。表 3.1.2 -13 中是不同材料钻杆的性能参数对比。

表 3.1.2－13　钛合金钻杆与钢钻杆机械性能对比

材质	级别	屈服强度/MPa	管外径/mm	管内径/mm	管截面/mm^2	拉伸能力/kN	长度/m	重力/N	强度重力比	比 S135 性能提高率/％
钢	UD165（VM165）	1137	149	131	4035	4591164	14	5093	901	22
钢	V150	1034	149	131	4035	4174122	14	5093	819	11
钢	Z140	965	149	131	4035	3895194	14	5093	765	4
钢	S135	931	149	131	4035	3756180	14	5093	737	0
钛合金	Ti6Al-4V	827	149	131	4035	3339137	14	3296	1013	37
铝合金	Al-Zn-MgN	325	147	121	5469	1778120	14	3189	557	－24
铝合金	Al-Zn-MgO	480	147	121	5469	2626128	14	3189	823	12
铝合金	Al-Cu-Mg-Si-FeO	340	147	121	5469	1860125	14	3189	583	－21
铝合金	Al-Zn-MgO	350	147	121	5469	1914199	14	3189	600	－19

从表可以看出，UD165 钢钻杆的强度重力比较 S135 级提高了 22%，仅次于钛合金钻杆；UD165 钢钻杆的强度重力比优于铝合金钻杆，由于采用薄壁结构使得水力性能也优于铝合金及钛合金钻杆，这对于大位移井和深井尤为重要。

钢的延展性和刚性之比降低已成为阻碍高强度钢钻杆应用的一个重要难题，随着炼钢、轧制、热处理工艺的不断进步，为超高强度材料在高屈服强度下仍保持足够的韧性指标提供了技术支持。

6）高韧性钻杆

高韧性钻杆可满足低温环境及酸性环境以及超短半径径向水平钻井的需要。高韧性钻杆一般采用经过精练的纯净钢材，其中硫、磷等杂质和有害气体含量均有严格的要求（如：S 的质量分数≤0.010%，P 的质量分数≤0.015%），并加入 Cr 和 Mn 等提高淬透性和回火稳定性的合金元素。一般环境下使用的高韧性钻杆其屈服强度可达 931MPa；酸性条件下使用的高韧性钻杆，最小屈服强度也要达到 655MPa，最大屈服强度可达 758MPa，最小抗拉强度达到 724MPa，最高硬度（HRC）为 26。

7）复合材料钻杆

复合材料钻杆由复合材料管和钢接头组成。复合材料管是通过在卷筒上缠绕碳纤维，然后应用一种环氧基复合材料覆盖并密封而成。目前生产的复合钻杆，其成本大约是常规钢钻杆成本的 3 倍，但复合材料钻杆具有许多潜在的优势，包括质量轻、强度质量比高、超高的抗腐蚀能力和抗疲劳能力、无磁性等。

目前阻碍复合钻杆用于超长位移的大位移井、超深井和深水钻井的一个主要问题是其水力特性和效率。为了获得必要的结构特性，复合钻杆必须制造得比常规钢钻杆厚许多。根据设计参数，复合钻杆的壁厚可能要达到常规钢钻杆壁厚的 2 倍。这将明显降低管子内径，导致钻杆内的压力损失过大。由于水力效率的这种重要性，复合材料钻杆通常无法为超长位移的大位移井和超深井的钻井施工提供可行的解决方案。

8）智能钻杆

Grant Prideco 公司与 Novatek 公司共同开发了智能钻杆系统，采用了 Grant Prideco 公司的 XT 超高抗扭接头作为平台，应用非接触感应方式作为钻杆接头之间传输数据的方法，数据传输速度高达 2 Mbit/s。智能钻杆系统实现了地面和井下的双向通信，指令既可以下传至底部钻具组合以及沿钻柱的其他节点，也可以从井下各个节点上传至地面。智能钻杆系统在每根钻杆内壁安装了电缆，电缆两端各有一个感应线圈，分别嵌入钻杆公接头外端面与母接头内台肩的环形槽内。钻杆公母接头上扣后，在两个感应线圈之间存在一个微小的间隙，数据就以感应方式通过此间隙双向传输。

智能钻杆可为 LWD/MWD 提供了高速通道，获得井下实时数据，实现双向通讯，传输速率能达到 57600 bit/s，而泥浆脉冲的传输速率最大只能达到 10 bit/s。由于智能钻杆成本较高，目前主要应用海洋钻井作业，在陆上受成本的限制应用很少，在极具挑战的钻井施工中也会使用智能钻杆。2013 年 12 月，NOV 使用钻井自动化系统配合 IntelliServ 智能钻杆在 Eagleford 页岩气区进行了现场应用，IntelliServ 钻杆实现了高频井下数据的高速传输。2015 年，第二代 IntelliServ 系统在巴肯油田试验成功，应用 5in 有线钻杆在 $8\frac{3}{4}$ in井眼垂直造斜井段钻进中，实现了高速实时传输钻压、扭矩、转速、工具面方位、钻柱水平振动和轴向振动、环空压力等大量井下数据，通过数据分析，优化调整钻井参数配置，实现实时钻井优化，为自动化钻井发展提供了大数据传输手段。智能钻杆信号传输系统结构见图 3.1.2－1。

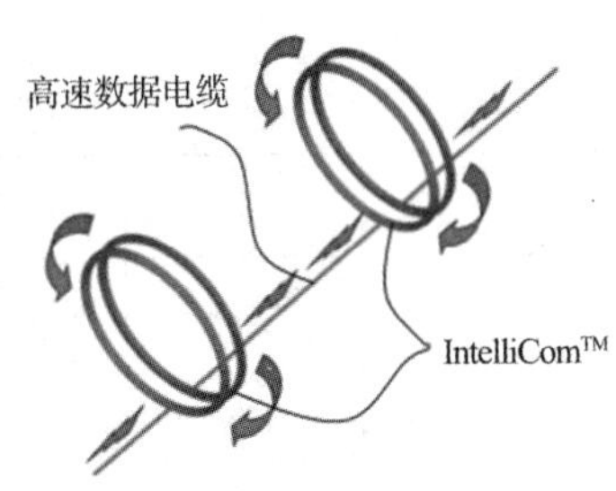

(a) 信号接收发射系统　(b) 信号耦合器　(c) 智能钻杆信号传输示意图

图 3.1.2－1 智能钻杆传输系统结构示意图

3.1.2.3 膨胀管

膨胀管分为实体膨胀管、波纹膨胀管和膨胀筛管。通常所说的膨胀套管是指实体膨胀管，通过一种机械膨胀装置，靠液体压力推进，在膨胀锥体或芯轴推进的过程中使井下管件经过塑性变形达到扩大管径的目的。膨胀套管技术是近年发展起来的一项实用技术。

实体膨胀套管主要用于封堵漏失层和高压水层、封隔破裂带、修补损坏套管和封堵已射孔套管，取代常规尾管悬挂器和尾管悬挂器封隔器，达到保持井眼尺寸稳定的目的，作为常规套管的替代产品。

根据膨胀波纹管加工及使用要求，目前可供选择的膨胀波纹管材料从化学成分上来说主要有低碳钢、低合金高强度钢或微合金钢，从用途上来说主要有结构钢管、锅炉钢管、管线钢管等。

(1) 非合金结构钢管

非合金结构钢中 20 钢、25 钢比较适合作为膨胀波纹管管材。20 钢冷加工成型性能良好，冷变形塑性高，可用于弯曲、压延、弯边等加工；20 钢的焊接性能良好，可用于制造压力低于 6.0MPa，温度不高的非腐蚀介质中工作的管子和导管等。25 钢的性能与 20 钢相似，经适当的热处理后，能获得较好的强度与韧性。该钢的冷变形塑性较高，焊接性好，无回火脆性倾向。其化学成分见表 3.1.2－14。

表 3.1.2－14 可加工膨胀波纹管的非合金结构钢管化学成分（质量分数） %

牌号	C	Si	Mn	Cr	Ni	S	P
20	0.17～0.23	0.17～0.37	0.35～0.65	≤0.25	≤0.25	≤0.035	≤0.035
25	0.22～0.30	0.17～0.37	0.50～0.80	≤0.25	≤0.25	≤0.035	≤0.035

（2）低合金高强度钢管

低合金高强度钢是在非合金钢的基础上，加入少量合金元素，提高钢材的强度或改善其某方面的使用性能而发展起来的工程结构用钢。通过对比几个系列的低合金高强度钢的化学成分和力学性能，Q295、Q345、Q390 三个系列具备较高的强度，同时具有较好的焊接性能，适用于作为膨胀波纹管材料，其化学成分和力学性能见表 3.1.2－15。

表 3.1.2－15　可加工膨胀波纹管的低合金高强度钢管化学成分（质量分数） %

牌号	C	Si	Mn	V	Nb	Ti	Al	S	P
Q295B	≤0.16	≤0.55	0.80～1.50	0.02～0.15	0.015～0.060	0.02～0.20		≤0.040	≤0.040
Q345B	≤0.20	≤0.55	1.00～1.60	0.02～0.15	0.015～0.060	0.02～0.20		≤0.040	≤0.040
Q345C	≤0.20	≤0.55	1.00～1.60	0.02～0.15	0.015～0.060	0.02～0.20	≥0.015	≤0.035	≤0.035
Q345D	≤0.18	≤0.55	1.00～1.60	0.02～0.15	0.015～0.060	0.02～0.20	≥0.015	≤0.030	≤0.030
Q345E	≤0.18	≤0.55	1.00～1.60	0.02～0.15	0.015～0.060	0.02～0.20	≥0.015	≤0.025	≤0.025
Q390B	≤0.20	≤0.55	1.00～1.60	0.02～0.20	0.015～0.060	0.02～0.20		≤0.040	≤0.040
Q390C	≤0.20	≤0.55	1.00～1.60	0.02～0.20	0.015～0.060	0.02～0.20	≥0.015	≤0.035	≤0.035
Q390D	≤0.20	≤0.55	1.00～1.60	0.02～0.20	0.015～0.060	0.02～0.20	≥0.015	≤0.030	≤0.030
Q390E	≤0.20	≤0.55	1.00～1.60	0.02～0.20	0.015～0.060	0.02～0.20	≥0.015	≤0.025	≤0.025

膨胀管技术由壳牌石油公司首先提出。主要是为了解决壳牌在墨西哥湾的海洋深井钻井作业中所遇到的一些问题。该地区随着井深的增加而不断增加的套管层次大大增加了钻井成本，有时甚至因为井眼直径已经太小而根本无法钻达目的层。于是，20 世纪 80 年代末期，壳牌开始研究膨胀管技术。1998 年，Shell 公司与 Halliburton 公司合作成立了 Eventure 公司，一直处于该领域的领军地位。此外，Baker Hughes 和 Weatherford 公司等也投入了大量人力、物力开展此方面的研究。

膨胀套管在井眼中被径向膨胀（发生大塑性变形），之后还要在严酷的井下环境中服役（承受较大的外挤力、内压力，有时还有腐蚀介质的侵蚀），所以对膨胀套管有很高的性能要求。膨胀套管应有足够的塑性变形能力，膨胀后，其力学性能、尺寸精度等应符合 API 或有关标准的规定，同时膨胀套管用钢应有较高的形变强化指数（n）、较大的均匀塑性变形延伸率、较低的屈强比、无屈服平台。

目前国外认为 K55、L80、N80、S95 和 P110 级套管可用作可膨胀管材料，特别针对 L80、K55 做了大量研究。试验表明，膨胀后管材的性能还能满足 API 标准的要求，其性能如表 3.1.2－16 所示。

表 3.1.2-16　L80 和 K55 材料膨胀前后的性能对比

材料	性能	API 5CT	未膨胀	膨胀 20%
L-80	屈服强度/MPa	551.6（最小）	567.4	568.1
	抗拉强度/MPa	655.0（最小）	668.1	722.6
	屈强比	0.84	0.85	0.79
	伸长率/%	14.0（最小）	27.1	19.4
K-55	屈服强度/MPa	379.2（最小）	484.0	547.4
	抗拉强度/MPa	655.0（最小）	761.9	799.8
	屈强比	0.58	0.64	0.68
	伸长率/%	9.5（最小）	26	27

可膨胀管管材还可采用特殊材料，Al-killed C-Mn 钢，组织状态为铁素体加珠光体，经 20%膨胀后其力学性能变化见表 3.1.2-17，与 L-80、K-55 的性能变化类似，屈服强度、抗拉强度和硬度均有不同幅度的提高，挤毁强度、冲击韧度降低，其性能指标基本接近 K-55。管材膨胀后内部会有残余的拉应力存在，经 NACE T M0177 试验，证明上述材料对应力腐蚀不敏感。

表 3.1.2-17　Al-killed C-Mn 材料膨胀前后的性能对比

性能	未膨胀	膨胀后	时效后
屈服强度/MPa	299	382	401
抗拉强度/MPa	458	507	540
屈强比	0.65	0.75	0.74
伸长率/%	19	6	5
最大伸长率/%	36	22	18
应变强化指数 n	0.19	0.07	0.07
挤毁强度/MPa	286	217	273
硬度（HRB）	72.6 ±3.9	85.6 ±0.4	89.0 ±0.3

Long Star 和 V&M 已开发出可膨胀套管系列，最高钢级 655MPa（95ksi），膨胀量达 25%以上。V&M 开发了可膨胀套管的特殊螺纹 VAMET。

3.1.2.4　波纹管

波纹管是膨胀管的一种，膨胀波纹管是将圆形管材进行冷压处理，使圆管径向发生塑性变形，管柱截面形状呈波纹状，以达到减小管外径的目的，使其可以通过上层套管顺利到达所封堵地层位置，借助液压将其膨胀，再在胀管器的作用下，使其完全膨胀成圆管，封堵复杂地层的一项新型技术。

膨胀波纹管可应用于钻井、完井及修井等作业中。主要功能是：①在钻井过程中可用于在不减小井眼尺寸的情况下封堵各种复杂地层，简化井身结构，提高钻井速度，降低钻井成本；②封隔或封固特殊的复杂井段；③补贴已损套管和废弃射孔段；④可实现深井的单一井眼尺寸钻井和单一套管尺寸完井，从而实现钻更深的直井和大位移井。

膨胀波纹管材料是波纹管生产制造中最为关键的技术问题，在很大程度上制约着膨胀波纹管的发展。根据膨胀波纹管加工以及使用要求，其材料要具有足够的强度、韧性以及良好的焊接性能，又由于需要满足必要的膨胀工艺，因此又必须具备较高的塑性变形能力。管体材料应满足以下要求：①具有良好的塑性变形能力，膨胀率 $\delta>20\%$；②具有较高的机械强度；③屈服强度低，变形硬化指数高；④具有良好的焊接性；⑤价格经济，能适应大批量推广。

1）非合金结构钢管

通过对比分析，非合金结构钢中 20 钢、25 钢比较适合作为膨胀波纹管管材。20 钢冷加工成型性能良好，冷变形塑性高，可用于弯曲、压延、弯边等加工；20 钢的焊接性能良好，可用于制造压差不大于 6.0MPa、温度不高的非腐蚀介质中工作的管子和导管等。25 钢的性能与 20 钢相似，经适当的热处理后，能获得较好的强度与韧性。该钢的冷变形塑性较高，焊接性好，无回火脆性倾向。其力学性能见表 3.1.2－18。

表 3.1.2－18　可加工膨胀波纹管的非合金结构钢管力学性能

牌号	屈服强度/MPa	抗拉强度/MPa	伸长率/%
20	≥245	≥390	≥25
25	≥275	≥450	≥23

2）低合金高强度钢管

低合金高强度钢是在非合金钢的基础上，加入少量合金元素，提高钢材的强度或改善其某方面的使用性能而发展起来的工程结构用钢。Q295、Q345、Q390 三个系列具备较高的强度，同时具有较好的焊接性能，适用于作为膨胀波纹管材料，其力学性能见表 3.1.2－19。

表 3.1.2－19　可加工膨胀波纹管的低合金高强度钢管力学性能

牌号	屈服强度/MPa	抗拉强度/MPa	伸长率/%
Q295B	≥295	390～570	≥23
Q345B	≥345	470～630	≥21
Q345C	≥345	470～630	≥21
Q345D	≥345	470～630	≥22
Q345E	≥345	470～630	≥22
Q390B	≥390	490～650	≥19
Q390C	≥390	490～650	≥20
Q390D	≥390	490～650	≥20
Q390E	≥390	490～650	≥20

3.1.2.5　连续油管

连续油管（coiled tubing，简称CT）是相对于常规的单根螺纹连接油管而言，又称为挠性油管、蛇形管或盘管，是一种缠绕在卷筒上，可以连续下入或从油井起出的一根无螺纹连接的长油管（例如长达7925 m）。连续油管钻井技术是近年来国际石油钻采业的热点话题，也是我国石油制管业面临创新的重点课题。

据ICOTA（International Coiled Tubing Association）统计，2001年世界在用连续油管作业机为841台，2010年增至1851台，截至2015年年底，世界在用连续油管作业机数量已经达到2089台，其中美国和加拿大分别为601台和327台。连续油管的优势主要包括：①降低钻井作业成本；②适用于高压油层和欠平衡压力钻井；③减少钻井事故，节省钻井液循环时间；④更适用于钻小井眼井、老井侧钻、老井加深；⑤有利于提高自动化水平；⑥保护油藏等。连续油管钻井技术在世界上用途广泛。按工艺方法分：欠平衡压力钻井、平衡压力钻井和过平衡压力钻井；按钻井和作业的类型分：垂直井、定向井、丛式井、斜井、水平井、小井眼井、裸眼井、下套管井、加深井、老井开窗侧钻、钻水泥封堵、钻塞、驱替钻井液、打捞、完井、大斜度井、水平井测井作业、井下电视摄影等；按地区分：适用于陆地、沙漠、浅海、海滩、海洋和极地等各种地区钻井。总之，国外连续油管技术已经能够对陆地和海上油气井进行20多种作业。

1）连续油管管材的性能要求

连续油管是一种高强度、高塑性并且具有一定抗腐蚀性的油气管材。根据对连续油管技术的分析，其管体材料应满足以下要求：

①高强度。采用连续油管进行修井、测井和钻井，国外作业深度可达6000m以上，国内一般在3500m以下，由于井深，要求管柱强度较高；同时连续油管在井下进行不同作业时管柱要承受拉、压、弯复合载荷，并且管子内处还要承受20～70MPa的液体或气体压力。因此，连续油管屈服强度一般要大于485MPa，抗拉强度大于552MPa。

②高塑性。连续油管缠绕在卷筒上，每次作业时从卷筒上打开矫直，经过一个称作“鹅颈”的导向拱弯曲后进入注入头，经过注入头矫直并在夹持力作用下注入井下。作业完毕后提升卷曲在卷筒上，每卷产品大约可重复使用15～25次。在一次下井过程中连续油管需要塑性变形3次，作业完毕卷曲时再变形3次。如果在水平井作业，变形次数更多，这就要求管体的伸长率不小于26%，屈强比不大于0.85。

③抗蚀性。连续油管在井下作业时，油气中可能含有H_2S、CO_2等腐蚀介质，用于酸化作业时，要用连续管向井下注入酸液，在应力和酸性介质的共同作用下，对连续油管抗腐蚀性也提出了更高的要求。

④稳定的产品质量。由于连续油管单根长度在几千米，任何一处的质量缺陷都有可能造成管柱失效，因此在连续油管制造过程中，一要确保卷板质量稳定可靠；二要确保带钢对接接头质量稳定可靠；三要确保整个ERW焊缝质量稳定可靠；最后通过严格的理化性能、射线、超声、电磁、水压等一系统检测方法确保最终产品的质量。

2）连续油管管材现状

连续油管是实现连续油管钻修井的载体，连续油管管径及其强度是决定连续油管钻井技术应用范围的主要因素之一。经过近半个世纪的发展，不仅大大提高了连续油管的强度，而且可靠性得到了很大改善，大直径连续油管的生产得以实现。1978 年制造出了外径为 31.8mm 的连续油管，20 世纪 80 年代早期出现了外径为 38.1mm 和 44.5mm 的连续油管，1990 年制造出了能够用于永久性完井的第一个外径为 50.8mm 的连续油管。为满足不断增长的连续油管作业市场，Precision Tube Technology（精密管技术公司）、Quality Tubing（优质管公司）、Southwestern Pipe（西南管子公司）等主要连续油管供应商不断将外径 60.3mm、66.8mm、73.0mm、88.9mm、114.3mm、168.3mm 各种系列上百种连续油管投入商业应用，连续油管钻井通常使用外径 60.3mm 和 73.0mm 连续油管。

连续油管材料从普通碳素钢发展成了高强度低合金钢，钢级从最初的 CT55 发展到 CT100，对应的屈服强度级别为 482～689MPa，产品性能（如强度、塑性、抗腐蚀性以及疲劳寿命等）也发生了根本性改变。同时根据酸性介质和特殊服役要求，还开发出了 16Cr、钛合金等抗腐蚀性连续油管以及玻璃纤维复合连续油管。

常用的连续油管制管材料有碳钢、调质合金钢和钛合金钢等复合材料。随着制管材料性能的改善和制管工艺水平的提高，连续油管的强度和可靠性得到了很大改善，连续油管制管材料的屈服强度可达到 620、689、758 和 827MPa。抗腐蚀性连续油管的应用，为含有 H_2S 和 CO_2 等酸性气体环境油气藏开发提供了一种安全手段，极大保障了作业者的安全。更高强度的连续油管制管材料、更大的连续油管外径和不断降低的成本是推动连续油管钻井技术革命的关键因素，极大地拓展了连续油管钻井技术应用领域。

世界上连续油管主要制造厂家集中在美国（休斯敦）的三家公司，它们是 Quality Tubing、Precision Tube Technology、Southwestern Pipe，用以制造连续油管的材料有碳素钢、调质钢和稀有材料。其中稀有材料有钛合金，其价格是碳钢材料制成的连续油管的 6 倍。Quality Tubing 生产的连续油管型号包括 QT-700、QT-800、QT-900、QT-1000、QT-16Cr、HO-70 等。

3.1.2.6 钻通设备

钻通设备主要包括井控设备、防喷器等相关闸阀管线及井下工具。井控设备是实施油气井压力控制，防止井喷，排除溢流，重新恢复井底压力与地层压力平衡的重要手段。井控设备由井口装置、液压防喷器控制系统、井控管汇、钻具内防喷工具、井控仪器仪表、井喷失控处理和特殊作业设备等组成。根据陆上钻井和海洋钻井环境的不同，两者井控装备有所不同。

井控设备是钻通设备的重要组成部分，是实施油气井压力控制的重要设备，其材质多为合金。如防喷器多用的是碳钢、低合金钢和马氏体不锈钢，井下工具的用材根据使用环境则选用高级别合金。防喷器的承压元件用钢及合金元素要求见表 3.1.2-20 和表 3.1.2-21。

表 3.1.2-20　防喷器的承压元件用钢化学组分要求

合金元素	碳钢和低合金钢限制（质量分数）/%	马氏体不锈钢限制（质量分数）/%
碳	≤0.45	≤0.15
锰	≤1.80	≤1.00
硅	≤1.00	≤1.50
磷	≤0.025	≤0.025
硫	≤0.025	≤0.025
镍	≤1.00	≤4.50
铬	≤2.75	11.0～14.0
钼	≤1.50	≤1.00
钒	≤0.30	未作规定

表 3.1.2-21　合金元素含量允许变化范围要求

合金元素	碳钢和低合金钢限制（质量分数）/%	马氏体不锈钢限制（质量分数）/%
碳	0.08	0.08
锰	0.40	0.40
硅	0.30	0.35
镍	0.50	1.00
铬	0.50	—
钼	0.20	0.20
钒	0.10	0.10

注：对于所规定的任何合金元素，这些值是其含量允许的变化范围，并且不应超过表 3.1.2-20 所给出的最大值。

1）陆上钻井井口装置

陆上钻井井口装置又称防喷器组合，其主要包括：液压防喷器、套管头、四通、过渡法兰等，其中液压防喷器是井控装备的核心。液压防喷器分为环型防喷器和闸板防喷器两种，其特点是：动作迅速，通径小于 476mm 的环型防喷器，关闭时间不应超过 30s；通径大于或等于 476mm 的环型防喷器，关闭时间不应超过 45s，使用后的胶芯能在 30min 内恢复原状。闸板防喷器关闭应能在等于或小于 10s 以内完成，闸板打开后能完全退到壳体内，操作方便。液压防喷器及液压放喷阀的开、关操作全部采用气控液或电控液的遥控方式控制。在正常情况下均在钻台上的司钻控制台上遥控操作。在钻台上无法靠近或司钻控制台遥控失灵时，可以在离井口 25m 以远的安全距离直接控制井口液压防喷器及液压放喷阀的开、关，实现对井口的控制，安全可靠。液压防喷器的壳体耐压能力高，各处密封抗磨性耐用，工作时安全可靠。液压防喷器除了可以用遥控和远程控制外，还配备了手动锁紧装置，保证在密封的情况下锁紧关闭的闸板不会自行打开，现场维修方便。拆装更换闸板或胶芯方便、省时、省力。当井内无钻具时可以更换，当井内有钻具时仍然可以更换作业。

液压防喷器组合选择包括压力级别、通径尺寸、组合形式及控制系统的控制点数的选择等。选择液压防喷器组合考虑的因素主要有：井的类别、地层压力、套管尺寸、地层流体类别、人员技术状况、工艺技术要求、气候影响、交通条件、物资供应状况以及环境保护要求等。总之，应能实现平衡钻井和节省钻井费用。

国外主要生产厂家是美国 Hydril、Shaffer、Cameron 三个公司。上述厂家生产的液压防喷器可供选择的压力等级和尺寸系列见表 3.1.2-22。

表 3.1.2-22　国外生产的液压防喷器压力等级和尺寸系列

搞定工作压力/MPa 类型 公称通径/mm	3.5 (500Psi)		7 (1000Psi)		14 (2000Psi)		21 (3000Psi)		35 (5000Psi)		70 (10000Psi)		105 (1500Psi)		140 (20000Psi)		175 (25000Psi)	
	环形	闸板	环形	闸板	环形	闸板	环形	闸板	环形	闸板	环形	闸板	环形	闸板	环形	闸板	环形	闸板
65 2 9/16 in							H		H		H							
103 4 1/16 in										C. S	H. S	C. S	H.	C.				C.
162 6 3/8 in							H											
180 7 1/16 in					H		H. C. S	H. C. S. 中	H. C. S. 中	H. C. S. 中	H. C. S.	H. C. S	H. C	H. C. S	H. C			
230 (9in)					H		H. S 中	H. S 中	H. S 中	H. S 中	H							
280 (11in)					H	中	H. C. S	H. C. S. 中	H. C. S. 中	H. C. S. 中	H. C. S	H. C. S. 中	H. C	H. C. S				
346 (13 5/8 in)							H. C. S. 中	H. C. S. 中	H. C. S. 中	H. C. S. 中	H. C. S	H. C. S. 中	H. C	H. C. S				
426 (16 3/4 in)							C	C	H. C. S	C. S	H. C	H. C. S						
476 (18 3/4 in)									H. C. S		H. C. S	H. C. S		H. C. S				
528 (20 3/4 in)							C	H. C. S										
540 (21 1/4 in)					H. C	H. C. S.			H. S	H. C		C. S						
680 (26 3/4 in)								C										
(28in)					H													
(29 1/2 in)		H																
(30in)			H. S															

注：H——海德里尔（Hydni）；C—卡麦隆（Cameron）

S——歌福尔（Shaffer）；中—国产

(1) 环形防喷器

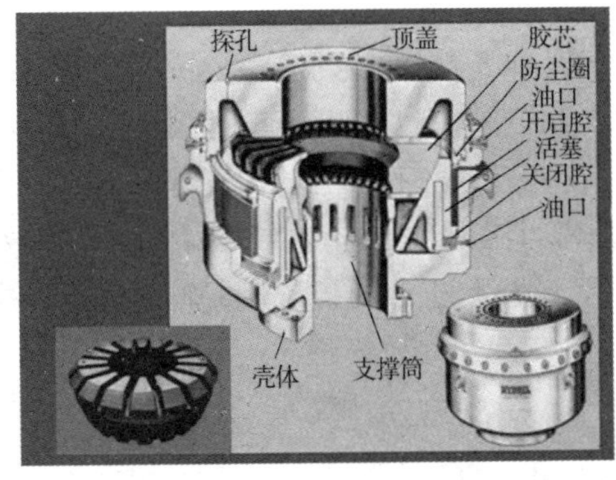

图3.1.2-2 锥形胶芯环形防喷器

环形防喷器按其密封胶芯的形状可分为锥形胶芯环形防喷器、球形胶芯环形防喷器、组合胶芯环形防喷器、方圆组合胶芯环形防喷器和筒状胶芯环形防喷器。环形防喷器可与闸板防喷器配套使用，也可单独使用。锥形胶芯环形防喷器结构见图3.1.2-2。海德里尔和歇福尔两个厂家各类胶芯的适用条件分别列于表3.1.2-23和表3.1.2-24。

环形防喷器处于关闭状态时，允许上下活动钻具，但不能过接头，不准旋转钻具。严禁打开环形防喷器来泄掉井口压力，以防刺坏胶芯。用材特点主要表现在胶芯方面。

表3.1.2-23 海德里尔胶芯适用条件

材料	颜色标志	代号	适用条件
天然橡胶	全黑	R，NR	水基泥浆，－35℃以上
丁腈橡胶	红色条带	S. NBR	油基泥浆，－7～120℃
氯丁橡胶	绿色条带	N. CR	油基泥浆，－35℃以上

表3.1.2-24 歇福尔胶芯适用条件

胶芯材料	颜色标志	系列编号第一个数字	使用条件
天然橡胶	红色	1或2	低温水基泥浆：不压井起下钻中耐磨
氯丁橡胶	黑色	3或4	含硫化氢的水基泥浆：可在油基泥浆中用，但寿命比丁腈橡胶短
丁腈橡胶	蓝色	5或6	油基和水基泥浆：含硫化氢的油基泥浆

(2) 闸板防喷器

闸板防喷器（图3.1.2-3）可换装全封、半封和剪切等三种闸板。

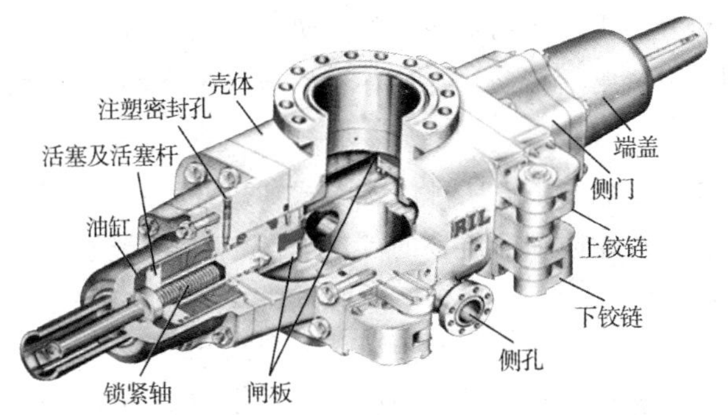

图3.1.2-3 闸板防喷器结构图

（3）旋转防喷器

旋转防喷器（图 3.1.2-4）可用于异常低压地区，诸如泡沫泥浆钻井、充气泥浆钻井以及空气或天然气钻井。也可用于高压、低渗透、低产量层段，采用低于地层压力当量泥浆密度的钻井液进行欠平衡钻进，实现边喷边钻。还可用于不压井强行起下管串作业。旋转防喷器最关键的技术参数是旋转工作转台下的动密封压力和转速。根据资料介绍，国外有产品动密封压力已达 21MPa，转速为 200r/min。歇福尔生产的低压型旋转防喷器，静密封压力为 35MPa，动密封压力为 21MPa。

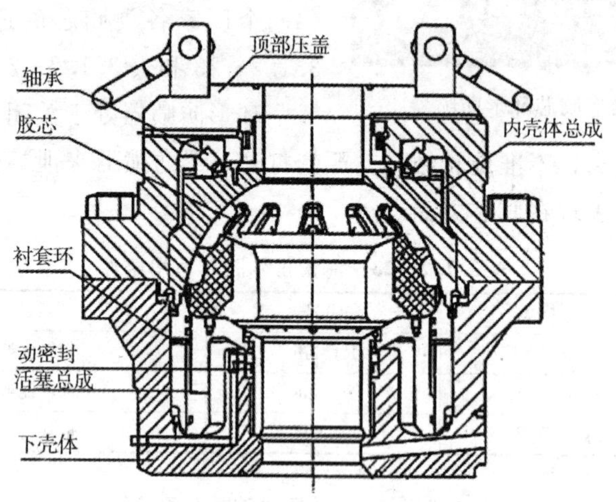

图 3.1.2-4　球形胶芯旋转（液压封）防喷器

（4）阻流和节流压井管汇

阻流管汇是指从井口防喷器下钻井四通与阻流阀组相连接的管线和阻流阀组组合的一套装置。它的主要功能是在井控作业时，控制一定的井口回压来维持稳定的井底压力。

压井管汇是指由钻井泵或固井泵到井口钻井四通相连接的高压管线及阀闸组成的装置。它的主要功能是通过管汇循环排出被污染的井内钻井液，在井控作业期间通过压井管汇向境内泵入压井液或反循环压井作业。

节流压井管汇是实施油气井压力控制技术重要的辅助装备。在钻井施工中，一旦发生溢流或井喷，可通过压井管汇循环出被浸污的泥浆或泵入加重泥浆压井，以便恢复井底压力平衡，同时可以利用节流管汇控制一定的井口回压来维持稳定的井底压力。压井管汇也可用于反循环压井。

按其额定工作压力，节流管汇有三种配置形式，压井管汇有两种配置形式。节流压井管汇其额定工作压力应与所用防喷器组合的额定工作压力相一致。从经济上考虑，在井开钻时，可安装一套此井将要配的最高压力节流管汇，这就避免了经常随防喷器组合的压力级别的改变而更换节流管汇，由此可将节流压井管汇的备用量减到最少。

节流压井管汇与防喷器连接的管线一定要平直、通径不得小于 78mm，且必须接出井架底座外。节流管汇的主放喷管线通径不得小于 78mm，对于大流量的空气钻井或天然气钻井，推荐采用通径为 100mm 的主放喷管线。防喷器组合与节流管汇之间应装一个能远程控制的液动闸阀，在节流管汇两翼至少有一翼要设置液动节流阀。采用筒形阀板结构的节流阀只能用作节流而不能用作密封。不允许将节流压井管汇作为日常灌泥浆的管线用。在低寒地区使用时，节流压井管汇可采用保温或排尽液体或灌入合适的防冻液等，做到防冻。节流管汇示意图见图 3.1.2－5，主要阀件见图 3.1.2－6。

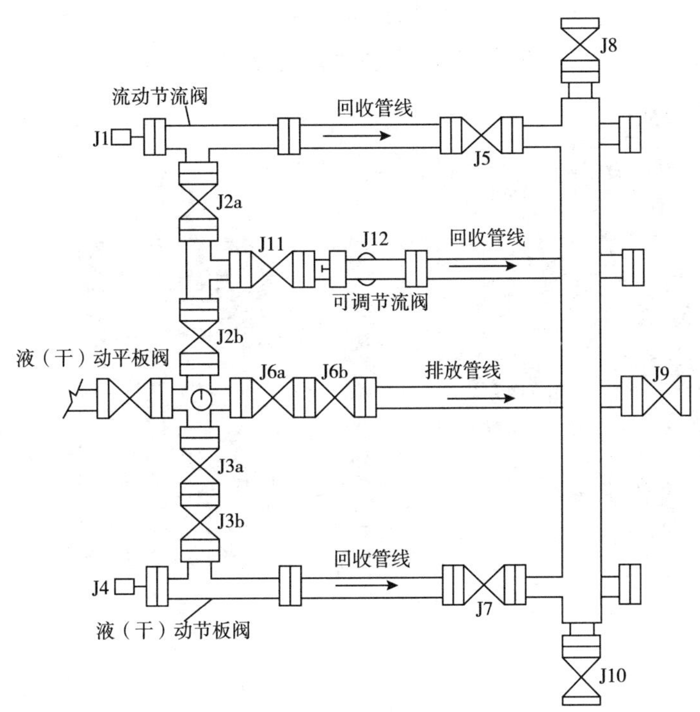

图 3.1.2－5　105MPa 节流管汇示意图

2）海洋钻井井控装置

海洋井控装备是控制溢流或井喷的关键，在进行深水井控装备的选择和配套时必须保证设备的性能与高度可靠性。

深水井控装备主要包括压井节流管线、下部隔水管组（下挠性接头、上万能防喷器、上连接器等）、防喷器组、井口连接器等水下部分，以及导流器、压井节流管汇、钻具内防喷器和防喷器控制系统等地面部分。典型的水下井控设备如图 3.1.2－7 (a)所示。

下部隔水管组（LMRP）由隔水管适配器、挠性接头、万能防喷器、液压连接器、控制盘和连接软管和接头组成。

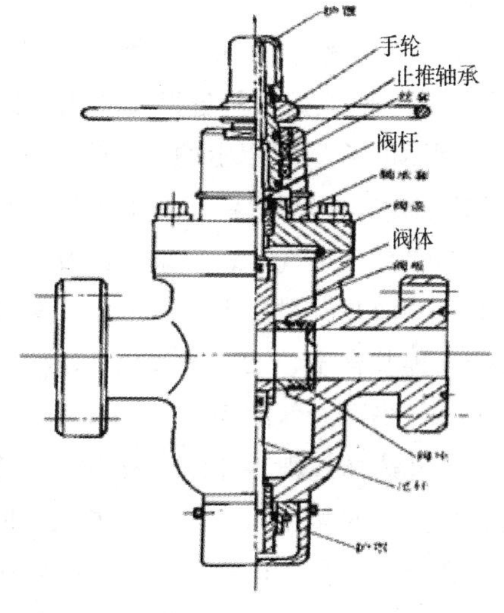

图 3.1.2－6　手动平板阀

下部隔水管组通过上连接器和防喷器组连接。防喷器组通过井口头连接器和水下井口连接。下部隔水管组和防喷器与隔水管组装在一起下入海底。上连接器和井口连接器都是液压控制的快速接头，平台紧急脱离时从上连接器脱开，钻完井后从井口连接器脱开，然后收回隔水管、下部隔水管组和防喷器组，钻井平台即可脱离井口。

深水防喷器组一般由1个万能防喷器、4～6个闸板防喷器组成。每条深水钻井平台只配置一组大通径高压力等级防喷器，常用尺寸为476.25mm（18¾ in.）、压力等级70或105MPa，质量超过200t。下部隔水管组和防喷器组见图3.1.2-7（b）。

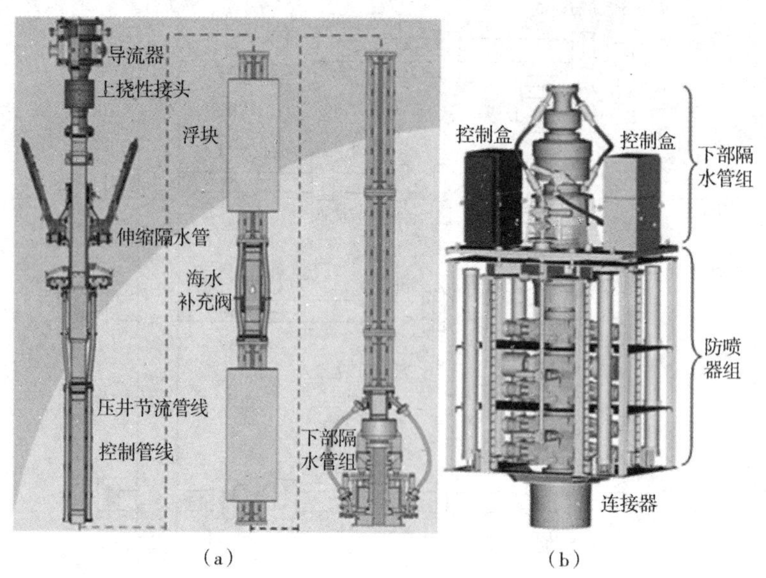

（a）　　　　　　　　（b）

图3.1.2-7　水下井控装备的基本构成

3.1.3　国内现状

随着我国经济的快速发展以及钢铁工业和机械制造水平的不断提高，我国井筒用材由20世纪80年代的大量进口发展成为自给自足，在油套管、钻杆等方面成为出口大国，并占据国际市场30%以上的市场份额。由于我国陆上油气田地质条件复杂、埋藏深，尤其是西北塔里木、四川等油田，油井管服役条件复杂多变、条件苛刻。再加上越来越多的超深井、高温高压油气井、热采井以及含硫化氢和二氧化碳等腐蚀性气体的油气井、盐膏层钻井等，对油井管材质提出了更高的要求，传统的碳素钢已无法满足更高的油气生产要求，13Cr、镍基合金、22Cr、25Cr等耐腐蚀高合金钢在油井管材质中所占的比例将越来越大。为了满足我国油气勘探开发的需要，在引进消化的基础上，研究制定了酸性条件下油套管、钻杆选择规则，开发了自主的井筒装备工具、管材用材系列，形成了基本符合我国油气开发生产的需要，成功开发了具有世界级的超深高含硫整装大型气田。

在低、中腐蚀环境下，低合金钢通过注入缓蚀剂，可有效控制腐蚀速率，但高腐蚀环境下，选择耐蚀合金是最经济有效的选材方案，选择的原则要优先考虑抗环境腐蚀开裂的能力，其次是耐均匀腐蚀性能。

在H_2S环境下，NACE MR0175、EFC16、EFC17、ISO 15156等标准不仅建立了材

料对 SCC 敏感的 H_2S 临界分压值，同时还提供了选材的指导方针，是目前 H_2S 环境下设备用材选择和试验的重要依据。

在酸性（H_2S/CO_2共存）环境下，通常可供选择的材料有马氏体不锈钢、铁素体不锈钢、奥氏体不锈钢、双相不锈钢、沉淀硬化不锈钢、固溶镍基合金、沉淀硬化镍基合金、钴基合金、钛合金、钽合金等，至于选择哪种材质，可根据工作环境、材质性能和成本进行优化。

酸性环境中油井管材质的选择，基于 H_2S/CO_2 气井管材腐蚀类型和管材抗腐蚀影响因素，参照国际和国内相关标准，依据工况（H_2S/CO_2分压等）环境，在考虑安全可靠和经济性的前提下，按图 3.1.3－1 和图 3.1.3－2 所示选用油井管材。

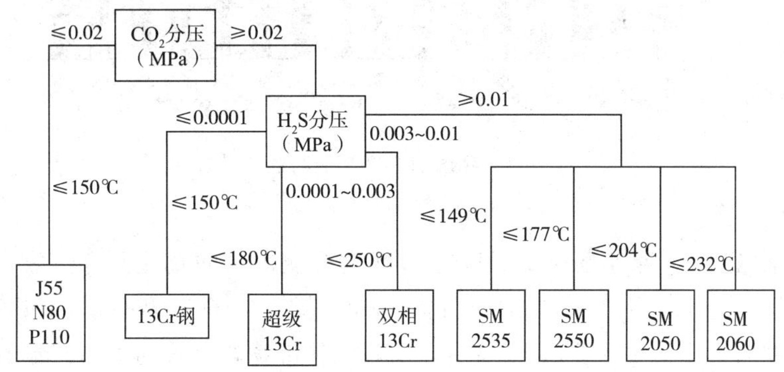

图 3.1.3－1　酸性环境下油套管选择参考图

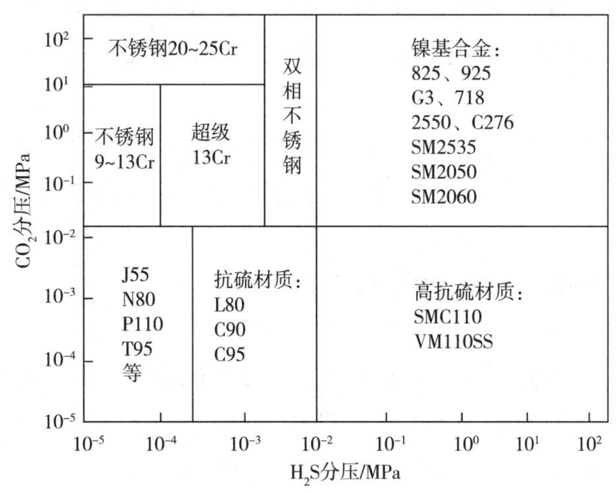

图 3.1.3－2　酸性环境下钻杆选择参考图

3.1.3.1　油套管

目前，我国油套管生产厂家众多，实力雄厚的大型管材生产企业均具备油田用材生产、研发能力，主要厂家有宝钢集团、天津钢管集团、攀钢集团、无锡西姆莱斯等，特别是宝钢、天钢等大型企业是我国油气管材研发生产的领头雁。在通用管材生产方面我国的生产能力处于世界前位，产能为 850×10^4t（约为全球的 2/3），但在特殊管材方面与国外先进企业相比还存在一定的差距，我国油套管产能与表观消耗量见图 3.1.3-3。

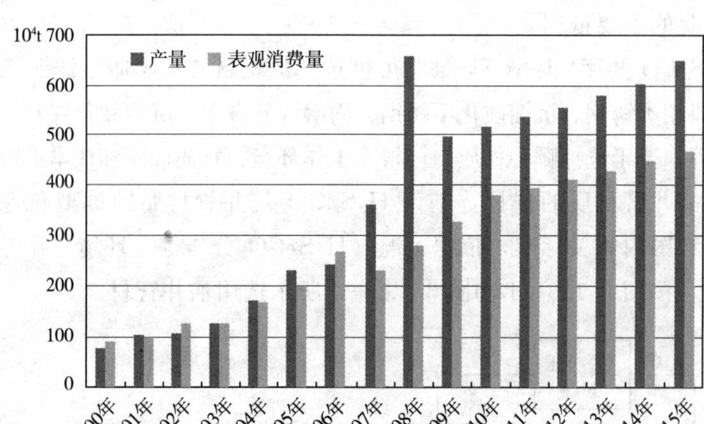

图 3.1.3-3　我国油套管产能与表观消耗量

1）API 油套管

据统计，截至 2013 年年底全世界取得 API 会标使用权的企业共 955 家，其中我国有 443 家（油套管制造企业 356 家，钻杆制造企业 87 家），占全世界的 46.4%，年生产油套管 600×10^4 t 左右，出口量占到 50%左右，随着国外市场油套管的出口限制和低油价引起的油气勘探开发投资减少，我国 API 标准系列油套管产品严重过剩。

2）非 API 油套管

随着油气田开发难度的增加，非 API 油套管的使用量将呈逐步增加的趋势，尤其是新疆、四川等地区使用量将大幅提升。目前，我国非 API 油套管用量占比在 10% 左右。

国内非 API 油套管产品总体上达到或接近国外同类产品的技术水平（见表 3.1.3-1），双相不锈钢和耐蚀合金油套管与国外产品有明显差距（见表 3.1.3-2）。目前我国非 API 油套管的代表为：

（1）天津无缝生产的非 API 系列主要有：

a）抗挤毁系列：TP80T、TP110T、TP110TT、TP125TT、TP130TT、TP140TT

b）热采井系列：TP65H、TP90H、TP100H、TP110H、TP120TH

c）抗硫化氢腐蚀系列：TP80S（S）、TP90S（S）、TP95S

d）低 Cr 抗 CO_2 腐蚀套管：TP80NC-3Cr、TP110NC-3Cr

e）高强度高韧性系列：TP65、TP90、TP100、TP125、TP140V

f）TP 系列抗疲劳高压储气井用套管：TP80CQJ、TP110CQJ

g）钻井套管：TP55D

h）特殊螺纹接头套管：TP-CQ

i）非 API 规格套管

表 3.1.3-1　国内外非 API 油套管对比

类别	国外	国内	主要特点
深井超深井用油套管	V&M 的 VM0-140～155 住友金属的 SM-95L～155 JFE 的 NK-140，NKV-150	天管的 TP140V、TP150V、TP155V 宝钢的 BG-140、BG-150 攀成钢的 CS140 衡钢的 HS140V、HS15V 西姆莱斯的 WSP-140、WSP-150	主要用于深井和超深井，在具有高强度的同时，仍保持较高的冲击韧性
低温高韧性油套管	住友金属的 SM-95L～110L、SM-110LL V&M 的 VM-55LT～125LT JFE 的 NKCT-110～125	天管的 TP80L～125L、TP80LL～125LL 宝钢的 BG80L～125L 衡钢的 HS80LT～125LT	用于寒冷地区石油天然气开采
高抗挤套管	住友金属的 SM-80T～110T、SM-95TT～125TT V&M 的 V M80HC～140HC NKK 的 NKHC-125、NKHC-140	天管的 TP80T～110T、TP80TT～130TT、TP140TT 等，其中 TP110TT～130TT 还可以生产非 API 规格（超厚）超级抗挤套管 宝钢的 BG65T～125T、BG80TT～125TT 等 攀成钢的 CS80T（T）～125T（T） 衡钢的 HS80T（T）～125LT（T） 西姆莱斯的 WSP-80T、WSP-95T、WSP-110T（T）、WSP-125T（T）	抗挤性能大幅度超过 API 标准要求
抗 H_2S 应力腐蚀的油套管	住友金属的 SM-80S～110S，SM-80SS～110SS V&M 的 VM80SS～125SS JFE 的 NKAC-110SS	天管的 TP80S～125S、TP80SS～110SS 宝钢的 BG-55S～110S、BG-80SS～110SS 攀成钢的 CS80S（S）～125S（S） 衡钢的 HS80S（S）～110S（S） 西姆莱斯的 WSP-80S（S）～WSP-110S（S）等	适用于含 H_2S 油气田作业
兼顾抗硫和高抗挤性能的油套管	V&M 的 VM-90HCS，VM-95HCS，VM-80-HCSS～110HCSS 住友金属的 SM-95TS	天管的 TP80（T）S～110（T）S、TP110（T）SS 衡钢的 HS80TS（S）～110TS（S） 西姆莱斯的 WSP-95TS（S）～110TS（S）等	可以同时满足抗硫及抗挤性能需求
耐 CO_2 腐蚀油套管	川崎的 KO-13Cr80～13Cr110、KO-HP1-13Cr95、KO-HP1-13Cr110（～180℃） 住友金属的 SM13CR-80～95	天管的 TP80NC-13Cr、TP95-HP13Cr TP110NC-13Cr、TP110-HP13Cr 宝钢的 BG95-13Cr、BG110-13Cr 等 攀成钢的 CS80-13Cr	仅含 CO_2 环境
	川崎的 KO-HP2-13Cr95、KO-HP2-13Cr110 住友金属的 SM13CRS-80～110、SM13CR M-80～110	天管的 TP95-SUP13Cr、P110-SUP13Cr 宝钢的 BGCr-110U、BG13Cr-110S 攀成钢的 CS80-SUP13Cr	含少量 H_2S 或少量 Cl^-

表 3.1.3-2 V&M与宝钢耐腐蚀合金油套管对比

品种	Vallourec	宝钢
13Cr	VM80 13Cr、VM85 13Cr、VM95 13Cr、VM95 13CrSS、VM110 13CrSS	BG13Cr-80、BG13Cr-95、BG13Cr-110、BG13Cr-110U、BG13Cr-110S
双相不锈钢	VM22 65、VM25 75、VM25S 80、VM22 110、VM22 125、VM25 125、VM25S 125、VM22 140、VM25 140、VM25S 140	
镍基合金	VM50 110、VM28 125、VMG3 125	BG 2830-110、BG 2250-110、BG 2250-125

(2) 上海宝钢生产的非API系列主要有：

a) 抗挤系列：BG-80T，BG-95T，BG-110T，BG-125T

b) 低温系列：BG-80L，BG-95L，BG-110L，BG-125L

c) 抗 H_2S 腐蚀系列：BG-80S，BG-95S，BG-80SS，BG-95SS

d) 深井系列：BG140，BG150

e) 低成本系列：BG70

f) 特殊扣系列：BGT，BGT1，BGC，HSC，SUPER MAX

g) 经济型抗 CO_2 腐蚀系列：BG55-1Cr，BG80-1Cr，BG95-1Cr，BG110-1Cr，BG80-3Cr，BG95-3Cr，BG105-3Cr

h) 经济型抗 CO_2+H_2S 腐蚀系列：BG80S-3Cr，BG95S-3Cr

i) 强度系列：BG60、BG65、BG70、BG75。满足用户对非API标准低钢级油套管的需求

j) 热采井系列：BG-D60、BG-D80

(3) 无锡西姆莱斯生产的非API系列主要有：

a) 热采井系列：WSP-105H，WSP-80H

b) 抗挤毁系列：WSP-110T

c) 抗腐蚀系列：WSP-90C

d) 特殊扣系列：WSP-1T、WSP-2T、WSP-3T

目前国产特殊螺纹品种较少，产量不高，无法生产高扭矩和具有高压缩能力的特殊螺纹套管，在高温高压、稠油热采、膨胀套管、隔水管等特殊领域更是乏善（见表3.1.3-3、表3.1.3-4）。2010年，国产特殊螺纹接头油套管产量为 25.2×10^4 t，约占油井管总使用量的13.5%，与世界平均用量21%相比还有较大差距。

表 3.1.3-3　国产特殊螺纹接头油套管

企业名称	接头型式	产量/10^4t	
		2010年	2011年
天津钢管集团股份有限公司	TP-CQ、TP-CQ（EX）、TP-G2、TP-FJTP-NF、TP-JC、TP-QR、TP-QS、TP-TS、TP-PEAK、TP-B M、TP-LC	12.2	20.8
宝山钢铁股份有限公司	BGT1、BGC、BG-PC、BG-PT	2.7	4.0
无锡西姆莱斯石油专用管制造有限公司	WSP-1T、2T、3T、WSP-FJWSP-BIJ、WSP-HK、WSP-JT、WSP-NF4/NF6/NF8	4.8	8.2
衡阳华菱钢管有限公司	HS M-1、HS M-2、HSN、HSFJ、HSXC、HSKS、NSTS	2.5	8.2
攀钢集团成都钢钒有限公司	CST-1、CST-Z	3.0	4.0
合计		25.2	45.2

表 3.1.3-4　V&M与宝钢特殊螺纹接头油套管对比

类型	Vallourec	宝钢
碳素钢	NEW VAM、NEW TM、VAM TOP、VAM 21	BGT1、BGC
耐蚀钢	VAM TOP、VAM 21	BGT1、BGC
高扭矩和高压缩能力	VAM TOP HT、VAM TOP HC	
高温、高压	VAM HP、VAM HW ST	
稠油热采	VAM SW	
膨胀套管	VAM ET	
隔水管	VAM TOP FE、VAM TTR、VAM LDR	
厚壁套管	VAM　MUST、VAM SL	
内平	VAM-FJL	
半内平	VAM-SLIJ- II	
高扭矩直连型	VAM HTF	
大直径套管	DIO VAM、BIG Ω	BHC

（4）ERW油井管

ERW焊管具有尺寸精度高，韧性好，价格较低等优点。发达国家焊接油井管的使用量已占油井管总量的50%以上。我国ERW焊管基本为低钢级J55套管，所占比例为10%。由于抗硫化氢腐蚀的ERW套管检测条件苛刻、生产工艺复杂，国内尚未开发出具有抗SSC的ERW套管，油田也没有使用该类套管。近年来，中国石油十分关注以焊接钢管替代无缝钢管的技术开发和应用推广工作，已在宝鸡建设了产能70×10^4t的“热张减+整体管热处理”ERW钢管生产线，宝钢也建设了ϕ610mmERW焊接钢管机组，为焊接钢管的推广应用创造了良好的条件。同时，相关研究机构也进行了大量的理论研究工作。

随着国内高等级ERW焊接套管生产技术水平的不断提高，用户对焊管接受和认可程度也在不断提高，从发展趋势来看，焊管替代无缝管是大方向。抗硫焊管产品由于其创新性在生产成本方面和国外产品相比具有很大优势。相对于抗硫无缝管来说，抗硫焊管在实体力学性能、尺寸精度和价格方面具有较强优势，在提高产品性能的同时能够为油田节约投资成本。尽管我国ERW已开发出API系列套管产品，但在抗硫套管产品领域仍是一片空白。因此，开发出抗硫ERW套管产品，实现焊管管体力学性能和抗硫性能的双提高，才能满足油田用户在提高产品性能要求的基础上降低生产成本。

（5）抗硫化氢油井管

抗硫化氢腐蚀套管是油井管中技术含量最高的产品，21世纪初期之前，其生产技术只被少数国外先进的大型钢管企业垄断。目前国内生产企业通过多年的努力已逐步掌握了抗硫化氢套管的制造技术，开发了具有自主知识产权的高强度抗硫化氢套管产品。从整体来看，我国抗硫化氢油井管的生产工艺装备已接近或达到国际先进水平，但在高端抗硫套管的生产技术和使用技术水平上与发达国家相比还存在着差距。最为突出是耐腐蚀抗硫焊管产品仍是一片空白，高抗挤抗硫套管产品还处于开发阶段，品种及规格不全，抗硫和抗挤毁机理缺乏定量和准确的认识，抗硫焊管和高抗挤抗硫套管的使用技术不配套，限制了产品的研发和推广应用。

高抗挤抗硫套管能够适用于盐岩层、泥岩层、盐膏层等地应力高并且含有硫化氢的地层，避免了套管受压损坏变形和硫化氢腐蚀造成的断裂，提高油田开采和开发的安全性，油田对此类产品的需求量将逐年增加。

（6）天津钢管TP-13Cr和超级13Cr油套管

天津钢管研发了低成本TP-13Cr系列马氏体不锈钢和具有良好耐蚀且强度更高的超级13Cr马氏体不锈钢TP-HP-13Cr和TP-SUP-13Cr，能够用于含高CO_2、不含H_2S和含CO_2、H_2S、Cl^-等苛刻高温环境油气井的需求，其力学性能见表3.1.3-5。

表3.1.3-5　13Cr系列油套管力学性能

钢级	屈服强度/MPa	抗拉强度/MPa	HRC
APIL80-13Cr-80	≥552	≥655	≤23.0
TP-80NC-13Cr	≥552	≥655	≤23.0
TP-90NC-13Cr	≥621	≥689	≤25.4
TP-95NC-13Cr	≥655	≥724	≤25.4
TP-100NC-13Cr	≥689	≥724	≤28.0
TP100-HP13Cr TP100-SUP13Cr	≥758	≥862	≤28.0
TP125-HP13Cr TP125-SUP13Cr	≥862	—	—

（7）宝钢BG-13Cr和超级13Cr油套管

宝钢在成功开发BG-13Cr马氏体不锈钢油套管后，又开发出适用不同井况环境的高钢级、高耐 CO_2腐蚀的 BG13Cr110、BG13Cr110U 和 BG13Cr110S 等超级 13Cr 系列油套管产品。BG13Cr110 和 BG13Cr110U 适用于高 CO_2、Cl^-井况下使用，耐 CO_2腐蚀临界温度分别达 170℃和 180℃；BG13Cr110S 将 Ni、Mo 含量分别提高到 5%和 2%，适合在含高 CO_2和少量 H_2S 的腐蚀环境下使用，其 H_2S 临界分压高达 0.01MPa。

普通 13Cr 系列不锈钢已基本实现了国产化，部分替代了进口，但高 Cr 含量的超级 13～15Cr 系列油套管与国外还有较大差距，因此需要在普通 13Cr 现有经验和技术积累的基础上，通过实验室的合金化研究，不断提高冶炼和热处理工艺，开发出具有优异综合性能的高性能高 Cr 马氏体不锈钢油套管。

（8）双相不锈钢及镍基合金油套管

双相不锈钢油套管与国外产品差距较大，与住友金属 SM22Cr-65～140、SM25Cr-75～140，SM25Cr-80～140 等系列钢种对应的产品尚处于开发初期。

镍基合金油套管仅宝钢、天津钢管等少数企业开发了如 G3、028 等部分产品。宝钢根据 ISO 13680 和 ISO 15156 标准相继开发出满足不同井况环境的高钢级、高抗 H_2S-CO_2-Cl^-腐蚀的 BG 2250—110、BG 2250—125、BG 2830—100、BG 2242—100、BG 2235—100、BG 2532—100 等系列镍基合金油套管。产品规格范围：2⅞in～8⅝in，用于高浓度 H_2S-CO_2-Cl^-酸性气井的钻探开发。产品力学性能和使用井况建议分别见表 3.1.3－6、表 3.1.3－7。

表 3.1.3－6　宝钢镍基合金油套管机械性能

钢级牌号	屈服强度/MPa		抗拉强度/MPa	硬度/HRC	延伸率/%
	最小	最大			
BG 2250-110	758	956	793	≤35	≥11
BG 2250-125	862	1034	896	≤37	≥10
BG 2242-110	758	965	793	≤35	≥11
BG 2830-110	758	965	793	≤35	≥11
BG 2235-110	758	965	793	≤35	≥11
BG 2535-110	758	965	793	≤35	≥11

表 3.1.3－7　宝钢镍基合金套管选材建议井况

钢级牌号	温度/℃	腐蚀条件	抗单质硫
BG 2250-110	149	H_2S、CO_2、pH 值及 Cl^-浓度的任意组合	是
BG 2250-125			
BG 2242-110	132	H_2S、CO_2、pH 值及 Cl^-浓度的任意组合	否
BG 2830-110			
BG 2235-110			
BG 2535-110			

高端双相不锈钢及镍基合金油井管生产技术方面，仅少量钢种实现了国产化，与国外相比，产品类别不齐全，仍有部分或全部依赖进口，还需加大研发力度，填补非API系列产品的空白。

3.1.3.2 钻杆

国内主要钻杆生产厂家有上海宝钢、渤海能克、天津钢管、无锡西姆莱斯、上海华实等，这些企业都具备API钻杆的生产能力，但在特殊钻杆生产方面各不相同。

国产钻杆接头一般都采用35CrMo合金钢。钻杆性能参数如表3.1.3-8所示。

表3.1.3-8 API钻杆材料性能参数

	屈服强度				抗拉强度	
	最小		最大		最小	
	ksi	MPa	ksi	MPa	ksi	MPa
E75	75	517	105	724	100	689
X95	95	655	125	862	105	724
G105	105	724	135	931	115	793
S135	135	931	165	1138	145	1000
接头	120	827	165	1138	140	965

1）抗硫钻杆

随着我国罗家寨、普光等高酸性气田的开发，抗硫钻杆的需求剧增，促进了我国抗硫钻杆的研究和开发，并取得阶段成果，国内多家钻杆生产厂家研发出95SS和105SS钢级的抗硫钻杆，120SS钢级抗硫钻杆已在研发当中，产品钢级与国外相同，部分抗硫钻杆性能已达到国外同类产品先进水平，形成了批量生产，在国内外市场获得了大量应用。表3.1.3-9为国内某钻杆生产厂家的抗硫钻杆性能。

表3.1.3-9 国内某钻杆厂家研发的抗硫钻杆管体性能指标

钻杆型号	HL95SS	HL105SS
化学成分（质量分数）/%	S≤0.005，P≤0.010	S≤0.005，P≤0.010
金相组织	95%以上回火索氏体	95%以上回火索氏体
晶粒度	8级或更细	8级或更细
屈服强度/MPa	655～758	724～827
抗拉强度/MPa	724～896	793～965
延伸率/%	≥17	≥17
冲击功（7.5×10×55，−20℃）/J	≥80	≥80
硬度/HRC	18～27	21～29
抗硫性能	≥85% MSYS	≥85% MSYS

由于材料强度的提高，会导致材料硬度的提高，而材料硬度的提高，会对腐蚀环境的

敏感性增强，发生腐蚀和应力腐蚀的风险性越高。因此，抗硫钻杆材料的强度受到了很大的限制。

2）铝合金钻杆

铝合金钻杆材料的缺点是强度随着温度的升高而降低。当温度达 200℃时，材料屈服强度和抗拉强度与室温相比有明显的下降，甚至高达 40%以上。目前，塔里木油田在国内率先引进了第一批铝合金钻杆，并进行了几口井的现场应用试验。

钛合金钻杆、超高强度钻杆、复合材料钻杆、智能钻杆等高性能钻杆还在研发之中，投入商业应用的很少。

3.1.3.3　膨胀管

我国可膨胀管技术研究起步较晚，1999 年才开始对可膨胀割缝管进行研究，2001 年开始实体可膨胀管的研究，2003 年胜利油田在 T61-C162 井采用 Eventure 公司生产的实体膨胀管进行了国内第一次现场应用。目前，国内从事膨胀管生产和使用的单位只有中国石油和中国石化的研究单位，每年的使用量不超过 5000m。国内对可膨胀管的技术需求非常大，仅套管补贴 1 项，就有 7000 口左右的油气井套管由于腐蚀等原因穿孔或泄漏，急需补贴大修，该数字还在以每年 1000 口井的速度增加。

3.1.3.4　波纹管

由于对膨胀波纹管材料方面研究较少，加之国外的技术封锁等原因，未见相关方面的报道。中国石化 2009 年设专题开展波纹管材料研究，优选了具有含碳低、焊接性好、延伸率高、强韧性的管材，基本满足了波纹管对材料性能的要求，并进行了加工生产和推广应用。

目前膨胀波纹管管材仅从市场上已有的材料进行优选，材料仍具有较高的屈强比。同时，因成型时受加工等设备以及焊接性能要求的限制，不能选择更高级别钢种，这成为膨胀波纹管材料选择和提高强度的“瓶颈”。

3.1.3.5　连续油管

连续油管钻井技术是近年来国际石油钻采业的热点话题，也是我国石油制管业面临创新的重点课题。中国在用连续油管做业机 90 余台，占全球在用连续油管作业机数的 2.2%。

2009 年，宝鸡钢管建成亚洲首条连续油管生产线，也是世界第三条连续油管生产线，设计年生产能力 1.5×10^4t，产品管径 25.4～88.9mm，壁厚 1.91～6.35mm。这条生产线的建成，填补了国内连续油管生产的空白。2009 年 6 月，首盘国产 CT80 钢级、$\phi31.8\times3.18$mm、7600m 长连续油管产品在宝鸡钢管成功下线，标志着我国成为继美国之后第二个能够制造连续油管产品的国家。目前可按 API Spec 5LCP、API Spec 5ST 标准要求生产满足用户需要的高质量连续管产品。2014 年 4 月，武钢研制的高强度高塑性连续管用 CT70/CT80 钢材生产成功，成为世界第三家供应该钢材的企业，打破国外技术垄断，使我国成为继美国后世界第二个连续油管生产国。宝鸡钢管连续油管规格见表 3.1.3－10。

表 3.1.3-10 宝鸡钢管连续油管规格

壁厚 WT		外径（OD）									
	in	1″	1.25″	1.5″	1.75″	2″	2.375″	2.625″	2.875″	3.25″	3.5″
in	mm	25.4	31.75	38.1	44.45	50.8	60.325	66.675	73.025	82.55	88.9
0.075″	1.905										
0.080″	2.032										
0.083″	2.108										
0.087″	2.21										
0.095″	2.413										
0.102″	2.591										
0.109″	2.769										
0.118″	2.997										
0.125″	3.175										
0.134″	3.404										
0.145″	3.683										
0.156″	3.962										
0.175″	4.445										
0.188″	4.775										
0.204″	5.182										
0.224″	5.69										
0.250″	6.35										

3.1.3.6 钻通设备

根据中华人民共和国石油天然气行业标准以及中国石油化工集团公司企业标准要求，井控设备主要包括以下七部分：

（1）以防喷器为主体的井口装置，又称防喷器组合。主要包括液压环形防喷器、液（手）动闸板防喷器、射孔防喷器、冲沙防喷器、采油（气）树、油（套）管头、四通、过渡法兰及相匹配的闸门等。

（2）液压防喷器控制系统，包括以蓄能装置和控制阀件为主的远程控制装置、司钻控制台等。

（3）以节流、压井管汇为主的井控管汇。主要包括节流管汇、放喷管线、压井管汇、注水管线、灭火管线、反循环管线、节流阀控制箱。

（4）管柱内防喷工具。主要包括管柱旋塞阀、管柱止回阀等。

（5）井控仪器仪表。主要包括循环池液面监测报警仪、返出流量监测报警仪、井液密度监测报警仪、井液返出温度监测报警仪、起管柱时井筒液面监测报警仪、泵冲等参数的监测报警仪、H_2S 检测仪等。

（6）井液加重、除气、灌注设备。主要包括井液加重设备、液气体分离器、常压式或真空式除气器、自动灌井液装置。

（7）特殊井控作业设备和工具。主要包括自封头、旋转防喷器、强行起下管柱装置、灭火设备、导流器等。具体结构见图 3.1.3－4。

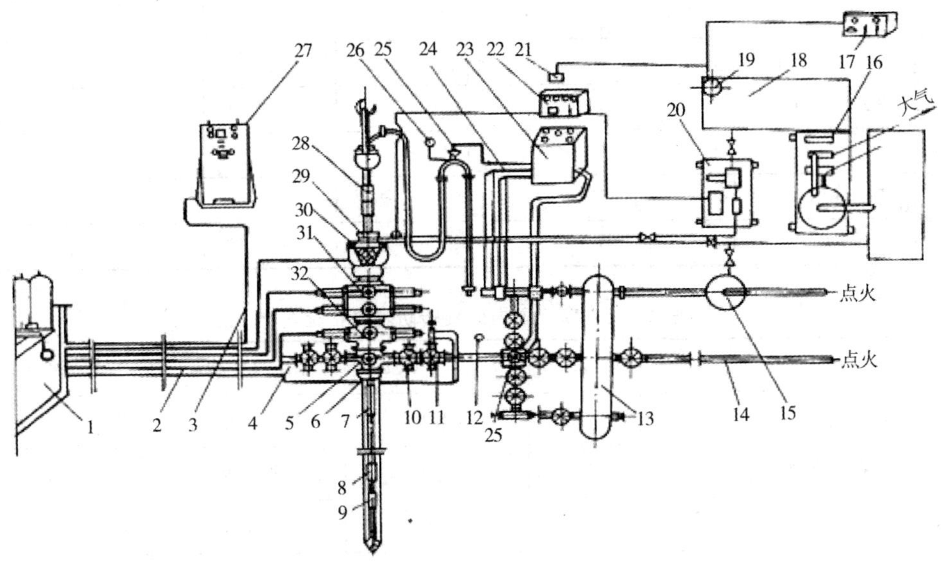

图 3.1.3－4　井控设备概况示意图

1—防喷器远程控制台；2—防喷器液压管线；3—防喷器气管束；4—压井管汇；5—四通；6—套管头；7—方钻杆下旋塞；8—旁通阀；9—钻具止回阀；10—手动闸阀；11—液动闸阀；12—套管压力表；13—节流管汇；14—放喷管汇；15—泥浆气体分离器；16—真空除气器；17—泥浆池液面监测仪；18—泥浆罐；19—泥浆池液面监测装置传感器；20—自动灌泥浆装置；21—泥浆池液面报警器；22—自灌装置报警箱；23—节流管汇控制箱；24—节流管汇控制管线；25—压力传感器；26—立管压力表；27—防喷器司钻控制台；28—方钻杆上旋塞；29—溢流管；30—万能防喷器；31—双闸板防喷器；32—单闸板防喷器

目前，我国使用的液压防喷器基本上都是国产产品，厂家主要是上海申开、重庆矿山、宝鸡石油机、华北荣盛等，生产控制系统的主要有北京石油机械厂、广州石油机械厂等。国内生产的防喷器规格见表 3.1.3－11。

在旋转防喷器方面，国产旋转防喷器动密封压力可达 7MPa，转速 80～100r/min，与国外先进技术指标相比具有较大的差距，Williams 生产的 7100 型旋转防喷器最高密封动压力可达 21MPa。国内外旋转防喷器指标对比见表 3.1.3－12。

表 3.1.3-11 国内生产的防喷器规格

通径代号	公称尺寸/mm (in)	额定工作压力/MPa					
		14	21	35	70	105	140
11	103.2 (4 1/16)	⊿	⊿	⊿	⊿	⊿	⊿
18	179.4 (7 1/16)	⊿	⊿	⊿	⊿	⊿	⊿
23	228.6 (9)	⊿	⊿	⊿	⊿	⊿	—
28	279.4 (11)	⊿	⊿	⊿	⊿	⊿	⊿
35	346.1 (13 5/8)	⊿	⊿	⊿	⊿	⊿	⊿
43	425.4 (16 3/4)	⊿	⊿	⊿	⊿	—	—
48	476.2 (18 3/4)	—	—	⊿	⊿	⊿	—
53	527.0 (20 3/4)	—	⊿	—	—	—	—
54	539.8 (21 1/4)	⊿	—	⊿	⊿	—	—
68	679.5 (26 3/4)	⊿	⊿	—	—	—	—
77	762.2 (30)	⊿	⊿	—	—	—	—

表 3.1.3-12 国内外旋转防喷器指标对比

型 号	动压/MPa	静压/MPa	最大转速/(r/min)	轴承润滑	轴承冷却	胶芯数量
Shaffer/低压型	3.5	7.0	200	低压脂润滑	无	1
Shaffer/高压型	21	35	200	高压脂润滑	水冷	1
Williams/9000 型	3.5	7.0	100	低压脂润滑	无	1
Williams/7000 型	10.5	21	100	高压脂润滑	水冷	2
Williams/7100 型	21	35	100	高压脂润滑	水冷	2
Sea-Tech 型	10.5	14	100	高压脂润滑	风冷	胶囊
RPM system/300 型	14	21	100	高压脂润滑	水冷	胶囊
FS206-70	7	14	150			胶囊
FS12-50	5	10	80			胶囊
XZ-11-05	5	10	80	高压脂润滑		1

3.1.4 存在的问题

当前，深层、深海等复杂油气藏勘探开发、剩余油气挖潜和非常规油气资源开发已成为油气勘探开发的主要阵地，高温高压、高酸性等苛刻条件对石油工程技术的要求越来越高，进而对相应配套设备及井筒用材提出更高要求，现有管材还面临着诸多挑战，特别是在深层特深层油气、高酸性油气、海洋油气、非常规油气以及老油田剩余油气的挖掘。超深特深层钻井需要重量轻、强度高、韧性好、抗疲劳、抗 H_2S、CO_2、Cl^- 等腐蚀的新型钻杆、油井管；老油田剩余油开发需要质优价廉的膨胀管、波纹管和连续管，对“躺井”修复或建立新的油气通道，提高老井单井产量和油气田采收率；非常规油气、地热、可燃冰等新型能源开发，需要进一步不断完善套管、钻杆和配套装备工具，实现能源的安全、环保、高效经济开发。概括井筒用材现状主要存在以下问题：

①在油套管方面，腐蚀一直是困扰油气井生产寿命的难题，随着深海、高温深层和复杂介质的增加愈加严重，特别是在高含 CO_2、H_2S 等腐蚀性的油气田油套管的生产寿命和安全受到严重的挑战。同时在深层地区和深海油气田生产方面高强度油套管的生产与应用也受到考验，特别是在超深、超深油气井生产的安全有待进一步提高。

②在油气井钻井钻杆方面，低密度、高强度钻井钻杆还在市场试验阶段，应用还受到挑战；在智能型钻杆研发方面取得了较大进展，使用效果良好，由于受到价格、生产工艺等方面的影响，规模有限，还有具有较大的发展空间和前景。

③在膨胀管、波纹管和连续管方面，目前世界范围内的用量和性能不断扩大和提高，但由于受材质、生产能力和手段等方面的影响价格一直居高不下。

④井口装备方面，目前世界在陆上油气开采过程中应用的井口装备根据地层条件和井身结构，形成了不同级别、不同尺寸、使用不同介质的井控装备，基本满足油气井勘探开发的需要，但在自动化控制和自我检测方面还有待进一步提升。

⑤在海洋井筒用材方面，为了满足深海油气勘探开发方面，目前应用的材质和装备均是高级别的合金和不锈钢，价格居高不下，有待开发既能满足生产要求又能降低成本的低成本材质和装备。

⑥在设计选材及标准规范方面。目前，在井筒用材设计选材及标准方面，我国形成了较为规范标准体系，针对不同的地层、井深、地层压力和环境介质有一套非常规范的标准体系，但在非常规领域还存在一些缺陷，在设计和选材中市场存在高标准的现象。如：目前新型的页岩气和煤层气开采在管材应用时大都存在高标准现象，特别是煤层气开发较为严重。一般情况下煤层气开发的深度在1000m左右，地层破裂压力在20～30MPa之间，生产压力在10MPa之内，如果按照满足地层破裂压力、满足生产压力需要，使用较为一般的套管或高强度玻璃钢管就能满足生产要求，由于高强度玻璃管没有现成的产品，在设计选材方面大多采用同等井身结构的油层套管，大大增加了油气勘探开发生产成本。

3.1.5　需求与趋势

3.1.5.1　井筒工程技术的发展趋势

随着国际油价的持续低迷，在相关学科发展的推动下以及降本增效的驱使和非常规及深水油气开发的驱动下，国内外井筒工程技术理论、设备配套、工具仪器研发、关键技术研究与应用受到高度重视并快速发展，高新和前沿技术不断突破，新理念新技术层出不穷，石油工程技术发展速度明显加快，已成为提高油气井产量、油气采收率和降低“吨油”成本的主要手段。

1）钻井技术

钻井技术主要发展趋势：一是钻井装备向自动化、多功能、模块化和专用钻机方向发展。为适应深层、深海油气勘探开发和更大位移井的需要，石油钻机趋向自动化和多功能。为提高转运效率、降低搬迁成本，钻机部件趋向模块化。针对连续管、套管钻井等特殊工艺研制专用钻机。高性能的机、电、液一体化技术促进石油钻机功能进一步完善。大量增加自动化工具仪器，减轻钻井操作者劳动强度，并更加注重健康、安全和环保。二是井下测量控制技术向智能化、自动化和信息传输高速、大容量、多通道方向发展。地质导向与旋转导向技术进一步发展和融合，测量的实时化和控制的智能化程度越来越高。可视化钻井技术将进一步完善，并逐步实现油层的智能化闭环钻进。智能完井技术的永久储层监测、井下智能流动控制和优化算法进一步完善，并从单井自我监测向完全自控的方向发展，为全自控智能油田的实现奠定基础。三是钻井流体向系列化、功能化方向发展。体系和添加剂产品种类多样，耐温和稳定性好，仿生技术和智能材料的应用将进一步增强钻井流体抗复杂井况的能力。四是技术整合向信息化、集成化方向发展。物联网、大数据、云计算、增强现实等技术的应用，为实现多个作业单元的智能互联、井下和地面实时监测和远程决策与控制提供技术手段。逐步集成实现钻测录控一体化，向未来一口井一趟钻方向发展。

2）测录井技术

测井技术主要发展趋势：一是井下仪器向高精度、阵列化、集成化发展。随钻测井不断提升传输率和可靠性，逐步实现电缆测井全系列随钻化，重点发展远探测及边界探测技术。地层测试技术发展井下实验室，精细采样及多方法检测技术。二是测量方法向多源、多波、多谱、多接收器方向发展。测井系统高速网络化，测量参数由二维向三维成像发展，提高井眼覆盖率，以适应对地层非均质性评价的需要。三是测井解释软件向综合化、网络化、可视化方向发展。测井资料应用由单井处理解释转向多井综合对比分析。精细测井评价技术综合应用于油气识别、地质与工程应用，微观评价技术发展迅速。四是射孔技术向深穿透、低伤害、大孔径、高孔密方向发展。射孔工艺适应不同井型、不同工艺以及超高温、超高压环境。

录井技术主要发展趋势：一是由定性分析向定量化方向发展。采用多种技术手段定量分析岩样（岩屑、岩心、壁心）的元素、矿物成分及其微观结构等，用于岩性识别与描述、沉积环境分析、水平井地质导向及页岩脆性评价。二是信息采集由地面向井下方向发展。在钻开地层的第一时间实时采集地层和油气信息，实现随钻地下流体分析、随钻地层压力监测等信息集成。三是录井综合解释评价向多学科信息集成和可视化方向发展。将测录井资料、数字岩心资料、油气层综合解释方法有机结合，通过数据、应用及可视化集成，实现数据管理与资料应用、单井解释与多井评价的一体化。

3）井下特种作业技术

一是储层改造技术，向大型压裂、缝网压裂的水平井细分压裂技术、提高储层导流能力的高通道压裂技术、高温深井碳酸盐岩储层的大型深度酸压技术等方向发展，清洁可重复利用压裂液及低密度高强度支撑剂将逐步得到应用；二是连续油管作业、不压井修井作业逐步成为常规作业技术，深井大修工艺技术、套管损坏检测技术、小口径套管侧钻技术和压裂效果监测技术达到较高水平；三是水平井大修技术逐步完善配套，将进一步提高水平井修井效率，延长水平井油气生产寿命，自动化修井机的应用将减少作业人员，提高劳动效率；四是高温高压高酸性高产气井以及非常规油气储层的试油气测试技术将逐步完善配套；五是复杂工况条件下的智能完井技术将进一步完善、应用规模将不断扩大；六是海上油气井作业技术将逐步向智能化方向发展，安全性能和防范能力大幅度提高。

4）海洋石油工程技术

海洋石油工程技术主要发展趋势：一是浅海区域海工装备和技术向标准化、系列化和高效化方向发展。为了提高运行效率和油气产区效益，新上项目追求高效、安全和自动化，检测维护老设施、延长寿命、提高安全性将成为工作重点之一；二是水面装备向大型化、处理设备向集成化方向发展。随着海洋油气勘探开发向更深的水域延伸，海工装备更加注重先进性、集成化和安全性，将逐步实现钻井的自动化、完井的智能化、安装就位的高效率；三是生产设施由水面向水下发展。水下生产设备及相关处理工艺成为研发重点。安全环保水下储油技术、海底工厂、海底无人值守钻机日趋受到重视；四是管理向信息化、智能化方向发展。全面推行海上设施的数字化建设和数字化管理，把全生命周期的油田管理贯穿始终。

5）石油机械制造技术

石油工程装备工具研发制造的发展趋势主要体现在：一是石油钻修机适应性、自动化、智能化程度进一步提高，能够实现自动钻井和自我监视，连续油管和不压井作业设备等高端装备技术日益成熟并获得应用推广，实现安全高效、节能环保作业理念；二是固压装备注重自动化、系统化，能够多级联动，实现施工过程的自动监测、分析和调整；三是钻头向个性化设计、精细化加工发展，应用新材料，延长钻头寿命，提高机械钻速；四是油气储运装备向大型化、智能化、成套化方向发展。

3.1.5.2　井筒用材需求

随着油气勘探开发的不断深入和非常规油气以及新能源领域的兴起，石油工程技术面临着诸多的挑战和难题，特别是井筒工程技术需要系列技术创新和攻关才能满足油气勘探开发的需求，在井筒工程用材方面也需要不断地创新，推出系列高质量、低成本、高性能的管材才能满足油气勘探开发的需要，提高油气勘探开发的效益。

1）油套管

目前，我国API标准油套管生产能力和水平基本进入世界先进行列，产品在满足国内油气勘探开发需要的同时大量出口到国际市场，但是，随着勘探开发的不断深入和新兴能源领域的拓展，在非API油井管系列产品还存在一定的不足，特别是高性能、低成本油套管方面需要研发生产。主要需求是：①抗腐蚀油套管：CO_2和少量H_2S和/或Cl^-环境用的超级13Cr、22Cr双相不锈钢、25Cr超级双相不锈钢油套管；②高韧性套管：夏比冲击韧性（J）达到屈服强度（MPa）十分之一的 V140、V150 钢级高韧性套管；③耐蚀合金油套管：G3、825 和 028 套管，028 和 825 油管；④抗硫油套管：125SS 和 140S 钢级抗硫油套管；⑤超高抗挤强度套管：抗挤性能达到 API 标准规定值 160％以上的超高抗挤套管；⑥耐腐蚀合金油井管：$H_2S+CO_2+Cl^-$ 和 S 元素共存时的较经济的耐蚀的镍基合金油套管；⑦满足煤层气开发的玻璃钢、复合材料的低成本套管；⑧满足高温地热开发耐高温、抗腐蚀的低成本套管等。

2）钻杆

对照国外现有非 API 钻杆系列产品，根据我国油气勘探开发需求和未来石油工程发展趋势，拓展我国高端钻杆品种，主要有：①铝合金、钛合金钻杆，降低钻杆单位重量，扩大钻杆水眼面积，增大水马力，提高钻杆钻深能力；②高抗硫钻杆：满足 IRP（或类似标准）的抗硫钻杆（SS105，SU95 等）；③超高强度钻杆：满足“先漏后破”准则的 1034MPa（150ksi）和 1172MPa（170ksi）钢级钻杆；④高强度抗硫钻杆：SS120 和 SS135（140）钢级抗硫钻杆；⑤智能钻杆：满足井下数据高速传输要求和地面动力传输的要求；⑥碳纤维复合材料钻杆。

3）膨胀管、波纹管和连续油管

膨胀管、波纹管和连续油管主要需求是：①具有良好的塑性变形能力和较高的机械强度，屈服强度低，变形硬化指数高的膨胀管、波纹管材料；②高强度、高塑性连续油管材料；③钛合金、玻璃纤维等新型连续油管材料。

4）钻通设备

钻通设备的主要需求是：①提高材料抗 H_2S 性能。使用钴基多相合金 UNSR3005 作为剪切闸板的剪切刃，将其焊接在由超耐热不锈钢 UNSR66286 制成的闸板上，达到防 H_2S 目的；②对于密封橡胶件，改进其配料方法、工艺工序，探索适宜的温度、硬度等，进一步提高其耐磨性、耐油、耐酸碱性；③研制特殊耐腐蚀不锈钢防喷器。

3.1.5.3 研发方向

针对目前我国油气勘探开发需要，井筒用材方面主要开展的工作是拓展非 API 油套管系列产品、研发高性能油气井钻井钻杆、丰富高强度膨胀管、波纹管和连续油管产品系列、提升井口装置的可靠安全性能。①拓展非 API 油套管系列产品，研制开发适用于 CO_2 和少量 H_2S 和/或 Cl^- 环境用的超级 13Cr、22Cr 双相不锈钢、25Cr 超级双相不锈钢等抗腐蚀油套管，开发 125SS 和 140S 钢级抗硫油套管，开发满足煤层气开发的玻璃钢、复合材料的低成本套管，开发满足高温地热开发耐高温、抗腐蚀的低成本套管等；研发高性能油气井钻井钻杆：研制开发满足 IRP（或类似标准）的抗硫钻杆（SS105，SU95 等）高抗硫钻杆，研制开发满足“先漏后破”准则的 1034MPa 和 1172MPa（170ksi）钢级的超高强度钻杆，研制开发 SS120 和 SS135（140）钢级高强度抗硫钻杆；丰富高强度膨胀管、波纹管和连续油管系列，研制开发具有良好的塑性变形能力和较高的机械强度，屈服强度低，变形硬化指数高的膨胀管、波纹管材料；提高井口装置的安全性能，一是提高材料抗 H_2S 性能。使用钴基多相合金 UNSR3005 作为剪切闸板的剪切刃，将其焊接在由超耐热不锈钢 UNSR66286 制成的闸板上，达到防 H_2S 目的；二是对于密封橡胶件，改进其配料方法、工艺工序、探索适宜的温度、硬度等，进一步提高其耐磨性、耐油、耐酸碱性。

在未来一段时间里要进一步丰富井筒用材产品系列，提高产品质量。在油套管方面研制开发夏比冲击韧性（J）达到屈服强度（MPa）1/10 的 V140、V150 钢级高韧性套管，G3、825 和 028 套管，028 和 825 油管耐蚀合金油套管，开发抗挤性能达到 API 标准规定值 160%以上的超高抗挤套管，$H_2S+CO_2+Cl^-$ 和 S 元素共存时的较经济的耐蚀的镍基耐腐蚀合金油套管和满足煤层气开发的玻璃钢、复合材料的低成本套管；在钻井钻杆方面，研制开发降低钻杆单位重量，扩大钻杆水眼面积，增大水马力，提高钻杆钻深能力的铝合金、钛合金钻杆；研制开发满足“先漏后破”准则的 1034MPa（150ksi）和 1172MPa（170ksi）钢级超高强度钻杆，研制开发满足井下数据高速传输要求和地面动力传输的要求的智能钻杆和碳纤维复合材料钻杆；在膨胀管、波纹管和连续油管方面，开发高强度、高塑性大尺寸连续油管材料和钛合金、玻璃纤维等新型连续油管材料；在钻通设备方面研制开发特殊耐腐蚀不锈钢防喷器。研制适合于海洋、沙漠等恶劣环境下，如 H_2S、CO_2、盐水、碱母液、海水、硝酸不同腐蚀介质的高强度耐高、低温材料不锈钢防喷器。

3.2　地面工程用材

3.2.1　地面工程用材选择原则

3.2.1.1　一般要求

石油石化装置选材应根据管道级别、设计温度、设计压力和介质特殊要求等设计条件，以及材料的耐腐蚀性能、加工工艺性能、焊接性能和经济合理性等综合考虑后选用。

受压元件（螺栓除外）用材料应有足够的强度、塑性和韧性，在最低使用温度下应具备足够的抗脆性断裂能力。

选用的材料应具有足够的稳定性，包括化学性能、物理性能、耐蚀和耐磨性能、抗疲劳性能和组织稳定性等。

选择材料时，应考虑不同材料间相互连接或接触，在工艺过程中可能产生的有害影响。

用于焊接的碳钢或低合金钢，其碳含量不应大于 0.3%。

采用未形成国家或行业标准的新材料时，应经过适当级别的技术鉴定和国家质检总局委托进行的技术评审，并根据设计条件核对材料的各项性能指标。

采用国外材料时，应选用国外规范允许使用的材料，其使用范围应符合相应规范的规定，并应有该材料的质量证明文件。

3.2.1.2　材料标准

相关材料的国际标准及对应的国内标准见表 3.2.1－1。

表 3.2.1-1 国内外材料标准

国际标准	国内标准
EFC 16：Guidelines on materials for carbon and low alloy steels for H_2S-containing environments in oil and gas production.（油气开采中用于含 H_2S 环境的碳钢和低合金钢材料要求指南）	无
EFC 17：Corrosion resistant alloys for oil and gas production：Guidance on garneral requirement and test met hod for H_2S service.（油气开采中用于含 H_2S 环境的耐蚀合金的通用要求和试验方法）	无
NACE MR0175：Metals for Sulfide Stress Cracking and Stress Corrosion Cracking Resistance in Sour Oilfield Environments.（酸性油田环境中抗硫化物应力开裂和应力腐蚀开裂的金属材料）	SY/T 0599：天然气地面设施抗硫化物应力开裂和应力腐蚀开裂的金属材料要求（Metallic materials requirement on resistance to sulfide stress and stress corrosion cracking for natural gas surface equipment）
ISO 15156/NACE MR 0175：Petroleum and natural gas industries—Materials for use in H_2S-containing environment in oil and gas production. Part1：General principles for selection of cracking-resistant materials. Part2：Cracking-resistant carbon and low alloy steels and the use of cast irons. Part3：Cracking-resistant CRA（corrosion-resistant alloys）and other alloys. （石油天然气工业油气田开采中用于含 H_2S 环境的材料 第 1 部分：选择抗裂纹材料的一般原则 第 2 部分：抗开裂碳钢、低合金钢和铸铁 第 3 部分：抗开裂耐蚀合金和其他合金）	GB/T 20972：石油天然气工业油气田开采中用于含 H_2S 环境的材料 第 1 部分：选择抗裂纹材料的一般原则 第 2 部分：抗开裂碳钢、低合金钢和铸铁 第 3 部分：抗开裂耐蚀合金和其他合金 （Petroleum and natural gas industries—Materials for use in H_2 S-containing environment in oil and gas production Part1：General principles for selection of cracking-resistant materials Part2：Cracking-resistant carbon and low alloy steels and the use of cast irons Part3：Cracking-resistant CRA（corrosion-resistant alloys）and other alloys）

3.2.1.3 常用材料产品标准

相关常用材料的产品标准见表 3.2.1-2。

表 3.2.1-2 常用材料产品标准

标准号	标准名称
GB/T 699	优质碳素结构钢
GB/T 710	优质碳素结构钢热轧薄钢板和钢带
GB/T 713	锅炉和压力容器用钢板
GB/T 3077	合金结构钢
GB/T 3087	低中压锅炉用无缝钢管
GB/T 3091	低压流体输送用焊接钢管
GB/T 5310	高压锅炉用无缝钢管
GB/T 6479	高压化肥设备用无缝钢管

续表

标准号	标准名称
GB/T 8163	输送流体用无缝钢管
GB/T 9711	石油天然气工业管线输送系统用钢管
GB/T 9948	石油裂化用无缝钢管
GB/T 12771	流体输送用不锈钢焊接钢管
GB/T 13296	锅炉、热交换器用不锈钢无缝钢管
GB/T 14976	流体输送用不锈钢无缝钢管
GB/T 18984	低温管道用无缝钢管
GB/T 21833	奥氏体-铁素体型双相不锈钢无缝钢管
NB/T 47008	承压设备用碳素钢和合金钢锻件
NB/T 47009	低温承压设备用低合金钢锻件
NB/T 47010	承压设备用不锈钢和耐热钢锻件
API 5L/ISO 3138	Specification for Line Pipe（管线钢规范）
ISO 3138	Petroleum and natural gas industries-steel pipe for pipeline transportation systems
ASTM	美国材料与试验学会标准

3.2.1.4　检验标准

油气田设备用材料的实验室的检验标准见表 3.2.1－3。

表 3.2.1－3　材料检验标准

国际标准	国内标准
NACE TM0177：Laboratory testing of metals for resistance to specific forms of environmental cracking in H_2S environment（金属在硫化氢环境中抗硫化物应力开裂和应力腐蚀开裂的实验室试验方法）	GB/T 4257：金属在硫化氢环境中抗特殊形式开裂实验室试验（Laboratory testing of metals for resistance to specific forms of environment cracking in H_2S environment）
NACE TM0284：Evaluation of pipeline and pressure vessel steels for resistance to hydrogen-induced cracking（管线钢和压力容器抗氢致开裂性能评定）	GB/T 8650：管线钢和压力容器抗氢致开裂性能评定（Evaluation of pipeline and pressure vessel steels for resistance to hydrogen-induced cracking）
NACE SP0472：Methods and controls to prevent in-service environment cracking of carbon steel weldments in corrosive petroleum refining environments（腐蚀性石油开采环境中防止碳钢焊接件在线环境开裂的方法及措施）	SY/T 0599：控制钢制设备焊缝硬度防止硫化物应力开裂技术规范（Technical specification of controlling weld hardness of steel equipment to prevent sulfide stress cracking）
NACE SP0198：Slow strain rate test method for screening corrosion-resistant alloys（CRAs）for stress corrosion cracking in sour oilfield service（酸性油田环境中筛选抗应力腐蚀开裂耐蚀合金的慢应变速率试验方法）	GB/T 15970.7：金属和合金的腐蚀　应力腐蚀试验　第 7 部分：慢应变速率试验（Corrosion of metals and alloys-stress corrosion testing part 7：slow strain rate testing）

3.2.1.5 常用高合金材料使用限制

1）奥氏体不锈钢

奥氏体不锈钢在一般的电化学腐蚀环境（如湿 CO_2 腐蚀环境）中有着较好的耐腐蚀性，但当介质中有较高浓度的 Cl^- 和 H_2S 时，则可能导致奥氏体不锈钢出现较严重的点腐蚀和应力腐蚀开裂。推荐的使用限制件见表 3.2.1－4。

表 3.2.1－4　奥氏体不锈钢使用限制

材料种类	温度/℃ ≤	H_2S 分压/kPa ≤	Cl^- 浓度/（mg/L）≤	pH	备　注
符合注 1 的奥氏体不锈钢	60	100	见备注	见备注	工况环境中的 Cl^- 浓度和原位 pH 任何组合都是可接受的
	60	350	50	见备注	工况环境中的任何原位 pH 是可接受的
S31600	93	10.2	5000	≥5.0	
S31603	149	10.2	1000	≥4.0	
S20910	66	100	见备注	见备注	工况环境中的 Cl^- 浓度和原位 pH 任何组合都是可接受的

注：1. C，0.08％ max；Cr，16％ min；Ni，8％ min；P，0.045％ max；S，0.04％ max；Mn，2.0％ max；and Si，2.0％ max

2. 用于本表工况的奥氏体不锈钢应是固溶退火＋淬火或退货＋热稳定化热处理状态，不允许以冷加工来提高机械性能，且最大硬度为 22HRC。

3. S20910 在退火或热轧（热/冷加工）状态下，最大硬度为 35HRC。

4. 用于本表工况的奥氏体不锈钢还应考虑限制其马氏体的含量。

2）双相不锈钢

双相不锈钢在一般的电化学腐蚀环境下和 Cl^- 环境下都具有较好的耐腐蚀性能，但对于湿 H_2S 工况，双相不锈钢则表现出较为敏感的应力腐蚀开裂倾向，使用时应注意，推荐的使用限制见表 3.2.1－5。

表 3.2.1－5　双相不锈钢使用限制

材料种类	温度/℃ ≤	H_2S 分压/kPa ≤	Cl^- 浓度/（mg/L）≤	pH	备　注
$30 \leqslant F_{PREN} \leqslant 40$ Mo≥1.5％	232	10	见备注	见备注	工况环境中的 Cl^- 浓度和原位 pH 任何组合都是可接受的
S31803（HIP）	232	10	见备注	见备注	
$40 \leqslant F_{PREN} \leqslant 45$	232	20	见备注	见备注	

注：1. 双相不锈钢锻件和铸件应是固溶退火＋淬火状态，铁素体含量在 35％～65％，且不进行时效处理。

2. 热等静压生产（HIP）的双相不锈钢 UNS S31803 最大硬度不超过 25HRC，且应为固溶退火＋淬火状态，铁素体含量在 35％～65％，不进行时效处理。

3. F_{PREN} 值越高，抗蚀能力越高，但在制造期间 F_{PREN} 会使材料的铁素体中形成 σ 和 α 基本相的增加。标出 F_{PREN} 的范围表示形成 σ 和 α 基本相的危险程度降至最低程度。

3）固溶镍基合金

固溶镍基合金是工业中应用较为广泛的一种具有优良耐电化学腐蚀、高浓度 Cl^- 和 H_2S

工况的高合金材料。常见的镍基合金材料有 UNS N08825、UNS N06625、哈氏合金 276 等。

3.2.1.6　典型介质工况选材推荐

1）湿 H_2S 腐蚀工况

湿 H_2S 腐蚀况选材如表 3.2.1－6～表 3.2.1－8 所示。

表 3.2.1－6　抗 SSC 的碳钢、低合金钢和铸钢

材料种类	标准	牌号	用途
碳钢	GB/T 699	20	各类管件
	GB/T 710	20	
	GB/T 711	20	
	GB/T 699	25、30、35	阀体、阀盖、法兰
	NB/T 47008	20、35	
	GB/T 12229	WCB、WCC	阀体
	GB/T 699	25、30、35	螺栓
	GB/T 713	Q245R	设备及压力容器壳体
	ASTM	A105、A350 LF2、WCB/WCC、LCB/LCC	承压元件
低合金钢	GB/T 713	Q345R	设备及压力容器壳体
	NB/T 47008	16Mn	承压元件
	NB/T 47009	16MnD	
	GB/T 3077	35CrMo	螺栓
	ASTM	A193 B7M/L7M	螺栓

注：1. 本表列出的材料为推荐的抗 SSC 的碳钢及低合金钢牌号，在没有附加要求时可能不抗 SOHIC、SZC、HIC 或 SWC，在湿硫化氢工况选用时应配合 SSC 分区材料使用附加要求使用。

2. 本表推荐的材料不抗电化学腐蚀，选用时应根据工况考虑合适的防腐蚀措施或选用高合金钢。

表 3.2.1－7　抗 SSC 的管材

材料种类	标准	牌号	用途
碳钢	GB/T 3087	20	设备接管、采集气管道、管件等
	GB/T 5310	20G	
	GB/T 6479	20	
	GB/T 9948	20	
	ASTM	A106 Gr. B、A333 Gr. 6	
碳钢和低合金钢	GB/T 9711	L245N/Q～L360N/Q	设备接管、采集气管道、管件等
		L245M～L360M	
		L245S～L360S	
	GB/T 9711（参照）	Q245R、Q345R	
	ASME/ASTM	SA516 Gr. 60～Gr. 70	

注：1. 本表列出的材料为推荐的抗 SSC 的碳钢及低合金钢牌号，在没有附加要求时可能不抗 SOHIC、SZC、HIC 或 SWC，在湿硫化氢工况选用时应配合 SSC 分区材料使用附加要求使用。

2. 本表推荐的材料不抗电化学腐蚀，选用时应根据工况考虑合适的工艺防腐蚀措施。

表 3.2.1-8　SSC分区材料使用附加要求

SSC分区	附加技术要求（螺栓和高合金钢除外）
SSC 1区	1. 材料应是热轧（仅限碳钢）、退火、正火、正火+回火、调质的一种； 2. 最大硬度为22HRC或248HV10或相当（包括母材和焊接接头）； 3. 最小规定屈服强度（SMYS）不超过360MPa，最大实测抗拉强度不超过630MPa； 4. 焊后热处理
SSC 2区	1. SSC 1区的附加要求； 2. 要求材料具备一定的低温冲击韧性（可适当规定材料的低温冲击试验）； 3. 考虑采用工艺防腐蚀措施或选用高合金钢
SSC 3区	1. SSC 2区的附加要求； 2. 对碳钢和低合金钢，C≤0.2%、P≤0.015%、S≤0.003%； 3. NACE A溶液的HIC试验（包括母材和焊接接头）； 4. NACE A或模拟工况的SSC试验（选做，包括母材和焊接接头）； 5. NACE A溶液或模拟工况的SOHIC和SZC试验（选做，仅焊接接头）

注：1. 本表列出的附加要求为推荐性要求，设计时应根据具体工况确定合适的技术要求。
2. 当选用高合金钢材料时，使用限制参见高合金钢相关标准。
3. 选用高合金材料时，可根据实际情况优先选用碳钢-高合金钢复合材料。
4. 连接方式宜采用对焊或法兰连接，螺纹连接仅限仪表件。
5. 对阀门等有密封要求的部件宜考虑微泄漏要求。
6. 用于阀门、法兰、盲板等部件的非金属密封件也应考虑H_2S对材料性能的影响。

2）湿CO_2腐蚀工况

湿CO_2腐蚀工况选材如表3.2.1-9所示。

表 3.2.1-9　湿CO_2腐蚀工况选材

CO_2腐蚀等级	推荐的材料及要求
轻度腐蚀	可选用碳钢或低合金钢材料+腐蚀裕量（3mm）
中度～重度腐蚀	1. 选用碳钢或低合金钢+腐蚀裕量（3～6mm）+防腐蚀措施（如缓蚀剂、涂层等）； 2. 选用奥氏体不锈钢； 3. 用双相不锈钢（无法选用奥氏体不锈钢时）； 4. 选用碳钢或低合金钢-非金属复合材料或非金属材料

注：1. 如介质中同时含有H_2S，应结合H_2S选材要求共同考虑。
2. 高合金钢的使用限制参见高合金钢相关标准。
3. 选用高合金材料时，可根据实际情况优先选用碳钢-高合金钢复合材料。
4. 碳钢或低合金钢-非金属复合材料或非金属材料不宜用于含有H_2S的工况。

3）湿CO_2+高温元素S腐蚀工况

湿CO_2+高温元素S腐蚀工况选材如表3.2.1-10所示。

表 3.2.1-10　湿CO_2+高温元素S腐蚀工况选材

CO_2腐蚀等级	推荐的材料及要求
轻度腐蚀	可选用碳钢或低合金钢材料+腐蚀裕量（3mm）
中度～重度腐蚀	1. 选用奥氏体不锈钢； 2. 选用双相不锈钢或更高合金（无法选用奥氏体不锈钢时）

注：1. 如介质中同时含有H_2S，应结合H_2S选材要求共同考虑。
2. 高合金钢的使用限制参见高合金钢相关标准。
3. 选用高合金材料时，可根据实际情况优先选用碳钢-高合金钢复合材料。

4）脱盐结晶腐蚀工况

脱盐结晶腐蚀工况选材如表3.2.1-11所示。

表3.2.1-11 脱盐结晶工况选材

设备或材料部位	推荐的材料及要求
换热管	纯钛（如TA1、TA2……）
设备及管道	1. 选用双相不锈钢； 2. 选用碳钢或低合金钢-非金属复合材料或非金属材料

注：1. 可根据实际情况选用碳钢-双相不锈钢复合材料。
2. 选用碳钢或低合金钢-非金属复合材料或非金属材料时，应考虑非金属材料的使用温度限制。

5）海水介质腐蚀工况

海水介质腐蚀工况选材如表3.2.1-12所示。

表3.2.1-12 海水介质工况选材

设备或材料部位	推荐的材料及要求
阀门	铝青铜、蒙耐尔合金
≤*DN*40管道	铜镍合金
≥*DN*50管道及设备	碳钢或低合金钢＋防腐涂层（如环氧类涂层）

3.2.2 国外现状

3.2.2.1 世界油田地面技术的发展

目前，国外油气集输技术有很多工艺，各自有各自的特点，侧重点发展趋势也不同。

1）油田地面集输工艺

（1）油气水多相混输技术

英国、法国等国家自20世纪80年代以来对油气水多相混输技术进行了大量探索，至今为止油气混输工艺技术仍是一项国际前沿技术。国外已建成大口径、长距离混输管道。

（2）多相计量技术

国外先进地区采用卫星选井计量，多相计量工艺不断推广应用。

（3）原油脱水技术

国外一直很重视原油脱水过渡层的处理，采取了排出和处理技术专项措施，典型的是美国和俄罗斯。

2）气田地面集输工艺

（1）负压集气技术

针对浅层气田和低压气田，特别在开采后期井压力更低，研发出负压集气的天然气压缩机，在井口抽吸井下天然气形成负压，并增压外输。

（2）高含硫气田集输技术

国外已形成完整的工艺及配套技术。

（3）煤层气集输技术

典型如圣胡安和黑勇士煤层气田，集输工艺采用“低压集气、井口分离、集气集水、集中处理、增压脱水、干气外输、污水回注”流程。

3）污水处理及注水工艺

国外污水处理技术与国内基本相同，采用三段处理工艺：重力分离—混凝（生化、气浮）—过滤等，但国外主要污水处理设备在性能和效率上相对较高。

水处理设备：水力旋流器，电化学处理、聚结、过滤设备等。

水处理技术：气浮工艺、膜分离技术（陶瓷膜技术）、污水蒸发等。

4）原油处理工艺

高效油气水分离技术，主要有井下分离技术、旋转分离透平技术等。

针对高含水老油田，采用斜管预脱水器、气浮选等预脱水技术，以降低系统能耗。

5）天然气净化处理工艺

在酸性气体处理工艺上，除常规净化工艺外，已成功开发生物法脱 H_2S 技术和膜分离法脱 CO_2 技术，并得到推广应用。

3.2.2.2 地面工程用材的应用情况

随着油气田开发进入高含水期，油气田采出水及 H_2S、CO_2、Cl^- 含量越来越高，注采、采输系统腐蚀日趋严重，腐蚀穿孔频繁，对地面集输及油气处理系统材料的防腐性能提出了更高的要求。

油气输送管在含 CO_2、H_2S、Cl^- 等多种腐蚀介质的环境中应用时，往往容易发生腐蚀穿孔或爆管现象，导致油气泄漏或其他恶性事故的发生，造成重大经济损失和人员伤亡，使油气生产中断，生态环境遭到破坏。如国外的尼日利亚 OKOPKO 油气田，现场条件为 CO_2 分压<0.02MPa，温度 58℃，管线穿孔速度 5mm/18 个月。挪威 Philip 石油公司的 Ekofisk 油气田单井产气量每天为（14～20）$\times 10^4 m^3$，井底温度为 135℃，CO_2 含量为 1%～3%，分压 0.07～0.7MPa，投产后不久就产生了腐蚀问题，两年后集输管线及生产导管全部更换。

随着油田地面工程对耐腐蚀油气管道的要求越来越高，世界上先进的工业国家，如美国、俄罗斯、加拿大、英国等，复合管道、双金属复合管道的应用数量与日俱增。

对于高压、高酸性环境下的地面压力容器设备，对材料的耐蚀性能要求高，双金属复合板的应用也是越来越广泛。

3.2.3 国内现状

3.2.3.1 国内油田地面技术的发展

1）油田地面集输工艺

（1）串联管网集输工艺

国内注重高含水油田低耗能油气集输技术与应用，串联管网集输工艺通过流程密闭改造降低了油气损耗，通过不加热集输技术改造降低了原油生产耗能。

(2) 稠油地面集输工艺

国内形成了掺活性水法、混合降黏、掺轻油降黏、掺蒸汽降黏等稠油集输工艺。

(3) 油气混输工艺

在混输理论研究和相关设备制造方面，国内与国际先进水平尚有一定差距。

2) 气田地面集输工艺

(1) 低压低产低渗气田天然气集输工艺

典型如苏格里气田，核心技术是井下节流、井口不加热、井间串接集输工艺流程。

(2) 煤层气田集输工艺技术

典型如沁水盆地煤层气田，采用低压集气、单井简易计量、多井单管串接、二次增压、集中处理的集输流程。

(3) 高含硫气田集输工艺

中石油罗家寨气田，引进了国外先进工艺。

中石化普光气田，是国内目前探明最大的高含硫化氢和二氧化碳气田，H_2S含量约15%，CO_2含量约8%。

中石化在引进国外先进技术的基础上，加强科技攻关，形成了适合中石化的高含硫酸性气田集输工艺技术，但在关键设备、材料等方面，相比国外还存在一定差距，主要表现在：大型压缩机、大口径高压阀门、大口径高压抗腐蚀性集输管材等关键设备与材料国产化率低，主要依赖进口。

3) 污水处理及注水工艺

国内在稠油污水、含聚污水、复合驱污水处理及污水综合利用等方面形成了较完整的技术。

中石化的污水处理系统除采用传统的大罐沉降工艺外，含聚污水处理技术、高腐蚀性污水处理技术、一体化处理技术、污水生化处理及综合利用技术等也在各油田得到应用。

4) 原油处理工艺

目前油气分离主要采用高效三相分离器及多功能设备。

胜利油田原油脱水主要采用热化学脱水＋电脱水工艺，塔河、河南等油田稠油处理则采用多级大罐重力沉降＋热化学脱水工艺。

原油稳定主要采用闪蒸稳定工艺和大罐抽气技术。

5) 天然气净化处理工艺

国内天然气脱硫（碳）绝大部分采用MDEA法，低温CLAUS延伸工艺硫磺回收工艺则靠引进国外工艺。

中石化普光天然气净化处理厂，天然气净化采用了MDEA法脱硫、TEG法脱水、常规CLAUS二级转化法硫磺回收、加氢还原尾气吸收处理工艺。

目前国内在酸性天然气净化装置上大部分工艺和关键设备需要从国外引进。

3.2.3.2　国内地面工程用材的应用情况

1) 油田地面集输工程设备材料设计选用基本情况

油田地面集输联合站设备主要用于油气水分离、处理、净化、储存等功能。一般包括油气分离器、三相分离器、原油稳定塔、加热炉、换热器、液化气储罐等压力容器设备，原油沉降罐、污水处理罐、原油储罐等常压设备。

（1）板材

碳素钢和低合金钢钢板多采用Q245R、Q345R、16MnDR等材料，钢板执行标准为GB/T 713、GB/T 3531。

高合金钢钢板多采用S30408、S31608、S31603等材料，材料执行标准为GB/T 24511。

对于工作压力较高、介质腐蚀性较强的设备，一般采用复合钢板，执行标准为NB/T 47002.1～4。

（2）管材

碳素钢和低合金钢钢管多采用20、Q345B/C/D/E、L245～L450、A333Gr.6等材料，钢管执行标准为GB/T 9948、GB/T 6479、GB/T 9711、ASTM A333。

高合金钢钢管多采用S30408、S31608、S31603等材料，钢管执行标准为GB/T 13296、GB/T 14976。

双金属复合管多采用碳钢内衬不锈钢，执行标准为SY/T 6623。

（3）锻件

碳素钢和低合金钢锻件以20、16Mn、16MnD、A105、A350 Gr.LF2 Class1居多，锻件执行标准为NB/T 47008、NB/T 47009、ASTM A105、ASTM A350。

高合金钢锻件多采用S30408、S31608、S31603等材料，材料执行标准为NB/T 47010。

（4）铸件

碳素钢和低合金钢铸件以WCB、WCC、LCB、LCC等，执行标准为ASTM A216、ASTM A352。

高合金钢铸件有CF8、CF8M、CF3、CF3M等，执行标准为ASTM A351。

（5）常压设备用材

常压设备板材绝大部分采用Q235B材料，材料执行标准为GB/T 3274；管材多采用GB/T 8163标准中的20和GB/T 3091标准中的Q235B材料。

近几年，在污水处理设备上，为减缓污水对钢质材料的腐蚀，开始采用玻璃钢材料作为设备的主体材料，充分利用玻璃钢材料优良的耐腐蚀性能。

常规设备的设计选材见表3.2.3-1。

2）气田地面集输工程耐蚀集输管道材料设计选用基本情况

高含硫工程可能存在的主要腐蚀形式有电化学腐蚀和H_2S环境开裂。其中电化学腐蚀主要包括全面腐蚀和点蚀坑蚀等局部腐蚀，本类腐蚀主要通过工艺加注缓蚀剂进行解决；H_2S环境开裂主要包括硫化物应力腐蚀开裂（SSC）、氢致破裂（HIC）、应力导向氢诱发裂纹（SOHIC）等。其中，硫化物应力腐蚀开裂是油气田开发过程中危害性最大的一种腐蚀类型，如果产出天然气中还含氯离子及地层水等多种腐蚀介质时，腐蚀问题将更为严重和复杂。

表 3.2.3-1 地面集输常规设备设计选材

序号	设备名称	主要材料		
		板材	锻件	接管
1	三相分离器	Q245R、Q345R	20、16Mn	20、Q345E
2	游离水脱除器	Q245R、Q345R	20、16Mn	20、Q345E
3	分离缓冲罐	Q245R、Q345R	20、16Mn	20、Q345E
4	电脱水器	Q245R、Q345R	20、16Mn	20、Q345E
5	稳定塔	Q245R、Q345R	20、16Mn	20、Q345E
6	加热炉	Q245R	20、16Mn	20、Q345E
7	沉降罐（立式拱顶）	Q235B	Q235B、20	Q235B、20
8	缓冲罐（立式拱顶）	Q235B	Q235B、20	Q235B、20
9	净化油罐（立式拱顶）	Q235B	Q235B、20	Q235B、20
10	换热器	Q245R、Q345R	20、16Mn	20、Q345E
11	球罐	Q245R、Q345R 16MnDR	20、16Mn、16MnD	20、Q345E
12	低温设备	16MnDR、09MnNiDR、S30408 等	16MnD、09MnNiD、S30408 等	Q345E、09MnNiD、S30408 等
13	强腐蚀性介质设备	奥氏体不锈钢、复合板	奥氏体不锈钢	奥氏体不锈钢
14	高含 H_2S、CO_2 介质设备	碳钢板+镍基合金（堆焊）	碳钢+镍基合金（堆焊）、镍基合金	
15	净化油罐（浮顶）	Q235B、Q245R、Q345R	20	Q235B、20

对系统的管线、设备进行合理的选材，使其能够尽可能地抵抗控 H_2S 的应力开裂是非常重要的，中石化高含硫工程基础设计的材料选择是以 NACE MR0175/ISO 15156《石油天然气工业在石油和天然气生产中用于硫化氢环境的材料》等规范为依据进行设计选材的。

(1) 抗硫碳钢管线

一般高硫化氢工况多采用 API 5L/ISO3183（GB/T 9711）中酸性环境专用钢管等级，L245S～L360S 焊接和无缝钢管，低温环境采用 ASTM A333Gr. 6 抗硫无缝钢管（在 A333 Gr. 6 的基础上进行了化学成分、力学性能、硬度及试验的相关要求）。

对于低硫化氢工况多采用 20、20G 抗硫无缝钢管，标准执行 GB/T 6479 和 GB/T 5310（在标准的基础上进行了化学成分、力学性能、硬度及试验的相关要求）

(2) 镍基合金复合管

对于无法采用工艺防腐蚀的站外管道多采用抗硫碳钢钢管内衬镍基合金 825（INCOLOY 825）的双金属复合管。

(3) 镍基合金无缝管

对于无法采用工艺防腐蚀措施的站内管道多采用纯镍基合金 UNS N08825（即 INCOLOY 825）无缝管。

(4) 不锈钢复合管和不锈钢无缝管

对于脱离子、脱水的部分涉酸管道，因无法采用相应的工艺防腐蚀措施，多材用抗硫碳钢内衬 316L 的双金属复合管和 316L 不锈钢无缝钢管。

(5) 阀门材料

涉酸阀门阀体为整体锻造或铸造，阀体材质多采用抗硫碳钢（抗硫 A350Gr. LF2 Class1/WCB/LCB/WCC/LCC)、镍基合金 UNS N08825 或抗硫碳钢内堆镍基合金 UNS N06625 的方案，阀杆材质多选用镍基合金 UNS N07718；阀座、阀瓣（闸板、阀球等）选用镍基合金 UNS N08825 或 UNS N07718，密封面喷涂 0.2mm 碳化钨。

不锈钢阀门阀体整体锻造或铸造，阀体材质为 A182 F316 和 A351 CF8M；阀杆材质选用 UNS N07718；阀座、阀瓣（闸板、阀球等）选用 A182 F316，密封面喷涂 0.2mm 碳化钨。

国内近年来高含硫项目材料应用实例见表 3.2.3-2。

表 3.2.3-2 高含硫气田抗硫化氢材料应用实例

序号	项目名称	材料及管型	钢级标准	生产国
1	普光气田主体开发地面集输工程	*DN*15～*DN*400 无缝钢管	ISO 3183.3 L360QCS	日本
		*DN*500 直缝埋弧焊钢管	ISO 3183.3 L360MCS	英国
		A333 Gr.6 无缝钢管	ASTM A333	国产
		UNS N08825 无缝钢管	ASTM B423	德国
		L360QCS+825 复合管	API 5LD	德国
2	普光气田大湾区块开发地面集输工程	*DN*15～*DN*500 无缝钢管 A333 Gr.6 无缝钢管	ISO 3183 L360QS ASTM A333	国产
		UNS N08825 无缝钢管	ASTM B423	宝钢
		L360QS+825 复合管	API 5LD	国产

3) 超高压地面集输管道材料设计选用基本情况

目前西南地区不少地面集输工程，因井口采气树节流阀设置的原因，传到地面集输部分压力较高（>42MPa)，由于超出地面规范的压力范畴，目前采用参照 API 6A 高压管配件，材料多采用 4130 锻件带整体法兰，现场连接。阀门参照 API 6A，采用 4130 锻件。

4) 油田地面工程材料使用现状

(1) 塔河油田

塔河地区临近塔里木河，所辖区块油藏类型多样，每个区块的油气水性质相差较大。整体来说，塔河油田采出液的腐蚀环境问题严重，具有五高一低的特征：高 H_2S、高 CO_2、高 Cl^-、高矿化度、高含水、低 pH 值。同一口井随着开采的进行，腐蚀问题也会发生变化。

塔河油田集输管道材质主要选用 20 无缝管（GB/T 8163）、20G 无缝管（GB/T 5310）、L245/L290/L360 螺旋/直缝/无缝钢管（GB/T 9711），部分集输管道为玻璃钢管道。

目前集输管道的腐蚀主要发生在含水原油集输管线和油气水混输单井管线，含水原油集输管线一般腐蚀部位位于管道底部和油水界面处，油气水混输单井管线主要发生在弯头处、焊接接头处、汇管、三通、弯管等流态变化处、进站口、低洼地以及管道底部和油水界面处。腐蚀造成油气管线穿孔问题严重，2010 年、2011 年问题腐蚀急剧加重，管线穿孔增速一度达到 280%，每年 1400 多次。伴水输送最快 2～3 个月就发生腐蚀穿孔。

注水系统腐蚀同样严重。注水站泵进出口管线腐蚀穿孔频发，一些高含氧污水进入管道系统也加剧了腐蚀，形成恶性循环。

2010 年以来进行了大量治理，包括内涂层、缓蚀剂、阴极保护、隔绝氧气、更换材质（如将 16Mn 管线更换为碳素钢＋316L 复合管，高含水输油管部分更换为非金属管）等，效果较为明显，2012 年后腐蚀问题增速趋缓，从图 3.2.3－1 的统计数量可以看出，但绝对数量仍然较高。

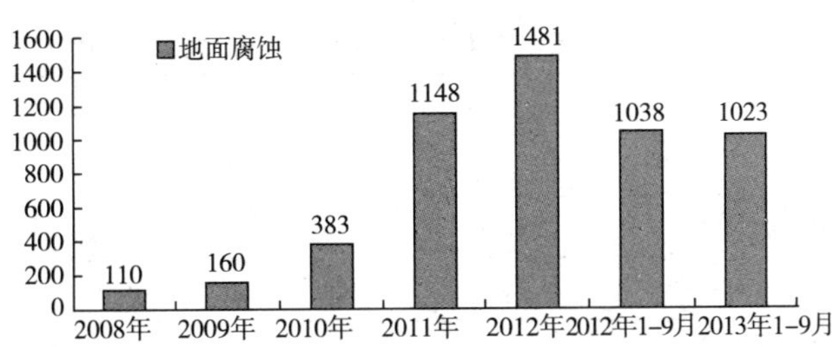

图 3.2.3－1　2008～2013 年地面系统腐蚀穿孔数量统计图

（2）雅克拉气田

雅克拉气田输送介质具有“四高”特征，具体为 CO_2：0.29%～4.72%，属于强 CO_2 腐蚀环境；Cl^-：4345～145661 mg/L，部分气藏属高氯根腐蚀环境；H_2S 含量在 5.6～114 mg/m^3，同时介质流速较高。

雅克拉凝析气田各单井集输管线建设工程于 2005 年 11 月建成投产，集输管线选材为 16Mn（GB/T 6479），2007 年 3 月某井口埋地弯头就发生了爆管刺漏（图 3.2.3－2），测得最薄点腐蚀速率最大高达 5.79mm/a；某井口回压管线弯头发生爆管（图 3.2.3－3），测得最薄点腐蚀速率达到 2.88mm/a。

污水系统一级提升泵出口埋地管道、接收罐进口弯头、注水泵出口排污管焊缝、接收罐进口埋地三通等均发生刺漏。

大涝坝集气处理站凝稳塔重沸器于 2005 年投产，因凝析油含盐量较高，造成稳定塔塔底重沸器运行中出现了“盐析”导致“盐堵”，在洗盐过程中加剧了重沸器管束的腐蚀。从 2005～2009 年，相继有 5 台重沸器管束腐蚀报废。

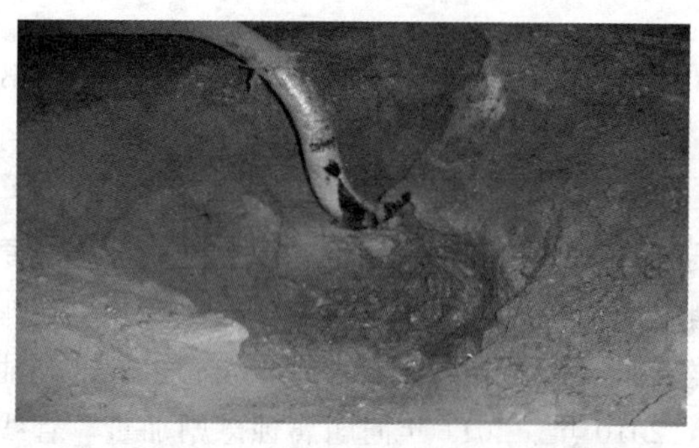
图 3.2.3-2 某井口埋地管线弯头爆管

图 3.2.3-3 某井口回压管线爆管

为治理腐蚀，2007 年先后在集输管线上使用 06Cr13、1Cr13、20G＋内衬 316L 双金属复合管、玻璃钢管等特殊材质的管段；2008 年又在单井回压管线弯头上使用了 16Mn 渗氮、15CrMo、1Cr13 直角方墩弯头。

大涝坝凝稳塔重沸器管束先后使用了 20 钢、双相不锈钢、316L＋外喷涂镍一磷合金镀层、20 钢＋外喷涂镍一磷合金镀层、20 钢＋铝稀土共渗表面处理多种不同材质、不同防腐形式的管束，使用情况见表 3.2.3-3。

表 3.2.3-3 大涝坝凝稳塔重沸器管束使用情况统计表

名称	管束材质及防腐形式	投用时间	刺漏时间	使用周期	腐蚀现象
2# 重沸器	20 钢	2005.9.8	2006.1.26	137 天	结盐腐蚀穿孔
1# 重沸器	双相不锈钢	2008.3.30	2008.5.8	38 天	本体腐蚀穿孔
1# 重沸器	316L＋外喷涂镍一磷合金镀层	2009.1.16	2009.5.23	59 天	本体腐蚀穿孔
2# 重沸器	20 钢＋外喷涂镍一磷合金镀层	2009.1.16	2009.6.26	74 天	外防腐涂层脱落
2# 重沸器	20 钢＋铝稀土共渗表面处理	2009.9.19	2012.9.11	905 天	环状挡板处管束腐蚀穿孔

(3) 普光气田

普光气田具有“四高一深”特点：储量丰度高（$42\times10^8\ m^3/km^2$）、气藏压力高（55～57MPa）、硫化氢含量高（14%～18%）、二氧化碳含量高（8.2%）、气藏埋藏深（4800～5800 m）。

普光气田包含普光主体、大湾、毛坝和双庙清溪四个区块，管理各类气井 97 口；集输管线 203.42 km，集气站 25 座，集气总站 1 座，污水处理站 2 座，污水回注站 3 座。

普光主体 2009 年 10 月开始进行投产运行阶段，整体系统运行良好。酸气主流程管线腐蚀速率平均 0.032mm/a，低于设计水平 0.076mm/a。投产初期，设备方面除马来西亚进口分酸分离器和汇管出现超标缺陷并进行处理外，其他设备装置运行平稳。大湾区块于 2012 年 3 月投产运行，整体系统运行良好，酸气主流程管线腐蚀速率平均 0.024mm/a，低于设计水平 0.076mm/a，在运行过程中，出现了排污管线腐蚀穿孔 20 余次、法兰腐蚀泄漏等问题 40 余次。

地面集输系统设备腐蚀主要有采气站计量分离器，规格为 ϕ1219mm×4572mm，设计压力12MPa，设备材质为516Gr70N，投产2年后，因防腐层脱落导致容器底部酸液腐蚀，局部腐蚀深度达2～4mm，最深9.1mm，面积1000mm×700mm，如图3.2.3-4所示。

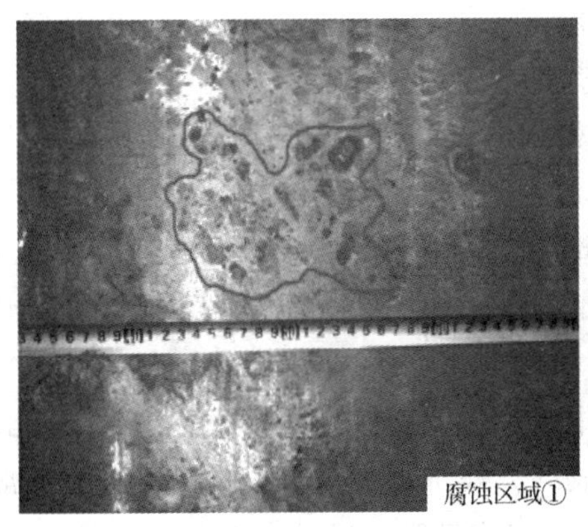

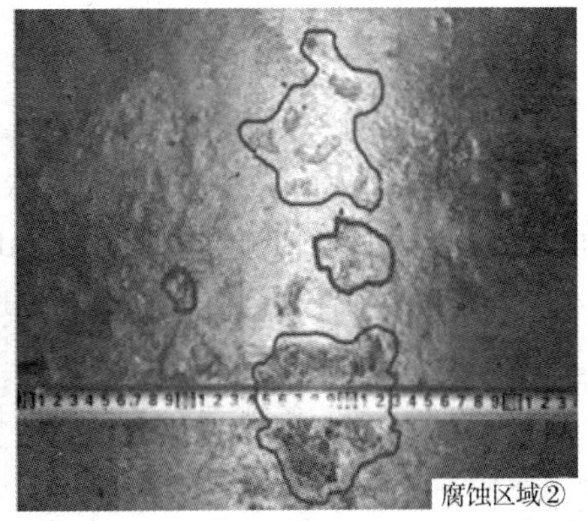

图3.2.3-4 腐蚀形貌

某集气站火炬分液罐，规格为ϕ1800mm×3600mm，设计压力1MPa，设备材质为516Gr60N，内部出现腐蚀坑，如图3.2.3-5所示。

（4）胜利油田

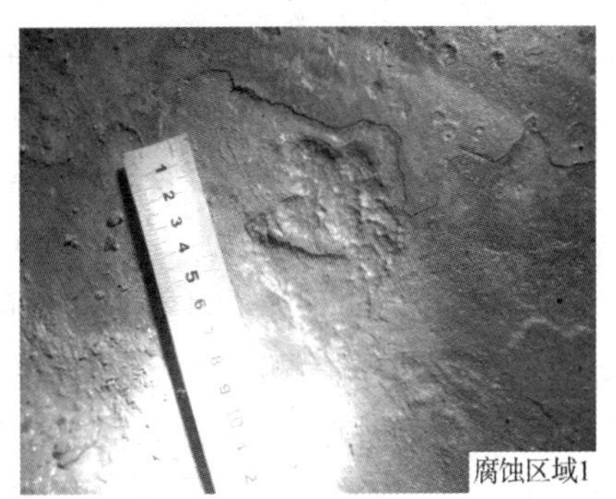

图3.2.3-5 内部腐蚀坑

胜利油田自1964年起，先后投入开发64个油田，形成了年产原油2650×10^4t的能力。胜利油田目前共建地面管线2万多公里。经过30余年的开发，胜利油田进入中后期，油气井含水量愈来愈高，油气田的CO_2腐蚀及其他腐蚀问题也越来越突出，同时在高温、高矿化度污水的作用下，在较高流速的泥沙冲刷下，也加剧了管道的内腐蚀，另外胜利油田地处滨海地区，土壤含盐量高，对金属管道的外壁腐蚀亦很严重。因此地面集输系统的内外腐蚀越来越严重，管道穿孔、油罐破裂事故不断发生。甚至一些在强腐蚀区新建的金属管道，3～6个月就腐蚀穿孔，1～2年就报废重建，因腐蚀造成的年更换率在2.5%以上，每年至少更换管线400 km以上。

胜利油田目前综合含水达到90%以上，油田采出水的性质极为复杂，集输系统中污水含有H_2S、Cl^-、溶解氧等腐蚀性因子，总矿化度均在2.3×10^4 mg/L以上，有的达到5.7×10^4mg/L，氯离子含量达到3×10^4mg/L。而在胜利油田2万多公里地面管线中，原油集输管线、污水管线、注水管线就占了85%以上，可见胜利油田地面管线系统，基本上是一个含油污水管线系统，腐蚀问题成为制约油田发展的一个主要因素之一。

胜利油田地面管线的材质主要用GB/T 8163的20无缝钢管，GB/T 6479—20、16Mn无缝钢管，GB/T 5310的20G无缝钢管，GB/T 9711的L245/L290/L360螺旋/直缝/无缝钢管。

胜利油田根据自身的特点，开发了系列腐蚀控制技术，主要有：

a）钢制管道容器内涂内衬工艺技术；

b）非金属耐蚀管道、储罐应用技术；

c）污水处理及回注系统密闭隔氧，配套投加化学药剂技术；

d）井口多相流除砂、接转站、联合站除砂技术等。

5）国内其他油田地面工程材料使用现状

国内塔里木、长庆、四川、华北等油气田都已面临严重的CO_2腐蚀危害，而且随着油气井含水量愈来愈高、深层含CO_2油气层的开发日益增多，油气田的CO_2腐蚀问题将越来越突出。华北油田留58断块富含CO_2气体，自1984年4月开采到1985年7月短短14个月就有3口高产井因油套管严重CO_2腐蚀而报废，造成直接经济损失达1500万元；长庆油田曾有多口井因CO_2腐蚀破坏而报废，造成巨大经济损失，也影响了油田的正常生产；又如雅哈凝析气田地面建设工程于2000年10月建成投产，通过一年多的生产运行，2002年3月采气井立管、采油树阀门及集气管线腐蚀严重，已经有三口井在距井口300～500m地方发生刺漏，平均点腐蚀速率达到2.5mm/a，按照NACE标准，为极严重腐蚀，分析结果表明雅哈凝析气田的腐蚀为CO_2腐蚀，同时高速气流冲蚀加速了腐蚀。

目前油田地面工程站内管线集输管线以20G、20钢为主，高含H_2S区域以A333、L360QS抗硫管为主，其耐腐蚀能力有限。目前主要靠缓蚀剂缓解，辅以内涂层补修，后期维护工作量大。对于腐蚀严重区域，使用双金属复合管及耐蚀合金。国内双金属复合管已经应用于东部浅井的油井管上，特别是对旧的油管实施内衬后重新利用；在地面集输管道上的应用也日益广泛，例如塔里木油田地面集输管道采用20G/316L复合管，长庆油田分公司靖安首站采用20/0Cr18Ni9复合管，中石化松南气田采用L245/316L复合管，中石化西北油田分公司大涝坝循环注气项目采用X65/316复合管，普光气田大湾区块及元坝气田采用L360QS/825复合管，大庆油田、长庆油田的注水管道也部分采用双金属复合管。

（1）双金属复合管

双金属复合管从根本上改变了传统金属材料的单一性和局限性，实现了管道可靠性与经济性的最佳组合。双金属复合管以碳钢管为基体材料，承受管道系统的工作压力，充分发挥碳钢管优良的机械力学性能和价廉优势；以耐腐蚀合金材料为内衬防腐层，充分发挥耐腐蚀合金优异的耐蚀性能。双金属复合管由于减少了耐蚀合金管材用量，油气开采集输成本显著降低。双金属复合管还可根据腐蚀介质的不同，选择相应的耐蚀合金材料作为内衬，能够完全达到耐蚀合金管材的耐腐蚀性能标准，可确保生产运营的安全性。

根据双金属复合管基衬结合形式，复合管分为冶金式复合管和机械式复合管两种。冶金复合管基衬金属之间形成冶金界面，两者通过冶金方式连接在一起，其连接强度一般不低于两种金属中强度较低的一种。机械式复合管基衬之间紧密贴合，当沿复合管纵向切开时，基衬可完全分离。双金属复合管主要生产工艺及相应特点见表3.2.3-4。

表 3.2.3-4　双金属复合管生产工艺对比

工艺名称	工艺特点	结合方式
水压法	结合力小，高温下易产生应力松弛而分层失效	机械
冷拔法	拉拔、旋压或滚压处理，高温下易产生应力松弛而分层失效	机械
热膨胀法	内管气体加压，外管感应加热，热膨胀系数小的高价金属内管易于制造耐腐蚀性高的复合管	机械
爆炸焊接法	材质选择范围广，界面结合区易形成波形，管坯长度受到限制	冶金
包覆焊接法	按次序焊接内管和外管、整形、表面抛光，很难生产内层为薄壁管的内复合管	机械
热挤压法	内层为镍基合金，可能产生壁厚波动，并由于变形抗力不一致而产生裂纹	冶金
热轧法	无缝复合管，生产率高、质量好、成本低，可大量降低金属材料的损耗；一次性投资大，材料选择范围广	冶金
离心铸造法	管坯表面需要机械加工；由于金属为两层，壁厚不均，铸造时液态金属相互冲刷和拌合而形成过渡层	冶金
离心铝热法	在离心力场中引起铝热反应	冶金
复合板焊接法	直缝或螺旋焊缝，适用于直径大于300mm的油气输送管道	冶金
冷加工扩散法	结合边界明显均匀，结合强度较高	冶金
粉末冶金法	粉末法＋热等静压＋热挤压，可加工出强度和耐腐蚀性良好的复合管	冶金
喷射成型法	热挤压时需要高温高压条件，技术基本成熟	冶金
电磁成型法	可连接性质迥异的2种金属，但只适用于加工强度低、导电性能好的金属	冶金

尽管双金属复合管的技术和经济优势明显，应用前景广阔，但目前在国内尚处于起步阶段，使用范围有限。若要确保其安全可靠地应用于高腐蚀性油气田，需要克服以下4个技术难题。

①耐蚀合金内衬层选用技术：内衬层与管道内的腐蚀介质直接接触，是决定复合管使用寿命的关键因素之一，选择合适的耐蚀合金作为内衬层至关重要。耐蚀合金种类繁多，包括奥氏体不锈钢、马氏体不锈钢、双相不锈钢、镍基合金等，选用评价程序复杂。

②基管选用评价技术：基管主要为双金属复合管提供强度保证，力学性能要求较高。在高 H_2S/CO_2 油气田环境中，基管还会出现HIC、SSC等失效形式，基管的韧性指标也是影响管道安全运行的关键因素之一。

③双金属复合管的连接：如果连接点内外层金属同时接触腐蚀性流体，将会出现严重的电化学腐蚀现象，这是双金属复合管在高腐蚀性油气田应用中需要解决的问题。集输管网用双金属复合管连接时，往往需要焊接，而内衬材质（双相不锈钢、镍基合金等）极难焊接，并且存在多层焊，焊接接头结构复杂，焊接工艺参数以及焊接材料的选择非常重要。另外，焊缝往往是管道的薄弱部位，对其力学性能和耐蚀性评价也需要深入研究。

④内外层结合强度的评价：在油田集输管道的不同部位，对复合管的结合强度要求不同，例如中直管段，不需要打孔，对结合力无特殊要求，能够满足运输和安装要求即可，

复合方式可以采用机械结合。对于油田集输管道的一些特殊部位，例如弯管处、安装仪表的管段以及承受应力较大的部位，双金属复合管应采用冶金方式结合。

（2）抗腐蚀耐冲刷弯头

弯头是压力管道必不可少的重要组成部分，在安全生产上占有极其重要的地位，由于冲蚀使弯头管壁内部磨损局部变薄，在一定压力下导致刺漏或爆裂，如图 3.2.3－6 所示，通常腐蚀区弯头边缘局部磨损使用超声波是无法检测到得，因此弯头冲蚀磨损一直是油气工业生产中尤为头痛的问题。

图 3.2.3－6　集气站输送管弯头部分腐蚀严重

常用的解决办法有：材料升级；增加曲率半径；增大壁厚或涂层；加注缓蚀剂；调整流体工艺参数。但是在使用上会遇到高温、高压 CO_2-Cl^--“甜气”环境下，很难找到合适的材料，也影响正常的安装空间和开发生产效率，且花费高，更换次数频繁，不能彻底解决等问题。

根据管道弯头冲刷腐蚀的磨损机理和影响冲刷腐蚀磨损的主要因素，采取相应的防磨减磨措施，加工制作异型结构锻造高压直角弯头并在雅克拉集气田输现场得到了成功试验，并取得了良好的适用性效果。

3.2.4 存在问题

3.2.4.1 国产材料应用存在的问题

标准的抗硫碳钢和低合金钢种类较少，主要是ISO 3183、GB/T 9711上抗硫钢级，国内特殊抗硫要求的GB/T 5310—20G，GB/T 6479—20等，由于有严格的附加要求，如在纯净度、热处理、试验等方面有特殊要求，制造及采购难度大，价格较高，当急需少量材料时，很难采购，缺少一些性能要求相对适中的标准抗硫碳钢。同时抗硫碳钢和低合金钢的耐电化学腐蚀性能较差，尤其是在一些污水流程，虽然有缓蚀剂加注，最快仍在数个月内就腐蚀穿孔。

目前国内尚没有专门的、具有一定抗硫化氢性能的低碳钢和低合金钢钢管标准，急需尽快制定相应的抗硫材料标准牌号，比如20S、A333 Gr6S等等。

油气田的CO_2腐蚀问题越来越突出，国内尚未有开发出具有一定抗CO_2腐蚀且价格适中的高性价比碳钢和低合金钢材料。目前宝钢开发了BX245-1Cr抗CO_2腐蚀集输管线产品，经试验室试验，BX245-1Cr材质耐点蚀性较20钢点腐蚀速率降幅40.29%，现场监测结果表明，点腐蚀速率降幅31.59%，抗腐蚀性能优良，但尚未得到大规模实际应用验证。钢研集团开发了3Cr抗CO_2腐蚀集输管线，目前尚有一些技术问题正在解决。

3.2.4.2 高含硫材料应用问题

目前高含硫气田用抗硫碳钢低合金钢管道类主要包括L245N/QS～L360N/QS、20（HIC）、A333 Gr.6（HIC）等；钢板类包括Q245R（HIC）、Q345R（HIC）、SA516-60N～SA516-70N（HIC）。主要强度级别为屈服强度≤360MPa，抗拉强度≤630MPa。目前国产主要以抗硫无缝钢管为主，抗硫焊接钢管由于国内还缺乏一定的验证，仍需进口。

抗硫合金钢主要包括UNS N08825、UNS N06625、G3等镍基合金材料或是采用碳钢＋镍基合金内覆的复合材料。主要用于不方便加缓蚀剂的井口区域或是局部试验段的，应用范围较小。目前管道类和复合钢板类可以国产，但阀门类和部分阀内件的合金材料仍需进口。

3.2.4.3 应用数据缺失问题

由于大部分油田已进入开发中后期，油气井含水量愈来愈高，油气田的腐蚀问题也越来越突出，各油井腐蚀环境、同一油井不同时期的腐蚀环境差异较大，材料腐蚀数据积累十分匮乏，严重影响地面集输系统选材的针对性、正确性。

应尽快针对塔河、川东、胜利等典型地域，开展油田典型腐蚀环境下金属材料服役适应性研究，查找腐蚀的原因，减缓管线腐蚀穿孔的发生，延长管线使用寿命，并制定针对性选材导则，规范复杂环境下的材料使用。

3.2.5 需求与趋势

3.2.5.1 未来趋势

随着对油气资源需求量的增加，高温高压高含硫酸性油气田勘探开发不断深入开展，H_2S、CO_2、硫元素和氯离子等使得油气设施用材所面临的腐蚀环境也越来越苛刻。因此，未来地面工程用钢应在复杂工况下具有低成本、长寿命、高耐蚀等特点。

3.2.5.2 油气田设备的需求

老油田开发多年，地面管网的腐蚀问题已经严重制约了油田的正常生产和发展，并进一步引发了一系列的安全与环保隐患。因此，针对油田复杂的腐蚀状况，需开展地面管网腐蚀调研，深入剖析和掌握腐蚀原因，制定可行的对策措施，有效控制腐蚀的发生。

1）现场专题调研

对典型区域集输管网的腐蚀状况进行调研和分析，收集相关设计、介质工况、运行参数等资料，进行现场检测（土壤、防腐层等），采集现场腐蚀图片，对管道穿孔状况进行分类统计，并进行腐蚀原因初步分析。

2）介质分析与腐蚀性研究

检测分析采出液/水质组分、含砂量等，通过试验或腐蚀预测软件分析典型管道穿孔状况的主要影响因素（温度、压力、砂磨、矿化度、H_2S、CO_2、流速、流态、土壤等），计算均匀腐蚀速率、点蚀速率、磨蚀速率，研究腐蚀机理。

3）管材适应性分析

对在用管材、腐蚀更换的管材、常用集输管材进行取样分析，并进行材料耐蚀性能试验，从长期运行经济性、耐蚀性、可操作性，形成具有指导性、实用性的耐蚀材料技术要求。

4）腐蚀控制措施制定

根据调研和试验研究分析，制定有针对性的、可操作的腐蚀控制方案或治理措施，并进行量化经济分析。

3.2.5.3 关键技术研究

1）油田集输系统

胜利、塔河油田单井管线、集输管线腐蚀问题严重。以普通碳钢管为主的油气管线设计使用20年，实际上1～2年腐蚀穿孔。主要是随着油田开采进入中后期，高含水、高CO_2原油恶化了原有材料使用环境，每年一个采油分厂穿孔泄漏就达到数千次，修补成为常态，经济损失和安全风险巨大。而要从根本上解决问题，就必须考虑材料的升级换代。为此，应研究：

①开发高CO_2、高压、高流速环境下，低成本、高耐蚀的新材料；

②开发能够用于含硫化氢且腐蚀性强的污水环境的非金属复合材料、钛合金复合材料等。

2）高含硫集输系统

普光高含硫气田自 2009 年 10 月 12 日普光主体投产，2012 年 3 月 28 日大湾区块投产以来，运行平稳，酸气主流程管线腐蚀速率平均 0.032mm/a，但普光集输管线监测目前集中于均匀腐蚀，应开展研究，加强对集输系统 H_2S 氢致腐蚀开裂和点蚀的监测，以防止突发事故的发生。

3.3　海洋工程用金属材料

3.3.1　概述

全球海洋油气资源丰富，海洋石油资源量约占全球石油资源总量的 34%。随着石油和天然气需求量的日益增大，海洋油气田（尤其是深水油气田）将成为油气工业的重要战略接替阵地。

海洋油气田典型的开发模式包括：①以固定式钢质平台为主体设施的开发模式；②以移动式钢质平台为主体设施的开发模式；③以浮式生产储油装置（FPSO）为主体设施的开发模式；④以半潜式平台、张力腿（TLP）平台、浮筒式（SPAR）平台等钢质浮动式平台为主体设施的开发模式；⑤以水下生产系统为主体设施的开发模式。

海洋油气田开发模式涉及的海洋工程设施主要包括：海洋平台（包括固定式平台、移动式平台、浮动式平台等）、海底管道、水下生产设施等。海洋工程设施技术进步是实现国家海洋油气开发战略的关键所在，而在各类海洋工程设施的设计建造中，高性能海洋工程用钢的开发和应用是核心关键技术之一，没有高性能的海洋工程用钢作为保障，海洋油气开发设施设计建造将受到很大的制约。

3.3.2　海洋平台用钢

3.3.2.1　海洋平台发展现状

海洋油气勘探开发开始于 19 世纪末美国西海岸滩涂区域，开始在岸边滩涂区域采用木质钻采平台开发油气，直到 1947 年在美国墨西哥湾约 6m 水深海域才建成了世界上第一座钢质固定式平台。随着海上油气田勘探开发不断深入，海洋平台技术得到迅速发展。目前海洋油气勘探开发涉及的钢质海洋平台种类繁多，主要包括钢质固定式平台、钢质移动式平台、钢质浮动式平台三类。

1）钢质固定式平台

钢质固定式平台通过下部基础在整个平台服役期间固定于海底，具有稳定性好和自持能力强的特点，除了可作为钻井平台使用外，一般多作为采油平台，是一种发展最成熟和最通用的平台型式。它的工作水深一般在几米到二三百米的范围内（少数平台超过 300m 水深）。钢质固定式平台主要包括导管架平台和顺应塔平台。钢质导管架平台是在软土地基上应用最为广泛的一种平台，资料表明，在 300m 水深之内的固定式平台大都采用导管架平台结构，当水深大于 300m 后，导管架的重量及造价随着水深的增加大幅度提高，限制了这种平台结构向更深的水深发展。由于这个原因，目前世界上超过 300m 水深的导管架平台仅有 7 座，其中墨西哥湾有 5 座，加利福尼亚南部海域有 2 座，1991 年由 Shell 公司在墨西哥湾的 Bullwinkle 油田创造了水深达 412.4m 的导管架平台记录。与传统的导管架平台相比，顺应塔平台（Compliant Tower Platform）大直径的桩腿数量少，而且桩腿不内倾，顺应塔平台设计时结构刚度自振频率避免与大波浪共振，因而运动性能较好，实际应用的水深范围在 305～535m 之间。目前世界上已建成的顺应塔平台仅 4 座，其中 3 座位于墨西哥湾，一座位于西非。水深最深的顺应塔平台是位于墨西哥湾 535 m 水深的德士古公司的 Petronius 平台。

2）钢质移动式平台

钢质移动式平台主要包括坐底式及自升式两种，一般用于钻井作业，也有作为早期采油平台使用。坐底式平台一般适用于河流和海湾等 30m 以下的浅水域，包括平台甲板、下部沉垫、中间连接结构，平台甲板主要安置生活舱室和设备，下部沉垫主要功能是压载以及海底支撑作用。自升式平台是由平台甲板和桩腿组成，平台到达海上工作地点就位后，将其支撑桩腿下降至海底，然后将平台提升到海面以上足够的高度，在甲板与桩腿之间有升降机构可使两者作相对的升降，目前世界上工作水深达到 122m 的自升式平台技术已成熟应用。

3）钢质浮动式平台

随着海洋石油勘探开发不断向深海进军，各种传统的移动平台，其运动性能和定位难以满足深水作业的要求，而各类固定式平台因自重和工程造价随水深变化而大幅度增加，也不能适应深海环境，因此各种浮式平台表现出其优良的适应性。主要包括半潜式平台、张力腿（TLP）平台、浮筒式（SPAR）平台。

半潜式平台用途非常广，可作为钻井平台、生产平台、半潜式工程平台（如半潜式铺管船、半潜式浮吊等）。半潜式平台由上部组块、浮体、悬链线式系泊系统、锚固基础等构成。浮体的作用是保持足够的浮力能支撑上部组块、系泊系统和立管的重量。系泊系统是把平台锚泊在海底的锚固基础，使平台在环境荷载作用下其运动在允许的范围内。半潜式平台上部甲板提供钻修井、生产、生活、作业等多种功能，平台工作时由于具有较小的水线面面积，因此具有良好的抗风浪能力和稳定性。至 2017 年用于水深超过 1000m 的半潜式生产平台共有 15 座，最大水深是 2007 年投产的墨西哥湾 Independence Hub 半潜式生产平台，水深 2414m。

张力腿平台是半潜式平台的延拓，通过张紧缆索（Tether）或系留管（Tendon）将浮式半潜结构系于海底。目前张力腿平台的结构形式有：传统型（Conventional TLP），海星型（Seastar TLP），MOSES 型（MOSES TLP），延伸型（ETLP），其中后三种型式相对传统式可统称为新型张力腿平台。虽然张力腿平台形式繁多，但从结构上划分，张力腿平台均可划分为 5 部分：平台上体、立柱（含横撑、斜撑）、下体（含沉箱）、张力腿、锚固基础。张力腿平台运动响应性能优异，平台运动很，张力腿平台一般作为采油生产平台，世界上第一座张力腿平台是 1984 年由 Conoco 石油公司在英国北海 Hutton 油田建造，水深 147m，成功显示了张力腿平台在开发深海油气资源方面强大的生命力。至 2018 年全世界已经建成和将要建成 30 座张力腿平台，详见表 3.3.2－1，在西非、墨西哥湾、北海、挪威、印度尼西亚、巴西等地均有应用。

表 3.3.2－1　张力腿平台汇总表

序号	平台名称	平台形式	海域位置	水深/m	投产时间/年	操作方
1	Hutton	传统型	英国北海	147	1984	ConocoPhillips
2	Jolliet	传统型	墨西哥湾	536	1989	ConocoPhillips
3	Snorre	传统型	挪威	335	1992	Statoil
4	Auger	传统型	墨西哥湾	873	1994	Shell
5	Heidrun	传统型	挪威	345	1995	Statoil
6	Mars	传统型	墨西哥湾	894	1996	Shell
7	Ram/Powell	传统型	墨西哥湾	980	1997	Shell
8	Morpeth	海星型	墨西哥湾	518	1998	Agip
9	Ursa	传统型	墨西哥湾	1159	1999	Shell
10	Marlin	传统型	墨西哥湾	987	1999	BP
11	Allegheny	海星型	墨西哥湾	1021	1999	Agip
12	Typ hoon	海星型	墨西哥湾	639	2001	ChevronTexaco
13	Brutus	传统型	墨西哥湾	910	2001	Shell
14	Prince	MOSES 型	墨西哥湾	449	2001	Elpaso
15	West Seno A	传统型	印度尼西亚	1021	2003	Chevron
16	Matterhorn	海星型	墨西哥湾	859	2003	TotalFinaElf
17	Marco Polo	MOSES 型	墨西哥湾	1311	2004	Anadarko
18	Kizomba A	延伸型	安哥拉	1177	2004	ExxonMobil
19	Magnolia	延伸型	墨西哥湾	1425	2005	ConocoPhillips
20	Kizomba B	延伸型	安哥拉	1177	2005	ExxonMobil
21	Okume	MOSES 型	赤道几内亚	503	2007	Amerada Hess
22	Oveng	MOSES 型	赤道几内亚	271	2007	Amerada Hess
23	Nptune	海星型	墨西哥湾	1290	2007	Bhplilliton
24	S henzi	MOSES 型	墨西哥湾	1311	2009	Bhplilliton
25	Olympus	传统型	墨西哥湾	945	2014	Shell
26	Papa Perra P-61	延伸型	巴西	1180	2014	BR
27	Moho Nord	传统型	西非	780	2016	Total
28	Malikai	传统型	马拉西亚	565	2017	Shell
29	Stampede	MOSES 型	墨西哥湾	1067	2018	HESS
30	Big Foot	延伸型	墨西哥湾	1581	2018	Chevron

浮筒式（SPAR）平台主体是一个大直径、大吃水的具有规则外形的浮式柱状结构，通过锚泊系统锚固于海底。柱体由柱与梁板构成，柱体内部可以储油，它的大吃水形成对立管的良好保护，同时其运动响应对水深变化不敏感，可作为深水海域钻采平台。浮筒式平台包括传统式、桁架式、多柱式、MinDOC 四种类型，从 1997 年建成世界上第一座浮筒式平台以来，至 2016 年世界上已建成和将建的浮筒式平台共 22 座，详见表 3.3.2－2。

表 3.3.2－2　浮筒式平台汇总

序号	平台名称	平台形式	海域位置	水深/m	投产时间/年	操作方
1	Neptune	标准型	墨西哥湾	588	1997	Anadarko
2	Genesis	标准型	墨西哥湾	792	1999	Chevron
3	Hoover/Diana	标准型	墨西哥湾	1463	2000	ExxonMobil
4	Boomvang	桁架型	墨西哥湾	1052	2002	Anadarko
5	Nansen	桁架型	墨西哥湾	1121	2002	Anadarko
6	Horn Mountain	桁架型	墨西哥湾	1653	2002	BP
7	Medusa	桁架型	墨西哥湾	678	2003	Murphy
8	Gunnison	桁架型	墨西哥湾	960	2003	Anadarko
9	Front Runner	桁架型	墨西哥湾	1015	2004	Murphy
10	Holstein	桁架型	墨西哥湾	1324	2004	BP
11	Red Hawk	多柱型	墨西哥湾	1615	2004	Anadarko
12	Devils Tower	桁架型	墨西哥湾	1710	2004	Eni
13	Mad Dog	桁架型	墨西哥湾	1347	2005	BP
14	Constitution	桁架型	墨西哥湾	1515	2006	Anadarko
15	Kikeh	桁架型	马拉西亚	1330	2007	Murphy
16	Tahiti	桁架型	墨西哥湾	1250	2009	Chevron
17	Perdido	桁架型	墨西哥湾	2383	2010	Shell
18	Titan	MinDoc	墨西哥湾	1220	2010	ATP
19	Tubular Bells	标准型	墨西哥湾	1311	2014	HESS
20	Lucius	桁架型	墨西哥湾	2165	2015	Anadarko
21	Aasta Hansteen	桁架型	挪威	1300	2016	Statoil
22	Heidelberg	桁架型	墨西哥湾	1616	2016	Anadarko

3.3.2.2　海洋平台用钢类别

海洋平台作为海上钻井、作业、生产、生活等相关活动的场所，长期服役在恶劣的海洋环境中，服役时间一般长达 30 年以上，能适应百年一遇甚至更长重现期的海况条件，要充分考虑风暴、海浪、潮流、冰川、腐蚀等各种恶劣工况条件的长期影响。因此，与常规船舶类用钢相比，海洋平台用钢对强度、韧性、抗疲劳、抗层状撕裂、耐腐蚀、耐低温性能等提出了更高的要求，采用的钢材除了具有高强度、高韧性、耐低温、抗疲劳、抗层状撕裂性能外，更要求具有良好的焊接性、耐海水腐蚀性能。

海洋平台用钢是由船板钢或压力容器用钢移植而来，主要参考采用各大船级社规范用钢，如美国船级社（ABS）、法国船级社（BV）、挪威船级社（DNV）、中国船级社（CCS）、德国船级社（GL）、英国船级社（LR）、韩国船级社（KR）等。各国的海洋平台结构用钢在强度上大体分为一般强度钢、高强度钢和超高强度钢，每一强度级别又按照韧性要求不同，细分为多个质量级别（A、B、D、E、F 级）。表 3.3.2－3 给出了典型海洋平台用钢的主要强度等级。

表 3.3.2－3　海洋平台用钢主要等级

平台类别	一般强度钢		高强度钢		超高强度钢	
	屈服强度/MPa	板厚范围/mm	屈服强度/MPa	板厚范围/mm	屈服强度/MPa	板厚范围/mm
导管架平台	235	6～22	315～390	13～80	—	—
自升式平台	235	5～22	315～390	6～80	420～690	40～259
半潜式平台	235	5～20	315～390	8～80	420～550	19～80

除了上述常用的一般强度钢、高强度钢以及超高强度钢外，高技术含量和高附加值的特殊钢材，如耐海水腐蚀低合金钢、齿条钢、Z 向钢、适合高热输入焊接钢、高强度系泊链钢、铸钢等也被用于平台特殊部件的建造。

1）耐海水腐蚀低合金钢

海洋腐蚀环境恶劣，特别是对于高湿热、强辐射、高 Cl^- 含量，腐蚀性更强。目前国外生产的耐海水腐蚀低合金钢按成分系列可分为 Ni-Cu-P 系、Cr-Nb 系、Cr-Cu 系、Cr-Al 系、Cr-Cu-Si 系、Cr-Cu-Al 系、Cr-Cu-Mo 系、Cr-Cu-P 系及 Cr-Al-Mo 系等。由于耐海水腐蚀低合金钢焊接工艺复杂，制造成本高，因此在海洋平台中应用较少。

2）齿条钢

自升式平台桩腿作为主要的承载机构，起到支撑和升降平台的作用。自升式平台的桩腿齿条与主船体上的齿轮箱配合，实现主船体的升降和锁紧。齿条是桩腿中最具代表性的构件，一般采用厚度达 120mm 以上的专用齿条钢制造。由于长期在强风暴、高腐蚀的严酷海洋环境中工作，要求齿条钢同时具备厚规格、高强度、高韧性等特点。美国 F&G 公司设计的 JU2000 型 CP-400 自升式钻井平台齿条钢的厚度达到 180mm。随着海洋石油勘探开发的不断深入，齿条钢的厚度不断加大，目前世界上齿条钢的最大厚度达到了 259mm。

3）Z 向钢

海洋平台用钢不仅要求沿宽度方向和长度方向有一定的力学性能，而且要求厚度方向有良好的抗层状撕裂性能。这种抗层状撕裂钢又称为 Z 向钢。各类海洋平台结构中存在较多的 T 形、K 形和十字形节点，在这些部位当钢材厚度方向受力时，极易造成厚度方向上的层状撕裂。而层状撕裂在外观上没有任何迹象，现有的无损检测手段又难以发现，即使能判断结构中有层状撕裂，也很难修复，一旦平台的关键节点部位钢材发生层状撕裂，可能发生平台事故，造成巨大的经济损失。因此，对于承受高约束，抗冲击、应变疲劳和层状撕裂的关键管节点，采用抗层状撕裂性能好的Z向钢是必要的。Z向钢是在某一等级结构钢的基础上，经过特殊处理（如钙处理、真空脱气、氧气搅拌等）和适当热处理的钢材。Z向钢根据厚度方向拉伸试样的断面收缩率的大小分为Z25和Z35两个级别。

4）适应高热输入焊接钢

海洋平台钢结构均是采用焊接方式制造。海洋平台用钢板厚度均较厚，尤其对于平台的关键部位钢板的厚度更大。提高焊接线能量，免除焊后热处理，对缩短海洋平台的制造周期和降低成本具有重要意义。

5）高强度系泊链钢

浮动式平台锚泊定位所用系泊链钢使用条件苛刻，要求具有高强度、高韧性以及低屈强比等特性。世界最高等级的R5级系泊链钢（抗拉强度≥1000MPa，屈服强度≥850MPa）在“海洋石油981”半潜式平台成功应用。

6）高强度铸钢

固定式平台、移动式平台及浮动式平台钢结构构件相交处的节点均是平台的受力关键部位，这些复杂的钢结构节点目前大多采用焊接结构，在风浪等长期外力作用下，易产生疲劳裂纹。从20世纪70年代起，美国、英国、日本陆续将整体铸钢节点用于海洋平台，不仅可降低构件应力集中，提高平台疲劳寿命，同时可以减轻节点重量。英国Sheffield Forge Masters International生产的大型整体铸钢节点已广泛应用于导管架平台、半潜式平台、张力腿平台、浮筒式平台等各类平台中，我国海洋平台还没有整体铸钢节点的研究制造和应用。

3.3.2.3 海洋平台用钢标准体系

1）国外海洋平台用钢标准

国际上常用的海洋平台用钢标准除了ABS、BV、DNV、CCS、GL、LR、KR等船级社标准外，还有挪威标准化组织（NORSOK）、欧洲标准委员会（EN）、美国石油学会（API）、美国材料与试验学会（ASTM）等组织或协会的标准。

①EN 10225《固定近海结构可焊接结构钢——交货技术条件》标准规定了海洋平台用钢的分类、生产过程、尺寸、质量及允许偏差、性能要求、检测、试验、标志、包装及保护涂层等，同时也提出了应变时效试验、焊后热处理试验、Z向性能试验、裂纹尖端张开位移试验（CTOD）、焊接性能试验、成型性能等18项附加要求，供用户结合钢板实际用途选择使用。

②美国石油学会（API）标准中海洋平台用钢相关标准包括：API Spec 2H《近海结构用碳锰钢板规范》、API Spec 2W《海洋结构用热机械控轧（TMCP）钢板》、API Spec 2Y《海洋结构调质钢板》等。

API Spec 2H规定了近海焊接结构用钢板厚度≤100mm的42级和50级两种强度等级

钢板，标识为 API 2H-42、API 2H-50。钢板的交货状态为正火态，经批准，钢板厚度超过 63.5mm 的 50 级钢板也可采用淬火加回火态交货。

API Spec 2W 规定了用于海洋焊接结构两种强度等级的 TMCP 钢板，API Spec 2Y 规定了用于海洋焊接结构两种强度级别的高强度调质钢板。强度级别均为 50 级和 60 级，依次标识为 API 2W-50、API 2W-60 和 API 2Y-50、API 2Y-60。50 级钢板的最大厚度为 150mm，60 级钢板的最大厚度为 100mm。

③美国材料与试验学会（ASTM）钢材系列标准 ASTM A514/ A514M《焊接结构用高屈服强度淬火回火合金钢》和 ASTM A517/ A517M《压力容器用高强度淬火回火合金钢板》也常被用作海洋平台用钢，ASTM A514/ A517 Gr. Q 在自升式平台中应用较广。由于自升式平台实际使用的齿条钢最大厚度常常超出 ASTM A514、ASTM A517 的规定的壁厚上限，因此用户企业在采购齿条钢时均在 ASTM A514、ASTM A517 标准的基础上进行修正，制定相应的技术规格书以满足工程的需要。目前世界上普遍流行采用阿塞洛集团（Arcelor）Industeel 制定的 A517Q-MOD 标准。Industeel 根据实际工程需要，对 ASTM A517 Gr. Q 进行了修正，修正主要内容包括：①为满足实际工程需要，钢板厚度不再限制在 150mm 以内，实际供货最大厚度达到 210mm 以上；②加严了对冲击韧性的要求；③提高了对屈服强度的要求；④基于对厚度规格和性能指标的严格要求，对钢材的化学成分作了相应修改。

2）国内海洋平台用钢标准

国内海洋平台用钢标准主要包括中国船级社（CCS）《材料及焊接规范》、GB 712—2011《船舶及海洋工程用结构钢》、YB/T 4283—2012《海洋平台结构用钢板》。

CCS《材料及焊接规范》包含了对钢板、扁钢与型钢、钢管、铸钢件、锻钢件等金属材料的性能要求及焊接要求。涉及的平台用钢包括一般强度船体用结构钢、高强度船体用结构钢和高强度淬火回火钢等。其中，一般强度钢分为 A、B、D、E 四个等级，高强度钢和高强度淬火回火钢分为 A、D、E、F 四个等级。CCS 规范钢材牌号与其他船级社标准牌号对照见表 3.3.2－4。

表 3.3.2－4　各船级社规范中规定的钢材牌号对应关系表

钢材牌号									
GB/712—2011	ABS	BV	CCS	DNV	GL	LR	KR	NK	RINA
A	A	A	A	A	A	A	A	A	A
B	B	B	B	B	B	B	B	B	B
D	D	D	D	D	D	D	D	D	D
E	E	E	E	E	E	E	E	E	E
AH32	AH32	AH32	AH32	A32	A32	AH32	AH32	A32	AH32
DH32	DH32	DH32	DH32	D32	D32	DH32	DH32	D32	DH32
EH32	EH32	EH32	EH32	E32	E32	EH32	EH32	E32	EH32
FH32	FH32	FH32	FH32	F32	F32	FH32	FH32	F32	FH32

续表

钢材牌号									
GB/712—2011	ABS	BV	CCS	DNV	GL	LR	KR	NK	RINA
AH36	AH36	AH36	AH36	A36	A36	AH36	AH36	A36	AH36
DH36	DH36	DH36	DH36	D36	D36	DH36	DH36	D36	DH36
EH36	EH36	EH36	EH36	E36	E36	EH36	EH36	E36	EH36
FH36	FH36	FH36	FH36	F36	F36	FH36	FH36	F36	FH36
AH40	AH40	AH40	AH40	A40	A40	AH40	AH40	A40	AH40
DH40	DH40	DH40	DH40	D40	D40	DH40	DH40	D40	DH40
EH40	EH40	EH40	EH40	E40	E40	EH40	EH40	E40	EH40
FH40	FH40	FH40	FH40	F40	F40	FH40	FH40	F40	FH40
AH420	AQ43	AH420	AH420	A420	A420	AH43	AH43	A43	AH420
DH420	DQ43	DH420	DH420	D420	D420	DH43	DH43	D43	DH420
EH420	EQ43	EH420	EH420	E420	E420	EH43	EH43	E43	EH420
FH420	FQ43	FH420	FH420	F420	F420	FH43	FH43	F43	FH420
AH460	AQ47	AH460	AH460	A460	A460	AH47	AH47	A47	AH460
DH460	DQ47	DH460	DH460	D460	D460	DH47	DH47	D47	DH460
EH460	EQ47	EH460	EH460	E460	E460	EH47	EH47	E47	EH460
FH460	FQ47	FH460	FH460	F460	F460	FH47	FH47	F47	FH460
AH500	AQ51	AH500	AH500	A500	A500	AH51	AH51	A51	AH500
DH500	DQ51	DH500	DH500	D500	D500	DH51	DH51	D51	DH500
EH500	EQ51	EH500	EH500	E500	E500	EH51	EH51	E51	EH500
FH500	FQ51	FH500	FH500	F500	F500	FH51	FH51	F51	FH500
AH550	AQ56	AH550	AH550	A550	A550	AH56	AH56	A56	AH550
DH550	DQ56	DH550	DH550	D550	D550	DH56	DH56	D56	DH550
EH550	EQ56	EH550	EH550	E550	E550	EH56	EH56	E56	EH550
FH550	FQ56	FH550	FH550	F550	F550	FH56	FH56	F56	FH550
AH620	AQ63	AH620	AH620	A620	A620	AH63	AH63	A63	AH620
DH620	DQ63	DH620	DH620	D620	D620	DH63	DH63	D63	DH620
EH620	EQ63	EH620	EH620	E620	E620	EH63	EH63	E63	EH620
FH620	FQ63	FH620	FH620	F620	F620	FH63	FH63	F63	FH620
AH690	AQ70	AH690	AH690	A690	A690	AH70	AH70	A70	AH690
DH690	DQ70	DH690	DH690	D690	D690	DH70	DH70	D70	DH690
EH690	EQ70	EH690	EH690	E690	E690	EH70	EH70	E70	EH690
FH690	FQ70	FH690	FH690	F690	F690	FH70	FH70	F70	FH690

注：ABS—美国船级社，BV—法国船级社，CCS—中国船级社，DNV—挪威船级社，GL—德国船级社，LR—英国船级社，KR—韩国船级社，NK—日本海事协会，RINA—意大利船级社

GB 712《船舶及海洋工程用结构钢》规定了船舶及海洋工程用结构钢的分类和牌号、订货内容、尺寸、外形、重量及允许偏差、要求、检验和试验、包装、标志和质量证明书。适用于制造远洋、沿海和内河航区航行船舶、渔船及海洋工程结构用厚度不大于150mm 的钢板。GB 712 将船舶及海洋工程结构用钢按屈服强度级别分为：一般强度（～235MPa）、高强度（315～390MPa）和超高强度（420～490MPa）三类，见表 3.3.2－5。GB 712 对一般强度及高强度钢的规定与船级社规范基本相同，而在超高强度钢方面，相对于船级社的淬火回火钢，GB 712 放开了对钢板交货状态的限制，既可采用淬火回火（Q＋T）状态交货，也可采用 TMCP 和 TMCP＋T 状态交货，这更有益于钢厂进一步挖掘 TMCP 工艺的潜力，充分发挥 TMCP 工艺的优势。

表 3.3.2－5　海洋平台结构钢材牌号（GB/712—2011）

钢材牌号	强度类别
A、B、D、E	一般强度钢
AH32、DH32、EH32、FH32 AH36、DH36、EH36、FH36 AH40、DH40、EH40、FH40	高强度钢
AH420、DH420、EH420、FH420 AH460、DH460、EH460、FH460 AH500、DH500、EH500、FH500 AH550、DH550、EH550、FH550 AH620、DH620、EH620、FH620 AH690、DH690、EH690、FH690	超高强度钢

注：表中对超高强度钢要求采用淬火加回火状态交货。

YB/T 4283《海洋平台结构用钢板》作为国内首个海洋平台用钢专用标准，规定了深海平台结构用钢板的尺寸、外形、重量、技术要求、试验方法、检验规则、包装、标志和质量证明书等。标准适用于海洋平台结构用厚度不大于 150mm 的钢板，按照钢材的屈服强度划分共包含 355MPa、420MPa 和 460MPa 三个强度级别，以及 D、E、F 三个质量等级。

3.3.2.4　海洋平台用钢研发

1）国外海洋平台用钢研发

20 世纪 60 年代，美国、日本和欧洲各国就开始了海洋平台用钢的研究，在海洋平台用钢品种系列化、低碳强韧化、焊接热影响区强韧化以及标准制定等方面处于前列。

JFE 公司开发的主要海洋平台用钢典型产品包括 API 2W-50、API 2W-60 及 E500 等，具有良好的冲击韧性和焊接性。JFE 主要采用 TMCP＋Super-OLAC（在线加速冷却）工艺技术进行 API 2W-50、API 2W-60 系列产品的生产。JFE 生产的 API 2W-50、API 2W-60 级别钢材已用于深水张力腿平台（TLP）和浮筒式平台（SPAR）平台的甲板和壳体部位。

新日铁公司开发生产的海洋平台用钢主要包括：高钢级高韧性平台用钢、适应高热输入焊接钢以及大规格齿条钢等。代表性产品有屈服强度 500MPa 级高韧性钢、YP390 级适应高热输入焊接钢以及 210mm 厚、690MPa 级专用齿条钢。

迪林根开发了多种高性能的TMCP海洋平台钢，其开发的MULPIC设备可实现在高速冷却和直接淬火加自回火过程中所需的高冷速，以得到细小的晶粒组织，确保钢板具有良好的强韧匹配。

2）国内海洋平台用钢研发

我国开发海洋石油起步较晚，直到20世纪80年代才拥有自己的海洋石油平台。近年来，随着海洋石油工业的发展，钢铁冶金行业加快了海洋平台用钢的研发、认证和生产工作。宝钢、鞍钢、南钢和首钢等开发生产了符合船级社规范的超高强度E690钢板，宝钢、舞阳等开发生产了ASTM A514/A517 Gr. Q系列产品，鞍钢采用TCMP工艺开发生产了屈服强度为420～690MPa系列产品，南钢采用调质工艺开发生产了F550钢板，湘钢通过工艺集成与优化开发生产了专利产品HYE36。

宝钢生产的船板及海洋平台用钢，品种涵盖了船级社规范、ASTM、API以及EN标准的钢种，厚度规格6～180mm。采用调质工艺生产88mm厚EQ70钢板屈服强度达到733MPa，－40℃平均冲击韧性达到233J，Z向断面收缩率为70%。采用正火工艺生产的API 2W-50钢板最大厚度为80mm，屈服强度433MPa，屈强比0.83。采用模铸坯生产的ASTM A517Gr. Q-MOD最大厚度178mm，178mm规格钢板以30kJ/ cm热输入焊接后，焊缝热影响区－40℃冲击功为134J。

鞍钢重点进行了TMCP系列海洋平台用钢的研制，于2006年初通过了ABS、CCS、DNV、LR等九大船级社的认可。通过优化合金化设计和控轧控冷工艺，鞍钢可生产50～80mm的厚板，强度达到420MPa、460MPa、500MPa、550MPa、690MPa。其中420～690MPa级厚板的合金设计为0.03%～0.08% C-Mn-Nb，并根据钢板的强度和厚度加入了Cu、Cr、Ni等元素。代表性产品F550钢板力学性能及组织均匀屈服强度达到580MPa以上，冲击韧性良好，达到F级钢板韧性要求，其中50mm厚钢板－60℃下冲击功均在250J以上，80mm钢板－60℃冲击功在100～303J范围内。

湘钢注重Nb元素微合金化技术的开发和应用，相继开发了多种适应市场需求的含铌系列海洋平台用钢。在低碳高强海洋平台用钢方面，开发的低碳当量（C_{eq}）、低冷裂纹敏感系数（P_{cm}）海洋平台用钢DH36/EH36应用于我国首个深水采油平台荔湾3-1中心平台，采用正火状态交货，为保证焊接性能，要求$C_{eq}\leqslant0.43\%$，$P_{cm}\leqslant0.23\%$，钢板最大厚度为100mm。在大线能量焊接用高强度高韧性海洋平台钢板研发方面，湘钢开发了细针状铁素体或细针状铁素体＋珠光体组织的大线能量焊接用高强度高韧性的海洋平台钢板，其代表钢种F40的屈服强度≥400MPa，抗拉强度≥530MPa，低温－60℃冲击韧性达到200 J以上，厚度方向断面收缩率在35%以上，埋弧焊与直立焊热输入可达到50～200J/cm，符合大线能量焊接要求，正火钢钢板最大厚度达到了100mm。在超厚海洋平台用钢板研发方面，采用高锰、Nb-Ni-Ti多元微合金化成分设计，通过系列工艺集成与优化，湘钢打破了特厚钢板传统轧制比不小于5.0的技术要求，在国内首次采用300mm厚度连铸板坯轧制100mm厚度的特厚HYE36钢板，成功开发了拥有自主知识产权的系列超厚高强度高韧性的HY系列海洋平台用钢板。其代表性钢种HYE36的最大厚度达

100mm，屈服强度在360MPa以上，抗拉强度在490MPa以上，低温−40℃冲击韧性达到200 J以上，厚度方向性能达35%以上。

舞钢依靠先进的装备与技术优势，采用淬火+回火生产工艺，开发了符合ABS、DNV、GL和CCS船级社规范的A420～F690（AQ56～FQ70）系列高强钢，开发了ASTM A514 Gr. Q/A517 Gr. Q系列齿条钢，典型A517 Gr. Q 177.8mm厚度规格齿条钢屈服强度均大于745MPa，−27℃冲击韧性均超过100J，具有较好的强韧性匹配。厚壁齿条钢作为舞钢的代表性产品，部分规格钢板实现了工程应用，解决了该类钢板长期依赖进口的问题，为替代进口奠定了基础。

目前国内海洋平台用钢产品除国内海上油气田广泛使用外，还出口到美国、加拿大、俄罗斯、澳大利亚、新西兰、印度尼西亚、泰国等国家。国内海洋平台用钢EH36级别以下用钢基本实现国产化，这类钢板占到各类平台用钢量90%以上，但对于关键部位所用高强度、大厚度钢板仍主要依赖进口。在高强度钢板推广、超高强度（屈服强度≥690MPa）钢板研发、自升式平台齿条钢研发、配套焊接材料等方面还存在工艺和技术难题，特别是固定式平台、自升式平台及浮动式平台关键部位使用的超高强度钢级、高强度、高韧性、易焊接、耐海水腐蚀的平台用钢与国外先进水平依然存在较大差距，见表3.3.2-6。

表3.3.2-6　主要海工用钢性能指标对比

关键品种	国内先进水平	国际先进水平
高强度海洋平台厚板（10～80mm）	460～550MPa，E级 焊前预热80～120℃	690～720MPa，F级 室温焊接不预热
690MPa级齿条钢特厚板	620MPa，E级 厚度114～152mm	690～720MPa，F级 厚度127～256mm
大口径高强度结构无缝管	620MPa，E级 最大壁厚20mm	690～720MPa，F级 最大壁厚40mm
高强度大规格H型、T型钢材	355～390MPa，E级 翼缘厚度小于40mm	460～550MPa，F级 翼缘厚度100mm

3.3.2.5　海洋平台用钢选材原则

1）海洋平台用钢的特殊条件

海洋平台与陆上设施最大的不同是在施工及服役期间受到苛刻复杂的海洋环境影响、承受多种载荷，同时也会受到海水引起的腐蚀。海洋平台载荷条件包括：施工载荷、功能载荷、海洋环境载荷、偶然载荷。施工载荷是在设施建造安装时，包括陆地建造、海上安装期间的载荷。功能载荷是指设施在运行期间，本身存在的载荷和由于使用所引起的载荷。海洋环境载荷主要包括风荷载、海流荷载、波浪荷载、冰载荷等。偶然载荷是指异常和意外情况下作用在设施上的载荷，也包括地震荷载，海洋油气设施要充分评估各种载荷单独或复合作用的影响。

海洋腐蚀已成为影响海洋平台服役安全和使用寿命的重要因素，主要的海洋腐蚀形式包括均匀腐蚀、点蚀、应力腐蚀、腐蚀疲劳、腐蚀磨损、海生物污损、微生物腐蚀等。同时海洋环境的温度变化不仅引起材料腐蚀速率的变化，同时也可引起材料性能的改变。低温环境可能导致材料的低温脆断，高温环境对材料的耐热性、抗蠕变性能以及高温稳定性提出更高要求。因此海洋平台材料的设计选用应满足设施服役条件要求，保障海洋平台安全运行。

2）海洋平台用钢选材原则

①海洋平台用钢应选用与结构设计规范相一致的标准，产品应得到第三方发证检验部门的认可。

②海洋平台用钢除考虑钢材的化学成分和力学性能外，还要考虑构件所在的部位、所承受的应力状态、构件的厚度、工作环境温度以及钢材的成型性、可焊性、断裂韧性、疲劳性能、抗层状撕裂能力。

③对于使用在0℃以下环境条件下的钢材，所选用的钢材对预计的环境条件应具有良好的断裂韧性。

④特殊构件沿钢材厚度方向上受到较大的拉应力时，容易产生层状撕裂。为防止层状撕裂，应选择具有 Z 向（厚度方向）性能的钢材。

⑤海洋平台结构用钢允许使用的最大构件厚度应根据最低设计温度和构件类别按表3.3.2－7选用。最低设计温度是指平台结构在不发生脆性破坏的条件下，所处于的最低工作环境温度。平台构件类别按照构件所在部位、受力条件，以及对平台安全所起的作用大小、失效后果进行划分。次要构件指其失效不会影响到平台结构整体完整性的非重要的构件，主要构件指对平台结构整体完整性有重要作用的构件，特殊构件是指在关键载荷传递点和应力集中处的主要构件。具体属于哪种构件类别要根据不同的平台类型进行确定。

表3.3.2－7 钢材牌号对应的材料厚度限制

mm

构件类别	最低设计温度						
	钢材牌号	0℃	－10℃	－20℃	－30℃	－40℃	－50℃
次要构件	A	30	20	10	×	×	×
	B	40	30	20	10	×	×
	D	100	100	45	35	25	15
	E	100	100	100	100	45	35
	AH	40	30	20	10	×	×
	DH	100	100	45	35	25	15
	EH	100	100	100	100	45	35
	FH	100	100	100	100	100	100
	AQ	40	25	10	×	×	×
	DQ	70	45	35	25	15	×
	EQ	70	70	70	45	35	25
	FQ	70	70	70	70	70	45

续表

构件类别	最低设计温度						
	钢材牌号	0℃	−10℃	−20℃	−30℃	−40℃	−50℃
主要构件	A	20	10	×	×	×	×
	B	25	20	10	×	×	×
	D	45	40	30	20	10	×
	E	100	100	100	40	30	20
	AH	25	20	10	×	×	×
	DH	45	40	30	20	10	×
	EH	100	100	100	40	30	20
	FH	100	100	100	100	100	40
	AQ	20	×	×	×	×	×
	DQ	45	35	25	15	×	×
	EQ	70	70	45	35	25	15
	FQ	70	70	70	70	45	35
特殊构件	A	×	×	×	×	×	×
	B	15	×	×	×	×	×
	D	30	20	10	×	×	×
	E	70	45	35	25	15	×
	AH	20	×	×	×	×	×
	DH	30	20	10	×	×	×
	EH	70	45	35	25	15	×
	FH	70	70	70	70	40	30
	AQ	15	×	×	×	×	×
	DQ	25	15	×	×	×	×
	EQ	70	40	30	20	10	×
	FQ	70	70	70	40	30	20

注：(1) 表中“×”表示不适用；

(2) 对中间值温度和厚度可考虑内插；

(3) 钢材牌号应符合GB 712—2011《船舶与海洋工程用结构钢》的规定。H表示高强度结构钢，Q表示超高强度淬火回火钢。

(4) 当钢材厚度和最低设计温度超过上表限制时，应对选用的钢材进行特殊考虑。

(5) 对于采用其他标准牌号的钢材，如果所选用的钢材在化学成分、机械性能、可焊性方面与上表所列典型钢级相近，可参照采用。

3.3.3 海底管道用钢

3.3.3.1 海底管道建设现状

海底管道作为海洋生产、采出液输送的一种主要形式，它联接了海上油田开发的上游与下游，是海上油气田开发与生产不可或缺的生命线。近几十年，世界各国铺设的海底管道总长度已超过十多万公里。

1）国外海底管道建设现状

国外在海底管道工程建设方面发展速度非常快，几乎所有海上油气田开发的海域均需要海底管道的建设。墨西哥湾 1956 年建成世界第一条海底管道，目前已建成超过 40000km 的海底管道，这些海底管道的直径在 ϕ51～1321mm，将海上井口、平台、浮式生产系统、陆地终端连为一体。北海油田 1975 开始建设海底管道，目前总长度超过了 10000km。

随着海上油气田工程技术的发展，国外海底管道的建设不断创造纪录。2014 年建设的阿尔及利亚延伸至撒丁岛的地中海 Galsi 海底管道铺设水深达到 2824m，计划建设的印度阿曼跨越阿拉伯海的深海天然气管道最大水深将达到 3500m。2007 年建设的挪威和英国之间的海底管道为目前世界上最长的海底管道，总长度达到了 1293km，该管道分为 A、B、C 三段，A 段起点位于挪威海上 Ormen Lange 气田，终点位于挪威 Nyhamna 陆上处理站，长度约 120km；B 段从 Nyhamna 陆上处理站至北海 Sleipner 中转平台，长度约 613km；C 段从 Sleipner 中转平台至英国的 Easington，长度约 560km。2011 年 6 月和 2012 年 4 月分别建设了俄罗斯 Vyborg 至德国 Greifswald 的 Lubmin 的 Nord stream 海底天然气管道，该两条海底天然气管道穿越波罗的海平行铺设，每条长约 1224km，管直径 ϕ1219mm，最大壁厚达到 41.0mm，是目前海底管道工程中应用的最大壁厚钢管。

2）国内海底管道建设现状

我国 1973 年首次在山东黄海油库采用浮拖法铺设了两条 500m 长、直径 ϕ426mm 的海底输油管道。1985 年渤海石油公司在埕北油田成功铺设了 1.6km 的海底输油管道，同年又铺设了长度达到 48.6km 的锦州油田登陆海底管道。随着国内海上油气田的开发和长输管道的建设，国内海底管道的建设速度不断攀升，目前总长度超过了 6000km。目前国内已建海底管道主要分布于渤海湾、杭州湾、东海和南海区域，典型的海底管道包括：1994 年建设的南海崖城 13-1 气田至香港的天然气管道，直径 ϕ711mm，长度 778km，是国内最长的海底管道；2012 年建设的西气东输二线求大段海底输气管线直径 ϕ914mm，是国内最大口径的海底输气管道；2017 年建设的茂名单点海底管道直径达到 ϕ1219mm，是国内最大口径的海底输油管道。2012 建设的南海荔湾 3-1 输气管道最大水深约 1500m，是我国第一条深水海底管道。

中石化进行海底管道的设计建设已有 20 多年的历史，建设的主要海底管道工程包括：胜利埕岛油田海底集输管网、甬沪宁杭州湾海底管道、外钓岛-册子岛-镇海海底管道、马鞭洲-大亚湾海底输油管道、茂名单点海底管道等工程。

①胜利埕岛油田目前已发展成一个年产约 300 多万吨的海上油田，截至 2015 年年底，

已建海底管线总长约310km；海底管道最小直径为ϕ89mm，最大直径为ϕ610mm。海底管道用钢管采用符合SY/T 10037《海底管道系统规范》要求的API 5L X52、X56、X60和X65材质。制管工艺ϕ457mm以下为无缝管，ϕ457mm以上为直缝钢管，胜利埕岛油田海底管道用钢管全部采用国产钢管。

②除胜利埕岛油田外，中石化还为进口原油配套建设了甬沪宁杭州湾海底管道等海底管道工程，见表3.3.3-1。

表3.3.3-1 中石化进口原油海底输送管道规格及等级

序号	项目名称	规格/mm	钢级	钢管产地
1	甬沪宁杭州湾海底输油管道	ϕ273、ϕ711、ϕ762	API 5L X60	韩国
2	外钓岛-册子岛-镇海海底输油管道	ϕ610、ϕ762	API 5L X60	德国
3	福建炼油乙烯海底输油管道	ϕ711	API 5L X60	中国
4	马鞭洲-大亚湾海底输油管道	ϕ610	API 5L X60	日本
5	茂名石化单点系泊海底输油管道	ϕ864	API 5L X52	日本
6	茂名单点新海底输油管道	ϕ1219	API 5L X65	中国

③东海油气田由中石化与中海油联合开发，主要登陆海底管道材料见表3.3.3-2。此外东海油气田内部海底油气混合输送管道还采用了耐蚀合金316L内衬复合钢管。

表3.3.3-2 东海油气开发海底输送管道规格及等级

序号	项目名称	规格/mm	钢级
1	平湖中心平台-上海南汇海底输气管道	ϕ355.6	API 5L X52
2	平湖中心平台-浙江岱山海底输油管道	ϕ273.1	API 5L X52
3	春晓中心平台-宁波春晓海底输气管道	ϕ711.1	API 5L X60

3.3.3.2 海底管道钢级及标准

1）国外海底管道钢级及标准

在海底管道钢级方面，国外海底管道工程中非酸性环境下应用的最高钢级为X70，酸性环境下应用的管材最高钢级为X65；钢管壁厚最大为41.0mm，直径/壁厚（D/t）最小为15.8。在技术标准方面，国外相关机构发布了海底管道设计、建造、运营、维护和检测标准与规范，主要代表有挪威船级社、美国国家标准学会、美国石油学会、美国机械工程师学会、英国气体专业学会和英国近海作业者协会等。

国外海底管道用材料规范的标准主要包括：挪威船级社DNV-OS-F101《海底管道系统》、美国石油学会API SPEC 5L《管线钢管规范》、国际标准ISO 3183《石油天然气工业—管道输送系统用钢管》。其中DNV-OS-F101专门针对海底管道，API SPEC 5L和ISO3183主要针对陆上管线钢管，但对海底管道钢管提出了附加要求。与陆地管道相比，海底管道钢管技术标准要求普遍更高，主要体现在：

①化学成分要求中，硫、磷含量低，碳当量低；

②力学性能要求增加纵向性能试验，屈强比要求值更低，硬度指标更严，焊缝增加了

CTOD 试验要求；

③钢管圆度、壁厚尺寸偏差要求高，尤其对于管端椭圆度、壁厚和外径精度要求更高，长度偏差要求也更严格；

④钢管无损探伤要求高，管体要进行纵横向、分层缺陷探伤，管端对坡口还要进行分层探伤，管体全长要进行 100%覆盖的超声波测厚；

⑤根据需要，还增加尺寸、塑性、强度、韧性、耐蚀性等方面的补充要求。

2）国内海底管道钢级及标准

随着国内海底管道工程快速发展，近年来国内各大钢厂和制管企业相继进行了海底管道用钢管研发，满足了浅水油田开发常规海底管道用钢的需求。国内海底管道所用管材从最早的 16Mn 材质到现在常用的 API 5L X65，最高到 API 5L X70。制管工艺有无缝管、直缝埋弧焊和直缝电阻焊管，管材的采购也和海底管线的建设类似，经历了进口到国产化的历程，目前常规水深的海底管线用管全部实现了国产化。

在深水油田开发方面，基本掌握了 1500 m 以内深海油气田开发用海底管道用钢的制造工艺及技术，但与国外钢材生产企业相比，国内深水油气管道用钢还存在较大差距，见表 3.3.3－3。目前国产深水海底管道钢管最大壁厚 31.8mm，D/t 最小为 20.0，最大强度等级水平仅应用到 X70 级别，现有 X80 强度等级的陆上管道材料还难以满足海洋环境特殊的施工、服役要求。

目前，国内已有多个海上油气田项目海底管道采用复合管，随着国内复合管制造商、施工承包商对于复合管机械性能测试、海上焊接工艺、检测技术等日趋成熟，复合管将会在国内海上油气田开发海底管道中得到广泛应用。

在海底管道规范体系方面，国内海底管道建设还没有形成相应的规范体系，除了参考中国船级社 CCS《海底管道系统规范》外，基本等同采用 DNV、API 等相应的标准规范。

表 3.3.3－3　国内外海底管道代表性工程钢管技术指标对比

指　标	印度—阿曼海底天然气管道	荔湾深水管道
管道长度/km	约 1200	约 160
最大水深/m	3500	1500
钢管钢级	API 5L X70	API 5L X70
钢管规格/mm	ϕ610X41	ϕ762X31.8
屈服强度/MPa	482～586	485～605
抗拉强度/MPa	565～793	570～760
管体 CVN（−10℃）/J	≥200（平均）/≥150（单值）	≥111（平均）/≥83（单值）
焊缝、热影响区 CVN（−10℃）/J	≥100（平均）/≥75（单值）	≥45（平均）/≥38（单值）
管体 DWTT（−10℃、SA）	≥85%（平均）	≥85%（平均）
焊缝 CTOD（−10℃）/mm	≥0.15	≥0.20
椭圆度/mm	≤4	≤4
直径/壁厚（D/t）	16.9	24.1

3.3.3.3　海底管道用钢研发

1）国外海底管道用钢研发

（1）大壁厚高强度钢管

在海底管道用钢研发及钢管生产方面，欧洲钢管集团在海底厚壁管线管开发方面一直走在世界前列，是近年来世界多个重大海底管线工程的主要供货商。在2004年至2006年，欧洲钢管集团为当时世界上最长的海底管道工程挪威Langeled工程供应了约63×10^4t高强度海底管道钢管，钢管最大壁厚达到34.1mm，钢级API 5L X70。2010～2012年，欧洲钢管集团为俄罗斯北溪海底管道项目供应了约150×10^4t高强度海底管道钢管，钢管直径ϕ1220mm，钢管壁厚26.8～41mm，钢级为API 5L X70。

随着海上油气田建设水深的增加，海底管道抗压溃性能尤为重要，D/t值要求减小，意味着在相同输送效率的前提下，管线钢厚度要增加，这大大增加了管线钢的研制生产难度。由于钢管D/t小，制管时产生应力大，需要提高成型机能力。同时应变增大，需要对制管过程中的应变分布进行合理控制，减少变形对钢管韧性和塑性的影响。此外钢管残余应力增大，椭圆度难以控制，而钢管的椭圆度和壁厚精度对海底管道深水抗外压能力和海上铺设工效有着重要的影响。深水小D/t高强度钢管对钢厂和制管厂均提出了技术挑战。国外API 5L X70强度级别的钢管D/t应用已经达到了16.9，满足了深水油气田开发的需要。

（2）抗大变形管线钢管

海底管道在海上铺设过程中，将承受很大的变形，运行过程中浪、流、平台移动及地质活动造成海底管道在服役过程中的位移，因此要求钢管具有较大的抗变形能力。抗大变形管线钢管能够承受较大的变形，其性能指标有一定的特殊性。除了基本的强度衡量参数，衡量其大变形的主要参数包括Round-house型应力-应变曲线、较高的形变强化指数(n)、较大的均匀塑性变形伸长率（UEL）和较低的屈强比。欧洲钢管公司宣称开发了X100级别的大变形管线钢管，并用于North Central Corridor管线。

（3）高尺寸精度钢管

海底管道海上一般采用铺管船铺设，海底管道铺管船的海上作业成本很高，迫切需要提高海底管道铺设速度和效率，降低海底管道铺设成本。在铺管船焊接流水作业线的特定条件下，影响铺管作业进度的主要原因之一就是管道对中和焊接，而钢管的椭圆度、厚度和平直度等尺寸公差与管道的对中和焊接有直接的关系。因此海底管道规范中对管道的外形尺寸提出了比陆上管道更加严格的要求，海底管道的外形尺寸公差要满足DNV-OS-F101的要求，有些工程甚至提出了比规范更加严格的要求（特别是对于管端外径、椭圆度、厚度等的要求），这样有利于提高海上施工效率，进而减少工期和降低成本。

（4）抗HIC和SSC/SCC钢管

随着油气资源需求量的大幅度增加，世界各国均加大了高含S的陆上和海上油气田开采。对于H_2S、CO_2等腐蚀介质共存的重度腐蚀油气田，当净化处理不到位，或者当输送压力提高时，即便较小的H_2S含量也可能使其分压增大，造成氢致开裂（Hydrogen Induced Cracking，HIC）和硫化物应力腐蚀开裂（Sulfide Stress Cracking，SSC）等。因此，对重度腐蚀油气田净化处理后的油气介质，腐蚀条件不太苛刻，采用抗 HIC/SSC SCC 性能良好的钢管是最经济、安全的油气输送选材方案。

陆地与海上管道工程都有巨大的抗酸钢管需求，随着全球天然气需求量的进一步增加，以及高压输送技术的进一步成熟，酸性气体输送对抗酸管的市场需求将不断增长。因此世界各国均加大了抗酸钢管的开发和应用。欧洲、日本等研发较早，已经开发了酸性环境下的 API 5L X65 和 X70 管线钢管。

（5）双金属复合管

对于海上油气田内部海底管道，输送的净化前油气介质中的腐蚀成分含量高，有的甚至需要加热输送，内腐蚀问题十分突出。对于深水油气田开发，目前由于水下生产系统大部分无法对所产油气进行脱水、降温等工艺处理，海底集输管道常常需要在高温高压条件下输送含水原油或湿气。当油气介质中 CO_2 和/H_2S 含量较高时，普通碳钢或者低合金钢难以满足内防腐的要求，如果大量采用不锈钢或耐蚀合金是一种很不经济的选择。由于双金属复合管兼顾了碳钢或低合金钢的高强度与不锈钢或耐蚀合金良好的耐腐蚀性，双金属复合管是目前国内外较为认可的海洋油气输送用管。

双金属复合管结构是以耐腐蚀合金管（不锈钢或耐蚀合金）作为内衬层（壁厚 0.5～3mm）与腐蚀介质接触，以碳钢或低合金钢作为外面基管承受压力，成本只有耐蚀合金纯材的 1/5～1/2。双金属复合管在含有二氧化碳介质情况下一般以 316L 奥氏体不锈钢为内衬层，在含有二氧化碳和少量氯离子介质下一般以 2205 和 2505 等双相不锈钢作为内衬，当含有硫化氢、二氧化碳和氯离子时，一般以 Alloy 028、G3、Inconel 625 和 Inconel 825 等镍基或铁镍基合金作为内衬，以保证该管道的耐腐蚀性能，也可选择钛合金等具有优异耐腐蚀性能的材料作为内衬层。外层材料通常为 API 5L X42、X50、X60、X70 等材料，以保证钢管的强度。

日、美等国对双金属复合管用作石油天然气输送管道进行过大量研究，机械复合管产品已经历了 40 多年的发展，美国石油协会制订了管线用复合钢管的标准 API 5LC《耐腐蚀合金管线钢管》和 API 5LD《内覆或衬里耐腐蚀合金复合钢管》。双金属复合管在海底管道工程中的应用，常用于高腐蚀环境和高温高压条件。1998 年开始，英国的 United pipelines 和德国的 H. Butting 公司生产的双金属复合管开始用于英国北海的海上油田。

2）国内海底管道用钢研发

（1）大壁厚高强度钢管

近年来随着海洋油气资源勘探开发水深不断加大，国内冶金及制管企业也不断加大海底管道用钢的研发，目前常规海底管道用钢基本全部实现了国产化。南海荔湾深水天然气开发工程位置最大水深接近 1500m，气田生产的天然气通过海底管道输送到位于珠海市高栏岛的天然气处理终端厂，长约 275km，设计压力为 23.9MPa，是我国目前应用水深最深、输送压力最大的高钢级海底管道。

针对南海荔湾海底管道工程，国内冶金、制管企业紧密合作，成功开发了大壁厚高强度海底管线钢管。研发南海荔湾海底管道工程 ϕ762mm 高级别 X65 和 X70 钢管的企业主要包括渤海石油装备巨龙钢管有限公司（鞍山钢铁集团公司开发板材）、番禺珠江钢管有限公司（武汉钢铁集团公司开发板材）、宝山钢铁集团公司。巨龙钢管公司开发了 ϕ762mm×28.6mmX65 直缝埋弧焊管，番禺珠江钢管公司开发了 ϕ762mm×30.2mmX65 和 ϕ762mm×28.6mmX65 直缝埋弧焊管，宝山钢铁集团开发了 ϕ762mm×28.6mmX65、ϕ762mm×30.2mmX65 和 ϕ762mm×31.8mmX70 三种直缝埋弧焊管产品。研发的大壁厚高强度海底管道钢管产品力学性能、尺寸精度满足 DNV OS F101《海底管道系统规范》海底管道钢管的要求，说明国内已经具备了生产 1500m 深水油气田开发项目所需的海底管道钢管的能力。

（2）抗大变形管线钢管

我国海底油气管道用钢管一般为 X70 及以下钢级，强度级别相对不高且钢管壁厚较大，因此钢管抗变形能力较高。随着海底油气管道用钢管级别和管径的提高，陆地管线用抗大变形管线钢管产品的研发经验将为海底管道提供重要参考。

（3）高尺寸精度钢管

国外先进的钢管制造企业生产的高尺寸精度钢管的稳定性高于国内钢管制造企业，目前国内海底管道用钢管的主要产品质量问题并不是理化性能是否满足规范标准，很大程度上是钢管产品尺寸精度波动大，影响到海底管道铺设效率，这也是国内一些海底管道工程采用国外进口钢管的原因之一。

（4）双金属复合管

2011 年开始，国产双金属复合管从陆地应用发展到海上，并先后在崖城 13-4 气田、番禺 35-1/35-2 气田、平黄 HY1-1 气田等海上油气田开发中得到应用，见表 3.3.3－4。

表 3.3.3－4　国内双金属复合管在海洋油气管道中的应用

序号	项目名称	材质	规格/mm	长度/km	供货企业	使用环境	年份
1	崖城 13-4 气田	X65/316L	ϕ219.1×（14+3）	22	西安向阳	CO_2+Cl^-	2012
2	番禺 35-1/35-2 气田	X65/316L	ϕ168×（12.7+3） ϕ273×（15.9+3）	55	西安向阳	CO_2+Cl^-	2013
3	平黄 HY1-1 气田	X65/316L	ϕ219.1×（11+3）	19	西安向阳	CO_2+Cl^-	2013
4	平黄 HY1-2 气田	X65/316L	ϕ219.1×（12.7+3）	8.3	番禺珠江钢管 上海海隆	CO_2+Cl^-	2013

近年来，国内实现了海洋复合管的国产化制造，也突破了海洋复合管全自动焊接技术，海上全自动焊接的效率和质量已达到国际先进水平，但仍有很多技术工作有待完善改进，主要体现在：

①产品制造水平与检测技术有待提升。目前国内复合管制造厂技术研发能力不强，产品类型单一，产品以机械复合管为主，冶金复合管尚处于研发阶段，衬里层或内覆层以不锈钢 316L 为主，高耐蚀性的镍基、铁一镍基合金复合管还处于起步阶段。

②复合管弯头、三通等管件需要完善配套。

③复合管由于焊接工艺复杂、焊缝检测难度较大，造成海上铺设速度远低于碳钢管铺设速度，复合管海上焊接工艺及检测技术需要进一步发展。

3.3.3.4 海底管道用钢选材原则

1）海底管道用钢要求

在海底管道用材方面，低温、高压、强海水腐蚀、波浪、海流、深水压力等环境因素和海底管道海上施工铺设条件对管材的强度、韧性、抗压溃性能、尺寸精度等指标都提出了严格的要求，需要钢管具有足够的横向、纵向强度及良好的高、低温止裂韧性、焊接性、抗大应变性能、严格的管道尺寸精度要求（特别是长度、壁厚、椭圆度等的要求），另外还要有较强的耐腐蚀性能。

海底管道在铺设及运行过程中可能由于海底不平整、海底冲刷等原因造成海底管道在海底的悬空，当悬空长度达到一定程度后，在海流、波浪等作用下产生的振动引发周期载荷使管道疲劳受损。工程上可以通过工程技术措施避免悬空和涡激振动，材料上可以提高海底管道钢管抗疲劳性能延长疲劳寿命，这就要求钢管材质纯净度高，夹杂物含量低。

2）海底管道用钢选材原则

（1）一般原则

①海底管道用钢应选用与管道结构设计规范相一致的标准，产品应得到第三方发证检验部门的认可。

②海底管道用钢材料应根据管道系统的输送介质、运行维护及安装等条件进行选择。选择材料时，对海底管道系统所有部件的材料要求应保持协调一致。

③海底管道用钢管一般采用的技术标准为美国石油协会 API Spec 5L《管线管规范》，并根据挪威船级社 DNV-OS-F101《海底管道系统规范》对钢管材料的技术性能要求进行补充。

④海底管道用钢管根据管径的大小，一般选用无缝钢管（SML）、高频电阻焊钢管（HFW）和直缝埋弧焊钢管（SAWL）。

⑤输送介质腐蚀性不严重情况下，钢管材质一般选用碳锰钢，对于输送介质腐蚀性严重情况下，钢管材质应选用耐蚀合金钢或耐蚀合金复合管。

（2）性能要求

海底管道用钢管性能指标主要包括力学性能、焊接性能和耐蚀性能，钢管的尺寸公差对海上铺管施工效率及质量有很大影响。

①力学性能

a）强度：随着管道输送压力和直径的明显增高，提高钢管强度，可减少钢管重量，降低铺设难度，节约建设成本。近年来，由于管材制造技术和焊接技术的不断发展，海底管道普遍采用 X65 级别的钢管，最高钢级已经提高到 X70。DNV-OS-F101《海底管道系统规范》对钢管的横向拉伸强度和纵向拉伸强度均提出了要求，以满足管道海上铺设施工需要。

b）韧性：DNV-OS-F101 规定了不同钢级夏比冲击功，同时对纵向韧性也提出了要求：碳锰钢纵向冲击功（KVL）比横向冲击功（KVT）高 50%。针对海底输气管道，DNV-OS-F101 还规定：当钢管外径大于 400mm、壁厚大于 8mm、屈服强度大于 360MPa 时，还需要进行落锤撕裂试验（DWTT）。

c）硬度：管材强度越高，抵抗塑性变形的能力越高，硬度值也就越高，但提高管材的硬度，对管材的韧性会带来不利的影响。因此，海底管道管材的硬度要根据规范和使用条件进行明确规定。

②焊接性能

管材具有良好的可焊性是保证管道焊接质量、使用寿命及可靠性的重要指标。一般是将影响可焊性的许多化学元素，折合成碳当量来判断可焊性的优劣。对于不同的钢级 API Spec 5L 和 DNV OS 101 规定中均作了明确要求。

③耐蚀性能

海底管道管材应有良好的耐腐蚀性能，对于输送高腐蚀性介质的海底管道，应对输送的介质的腐蚀进行分析预测，根据分析预测结果进行管材的选择。目前控制 H_2S 和 CO_2 腐蚀的方法主要有三种：添加缓蚀剂、使用防腐内涂层、开发和选用新型管材。

抗 H_2S 腐蚀的管材选用：氢致开裂（HIC）和硫化氢应力腐蚀破裂（SSCC）是含 H_2S 管道腐蚀和破坏的主要形式。提高管材的抗 H_2S 腐蚀能力要从优化化学元素匹配、改良组织结构、改进轧制工艺三个方面着手。

抗 CO_2 腐蚀的管材选用：对于 CO_2 腐蚀不严重的管道可选用碳钢，再辅以缓蚀剂；对于 CO_2 腐蚀比较严重的管道，应考虑耐蚀合金管或耐蚀合金复合管。

④尺寸公差

海底管道用钢管应具备严格的尺寸公差，以满足海上铺管的施工要求。海底管道的管材尺寸公差要满足 DNV-OS-F101 的要求。

3.3.4　存在的问题

3.3.4.1　海洋油气装备高端用钢需要进一步研发与应用

1）海洋平台用高强度、高韧性、抗层状撕裂、易焊接钢

国内海洋平台用钢的国产化率按用量计算已达到 90% 以上，但主要集中在屈服强度 390MPa 以下的低端品种，对于关键部位所用的高强度、高韧性、抗层状撕裂、大厚度海洋平台用钢仍主要依赖进口，按照品种计算国产化率不到 40%。据最新资料，国外海洋平台用钢的最高强度等级已经达到 890MPa 级，最大调质厚度已经达到 256mm，最大焊接热输入可达到 200kJ/cm。而我国 690MPa 级海洋平台用钢工程业绩应用不多，最大调质厚度仅能达到 127mm，最大焊接允许热输入仅为 50kJ/cm，需要在材料技术、生产装备、应用规范三方面取得突破。

2）深海海底输送管道用大壁厚抗疲劳管线钢

与国外发达国家相比、与深海油气田开发设施用钢需求相比，我国深海油气管道的材料还存在较大差距。由于深海海底管道静水压溃、高压力、管道在位、管道施工以及管道悬跨等因素的影响，深海海底管道除满足高强度、高韧性、良好的可焊性、耐腐蚀性能外，还具有大壁厚、抗大变形的特点。国内深水海底管道用钢管需要在技术、工艺、工程示范应用方面需要大力推进。

3）海底生产设施用高耐蚀、长寿命特种钢

海底生产设施面临着深海高压油气和海水双重腐蚀，且存在海洋生态保护的特殊需求，因此海底生产设施普遍要求采用高耐蚀性、长寿命的特种钢材。目前国内在无磁钢、耐蚀合金复合管等高端钢材开发和应用研究方面滞后，导致我国深海用海底生产装备用钢几乎全部依赖进口，这也从某种程度上制约了海洋高端装备制造业的发展。

3.3.4.2 海洋工程用钢标准规范相对落后

国际上海洋工程用钢的规范相对独立，产品等级和质量要求远高于一般船级社规范。而国内海洋工程用钢从20世纪80年代发展初期采用船级社规范，至今尚未建成海洋工程用钢规范系列。对于屈服强度420MPa以上高端钢种在采购时常常根据业主要求，直接采用工程所在地的国外规范或企业规范，导致国内海洋工程用钢的供货体系混乱，往往是一个钢厂一个标准，制约了高端海洋工程用钢的发展和应用。

3.3.5 需求与趋势

随着近海石油资源的日趋减少，海洋工程用钢逐渐向深海和极地发展，海洋装备所面临的环境日益复杂和恶化，普通的海洋工程用钢已经无法满足要求，这必然要求海洋工程用钢具有更高的强度、更厚的规格、更好的抗层状撕裂、低温韧性、焊接性能和耐蚀性。

3.3.5.1 高强度、高韧性、厚规格钢板

随着海洋油气开发不断向深水进军，向极地迈进，各种海洋平台向大型化发展，普通的屈服强度360MPa和400MPa级海洋工程用钢已经不能满足需求，提高强度对于海洋工程设施的减重和降低成本具有重要意义，尤其是自升式平台、张力腿平台、半潜式平台、浮筒式平台等，甚至需要抗拉强度高达800MPa、厚度达125～200mm的特厚、抗层状撕裂、高低温韧性的钢板。

3.3.5.2 高耐腐蚀性能金属基复合材料

采用无任何水面设施的全水下生产设施进行油气开发是深水油气田开发的发展趋势，这就对水下生产设施材料耐久性、耐蚀性、高可靠性提出了挑战。越来越多的金属基复合材料将在海洋油气开发设施中得到应用，包括铁基复合材料、铝基复合材料、钛基复合材料和铜基复合材料等。为了适应海洋装备的特殊用钢需要，必须研制采用纤维或颗粒增强的高强轻质新金属基材料及其复合材料，如纤维或颗粒增强Fe-Al等铁合金、Ti-Al等钛合金、Al-Mg和Al-Mn系铝合金、铜合金基复合材料，形成规模化生产，替代耐腐蚀性不好的金属结构材料。这些新型复合材料的开发可显著提高海洋装备的安全性，减轻装备

重量，延长使用寿命，从而有效解决材料对深海项目开发的制约瓶颈。

3.3.5.3 高品质高钢级海底管道用钢管

近年来，随着深水油气田开发需求的增加，对管线内部介质压力和温度等条件也更加苛刻。对于深水开发而言，无缝钢管广泛用于海底管线和海洋立管。由于海底管道铺设安装的限制，海底管道用无缝钢管要求向更高钢级、高韧性、高外形尺寸误差控制发展。

对于大壁厚海底输气管道要求有优异的止裂韧性，尤其是深水管道，除了夏比冲击试验和落锤撕裂试验，还需进行裂纹尖端张开位移试验，以保证管材的止裂韧性。

另外，海底管道在深水中铺设的时，很容易造成管道产生过大的变形。为了防止过大的变形导致破坏，就要求管材有更高的塑性变形能力。在塑性变形时和变形后，管材在应变力作用下，其组织性能随时间发生变化，即发生应变时效。由于应变时效会使冲击功值和塑性下降，硬度和屈服强度提高，因此在做应变时效试验前，对纵向拉伸性能提出严格要求，以防止应变时效的不利影响。在应变时效试验后，还需对管材进行一系列力学性能试验，使管材的主要力学性能指标如强度、韧性、硬度等满足相应要求，以保证管材在发生较大的塑性变形和受到应变时效的影响下，仍然具有优异的性能。

3.3.5.4 复合材料管

深水油气田开发中，越来越多的复合材料管得到了应用，它实现了传统钢质材料不能实现的特定功能，特别是在深海开发领域显示出良好的应用前景。复合材料管应用较多的有脐带式管线、漂浮软管、挠性软管、动态立管等，它综合了材料的防腐蚀性能、高强度、轻质和柔韧性。国外已研究开发了钢/玻璃纤维复合管，它既利用了钢的强度，又发挥了玻璃纤维在止裂方面的优势，不需要防腐涂层，可降低工程的材料成本、安装费用及焊接成本。

第4章　油气储运用材

4.1　大型原油储罐

油品和各种液体化学品的储存设备——储罐，是石油化工装置和储运设施的重要组成部分。按容积来说，一般立式圆筒形储罐容积大于 10000m^3 以上，习惯称为大型储罐，自 1927 年世界上第一座采用钢制焊接储罐以来，目前大型原油储罐已达到 $24\times10^4m^3$。

按温度划分，可分为低温储罐、常温储罐（<90℃）和高温储罐（90～250℃）。

按压力划分，可分为接近常压储罐（－490～2000Pa）和低压储罐（2000～0.1MPa）。

大型原油储罐一般分为单浮盘和双浮盘两种结构密封形式，因双浮盘结构密封性较好，有利于防止油气的泄漏，目前大型原油储罐以双浮盘密封设计为主。国内设计的 $10\times10^4m^3$、$12.5\times10^4m^3$、$15\times10^4m^3$ 原油储罐均为双盘密封。但随着国内环保要求日趋严格，VOCs 排放指标监控措施的到位，以及密封结构的发展和改进，单盘结构密封形式也逐步应用于大型原油储罐。

4.1.1　储罐大型化发展情况

近 50 年来，储罐大型化发展迅速，1962 年美国首先建成 $10\times10^4m^3$ 大型浮顶原油储罐，1967 年委内瑞拉建成 $15\times10^4m^3$ 浮顶油罐，1971 年日本建成 $16\times10^4m^3$ 浮顶油罐，沙特建成 $20\times10^4m^3$ 浮顶油罐。1985 年中国从日本引进第一台 $10\times10^4m^3$ 浮顶原油储罐，到目前为止，中国已建成数百座 $10\times10^4m^3$ 以上容积的浮顶油罐。

图 4.1.1－1　建成竣工的国家石油战略储备基地

自 1990 年开始至 2009 年，我国相继在全国沿海地区建设国家大型原油储备基地，国家储备库一期项目为大连、黄岛、镇海、岱山原油储备基地（见图 4.1.1－1），共建设 164 座 $10\times10^4m^3$ 大型浮顶原油储罐。同时，国内部分石化企业也建设了一批 $10\times10^4m^3$ 大型浮顶原油储罐。目前，国家储备库二期项目也在建造中。

2004 年中石化在仪征油库建成了两台 $15\times10^4m^3$ 双浮盘储罐，是国内建成的最早的最大原油储罐，实现了中国 $15\times10^4\,m^3$ 双浮盘储罐设计、材料和建造零的突破，随后，2007 年在福建青岚山建成 2 台 $15\times10^4\,m^3$ 双浮盘储罐，2008 年在上海白沙湾建成 8 台 $15\times10^4\,m^3$ 双浮盘储罐。其中 4 台首次全部采用国产钢板和焊接材料，至此，国内国内大型原有储罐的设计建设进入成熟、快速发展阶段。

4.1.2　原油储罐选材原则

储罐用材按类别可分为碳钢和低合金钢（Q345R、12MnNiVR）、不锈钢、铝及铝合金，按储罐各部位用钢可分为钢板、型钢、管子、锻件及焊接材料等。

4.1.2.1　国外大型原油储罐用材简介

国外大型储罐用材主要是日本 JIS 标准、美国 ASME 标准和欧盟 EN10028 标准。日本储罐用材主要采用 JIS G3115。为了避免储罐底圈罐壁板厚度过大导致焊接后残余应力较高而进行焊后热处理，在对大型原有储罐进行设计时，罐壁及罐底边缘板均采用高强钢，这类材料主要有日本标准的 SPV490Q、ASTM 标准和欧盟标准的 P500QL1（用于－40℃）、P500Q（基本钢种）等。

①JISG3115 标准中 SPV490Q 化学成分和力学性能见表 4.1.2－1 和表 4.1.2－2。

表 4.1.2－1　SPV490 化学成分(质量分数)　　%

C	Si	Mn	P	S
≤0.18	≤0.75	≤1.60	≤0.030	≤0.030

注：可添加 Mo、V、Nb、Cr 等合金元素。

表 4.1.2－2　SPV490Q 力学性能

钢板厚度/mm	屈服强度 R_{el}/MPa	抗拉强度 R_{el}/MPa	断后延伸率 A/%	冲击试验温度/℃	冲击功吸收能量 KV_2/J	弯曲试验 180° $b=1.5a$
≤50	≥490	610～740	≥19	－10	≥47	$D=3a$

碳当量 $C_{eq}\leqslant0.45$（50mm 厚度以下）。

$$C_{eq}=\mathrm{C}+\frac{\mathrm{Mn}}{6}+\frac{\mathrm{Si}}{24}+\frac{\mathrm{Ni}}{40}+\frac{\mathrm{Cr}}{5}+\frac{\mathrm{Mo}}{4}+\frac{\mathrm{V}}{14}$$

焊接裂纹敏感系数 $P_{cm}\leqslant0.28$（50mm 厚度以下）。

$$P_{cm}=\mathrm{C}+\frac{\mathrm{Si}}{30}+\frac{\mathrm{Mn}}{20}+\frac{\mathrm{Cu}}{20}+\frac{\mathrm{Ni}}{60}+\frac{\mathrm{Cr}}{20}+\frac{\mathrm{Mo}}{15}+\frac{\mathrm{V}}{10}+5\mathrm{B}$$

②日本大型原油储罐材料供应商主要有 JFE 公司和新日铁，JFE 公司主要生产 JFE-HITEN610E 和 JFE-HITEN610U2 大型储罐用高强度材料。日本新日铁公司在 20 世纪 70 年代就已经发表了调质钢 WEL-TEN62S 的技术资料，此钢板适用于大型原油储罐大能量焊接的要求，同时，此钢板作为 SPV490Q 钢种的基础牌号列入 JIS G3115 标准。该公司通过对 WEL-TEN62S 的基础研究，应用 DQ＋T 工艺研发出具有低裂纹敏感性的 WEL-TEN610CF 和 WEL-TEN60SCF 两个新牌号高强钢，图 4.1.2－1 为这三种高强钢碳当量

的情况。表4.1.2-3为WEL-TEN610SCF钢种化学成分。同时，根据不同的使用需要在材料中添加Cr、Nb、V、Ti、Mo等元素。我国在大型原有储罐建造中基本上采用该钢种作为罐壁板材料。

表4.1.2-3 WEL-TEN610SCF化学成分

C	Si	Mn	Ti
≤0.07%	≤0.3%	1.0%~1.6%	0.004%~0.03%

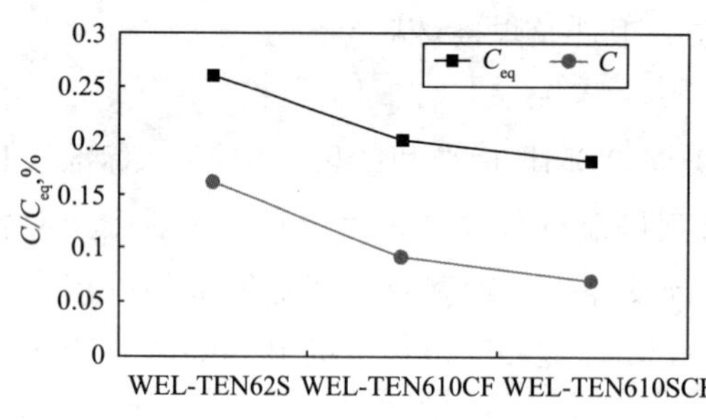

图4.1.2-1 WEL-TEN610钢种碳当量变化

③API ST650《焊接储罐》中对采用ASTM的材料进行了详细的规定。主要采用材料有：ASTM 283M/ASTM 283、ASTM 516M/ASTM 516 Grades 55/60/65/70、ASTM 662M/ASTM 662、ASTM 737M/ASTM 737和采用TMCP工艺生产的ASTM 841M/841 Grade A Class 1和GradeB Class2等材料。

④欧盟标准EN10028.6《焊接细晶粒钢，淬火和回火》中规定了大型原油储罐用高强钢P500QL1，该钢种的主要化学成分和力学性能见表4.1.2-4、表4.1.2-5。

表4.1.2-4 P500QL1钢种化学成分（质量分数） %

C	Si	Mn	P	S	N	B	Cr	Mo	Cu	Nb	Ni
≤0.18	≤0.60	≤1.70	≤0.020	≤0.010	≤0.015	≤0.005	≤1.00	≤0.70	≤0.30	≤0.05	≤1.50

表4.1.2-5 P500QL1力学性能

钢板厚度/mm	屈服强度 R_{el}/MPa	抗拉强度 R_{el}/MPa	断后延伸率 A/%	冲击试验温度/℃	冲击功吸收能量 KV_2/J	弯曲试验180° b=1.5a
≤50	≥500	590~770	≥17	−40（−20）	≥27（40）	D=3a

4.1.2.2 国内大型原油储罐用材简介

1999年，中国石化立项“10万立方米大型原油储罐国产化建造技术研究”科技开发项目，通过中国石化燕化公司、合肥通用机械研究院、武汉钢铁公司、中国石化北京设计院等单位联合攻关，成功完成采用国产WH610D2高强钢材料制造的首台10X10^4 m^3原油储罐。2003年以武钢生产的WH610D2钢板为基础制定了GB/T 19189标准，根据其化学成分命名为12MnNiVR，其材料的化学成分和力学性能见表4.1.2-6和表4.1.2-7。

表4.1.2-6 12MnNiVR化学成分(质量分数) %

C	Si	Mn	P	S	V	Ni	Cr	Mo	B
≤0.015	0.15~0.40	1.20~1.60	≤0.020	≤0.010	0.02~0.06	0.15~0.40	≤0.30	≤0.30	≤0.020

表 4.1.2－7　12MnVNiR 力学性能和工艺性能

钢板厚度/mm	屈服强度 R_{eL}/MPa	抗拉强度 R_{eL}/MPa	断后延伸率 A/%	冲击试验温度/℃	冲击功吸收能量/KV_2/J	弯曲试验 180° $b=2a$
10～60	≥490	610～730	≥17	－20	≥80	$D=3a$

近十几年来，国内大型原油储罐设计和建造技术发展迅速，储罐的大型化促进了其高强钢的发展及应用。中国石化采购的 10×10^4 m^3 原油储罐用 12MnNiVR 钢板已全部实现国产化，南钢、宝钢、舞阳、济钢等均可按订货技术条件生产，钢板厚度、长度和宽度尺寸满足设计罐板排版的尺寸规定。

从目前国内外大型原油储罐用材情况来看，12MnNiVR 材料冶炼工艺、钢板轧制工艺已很成熟，钢板性能稳定性、板幅宽度、焊接性能等方面完全满足大型油罐的设计和建造技术要求。从我国现在及未来 5～10 年国家原油储备库的建设来看，原油储罐的容量主要体现在 10×10^4 m^3 或者 15×10^4 m^3 两种规格，而且，国外在这个方面也没有强度级别更高、性能更好的材料面世，因此，未来大型原油储罐用材仍将以 12MnNiVR 为主。

4.1.3　存在的问题

4.1.3.1　原油储罐的腐蚀

近年来，随着国内进口高硫原油数量的急剧增加以及建罐区域的地理环境、大气盐雾等因素的影响，原油储罐的腐蚀损伤问题日益严重。由于储罐的不同部位用材处于不同的腐蚀环境，腐蚀介质亦不相同，在储罐用材所受腐蚀研究层面上，可将储罐可分为 5 个不同的部位，即罐外表面（与空气接触，不包括罐外底板）、罐内顶表面（包括浮顶下表面，与油气接触）、罐侧内表面（与油接触）、罐底板内侧（与沉积水接触）、罐底板外侧（与砂层或土壤接触），如图 4.1.3－1 所示。

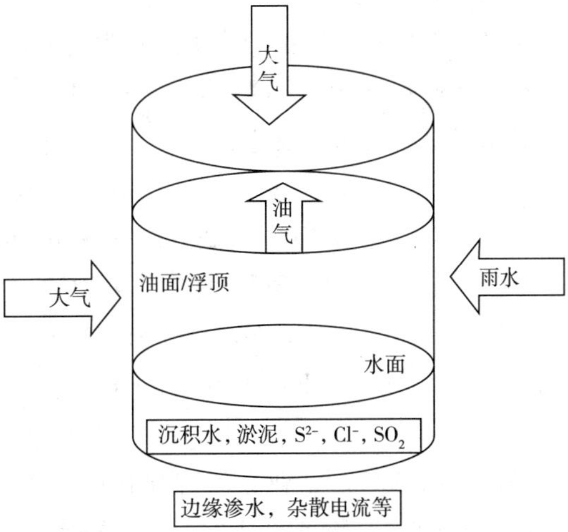

图 4.1.3－1　储罐的腐蚀环境

通过对全国油罐火灾 139 个案例的统计发现，引起火灾事故约有 72%为罐顶破坏，17%为罐底破坏，11%为罐壁破坏。因此，针对不同部位的腐蚀进行研究，并提出针对性防腐措施，是降低腐蚀危害，延长储罐使用寿命，减少安全事故发生的有效且必要途径。

1）储罐外壁的腐蚀

油罐外表面腐蚀属于大气腐蚀，腐蚀程度与周围大气环境有关。根据储罐所建位置的不同，可将储罐所处的腐蚀环境分为乡村大气环境、城市大气环境、工业大气环境、海洋大气环境等。一般来说，沿海地区属于海洋大气环境，空气中盐分浓度较高，氧含量充足，所以该地区储罐的外壁腐蚀比较严重。分析储罐外壁腐蚀机理，大气中的水气在其表面冷凝而形成水膜，这种水膜溶解了大气中的 O_2 及其他杂质，起到电解液的作用，使其表面发生电化学腐蚀。

储罐外壁的腐蚀发生过程大体如下：

阳极反应：$Fe \longrightarrow Fe^{2+} + 2e$

阴极反应：$O_2 + 2H_2O + 4e \longrightarrow 4OH^-$

总反应：$2Fe + 2H_2O + O_2 \longrightarrow 2Fe(OH)_2 \downarrow$

$Fe(OH)_2$ 不稳定，在空气中容易转变为 Fe_2O_3 或 Fe_3O_4，最终在金属表面形成一层疏松的氧化层。在罐顶凹陷处、焊缝凹陷处和其他易积水的地方，易发生应力腐蚀、焊缝腐蚀等，腐蚀程度尤为严重。

2）储罐底板外侧的腐蚀

由于地基与储罐之间或者与边缘板之间并不是无缝隙的面与面接触，空载与满载时也有差别，所以在罐底板外侧即储罐与土壤或砂层接触的某些位置存在孔隙或缝隙。经年累月，雨水、地下水、潮湿大气等进入缝隙处，再结合透气程度不等造成的氧浓度差，罐底板外侧局部极易形成电化学腐蚀体系。在整个腐蚀体系中，氧浓度高的位置充当阴极，氧浓度低的位置充当阳极，且往往是“大阴极、小阳极”的模式，所以腐蚀一旦发生，进展的速度非常迅速。

储罐底部板外侧腐蚀的阴极过程为还原反应：

有氧条件：$O_2 + 2H_2O + 4e^- \longrightarrow 4OH^-$

其阳极过程为氧化反应：

$$Fe \longrightarrow Fe^{2+} + 2e^-$$

$$Fe^{2+} + 2OH^- \longrightarrow Fe(OH)_2 \text{（绿色腐蚀产物）}$$

$$2Fe(OH)_2 + H_2O + 1/2O_2 \longrightarrow 2Fe(OH)_3$$

$$Fe(OH)_3 \longrightarrow FeOOH + H_2O \text{（赤色腐蚀产物）}$$

$$Fe(OH)_3 \longrightarrow Fe_2O_3 \cdot 3H_2O \text{（黑色腐蚀产物）}$$

$$Fe^{2+} + CO_3^{2-} \longrightarrow FeCO_3$$

需要指出的是，企业在储罐建造时，大多习惯在基础砂层靠近罐底板处敷设 10cm 左右的沥青砂，原始目的是为了保护罐底板外壁。但实际上，与罐底接触的沥青砂垫层中的水溶性氯的含量很高，其中一部分氯会溶解于渗水中。为了保持电中性，渗于水的氯离子会向金属与锈层之间的界面运动，造成此处溶液中氯离子浓度高，氧浓度低，这在局部又构成闭塞区腐蚀电池，使腐蚀进展十分强烈，导致罐底板很快穿孔。综上所述，罐底应当慎用沥青砂进行防护。另外如果储罐附近有大型电气设备、电气化铁路等或者有保护其他设施的阴极保护系统存在而该罐处于受保护范围之外时，罐底也会遭受杂散电流腐蚀。

3）储罐顶内表面的腐蚀

从以往储罐的检修情况来看，拱顶罐、中间油品罐（渣油及重油罐等）的气相部分对罐顶腐蚀的最为严重。因为气相中富含的SO_2和H_2S等腐蚀性介质易随油品挥发粘附在罐顶板内壁；同时当油罐进油、转油时，油罐内吸入大量潮湿性空气，因温差的存在而在罐顶板上凝结成水珠；这样空气、油气中的硫化物、水三者共同作用，在罐顶就构成了电化学腐蚀体系。整个腐蚀体系的发生与发展依靠氧的去极化作用推进。值得指出的是罐顶板内表面腐蚀一般发生在阴面，这一现象根本上是由于阳面受日晒作用，温度较高，凝结水珠易消失的原因造成的。

4）罐底内表面的腐蚀

对大多数储罐来说，因底板腐蚀穿孔而导致的油品泄漏危害最大。从20世纪90年代的数据来看，大多数储罐在建罐7年后开始出现罐底腐蚀穿孔，至10～15年穿孔次数急剧增多。鉴于油品的品质日益劣化，底板的腐蚀穿孔有加速倾向。在存储不同油品的储罐中，原油储罐的罐底腐蚀最为严重。腐蚀的部位主要是罐底及罐壁底部（约1m以下）与沉积水接触的部位。沉积水本身是一种电解质溶液，同时随存储时间增长，原油中存在的硫化物、氯化物等不断析出进入水相，增加了水溶液的电导率，为腐蚀的发生与发展提供了更加有利条件。还要强调的是，由于罐底整体处于缺氧状态，适于作为厌氧性细菌的硫酸盐还原菌（SRB）的生存与繁殖，这又为硫酸盐还原菌腐蚀的发生提供了可能。

综合起来，罐底的腐蚀类型主要有以下几个方面：

①硫酸盐还原菌的腐蚀。硫酸盐还原菌腐蚀的典型特征是孔蚀。近年来对其腐蚀机理的研究取得了很大的进展：它在厌氧条件下能够利用附着于金属表面的有机物作为碳源，并利用细菌生物膜内产生的氢，将硫酸盐还原成硫化物：

$$SO_4{}^{2-}+8H \longrightarrow S^{2-}+4H_2O$$

在上述过程中，大量的S^{2-}被生成、释放，推动钢板表面电化学腐蚀过程不断进行下去：

$$Fe \longrightarrow Fe^{2+}+2e$$

$$Fe^{2+}+S^{2-} \longrightarrow FeS\text{（黑色铁锈）}$$

循环往复，不断加速推进罐底板的腐蚀。国外有资料报道，硫酸盐还原菌（SRB）的存在，使得平均腐蚀速率提高到0.5～1.5mm/a，同时罐龄降低3～5年。

②硫化物、氯化物的存在推进罐底电化学腐蚀：

$$Fe^{2+}+S^{2-} \longrightarrow FeS$$

$$Fe^{2+}+2Cl^{-} \longrightarrow FeCl_2$$

$$Fe^{2+}+SO_4{}^{2-} \longrightarrow FeSO_4$$

③溶解氧存在导致的罐底电化学腐蚀：

$Fe^{2+}+Fe^{3+}+O_2 \longrightarrow FeO$，$Fe_3O_4 \cdot nH_2O$，$Fe_2O_3$等。

④缝隙腐蚀。缝隙腐蚀多见于原油罐立柱与底板交界处。在静止状态下此处会发生缝隙腐蚀，但当进行灌装、提取等操作时，又会造成立柱与底板的摩擦与振动，这样磨

损就会与腐蚀同时进行。在机械磨擦和腐蚀的协同作用下，最终导致了立柱底板的腐蚀穿孔。

⑤罐侧壁内表面（与油接触）的腐蚀。

罐侧内表面（这里专指与油接触部位；与沉积水接触部位的腐蚀同罐底板内表面基本相同）与油品直接接触，罐壁上附着了一层相当于保护膜的油品，因而腐蚀速率较低，一般不会造成危险。但需要提防的是，由于油品内部和油面上部气相中含氧量的不同，气液界面处易形成氧浓差电池引起腐蚀。同时，罐内液位不是一成不变的，当罐内液位变化时或者罐内搅拌时，液面都会发生变化，这种情况下则使得腐蚀范围扩大。

4.1.3.2　高参数大线能量焊接材料的开发

目前，$10\times10^4m^3$原油储罐用12MnNiVR材料现场埋弧焊焊接线能量为100kJ/cm，一台$10\times10^4m^3$的原油储罐的焊缝总长约2400 m，现场焊接时间超45天，现场焊接工作量相当大。因此，研制12MnNiVR材料现场大线能量焊接技术，进一步提高储罐的焊接生产效率是今后需要研发的技术课题，目前部分钢厂正在研究焊接线能量为200kJ/cm的焊接工艺参数和配套焊接材料，但截至目前还没有应用到实际的大容量油罐的焊接生产中。为此，未来1～5年在大型原油储罐现场焊接技术方面的科技开发与攻关应为这一领域的主要任务之一。

4.1.4　大型原油储罐用12MnNiVR钢板未来需求

2014年10月，国家一期原油储备库建成投用，包括舟山、镇海、大连和黄岛等4个国家石油储备库，总库容$1640\times10^4m^3$。按照计划到2020年，二期、三期储备库库容均为$2680\times10^4m^3$，达到国际能源署建议的3个月或90天的原油储备容量。据此分析，在“十三五”建设阶段，包括民营企业将要建设的地方大型原油储罐，预计未来5年将要建成600台左右的大型原油储罐，12MnNiVR的需求量约为45×10^4t。

4.2　低温储罐及球罐用镍系低温钢板

4.2.1　国内外现状

镍系低温钢主要用于操作温度为－196～－20℃的压力容器、球罐和大型储罐，根据美国ASME的标准，镍系低温钢主要包括以下钢种，见表4.2.1－1。0.5％Ni、3.5％Ni钢主要应用于储存乙烯产品的$1000\sim5000m^3$的球罐用材料以及化工容器用钢，目前这两种材料国产钢板厚度已达到100～120mm左右，可以满足工程应用需求。9％Ni钢主要用于液化天气（LNG）储罐用材料。ASME标准中的1.5％Ni、5％Ni和7％Ni钢目前国内还无对应的标准标准牌号，也没用应用于实际的工程项目。

表 4.2.1－1　低温用钢材料类别及最低使用温度

材料类别（ASME 牌号）	国内对应牌号	最低使用温度/℃	主要用途
0.5%Ni	09MnNiDR 07MnNiVDR	－70 －50	球罐及容器用钢板
1.5%Ni	无	－70	
3.5%Ni	08Ni3DR	－100	球罐及容器用钢板
5%Ni	08Ni5DR	－130	球罐、储罐及容器用钢板
7%Ni	无		
9%Ni	06Ni9DR	－196	大型 LNG 储罐用钢板

4.2.1.1　9%Ni 国产情况简介

9%Ni 钢钢板国产牌号为 06Ni9DR，为 LNG 低温储罐主要用材，其国产牌号已纳入 GB/T 3531《低温压力容器用钢板》标准，其化学成分和力学性能见表 4.2.1－2、表 4.2.1－3。

表 4.2.1－2　06Ni9DR 化学成分（质量分数）　　%

C	Si	Mn	P	S	V	Ni	Mo	Als	P_{cm}
≤0.08	0.15～0.35	0.30～0.08	≤0.008	≤0.004	≤0.01	8.50～10.0	≤0.10	≤0.015	≤0.25

表 4.2.1－3　06Ni9DR 力学性能和工艺性能

钢板厚度/mm	屈服强度 R_{eL}/MPa	抗拉强度 R_{eL}/MPa	断后延伸率 A/%	冲击试验温度/℃	冲击功吸收能量 KV_2/J	弯曲试验 180° $b=2a$
5～30	≥560	680～820	≥18	－196	≥100	$d=3a$
>30～50	≥560					

目前，国外生产 9%Ni 钢主要有 INDUSTEEL、新日铁、阿赛洛等钢厂，在 2014 年之前国内建造的 LNG 储罐基本采用 INDUSTEEL 钢厂的产品。国内南钢、鞍钢生产的国产 9%Ni 钢已经应用于中国石化青岛、北海、天津三个 LNG 接收站 16×10^4 m^3 储罐，总供货量超过 20000 t。供货钢板力学性能、尺寸偏差、加工性能、焊接性能等达到了进口国外同类产品的技术性能，可以替代进口。

为保证 LNG 储罐用 06Ni9DR 实际产品的综合性能，中国石化制定了 06Ni9DR 钢板的采购技术条件，该技术条件从钢板的冶炼工艺、力学性能、夹杂物含量、剩磁要求、焊接接头的性能要求，以及钢板的不平度、尺寸偏差等方面都提出了先进、严格的技术指标。主要技术指标规定如下：

1）化学成分及力学性能要求

钢板产品化学成分要求见表 4.2.1－4，力学性能要求见表 4.2.1－5、表 4.2.1－6。

表 4.2.1-4　06Ni9DR 钢板产品化学成分（质量分数）　%

牌号	C	Si	Mn	P	S	Ni	Cr	Cu	Mo	V
06Ni9DR	≤0.07	0.15～0.32	0.50～0.80	≤0.005	≤0.003	8.50～10.1	≤0.25	≤0.25	≤0.08	≤0.01

注：1. 成品分析应采用化学分析法。
2. Cr+Cu+Mo≤0.5%，且不得有意加入。
3. $N \leqslant 60\times10^{-6}$，$O \leqslant 20\times10^{-6}$，$H \leqslant 2\times10^{-6}$。

表 4.2.1-5　06Ni9DR 常温拉伸性能

厚度/mm	上屈服强度 R_{eH}/MPa	抗拉强度 R_m/MPa	延伸率 A/%
5～30	≥585	680～820	≥18

表 4.2.1-6　06Ni9DR 低温冲击性能

试验温度	平均值	单个试样		
	冲击功/J	冲击功/J	侧膨胀量/mm	断口纤维率/%
−196℃	≥120	≥90	≥0.64	≥75

注：1. 试样从冷箱中取出后应在 5s 内完成冲击试验，试验时的温度偏差应不大于 2℃。
2. 标准试样：10mm×10mm×55mm。

2）钢板夹杂物规定

每厚度钢板分别在两张不同钢板头或尾取 2 组试样，按照 GB/T 10561 A 法评级图 II 评定粗系非金属夹杂物 A 类（硫化物类）、B 类（氧化物类）、C 类（硅酸盐类）、D 类（球状氧化物类），均不得大于 0.5 级，细系 A、B、C、D 类均不得大于 1.0 级，Ds 类不得大于 1.5 级。

3）剩磁规定

钢板出厂前，应按下图要求逐张检查钢板四角的剩磁，剩磁不得大于 30Gs；如果任何一点超出 30Gs，钢板应进行退磁处理，处理后重新进行检查。

4）CTOD 检测要求

取罐壁最厚钢板，分别在两张不同的钢板头或尾取 2 组试样，进行−163℃（±5℃）的裂纹尖端张开位移（CTOD）试验，试验结果（δ_m 或 δ_u）大于等于 0.30mm。

5）焊接接头冲击吸收能量

焊接接头的 SMAW 和 SAW 试验数据要求：焊缝、热影响区的低温冲击性其验收指标为三个试样的平均冲击功（10mm×10mm×55mm 试样）不小于 80 J（−196℃），单个试样的冲击功不小于 56 J（−196℃）。

6）其他要求

除上述要求外，对钢板的无损检测、低温拉伸、硬度以及钢板的表面质量、不平度偏差、厚度和长度偏差等都做出了具体的要求。

中国石化在广西、山东等 LNG 接收站采用的 06Ni9DR 钢板通过了中国石化科技部组织的鉴定。鉴定专家一致认为：国产 9%Ni 钢板实物技术指标达到国际先进水平，形成了国产 06Ni9DR 研究、生产和工程应用系统性解决方案，实现了国产 LNG 储罐材料大规模、商业化供货和工程应用。

4.2.1.2　存在问题

9%Ni钢国产化不仅解决了石化行业LNG储罐用材的紧迫性，而且也大幅降低了进口9%Ni钢的价格，具有较好的社会效益和经济效益。但国产9%Ni钢材料在供货中也存在一些需要进一步改进提高的地方，比如：钢板力学性能（强度、冲击值）的稳定性、剩磁超标问题、薄板的成材率偏低等问题，这些问题需要生产厂家进一步在化学成分配比、热处理工艺、剩磁产生的原因与消除方法、钢板加工性能等方面进一步进行研究，提出材料稳定生产的详细的工艺措施。

4.2.1.3　国产3.5%Ni钢简介

3.5%Ni钢的国产牌号为08Ni3DR，该材料已经纳入GB/T 3531《低温压力容器用钢板》标准。其化学成分和力学性能见表4.2.1-7和表4.2.1-8。

表4.2.1-7　08Ni3DR化学成分（质量分数） %

C	Si	Mn	P	S	V	Ni	Mo	Als	P_{cm}
≤0.10	0.15~0.35	0.30~0.08	≤0.015	≤0.005	≤0.05	3.25~3.70	≤0.12	≤0.015	≤0.25

表4.2.1-8　08Ni3DR力学性能和工艺性能

钢板厚度/mm	屈服强度 R_{eL}/MPa	抗拉强度 R_{eL}/MPa	断后延伸率 A/%	冲击试验温度/℃	冲击功吸收能量 KV_2/J	弯曲试验180° $b=2a$
6~60	≥320	490~620	≥21	-100	≥60	$d=3a$
>60-100	≥300	480~610				

3.5%Ni钢板国外主要的生产厂有：欧洲的industeel，日本的JFE和新日铁，这些厂都有较多供货业绩。08Ni3DR（3.5%Ni）国内舞钢、太钢和南钢已经通过了容标委的评审，目前舞钢、南钢等钢厂生产的钢板均有制造压力容器的业绩。供货厚度原则上可达100mm。

中国石化洛阳工程有限公司联合合肥通用机械研究院、舞阳钢铁公司等单位2012年在中国石化立项“大型3.5%Ni钢低温球罐国产化开发”科研项目，用于山东天然气有限公司的三台3000m^{3}乙烷球罐，08Ni3DR钢板厚度为52mm，这是国际上首次采用08Ni3DR钢板制造3000m^{3}球罐。截至2007年12月，三台球罐已安全运行3年，使用情况良好。

①52mm厚08Ni3DR材料产品的主要化学成分和低温冲击性能见表4.2.1-9和表4.2.1-10。

表4.2.1-9　52mm厚钢板实际产品化学成分（质量分数） %

位置	C	Si	Mn	P	S	Ni	Cu	Cr	Mo	V	Al
边部	0.07	0.18	0.64	0.004	0.002	3.55	0.05	0.18	0.080	0.003	0.022
中心	0.07	0.19	0.63	0.004	0.001	3.55	0.05	0.17	0.079	0.003	0.021
1/4宽	0.07	0.18	0.63	0.004	0.002	3.54	0.05	0.18	0.075	0.003	0.022

表 4.2.1-10　52mm 厚钢板实际产品冲击性能

钢种	批号	炉号	规格	冲击温度	方向	位置	KV_2/J		
08Ni3DR	GCHB309857	13403531N3	52	−120℃	横	1/2	264	114	203
				−120℃	横	1/4	275	259	254
08Ni3DR	GCHB309862	13403532N3	52	−120℃	横	1/2	264	114	203
				−120℃	横	1/4	275	259	254
08Ni3DR	GCHB310192	13404162N3	52	−120℃	横	1/2	300	255	190
				−120℃	横	1/4	211	220	191
08Ni3DR	GCHB310178	13404163N3	52	−120℃	横	1/2	188	246	234
				−120℃	横	1/4	220	212	208
08Ni3DR	GCHB310175	13404164N3	52	−120℃	横	1/2	180	201	150
				−120℃	横	1/4	222	200	274

②钢板的显微组织夹杂和晶粒度见表 4.2.1-11。

表 4.2.1-11　钢板的显微组织夹杂及晶粒度

炉号	批号	A类		B类		C类		D类		Ds类	晶粒度
		粗系	细系	粗系	细系	粗系	细系	粗系	细系		
13403531N3	GCHB309856	0	0	0.020	0.015	0	0	0.020	0.025	0	8.0
13403532N3	GCHB309859	0	0	0.015	0.015	0	0	0.020	0.020	0	8.0
13404162N3	GCHB310191	0	0	0.010	0.020	0	0	0.020	0.020	0.035	8.0
13404163N3	GCHB310183	0	0	0.010	0.020	0	0	0.020	0.025	0	8.0
13404164N3	GCHB310175	0	0	0.015	0.020	0	0	0.020	0.030	0.025	8.0

③落锤试验按照 GB/T 6803《铁素体钢的无塑性转变温度落锤试验方法》进行，试验低温介质为液氮加工业酒精，试验温度为−100℃，试验时试样过冷度为 1～2℃，保温时间为 40 min，所有试样均为 P2 试样，试验时打击能量为 400 J，结果见表 4.2.1-12。

表 4.2.1-12　钢板的落锤试验结果

炉号	批号	试验结果（−100℃）	NDT/℃
13403531N3	GCHB315834	两支试样均未断裂	≤−105℃
13403532N3	GCHB309863	两支试样均未断裂	≤−105℃
13404162N3	GCHB310186	两支试样均未断裂	≤−105℃
13404163N3	GCHB310178	两支试样均未断裂	≤−105℃
13404164N3	GCHB310174	两支试样均未断裂	≤−105℃

④国产 3.5%Ni 钢与进口实物钢板对比情况见表 4.2.1-13 和表 4.2.1-14。

表 4.2.1-13　国产 3.5%Ni 钢化学成分与进口实物钢板的比较　%

产地	厚度/mm	C	Si	Mn	P	S	Ni	Cu	Cr	Al	Ceq
日本某公司 1	20～75	0.11	0.26	0.60	0.007	0.001	3.47	0.16	0.04	0.049	0.46
日本某公司 2	85	0.06	0.26	0.63	0.003	0.001	3.62	0.25	0.14	0.036	0.47
欧洲某公司	30	0.07	0.27	0.63	0.006	0.001	3.48	0.04	0.04	0.048	0.42
欧洲某公司	82	0.085	0.18	0.75	0.005	0.002	3.64	0.08	0.20	0.021	0.52
舞钢	52	0.07	0.18	0.63	0.004	0.003	3.55	0.04	0.17	0.022	0.47

表 4.2.1-14　国产 3.5%Ni 钢力学性能与进口实物钢板的比较

产地	板厚/mm	R_{el}/MPa	R_m/MPa	延伸率/%	−101℃ KV_2/J
日本某公司	20	435	540	28	166、77、163 (135)
日本某公司	28	435	535	35	171、150、171 (164)
日本某公司	35	430	530	33	119、98、116 (111)
日本某公司	53	410	525	36	101、97、75 (91)
日本某公司	75	465	580	32	130、76、121 (109)
日本某公司	85	415	525	34	232、250、280 (254)
欧洲某公司	30	418	512	30	152、148、159 (153)
欧洲某公司	82	478	571	33	231、285、212 (243)
舞钢	52	457	551	26	252、254、254 (254)
舞钢	60	460	550	33	284、270、270 (275)
舞钢	70	462	552	32	213、205、218 (212)

⑤国产 3.5%钢在钢板的厚拉性能、头尾力学性能性能的均匀性、球壳成型工艺性、焊接性能等方面均达到国际先进水平，为石化行业的低温容器、低温球罐等装备的制造、设备安全运行等提供了强有力的技术保障基础，使我国的低温材料的生产水平提高到可与国外材料商同台竞争的技术层面。

4.2.2　9%Ni 低温钢未来需求

未来 5～10 年中国石化将在清洁能源和页岩气的开采领域有较大的发展。预计“十三五”我国将建成 10～15 个接收能力为 300×10^4 t/a 的 LNG 接收站，并逐步扩大到（600～700）$\times10^4$ t/a 的能力。同时小型卫星储运站、调峰站、LNG 运输船也会有相当数量的规划，镍系低温钢的需求量将会逐年上升。$20\times10^4\,m^3$ LNG 储罐在 2016 年开始建设。一台 $20\times10^4\,m^3$ 的 LNG 储罐 9%Ni 钢用量为 2700 t 左右。预计中国石化这一期间将会有 10～15 台 $20\times10^4\,m^3$ 的 LNG 储罐投入建设，对 9%Ni 钢板的总需求量将达到 35000 t 左右。因此，下一步应针对 9%Ni 应用中出现的问题进行更加全面的研究及工程开发，逐一解决所发现的问题，为 $20\times10^4\,m^3$ 的 LNG 储罐奠定坚实基础。

目前国内外正在进行以5%Ni、7%Ni钢板替代9%Ni钢板用于大型LNG储罐的基础研究工作，以节省价格较贵的Ni资源，降低钢板的采购成本。但国内还未开始这方面的工作，从长远技术发展的角度来说，采用5%Ni或7%Ni代替9%Ni钢板用于LNG储罐建设也是一个很好的选择。

4.3 长输管线用材

4.3.1 长输管线选材原则

4.3.1.1 一般原则

选材的一般原则就是要保证钢管的选用符合管线设计、使用要求，保证钢管满足服役条件要求，同时要满足制造、施工的要求，最大限度的保证钢管的适用性、安全性和经济性。

1）使用性原则

使用性原则是材料在管道工作过程中所应具备的力学性能、物理性能和化学性能，它是选材的最主要依据。使用性能是在分析油气管道的工作条件（输送介质条件、运行压力、环境温度、设计温度、环境地区条件、铺设方式等）和失效形式的基础上提出来的。根据使用性能选材主要考虑以下几个方面：

（1）分析管道的工作条件，确定使用性能

油气管道的工作条件分析主要包括受力状态（拉、压、弯、剪切）、载荷性质（静载、动载、交变载荷、环境载荷）、载荷大小及分布、工作温度（低温、室温、高温、交变温度）、环境状况（输送介质、土壤性质等）、对管道的特殊性能要求等。在对管道工作条件进行全面分析的基础上确定管道的使用性能。

（2）分析管道的失效原因，确定主要使用性能

根据油气长输管道运行环境和载荷性质不同，管道的失效模式可分为断裂、疲劳破坏、氢致开裂和应力腐蚀开裂等。不同的失效模式，对应的管道材料的性能要求也各不相同。

①断裂

包括脆性断裂、弹塑性断裂和塑性失稳等类型。对输气管道，还有延性裂纹的扩展与止裂问题。脆性断裂，主要由管材的韧性指标控制。塑性失稳，主要由管材的应力-应变特性和极限承载能力控制。弹塑性断裂，由管材的强度和韧性指标联合控制。延性裂纹的扩展与止裂，涉及的材料性能指标有夏比V形缺口冲击试验或落锤撕裂试验（DWTT）。

②疲劳破坏

疲劳破坏是由管道内输送介质压力的变化、多次停输或反复进行压力试验引起的。

③氢致开裂与应力腐蚀开裂

腐蚀是管道最主要的失效形式，氢鼓泡、氢致开裂与应力腐蚀开裂是其中最重要的

类型。

氢致开裂，除受环境因素的影响外，主要受材料本身因素（如化学成分、夹杂物、组织状态及其均匀性、强度水平等）的控制。应力腐蚀开裂，是金属材料在拉伸应力和致氢环境介质共同作用下所产生的破坏。在介质和外加应力水平一定的情况下，是否发生应力腐蚀开裂取决于输送管道本身的状态。包括管材的化学成分、冶金质量、组织以及强度、硬度水平等。同时由于成型及焊接时造成的残余应力对应力腐蚀开裂也起着重要的作用。

通过上述对长输管道的服役条件、主要失效形式和失效原因进行的综合分析，油气长输管道的主要使用性能要求为：强度、韧性、疲劳性能、抗氢致开裂与应力腐蚀开裂性能。对高压、大口径、高钢级输气管道，由于气体减压波速较低，管线不易止裂，因此对韧性的要求更高。管道抗氢致开裂与应力腐蚀开裂性能要求与输送介质和使用环境等因素有关。

（3）确定管线钢材料的性能指标要求

在管道工作条件和失效分析的基础上，明确管线钢的使用要求后，应将使用性能的要求通过分析、计算转化成一些可测量的材料性能指标要求和具体数值要求，并按材料性能指标数值要求和材料应用范围进行管材选择。

①工艺性原则

工艺性能的好坏，直接影响管道的质量、生产效率和钢管成本。若工艺性能与使用性能矛盾，有时需从工艺性能考虑，将材料的工艺性能作为材料选择的主导因素。

材料所要求的工艺性能与钢管生产的加工工艺有密切关系。钢管的生产主要包括压力加工和焊接两种加工工艺，管道的安装包括弯管和施工组焊。因此，管道选材时对材料的工艺性能要求主要有：具有良好的压力加工性、焊接性和较小的冷裂纹敏感系数。

②安全性原则

管道的安全性取决于材料因素、力学因素（服役条件）以及管道的几何尺寸（包括缺陷的影响），而管道的材料因素是确保管道安全运行的最基本条件。

从管线的安全性而言，钢管的各项技术性能指标要求越高管线越安全，但技术要求的提高带来的是钢管价格的提高，即管道的投资大幅增加。因此，合理的技术条件必须从保证管线的安全性和经济性两方面来考虑。

③经济性原则

管道建设项目中钢管的费用占管道投资的25%～30%左右，因此经济性也是选材必须考虑的重要因素。选材的经济性不只是指选用的材料价格便宜，更重要的是要使管道的总成本降低。

经济性选材的原则就是在保证满足管道设计、使用要求和安全性的前提下，具有合理的工程建设成本，选择确保安全和经济的最佳方案。

4.3.1.2　管道选材的基本要素

1）钢管类型

油气输送钢管主要有无缝钢管、高频直缝电阻焊钢管（HFW）、直缝埋弧焊钢管

(LSAW) 以及螺旋缝埋弧焊钢管 (SSAW) 等。无缝钢管和直缝电阻焊钢管生产的直径比较小，一般用于公称直径小于 500mm 的管道。对于大口径输气管道，常用直缝埋弧焊钢管和螺旋缝埋弧焊钢管。

直缝埋弧焊管残余应力小、焊缝长度短、焊缝质量容易保证、成型质量好，所以一般来讲，直缝埋弧焊管的质量要优于螺旋缝埋弧焊管；此外，直缝埋弧焊管能够生产厚壁钢管、弯管性能较好、生产效率也较高。但是从使用的角度看，螺旋缝埋弧焊管的焊缝与管道轴线方向成一定的角度，焊缝避开了主应力方向，焊缝的止裂能力较直缝管好，同时，螺旋缝埋弧焊管韧性的薄弱处避开了主应力，整体刚度好于直缝埋弧焊管。另外，螺旋缝埋弧焊管制造工艺简单、成本低，与直缝埋弧焊管相比具有价格优势。

在高压输气管道上，使用何种钢管主要取决于钢管是否满足管道的技术要求，同时还要考虑经济性以及国家制管业的现状。螺旋缝埋弧焊管一般用于 1、2 类地区，对于安全性要求较高的地段如 3、4 级地区，一般采用直缝埋弧焊管。

总之，钢管类型的选择主要是根据设计、使用要求，注意各类钢管的特点及可靠性，合理选用。

2) 钢管的化学成分及冶金工艺

管道选材，应根据钢管的设计、使用要求，对钢管的化学成分、组织作出限制，以保证钢管具有适当的强度、韧性、可焊性和耐蚀性，一般可通过对钢管化学成分及冶炼工艺的控制来实现。

3) 可焊性

管道选材时，既要考虑钢管制造时的可焊性，也要考虑钢管现场施工的可焊性。钢管的可焊性是保证管道焊接安装、管道的使用寿命和可靠性的重要指标，钢管的化学成分对可焊性有显著的影响，通常用碳当量 (C_{eq}) 表示，一般控制在 0.42%以下。对碳含量小于或等于 0.12%的低合金钢，碳当量的精确表达式是冷裂纹敏感系数 (P_{cm})，对 X60 及以上等级的管材，一般控制 P_{cm} 小于等于 0.23。

4.3.1.3 长输管道设计选材基本原则

1) 干线用管

天然气干线一、二级地区选用 SSAW (螺旋埋弧焊)，三、四级地区选用 LSAW (直缝埋弧焊管)。原油干线若 SSAW 的壁厚能达到，应尽量多用 SSAW。成品油管道，在管径允许的范围选用无缝钢管或 HFW。

2) 支线用管

管径较大支线采用 SSAW、LSAW，管径较小支线采用无缝钢管或 HFW。

3) 油田内部集输管网

以无缝钢管和 HFW 为主。

4) 城市天然气管网用管

以无缝钢管和 HFW 为主。

4.3.2 国外现状

4.3.2.1 世界长输管线用材料的发展

油气输送管道于19世纪末首先在美国发展起来，1865年美国建成世界上第一条输油管道，1891年建成第一条天然气长输管道（约200km），1925年建成第一条焊接钢管天然气管道，1926年美国石油学会发布了API Spec 5L标准。随着世界经济发展和能源需求增加，作为最经济的油气输送方式长输管道，在过去的几十年里，发展日益迅猛，输送压力不断提高，从20世纪60年代的6.3MPa上升到了目前的15～20MPa。同时，长输油气管道通常位于环境比较恶劣的地区，为保证管道的结构稳定性、安全性和经济性，对长输管线用材料的性能提出了更高的要求。高钢级管线钢的应用逐渐成为油气管道特别是天然气管道建设的发展趋势。目前，在长输油气管道中正式应用的最高钢级是X80管线钢，X100、X120管线钢也已经开发出来，并且国外已建成部分试验段。

油气管道发展的几个重要里程碑：

1925年，美国建成第一条焊接钢管天然气管道。

1967年，第一条高压、高钢级（X65）跨国天然气管道（伊朗至阿塞拜疆）建成。

1970年，在北美开始将X70管线钢用于天然气管道。

1985年，德国开始在天然气管道上使用X80钢级。

1990年，加拿大开始使用X80钢级。

2000年，开始开发玻璃纤维一钢复合管用于高压天然气管道。

2002年，TCPL在加拿大建成了一条管径1219mm，壁厚14.3mm、X100钢级的1km试验段。同年，新版CSZ245-1-2002中首次将Grade690（X100）列入加拿大国家标准。

2004年，在加拿大北Alberta建成一条管径914mm，壁厚16mm，长1.6km的X120钢级示范管线。

X80管线钢的研究开发工作始于20世纪80年代，1985年德国的Mannes mann（后并入欧洲钢管公司）成功研制了X80管线钢，同年X80钢级被列入了API标准中。从90年代开始，X80管线钢得到了批量化使用，日本、加拿大、欧洲的生产厂家均有批量供货记录。目前国外主要生产厂家情况见表4.3.2-1。德国、日本、加拿大等国X80管线钢研究开发处于国际领先地位，生产技术趋于成熟。经过20多年的发展，目前国外在X80管线钢的冶炼与轧制、钢管制造、焊接工艺、管道防腐、管道设计及运营维护等方面已积累了丰富的经验，工业化应用技术已逐渐成熟。如今X80管线钢已得到广泛应用，加拿大Trans Canada等管道公司将X80管线钢作为新建大型天然气管道的首选钢级。

表 4.3.2－1　全球主要 X80 钢及钢管生产厂家

序号	国别	钢厂、管厂	生产能力及产品特点
1	德国	欧洲钢管（Europine）	生产宽厚板、UOE 钢管，厚大厚壁 33.2mm，已成功供货 X80 管线钢超过 50×10^4t
2	英国	克鲁斯（Corus）	生产宽厚板、UOE 钢管
3	意大利	Dillinger	生产宽厚板、已成功供货 X80 管线钢近 4×10^4t
4	加拿大	IPSCO	生产热轧板卷、螺旋焊管，在螺旋焊管的制造技术和产品质量方面一直处于国际一流水平
5	美国	Oregan Streel	生产热轧板卷
6	日本	新日铁	生产热轧板卷、宽厚板、可生产管径 1219mm、最大壁厚 35mm 的 UOE 直缝埋弧焊管
7	日本	住友	生产热轧板卷、宽厚板、UOE 钢管、X80 钢管，管径 609～1524mm，壁厚 6.4～31.8mm
8	日本	JFE	生产热轧板卷、宽厚板、UOE 钢管、HFW（高频直缝电阻焊）钢管、SMLS（无缝）钢管
9	韩国	浦项制铁（POSCO）	生产热轧板卷

有关 X100 管线钢的最早研究报告发表于 1988 年，但当时并没有实际的应用需求，直到 90 年代中期钢管公司对 X100 管线钢的研发工作才开展起来。1994 年欧洲钢管公司开始研究开发 X100 管线钢。90 年代末期，英国 Advantica 公司、壳牌、BP 阿莫科和英国天然气公司曾对 X100 级管线钢进行历时 5 年之久的联合研制，研究重点是希望在管线钢的抗裂特性和有效止裂上取得突破。进入 21 世纪，对高性能 X100 管线钢的研究依然活跃。新日铁成功地开发了具有划时代意义的热影响区细晶粒超强韧技术（HTUFF），生产了具有高 HAZ 韧性型和高均匀延伸率型的 X100 钢管。2006 年，日本住友金属公司投资 100 亿日元，在鹿岛厂建立 X100 及以上级别超高强度管线钢的生产体系。经过多年发展，X100 管线钢的标准也逐步完善起来。CSZ 245-1-2002 首次将 X100 钢级列入了加拿大国家标准。之后，X100 钢级被列入了 ISO 3183 草案中，并由 ISO 和 API 联合工作组完成了标准的修订。2007 年，X100 钢级正式被列入 API SPEC 5L 标准中。

1993 年，埃克森美孚公司开始研究 X120 管线钢，在 1996 年分别与日本新日铁和住友金属签订了 X120 管线钢研究合作协议，开展了 X120 管线钢钢板开发、X120 管线钢焊接工艺多方面的研究。2000 年，埃克森美孚利用新日铁生产的 X120 钢管进行了全尺寸爆破试验。2006 年，新日铁投资 40 亿日元，在君津厂建立 X100 和 X120 级超高强度管线钢钢管的生产体系，并于 2008 年 3 月实现了 X120 级 UOE 钢管的商业化生产。目前国外掌握 X120 管线钢生产技术的仅有日本新日铁、住友金属和韩国的浦项制铁等少数几家，且生产 X120 钢级钢管均采用了 UOE 成型工艺。X120 管线钢相关技术尚需进一步完善，如 X120 管线钢的止裂性能、焊缝强度匹配性问题等还需要深入的研究。

基于应变设计的概念是近几年欧美国家针对日益恶劣的管道施工和服役环境提出的一

种新的管道设计方法，适用于海洋管道、极地冻土区管道、地震引起沙土液化、滑坡等地段的管道、活动断层段管道和采空区段管道等。传统的管线设计是基于应力设计原则，即当钢管强度不足，管内介质不断升压，以致环向应力作用超过钢管比例极限时，随着介质压力上升，钢管继续产生环向变形而最终导致爆破。这种情况属于以应力作为基础的设计范畴。随着管道钢材料抵抗变形能力的逐步加强，基于应力的设计方法出现了一定的局限性，由于管线运行环境复杂多变，管道在某些特殊情况下允许发生一定程度的大变形，例如地震等地质灾害造成的管道横移，此时管道的应力状态虽然已超过了应力极限，但并未发生破坏。如果在这种特殊条件下仍采用基于应力的设计，势必会提高管道钢级，增加技术和经济投入。所以，通过地震和地质灾害多发区的管道应采用基于应变的设计方法。

2003年，美国正式颁布了《管线以应变为基础的设计》文件。该文件认为，当应力一应变关系曲线超过比例极限后继续变形，其峰值设计载荷反而减弱时，应采取以应变为基础的设计，最大应变值允许达到10%。该设计方法的提出主要基于以下几点：

①对材料和各种受力状态下管道破坏形式的认识逐步加深，发现在不同状态下某个方向上的管道应变即使超过0.5%（最小屈服强度所对应的应变）也不会发生破坏，尤其是当管道受到温差、位移等形式荷载的作用，例如管道工程中最常见的冷弯管，其应变远大于0.5%，但是没有发生破坏。

②在恶劣环境下，管道施工和维护的费用很高，如果按照常规的应力设计标准来控制施工过程的管道受力（变形）或确定运行过程的维护周期，势必会降低施工速度或增加维护次数，项目费用将显著增加。例如海洋管道，可以充分利用管道的纵向变形能力来适应恶劣的海况，减少海上作业时间，节省施工费用。

③由管材的应力一应变曲线可知，当应力超出屈服强度之后，应力变化量小，而应变的变化量相对较大，采用应变为标准更便于衡量和控制管道的极限状态。

抗大变形管线钢的首次应用是在地震敏感带敷设管线。日本已在这方面开展了较多的研究工作，并取得了一些研究进展。日本作为一个屡遭强烈地震的国家，其高压输气管线始终没有发生严重事故的经验值得注意。这种抗大变形管线钢与常规管线钢的不同在于：

a）屈强比（YS/TS）低，一般YS/TS≤0.85；

b）应力一应变曲线呈圆屋顶形，没有明显的自然屈服点；

c）加工硬化系数n值较常规管线钢高，一般$n \geq 0.10$，而常规管线钢一般$n < 0.10$；

d）具有较高的均匀塑性变形延伸率，一般在10%以上。

4.3.2.2　世界长输管线用材料的应用情况

由于冶金技术的限制，早期的管道管径小、压力低，直至20世纪40年度末，管道用钢采用C-Mn-Si型普通碳素钢。随着管道工程对管线钢要求的提高，从以热轧、正火状态生产的低合金钢，到在钢中加入Nb、V、Ti等合金元素的微合金化高强度低合金钢，以及Mn-Mo-Nb型微合金高强度钢，管线钢进入了微合金化和控轧生产的阶段。

管道工业以输送天然气、石油、成品油等能源为主要任务，管线钢的发展趋势必须顺应未来能源的变化。目前，国内外新建天然气管道的设计压力都在10MPa以上，随着输气管道压力的不断提高，输送钢管用管线钢也迅速向高级钢发展。管线钢大致经历了普通碳素钢、普通低合金钢、微合金化钢、Mn-Mo-Nb系微合金化高强度钢的发展历程。

高钢级管线的生产工艺经历了一个发展过程。在20世纪70年代，管线钢生产的热轧加正火工艺被控制轧制技术所取代，利用Nb和V的微合金化技术可生产出X70管线钢。这种控制轧制技术在80年代进一步演化为控制轧制加轧后加速冷却技术，利用这种技术可以生产比X70级更高钢级的X80管线钢。到了20世纪末、21世纪初，利用控制轧制和改进后的加速冷却技术并添加Mo、Cu和Ni，可使钢板的强度级别提高到X100、X120甚至X130。管线钢的技术进步如表4.3.2-2所示。

表4.3.2-2 管线钢的技术进步

年代	强韧化措施	晶粒尺寸	钢级
1950～1960	普通轧制	20 μm	X42～X46
1952～1970	普通轧制＋正火	15 μm	X52～X60
1955～1970	控制轧制	10 μm	X52～X65
1970～1996	微合金化＋T MCP （控制轧制＋控制冷却）	5 μm	X60～X80
1996～	微合金化＋全T MCP	5 μm	X65～X120

国外近20多年的使用经验证明，X80钢级应用于高压输气管道已经是一项比较成熟的技术，其主要用户有加拿大的Trans Canada、德国的Ruhrgas、英国的Transco、中国的中国石油、中国石化等。至今已经建成投产的具有代表性的X80管线钢输气管道有德国Schluechtern-Werne管道、美国CheyennePlains管道和中国西气东输二线管道等工程。

德国Schluechtern-Werne管道，全长259 km，设计压力10MPa，管径1219mm，壁厚18.3mm和19.4mm，全部采用X80直缝埋弧焊管。这条管道的意义在于它是全世界第一条成功应用X80管线钢的大型高压输气管道，展示了X80管线钢在高压、大流量输气管道上应用的广阔前景，有很强的示范作用。

美国Cheyenne Plains输气管道，从俄亥俄州首府夏延市（Cheyenne）到堪萨斯州的格林斯堡（Greensburg），全长611.55 km，最高运行压力为11.1MPa，日输气量0.48×10^8 m^3，总投资4.25亿美元，所用钢管为加拿大IPSCO公司生产的螺旋管和美国NAPA公司生产的UOE直缝管。这是美国建设的第一条X80钢级长距离输气管道，也是第一次大规模应用HTP轧制工艺生产的管线钢管道。

中国西气东输二线管道，引进中亚地区的天然气，西起新疆霍尔果斯口岸，南至广州，东达上海，管道干线长4843 km，直径1219mm，壁厚18.4mm及以上，西段设计压力12MPa，管道年输气量将达到300×10^8 m^3。西气东输二线管道是我国首次大规模采用X80建设的长距离输气管道，其长度超过了国外所有X80管道的总长，标志着我国高钢级管线钢技术已达到了国际领先水平。目前，全球已建X80管线钢管道统计概况如表4.3.2-3所示。

在 X100 管线钢应用方面，国外已有多条试验段建成。2001 年英国 BP 公司与日本钢铁公司和德国的欧洲钢管进行合作，在美国阿拉斯加气田开发中使用 X100 管线钢。加拿大 Trans Canada 公司是 X100 管线钢应用的积极推动者，该公司已建设了多条 X100 管线钢试验段，见表 4.3.2－4。

表 4.3.2－3　全球 X80 级管道项目

序号	建设年份	国家	工程名称	长度/km	直径/mm	壁厚/mm	钢管厂
1	1985	德国	Megal Ⅱ	3.2	1118	13.6	Mannes mann
2	1986	斯洛伐克	第四输油管道	1.5	1422	15.6	Mannes mann
3	1990	加拿大	Nova Express East	26	1067	10.6	NKK
4	1992～1993	德国	Schlurchlern-Werne	259	1219	18.3/19.4	欧洲钢管
5	1994	加拿大	Nova Matzhivian	54	1219	12.0	IPSCO
6	1995	加拿大	East Alberta System	33	1219	12.0	IPSCO
7	1997	加拿大	Central Alberta System	91	1219	12.0	IPSCO
8	1997	加拿大		27	1219	12.0	IPSCO
9	2001	英国	Cambridge M. G	47.1	1219	14.3/20.6	欧洲钢管
10	2002	英国	H. S. Wilbughby	42	1219	15.1/21.8	欧洲钢管
11	2003	澳大利亚	Roma Looping	13	406		BlueScope Stree
12	2004	英国	Aberdeen-loc hside	80.47	1219	15.1	
13	2004～2005	意大利	Snam Rete Gas	10	1219	16.1	
14	2005	美国	Cheyenne Plains	611	914	11.9/17.2	IPSCO/NAPA
15	2005	中国	西气东输冀宁线	7.93	1016	14.6/18.4	华油钢管厂等
16	2006～2009	美国	Rocky Express	2676	1067		
17	2007	英国	National Gird	690	1219	14.3/22.9	
18	2008～2011	中国	西气东输二线	4843	1219	18.4	华油钢管厂等

表 4.3.2－4　X100 级管道试验段

序号	建设年份	项目	业主	直径/ mm	长度/km	壁厚/mm	钢管厂
1	2002	West Path	Trans Canada	1219	1	14.3	JFE
2	2004	Godin Lake	Trans Canada	914	2	13.2	JFE
3	2006	Stittsville Loop	Trans Canada	1066	5 2	14.3 12.7	JFE IPSCO
4	2007	Ft Mckay	Trans Canada	762	2	9.8	IPSCO

2004 年埃克森美孚公司与 Trans Canada 公司合作，在加拿大－30℃冻土地带建成了世界第一条长 1.6 km 的 X120 级输气管道试验段，这也是目前全球唯一一条 X120 级管道。在该管道的施工过程中，研究人员重点关注了 X120 钢管的氢致断裂，并对焊接预热

和焊接过程的温度进行严格监控。

4.3.3 国内现状

4.3.3.1 国内长输管线用材料的发展

我国天然气管道起步晚，但发展速度最快，特别是近几年来发展势头极其迅猛。我国第一条跨区输气管道为中一沧管道，于 1986 年建成投产。1997 年陕京一线建成投产，拉开了我国长距离输气管道建设的序幕。随着西气东输一线、西气东输二线、川气东送、陕京二线、忠一武管道、陕京三线管道等大型管道系统的建设，“西气东输、海气登陆”的供气格局已经形成，天然气管道在川渝、华北及长三角地区已形成了比较完善的区域性管网，国内基本形成了涩宁兰管道系统、陕京管道系统、西气东输、川气东送管道等骨干输气管道主体框架。中国油气管道总里程如图 4.3.3－1 所示。

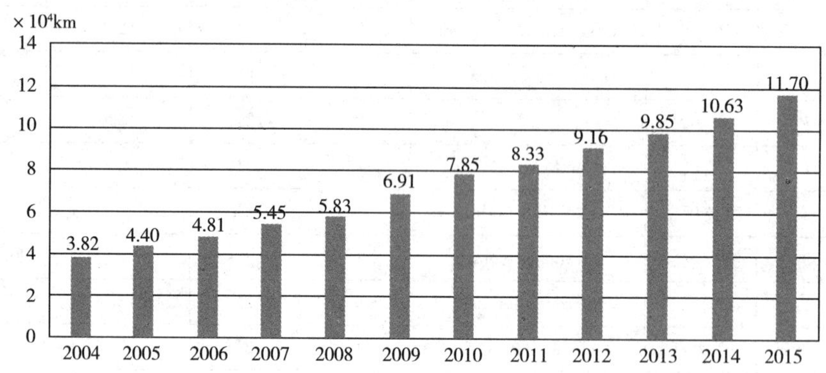

图 4.3.3－1 中国油气管道总里程

我国油气输送钢管发展的历程：

从 50 年代到 70 年代管线钢主要采用 A3（相当于 Q235）、16 Mn（相当于 Q345）；

70 年代后期和 80 年代则采用从日本进口的 TS52K（相当于 X52）；

“六五”到“七五”之间，由武钢牵头开展了 X 系列管线钢科技攻关；

“八五”期间，进一步开发了高性能 X52-X70 API 系列管线钢；

1995 年，塔里木沙漠管线采用 X52、X56 钢级 HFW 和 SSAW 焊管；

1996 年陕京管线采用管径 660mm、SSAW 焊管，钢级 X60，工作压力 6.4MPa；

2000～2002 年，西气东输管道工程管径为 1016mm，壁厚 14.6～26.2mm，钢级为 X70，输气压力 10MPa，全长 4000 km，标志着我国天然气管道工业发展到一个新水平，具有里程碑的意义；

2004 年西气东输工程冀宁支线建设长 7.8k m 的 X80 试验段，管径 1016mm，螺旋焊管壁厚 15.3mm，直缝埋弧焊管壁厚 18.4mm，输气压力 10MPa；西气东输二线，干线管径 1219mm、钢级 X80，输气压力 12/10MPa。

陕一京管道系统由陕京一线、陕京二线、陕京三线、永唐秦管道、港清管道（复线）、大港和华北储气库群，以及配套管道等组成。1997 年陕京一线建成投产，标志着中国天然气管道建设已向长距离、大口径、高压力和高度自动化管理的方向发展，是我国天然气管道追赶世界先进水平的起点。2005 年建成了陕京二线。陕京一线和陕京二线均起自陕西省靖边县，终点分至北京市石景山区衙门口和大兴区采育镇，年输气能力为 $200\times10^8m^3/a$。永唐秦管道起自河北省永清县，终于河北省秦皇岛，全长 308 km，管径 1016mm，设计压力 10MPa，2009 年 10 月建成投产。陕京三线是继陕京一线、陕京二线后向华北供应天然气的又一重要通道，并通过永唐秦管道，向东北地区供气。陕京三线起自陕西省榆林市榆林首站，止于北京市昌平区西沙屯末站，设计输量 $150\times10^8m^3/a$，干线长 1026 km，管径 1016mm，设计压力 10MPa。

西气东输一线管道工程包括西气东输一线干线、支干线、支线配套的金坛、刘庄地下储气库、冀一宁联络线、淮一武（淮阳一武汉）联络线和兰一银管道。西气东输管道是连接塔里木气区与华中、华东用气市场的重要通道。西气东输一线起于新疆轮南，途经新疆、甘肃、宁夏、陕西、山西、河南、安徽、江苏、上海以及浙江 10 省（区、市）66 个县，干线全长 3839 km。2002 年 7 月 4 日，西气东输一线工程试验段正式开工建设。2003 年 10 月 1 日，靖边至上海段试运投产成功，2004 年 1 月 1 日正式向上海供气，2004 年 10 月 1 日全线建成投产。西气东输一线穿越戈壁、荒漠、高原、山区、平原、水网等各种地形地貌和多种气候环境，施工难度高，其开创了国内建设长距离、大口径、高压力输气管道的新纪元，使 1016mm 管径、X70 钢材、10MPa 设计压力得到成功运用，标志着中国管道工业的发展速度和技术水平已跨入了世界先进行列。

西气东输二线是我国第一条引进境外天然气的大型管道工程，于 2008 年 2 月开工建设，线路西起新疆霍尔果斯口岸，南至广州，途经新疆、甘肃、宁夏、陕西、河南、湖北、江西、湖南、广东、广西等 10 个省区市，管道总长（主干线和八条支干线）8704km，工程设计输气能力 $300\times10^8m^3/a$，并于 2011 年 6 月竣工投产，是当前世界上最长的天然气管道工程，管道干线采用 ϕ1219mm、X80 管线钢，是当今世界管道的“顶级组合”，而且实现了 X80 钢管国产化，标志着我国高钢级大口径管道的设计与施工技术已经走到了世界前列。

由于西气东输二线、三线等重大工程的推动，国内长输管线用材料特别是 X80 钢生产技术发展十分迅速。宝钢、武钢、鞍钢等国内大型钢企已相继成功开发了 X80 级热轧板卷和宽厚钢板，并具备了批量生产能力。宝鸡、华油、巨龙、沙市等钢管公司也已成功开发了 X80 级螺旋缝埋弧焊管和直缝埋弧焊管。国产 X80 管线钢在技术标准、检测手段、试验方法上都实现了重大突破，质量达到国内外同类产品先进水平，西气东输二线用钢基本实现了国产化。西气东输三线用钢全部实现国产化。

X100 与 X120 管线钢国内生产厂商也已开发出来，性能已达到国外实物产品同等水平。2006 年 7 月鞍钢成功研制开发了 X100 管线钢宽厚板，成为国内首家掌握 X100 级管线钢生产技术的钢铁企业。2007 年 8 月武钢成功开发了 X100 板卷。另外，宝钢、本钢、济钢等也已成功研制了 X90、X100 管线钢。2007 年华油钢管厂成功研制出 X100 钢级直缝埋弧焊管，直径 813mm、壁厚 12.5mm，其质量达 到国际同类钢管实物水平。巨龙钢管公司采用JCOE工艺，成功制造了直径813mm、壁厚15mm的直缝埋弧焊钢管。2010年宝鸡钢管公司成功研制了X100螺旋埋弧焊管，管径1219mm、壁厚15.3mm。

宝钢于2005年启动了X120管线钢的前期研发，2006年10月宝钢在新投产的5000mm宽厚板轧机上成功试制出超高强度X120管线钢宽厚板，成为国内第一家、全球第四家具备X120管线钢试生产能力的企业。2008年3月太钢在2250mm热连轧生产线上成功轧制了X120板卷，成为全球首家实现X120管线钢卷板试生产的企业。巨龙钢管有限公司采用宝钢研制的X120钢级管线钢钢板成功研制出直径914mm、壁厚16mm直缝埋弧焊钢管，钢管成型采用JCOE工艺。管体和焊缝的强度、冲击韧性和硬度等力学性能均较为理想，达到了国外同类钢管实物水平。

对于基于应变设计地区用钢管，目前国内已开展了相关研究工作，中国相关科研院所和生产企业的抗大变形管线钢正在研制阶段。由于国内企业长期没有此类产品批量生产的能力，我国的一些重要管线工程使用的抗大变形高强度管线钢都是从国外进口的。

虽然目前尚无成熟的经验可以上升为标准或规范，但通过对国内外相应的设计方法、材料、施工流程等都进行了系统研究，可以较好指导这些地段的管道设计。经过大量的实物研究，2008年西气东输二线提出了基于应变设计地区使用的X80直缝埋弧焊钢管补充技术条件，确定了X80钢管纵向屈服强度范围、拉伸强度范围、屈强比、均匀延伸率、应力比、曲线形状、温度时效等数据。基于此技术条件，进口日本新日铁近2×10^4t抗大变形管线钢管。此后，2010年，在中缅原油管道工程中提出了中缅原油管道工程基于应变设计地区用直缝埋弧焊管技术条件，随着认识的不断深入，西三线对西二线的抗大变形管线钢技术条件进行了修订。阿拉斯加管道设计压力17.2MPa，管径1219mm，壁厚23.7mm，钢级选用X80，干线长约2775km，管线穿越地震、灾害区域，阿拉斯加管道已在全球范围内公开向钢厂、钢管厂发出试制邀请。国内各大钢厂、钢管厂都积极投身在抗大变形钢管的研制工作中，目前，宝钢、鞍钢、巨龙钢管厂、宝鸡钢管厂等国内钢厂、管厂部分规格已试制成功，抗大变形管线钢在长输管道中的应用将是一种趋势。

4.3.3.2 国内长输管线用材料的应用现状

目前，在油气长输管道工程中得以大规模应用的最高钢级是X80管线钢。已建成的西气东输二线管道采用X80级管线钢管，正在建设中的西气东输三线管道采用X80级管线钢管，新疆煤制气外输管道工程也拟采用X80级管线钢管。目前，国内X90、X100、X120管线钢也已经开发出来，并且国外已建成部分试验段，但钢管的止裂性能、焊缝强度匹配性问题等还需要深入的研究。

我国最早的X80管道为中国石油在2004～2005年建设的X80西气东输冀宁联络线试验段管线（约7.9km）。当时螺旋焊管供应厂家有宝鸡石油钢管厂、华北石油螺旋钢管厂，直缝埋弧焊管厂家有当时新建的巨龙钢管厂。经过西气东输二线、三线工程的建设，国内主要制管厂、钢板生产厂和施工企业已经对X80焊管有相当的生产和施工经验。

在西气东输二线工程中，X80钢级钢管得到了正式应用，西二线全长近9000km，其中4000多公里采用国产X80钢管。迄今为止，西气东输二线工程是全世界已建成的唯一一条采用 X80 高钢级大口径大壁厚钢管的天然气商用管道工程。2010 年 1 月西二线西段已成功通气，投入商业运营。西气东输二线工程干线管道 X80 钢管成功应用代表了当今世界一流的技术水平。

从西气东输二线工程参数看，压力 12MPa、管道直径 1219mm、输气量 $300\times10^8m^3$、钢材等级 X80，这都是世界之最的“顶级组合”。西二线 4000 多公里大量采用国产 X80 钢管，标志着我国天然气管道制管能力已跨入世界先进行列。此次 X80 钢管的大规模使用，促使国内形成了年产 150×10^4t 的 X80 钢管产能，整体提升了管道行业自主创新能力和核心竞争力。

西气东输二线工程技术进步的亮点：

①高韧性 X80 管线钢及管径 1219mm、壁厚 15.3mm、18.4mm 螺旋焊管，壁厚 22.0mm、26.4mm、27.5mm 直缝埋弧焊管的开发与应用；

②X80 钢级大口径、厚壁热煨弯管、管件及原料焊管的开发与应用；

③强震区和活动断裂层区段埋地管道基于应变的设计方法及抗大变形管线钢和焊管的开发与应用；

④大口径 X80 焊管在 12MPa 设计压力和双相气质条件下的断裂控制技术；

⑤X80 焊管的应变时效控制及低温涂敷防腐层技术；

⑥横向力学性能试样的包申格效应控制及屈服强度的测试与判定；

⑦失效控制与完整性管理相结合，全方位保障高压输气管道的运行安全。

4.3.4　存在问题

4.3.4.1　管线钢应用存在的主要问题

X80 钢管自 20 世纪 80 年代开发成功后，近十年才开始真正规模化应用。我国 X80 钢管研制及应用自冀宁联络线开始还不到 10 年，X80、ϕ1219mm 钢管大规模应用还不到 5 年，与 X70 相比，X80 钢原材料冶炼、钢管制造的难度与质量风险增加，X80 钢管的质量均匀性及稳定性还存在一定的问题，现场 X80 管焊接出现问题的概率较 X70 有较大幅度上升，X80 钢对质量细节要求更高，配套管件、全焊接阀门的设计、生产更加困难，因此要求对 X80 钢及弯管、管件等的原材料、焊接及采购、施工、管理等各方面必须全面关注。目前，高压、大口径、X80 及以上钢级管道的应用还存在需要解决问题。

1）高钢级钢管的生产、制造及管理

X80 及以上钢级钢板制管后力学性能变化巨大，且不同钢厂、不同成分及组织的钢板制管后变化规律不同，由于参与供货的钢厂较多，各钢厂钢板的冶金体系差异较大，使得管厂的制造工艺面对多种选择，造成产品的质量不稳定，出现钢管性能批量不合格现象。

供货过程中钢板制造工艺规范（MPS）发生变化，使得用于焊评的钢管与现场供货钢管性能有较大的差异，现场焊接出现批量不合格的情况。

高钢级管线钢出现三角区异常断口，对异常断口如何进行评定暂无明确规定。

高钢级管线钢板制造过程中，母板头、中、尾的力学性能存在较大差异，需要制定合理的取样方案，对整批钢板的质量作出恰当的评价，及时发现质量风险。

X80及以上钢级管线钢之所以在全球未全面应用的原因之一是高钢级管线钢从钢板制造、钢管制造、现场施工方面对技术、质量管理、风险控制要求更高。中国石油通过西二线、西三线的建设认为参与建设的相关单位必须紧密配合，从钢板制造、钢管制造、现场施工等进行一体化工艺技术研究，对风险进行全面评估和控制，通过全流程各关键工序的质量控制，确保管道建设质量安全万无一失。

2）高钢级管线钢焊接的问题

西二线、西三线在自保护药芯焊丝焊接X80钢管时，发现自保护药芯焊丝半自动焊接接头性能存在一些质量问题，主要表现为在焊接不同合金成分管线钢时，焊接接头冲击性能不稳定，离散性大；不同合金成分，焊评适用性受到限制，供货过程中钢管制造工艺规范（MPS）发生变化，使得现场焊接出现批量不合格；

大壁厚钢管要求进行焊后热处理，现场焊后热处理作业困难且会破坏防腐层，需进行大壁厚钢管免焊后热处理的研究。

3）管件的设计及采购

当今高强度三通等管件在结构设计、选材和生产工艺方面等技术进步跟不上高强度管线钢发展的速度，如三通设计研究工作经验积累严重匮乏，导致其设计仍然停留在保守的补强计算公式水平，四类地区用12MPa、X80、*DN*1200等径三通不含腐蚀裕量的设计壁厚达78mm，三通主管长度加长后厚度仍达62mm，12MPa、X70、*DN*1000等径三通不含腐蚀裕量的设计壁厚达64mm，设计要求已接近现有材料热加工临界壁厚，其不仅使得三通制造技术难度倍增，且质量稳定性大大降低，风险控制水平陡增。

石油管工程技术研究院采用验证性爆破试验方法设计高压大口径三通，在西气东输三线中得到应用，但爆破三通接管壁厚大于实际钢管壁厚，厚壁接管对三通有一定的支撑作用，使得三通爆破压力升高，不能完全真实反映三通的承载能力，另外，爆破试验未考虑管系载荷对三通承载能力的影响，给管三通设计带来一定的风险，应根据三通的结构进行分析验算，确保管件壁厚的安全可靠。

同时，西二线、西三线对环境温度－30℃以下的（－40℃、－45℃）阀室、站场用三通等管件采用电伴热及保温的工艺措施，同时辅助以现场人工高频次的巡查方式来控制管线发生低温脆断的风险，使得相关阀室、站场的自动化检控效能发挥大打折扣。

4.3.4.2 高频直缝焊管质量问题

21世纪以来，中国的油气管道建设迎来了快速发展的高潮，随着国内冶金装备水平及工艺水平的不断提高，直缝电阻焊钢管发展迅速，国内企业争先恐后上马HFW直缝电阻焊钢管生产线，导致生产质量参差不齐，质量事故时有发生。

直缝电阻焊钢管的应用在国内工程项目中事故不断，教训深刻。部分钢管厂在制管过程中生产作业指导书执行不到位，部分工艺成分参数设计出现纰漏，质保体系没有得到有效执行，出厂检验把关不严，导致钢管批量出现低温冲击功值不合格现象，焊缝两侧存在凹坑、麻点等未修磨现象，部分钢管发现修磨后壁厚低于标准要求，甚至钢管焊缝形成灰斑缺陷，在水压试验过程中，钢管出现渗漏现象，给工程建设造成了巨大损失。

4.3.4.3　管道标准问题

目前长输管道的设计标准与施工标准之间的衔接不配套，存在一些不协调、不一致、不相关和不联系的地方。对管道材料标准来说，目前国家标准、行业标准的修订周期过长，一些指标要求明显滞后于国际标准，也不能适应管线钢技术的实际进展情况。

钢管标准应以确保质量可靠性为基本原则，尽可能反映国内生产管线钢的新技术，同时促进管线钢管、板卷、钢板产品质量的提高，以保证制成钢管后的性能满足工程要求，保证管线钢管的经济适用性和质量可靠性，还兼顾现场可操作性的原则，与国际标准进一步接轨。

4.3.5　需求与趋势

4.3.5.1　近期需求

1）煤制气介质对高钢级管线钢管的影响研究

处于设计之中的中国石化新疆煤制气管道工程（新粤浙管道）将是世界上第一条长距离煤制天然气输送管道。新粤浙管道起点为新疆维吾尔自治区伊宁首站，终点为广东省韶关末站，总长8300km，其中干线全长4929km，干线管径ϕ1219mm，设计压力12MPa，选用X80钢级钢管，经过一级地区2114.1km，二级地区2056.3km，三级地区758.6km。

新粤浙管道工程气源主要是准东地区煤制气和伊宁地区煤制气，目前气体中CO_2和H_2的摩尔分数之和为3%，其中H_2的含量在2%左右；管线设计压力为12MPa，氢分压达到了0.24MPa；介质输送温度为常温，约30～40℃。项目所用管道为X80钢级，强度等级较高，但目前针对X80管线钢在H_2环境下的腐蚀破坏的相关研究非常少，X80管线钢在H_2环境下的腐蚀机理和形式都还不清楚，实际的工程应用更是罕见。在石油化工的项目中，氢气是一种较常见腐蚀性介质，在有游离水或凝析水的环境下，氢气可分解析出氢原子，氢原子可对金属材料构成氢损伤。实际工程上使用的钢材都存在着缺陷，如面缺陷（晶界、相界等）、位错、三维应力区等，这些缺陷与氢的结合能强，可将氢捕捉陷住，便成为氢的富集区，通常把这些缺陷称为陷阱。当氢原子在金属内部陷阱中富集到一定程度，便会析出氢气。经估算这种氢气的强度可达300MPa，于是促使钢材脆化，局部区域发生塑性变形，萌生裂纹最后导致开裂。由于氢损伤通常是瞬间出现失效，因此也是一种危害性比较大的腐蚀形式。另外输送介质中含有一定量的二氧化碳，需要考察二氧化碳和氢气共存情况下对管线钢耐蚀性能的影响。

鉴于煤制气介质在高钢级高压输气管道运行中的安全不确定性，迫切需要深入研究X80管线钢在二氧化碳与氢气共存环境下的腐蚀机理及形式，以及H_2、CO_2与其他电化学腐蚀的交互作用，系统掌握H_2、CO_2浓度、压力、温度、湿度对腐蚀行为的影响规律；高钢级高压输送煤制气的边界条件；煤制气高压输送条件下材料的腐蚀行为与钢的组织、洁净度等的关系等，为“新粤浙管道”的安全性、材料的选择和新材料研发提供坚实的技术基础。

2）X80钢焊接性能研究

由于X80钢管的特性及冶金体系的多样化，使得现场环焊适用性变差，同时，管道环焊缝是管道的薄弱环节，X80管道的焊接技术应用时间较短，现场尤其是半自动焊出现的问题较多，在焊评合格的情况下，现场抽检不合格比例较大，因此为保证X80管道建设的安全可靠，急需开展X80管线钢化学性能的优化及环焊稳定性的研究。

①X80合金成分体系优化设计及性能分析、研究；

②不同冶金体系、相同焊接工艺对环焊缝性能的影响研究；

③不同焊接工艺、相同合金体系对环焊缝性能的影响研究；

④焊接工艺与冶金体系的匹配性研究；

⑤国产焊材与进口焊材环焊接头性能分析。

4.3.5.2 中长期需求

目前，我国的油气管道里程仅为美国的1/8，天然气管道干线里程约为美国的1/11，约为俄罗斯的1/5；从油气管网建设的密度来看，我国天然气干线管道密度为5.2m/km^2，仅为法国的1/20，德国的1/32；油气干线管道密度9.69m/km^2，仅为美国的1/8。

2013年底，世界管线长度约为356×10^{4}km，而我国油气管道只占世界管线总量不到3%，天然气管道占世界天然气管道总量不到2%。21世纪初，我国的油气管道建设进入了一个高潮期，平均每年建设油气管道超过了5500km，预计到2030年，我国的油气管道总里程将超过30×10^{4}km。

X80级钢管尤其是螺旋焊管得到了大规模的应用，在X90以上超高强度钢管还没有投入规模应用的情况下，更大管径与壁厚的X80钢管的开发与应用应该为管线钢管进一步发展的趋势之一。而深海及极地等地区用钢管则对钢铁业、钢管在基于制造业提出了较高要求。国际上对于高强度管线从设计、材料、制造及建设等进行了大量的研究，比如抗大变形X80、X100及X120钢管的开发与应用、高压输气管线延性断裂控制，试验手段多样，如全尺寸试验、宽板拉伸试验等大规模测试手段，并积累了大量数据，国内在这些基础研究方面有较大的差距。国内长输管线材料主要中如下方面应加强研究，满足未来需求：

①大壁厚X80级直缝埋弧焊钢管，如壁厚在33mm以上的线路管；

②大壁厚X80级螺旋埋弧焊钢管，如壁厚在22mm及以上的螺旋管；

③X90、X100、X120钢级的高强度管道技术研究；

④与高强度管线钢相配套的管道焊接技术，焊接材料的国产化研究；

⑤用于地震断裂带等地区的抗大变形钢管；

⑥0.8设计系数用钢材的开发；

⑦CO_2输送管道的材料研究；

⑧海底用厚壁钢管；

⑨用于酸性服役条件钢管；

⑩用于煤制气介质高强度管线钢管。

针对如上所述一些需求，需要我国的钢铁企业与钢管企业密切协作，开发出管道建设急需的特殊服役条件用钢管。

4.3.5.3 未来趋势

当前，油气管道业面临的挑战是：在高寒、深海、沙漠、地震和地质灾害等恶劣环境下建设长距离、高压、大流量输气管道。

对于X100管线钢来说，基体为粒状贝氏体并分布着一定量的MA组元是最佳、最经济的组织方案，但是要求高强度下仍具有合适的DWTT韧性，还需要做大量工作。此外，X100管线钢的可焊性及止裂性能也是X100管线钢开发的研究重点。X100管线钢的止裂性能处于临界状态，当服役条件严酷时，比如：输送富气、采用高的设计系数和低的设计温度，应考虑使用止裂环。

X120管线钢不能通过粒状贝氏体达到性能要求，因此，需要加入B元素来改变CCT转变曲线以增加淬透性，使其具有更低韧脆转变温度的低碳贝氏体或马氏体组织。或通过优化开发新生产工艺及组织来满足各项力学性能指标的合理匹配。X120管线钢已不能单靠材料韧性解决止裂问题，必须使用止裂环。

大变形管线钢是未来管线钢的发展方向之一。由于中国地理条件的限制和管线钢产品的发展，对基于应变设计管线的需求越来越迫切。如地震侧滑、湿陷性黄土塌陷、沉降、冻胀和冻土融化、自由悬跨的地理条件、海底管线等会使管线产生大量变形，这就使大变形管线钢的需求大大提高。抗大变形管线钢既要有足够的强度，又必须有足够的变形能力，其组织状态一般为包含硬相和软相的双相组织或多相组织。此外，时效后的性能指标应为大变形管线钢研究的一个重点，通常时效现象使得管线钢管的变形能力降低，这与钢板及钢管的生产工艺密切相关。酸性环境下使用的管线钢是管线钢系列中质量要求最为严格的品种，因其使用环境的特殊性，对钢的成分设计、冶炼技术、轧制工艺及冶金装备水平均提出十分严格的要求。另外，在焊管的设计、生产及标准的选用上也与常规的油气管线用钢不同。因此，中国冶金企业与管线建设部门应加强合作，加快酸性环境下使用的输气管线用钢及相关标准的研制与应用。

高性能管线钢的发展动向：

①X80及X80以上钢级高强度管线钢；

②低温状态使用的高强度管线钢；

③有合适断裂控制性能的管线钢；

④抗HIC和SSCC管线钢；

⑤抗H_2S/CO_2腐蚀管线钢及双金属复合管；

⑥抗大变形管线钢及钢管；

⑦深海油气管道管线钢及钢管；

⑧抗应变时效管线钢及钢管。

4.3.5.4 关键技术研究

1）管道设计技术研究

随着管道钢材料抵抗变形能力的逐步加强，基于应力的设计方法出现了一定的局限性。

寻求全寿命周期内管道工程的人文、生态、环境、技术、功能和经济效益等综合最优的全寿命设计方法成为未来管道设计的发展方向。

2）高钢级管线钢管技术研究

高压力输气与高强度、超高强度管材用钢组合是新建管道发展的主要趋势。在西2线X80焊管的壁厚和管径取得突破的情况下，未来X90、X100和X120也可能要大规模地应用在我国的输气管道工程。

大口径、高钢级管线管道在高压下的止裂行为还有待进一步研究。

3）管道完整性管理技术研究

目前油气管道完整性管理已经在我国管道线路上进行了全面推广应用，但其所涉及的很多专项技术有待于进一步深化研究，包括：定量风险评价技术，管道内检测技术，有限元模拟技术，泵机组、压缩机组在线检测与故障诊断技术，失效分析技术等。

4）管道安全防护技术研究

管道一旦发生泄漏，不仅造成重大人员伤亡，而且往往伴随严重的环境污染。

管道泄漏检测技术在加快检测速度、提高准确性及减少误报方面有待进一步研究和提高。

第5章 炼油化工用材

5.1 炼油用材

金属材料是炼油厂设备（包括容器和换热器）、管道和加热炉的主要用材。这些金属材料按照材料种类划分，主要包括碳素钢和碳锰低合金钢（以下简称碳钢）、铬钼低合金钢、高合金钢等黑色金属，及镍基合金、钛等有色金属；按照材料制品划分，主要包括板材、管材、锻件、棒材和焊材等。其中板材主要用于设备的壳体，管材主要用于管道、加热炉的炉管、换热器的换热管及设备的接管，锻件主要用于设备和管道的法兰、换热器的管板及高压锻焊设备的壳体和接管。这三类材料的用量较大，是本节叙述的重点。棒材主要用于制作螺柱/螺栓、螺母，焊材用于设备、管道和加热炉中相邻元件之间的焊接，这两类材料的一般用量较小。

本节叙述的内容仅指炼油装置用材，有关油品储运用材的内容见本书第4章。

5.1.1 炼油装置选材原则

5.1.1.1 一般选材原则

①选择材料时，应考虑使用条件（如设计温度、设计压力、介质特性和操作特点等）、材料性能（力学性能、加工工艺性能和焊接性能、化学性能和物理性能）、制造工艺以及经济合理性。所选材料应符合相应的国家/行业材料标准的规定，并根据具体使用条件，合理地规定材料标准的附加技术要求。

②选择材料时，应根据材料的腐蚀速率和设计寿命确定腐蚀裕量，且应符合下列规定：

a）设备：腐蚀裕量小于或等于6.0mm；

b）管道：碳钢和铬钼低合金钢腐蚀裕量小于或等于6.0mm、高合金钢和有色金属腐蚀裕量小于或等于1.5mm；

c）加热炉炉管：碳钢腐蚀裕量小于或等于3.0mm、铬钼低合金钢腐蚀裕量小于或等于2.0mm、高合金钢腐蚀裕量小于或等于1.5mm。

当腐蚀裕量超出上述规定时，应选用耐蚀性更好的材料。

③需选用高合金钢或有色金属等高等级材料，且厚度大于12mm时，宜选用复合材料（衬里、复合、堆焊），基层为碳钢或低合金钢，复层（耐蚀层）为高合金钢或有色金属。

④选择材料时，尚应根据介质的流速、流态以及是否处于相变部位等因素，对局部部位的材料进行特殊处理。

⑤在可能引起严重电偶腐蚀的环境下，相邻元件应避免选用异种材料。与受压元件直接焊接的非受压元件，应采用与受压元件相同或相近的材料。

⑥当下游加工过程对物料的铁离子或其他成分有特殊要求时，应根据需要调整选材。

⑦受压元件用钢应符合下列要求：

a）应是采用氧气转炉或电炉冶炼或附加其他精炼方法制成的镇静钢；

b）碳钢在高于425℃温度下长期使用时，应考虑钢中碳化物相的石墨化倾向；

c）奥氏体不锈钢的使用温度高于525℃时，钢中含碳量应不小于0.04%；

d）奥氏体不锈钢用于可能引起晶间腐蚀的环境时，应选用含稳定化元素（钛、铌）的不锈钢或含碳量≤0.03%的超低碳不锈钢。

5.1.1.2　高温硫腐蚀环境

高温硫腐蚀是钢在高温下与硫化物发生反应所产生的腐蚀。腐蚀发生的温度范围主要为240～500℃，随着温度的升高而加剧，到480℃左右达到最高，有氢存在时可加速腐蚀。

各种钢在高温硫中的腐蚀速率可按图5.1.1－1估算。根据腐蚀程度的不同，可选用碳钢、含1%～9%Cr的铬钼钢、12Cr型铁素体不锈钢或18Cr-8Ni型奥氏体不锈钢。

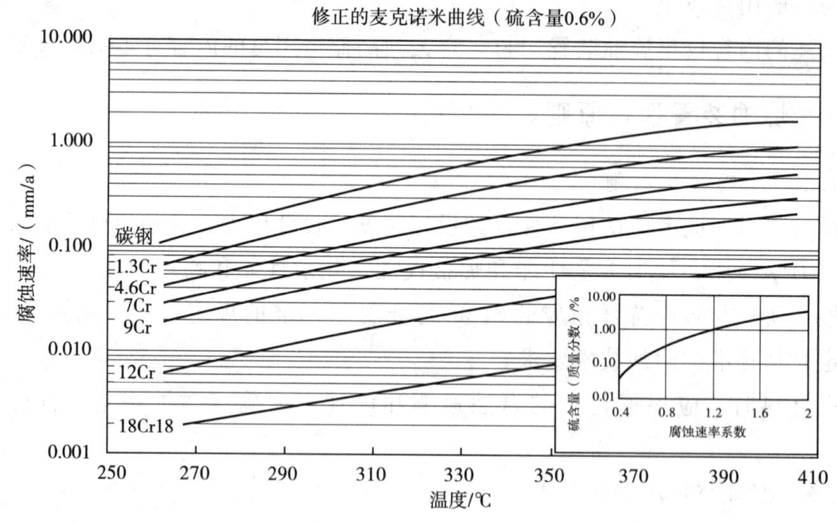

图5.1.1－1　各种钢在高温硫中的腐蚀速率与温度的关系及腐蚀速率系数

加工高硫原油装置的选材可按照SH/T 3096—2012《高硫原油加工装置设备和管道设计选材导则》的规定进行。

5.1.1.3　环烷酸腐蚀环境

环烷酸腐蚀是一种受环烷酸含量（通常以总酸值TAN衡量）、温度、介质流速等参数综合影响的腐蚀，表现为局部腐蚀或者在高流速区的沟槽腐蚀。对于介质中含环烷酸的设备、管道和加热炉，可按照以下原则进行选材：

①介质温度小于 240℃时，宜选用碳钢；

②介质温度大于或等于 240℃且小于 288℃，介质为液相且流速小于 3m/s 时，宜选用 1%～9%Cr 的铬钼钢或 18Cr-8Ni 型奥氏体不锈钢；流速大于或等于 3m/s 或介质为气液两相时，宜选用 18Cr-8Ni 型奥氏体不锈钢；

③介质温度大于或等于 288℃且流速小于 30 m/s 时，宜选用 18Cr-8Ni 型奥氏体不锈钢或含钼奥氏体不锈钢；

④介质的温度大于或等于 240℃且流速大于或等于 30 m/s 时，宜选用钼含量不小于 2.5%的奥氏体不锈钢。

加工高酸原油装置的选材可按照 SH/T 3129—2012《高酸原油加工装置设备和管道设计选材导则》的规定进行。

5.1.1.4　高温临氢腐蚀环境

高温临氢腐蚀环境是指介质中最高氢分压超过 0.7MPa 且最高操作温度大于或等于 200℃的工艺环境。

高温临氢条件下操作的碳钢和低合金钢有可能发生氢腐蚀（内部脱碳）、表面脱碳和氢脆等氢损伤。高温临氢腐蚀环境应按图 2.1.2 - 2 选用材料。使用曲线时，氢分压取最高氢分压，温度取最高操作温度并考虑一定裕量。

高温临氢腐蚀环境的适用材料包括碳钢、含 1%～6%Cr 的铬钼钢及 18Cr-8Ni 型奥氏体不锈钢。

5.1.1.5　高温氢气和硫化氢共存腐蚀环境

高温氢气和硫化氢共存时，油品中各种钢的腐蚀速率可按图 5.1.1 - 2 查取。高温临氢腐蚀环境的适用材料包括碳钢、含 1%～9%Cr 的铬钼钢、12Cr 型铁素体不锈钢及 18Cr-8Ni 型奥氏体不锈钢。

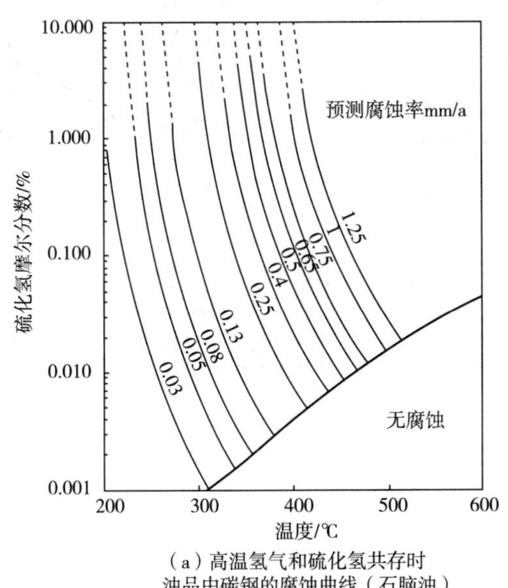

(a) 高温氢气和硫化氢共存时
油品中碳钢的腐蚀曲线（石脑油）

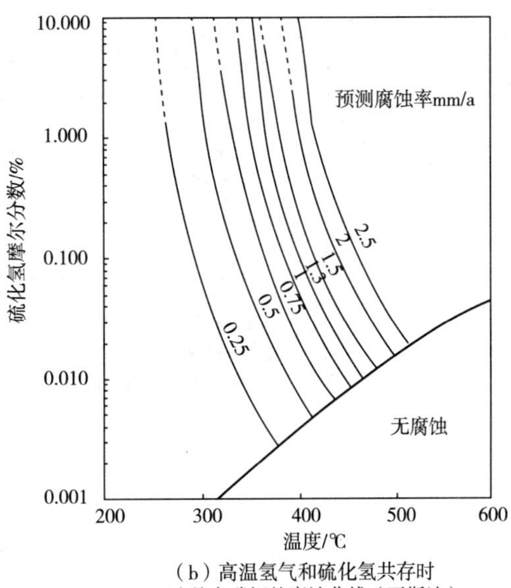

(b) 高温氢气和硫化氢共存时
油品中碳钢的腐蚀曲线（瓦斯油）

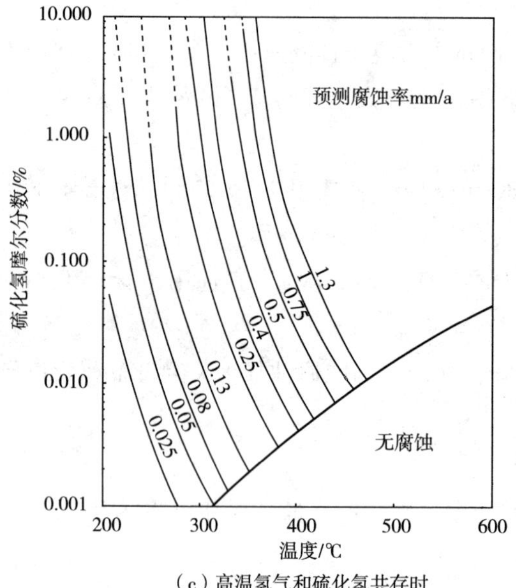

（c）高温氢气和硫化氢共存时
油品中1.25Cr钢的腐蚀曲线（石脑油）

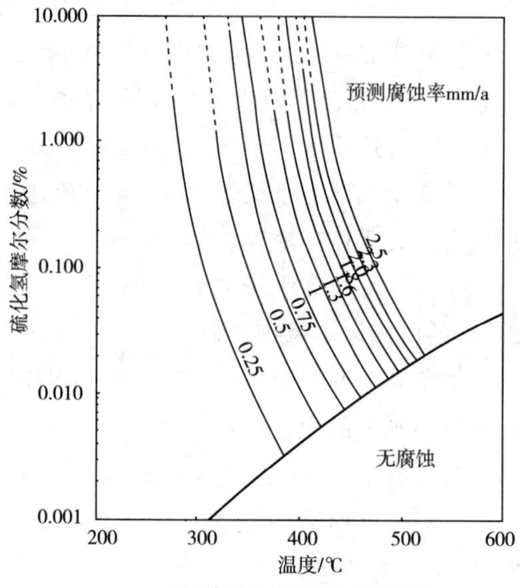

（d）高温氢气和硫化氢共存时
油品中1.25Cr钢的腐蚀曲线（瓦斯油）

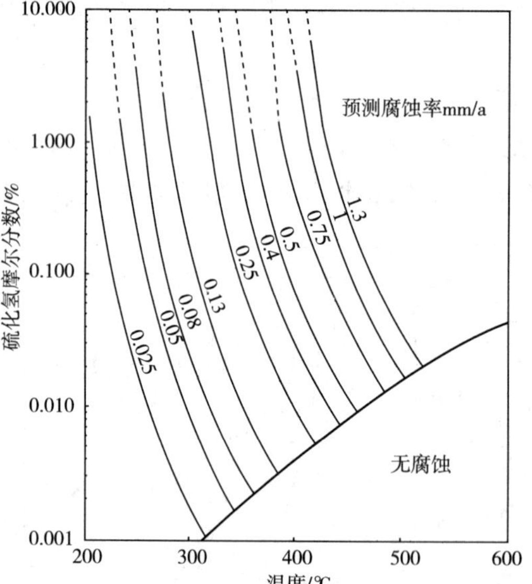

（e）高温氢气和硫化氢共存时
油品中2.25Cr钢的腐蚀曲线（石脑油）

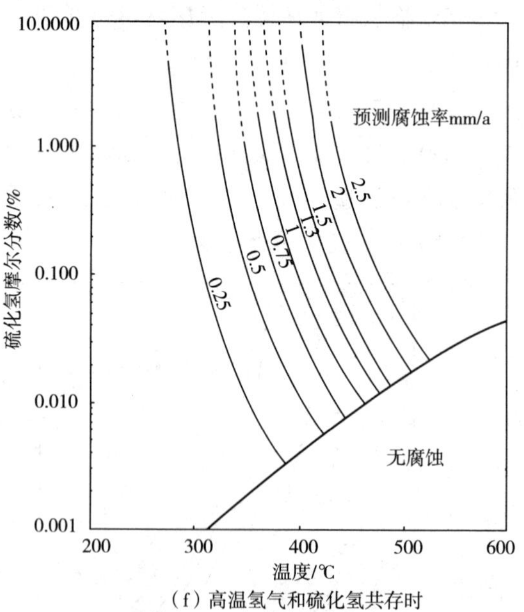

（f）高温氢气和硫化氢共存时
油品中2.25Cr钢的腐蚀曲线（瓦斯油）

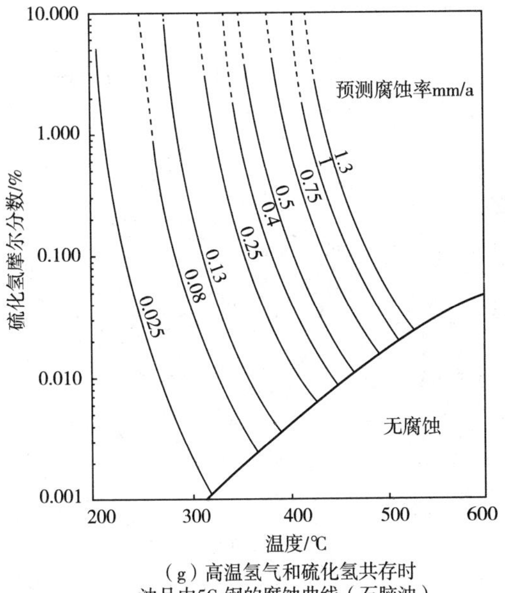

（g）高温氢气和硫化氢共存时
油品中5Cr钢的腐蚀曲线（石脑油）

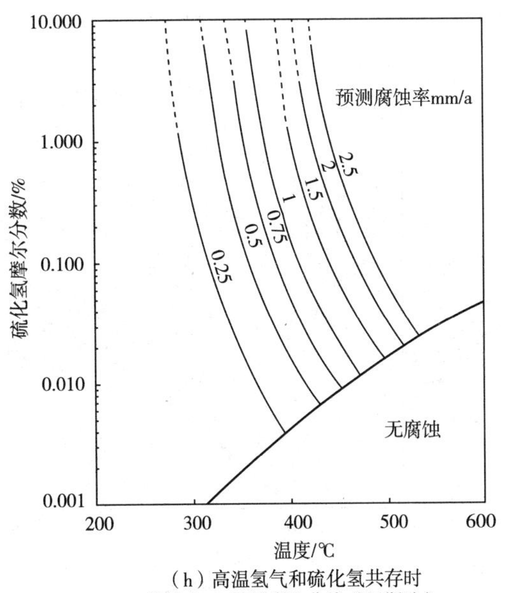

（h）高温氢气和硫化氢共存时
油品中5Cr钢的腐蚀曲线（瓦斯油）

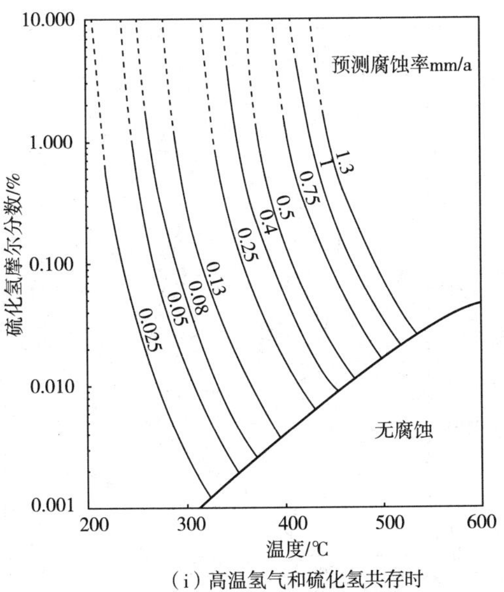

（i）高温氢气和硫化氢共存时
油品中7Cr钢的腐蚀曲线（石脑油）

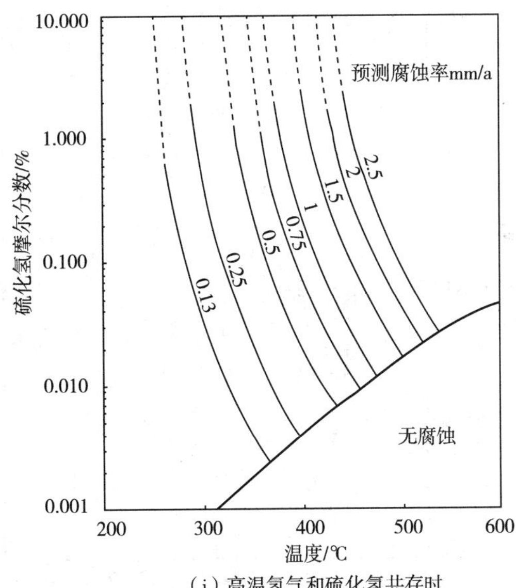

（j）高温氢气和硫化氢共存时
油品中7Cr钢的腐蚀曲线（瓦斯油）

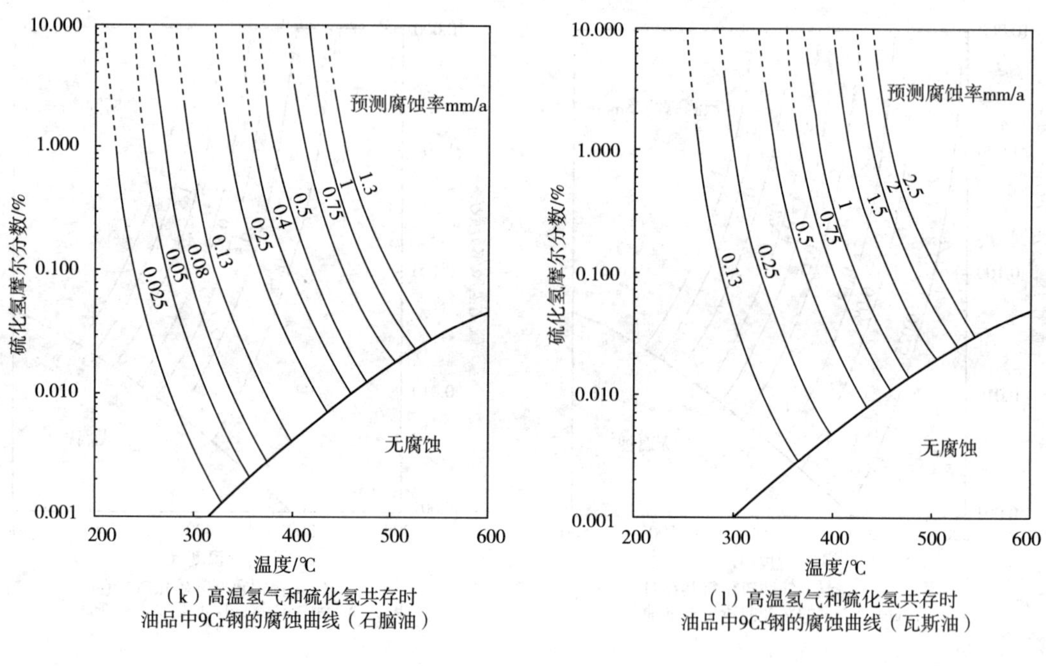

（k）高温氢气和硫化氢共存时
油品中9Cr钢的腐蚀曲线（石脑油）

（l）高温氢气和硫化氢共存时
油品中9Cr钢的腐蚀曲线（瓦斯油）

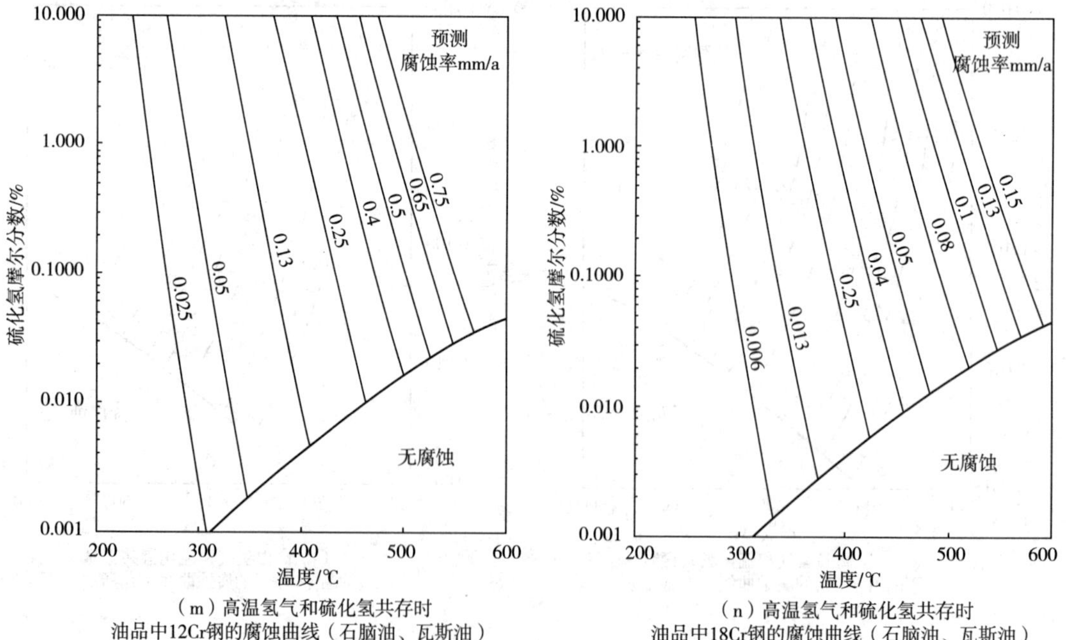

（m）高温氢气和硫化氢共存时
油品中12Cr钢的腐蚀曲线（石脑油、瓦斯油）

（n）高温氢气和硫化氢共存时
油品中18Cr钢的腐蚀曲线（石脑油、瓦斯油）

图 5.1.1-2　高温氢气和硫化氢共存时油品中各种钢材的腐蚀曲线

5.1.1.6　湿硫化氢腐蚀环境

碳钢在湿硫化氢腐蚀环境下的腐蚀包括氢鼓包（HB）、硫化物应力腐蚀开裂（SSC）、阶梯裂纹（SWC）、氢致开裂（HIC）、应力导向型氢致开裂（SOHIC）和均匀腐蚀。根据腐蚀机理不同，湿硫化氢腐蚀环境可分为Ⅰ类和Ⅱ类，具体分类定义、材料、制造和检验等可参看 SH/T 3193。

5.1.2　国外现状

国外炼油厂用材以欧美两大标准体系为典型代表，即以 ASME 锅炉及压力容器委员会材料分委员会编著的 II 卷材料分篇和欧盟 EN 标准。过去很长一段时间内，国外炼油工业起步很早，作为压力容器使用大户，需要大量专用材料，国外材料标准体系建立的比较完善，各种材料的配套也较好，如钢板、锻件、接管、换热管。应该说，近几十年压力容器用材相对保持稳定，但是在局部对于某些材料的研究也很活跃，也取得了一些成果，这些成果在标准的不断升版、更新中得到体现。有一个现象值得关注，就是 ASME 系列标准的升版速度近几年明显缩短，能够把材料的最新研究成果很快反映到标准中去，使得标准始终有很强的生命力和指导性。

5.1.2.1　碳钢

以美标 ASME 为例，国外碳钢系列钢板使用最多的为 SA-516，即 SA516-55、60、65、70。一般对于碳钢，正火状态为钢板综合性能最为优良的交货状态，但是在实际使用过程中，尤其是钢板厚度比较厚的情况下，且介质具有应力腐蚀情况下，为了改善韧性，可以采用正火（允许加速冷却）＋回火状态供货，这体现了标准的先进性，国外钢厂如阿塞洛和迪林根对于提供的用于 HIC、SSC 环境的厚钢板均采用上述热处理状态，无论强度还是低温冲击韧性均有大幅度提升。常用的碳钢材料如表 5.1.2－1 所示。

表 5.1.2－1　常用的碳钢材料

序号	牌号	材料标准	使用状态	厚度/mm	室温强度下限值/MPa	
					抗拉强度	屈服强度
一	钢板					
1	SA-516-55	SA-516	热轧、正火	≤305	380～515	≥205
2	SA-516-60	SA-516	热轧、正火	≤205	415～550	≥220
3	SA-516-65	SA-516	热轧、正火	≤205	450～585	≥240
4	SA-516-70	SA-516	热轧、正火	≤205	485～620	≥260
二	钢管					
1	SA-106A	SA-106	正火		≥330	≥205
2	SA-106A	SA-106	正火		≥205	≥330
3	SA-106B	SA-106	正火		≥415	≥240
4	SA-106B	SA-106	正火		≥240	≥415
三	锻件					
1	SA-266 Cl. 1	SA-266	退火、正火，正火加回火		415～585	≥205

续表

序号	牌号	材料标准	使用状态	厚度/mm	室温强度下限值/MPa	
					抗拉强度	屈服强度
2	SA-266 Cl. 1	SA-266	退火、正火，正火加回火		415～585	≥205
3	SA-266 Cl. 2	SA-266	退火、正火，正火加回火		485～655	≥250
4	SA-266 Cl. 2	SA-266	退火、正火，正火加回火		485～655	≥250

5.1.2.2 铬钼低合金钢

Cr-Mo 钢最典型的应用环境为耐热环境，在炼油厂中尤其以催化、焦化、常减压等装置使用最为广泛，如果使用在临氢环境，则称之为抗氢钢。国外常用的 Cr-Mo 钢有：1.0Cr-0.5Mo、1.25Cr-0.5Mo-Si、2.25Cr-1Mo、2.25Cr-1Mo-0.25V、5Cr-0.5Mo、9Cr-1Mo、9Cr-1Mo-V 等，无论钢板、锻件、钢管均能很好的配套。

现在以常用的 2.25Cr-1Mo 材料为例说明国外发展现状。

从 20 世纪 80 年代初开始，美国石油学会的材料性能委员会（MPC）和日本几乎是同时进行了高温高压加氢反应器用新钢种的开发，相继取得成功，并很快地在工业装置的设备上应用，将加氢反应器技术推进到了一个新时代。由于重质或超重质油裂化和煤液化等新工艺的出现使加氢反应器操作条件更趋高温高压，原所用 Cr-Mo 钢难以适应设备大型化，由于原 Cr-Mo 钢的强度偏低，将使设备壁厚很厚，给设备制造、运输和吊装带来困难，希望能有更高强度的钢材，在此背景下，先后开发出增强型（Enhanced）Cr-Mo 钢（2.25Cr-1Mo 钢）、改进型（Modified）Cr-Mo 钢，包括：3Cr-1Mo-0.25V-Ti-B 钢（JSW）、3Cr-1Mo-0.25V-Cb-Ca 钢（Kobe）、2.25Cr-1Mo-0.25V 钢。

改进型 Cr-Mo 钢开发成功后，首先都先申请由美国机械工程师学会（ASME）以规范案例（Code Case）的形式认可，如增强型 2.25Cr-1Mo 钢为 Code Case 1960，2.25Cr-1Mo-0.25V 钢为 Code Case 2098，3Cr-1Mo-0.25V-Ti-B 钢为 Code Case 1961，3Cr-1Mo-0.25 V-Cb-Ca 钢为 Code Case 2151。而且几年前就已相继被美国的 ASME、ASTM，日本的 JIS，英国的 BS5500 及德国的 VdTüV 等一些国家标准所正式列入。

增强型 Cr-Mo 钢在 20 世纪 80 年代中期已开始应用。3Cr-1Mo-0.25V-Ti-B 钢 1987 年用于实验装置，1989 年正式在工业装置上使用；3Cr-1Mo-0.25V-Cb-Ca 钢是 1995 年用于工业装置；2.25Cr-1Mo-0.25V 钢由于配套焊材研究成功较晚，直到 20 世纪 90 年代初才开始应用，但由于它比 3 Cr-1Mo-0.25V 钢具有更高的设计应力强度等优点，所以应用势头更好。从统计的制造业绩看，采用改进型 3 Cr-1Mo-0.25V 钢有近 60 台，采用改进型 2.25Cr-1Mo-0.25V 钢有近百台。

近几年，国外对于加氢反应器用钢，特别是加 V 钢研究进一步加强，特别是高温持久试验（10000h）研究，如 JSW 等，部分试样数据超过 10000h，并在此基础上调整化学成分，如 C、V 等，改善热处理工艺等，进一步提高材料的综合性能。

图 5.1.2－1 为国外某公司进行的 10000h 持久试验数据（2.25Cr-1Mo、2.25Cr-1Mo-

0.25V)，从中可以看出，2.25Cr-1Mo-0.25V 的数据较好，这说明国外对 Cr-Mo 钢的研究已经到了较高的一个阶段。常用铬钼低合金钢材料见表 5.1.2－2。

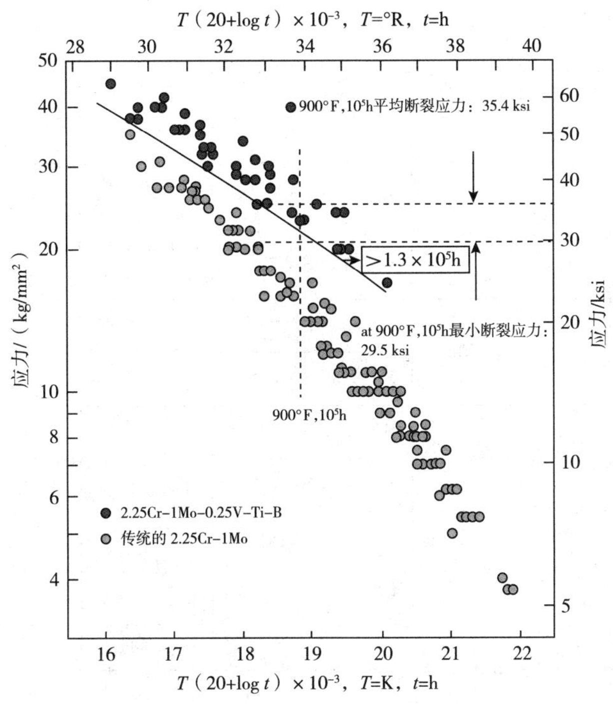

图 5.1.2－1　2.25Cr-1Mo-0.25V 持久试验数据

表 5.1.2－2　常用的铬钼低合金钢材料

序号	牌号	公称成分	材料标准	使用状态	厚度/mm	室温强度下限值/MPa	
						抗拉强度	屈服强度
一	钢板						
1	SA-387GR. 12. 1	1Cr-0. 5Mo	SA-387/ SA-387M	退火，正火加回火		380～550	≥230
	SA-387GR. 12. 2			正火加回火		450～585	≥275
2	SA-387GR. 11. 1	1. 25Cr-0. 5Mo	SA-387/ SA-387M	退火，正火加回火		415～585	≥240
	SA-387GR. 11. 2			正火加回火		515～690	≥310
3	SA-387GR. 22. 1	2. 25Cr-1Mo	SA-387/ SA-387M	退火，正火加回火		415～585	≥205
	SA-387GR. 22. 2			正火加回火		515～690	≥310
	SA-387GR. 22L. 1			退火，正火加回火		415～585	≥205

续表

序号	牌号	公称成分	材料标准	使用状态	厚度/mm	室温强度下限值/MPa	
						抗拉强度	屈服强度
一	钢板						
4	SA-542 D. 4a	2. 25Cr-1Mo-0. 25V	SA-542	正火加回火		585～760	≥415
二	钢管						
1	SA-335-P12	1Cr-0. 5Mo	SA-335/ SA-335M	完全退火或等温退火，正火加回火，亚临界退火		≥415	≥220
	SA-213-T12		SA-213/ SA-213M				
2	SA-335-P11	1. 25Cr-0. 5Mo	SA-335/ SA-335M	完全退火或等温退火，正火加回火		≥415	≥205
	SA-213-T11		SA-213/ SA-213M				
3	SA-335-P22	2. 25Cr-1Mo	SA-335/ SA-335M	完全退火或等温退火，正火加回火		≥415	≥205
	SA-213-T22		SA-213/ SA-213M				
4	SA-335-P5	5Cr-0. 5Mo	SA-335/ SA-335M	完全退火或等温退火，正火加回火		≥415	≥205
	SA-335-P5b						
	SA-335-P5c			亚临界退火			
	SA-213-T5		SA-213/ SA-213M	完全退火或等温退火，正火加回火			
	SA-213-T5b						
	SA-213-T5c			亚临界退火			
5	SA-335-P91	9Cr-1Mo	SA-335/ SA-335M	正火加回火淬火加回火		≥585	≥415
	SA-213-T91		SA-213/ SA-213M	正火加回火			
三	锻件						
1	SA-336-F12	1Cr-0. 5Mo	SA-336/ SA-336M	退火，正火加回火（淬火加回火）		485～660	≥275
	SA-182-F12，1类		SA-182/ SA-182M	退火，正火加回火		≥415	≥205
	SA-182-F12，2类					≥485	≥275
2	SA-336-F11，1类	1. 25Cr-0. 5Mo	SA-336/ SA-336M	退火，正火加回火（淬火加回火）		415～585	≥205
	SA-336-F11，2类					485～660	≥275
	SA-336-F11，3类					515～690	≥310
	SA-182-F11，1类		SA-182/ SA-182M	退火，正火加回火		≥415	≥205
	SA-182-F11，2类					≥485	≥275
	SA-182-F11，3类					≥515	≥310

续表

序号	牌号	公称成分	材料标准	使用状态	厚度/mm	室温强度下限值/MPa	
						抗拉强度	屈服强度
三	锻件						
3	SA-336-F22，1 类	2.25Cr-1Mo	SA-336/ SA-336M	退火， 正火加回火 (淬火加回火)		415～585	≥205
	SA-336-F22，3 类					515～690	≥310
	SA-182-F11，1 类		SA-182/ SA-182M	退火， 正火加回火		≥415	≥205
	SA-182-F11，3 类					≥515	≥310
4	SA-336-F22V	2.25Cr-1Mo-0.25V	SA-336/ SA-336M	退火， 正火加回火 (淬火加回火)		585～760	≥415
	SA-182-F22V		SA-182/ SA-182M	正火 加回火或 淬火加回火			

5.1.2.3　高合金钢

国外高合金钢的发展较早，材料牌号和标准体系比较健全，这其中尤其以 ASME 具有代表性，因此，世界上很多国家和地区在炼油项目上往往以 ASME 标准体系作为国际通行做法，常用的高合金钢材料见表 5.1.2－3（以 ASME 为例）。

表 5.1.2－3　常用的高合金钢材料

序号	牌号	ASME 牌号	材料标准	使用状态	厚度/mm	室温强度下限值/MPa	
						屈服强度	抗拉强度
一	钢板						
1		S41008，410S	SA240	退火	—	205	415
2		S40500，405	SA240	退火	—	170	415
3		S30400，304	SA240	固溶	—	205	515
4		S30403，304L	SA240	固溶	—	170	485
5		S31008，310S	SA240	固溶	—	205	515
6		S31600，316	SA240	固溶	—	205	515
7		S31603，316L	SA240	固溶	—	170	485
8		S32100，321	SA240	固溶	—	205	515
9		S32109，321H	SA240	固溶	—	205	515
10		S34700，347	SA240	固溶	—	205	515
11		S34709，347H	SA240	固溶	—	205	515
12		S32205，2205	SA240	固溶	—	450	655

续表

序号	牌号	ASME 牌号	材料标准	使用状态	厚度/mm	室温强度下限值/MPa	
						屈服强度	抗拉强度
13		N08904	SA240	固溶	—	220	490
14		N08367	SA240	固溶	—	310	690
15		S31254	SA240	固溶	—	310	690
二	钢管						
1		S41008，410S	SA312	固溶	—		
2		S40500，405	SA312	固溶	—		
3		S30400，304	SA312	固溶	—	205	515
4		S30403，304L	SA312	固溶	—	170	485
5		S31008，310S	SA312	固溶	—	205	515
6		S31600，316	SA312	固溶	—	205	515
7		S31603，316L	SA312	固溶	—	170	485
8		S32100，321	SA312	固溶	—	205	515
9		S32109，321H	SA312	固溶	—	205	515
10		S34700，347	SA312	固溶	—	205	515
11		S34709，347H	SA312	固溶	—	205	515
12		S32205，2205	SA312	固溶	—	450	655
13		N08904	SA312	固溶	—	215	490
14		N08367	SA312	固溶	—	310	690
15		S31254	SA312	固溶	—	310	675
三	锻件						
1		S41008，410S	SA182	固溶			
2		S40500，405	SA182	固溶			
3		S30400，304	SA182	固溶		205	515
4		S30403，304L	SA182	固溶		170	485
5		S31008，310S	SA182	固溶		205	515
6		S31600，316	SA182	固溶		205	515
7		S31603，316L	SA182	固溶		170	485
8		S32100，321	SA182	固溶		205	515
9		S32109，321H	SA182	固溶		205	515

续表

序号	牌号	ASME 牌号	材料标准	使用状态	厚度/mm	室温强度下限值/MPa	
						屈服强度	抗拉强度
10		S34700，347	SA182	固溶		205	515
11		S34709，347H	SA182	固溶		205	515
12		S32205，2205	SA182	固溶		450	620
13		N08904	SA182	固溶		215	490
14		N08367	SB564	固溶		310	655
15		S31254	SA182	固溶		300	650

从表 5.1.2－3 可以看出，国外用于压力容器的高合金钢的牌号分从低到高成系列、成体系。涵盖铁素体不锈钢到、奥氏体不锈钢、双相不锈钢、含氮不锈钢、高钼不锈钢、高碳耐温不锈钢等，用于炼油不同腐蚀环境。

近十几年，还出现一种明显的动向，由于炼钢技术的发展，使得氮的添加变得容易，发展出一大批含氮不锈钢，含氮不锈钢能够大幅度提高强度，提高抗点蚀系性能，由于氮气易得性，含氮不锈钢发展非常迅猛，如 316LN、304LN 等等，完全可以这样说，含氮不锈钢越来越发展成不锈钢的一个分支。

现在，国外对于材料的精细化研究已经达到较高的高度，特别是对于老材料的研究上，通过添加或改进化学成分和热处理制度，使得一些老材料焕发青春，如对于耐热合金 310S，仅今年已经开发出诸如 310Cb、310HCb、310 MoLN、S31060、S31035 等牌号，其中 S31035 是以 Code Case 形式进入 ASME 的。

超级奥氏体不锈钢作为不锈钢的一个重要分支在国外发展也非常快，904L（UNS N08904）作为第一代超级奥氏体不锈钢，典型特点是高钼、超低碳，发展到现在，超级奥氏体不锈钢的典型特点成为高钼、高氮、超低碳，以 UNS S31254、UNS N08367 和 UNS N08926 为代表，在炼油厂的含氯场合应用非常广泛。

对于高温用不锈钢，尤其是炉管用不锈钢，如 347、347H、321、321H，由于高温、临氢环境，对于高温性能，尤其是高温持久、蠕变性能非常重要。国外的研究非常多，数据也不少。如上述材料均给出了基于 100000h 的平均断裂强度和最小断裂强度得出的拉森-米勒尔曲线，而且曲线所用的最小断裂强度值的最低可信度为 95%，所需费用也很高，目前这些曲线在世界上得到普遍应用，如图 5.1.2－2 所示。

5.1.2.4　镍基合金及有色金属

常用的镍基合金及有色金属材料见表 5.1.2－4。

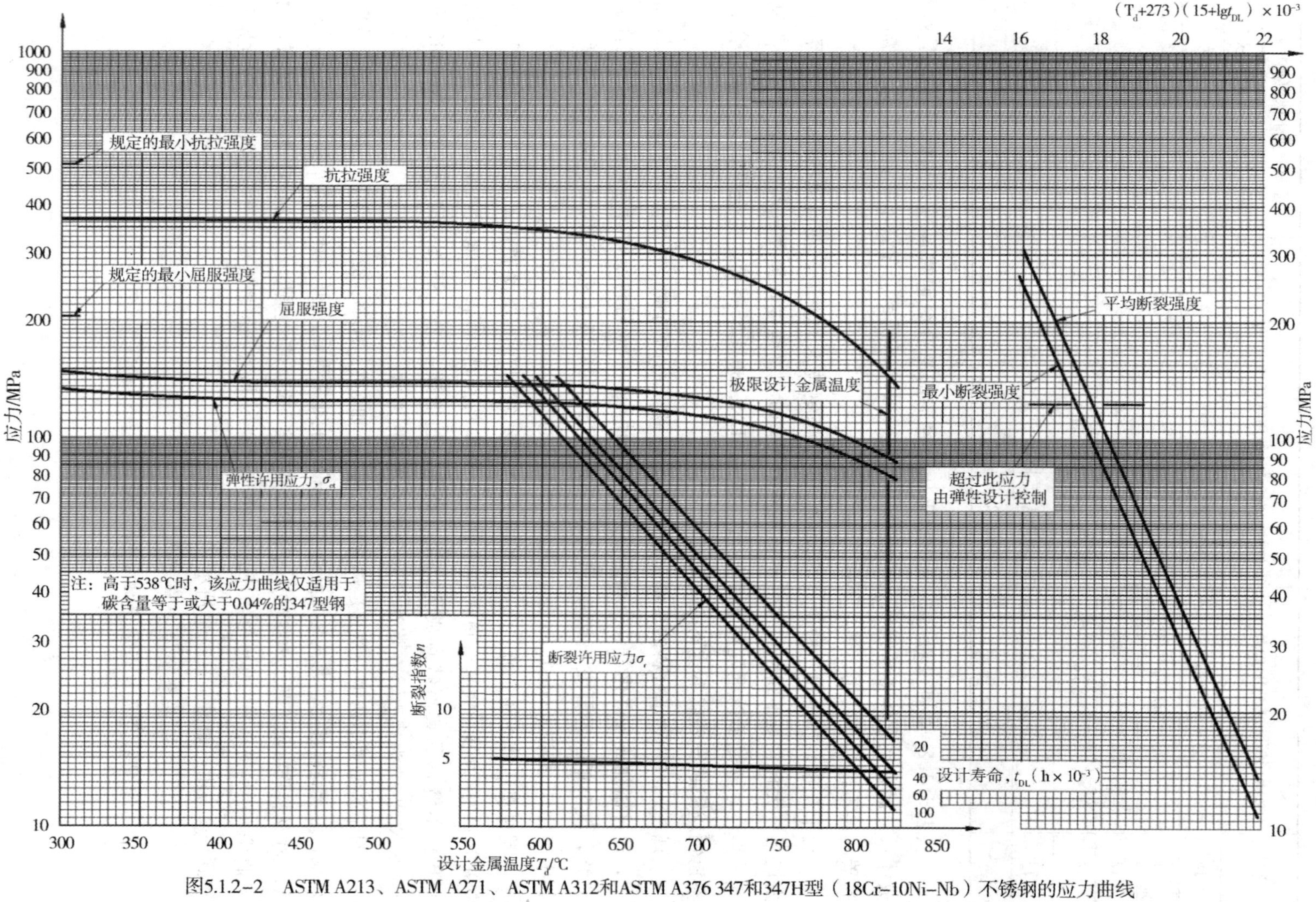

图5.1.2-2 ASTM A213、ASTM A271、ASTM A312和ASTM A376 347和347H型（18Cr-10Ni-Nb）不锈钢的应力曲线

表 5.1.2-4 常用的镍基合金及有色金属材料

序号	类别	ASME 牌号	材料标准	使用状态
一	板材			
1		N04400（Monel 400）	SB-127	退火
2		N08800、8810、8811（Incoloy 800、800H、800HT）	SB-409	固溶
3		N08825（Incoloy 825）	SB-424	固溶
4		N08020（Alloy 20Cb3）	SB-328	固溶
5		N10276（Hastelloy C-276）	SB-575	固溶
6		N06625（Inconel 625）	SB-443	固溶
7		Ti：Gr. 1、Gr. 2	SB-265	退火
二	管材			
1		N04400（Monel 400）	SB-165	退火
2		N08800、8810、8811（Incoloy 800、800H、800HT）	SB-515	固溶
3		N08825（Incoloy 825）	SB-423	固溶
4		N08020（Alloy 20Cb3）		固溶
5		N10276（Hastelloy C-276）	SB-338	固溶
6		N06625（Inconel 625）	SB-564	固溶
7		Ti：Gr. 1、Gr. 2		
三	锻件			
1		N04400（Monel 400）	SB-564	退火
2		N08800、8810、8811（Incoloy 800、800H、800HT）	SB-564	固溶
3		N08825（Incoloy 825）	SB-564	固溶
4		N08020（Alloy 20Cb3）	SB-462	固溶
5		N10276（Hastelloy C-276）	SB-564	固溶
6		N06625（Inconel 625）	SB-564	固溶
7		Ti：Gr. 1、Gr. 2	SB-348	退火

以上列入的材料为国外常用的镍基合金及有色金属材料，国外对镍基合金的研究比较全面，对于有些合金如合金 625 给出了多种热处理制度，以适应不同的工作环境；再比如对于用于制氢装置的炉管：高温合金 800，根据不同工况，如高温蠕变工况，在 8800、8810 基础上又开发出了 8811，实际上就是对合金成分的控制更严格了，说明国外对于材料的研究更精细、专业。

5.1.2.5 复合金属材料

复合钢板主要分为轧制复合和爆炸复合两种方式，但由于国外，特别是欧美国家，环保要求趋于严格，现在很少采用爆炸复合技术，更多采用轧制复合技术，而且批量生产的质量不亚于爆炸复合材料。

5.1.3 国内现状

随着我国炼油工业的发展及材料供应商生产装备和生产技术的提高，炼油装置用材也取得了长足的进步。目前，炼油装置用材已基本实现了国产化，绝大多数材料均有相应的国家标准或行业标准（主要材料标准详见表5.1.3－1），且各类材料（板材、管材、锻件等）配套齐全，生产厂家众多，产品的质量、价格和交货期可较好地满足装置建设、生产及维护的需要。

表5.1.3－1 主要材料标准

序号	编 号	名 称
一	板材	
1	GB/T 713—2014	锅炉和压力容器用钢板
2	GB/T 24511—2009	承压设备用不锈钢钢板及钢带
3	NB/T 47002—2009	压力容器用爆炸焊接复合板
二	管材	
1	GB/T 9948—2013	石油裂化用无缝钢管
2	GB/T 13296—2013	锅炉、热交换器用不锈钢无缝钢管
3	GB/T 14976—2012	流体输送用不锈钢无缝钢管
4	GB/T 21833—2008	奥氏体一铁素体型双相不锈钢无缝钢管
三	锻件	
1	NB/T 47008—2017	承压设备用碳素钢和合金钢锻件
2	NB/T 47009—2017	低温承压设备用低合金钢锻件
3	NB/T 47010—2017	承压设备用不锈钢和耐热钢锻件

5.1.3.1 碳钢及碳锰钢

碳钢及碳锰钢是炼油装置中使用量最大的金属材料，制造容易，加工方便，可焊性好，广泛用于各类装置中非高温临氢腐蚀环境下。常用的碳钢及碳锰钢材料见表5.1.3－2。

表5.1.3－2 常用的碳钢及碳锰钢材料

序号	牌号	材料标准	使用状态	厚度/mm	室温强度下限值/MPa	
					抗拉强度	屈服强度
一	钢板					
1	Q345R	GB/T 713—2014	热轧、控轧、正火	3～200	510～470	345～265
2	Q245R	GB/T 713—2014	热轧、控轧、正火	3～150	400～380	245～185
3	Q235B	GB/T 3274—2017	热轧、控轧、正火	3～200	370～350	235～185

续表

序号	牌号	材料标准	使用状态	厚度/mm	室温强度下限值/MPa	
					抗拉强度	屈服强度
4	Q235C	GB/T 3274—2017	热轧、控轧、正火	3～200	370～350	235～185
二	钢管					
1	20	GB/T 9948—2013	正火	≤30	410	245～235
2	10	GB/T 9948—2013	正火	≤30	335	205～195
三	锻件					
1	20	NB/T 47008—2017	正火，正火加回火	≤300	400～380	235～205
2	16Mn	NB/T 47008—2017	正火，正火加回火，调质	≤300	480～450	305～275

碳钢及碳锰钢的使用温度上限虽然可达475℃，但为避免钢中碳化物相的石墨化倾向，当操作温度高于425℃时，受压元件宜使用铬钼低合金钢或高合金钢，或减少受压元件的使用年限。

1）钢板

炼油装置所用的碳钢及碳锰钢钢板牌号主要有Q345R、Q245R及Q235系列。

（1）Q345R和Q245R

Q345R和Q245R均是压力容器专用钢板，主要用于设备的承压壳体，也可用于大直径的焊接管道。

Q345R属于碳锰低合金钢板，与SA-516Gr.70的性能相近，强度较高，适用于以强度设计为主的场合，是炼油装置中使用量最大的压力容器用钢板，以中厚板的应用居多。

Q245R属于碳钢钢板，与SA-516Gr.60的性能相近。与Q345R相比，由于锰含量较低，强度也较低（比Q345R的许用应力约低30%左右），故主要用于以刚度、稳定设计为主的场合，或在应力腐蚀环境下工作的承压设备壳体，使用量较大，以中薄板的应用居多。

当压力容器的最低设计金属温度低于0℃且高于−20℃时，与Q245R相比，因在相同厚度条件下，按标准供货（冲击试验温度为0℃）的Q345R可用于较低的温度，而不必附加低温冲击要求，故使用范围更宽。两种材料的对比数据见表5.1.3-3。

表5.1.3-3 按标准供货钢板的使用温度下限

钢板牌号	钢板厚度/mm	使用温度下限/℃
Q245R	3～12	−20
	>12～16	−10
Q345R	3～20	−20
	>20～25	−10

(2) Q235系列

Q235系列（包括Q235B和Q235C）不是压力容器专用钢板，综合性能相对较差，在炼油装置中主要用于常压容器的壳体、压力容器的支座及附件等非受压元件。当用于压力容器的承压壳体时，应符合GB/T 150.2—2011《压力容器　第2部分：材料》附录D的规定。

2）钢管和锻件

炼油装置所用的碳钢钢管牌号主要有20和10，20钢的用量较大，10钢主要用于换热器的换热管。所用的碳钢及碳锰钢锻件牌号主要有20和16Mn，20钢的用量较大，16Mn钢主要用于换热器的管板。

3）湿硫化氢腐蚀环境用材

抗HIC钢俗称纯净钢，是为适应在Ⅱ类湿硫化氢腐蚀环境中使用的要求而开发的专用材料，目前使用较多的Q345R（HIC）厚钢板和16Mn（HIC）锻件是在Q345R和16Mn的基础上，通过降低磷、硫、锰的含量，控制钢板厚度方向的断面收缩率，并附加抗HIC试验和SCC试验等要求研制的，主要用于加氢装置反应区的冷高压分离器、循环氢脱硫塔、循环氢压缩机入口分液罐等高压厚壁设备的承压壳体。

从经济性方面考虑，抗HIC钢在中、低压湿硫化氢腐蚀环境中的使用还较少，这种场合的设备使用的主要材料是Q245R（钢板）和20（钢管和锻件），管道材料通常选用ASTM牌号A106B（管材）和A105（锻件）。但这些材料并不能很好地满足使用要求，在一些腐蚀较为严重的场合，出现过氢鼓包和氢致开裂的情况。

当用于湿硫化氢腐蚀环境时，钢管材料的性能尚应符合GB/T 9948—2013《石油裂化用无缝钢管》附录B的要求。

5.1.3.2　铬钼低合金钢

铬钼低合金钢在炼油装置中主要用于加氢、制氢、重整等装置中在高温临氢腐蚀环境下工作的设备和管道，也有少量作为设计温度小于或等于550℃的耐热钢。常用的铬钼低合金钢材料见表5.1.3-4。

表5.1.3-4　常用的铬钼低合金钢材料

序号	牌号	公称成分	材料标准	使用状态	厚度/mm	室温强度下限值/MPa	
						抗拉强度	屈服强度
一	钢板						
1	15CrMoR	1Cr-0.5Mo	GB/T 713—2014	正火加回火	6～150	450～440	295～255
2	14Cr1MoR	1.25Cr-0.5Mo	GB/T 713—2014	正火加回火	6～150	520～510	310～300
3	12Cr2Mo1R	2.25Cr-1Mo	GB/T 713—2014	正火加回火	6～150	520	310
4	12Cr2Mo1VR	2.25Cr-1Mo-0.25V	GB/T 713—2014	正火加回火	6～200	590	415
二	钢管						
1	15CrMo	1Cr-0.5Mo	GB/T 9948—2013	正火加回火	≤50	440	235～215

续表

序号	牌号	公称成分	材料标准	使用状态	厚度/mm	室温强度下限值/MPa	
						抗拉强度	屈服强度
二	钢管						
2	12Cr1Mo	1.25Cr-0.5Mo	GB/T 9948—2013	正火加回火	—	415	205
3	12Cr2Mo	2.25Cr-1Mo	GB/T 9948—2013	正火加回火，调质	≤30	450	280
4	12Cr5MoI	5Cr-0.5Mo	GB/T 9948—2013	完全退火或等温退火	≤30	415	205
5	12Cr5MoNT	5Cr-0.5Mo	GB/T 9948—2013	正火加回火	≤30	480	280
6	12Cr9MoI	9Cr-1Mo	GB/T 9948—2013	完全退火或等温退火	—	460	210
7	12Cr9MoNT	9Cr-1Mo	GB/T 9948—2013	正火加回火	—	590	390
三	锻件						
1	15CrMo	1Cr-0.5Mo	NB/T 47008—20107	正火加回火，调质	≤500	480～470	280～270
2	14Cr1Mo	1.25Cr-0.5Mo	NB/T 47008—2017	正火加回火，调质	≤500	490～480	290～280
3	12Cr2Mo1	2.25Cr-1Mo	NB/T 47008—2017	正火加回火，调质	≤500	510～500	310～300
4	12Cr2Mo1V	2.25Cr-1Mo-0.25V	NB/T 47008—2017	正火加回火，调质	≤500	590～580	420～410

由于铬钼低合金钢在高温临氢环境中长期使用后会出现脆化，且在加工和焊接时容易出现缺陷，故作为抗氢钢使用时，需对其低温冲击韧性指标提出特殊要求。

1）2.25Cr-1Mo、2.25Cr-1Mo-0.25V 钢板和锻件

2.25Cr-1Mo 是 20 世纪 90 年代以前国内外最常用的加氢反应器用钢，其综合力学性能优越，加工性和可焊性良好，抗氢损伤能力强，但强度和使用温度上限偏低。

为满足大型化及更苛刻使用条件的需要，20 世纪末国外又开发成功了 2.25 Cr-1Mo-0.25V，其强度和使用温度上限都比 2.25Cr-1Mo 有了一定的提高，且抗氢损伤能力更强，是目前最常用的加氢反应器用钢，但其加工性和可焊性不如 2.25Cr-1Mo。

2.25Cr-1Mo 和 2.25Cr-1Mo-0.25V 长期在 315～595℃的温度范围内操作后，会产生冲击韧性下降、韧脆性转变温度升高的现象，即回火脆化。回火脆化是由于微量有害元素磷、锑、锡和砷沿奥氏体晶界产生偏析所致（其中磷的影响最大），另外，硅、锰元素对脆化起促进作用。控制钢中上述元素的含量是防止产生回火脆化的基本措施，同时采用评定钢材回火脆化倾向的方法来检测。国内外各公司提出的技术指标并不完全相同，目前较为普遍采用的是 API RP934 推荐的做法，即控制钢材和焊缝金属的回火脆化敏感性系数，对钢材和焊缝金属在短时间内进行加速脆化处理（步冷试验），并根据冷却前后转变温度的增量来衡量钢材和焊缝金属的脆化倾向程度。

2）1Cr-0.5Mo 和 1.25Cr-0.5Mo 钢板和锻件

1Cr-0.5Mo 和 1.25 Cr-0.5Mo 也是常用的高温临氢腐蚀环境用钢。因材料中的合金含量偏低，大厚度钢板和锻件的低温（通常要求－18℃）冲击韧性不稳定，需要通过微合金化和特殊的热处理工艺才能保证性能，故多用于厚度不超过 100mm 的临氢设备承压壳体。

1Cr-0.5Mo 和 1.25Cr-0.5Mo 作为耐热钢使用且操作温度高于 440℃时，如用于焦化装置的焦炭塔，材料的性能尚应符合 API RP 934-E 的相关要求。

3）钢管

铬钼低合金钢钢管在炼油装置中主要用于管道和加热炉炉管，品种包括 9Cr-1Mo、5Cr-0.5Mo、2.25Cr-1Mo、1.25Cr-0.5Mo 和 1Cr-0.5Mo；在设备中用量较少，且主要用于换热管。

5.1.3.3 高合金钢

高合金钢在炼油装置中主要用于介质腐蚀性较强的场合，也有少量用作设计温度高于 500℃的耐热钢。常用的高合金钢材料见表 5.1.3－5。

表 5.1.3－5 常用的高合金钢材料

序号	牌号	ASME 牌号	材料标准	使用状态	厚度/mm	室温强度下限值/MPa	
						抗拉强度	屈服强度
一	钢板						
1	S11306	S41008（410S）	GB/T 24511—2009	退火	1.5～25	415	205
2	S11348	S40500（405）	GB/T 24511—2009	退火	1.5～25	415	170
3	S22053	S32205（2205）	GB/T 24511—2009	固溶	1.5～80	620	450
4	S30408	S30400（304）	GB/T 24511—2009	固溶	1.5～80	520	205
5	S30403	S30403（304L）	GB/T 24511—2009	固溶	1.5～80	490	180
6	S31608	S31600（316）	GB/T 24511—2009	固溶	1.5～80	520	205
7	S31603	S31603（316L）	GB/T 24511—2009	固溶	1.5～80	490	180
8	S32168	S32100（321）	GB/T 24511—2009	固溶	1.5～80	520	205
二	钢管						
1	S22053	S32205（2205）	GB/T 21833—2008	固溶	≤12	655	485
2	S30408	S30400（304）	GB/T 13296—2013	固溶	≤14	520	205
			GB/T 14976—2012	固溶	≤28	520	205
3	S30403	S30403（304L）	GB/T 13296—2013	固溶	≤14	480	175
			GB/T 14976—2012	固溶	≤28	480	175
4	S30409	S30409（304H）	GB/T 13296—2013	固溶	—	520	205
5	S31608	S31600（316）	GB/T 13296—2013	固溶	≤14	520	205
			GB/T 14976—2012	固溶	≤28	520	205
6	S31603	S31603（316L）	GB/T 13296—2013	固溶	≤14	480	175
			GB/T 14976—2013	固溶	≤28	485	170

续表

序号	牌号	ASME 牌号	材料标准	使用状态	厚度/mm	室温强度下限值/MPa	
						抗拉强度	屈服强度
二	钢管						
7	S31609	S31609（316H）	GB/T 13296—2013	固溶	—	520	205
			GB/T 14976—2012	固溶	—	515	205
8	S32168	S32100（321）	GB/T 13296—2013	固溶	⩽14	520	205
			GB/T 14976—2012	固溶	⩽28	520	205
9	S32169	S32109（321H）	GB/T 13296—2013	固溶	—	520	205
			GB/T 14976—2012	固溶	—	520	205
10	S34779	S34709（347H）	GB/T 13296—2013	固溶	—	520	205
			GB/T 14976—2012	固溶	—	520	205
三	锻件						
1	S22053	S32205（2205）	NB/T 47010—2017	固溶	⩽150	620	450
2	S30408	S30400（304）	NB/T 47010—2017	固溶	⩽300	520～500	205
3	S30403	S30403（304L）	NB/T 47010—2017	固溶	⩽300	480～460	175
4	S31608	S31600（316）	NB/T 47010—2017	固溶	⩽300	520～500	205
5	S31603	S31603（316L）	NB/T 47010—2017	固溶	⩽300	480～460	175
6	S32168	S32100（321）	NB/T 47010—2017	固溶	⩽300	520～500	205

这些高合金钢材料的数量和用量以奥氏体型居多，铁素体型次之，奥氏体一铁素体型使用较少。超级奥氏体不锈钢在炼油装置中的用量很少，且多为引进，在此不做赘述。

1）钢管

钢管是高合金钢在炼油装置中用量最大的品种，主要采用无缝钢管，以管道的用量最大，加热炉炉管和换热管次之，设备接管用量较少。

H型奥氏体高合金钢主要用于加热炉炉管。

2）钢板和锻件

作为耐蚀材料，高合金钢钢板主要用作各类腐蚀环境用复合材料的复层，厚度2～4mm，多采用薄板。高合金钢钢板使用的另一个主要场合是设备的内件，如塔器的塔盘和填料、加氢反应器的内件等。高合金钢钢板用作耐热钢的情况较少，比较典型的例子是用于重整装置的再生器。高合金钢锻件主要用于管道的法兰及换热器的管板，用量较小。

5.1.3.4 镍基合金及有色金属

由于价格昂贵，镍基合金及有色金属在炼油装置中的用量很小，常用的镍基合金及有色金属材料见表5.1.3-6。

表 5.1.3-6　常用的镍基合金及有色金属材料

序号	牌号	ASME 牌号	材料标准	使用状态
一	板材			
1	NCu30	N04400（Monel 400）	NB/T 47046—2015	退火
2	NS1102	N08810（Incoloy 800H）	NB/T 47046—2015	固溶
3	NS1402	N08825（Incoloy 825）	NB/T 47046—2015	固溶
4	NS1403	N08020（Alloy 20Cb3）	NB/T 47046—2015	固溶
5	NS3304	N10276（Hastelloy C-276）	NB/T 47046—2015	固溶
6	NS3306	N06625（Inconel 625）	NB/T 47046—2015	固溶
二	管材			
1	NS1102	N08810（Incoloy 800H）	NB/T 47047—2015	固溶
2	NS1402	N08825（Incoloy 825）	NB/T 47047—2015	固溶
3	NS3304	N10276（Hastelloy C-276）	NB/T 47047—2015	固溶
4	NS3306	N06625（Inconel 625）	NB/T 47047—2015	固溶
5	TA1		GB/T 3624—2010	退火

镍基合金主要用于介质腐蚀性较强的部位，如原油蒸馏装置常压塔顶部，壳体选用碳钢＋NCu30复合钢板，塔盘选用NCu30；催化烟气脱硫脱硝装置洗涤塔进料处，壳体选用碳钢＋NS1403复合钢板，内件选用NS1403；加氢装置反应流出物系统，管道和空冷器/换热器管束选用NS1402或NS3306；重整装置再生单元，介质含氯的换热器管束选用NS3304等。作为耐热材料，NS1102用于中小型制氢装置中转化气蒸汽发生器（废热锅炉）与转化炉的连接处。

钛在炼油装置中也有少量应用，如原油蒸馏装置常压塔顶一级冷凝器使用了钛（TA1）换热管。

5.1.3.5　复合金属材料

为了节省投资，减少高合金钢和有色金属等高等级材料的使用，复合金属材料（衬里、复合、堆焊）在炼油装置中得到了广泛的应用，其中以不锈钢复合钢板的使用量最大。

根据生产方式的不同，不锈钢复合钢板主要分为轧制复合和爆炸复合两种方式。因爆炸复合更适应炼油装备用材批量小、规格多的特点，所以被更多的采用。我国从事爆炸复合钢板的生产和研究已有40多年的历史，技术较为成熟可靠，生产厂家较多，基本可以满足炼油装备建造的需求。

爆炸复合钢板质量控制的关键环节有两个，一是爆炸过程的控制，二是爆炸成型后的热处理。一般而言，基层钢板经爆炸复合后韧性会有所降低，需要进行热处理。制定热处理工艺时需同时考虑基层材料和复层材料的不同需求，既要尽量考虑基层材料的力学性能，又不能过多降低复层材料的耐蚀性能，有时会面临难以两全的情况。合理的热处理工艺通常需要借助大量的实验数据做基础。

目前，爆炸复合钢板的行业标准 NB/T 47002—2009《压力容器用爆炸焊接复合板》对爆炸成型后热处理的规定比较模糊，设计、装备制造商或最终用户（采购）、钢板供应商（生产）等各方对某些特定材料（如基层为铬钼钢或复层为双相钢等）的热处理工艺看法也不尽相同，加上钢板供应商出于市场竞争因素考虑，对采用的实际生产工艺进行技术保密，上述各种因素造成的复合钢板的质量事故已在石化装备的生产和使用当中有所反映，应当引起有关各方的高度重视，对爆炸成型后热处理的机理进行专项研究，并在标准中做出明确的规定，真正用好复合钢板。

5.1.3.6 典型炼油设备用材

1）热壁加氢反应器

（1）热壁加氢反应器国产化历程

从 20 世纪 80 年代初开始，国内石油石化、冶金和机械等部门的一些科研、设计、制造和生产单位在原来的石油工业部和后续的中国石化总公司的组织领导下，组成了热壁加氢反应器联合攻关组，在消化吸收国外引进技术、跟踪国外技术发展、促进热壁加氢反应器国产化方面取得了巨大的进步，满足了国内炼油工业发展对热壁加氢反应器的需要。

通过联合攻关，从 1984 年国产 2.25Cr-1Mo 钢锻焊结构热壁加氢反应器见证件通过鉴定，继而开展国内首台锻焊结构热壁加氢反应器研制起，国内加氢反应器取得了一系列里程碑式的进步。1987 年中国一重由于参与联合攻关所取得的成果，通过 JSW 的考察认可，于 1988 年以反承包形式与 JSW 合作完成了齐鲁石化重油加氢反应器的制造，这一合作进程又进一步推动了我国热壁加氢反应器技术的进步。1989 年，首台由我国自行设计、研究并用国产材料制造的锻焊结构热壁加氢反应器顺利出厂，并投入装置运行。该反应器设计压力 20.16MPa，设计温度 450℃，壳体材料 2.25Cr-1Mo＋TP347（最小有效堆焊层厚度 3mm），内径 1800mm，筒体壁厚 150mm，长度 22000mm，质量 220t。从 1989 年 5 月投用至今已近 30 年，运行正常。经多次在役外观检测与无损检验，无异常现象。1990 年以后又相继完成了 400t、560t、1000t 级的 2.25Cr-1Mo 钢锻焊结构热壁加氢反应器的设计制造任务。

20 世纪 90 年代，国外推出了在常用 2.25Cr-1Mo 和 3Cr-1Mo 钢基础上添加钒的改进型铬钼钢。新型加钒钢性能卓越，在提高材料强度的同时，还显著地提高了抗氢腐蚀、氢脆、回火脆性及堆焊层剥离的能力，一经推出就得到各主要国际标准如 ASME、BS、JIS、AD 等的认可和推广应用。为了跟上国外技术进步步伐，国内开始对添加钒的铬钼钢进行开发，并列入国家“九五”科研计划。1998 年成功开发了 3Cr-1 Mo-0.25V 钢，1999 年国内首台为克拉玛依石化厂高压润滑油加氢装置研制的 3Cr-1Mo-0.25V 钢制国产化加氢反应器诞生。该反应器设计压力 19.95MPa，设计温度 435℃，内径 2600mm、切线长 23016mm、壁厚 169mm，质量 366t。在 3Cr-1Mo-0.25V 钢研制成功的基础上，1999 年又开发出 2.25Cr-1Mo-0.25V 钢，并于 2002 年为镇海蜡油加氢脱硫装置研制出首台 2.25Cr-1Mo-0.25V 钢加氢反应器。该反应器设计压力 11.68MPa，设计温度 450℃，内径 4000mm、切线长 23300mm、壁厚 150mm、质量 526t。国产加钒钢的研制成功，为近年来国内炼油、煤制油加氢技术的大发展做出了贡献，极大地满足了国内石化工程建设对加氢反应器的需要。

近年来，随着国内制造企业大型卷板机等装备改善，板焊式热壁加氢反应器的应用范围进一步扩大，2009年采用进口钢板为洛阳石化分公司研制出大厚度板焊式热壁加氢反应器，2010年投入运行。该台反应器设计压力12.81MPa、设计温度450℃，材料为2.25Cr-1Mo钢(内壁堆焊不锈钢)，内径4000mm、切线长25780mm、壁厚180mm、重量650t。

(2) 加氢反应器用材的现状

目前，国产加氢反应器用材已得到了全面发展，主要体现在：

①加氢设备用钢基本实现国产化

目前，除了厚度超过150mm的加钒钢钢板还需要引进外，加钒钢锻件、常规钢锻件和钢板，工程上所需的大部分规格，国内均可生产供应，已大量用于国内各类加氢装置的加氢反应器，满足了国内炼油工业发展的需要，取得了较为满意的效果。中国一重还曾向伊朗和印度出口了20余台加钒钢制加氢反应器，用的也是自产的锻件。与国外材料相比，总体来说，国产材料的综合性能还是不错的，在价格和交货期方面也有一定的优势。

②大型化技术全面进步

大型化技术的全面进步主要体现在锻件、钢板材料的厚重化。伴随着制造企业的技术改造，近年国内纷纷投用大型锻机，已能提供最大外径达6800～7500mm、最大质量250t的锻件。不仅如此，国内制造企业独辟蹊径，开发出筒节整形机，可将筒节毛坯通过连续碾压，生产出壁厚均匀、性能符合要求的大型筒节锻件（最大外径达8000mm、最大毛坯质量180t)，大大减少了毛坯的加工裕量，提高了材料利用率，降低了材料成本。

板焊结构热壁加氢反应器的推广应用，促进了加氢铬钼钢厚钢板的国产化，舞阳钢厂生产的198mm厚的2.25Cr-1Mo钢板已成功用于长岭渣油加氢装置的热高压分离器，解决了200mm厚度级板焊加氢反应器的钢板供应，使我国成为国际上能提供200mm厚度的加氢厚钢板的少数几个国家之一。

2) 加氢反应流出物空冷器

反应流出物空冷器是加氢裂化装置中腐蚀最严重的设备之一。21世纪以前，因国内炼油装置主要加工质量较好（S、N、重金属等含量低）的国产原油，反应流出物空冷器的材料基本上选用碳钢，通过控制铵盐浓度和介质的流速，采用合理的结构设计，使用情况也不错。但进入21世纪以来，随着劣质原油，尤其是进口中东高硫原油加工量的增加，碳钢空冷器在使用过程中不断有爆管等事故发生。比较典型的情况是，扬子石化中压加氢裂化装置碳钢反应流出物空冷器在2005～2006年期间连续几个月仅使用十几天就泄漏。为此，中国石化要求加工高硫原油的新建加氢裂化装置的反应流出物空冷器必须采用825合金（国内牌号NS1402，美国牌号N08825)，在役的碳钢反应流出物空冷器也应根据腐蚀情况择机进行材料升级。

825合金是Chevron、UOP、Axens等国外专利商的首选材料。同比碳钢，825合金价格昂贵，尤其是当时国内无法供应，必须从国外进口，不仅价格高（约为碳钢的30

倍)，而且交货期长，大大制约了项目建设的需要。为此中国石化于2007年牵头组织相关单位成立了825合金反应流出物空冷器国产化项目组，对设计、材料（包括钢板、换热管、锻件)、制造等方面存在的问题进行联合攻关。通过项目组4年多时间认真努力、开拓创新的工作，2011年10月国产825合金用于长岭分公司170×10^4 t/a渣油加氢处理装置热高分气空冷器的制造和使用。2012年10月装置停工检修，管板焊接接头和丝堵经检查无一泄漏。该设备至今已运行了近6年时间，应用效果良好，说明国产825合金完全能够替代国外进口同类材料，825合金的国产化攻关工作顺利完成。

自2010年国产825合金研制成功后，茂名分公司200×10^4 t/a加氢裂化装置、安庆分公司170×10^4 t/a渣油加氢装置、九江分公司170×10^4 t/a渣油加氢装置、武汉分公司加氢裂化装置等高压空冷器均采用国产825合金制造，创造了良好的经济效益和社会效益。

双相钢在国外也大量用于反应流出物空冷器的制作，同比825合金，双相钢价格便宜，且API的研究表明2507双相钢在该场合的耐蚀能力要好于825合金，甚至超过625合金。但双相钢在加工和焊接时难度较大，故在国内的应用较少。双相钢反应流出物空冷器的研制已在中国石化立项，并取得了阶段性成果，有望在不久的将来大量用于反应流出物空冷器，可在保证设备安全运行的同时有效降低投资。

3）原油蒸馏装置常压塔顶

常压塔顶存在低温HCl＋H_2S＋H_2O腐蚀，是所有炼油装置中腐蚀最严重的部位之一，除了工艺防腐外，必须选用合适的耐蚀材料。

目前，国外常压塔顶材料基本选碳钢＋UNS N08367（6%钼钢）复合板，SH/T 3096—2012《高硫原油加工装置设备和管道设计选材导则》和SH/T 3129—2012《高酸原油加工装置设备和管道设计选材导则》中推荐选用碳钢＋NCu30（UNS N04400）复合板。但受工程投资限制，国内许多常压塔顶材料仍采用0Cr13Al（S11348）复合板，造成运行不到一个周期就发生严重腐蚀，导致非计划性的停工检修。

5.1.4 存在的问题

虽然炼油装置用材在过去的几十年中已取得了很大进步，基本实现了国产化，但仍然存在一些亟待解决的问题，主要包括：

5.1.4.1 部分高等级材料国内无法供应

这个问题包括两种情况。一种情况是由于材料生产的技术难度高，国内目前尚无法供应。属于这种情况的主要有：厚度大于150mm的加氢反应器用2.25Cr-1Mo-0.25V厚钢板，加氢反应流出物空冷器用2205双相钢厚钢板，加氢装置用2205双相钢高压厚壁管道，超级奥氏体不锈钢UNS N08367、S31254，用于铬钼钢（2.25Cr-1Mo、2.25Cr-1Mo-0.25V)、镍基合金及双相钢的焊接材料等。

另一种情况是材料虽然已经能够国产，但由于研发和生产较晚，质量不稳定，业主指定进口。属于这种情况的主要有：镍基合金材料，加氢装置用高压厚壁管道材料（347、321、P22、P11)，合金钢炉管材料（347H、9Cr-1Mo）等。

5.1.4.2　材料的品种和规格不能满足大型化发展的需求

与国外先进标准（如 ASTM）相比，国内相应的材料标准较少，且标准中规定的材料品种少，强度低，规格小。

以钢板为例，我国压力容器用钢板标准 GB/T 713—2014《锅炉和压力容器用钢板》中，碳钢及碳锰低合金钢的品种只有 Q245R、Q345R、Q370R 和 Q420R。其中最常用的材料是 Q345R，但其强度较低，屈服强度只有 345MPa，且随着钢板厚度的增加，强度下降比较多。与 Q345R 相比，Q245R 的强度更低；Q370R 在强度上提高也不多，且使用温度上限仅为 350℃；Q420R 虽然强度较高，但标准规定的最大厚度仅有 30mm，且尚未列入 GB/T 150—2011《压力容器》，所以使用范围受限。

随着装置和设备的大型化，对于设计条件（压力、温度）较高或直径较大的设备（如加氢装置的冷高压分离器、PX 装置的二甲苯塔等），如采用 Q345R，壳体的厚度将接近标准规定的厚度上限（200mm），给设备的制造（包括卷制成型、焊接、无损检测、热处理等环节）、运输、安装等方面带来许多困难。Q345R 已经不能很好地满足使用要求，需要尽快开发新型高强度容器钢板如 Q390R，其特点是：强度高（加 V、N 微合金化）、交货状态简单（正火）、可焊性好。

以某企业 60×10^4t/a 的 PX 装置二甲苯塔（设计压力：1.88MPa，设计温度：360℃，规格 ϕ9800/ϕ10600/ϕ11800×110150mm）为例进行对比。采用 Q345R 时，壳体壁厚为 86～136mm，总重约 3840 t；如采用 Q390R，壳体壁厚可减薄为 76～100mm，总重可降至约 2800 t，仅设备投资就能节省约 1200 万元。如考虑设备运输和安装节省的费用，经济效益将更加显著。

5.1.4.3　材料的高温长期性能数据缺失

由于种种原因，国产材料的基础性能数据，尤其是高温长期性能（持久、蠕变、疲劳等）数据普遍缺失。这些数据的缺失，导致材料在高温条件下长期使用后，性能是否产生劣化难以确认，无法保证制氢、重整、焦化、加氢等装置中在高温下操作的设备、管道和加热炉的长期安全使用。而这些设备、管道和加热炉大多是装置中的关键装备（如制氢转化炉、重整反应器、焦炭塔、加氢反应器等），投资高，制造周期长，一旦受损，会严重影响装置的生产。

5.1.5　需求与趋势

5.1.5.1　需求

针对国内外炼油装置用金属材料的使用现状，目前需要着重解决以下问题：

①对尚需进口的高等级材料进行国产化攻关，减少投资，保证项目建设周期；

②开发新型高强度容器钢板，满足大型化的需求；

③对材料的基础性能（主要是高温长期性能）进行研究，满足使用要求；

④对爆炸复合板的热处理工艺进行系统研究。

5.1.5.2　趋势

国内外炼油技术发展的趋势（原料劣质化、装置大型化、长周期操作）对材料的性能提出了更高的要求，未来炼油装置用金属材料的性能应符合以下要求：

①材料的强度高，且韧性储备高，焊接性能好；

②材料的耐蚀性好，适用范围宽；

③材料的纯净度高，P、S等杂质元素含量低；

④各类材料配套齐全，且品种多，规格全，易于采购。

5.2　化工用材

5.2.1　化工装置选材原则

5.2.1.1　化工装置用金属材料的基本要求

化工装置的物料通常是易燃、易爆、有腐蚀性甚至是有毒的介质，且多在低温或高温等严苛的工况下运行。近年来装置和设备的持续大型化，这就要求设备所用的金属材料具有更高的强度、韧性、塑性以及良好的焊接性能和工艺性能。此外，由于新工艺、特殊介质的不断出现，设备的使用环境日益苛刻，不可避免地对材料提出了各种特殊性能要求，如低温设备用钢要求具有良好的低温韧性；球罐用钢要求较高的机械强度和良好的抗裂性能；中温抗氢钢要求低回火脆化敏感性系数和良好的抗氢性能。上述设备都要求具有较高的抗再热裂纹和延迟裂纹性能、较低的无塑性转变温度。对大型储罐用钢则要求具有较高的强度、低裂纹敏感性系数，并适宜大线能量焊接；对不锈钢或复合板（不锈钢一钢复合板、镍-钢复合板、钛-钢复合板），则要求具有良好的耐蚀性能。

5.2.1.2　一般选材原则

化工装置为满足各种运行工况的需求，需要选用多种材料，既包括黑色金属，如碳素钢、低合金钢、不锈钢（含双相不锈钢），又包括镍及镍基合金、铜及铜合金、铝及铝合金，以及钛及钛合金等。

化工设备大多是压力容器，对于特定的工况，需要综合考虑影响材料性能的各种因素，进行合理选材。影响选材的主要因素包括：温度、压力、介质特性、材料获取难易程度以及经济性等。

化工装置由于原料和产品千差万别，生产工艺千变万化，介质的多样性等，决定了所需材料的多样性，由于工艺、原料等的差别，即使是生产同类产品的装置，其腐蚀特点和形态也可能大相径庭，所以即使针对生产特定产品的装置也难以确定一个恒定的选材原则，但工程中通常执行如下一般性原则：

①根据设备的设计寿命和介质的腐蚀性，选择合适的材料，通常寿命期内考虑的最大腐蚀裕量不超过6.0mm，否则应选用耐蚀性更好的材料；对具有典型特征的腐蚀性介质，如H_2、H_2S、Cl^-、NaOH等，应考虑最苛刻条件下腐蚀性介质可能达到最大含量（浓

度）和最高温度时对设备造成的腐蚀破坏，从而选定相应适用的材料；

②根据设备的设计温度，选择适用的材料，在高温环境下，应考虑材料可能出现的石墨化、回火脆性、脱碳等问题；在低温环境下，应特别关注材料的低温脆断问题；

③考虑经济性原则，在满足使用要求的前提下，选材的顺序一般为：碳素钢－低合金钢－奥氏体不锈钢等；

④在确定特殊设备和设备的特定部位用材时，应具体考虑介质特性、温度分布以及是否有相变等因素，对某些局部区域可采取特殊处理，如局部材料升级，防止局部发生破坏现象。

5.2.1.3 根据设计温度选材原则

工程上通常以设计温度作为选材主要依据之一，如某知名工程公司根据温度确定的通用选材原则如下：

－196～－60℃	选用奥氏体不锈钢或镍基合金；
－60～－40℃	选用 0.5Ni 合金钢
－40～－20℃	选用低温低合金钢；
－20～400℃	选用碳素钢或低合金钢；
400～550℃	选用耐热低合金钢；
550～800℃	选用 Cr-Ni 不锈钢或高 Cr-Mo 钢；
＞800℃	选用镍基高温合金。

5.2.1.4 根据介质特性选材原则

特定介质环境下的设备，一般遵循 NACE、API、国内相关标准的要求，选择适用的材料。

1）高温临氢环境

高温临氢环境下运行的设备，可根据介质的氢分压和介质工作温度依据 API RP941《炼油厂和石化厂高温高压下临氢作业用钢》参照 Nelson 曲线选材，见图 2.1.2－2。

2）湿 H_2S 环境

国际上，ISO 15156/NACE MR0175《Petroleum and natural gas industries-Materials for use in H_2S-containing environment in oil and gas production.》（（石油天然气工业油气田开采中用于含 H_2S 环境的材料）、EFC16《Guidelines on materials for carbon and low alloy steels for H_2S-containing environments in oil and gas production》（油气开采中用于含 H_2S 环境的碳钢和低合金钢材料要求指南）、EFC17《Corrosion resistant alloys for oil and gas production：Guidance on gerneral requirement and test met hod for H_2S service》（油气开采中用于含 H_2S 环境的耐蚀合金的通用要求和试验方法）等标准提供了 H_2S 环境下设备的选材导则。

在国内，对湿 H_2S 应力腐蚀环境下工作的碳素钢或低合金钢制化工设备，可参照 HG/T 20581《钢制化工容器材料选用规定》和 SH/T 3193《石油化工湿硫化氢环境设备设计导则》选材或编制材料的技术要求。

3）NaOH 溶液环境

在 NaOH 溶液环境下操作的化工设备，可依据 HG/T 20581《钢制化工容器材料选用规定》和 SH/T 3075《石油化工钢制压力容器材料选用规范》选材或编制材料的技术要求。

4）液氨应力腐蚀环境

在液氨应力腐蚀环境下操作的化工设备，可依据 HG/T 20581《钢制化工容器材料选用规定》和 SH/T 3075《石油化工钢制压力容器材料选用规范》选材或编制材料的技术要求。

5.2.2　国外现状

世界上容器用钢主要有三大标准体系，包括起步最早的美国标准体系、欧洲标准体系和日本标准体系。其中，国际上广受认可且使用较多、影响最广的石化用材标准是美国的 ASME/ASTM，其中的 SA-20/SA-20M《压力容器用钢板通用要求》提出了约 32 种压力容器用钢板标准，每一钢板标准包含了不同级别或型号的钢号，总计有数百种牌号，该标准所包含的材料牌号、规格、品种范围几乎满足了整个石油化工行业用材的需求。早期引进装置的设备及从国外购买的关键设备几乎都采用了 ASME/ASTM 的材料。

除 ASME/ASTM 外，国际上常用的还有 ISO、EN、JIS 等材料标准。

国外化工容器用材按使用环境和功能主要可分为正火高强度压力容器用钢、不锈钢（高合金钢）、低温压力容器用钢、耐蚀合金等四大类。

5.2.2.1　正火高强度钢

正火型低合金高强度钢，其金相组织为铁素体＋珠光体，是国外化工压力容器通用型钢材中最主要的钢种，应用量大面广。例如与我国 Q345R 相近的美国 ASTM 标准中的 SA-516 有 55、60、65、70 等 4 个级别，其化学成分与 SA-285 相类似，但锰含量有适当提高，并提高对冶炼、热处理、检测与检验等技术要求后，就可以应用到相对苛刻的环境，产品的应用厚度也显著增加（200mm 以上），由于 SA-516 具有优良的综合性能，在化工设备中得到广泛的应用。

相对于调质钢而言，正火型压力容器用钢没有淬火、高温回火工序，简化了生产工艺、降低了能耗，提高了材料的利用率，可有效降低制造成本，具有良好的经济效益。由于这种非调质钢在生产上有很大的优势，欧美和日本等冶炼先进国家采用控制轧制和控制加速冷却的方法（非调质技术）开发了一系列控轧钢，其采取的主要策略为：在钢中选择性地添加 Nb、Ti、V、Ni、稀土等微合金元素，采用适当的正火热处理工艺，提高钢的强韧性，从而得到所需性能的钢材。

在正火高强度钢的应用方面，国外突出的优势在于有屈服强度大于 420MPa 的钢种，如日本 JIS G3115 中的 SPV450 和 SPV490，德国 DIN EN10028-3 中的 P460N 均为屈服强度高于 420MPa，抗拉强度高于 570MPa 的正火高强钢。表 5.2.2－1 和表 5.2.2－2 分别为国外常用正火型高强钢的化学成分和力学性能示例。

表 5.2.2-1　国外常用正火型高强钢的化学成分　　%

牌号	标准	C	Si	Mn	P	S	其他
SPV450	JIS G3115—1990	≤0.18	0.15～0.75	≤1.6	≤0.03	≤0.03	
SPV490	JIS G3115—1990	≤0.18	0.15～0.75	≤1.6	≤0.03	≤0.03	
P460N	DIN EN 10028-3：1993	≤0.20	≤0.6	1.0～1.7	≤0.03	≤0.025	Cr≤0.3；Cu≤0.7；Mo≤0.1；N≤0.025；Nb≤0.050；Ni≤0.8；Ti≤0.03；V≤0.2

表 5.2.2-2　国外常用正火型高强钢的力学性能

<table>
<tr><th rowspan="3">牌号</th><th rowspan="3">标准</th><th colspan="6">拉伸试验</th><th colspan="2">冲击试验</th><th>弯曲试验</th></tr>
<tr><th colspan="2">屈服强度</th><th colspan="2">抗拉强度</th><th colspan="2">断后伸长率</th><th rowspan="2">℃</th><th rowspan="2">A_{kv}/J</th><th rowspan="2">180°
$b=2a$</th></tr>
<tr><th>厚度/mm</th><th>R_{eL}/MPa</th><th>厚度/mm</th><th>R_m/MPa</th><th>厚度/mm</th><th>A/%</th></tr>
<tr><td rowspan="3">SPV450</td><td rowspan="3">JIS G3115—1990</td><td>6～50</td><td rowspan="2">≥450</td><td colspan="2" rowspan="3">570～700</td><td>≤16</td><td>≥19</td><td rowspan="3">−10</td><td rowspan="3">≥47</td><td rowspan="3">$D=1.5a$</td></tr>
<tr><td>>50～75</td><td>>16</td><td>≥26</td></tr>
<tr><td>>75～200</td><td>—</td><td>>40</td><td>≥20</td></tr>
<tr><td rowspan="3">SPV490</td><td rowspan="3">JIS G3115—1990</td><td>6～50</td><td>≥490</td><td colspan="2" rowspan="3">610～740</td><td>≤16</td><td>≥18</td><td rowspan="3">−10</td><td rowspan="3">≥47</td><td rowspan="3">$D=1.5a$</td></tr>
<tr><td>>50～75</td><td>≥470</td><td>>16</td><td>≥25</td></tr>
<tr><td>>75～200</td><td>—</td><td>>40</td><td>≥29</td></tr>
<tr><td rowspan="6">P460N</td><td rowspan="6">DIN EN 10028—3：1993</td><td>≤16</td><td>≥460</td><td rowspan="2">≤70</td><td rowspan="2">570～720</td><td rowspan="4">≤70</td><td rowspan="4">≥17</td><td>−20</td><td>纵向≥40</td><td rowspan="6"></td></tr>
<tr><td>>16～35</td><td>≥450</td><td>0</td><td>纵向≥47</td></tr>
<tr><td>>35～50</td><td>≥440</td><td rowspan="2">>70～00</td><td rowspan="2">540～710</td><td>20</td><td>纵向≥55</td></tr>
<tr><td>>50～70</td><td>≥420</td><td>−20</td><td>横向≥20</td></tr>
<tr><td>>70～100</td><td>≥400</td><td rowspan="2">>100～150</td><td rowspan="2">520～690</td><td rowspan="2">>70～150</td><td rowspan="2">≥16</td><td>0</td><td>横向≥27</td></tr>
<tr><td>>100～150</td><td>≥380</td><td>20</td><td>横向≥31</td></tr>
</table>

实际上，国外正火型高强钢的抗拉强度已经从300MPa覆盖到了690MPa，且几乎每隔50～100MPa就有至少一种压力容器用钢材料可供使用，很容易通过强度级别选择所需的材料。其中日本比较齐全，从400MPa到570MPa的每个级别上都有对应的钢种。美国SA-737 Gr.C的抗拉强度最高达到了690MPa。表5.2.2-3列出了国外正火型压力容器用钢对应的抗拉强度级别分布情况。

表 5.2.2-3　国外正火型压力容器用钢抗拉强度级别分布表

级别/MPa	JIS	ASME/ASTM	EN
320		*	
340		*	
360		*	*

续表

级别/MPa	JIS	ASME/ASTM	EN
380		*	*
400	*		
410	*	*	*
450	*	*	*
470	*	*	
490	*	*	*
510	*		*
520	*	*	
540	*		
550	*	*	
570	*		*
690		*	

5.2.2.2 低温用材

国外使用的低温压力容器用材总体上可分为三大系列，其一为不锈钢；第二系列是低合金高强度低温钢。低温钢又可分为两类，一类是用于－40℃（或－45℃）以上的低温C-Mn钢和调质型高强钢；另一类是用于－40℃（或－45℃）以下至－196℃以上的含Ni低温钢。第三系列是铝合金等非铁基金属。

其中不锈钢通常作为耐低温、耐高温和耐腐蚀用材料，其应用状况详见5.2.2.3。

1）低温C-Mn钢

低温C-Mn钢是国外承压设备中用量较大、使用时间较长的钢种，制造工艺也很成熟，这些钢材一般为正火态交货。典型牌号如欧洲EN10028-3中的P355NL2，美国的SA662C。其中，P355NL2的化学成分、低温冲击功值等指标在C-Mn系钢中的水平最高，而SA662C的P（≤0.025%）、S（≤0.025%）含量以及韧性指标要求则相对较低且不尽合理。国外低温用C-Mn钢板的标准指标虽然不高，但产品实物指标往往很高，即具有“低标准要求 高实物质量”的特点，如钢板的低温冲击功指标虽然只要求为不小于20J或27J，但实物冲击功一般大于100J，甚至大于200J。

2）调质高强钢

随着原油储罐、天然气、液化气球罐的高参数，大型化，调质高强钢在国外有着广泛的应用。从安全角度出发，国外大部分储罐都选择－20℃级别的低温钢材，对乙烯和丙烯球罐，则多采用－50℃级别的CF钢，如日本于20世纪70年代开发的CF-62钢，其屈服强度不低于490MPa，抗拉强度不低于610MPa，采用Cr-Mo-V-B-Ni-Cu合金体系，碳当量和焊接裂纹敏感性系数均比较低，代表性钢号有NK-HITEN 610U2L、JFE-HITEN610U2L。20世纪90年代以前，我国建造的1000m^3以上大型乙烯球罐一般都引进这种

CF 钢。此外，N-TUF490、LT-50 和 SPV490Q 等钢种也大量应用于乙烯球罐、丙烯球罐和大型油罐的建造。

3）Ni 系低温压力容器用钢

Ni 系低温钢可分为用于－70～－60℃含 0.5～2.3%Ni 的钢、不低于－100°C 的含 3.5%Ni 的钢以及－196～－120℃含 5.5%～9%Ni 的钢。

美国镍系低温钢主要包括 2.25%Ni、3.5%Ni、5%Ni、8%Ni 和 9%Ni 钢，主要包括 SA-203、SA-645、SA-353、SA-553 等标准，其中仅 9%Ni 钢一个钢种的标准就有三个(SA-353、SA-553 和 SA-844)。

日本的镍系低温钢沿用了美国体系，其标准 JIS G3127《低温压力容器用镍钢钢板》包括了镍含量为 2.25%～9%的系列低温镍钢钢种，使用温度为－196～－70℃。

欧洲压力容器用镍系低温钢 EN10028-4 标准不同于美国和日本，其主要特点如下：①简化了 5%Ni 钢的成分，不含强化元素 Mo，改变了力学性能，该钢材适用于－104℃温度下使用的 LEG 储罐的建造，受到世界各国 LEG 储罐建造者的青睐。②增加了 0.5%Ni 和 1.5%Ni 的品种，使镍系低温钢的应用温度和范围得以向高温区扩大。

目前，国际上 3.5%Ni 钢和 9%Ni 钢常采用美国 ASME 规范生产，用来建造 LEG 运输船的 5%Ni 钢则几乎均采用 EN 规范生产。

（1）0.5%～2.3%Ni 钢

－70～－60℃的低温压力容器用钢，国际上有两大体系：一是美国和日本。20 世纪 30 年代，美国首先研制了 Ni 含量为 2.25%和 3.5%低温钢。国外近 50 年来一直使用的 2.3%Ni 钢主要是 ASME 标准的 SA203 Gr. A，Gr. B（－68℃级别）和 JISG 3127 标准的 SL2N255；我国和欧洲部分国家则采用 0.5%Ni 钢，如我国自行开发了 09MnNiDR 钢，被广泛用于－70～－40℃温度下的压力容器。法国 1982 将 10N2（0.5%Ni 钢）纳入标准 NF A36-208。德国于 1985 年将 11MnNi5-3 及 13MnNi6-3（－60℃级别）纳入 DIN17280，1991 年和 1994 年，这两个钢号又先后纳入 ISO 9328—3 和 EN 10028—4。

（2）3.5%～9%Ni 钢

国外－100℃级的压力容器主要采用 3.5%Ni 钢，如 SA-203 Gr. D/Gr. E/Gr. F，SA-350 Gr LF3，SL3N255，SL3N275，SL3N440，12Ni14 等。

－170℃级的压力容器多采用 5%Ni 钢，日本和欧洲于 20 世纪 60 年代开始研制并开发了自己 5%Ni 钢，应用于 LEG 储罐的建造，代表性牌号有欧洲的 X12Ni5，日本的 SL5N590。SA-645 是美国通过添加一定 Mo 元素而开发的与欧洲、日本不同的 5%Ni 钢，最低可应用到－170℃，用于替代 9%Ni 钢。

－196℃级的压力容器主要采用 9%Ni 钢。9%Ni 钢于 1944 年由美国 INCO 公司首次研制成功，其组织为马氏体加贝氏体，该种钢在极低的温度下具有良好的韧性和高强度，与奥氏体不锈钢和铝合金相比，热膨胀系数小，经济性好。自 1960 年美国 CBI、INCO、U. S. Steel 等三家公司的研究表明不进行焊后热处理亦可安全使用以来，9%Ni 钢就已成为制造大型 LNG 储罐、球罐的主要材料之一。

国际上 9% Ni 钢的主要牌号有 SA-353，SA-553 Type I，SA-844，SL9N520，SL9N590，X7Ni9，X8Ni9，NFA36-208 9Ni，BS1501-509 等。这些钢种在欧美和日本均有材料标准和生产能力，钢材也都符合标准要求且已大量应用。表 5.2.2－4 为部分国家的 9Ni 钢化学成分及力学性能。

表 5.2.2－4　9%Ni 钢板化学成分及力学性能

国家	标准	化学成分/%						屈服强度/MPa	抗拉强度/MPa
		C	Si	Mn	S	P	Ni		
美国	ASTM A553	≤0.13	0.15～0.30	≤0.90	≤0.040	≤0.035	8.50～9.50	≥585	690～825
	ASTM A353	≤0.13	0.15～0.45	≤0.98	≤0.040	≤0.035	8.40～9.60	≥585	690～825
英国	BS 1501-509	≤0.10	0.10～0.30	0.30～0.80	≤0.030	≤0.025	8.75～9.75	≥530	690
捷克	Vikovice	0.06～0.12	0.10～0.35	0.30～0.80	≤0.025	0.025	8.50～10.50	650	833
比利时	NBN630-70 10Ni36	≤0.10	0.15～0.35	≤1.00	≤0.030	≤0.030	8.50～9.50	≥529	637～833
德国	VDE h680 X8Ni9	≤0.10	0.10～0.35	0.30～0.80	≤0.035	≤0.035	8.50～9.50	490	637～834
法国	NFA36-208 9Ni	≤0.10	0.15～0.30	≤0.80	≤0.030	≤0.035	8.50～9.50	≥588	686
挪威	DNV NV20-2	≤0.08	0.15～0.35	0.40～0.70	≤0.025	≤0.020	≤9.00	440	640
日本	JIS G3127 SL9N 590	≤0.12	≤0.30	≤0.90	≤0.025	≤0.025	8.50～9.50	≥590	690～830
中国	GB 3531—2014	≤0.08	0.15～0.35	0.30～0.80	≤0.004	≤0.008	8.50～10.0	≥550	680～820

为了降低成本，住友金属等几家外国钢企通过合理的化学成分设计和先进的控轧控冷（TMCP）技术，成功实现了减 Ni 化钢板的开发，即开发出含有较低的 Si 和合适的 Cr 的 7%Ni 钢板，采用在线热处理工艺生产，获得和传统 9%Ni 钢相当的强度水平和耐低温抗裂性能，可以作为 9%Ni 钢的替代品用于 LNG 储罐，并成功应用于日本仙北一期 LNG 工程 5 号储罐的建造。

4）铝合金

作为低温设备用材，铝合金在化工装置中也应用较多，如乙烯装置中冷箱、板翅式换热器等深冷设备。美国 ASME 的铝合金板材标准 SB-209《铝和铝合金薄板和板材》中有超过 40 种合金代号的铝合金牌号，规定了化学成分、力学性能等综合性能指标。

5.2.2.3　不锈钢（高合金钢）

在不锈钢家族中，国外石化装置中使用最多是奥氏体类不锈钢，其中 304、304L、316、316L 牌号的不锈钢用量最大，此外，TP321、TP347、TP316 牌号的换热管用量也较大。在石化装置中，对于普通环境多采用 304 类奥氏体不锈钢；高强度的场合采用加氮或马氏体、沉淀硬化不锈钢；需耐较高温度的设备则采用含碳较高的高 Cr-Ni 奥氏体不锈钢；500～600℃工况下使用的设备，一般选用各种耐高温的奥氏体不锈钢，如 304H、316、321 等；对低温设备，通常采用 300 系列的不锈钢；对耐腐蚀有特别要求的场合，如抗晶间腐蚀的则大量采用超低碳或含稳定化元素的不锈钢，有抗卤素离子点蚀与缝隙腐蚀的设备，需要采用 Cr、Ni、Mo 含量高的不锈钢，而抗应力腐蚀的设备通常采用双相不锈钢、超级奥氏体不锈钢与某些铁素体不锈钢等。

按不锈钢在化工设备中的用途，主要分为：耐腐蚀（包括洁净）、耐热\耐低温和高强度化不锈钢，其使用现状分别有如下特点：

1）耐腐蚀钢

（1）洁净

在很多化工装置中，保持产品洁净或防止铁离子污染是选用不锈钢材料的主要目的。随着技术进步、钢材制造成本的降低，目前，国际上已逐步将原本主要用于耐低温或耐腐蚀的316L取代304成为有洁净要求的设备主要用材，而且对表面粗糙度的要求也越来越高。

（2）耐均匀腐蚀的特种镍铬超级不锈钢

在国外相当长的时间内，牌号304、316的不锈钢通常是有耐均匀腐蚀要求的设备的主要用材，但由于304、316型不锈钢的耐均匀腐蚀能力有限，且主要局限于氧化性介质，国外后来开发了改良型316L、2RN65、904L、UB6、超纯铁素体不锈钢等系列超级不锈钢，并已有了广泛的应用。

（3）耐局部腐蚀的双相不锈钢

国外对双相钢的研究较早，目前已趋成熟，应用得较多的是以S32304、S32205、S32507为代表的三个等级的双相不锈钢钢。除上述钢种外，S32906、S32707和S33207等超级双相钢也开始应用。瑞典的SANDVIK和OUTOKUMP公司是全球领先的双相钢制造商，其产品在我国也有大量的应用。

2）耐热钢

传统的耐热奥氏体不锈钢如304H、316H、317H、321H、347H、309H、310H、85H、800H以及锅炉用离心铸造管材如HK40、HP40或N-519已在国外得到广泛应用。随着冶金技术的发展，HK40已逐渐被HP-Nb合金取代，因为后者的强度和抗氧化性更好。除此之外，国际上针对氮以及稀土对不锈钢耐热性的作用也已进行了深入的研究，并开发了相应的钢种，如瑞典Avesta Sheffield AB公司、Sandvik公司、美国Reading Alloys公司开发的新型奥氏体耐热不锈钢153MA、253MA和353MA，这些新型奥氏体耐热钢已按UNS统一合金编号S30815、S30415和S35315纳入了SA-240等8个ASME材料标准，成为ASME规范的许用材料，可用于900℃的承压场合及1150℃的非承压场合。研究和使用结果表明，上述新型奥氏体耐热不锈钢具有优良的机械强度、焊接性能、加工性能和耐热性能，可以在很多高温及耐腐蚀场合下，替代含有更高合金成分的钢种及价格昂贵的镍基合金，是适用于压力容器、锅炉的新型高温材料。

3）耐低温不锈钢

由于具有优良的耐低温性能，不锈钢在国际上被广泛应用于建造低温设备。不锈钢家族中，用作耐低温钢的主要品种是300系列的奥氏体不锈钢，如304/304L、316/316L。

4）高强度化不锈钢

传统300系列的超低碳不锈钢的强度不高，尤其屈服强度较低，因此当用于压力较高的压力容器时，壳体壁厚往往比较大，这增加了制造、运输的难度和成本。为满足压力容器建造的要求，欧美发达国家通过技术研发和革新，在提高不锈钢强度方面有了如下突破：

①对304L、316L不锈钢采用双牌号制，由此，把超低碳不锈钢材料的强度提高了约15%～20%；

②对不锈钢进行冷作硬化处理，如304或316，经15%～30%冷变形后，强度提高了30%～60%，ASTM A193 B8 Class2的304型应变强化螺栓的抗拉强度已达800MPa以上，满足了低温用不锈钢紧固件的使用要求；

③采用加N型不锈钢，国外在传统的304、304L、316、316L牌号的基础上，将N含量由不超过0.10%提高到0.10%～0.16%，所得到的304N、304LN、316N和316LN的强度有明显提高，目前，国内不锈钢标准中尚无此钢种；

④提高厚壁不锈钢钢板的生产能力和产品性能稳定性，如压力容器用304钢板，日本JFE能够生产保证力学性能的最大板厚可达130mm，远超过国内标准规定的厚度上限80mm，较好地满足了工程需要。

5.2.2.4 耐腐蚀用材

金属耐蚀材料按大类分主要包括不锈钢，镍基及铁镍基耐蚀合金和钛、钽等活性金属及其合金等，尤其是镍基及铁镍基耐蚀合金，目前已在国外工业发达国家得到了广泛的应用。

1）镍基合金

（1）镍基合金体系

目前，国外镍基耐蚀合金从牌号来看，各系列合金有上百个，包括Incoloy、Inconel、Monel、Hastelloy、Haynes等，均已得到广泛应用。这些牌号分属多个成分、耐蚀性能各异的合金系列，如：

①Ni-Cu系合金（Monel合金），具有较高的强度和韧性，以及优良的抗氢氟酸等介质和海水腐蚀的性能，用于还原性酸；

②Ni-Cr系和Ni-Cr-Fe系合金（Inconel合金、Incoloy合金），主要用于强氧化性介质环境；

③Ni-Mo-Fe系合金（Hastelloy A、B合金），主要应用于醋酸生产及硫酸回收系统；

④Ni-Cr-Mo系合金（Hastelloy C、F、N合金），用于强碱及所有酸；

⑤Ni-Cr-Si系合金（Hastelloy D合金），用于超级氧化性酸；

⑥Ni-Cr-Mo-Cu系合金（Hastelloy G合金），对热硫酸和热磷酸、混合酸、氟硅酸、硫酸盐的化合物、含有杂质的硝酸及氢氟酸均有良好的耐蚀性能。

（2）镍基合金在化工中的应用

镍基合金虽具有良好的耐腐蚀性能，但由于价格昂贵的原因，限制了其使用，因此一般应用于强腐蚀性场合下石化设备中关键部位。如哈氏合金系列Hasetelloy、Hasetelloy C-276、Hasetelloy C-22以及Incoloy 825、Inconel 718等因具有很好的抗点腐蚀、缝隙腐蚀、抗氯离子应力腐蚀性能，是氯离子环境下耐应力腐蚀的理想材料。Incoloy 825、Inconel 625 及 C-276 常用于高温下耐 H_2S 腐蚀的部位，Incoloy 825 在硫酸装置中应用较多，Monel 合金主要用于高温下存在碱腐蚀的零件及设备。

化工装置中裂解炉等高温场合，大量使用 Ni-Cr-Fe 类镍基合金，如炉管采用 Alloy 800、253MA，辐射段、保护段采用离心铸造改进型 HP 系列合金，对于无法铸造的小直径管材（内径 38～65mm），则采用 Alloy 800H、Alloy 803、HK4M、HPM 或其他变形合金。另外如苯乙烯装置中，个别设备工作温度可达 650℃，包括反应器、再热器等，均采用 Alloy 800H 制造。

2）钛合金

（1）钛合金体系

钛合金具有十分优异的耐蚀性，其对许多介质的耐腐蚀性能远优于合金钢及其他合金，如海水、湿氯气、硝酸、金属氯化物、硫化物以及有机酸等。

钛材价格比较昂贵，在兼顾材料性能和经济性的基础上，国际上钛制容器的选材一般有三种方式：①全钛结构；②衬钛结构；③ 采用钛-钢复合板。其中，钛-钢复合板是一种具有较高性价比的材料，在化工领域有着广阔的应用。

目前，国际上常用的钛材标准有美国、日本、德国、俄罗斯等国的标准，其中美国标准的技术指标最为先进，被广为使用。美国钛材标准体系最常用的是 ASTM（含 ASME）、AMS 和 MIL 三大系列。

钛合金种类种类繁多，耐腐蚀钛合金按成分可分为 Ti-Pd 合金、Ti-Ni-Mo 合金、Ti-Mo 合金、Ti-2N 合金等体系，常用的牌号包括 Gr. 1～Gr. 4 等 4 个工业纯钛牌号，以及 Gr. 5～Gr. 34 等钛合金牌号。

（2）钛合金在典型化工装置中的应用

醋酸是 PTA（精对苯二甲酸）装置的主要原料，随着温度的升高，醋酸对材料的腐蚀速度加，当含醋酸的设备工作温度超过醋酸溶液的沸点（100～120℃之间）时，它对普通钢材的腐蚀速率大于 0.3mm/a，所以 PTA 装置中除使用的超低碳奥氏体不锈钢 304L、316L，双相不锈钢外，还选用钛、哈氏合金材作为高温条件下含醋酸物料的设备材料。某 PTA 装置中规格为直径 5.7 m，高度 12 m，重达 170 t 的反应器便采用了钛-钢复合板制造。除反应器外，国外醋酸装置中氧化塔、分离塔、脱沸塔、加热器、冷却器等设备也均采用钛材制造。此外，乙醛装置中也采用 Ti-0.15％Pd 的钛合金作为衬里来制造反应器。

5.2.3 国内现状

5.2.3.1 国内压力容器用钢的特点

①材料种类和牌号相对齐全，包括碳素钢、低合金钢、不锈钢等黑色金属，钛、镍基合金等有色金属。

②材料生产厂家众多，地区分布比较均衡，产品性能也基本能满足使用要求。目前石油化工行业所需压力容器用钢已基本实现国产化。

③绝大多数材料均有相应的国家标准或行业标准，且标准的技术指标比发达国家的对应标准要求更高，如对材料的P、S含量的控制，冲击韧性指标的要求等。

我国压力容器用钢的研究和标准体系的建立始于20个世纪60年代，目前，已建立了较完善的压力容器用钢标准体系，较好地满足了化工压力容器用钢的需求，主要的材料标准包括：

a）钢板标准，即GB/T 713—2014《锅炉和压力容器用钢板》、GB/T 3531—2014《低温压力容器用钢板》、GB/T 19189—2011《压力容器用调质高强度钢板》和GB/T 24511—2009《承压设备用不锈钢钢板及钢带》，这4个钢板标准牌号见表5.2.3-1。

表5.2.3-1 压力容器用钢板标准及牌号

标准号	名称	钢种牌号		
		通用型	低温型	中高温临氢型
GB/T 713—2014	锅炉和压力容器用钢板	Q245R Q345R Q370R Q420R 13MnNiMoR 18MnMoNbR	—	15CrMoR 14Cr1MoR 12Cr2Mo1R 12Cr1MoVR 12Cr2Mo1VR 07Cr2AlMoR
GB/T 3531—2014	低温压力容器用钢板	—	16MnDR 15MnNiDR 15MnNiNbDR 09MnNiDR 08Ni3DR 06Ni9DR	—
GB/T 19189—2011	压力容器用调质高强度钢板	07MnMoVR 12MnNiVR	07MnNiVDR 07MnNiMoDR	—
GB/T 24511—2011	承压设备用不锈钢钢板及钢带	S11348 S11972 S11306 S21953 S22253 S22053 S30408 S30403 S30409 S31008 S31608 S31603 S31668 S39042 S31708 S31703 S32168		

国产材料质量的进步促进了国产材料的国际化。经ASME第II卷中国国际工作组多年的努力，ASME已于2013年7月将我国压力容器用钢板中的Q345R、Q370R和15CrMoR等三个钢号纳入2013年版ASME第II卷中，分别标识为：SA/GB 713 Q345R、SA/GB 713 Q370R和SA/GB 713 15Cr MoR，可以直接选用。

b）锻件标准，即NB/T 47008—2017《承压设备用碳素钢和低合金钢锻件》、NB/T 47009—2017《低温承压设备用合金钢锻件》和NB/T 47010—2017《承压设备用不锈钢和耐热钢锻件》；

c）钢管标准，如GB/T 6479—2013《高压化肥设备用无缝钢管》、GB/T 9948—2013

《石油裂化用无缝钢管》、GB/T 13296—2013《锅炉、热交换器用不锈钢无缝钢管》和GB/T 14976—2012《流体输送用不锈钢无缝钢管》等。

d）焊材标准，在通用焊材标准的基础上，为满足承压设备的特殊要求，NB/T 47018.1～47018.7—2017《承压设备用焊接材料订货技术条件》，对钢焊条、气体保护电弧焊钢焊丝和填充丝、埋弧焊钢焊丝和焊剂、堆焊用不锈钢焊带和焊剂、铝及铝合金焊丝和填充丝、钛及钛合金焊丝和填充丝等焊材作出了技术规定。

总体上，国内金属材料经过几十年的发展，研发水平和生产能力已有长足进步。目前石油化工设备用钢在种类、牌号等方面整体上已基本能满足工程建设需求，但品种不够齐全，在系列化、配套上不能完全满足石油化工装备的需要。一些特殊材料因需求量小、规格多、制造成本高，国内企业有生产能力但出于经济上的考虑没有生产意愿，而另有一些大厚度、特殊耐腐要求、高强度材料仍不能满足要求。

5.2.3.2 通用型

国内通用型压力容器用钢主要是GB/T 713—2014标准中所列的5个正火型钢号以及GB/T 19189—2011中所列的2个钢号。5个正火型钢号分别为Q245R、Q345R、Q370R、Q420R和13MnNiMoR，屈服强度级别为175～420MPa。其中Q370R只能用于400℃以下的场合，Q420R的最大厚度为30mm，通常作为移动槽、罐车等特殊场合用钢，Q370R的最大供货厚度也只有100mm，无法满足高参数压力容器用钢的建造需要。实际工程中，使用最多的是Q345R，用于建造绝大多数一般工况下的压力容器，其屈服强度为345MPa级别，与该钢种相匹配的国外牌号有ASME体系的SA-516，JIS体系的SPV355和EN体系的P355（GH，N，M）。2个调质状态的通用型钢号是07MnMoVR和12MnNiVR，其屈服强度为420MPa，其中，07MnMoVR是低焊接裂纹敏感性钢，主要用于球罐制造，12MnNiVR主要用于采用大线能量焊接的大型常压储罐。

5.2.3.3 低温用材

低温压力容器用材主要分为低合金钢、镍钢、不锈钢和铝合金四大类。工程实践中，用量比较大的是低合金钢和不锈钢。应用较多的低合金钢主要是GB/T 3531—2014《低温压力容器用钢》标准所列的16MnDR、09MnNiDR，以及GB 19189中的07MnNiMoDR，这些低温钢的服役温度范围为－70～－30℃。其中，与EN10028中的13MnNi5-3钢类似09MnNiDR是我国自主开发的具有中国特色的低镍低温钢。

由于具有优良的低温韧性，奥氏体不锈钢在化工装置中被广泛用于设计温度高于或等于－196℃的低温容器的建造，例如乙烯装置中乙烯精馏塔，脱低温塔，低温换热器等。使用最多的是GB 24511—2011中的S30408、S30403、S31608、S31603等。

随着我国对LNG、LEG等低温能源气体生产和储运需求的急剧增加，我国对用于－100℃温度以下的低温储罐用钢的需求量有井喷式增长，2014年，08Ni3DR和06Ni9DR纳入GB 3531—2014，极大地推动了镍钢的应用。08Ni3DR钢虽然纳入国标，但仍然没有实现大量使用，06Ni9DR虽已国产化并大量使用，但在应用过程中也出现了诸如钢板剩磁过高、影响焊接质量和效率的问题，说明我国的9%Ni钢板还需要进一步研究以改善产品质量。近年来，采用国产9%Ni钢已经成功建造了20余台LNG储罐。

铝合金作为耐低温用材，主要用于乙烯等装置中冷箱、板翅式换热器等深冷设备。

我国低温设备用板材虽然具有相对齐全的牌号，但部分低合金低温钢和镍系低温钢均缺乏与钢板相配套的锻件、管材、焊材及其他零配件的标准和供货渠道，为低温压力容器的设计和建造带来困难。

5.2.3.4　中高温耐热钢及临氢设备用钢

国内石油化工装置中，高温或临氢设备用钢，除GB 24511—2011中所列的耐热不锈钢外，主要采用GB/T 713—2014标准中所纳入的Cr-Mo钢，见表5.2.3-2。

化工装置中加氢反应器等设备工况相对温和，使用最多的是15CrMoR和14Cr1MoR。

表5.2.3-2　我国低合金耐热钢及临氢设备用钢

中国标准	中国牌号	对应ASME标准牌号	ASME等级	描述
GB 713—2014	15CrMoR	SA-387	12级	
	14Cr1MoR	SA-387	11级	1.25Cr-0.5Mo
	12Cr2Mo1R	SA-387	22级	2.25Cr-1Mo
	12Cr1MoVR			
	12Cr2Mo1VR	SA-832	22V级	2.25Cr-1Mo-0.25V
	07Cr2AlMoR			

5.2.3.5　不锈钢

不锈钢由于具有优良的综合性能，已作为主要的耐腐蚀、防污染、耐低温或耐高温用钢，在我国化工装置中得到了广泛的应用。尤其是S30408、S30403、S31608、S31603属于通用性奥氏体不锈钢，在乙烯、聚乙烯、聚丙烯、EO/EG、PO/SM等众多化工装置中大量使用。

我国石化行业采用的压力容器用不锈钢标准是GB/T 24511—2011《承压设备用不锈钢钢板及钢带》，其中包括铁素体不锈钢、双相钢、奥氏体不锈钢等17个牌号的不锈钢（见表5.2.3-1），可供不同场合的化工设备选用。目前，我国压力容器用不锈钢板材最大厚度为80mm，难于满足高压力、大直径的设备的设计需求，制约了设备的大型化发展。

5.2.3.6　耐腐蚀用材

1）镍基耐腐蚀合金

随着石油化工新工艺、新技术的不断涌现，原料的多样化和设备运行工况的复杂化，对设备耐腐蚀性能的要求越来越高，对镍基耐腐蚀合金的需求量也有大的增长，如以前很少使用的Hastelloy B-3、Hastelloy C-276合金已经在压力容器，管道上得到了较多应用。2004年国内某制造单位与用户和有关研究院合作，共同完成了世界首台Hastelloy B-3大型压力容器的研制。又例如，环氧丙烷装置（PO/SM）中，脱水反应器设备主体材料采用20合金（ASME N08020），局部采用HastelloyB-2合金，上述材料均从国外引进。

与国外应用情况类似，耐腐蚀镍基合金在国内多用于腐蚀性的无机酸和含氯离子环境。虽然耐蚀合金具有优异的耐腐蚀性能，是石化设备防腐的理想材料。但由于价格昂贵，限制了其大量应用，一般仅应用于石化设备中关键部位。目前，这类材料主要依靠进口。

2）钛材

我国许多石化设备已开始大量使用钛合金，如精对苯二甲酸（PTA）中的氧化反应器、反应器冷凝器、进料预热器、第二薄膜蒸发器、浆料罐、醋酸罐、母液罐等设备，合成气制乙二醇中的脱重塔，已内酰胺装置中的羟胺加热器，冷却器，醋酸乙烯装置中的醋酸精馏塔等。但为了节省成本，这些设备多采用钛-钢复合板材料制造。

目前，我国石化用钛材标准主要有：GB/T 3620—2007《钛及钛合金牌号和化学成分》、GB/T 3621—2007《钛及钛合金板材》、GB/T 16598—2013《钛及钛合金饼和环》、GB/T 3625—2007《换热器及冷凝器用钛及钛合金管》等。钛材牌号包括 TA1、TA2、TA3、TA4 等工业纯钛，以及 TA5～TA28、TB1～TB11、TC1～TC26 等钛合金。

5.2.3.7 典型化工装置设备用材

由于石油化工装置用材的多样性和复杂性，很难一一详尽叙述，然而同类化工装置的用材是大多基本相同或类似的。下文以部分典型的化工装置为例，简述国内石油化工装置的用材。

1）乙烯联合装置

国内百万吨级大型乙烯装置通常配置有多套辅助生产装置，除乙烯主装置外，通常还包括聚乙烯、聚丙烯、EO/EG、苯乙烯、聚苯乙烯等。由于石化技术的进步，乙烯装置原料已实现了多样化，如传统乙烯装置采用石脑油作原料，新兴的 MTO、DCC、CPP 装置采用甲醇、重油或渣油裂解制乙烯，这些装置中介质温度最低达－170℃，最高至1100℃，温度范围跨度很大，所需选用的材料也包括碳素钢、低温低合金钢、中高温抗氢钢、耐热低合金钢、不锈钢、铝合金和镍基合金等多种类型。

（1）通用型压力容器用钢

一般情况下，乙烯装置中压力容器承压元件常用材料如下：

钢板包括 Q245R、Q345R、Q370R、16MnDR、09MnNiDR、15CrMoR、S30408、S30403、S31608、S31603 等牌号，锻件有 16Mn、16MnD、20MnMo、15CrMo、14Cr1Mo、09MnNiD、30408、S30403、S31608、S31603 等，常用的钢管包括 10、20、16Mn、15CrMo、S30408、S30403、S31608、S31603 等，螺柱用钢棒材料有 35、40MnB、30CrMoA、35CrMoA、25Cr2MoVA、S30408 等牌号。

上述牌号的国产材料性能比较可靠，质量有保障，国内大型钢厂都可以生产，基本上能较好地满足乙烯联合装置中绝大多数压力容器的需求。

（2）乙烯、丙烯球罐用钢

当前，乙烯产品大多采用带压储存方式，乙烯球罐是乙烯装置必不可少的关键设备，其设计温度为－45℃、设计压力约为 1.95MPa，由于 2000m^3 的乙烯球罐直径达 15700mm，需要选用－50℃级别的低温高强钢。丙烯球罐由于在运行中可能因闪蒸等原因出现低温工况，因此也通常选用与乙烯球罐类似的钢材。受国内低温高强度用钢研制水平的限制，2007年以前，国内大型乙烯项目的乙烯、丙烯球罐主要采用进口材料，如日本的JFE-HITEN610U2L建造。从2005年开始，国内2家钢铁公司先后分别开发出－50℃级别、厚度为12～50mm的低温高强钢15MnNiNbDR和07MnNiMoVDR钢板，随后，多个国内钢铁公司也先后研制出07MnNiMoVDR钢板，并均通过了全国压力容器标准化技术委员会的评审。此后，在日本钢厂供货无法保证项目进度的情况下，中国石化工程建设公司（SEI）和合肥通用研究院开展的采用上述钢板建造乙烯、丙烯球罐的国产化开发工作获得成功，并在茂名乙烯、惠州石化、天津乙烯、镇海乙烯、武汉乙烯、靖边DCC制乙烯等装置中，采用15MnNiNbDR建造了数十台2000m^3乙烯球罐、采用07MnNiMoVDR建造了几十台2000m^3球罐。至此，大型低温乙烯球罐、丙烯球罐610MPa级高强度低温钢板完全实现了国产化和工程应用，代替了进口。与国外材料如日本JFE-HITEN610U2L钢板相比，国产07MnNiMoVDR钢板含镍量稍高，强度相当，但冲击韧性和P、S控制水平稍低。茂名、天津、镇海等乙烯、丙烯球罐经过多年运行，开罐检验表明，国产球罐的应用状况良好，完全能满足使用要求。

在乙烯、丙烯球罐用板材国产化的同时，配套锻件和焊材的国产化也同步获得成功，如研制了－50℃级10Ni3MoVD锻件，国内有2家焊材公司与国内研究单位等联合开发出了GER-N27M（J607RHDQ）、CHE607QR专用焊条，试验结果表明，其熔敷金属和焊接接头的性能均满足乙烯、丙烯球罐的技术要求。其中，10Ni3MoVD锻件与国产钢板都成功配套用在了上述全部球罐的建造中。GER-N27M（J607RHDQ）焊条于2013年应用于宁夏宝丰、陕西蒲城、浙江兴兴能源等项目的数十台丙烯球罐中。

2）环氧乙烷/乙二醇（EO/EG）装置

传统的乙烯氧化法生产乙二醇装置中，由于存在乙酸、碳酸、多元酸、强碱、氯化物、强氧化剂等多种腐蚀性介质，设备多采用不锈钢、低合金钢、双相不锈钢等材料，目前基本都实现了国产化。例如其中的核心设备EO反应器，采用厚度达110mm的高强低合金钢13MnNiMoR钢板和（3＋110）mm的不锈钢－钢复合钢板。直径达7m、厚度（5＋180）mm的堆焊管板、双相钢换热管等均从国内供货。但是，高效换热器（二效～六效换热器）的换热管材质为铜镍合金CuNi90/10，还需国外供货。

对近年来新兴煤化工制乙二醇装置，设备多选用低合金钢、不锈钢、不锈钢－钢复合板等材料，由于强腐蚀性介质硝酸的存在，需要采用钛合金或钛-钢复合钢板，草酸酯等介质对不锈钢提出了耐晶间腐蚀性能的要求。上述材料都可从国内供货。关键设备加氢反应器与EO反应器的选材类似，所需的高强钢13MnNiMoR及其不锈钢-钢复合钢板、20MnMoNb锻件、双相钢换热管等均从国内供货。此外，加氢反应器、进出料换热器若采用不锈钢建造，导流筒厚度将超过80mm，而目前厚度大于80mm的国产不锈钢钢板供货有困难。

3）PTA装置

PTA装置的介质含醋酸和溴化物，对设备有极强的腐蚀作用。所以PTA装置对材料的要求比较高。目前，所需的超低碳奥氏体不锈钢、双相不锈钢、钛材等材料均已国产化，但哈氏合金等高品质的镍基合金还需国外引进。由于国家制定的装备制造业调整和振兴规划中，将 PTA 成套设备列为关键之一，这也对材料生产企业提出了加大镍基合金开发和生产的要求，以满足 PTA 装置的需求。

5.2.4 存在的问题

国内金属材料的生产已能满足化工装置绝大多数场合的用材需求，但部分材料还是存在性能不稳定、供货困难甚至缺少相应牌号的材料等情况。

5.2.4.1 钢板

①由于设备大型化的需求，建造 3000m^3 以上的乙烯球罐、丙烯球罐、LPG 大型球罐已成为现实需要，从而对更高强度级别的低温高强钢的需求日益紧迫，需要钢铁企业加快研制步伐。

②不锈钢钢板不能完全满足生产需求。目前，按化工装置采用的承压设备用不锈钢标准（GB 24511），钢板供货的最大厚度为 80mm，但实际上国内供货厂家都很难保证厚度为 60mm 以上的不锈钢板性能。而随着设备大型化，80mm 厚度以上的不锈钢钢板就已不能满足使用需求。如乙烯装置中脱甲烷塔等不锈钢塔器，由于设备直径大，压力高，壳体壁厚超过 80mm，已面临国内厚板选材困难的局面。在煤化工合成气制乙二醇等装置中，也出现同样的难题。

此外，目前 GB/T 150 所纳入的奥氏体不锈钢中，S31008 的最高使用温度为 800℃，是唯一可以使用到 800℃ 的奥氏体不锈钢，部分奥氏体不锈钢的最高使用温度为 700℃。传统的耐热型不锈钢 304H、316H、317H 在国外已广泛使用，但国内不锈钢标准中还未列入 H 型不锈钢。

③低合金钢板品种少，不能满足大型化的需求。目前国内压力容器使用最多的低合金钢板是 Q345R，其制造难度不大，交货状态为热轧或正火，焊接也相对容易，但强度偏低，屈服强度只有 345MPa 级别，尤其是随着厚度的增加，强度下降很快。而比 Q345R 强度高的同类材料只有 Q370R，其最大厚度只有 100mm，且只能用于 350℃ 以下的场合，强度没有明显提高，使用量也不大。随着装置和设备的大型化，对中厚板的需求将越来越大。

5.2.4.2 钢管

化工装置中，钢管的选用存在如下困难：

①部分钢管等管件供货困难。部分材料的钢管、弯头等管件在国内采购困难，或供货周期得不到保证，如在低温和严酷腐蚀环境下使用的低温钢，国内缺少供货业绩；09MnD 和 09MnNiD 钢管及弯头等相关管件，由于用量少、规格品种多，造成市场供应比较困难，不能满足工程需要；除此之外，较大直径的低温钢管，国内没有供货。

②换热管材料牌号少，选材不便。国内标准中收录的换热管材料牌号偏少，不利用设计和建造选材，经常不得不以高代低，增加了工程建设成本。

5.2.4.3 棒材/螺柱

现行标准中，高合金钢螺柱用钢棒牌号较少，强度不高，尤其是没有公称直径大于M48的高合金钢螺柱可供选择。这种状况难以满足深冷工况下高压设备的紧固要求，如乙烯装置中的乙烯汽化器、冷火炬蒸发器等热交换设备，采用饱和蒸汽加热壳侧甲醇，汽化的甲醇与低温乙烯或冷火炬气换热使其汽化。设计压力高达7MPa，同时存在低温和中温两种工况（190℃/－105℃），普通的不锈钢螺柱S30408强度太低，难于满足强度要求，若进行应变强化提高强度，又不能满足中低温状态下的工况要求。

5.2.4.4 焊材

由于国产低温球罐用焊材研制成功的时间还不长，应用不多，加上国产低温球罐用焊材与进口的同类材料相比较，实物指标还有一定的差距，因此，在低温球罐用焊材开发和生产方面还需要加大力度，尤其在产品可靠性、稳定性，特别是实物指标方面仍然需要大力改进和提高。

5.2.5 需求与趋势

随着装置和设备大型化、新工艺、新产品的持续发展，现有的常规型、通用型材料已难于完全满足需求，迫切需要研制和开发高强度、高参数、高耐腐蚀性金属材料，解决材料供应上的瓶颈，适应化工行业的新发展。

5.2.5.1 钢板

①生产厚度不小于120mm的奥氏体不锈钢厚钢板。为满足乙烯联合装置的进一步发展，迫切需要不锈钢钢材生产厂家提升轧机能力、革新技术和加大产品研发力度，提供厚度不小于120mm且产品质量有保障的不锈钢厚钢板。

②开发新型奥氏体不锈钢以满足化工设备大型化的需求，包括提供强度级别更高的奥氏体不锈钢钢板，加N的高强度不锈钢，双牌号奥氏体不锈钢，如304/304L、316/316L，以及研制耐高温的不锈钢（H型不锈钢，如321H等）。这些高强度不锈钢钢板的应用，能有效减小设备的厚度和重量，降低设备造价，为设备超大型化创造条件。

③随着设备大型化和设备操作工况的严苛，设备所需的厚度越来越大，对更高强度级别的正火型高强钢（包括低温钢）的需求日益紧迫，需要尽早研制出强度级别比Q345R更高的新一代通用型压力容器用钢。

④为建造大容量低温球罐，如3000m^3乙烯压力球罐，需开发出屈服强度为690MPa级的高强度调质钢。

⑤加大轧制复合板和爆炸加轧制复合板的研发和生产；

⑥开发出新型高强度抗氢钢，目标性能指标能达到抗拉强度$R_m \geqslant 800$MPa，－30℃下的低温冲击吸收能量$A_{KV} > 100$J；

⑦加大高性能耐腐蚀材料的研制和国产化，如904L、超级奥氏体不锈钢254Mo（S31254）、N08367、合金20、合金33、高Si不锈钢、2205双相钢厚钢板、新型特超级双相不锈钢如2707HD等。

⑧加快镍基合金板的国产化步伐，对国际上常用的牌号如 N04400、N06625、N08800、N08810、N08825、N08020、R20033、N10276、N10665、N06985、N06455 等，实现在国内能供应性能稳定、质量有保证的产品。

5.2.5.2　钢管

化工装置中，低温钢管的使用场合一般比较重要，但一直存在供货困难的问题，受此影响，在设备的设计阶段就普遍存在着代材、异种钢焊接的问题，不利于压力容器产品质量的提高，迫切需要解决如下问题：

①加大耐腐蚀低温钢管的差异化生产，改变如 3.5Ni 等钢管有生产能力却无厂家愿意生产的现状，满足低温容器建造需要。

②增加大直径低温钢管的产量，如 09MnD、09MnNiD 和 3.5Ni 等。

5.2.5.3　棒材/螺柱

为满足大规格、高压力的深冷设备、低温压力容器的密封要求，下列问题的解决成为当务之急：

①开发用于－100℃以下高强度奥氏体不锈钢螺柱用钢；

②开发出不依赖于应变强化的本质高强度奥氏体不锈钢螺柱材料，增加公称直径大于 M48 的不锈钢高强度螺柱用钢尺寸规格系列。

③加大大直径奥氏体不锈钢螺柱用钢的生产力度，使全系列的不锈钢螺柱能稳定供货。

5.2.5.4　焊材

长期来，化工装置中部分特殊材料所用的焊材一直依赖进口或供不应求，不同程度地制约着设备和项目的建设进度和成本，为满足工程需要，实现焊材的自给自足，切实需要在以下方面有所突破：

①进一步提高－50℃级低温球罐用焊材的产品性能和质量稳定性；

②研制 06Ni9DR 和 08Ni3DR 用国产焊材；

③开发质量可靠的双相钢焊材；

④镍基合金用焊材的研发和国产化。

5.3　煤化工用材

5.3.1　煤化工装置选材原则

5.3.1.1　一般选材原则

与常规炼油、化工装置相同，煤化工装置中设备用材也是根据其设计温度、介质特性、环境条件、材料厚度等因素进行选择，既要考虑材料的适应性和可靠性，又要考虑其经济合理性。基于煤气化技术的多样性、原料煤组分的复杂性和不稳定性，煤气化后产物的腐蚀性和磨蚀性存在较大的区别，由于对煤气化前后的气相（粗煤气）、液相（水煤浆、灰水、渣水）和固相（煤粉、灰渣）介质腐蚀类别和腐蚀机理缺少全面而系统的基础研究，因此煤化工装置的合理用材还是一个难点。

介质特性是煤化工装置中设备选材的主要依据，煤化工中存在多种介质的腐蚀和固体的磨蚀，腐蚀介质并不单一存在，而是多种腐蚀介质共存的状态。煤化工中主要的腐蚀种类有：高温氢腐蚀（High Temperature Hydrogen Attack，HTHA）、高温 H_2/H_2S 腐蚀（High Temperature H_2/H_2S Corrosion）、湿 H_2S 腐蚀（Wet H_2S Corrosion）、连多硫酸应力腐蚀开裂（Polythionic Acid Stress Corrosion Cracking，PASCC）、氯化物应力腐蚀开裂（Chloride Stress Corrosion Cracking，Cl^- SCC）、CO_2 腐蚀（CO_2 Corrosion）、氯化铵腐蚀（Ammonium Chloride Corrosion）、硫氢化铵腐蚀（Ammonium Bisulfide Corrosion）、盐酸腐蚀（Hydrochloric Acid Corrosion）、碱致应力腐蚀开裂（Caustic Stress Corrosion Cracking）、氨腐蚀（Ammonia Corrosion）。煤化工装置中有粉煤、渣、灰、水煤浆等固体物料。这些固体物料会以固相、气固相、液固相、气液固三相的形式在设备中流动，对盛装的设备会产生严重的磨损。煤化工装置中主要根据这些腐蚀形式和磨蚀的情况参考炼油、化工装置的选材标准进行选材。

5.3.1.2 根据介质特性选材原则

①高温（≥200℃）临氢工况，参照炼油装置中的 API RP941（见图 2.1.2－2）标准选用铬钼钢（1Cr-0.5Mo、1.25Cr-0.5Mo-Si、2.25Cr-1Mo）材料。

②高温（≥240℃）H_2/H_2S 工况，参照 SH/T 3096 或图 5.1.1－2 的 H_2/H_2S 腐蚀曲线确定腐蚀速率，根据设备的预期设计寿命选用铬钼钢或奥氏体不锈钢材料。从工程经验看，SH/T 3096 标准中曲线数据与在煤气化装置中发现的腐蚀速率不完全相符，简单套用该曲线选材相对比较保守。

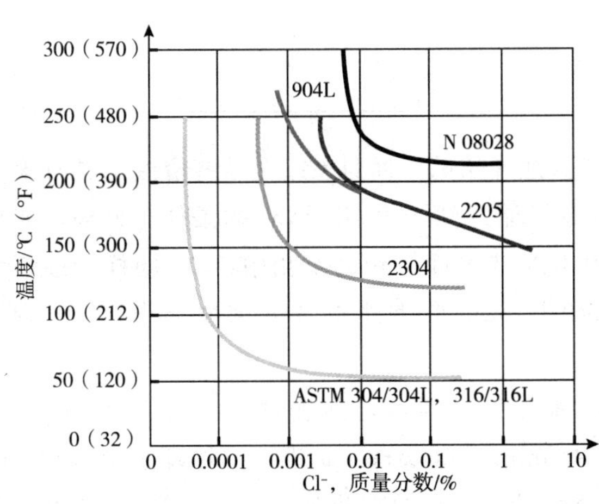

图 5.3.1－1 奥氏体不锈钢及其他材料在含氧中性 Cl^- 溶液中耐 Cl^- SCC 的性能

注：本图取自 API RP938-C-2015。

③湿 H_2S 应力腐蚀工况，参照 SH/T 3193 和 HG/T 20581 标准选择材料，优先采用低强度级材料。当容器中的介质为甲醇并含硫化氢时，应考虑 H_2S 对材料的损伤（类似于应力导向氢致开裂），对材料的基本要求与湿 H_2S 应力腐蚀类似，但必须避免铁素体钢与奥氏体钢、双相钢之间的焊接。在湿 H_2S 腐蚀环境中，3.5Ni 钢比碳素钢更容易引起应力导向氢致开裂，但是在甲醇并含少量硫化氢的低温工况下，并未发现此种现象。一般情况下，甲醇并含硫化氢环境中，3.5Ni 钢的使用温度一般不高于－30℃。如在此种工况下，设备（如塔器）的操作温度同时存在低于－70℃和高于－30℃的工况，一般不推荐选用

3.5Ni 钢，而应选择 300 系列的奥氏体不锈钢。

④露点温度以下 CO_2腐蚀工况，一般选用 300 系列奥氏体不锈钢，但一般 CO_2不单独存在，通常伴有氯化物和硫化物，应注意防止奥氏体不锈钢的氯化物应力腐蚀开裂和硫化物应力腐蚀开裂。CO_2输送粉煤时，也需考虑 CO_2的腐蚀问题，实际上是考虑露点温度以下的 CO_2与煤中的水反应生成碳酸对材料的腐蚀问题。

⑤不锈钢氯化物应力腐蚀工况，氯化物应力腐蚀开裂简称 Cl^- SCC（Chloride Stress Corrosion Cracking），通常发生在含有氯化物的水环境中，发生 Cl^- SCC 的原因主要取决于 Cl^-的浓度、温度和其他因素，奥氏体不锈钢及其他材料在含氧中性 Cl^-溶液中耐 Cl^- SCC 的性能见图 5.3.1－1 。Cl^-SCC 主要对 300 系列（含镍量为 8%）的奥氏体不锈钢敏感性最大，低镍量的双相不锈钢和镍含量超过 42%的合金一般不受 Cl^- SCC 的腐蚀。奥氏体不锈钢在 Cl^-溶液中的 Cl^- SCC 裂纹敏感性见表 5.3.1－1 。

表 5.3.1－1　奥氏体不锈钢在 Cl^- 溶液中的 Cl^- SCC 裂纹敏感性

pH≤10				
温度/℃	Cl^-浓度对裂纹敏感性的影响/10^{-6}			
	1～10	11～100	101～1000	＞1000
38～66	低	中	中	高
＞66～93	中	中	高	高
＞93～149	中	高	高	高
pH＞10				
温度/℃	Cl^-浓度对裂纹敏感性的影响/10^{-6}			
	1～10	11～100	101～1000	＞1000
＜93	低	低	低	低
93～149	低	低	低	中

奥氏体不锈钢的应力腐蚀开裂通常是从点蚀开始的，而且 Cl^-在某些溶液中具有聚集作用，即使介质中存在 1×10^{-6}的 Cl^-，也有可能达到产生 Cl^- SCC 的条件。另外，如果介质在气化条件下、干一湿条件下，或者在与耐热表面接触的水相中，Cl^-同样会逐渐浓缩。介质中如果有 H_2S 存在，Cl^-产生的 Cl^- SCC 会更严重且大部分损伤以 Cl^- SCC 出现。

煤化工高 Cl^-工况下合理用材尚处于试验研究阶段，目前选材可参照 API RP938-C《Use of Duplex Stainless Steels in the Oil Refining Industry》标准；当循环水中含有 Cl^-时，可参照 GB 50050《工业循环冷却水处理设计规范》的有关要求，应注意 Cl^-浓度不是一个孤立的指标，还应将循环水的流速、温度、浊度、硬度、菌藻、pH 值等各项指标控制在标准要求的范围内。

⑥固体物料磨损工况，煤化工中主要存在物料磨损、冲蚀磨损、冲蚀-腐蚀磨损，对于容器主要是后两种磨损形式。冲蚀磨损主要是煤、渣、灰等固体颗粒的输送过程造成金

属材料表面的加速机械脱除。冲蚀-腐蚀主要是灰、渣在合成气、黑水、灰水等腐蚀性介质的夹带下运动，冲蚀与腐蚀联合作用下把金属表面暴露在进一步的腐蚀条件下而加速材料脱除。金属材料的损耗率取决于固体颗粒的速度、浓度、颗粒的大小与硬度、金属材料的硬度与耐腐蚀性、作用的角度等因素。较软的金属在高流速的条件下可能出现严重的金属损耗，材料硬度的增加能减缓冲蚀。当腐蚀起主要作用时，材料硬度的增加并不总是能改善冲蚀。对于一个环境一材料组合而言，冲蚀磨损都有一个起点速度，超过这个速度时，作用物就会导致金属损耗。环境腐蚀程度的增加会降低材料保护膜的稳定性，增加金属损耗的敏感性。冲蚀磨损和冲蚀一腐蚀磨损的特征是坑、沟、切沟、波、圆孔和谷厚度的局部减薄，在较短的时间内能出现破坏。

煤化工中从改进设备结构和改善材料性能提高设备的耐磨蚀能力。一般情况下有适当增大壁厚（磨蚀裕量）抵抗磨蚀、增加出入口的接管直径来降低固体流速、采用大半径弯头呈流线型以减少冲击、使用可更换的防冲挡板等措施。对于容易堵塞的流道可以采用较硬的合金、耐磨合金堆焊（如钨铬钴合金）、表面强化处理增加硬度而提高耐冲蚀能力或采用通气锥、通气板、输送器等输送元件，使固体颗粒处于流化状态，减缓固体物料对设备的磨损。对冲蚀一腐蚀磨损一般使用更耐腐蚀的合金。

⑦液氨、碱液、氯化铵、硫氢化铵等腐蚀参照 SH/T 3075、SH/T 3193 和 API RP 571 等标准选材。

5.3.2 国外现状

关于专门的煤化工用材公开的报道较少。通过对相关煤化工工艺包专利商、设备供应商、国外煤气化企业的了解，其相关用材原则主要依托于工艺包专利商，但部分设备也出现过失效。各工艺包专利商也在根据失效案例的收集、整理，分析优化自身的用材。

5.3.2.1 常规用材

煤化工中常规使用的碳素钢、低合金钢（包括低温钢）、不锈钢（包括双相钢）、镍及镍合金等，涉及的板材、管材、锻件、棒材等不同类型与一般的石油化工装置基本相同。目前，煤化工装置用材使用比较多的是国际上比较认可的 ASME/ASTM 材料体系。该标准体系所包括的材料品种、规格涵盖了煤化工中全部的常规用材。我国在煤化工装置中早期引进的设备几乎都是采用的 ASME/ASTM 材料。此外也有采用欧盟 EN、国际标准 ISO 等标准的材料。

5.3.2.2 特殊用材

1）气化炉烧嘴用材

煤气化烧嘴是煤气化技术的核心，是各气化技术专利商重点保密的内容，因此其用材公开的报道较少。基于气化烧嘴处于高温、介质磨蚀、高频振动等苛刻工况，各专利商的用材与烧嘴结构各有特点。总体上，烧嘴本体一般采用常规不锈钢，氧气流道按其流速选择不锈钢或镍基合金，烧嘴头部材质选择是关键，是专利商的重点保密之处。通过对相关煤气化专利商、煤气化企业的调研了解，气化烧嘴的操作寿命主要是烧嘴头部的材质烧蚀、磨蚀、水冷夹套或盘管泄漏失效。各气化专利商也在根据失效案例的收集、整理，分析优化自身的用材，主要方向是采用抗高温氧化、抗磨损的材料，包括采用了一些航天级材料，如 UMCO-50、Stellite 6 等。

2）多孔材料

煤化工中的多孔材料主要用于过滤和粉体流化。国外学者及专家从 20 世纪 80 年代开始即开展煤气化装置用除尘过滤器滤芯材料的研究。对滤芯材料的研究主要集中在陶瓷及金属材料两方面。陶瓷材料在氧化、还原等高温环境下具有良好的耐热性和抗腐蚀性，因而成为研究人员的首选。德国 Schumacher GmbH 公司、日本 Asahi 公司、美国西屋公司、德国 BWF 公司等对陶瓷过滤元件都有着深入的研究和相应的产品。然而陶瓷材料具有抗热振性差、材质脆、韧性差等缺点，从 20 世纪 90 年代开始，国外很多专业厂商开展了煤气化装置除尘用烧结金属滤芯的研制工作。美国 Pall 公司和 Mott 公司重点研究了 310S、Inconel 600、Hastelloy C、Fe_3Al、FeCrAl 等滤材，Graver 公司开发了 Ti 滤材，德国 Plansee 公司还研制出多孔钼管和铬管等。英国 Povair 公司、比利时 Bekart 公司等分别开发了 FeCrAl、Haynes 230、Haynes 214 等烧结金属纤维多孔材料。

3）超音速喷涂技术

超音速喷涂技术（High Velocity Oxy/Air-Fuel，HVOF/HVAF）用于耐磨阀门内件、密封面及通道等的硬化。近年来世界上许多发达国家都致力于对超音速喷涂技术进行研究和开发。20 世纪 80 年代末 90 年代初期，先后有多种喷涂系统研制成功，并投入市场，根据燃烧室结构的不同，可把 HVOF 分为以下 7 种：Jet-Kote、Diamond-Jet、Top-Gun、JP-5000、CDS、HV2000 和 Aemspray。由于 HVOF 系统工作使用气体燃料和氧气来产生超音速射流，其成本很高，例如 JP-5000，按 TAFA 公司所采用的典型工艺参数需氧气流量为 0.9438m^3/min，则每瓶氧气仅可维持 5～6min。因此开发空气超音速火焰喷涂系统（High Velocity Air-Fuel，HVAF）成为近年来各国竞相研究的热点，但燃烧效率较低，射流速度较低。目前，美国、英国、日本等发达国家已成功研制了 HVAF 系统。为了解决超音速喷枪管堵塞问题，J. B. Browning 提出超音速撞击熔化喷涂（High Velocity Impact Fusion，HVIF），该技术不但解决了超音速火焰喷枪管堵塞问题，而且最大限度地降低了粒子在喷涂过程中氧化的可能性。由于超音速喷涂温度相对较低，不适用于喷涂高熔点的金属，开发了反应超音速火焰喷涂技术。该技术是将超音速喷涂技术与自蔓延合成（Self-propagating High-temperature Synthesis，SHS）技术相结合的一种新型喷涂技术，此技术是应用高放热体系材料为喷涂材料，利用热源引发喷涂材料的 SHS 反应，在喷涂过程中同时完成材料的合成与沉积，从而获得常规方法难以制备的高熔点金属涂层，该技术也是超音速喷涂技术未来发展的趋势之一。

5.3.3 国内现状

5.3.3.1 主要用材

煤化工装置中设备用材具有多样性、复杂性的特点，且具有耐腐蚀、耐磨蚀、耐高温、耐低温等高性能的要求。用材品种多样，从低温用钢到高温用钢，从普通碳素钢、不锈钢到镍合金等特材，从金属材料到非金属材料；对材料品质要求高，要求抗多种介质腐蚀，抗多种固体物料磨蚀，低温用钢要求具有良好的冲击韧性，中高温临氢用钢要求具有优良的抗氢性能和较低的回火脆化敏感性，粉末金属用材要求具有高强度、大通量的性能。煤化工装置设备主要用材见表5.3.3-1。

表5.3.3-1 煤化工装置设备主要用材

序号	材料类别	材料牌号	所用主要单元	说明
1	碳钢、低合金钢	Q235B、Q235C、Q245R、Q345R、13MnNiMoR	各单元主要用材，在气化、变换、甲醇洗、甲烷化、甲醇合成单元都有应用	13MnNiMoR用量较少
2	不锈钢	S30408、S32168、S30403、S31603、S31803/S32205（UNS代号）、S32750（UNS代号）、S31500（UNS代号）	各单元主要用材，在气化、变换、甲醇洗、甲烷化、甲醇合成单元都有应用	双相钢用量取决于煤中Cl^-离子含量
3	高温抗氢钢	15CrMoR、1.25Cr0.5MoSi、2.25Cr1Mo	气化、变换、甲烷化、甲醇合成单元的反应器、换热器、容器都有应用	用量较大
4	低温用钢	16MnDR、09MnNiDR、3.5Ni	甲醇洗单元及配套的冰机单元	09 MnNiDR用量较大
5	不锈钢复合板	S32168、S30403、S31603复合Q345R、15CrMoR、1.25Cr0.5MoSi、16MnDR、09MnNiDR	各单元主要用材，在气化、变换、甲醇洗、甲烷化、甲醇合成单元都有应用	用量较大
6	镍合金	Inconel 600、Monel 400、Incoloy 825、B2	气化单元	用量少，关键抗腐蚀部位
7	硬质合金	Stellite 6等	气化单元	用量少，强磨蚀部位
8	粉末金属	粉末金属	气化单元通气锥、管道吹扫器、笛管、流化板	机械性能有待提高
9	非金属材料	玻璃钢、陶瓷、防腐涂料、碳化硅捣打料、耐火砖	气化、变换单元	气化炉衬里性能有待提高

5.3.3.2 典型装置设备用材

1）煤气化装置

我国的现代煤气化市场上示范应用的煤气化技术种类繁多。国外有工业化应用业绩的煤气化技术约有11种，主要为水煤浆、粉煤、碎煤移动床和流化床气化技术，多数煤气化技术在中国都有应用，其基本概况见表5.3.3-2。通过长期的引进、消化、吸收和工程实践，中国自主技术研发的成果显著，目前国内开发的煤气化技术约有13种，其基本概况见表5.3.3-3。

表 5.3.3-2　国外主要煤气化技术

序号	气化技术名称	技术来源	典型单台气化规模/（t/d）	应用情况
1	GE 水煤浆气化	美国 GE 公司	1500	山东鲁南、上海吴泾、陕西渭河、黑龙江伊春、江苏金陵、中石化齐鲁分公司、中石化茂名、神华包头、中天合创等
2	E-Gas 水煤浆气化	美国康菲公司	2500	美国路易斯安那州
3	S hell 粉煤气化	英荷壳牌公司	2000、3000	岳阳、枝江、安庆、神华、云天化等
4	Preflo 粉煤气化	德国伍德公司	2000	西班牙
5	GSP 粉煤气化	德国西门子公司	2000	神华宁煤、山西兰花
6	科林粉煤气化	德国科林公司	1500	贵州开阳
7	Lurgi 碎煤气化	德国鲁奇公司	—	天脊集团、义马煤气化公司、大唐国际、山西潞安、新疆广汇等
8	BGL 碎煤气化	鲁奇公司和英国燃气公司	—	云南瑞气化工有限公司、云天化集团金新化工厂
9	U-Gas 流化床气化	美国综合能源系统公司	—	上海焦化厂、山东枣庄、内蒙古综能协鑫、河南义马
10	Trig 流化床气化	美国 KBR 公司	1700、2480	东莞中科煤气化有限公司、西林格勒苏尼特碱业公司、安徽省能源集团有限公司
11	CCP 空气气化	日本中央电力研究所和三菱重工	1700	日本勿来

表 5.3.3-3　国内主要煤气化技术

序号	气化技术名称	技术来源	典型单台气化规模/（t/d）	应用情况
1	四喷嘴水煤浆气化	华东理工大学、兖矿集团有限公司	1500、2000、3000	兖矿国泰、兖矿鲁南化肥厂、华鲁恒升、兖州煤业、江苏灵谷、新疆伊泰、神华宁煤、宁波万华等
2	非熔渣-熔渣水煤浆气化	清华大学、北京达立公司	1000、1500、2000	山西丰喜、新疆天智辰业化工、大唐呼伦贝尔等
3	多元料浆水煤浆气化	西北化工研究院	1000；1500	浙江兰溪丰登公司、浙江巨化集团、山东恒升集团、陕西延长集团等
4	SE 水煤浆气化	中国石化宁波工程公司/宁波技术研究院、华东理工大学	1000；1500	中国石化镇海炼化、齐鲁石化

续表

序号	气化技术名称	技术来源	典型单台气化规模/（t/d）	应用情况
5	两段式干粉煤气化	西安热工研究院有限公司	1000、2000、2800	华能绿色煤电、内蒙世林、陕西府谷、满洲里煤化工、美国宾夕法尼亚IGCC项目等
6	HT-L粉煤气化	中国航天科技集团公司	750、1500	安徽临泉、河南濮阳龙宇、河南煤业中新化工、山东鲁西化工、山东瑞星化工公司等
7	SE-东方炉（单喷嘴冷壁式粉煤气化）	中国石化宁波技术研究院/宁波工程公司、华东理工大学	500、1000、1500、2000	扬子石化、中安联合煤化工、辽宁丹东凤城、中科炼化等
8	WHG粉煤气化	五环工程有限公司	1200	河南龙宇煤化工有限公司、河南龙创化工有限公司
9	单喷嘴热壁式粉煤气化	华东理工大学、中石化宁波工程有限公司	1000、1500	无
10	新型余热回收式粉煤气化	华东理工大学、中石化宁波工程有限公司、上海锅炉厂	3000、4000	无
11	711所粉煤气化	航天部上海711所	—	无
12	灰熔聚流化床气化	山西煤化所	—	陕西城化股份有限公司、石家庄金石化肥有限公司等
13	SCG生物质/煤共气化	中石化宁波工程有限公司/宁波技术研究院	—	无

各种煤气化技术均以适应不同的煤质差异而得到一定范围的使用，并以一定的特点、优势以及与煤的匹配适应性而得到市场的青睐和认可，以至这些煤气化技术在一定的范围内，适宜的特定煤炭资源而存在。

虽然煤气化技术不同，但其设备用材是相似的，个别设备略有不同。煤气化装置中存在粗煤气、黑水、灰水、渣水，还有添加的酸、碱、各种添加剂等腐蚀介质，由于煤质的不同，气化后的 H_2S、Cl^- 离子等浓度差别较大；同时存在粉煤、水煤浆、灰、渣等固体颗粒，设备用材的品种较多，选用的钢材主要有碳素钢、低合金钢、中高温抗氢钢、不锈钢、双相钢、镍基合金、耐磨合金、多孔金属等。

本装置的核心设备是气化炉，该设备本体主要考虑抗氢/抗 H_2S 腐蚀的相关要求，承压壳体材料选抗氢腐蚀的铬钼钢材料，与湿气接触的压力壳体采用复合板，防止露点腐蚀的发生。早期的气化炉壳体用铬钼钢主要采用进口材料，目前该材料已能完全实现国内自主生产并供货。部分典型装置中气化炉主体用材见表 5.3.3－4。

表 5.3.3-4 典型煤化工装置中气化炉主体用材

设备名称	装置名称	设计压力/MPa	壳体设计温度/℃	主体材料	单炉投煤量/(t/d)	壁厚/mm
粉煤气化炉	A1	5.2/FV	350	SA387Gr11CL2	2000	95
	A2	5.2/FV	350	SA387Gr11CL2	2000	95
	A3	5.2/FV	350	SA387Gr11CL2	2000	95
	A4	5.1/FV	350	SA387Gr11CL2	1200	80
水煤浆气化炉	B1	7.15/FV	425	SA387Gr11CL2	800	86
	B2	7.15/FV	455	SA387Gr11CL2	1500	106
	B3	7.15/FV	455	SA387Gr11CL2	1500	106
SE-东方炉	C1	4.8/FV	350	14Cr1MoR	1000	78
	C2	4.8/FV	350	14Cr1MoR	1500	80
两段式干粉煤气化炉	D1	4.6/FV	350	SA387Gr11CL2	2000	90

按照不同的气化技术，气化炉的结构也是不同的，气化炉内部用材存在较大的区别，部分气化炉的用材详见表 5.3.3-5～表 5.3.3-7。

表 5.3.3-5 粉煤气化炉各主要部件用材

部件	区域	材料
承压外壳	整体	SA387Gr11CL2 或 14CrMoR
	隔热衬里	致密型隔热浇注料
膜式水冷壁内件	气化反应器主体	13CrMo44 或 15CrMoG
	耐火衬里	SiC 捣打料、耐磨料
烧嘴	烧嘴	硬质合金＋不锈钢

表 5.3.3-6 水煤浆气化炉各主要部件用材

部件	区域	材料
壳体主材	燃烧室	SA387Gr11CL2 或 14CrMoR
	激冷室	SA387Gr11CL2（或 14CrMoR）＋S31603
激冷室内件	激冷水环	UNS N08825
	下降管	UNS N08825
	其他内件	S31603
耐火隔热衬里	燃烧室	高铬砖＋浇注料
烧嘴	烧嘴	硬质合金＋不锈钢

表 5.3.3-7 SE-东方炉各主要部件用材

部件	区域	材料
壳体主材	燃烧室	14Cr1MoR
	激冷室	14Cr1MoR＋S31603

续表

部件	区域	材料
激冷室内件	激冷水环	UNS N08825
	下降管	UNS N08825
	其他内件	S31603
燃烧室内件	水冷壁	15CrMoG
	耐火隔热衬里	SiC 捣打料
烧嘴	烧嘴	硬质合金＋不锈钢

粉煤制备单元主要使用碳素钢，主要考虑磨损的影响而需要加大磨损部位的磨蚀裕量。考虑煤的流动性问题，原煤仓下部采用了内衬超高分子聚乙烯板或内衬不锈钢，从使用经验上看，内衬聚乙烯板易发生脱落问题，目前逐渐采用内衬不锈钢方案。

水煤浆制备及输送单元主要使用碳素钢，内部的伴热件使用奥氏体不锈钢，设备内部的防腐耐磨主要采用加大磨蚀裕量、内涂环氧漆、环氧玻璃钢等非金属的方法。

粉煤输送单元设备存在较大的磨蚀和粉煤架桥堵塞问题，同时由于输送用气体的不同，设备腐蚀也存在差异。目前采用氮气输送粉煤时，设备本体采用碳素钢和低合金钢；采用二氧化碳输送粉煤时，设备本体采用碳素钢和低合金钢内衬奥氏体不锈钢的材料。对于磨损区至少需要 3.0mm 的磨蚀裕量，对于易架桥堵塞部位采用多孔金属布气装置产生的均匀气体冲击粉体，使粉体在设备的变径出口处处于匀相状态，从而解决粉体架桥引起的堵塞问题，同时也减缓设备变径出口区域的磨损问题，延长设备使用寿命。多孔金属材料应具备下列特性：必须具有足够的强度和刚度，不会因为内外压差过大而发生损坏；过滤精度应小于粉料颗粒的粒径，防止粉料进入金属多孔材料而堵塞；气体通过烧结金属部分时，压差不宜过大，以减少动力损耗；内表面应尽量光滑，以防止内表面挂灰。

洗涤单元设备用材与气化炉湿区用材相同。通过对国内部分企业的调研，该单元关键设备洗涤塔尚存在差异，部分洗涤塔的用材详见表 5.3.3－8。编者认为，对于该单元的设备用材宜参照炼油化工装置中的 SH/T 3075 标准选用抗氢钢。对于厚度大于 100mm 的铬钼钢不宜采用复合板材料，采用铬钼钢堆焊不锈钢更容易保证设备的建造质量。

表 5.3.3－8　典型煤化工装置中洗涤塔主体用材

设备名称	装置名称	设计压力/MPa	设计温度/℃	材料	设备厚度/mm
洗涤塔	A1	4.4/－0.1	380	15CrMoR＋00Cr17Ni14Mo2	75＋3
	A2	4.4/－0.1	380	15CrMoR＋00Cr17Ni14Mo2	75＋3
	A3	4.4/－0.1	380	15CrMoR＋00Cr17Ni14Mo2	75＋3
	A4	4.4/－0.1	380	15CrMoR＋00Cr17Ni14Mo2	52＋3
	B1	7.15	280	16MnR＋00Cr17Ni14Mo2	95＋4
	B2	7.12	282	14Cr1MoR＋S31603	105＋4

续表

设备名称	装置名称	设计压力/MPa	设计温度/℃	材料	设备厚度/mm
洗涤塔	B3	7.1	280	14Cr1MoR+S31603	106+4
	B4	7.15	280	13MnNiMoR+S31603	80+4
	C1	4.4/-0.1	250	Q345R+S31603	54+4
	C2	4.4/-0.1	250	Q345R+S31603	64+4
	D1	3.6/-0.1	380	15CrMoR+00Cr17Ni14Mo2	55+3

除渣单元设备是处于渣水的腐蚀和磨蚀工况下，同时处于 20×10^5 次以上压力波动的疲劳工况下。设备主要用材为低合金钢内衬或堆焊奥氏体不锈钢。通过对国内部分企业的调研看，该单元设备磨损严重，在设备出口处须设置一定的耐磨层（如钨铬钴合金等）。

除灰单元设备是处于粗合成气腐蚀和灰磨蚀的作用下，同时也存在架桥堵塞问题。该单元与合成气接触的设备主要采用铬钼钢内衬奥氏体不锈钢，盛装灰的容器采用碳素钢。从国内部分企业的调研看，该单元设备磨损情况低于除渣单元和粉煤输送单元。与粉煤输送单元相同，本单元中架桥堵塞部位也采用多孔金属布气装置来解决。

灰水处理、黑水处理单元设备盛装的介质溶解有 Cl^-、CO_2、H_2S 等，且含有少量的固体颗粒。材料主要失效模式有均匀腐蚀、应力腐蚀等，应选用耐 Cl^- 腐蚀的材料，且考虑 CO_2 腐蚀、湿 H_2S 应力腐蚀等问题。该单元主要采用了 S31603 及其复合板材料，对于 Cl^- 离子浓度高、温度高的设备采用了 UNS S31803/UNS S32205、UNS S32750 等双相不锈钢材料。值得参考的是国内有些企业已将废水汽提塔由最初的 S31603 材料更换成了 UNS S32205 材料。

2）变换装置

目前煤化工中主要采用耐硫变换技术，变换炉是其核心设备，设计温度高达 450～510℃，材料选择上主要考虑抗高温 H_2/H_2S 腐蚀，根据操作温度和材料厚度采用不同级别的铬钼钢材料，调研中发现有的工程中铬钼钢厚度规格已超过了 200mm，设备整体采用锻焊结构。典型煤化工装置中变换炉主体用材见表 5.3.3-9。目前国产化的铬钼钢材料已完全能满足建造变换炉的需求。

表 5.3.3-9　典型煤化工装置中变换炉主体用材

设备名称	装置名称	设计压力/MPa	设计温度/℃	壳体材料	设备壳体厚度/mm
变换炉	A1	4.0	475	15CrMoR	100
	A2	4.0	475	15CrMoR	100
	A4	4.0	460	SA387Gr11Cl2	70
	B1	7.0	475	SA387Gr22Cl2+SS347	115+6（堆焊）
	B2	7.0	500	12Cr2Mo1Ⅳ+SS347	210+6（堆焊）
	B3	7.0	480	SA387Gr22Cl2+SS347	122+6（堆焊）
	C1	4.2	510	12Cr2Mo1R+SS347	82+6（堆焊）

对于变换冷凝液的设备，除应考虑 CO_2、湿 H_2S 腐蚀外，凝液中的 NH_3、HCN、Cl^- 等微量组分也会对设备产生严重的腐蚀影响，通常选用超低碳奥氏体不锈钢或其复合板。对于氨汽提部分的设备，由于工艺控制的需求，在冷凝或开停车过程中发生铵盐结晶，大量 NH_3 和一定量的 H_2S 和 CN^- 能形成 NH_4HS 溶液，有产生氯化铵腐蚀和硫氢化铵腐蚀的可能性。对与之接触的设备材料可选用如 UNS S32205、Incoloy 825 等或内衬非金属材料。该单元的铬钼钢、不锈钢及其复合板、大厚度（超过 300mm）锻件、双相钢换热管等均可实现国内供货。但对于厚度超过 120mm 的 14Cr1MoR 材料，其力学性能特别是冲击韧性难以得到保证，供货尚存在困难。

3）低温甲醇洗装置

该装置主要考虑低温工况和 H_2S-甲醇的应力腐蚀，应选择抗低温和耐 H_2S-甲醇应力腐蚀的材料。该单元根据设计温度和板厚因素选用 16MnDR、09MnNiDR、3.5Ni 低温用钢板及其配套的低温锻件和低温钢管。随着煤化工装置的大型化，09MnNiDR 钢板使用厚度已接近 100mm，对此规格厚度的钢板应对化学成分（如 S、P 含量）、力学性能（如低温冲击吸收能量等）提出附加要求。此外，对于厚度大于 36mm 的 09MnNiDR 复合板使用经验不足，缺少数据积累。典型煤化工装置中低温塔器主体用材见表 5.3.3－10。

表 5.3.3－10　典型煤化工装置中低温塔器主体用材

设备名称	装置名称	设计压力/MPa	设计温度/℃	材料	设备规格/mm	设备厚度/mm
低温塔	A1	3.6	－60/50	09MnNiDR	DN4000	55
	A2	3.6	－60/50	09MnNiDR	DN4000	55
	A4	3.5	－70/50	09MnNiDR	DN3000	42
	B1	6.0	上部：－70 下部：－35	09MnNiDR	DN2600	65
	B2	6.4	－70/80	09MnNiDR	DN4400	98
	B3	6.7	－70/60	09MnNiDR	DN4000	95
	C1	3.6	－70/70	09MnNiDR	DN3000	40

低温甲醇洗装置中有一定数量的绕管换热器。绕管换热器管程可采用多股流与壳程的单股物流进行传热，可同时实现多个普通管壳式换热器的功能，其缺点主要为检修、清理困难。一般情况下，绕管换热器壳体及换热管均采用 300 系列奥氏体不锈钢。换热管采用绕管换热器厂的专用焊接换热管，该焊接换热管一般使用在工作压力低于 10.0MPa 的工况条件下。

目前 09MnD 钢管、09MnNiD 钢管仅能批量采购到换热管，少量的设备接管无法采购。同时按国家标准规定，09MnD 钢管、09 MnNiD 钢管使用厚度目前只允许小于等于 8mm，目前主要采用相应的板材或锻件代用。3.5Ni 钢国内目前尚无管材可用。

4）甲醇合成装置

该装置主要考虑氢腐蚀、露点温度下的二氧化碳腐蚀而选用相应的铬钼钢和奥氏体不锈钢及其复合板。对于甲醇合成处的压力容器，对于一氧化碳分压大于1.0MPa、操作温度100～200℃时，需要考虑碳钢材料与合成气接触生成羰基铁引起催化剂中毒问题，因此合成反应器内件及其他设备局部采用奥氏体不锈钢。本装置中也有为解决管壳程之间的温差问题而采用与碳素钢线膨胀系数接近的双相钢换热管（如固定床甲醇合成反应器）。本装置中的甲醇合成反应器是关键设备，国内典型煤化工装置180×10^4t甲醇合成装置中的甲醇合成反应器主体用材见表5.3.3-11。

表5.3.3-11　典型180×10^4t煤制甲醇装置中的甲醇合成反应器主体用材

设备名称	装置名称	设计压力/MPa	设计温度/℃	壳程材料/厚度/mm	管程材料/厚度/mm	换热管材料
水冷反应器	B3	9.95（管程）/5.2（壳程）	290（管程）/265（壳程）	SA387Gr11 CL2/82	SA387Gr11 CL2/85	双相钢UNS S31500
气冷反应器		9.95（管程）/9.95（壳程）	270（管程）/300（壳程）	SA387Gr11 CL2/138	SA387Gr11 CL2/78	不锈钢S32168
水冷反应器	C2	9.9（管程）/5.2（壳程）	290（管程）/270（壳程）	SA387Gr22 CL2/85	SA387Gr22 CL2/95	双相钢UNS S31500
气冷反应器		9.9（管程）/9.9（壳程）	270（管程）/300（壳程）	SA387Gr22 CL2/136	SA387Gr22 CL2/76	不锈钢S32168

5.3.4　存在的问题

5.3.4.1　设计选材标准问题

目前，国内外对煤化工设备选材尚无指导性标准，主要参照石油化工的相关选材原则，结合煤化工装置设备的特点，按照相关国家标准、石油化工行业标准、专利商的推荐选材要求，参照国外API、NACE等标准并结合工程公司的工程实践经验进行选材。对于设备用材料要求，各工程公司（设计院）基于其自己的工程经验有一定的区别。

无论是采用引进的国外技术，还是采用国内自主研发技术建设的煤化工装置，由于装置建设地点获得的原料煤质不同、采用的工艺技术不同、工业试验装置的积累数据不足、设计单位的水平和经验参差不齐等因素，煤化工装置设备的选材存在一定差异。近年来，已建成的煤化工装置运行状况表明，设计选材、设备选型等问题对装置的安稳长满优操作运行影响较大，煤化工装置设备、管道和阀门的腐蚀（磨蚀）已逐渐成为影响煤化工装置长周期运行的“瓶颈”，对此类研究仅是着重于发生问题的“点”，而缺乏系统性的研究。

据了解，中国石化已组织中石化宁波工程有限公司、中石化洛阳工程有限公司、中石化青岛安全工程研究院等多家科研、设计、煤化工企业起草编写《中国石化煤化工装置设计选材导则》推荐性标准。该标准总结了煤气化及相关装置设计、运行及维护中积累的经验，利用近年来由原料煤种引起各类腐蚀与磨蚀问题的研究成果，汇集国内外煤化工技术发展的成功案例，形成中国石化在煤化工装置设计选材原则。另外，中国石化依托已建成运行的11套煤气化装置，收集在生产运行中曾发生的各种不同类型的事故，按各企业在实际生产中积累的大量防范和处置非正常工况、事件和事故的经验，中国石化股份公司化工事业部和中国石化气化技术中心组织编写了《煤气化装置典型事故案例分析》一书。该书收集了160起事故案例，其中涉及多个设备、管道用材的典型案例，为吸取教训，固化宝贵经验，对指导选材有重要意义。

5.3.4.2 材料质量问题

1）大厚度国产铬钼钢钢板质量问题

目前在煤化工中1.25Cr-0.5Mo-Si钢板使用厚度已达到138mm，该材料在煤化工设备的建造中，对于厚度不大于100mm的钢板一般采用国产材料，对于厚度大于100mm的钢板倾向于采用进口材料。根据近几年建造煤化工设备的情况，对于厚度大于100mm的1.25Cr-0.5Mo-Si国产材料，其力学性能不稳定，特别是材料的冲击韧性，个别设备材料出现不合格现象，制约了煤化工大型厚壁铬钼钢设备的发展和设备质量的保证。为使煤化工装置向大型化、高参数化发展，保证煤化工设备建造质量，需要批量生产大厚度（厚度100～160mm）、性能稳定的国产1.25Cr-0.5Mo-Si材料。

在煤化工中大量的使用了1.25Cr-0.5Mo-Si钢复合板，在目前的工程建设中，对于厚度超过100mm的1.25Cr-0.5Mo-Si钢板，复合奥氏体不锈钢后出现了冲击韧性急剧下降的情况，致使爆炸后的复合板不能使用，据分析其主要问题出现在复合板生产过程中的热处理工艺上。对于大厚度铬钼钢钢板，钢厂为得到晶粒细化且均匀的回火贝氏体组织，获取良好力学性能，铬钼钢厚板在钢厂出厂热处理时往往采用正火＋快速冷却＋回火的热处理，目前相关的复合板标准对复合板复合后的热处理无具体要求，在铬钼钢钢板爆炸后，若按一般的空冷或水冷处理，已破坏原钢板供货热处理状态，力学性能将大大降低。为保证煤化工设备质量，在开发大厚度1.25Cr-0.5Mo-Si钢板的同时应考虑同步研制其复合板。

2）大厚度国产低温钢钢板质量问题

目前在煤化工中09MnNiDR（－70℃工况）钢板使用厚度已接近100mm，进口的3.5Ni钢板使用厚度已达到105mm。在180×10^4 t/a煤制甲醇装置低温甲醇洗中，洗涤塔单塔09MnNiDR用量超过800t。09MnNiDR（－70℃工况）钢板在目前情况下，已基本到达使用极限。国产的3.5Ni钢在煤化工中的使用厚度一般在60mm以下，更厚的3.5Ni钢钢板主要采用进口材料。随着装置的大型化，此两种钢的使用厚度将会突破目前的规格，根据装置规模推测，预期使用厚度将达到140mm。为保证煤化工设备的建造质量，同时考虑其经济性，需能批量生产大厚度、性能稳定的国产09MnNiDR（厚度100～140mm）、3.5Ni（100～140mm）钢板。

3）烧结多孔材料损坏问题

在粉煤气化装置中，粉体输送设备用的通气锥、吹扫器是保证粉料正常输送、减少设备和管线磨损的关键设备，其烧结金属多孔元件是关键部件，在设备的运行过程中烧结金属的破损影响了系统的正常运行。在粉煤气化装置的引进初期，国内试制了该烧结金属元件，但其性能和寿命不能很好地与装置相匹配。在2010年，中国石化组织宁波技术研究院/宁波工程公司、西部宝德科技有限公司和中石化系统内相关单位先后开发了第二代、第三代的多孔金属复合材料，其性能和寿命有了大大的提高，目前使用寿命可达到12个月以上。如以单系列2000t/d的粉煤气化装置配有13～15台通气锥和7台管道吹扫器计算，每年都需要停车检修和更换，严重制约装置的长周期运行和效益，因此，有必要研制更长寿命期的多孔过滤元件，预期使用寿命达2年以上。

5.3.4.3 磨蚀问题

1）气化炉烧嘴寿命短

烧嘴寿命是制约气化单系列连续运行周期的关键因素，与装置负荷、气化炉压力等因素有较大关系，目前无论是进口产品还是国内产品，均无实质性的突破。影响烧嘴长周期运行一般存在几个因素：①操作负荷越高，烧嘴使用寿命越短；②操作负荷变化越频繁，烧嘴头部越易引起热应力裂纹；③入炉煤质越不稳定或煤种更换越频繁，烧嘴使用寿命越短；④气化炉操作压力越低，烧嘴使用寿命越长。

水煤浆气化炉烧嘴在高温及高浓度煤浆冲刷的苛刻条件下，烧嘴使用周期短，正常操作情况下一般60天左右就要停炉拔出烧嘴进行检查，对有龟裂、烧蚀、磨蚀现象的烧嘴进行修复，如图5.3.4-1所示。目前水煤浆气化烧嘴最长使用寿命一般在100天左右，也有个别装置在100多天的，主要是实际操作运行负荷比设计负荷（或气化炉额定负荷）低许多（约低30%）的缘故。

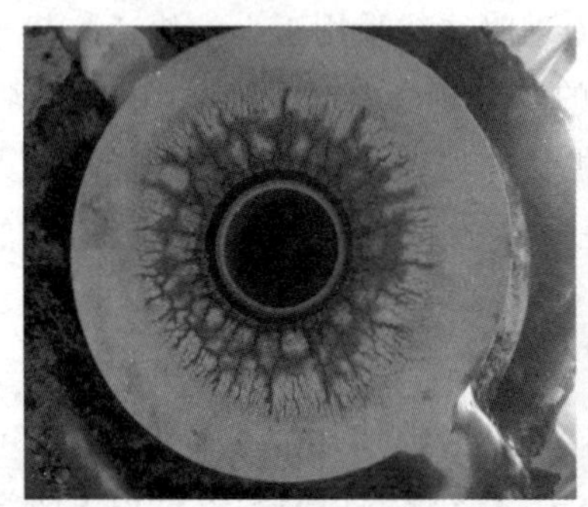

图5.3.4-1 烧嘴头部使用后龟裂及盘管损坏图

目前粉煤气化气化炉烧嘴使用寿命一般在5000～6000h，但仍低于专利商预期的8000h。粉煤气化烧嘴损坏主要是烧嘴头部冷却夹套的泄漏，热应力龟裂、烧嘴隔焰罩泄漏等，如图5.3.4-2所示。

煤气化烧嘴在高浓度煤浆、粉煤冲刷及高温热辐射的苛刻条件下操作，烧嘴材质选用耐磨性好的硬质材质，同时要求具有抗氧化/硫化和耐高温特性，烧嘴寿命尚须提高。

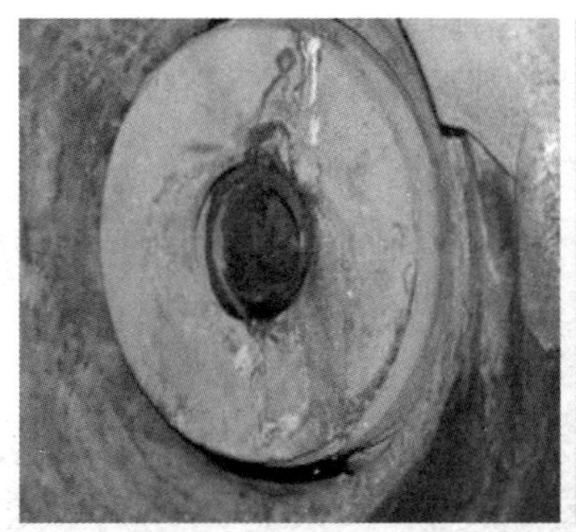
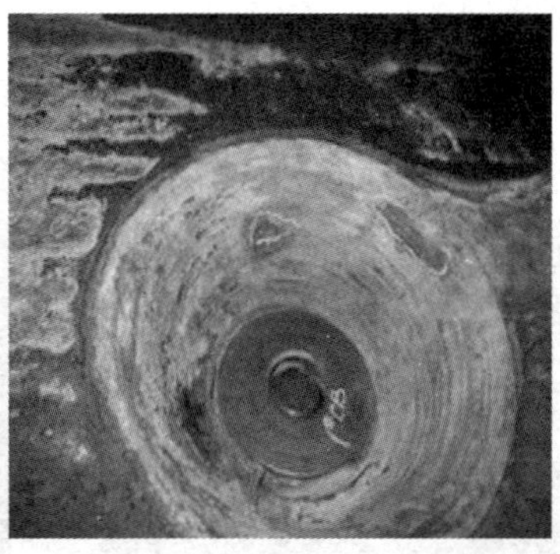

图 5.3.4-2　工艺烧嘴/隔焰罩泄漏

2）粉煤气化气化炉水冷壁烧损、输气管水冷壁磨损

对于煤粉气化，即使最耐高温和抗腐蚀冲刷的耐火砖，在粉煤气化的高热负荷及熔渣不断侵蚀的环境下也难以保证耐火衬里长周期稳定运行，所以粉煤气化炉采用了膜式水冷壁结构，使煤粉的气化反应工艺过程在膜式壁围成的“反应空间”内发生，气化压力则由金属壳体承受。膜式水冷壁内腔内壁衬耐火材料衬里，在气化炉操作过程中，由于耐火材料良好的耐温性及冷却膜壁，会形成一定厚度的渣层，覆盖内腔的内表面并且变得坚硬。该渣层将保护内腔壁免受熔渣的影响，熔渣在气化过程中形成，沿着内壁往下流，这就是“以渣抗渣”保护膜式水冷壁不受侵蚀的原理。水冷壁气化炉气化温度可达1700℃，大大增强了气化反应强度，提高了气化效率。水冷壁是粉煤气化炉的关键部件。在气化炉引进初期，膜式水冷壁用冷却水管13CrMo44全部采用进口。目前，自主知识产权的粉煤气化炉内部的膜式水冷壁已开始使用国产材料，从其制造过程和初步使用来看，其性能能够满足要求。

在实际操作中，有的粉煤气化炉操作过程中严重超温，水冷壁耐火材料受损严重，约50%的耐热钉熔化缩短到5～6mm，12%的耐热钉熔化缩短到1～2mm，部分水冷壁管道露出，如图5.3.4-3所示。

输气管水冷壁破损是外壁受到合成气夹带的固体灰颗粒冲刷磨蚀减薄，内壁受到水流强力冲刷减薄所致。气化炉内的飞灰粒度难以控制，当飞灰粒度偏大时，对管壁的磨损严重，如图5.3.4-4所示。

图 5.3.4-3　水冷壁销钉烧熔缩短

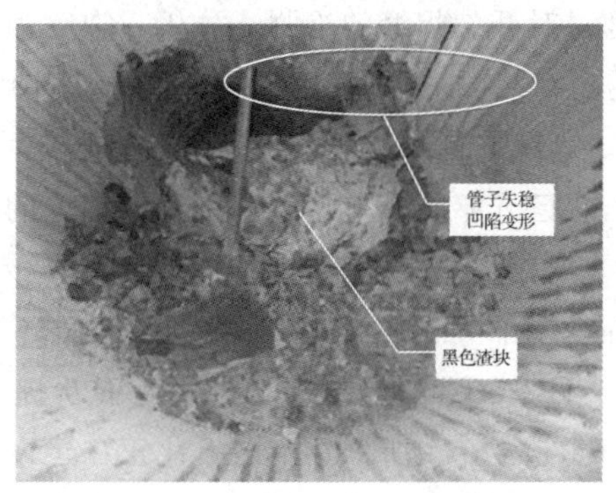

图 5.3.4-4　输送段下口堵渣磨损

3）设备磨损问题

在煤气化装置上输送固体粉料的设备进出口处局部磨损严重，在内部密封失效的情况下，固体颗粒短路造成的磨损更严重，如图5.3.4-5、图5.3.4-6所示。

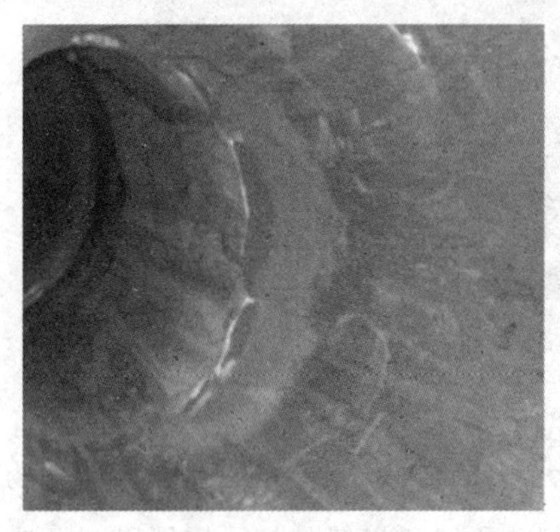
图5.3.4-5 渣放料罐下锥体磨损

图5.3.4-6 粉料给料罐下部通气锥法兰磨损

目前在水煤浆气化装置中，处理水煤浆的容器内部采用非金属衬里或涂防腐漆来解决腐蚀和磨蚀问题。大型的水煤浆槽（直径9000mm）采用非金属衬里在使用过程中出现了脱落现象，非金属防腐漆的耐磨性较差，达不到预期的使用寿命。在粉煤气化装置中处理粉煤、煤灰和渣的容器进口、出口及下部锥体出现大量磨损，目前主要采用加大磨蚀裕量，设备损坏处进行更换的办法。

5.3.4.4 腐蚀问题

1）酸性冷凝液腐蚀问题

在煤化工装置中，酸性冷凝液对设备和管道产生了严重的腐蚀，使部分设备和管道损坏。特别是在变换装置中，该装置的变换气中主要含有 H_2、CO、CO_2、H_2O、H_2S 等组分，冷凝液存在 Cl^-、HCN等组分，根据各装置操作条件的差异，选用材料有碳钢、铬钼低合金钢及S30408、S30403、S32168等不锈钢材料。在装置开车运行不久，就出现管道焊缝开裂，并导致发生泄漏事故。从几个发生开裂的案例来看，腐蚀开裂主要是集中在材料为S30408的高温变换气管道和材料为S32168、S30408的低温变换气管道的环焊缝上，通过对开裂焊缝的检测、分析，裂纹为典型的应力腐蚀开裂。另外，也有因为焊缝质量问题导致大口径不锈钢焊接钢管（*DN*450）纵焊缝爆裂，裂口沿纵焊缝处裂了长达3.3m，宽约1.4m，对管道及其周边造成严重损坏，如图5.3.4-7～图5.3.4-9所示。中国石化已开始在其典型装置中开展相关的腐蚀机理及选材研究。

2）氨汽提系统中设备腐蚀问题

在变换单元的氨汽提工段，由于循环冷却水采用闭路循环，其中微量的腐蚀介质（NH_3、H_2S、Cl^-、HCN等）浓度不断提高，使得部分设备及管道腐蚀，如图5.3.4-10、图5.3.4-11所示。中国石化正在建设的煤化工装置中也采用了同样的工艺，其选材原则借鉴了同类装置的用材经验。现阶段针对该系统的腐蚀问题采取的措施主要是升级材料、定期检查、对出现问题的材料及时更换。频繁的非计划停工和隐藏的安全风险制约装置的长周期安全稳定运行。目前中国石化已全面开展氨汽提系统中设备及管道腐蚀机理研究，用于解决目前工业装置中该系统设备及管线腐蚀问题，为经济合理选材，保证装置长周期安全生产提供理论依据。

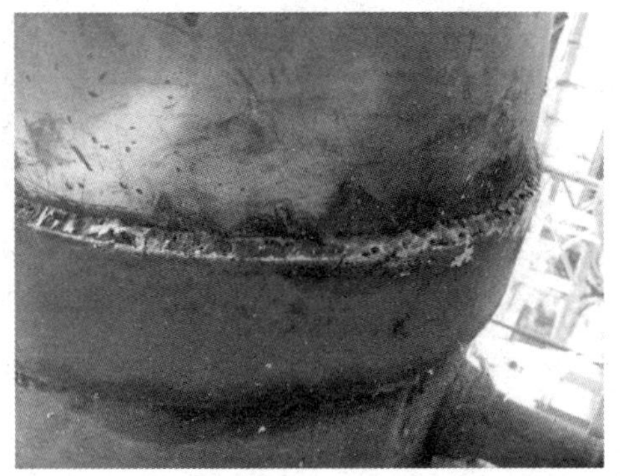

图 5.3.4－7 变换单元泄漏焊缝外表面结晶物

图 5.3.4－8 变换工段不锈钢管线开裂

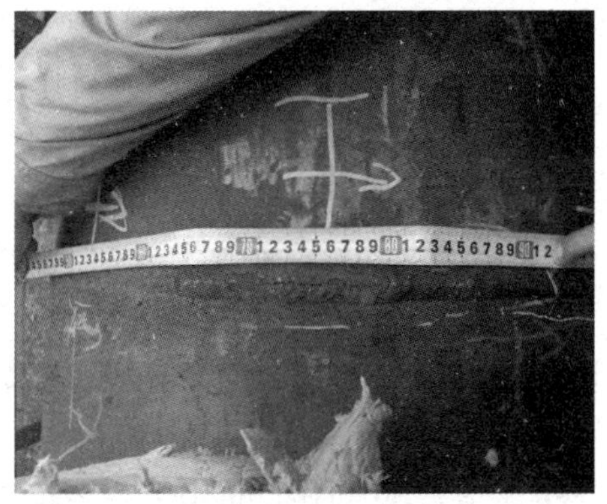

图 5.3.4－9 变换工段 S32168 管线环焊缝发生开裂

图 5.3.4－10 汽提塔塔盘腐蚀穿孔

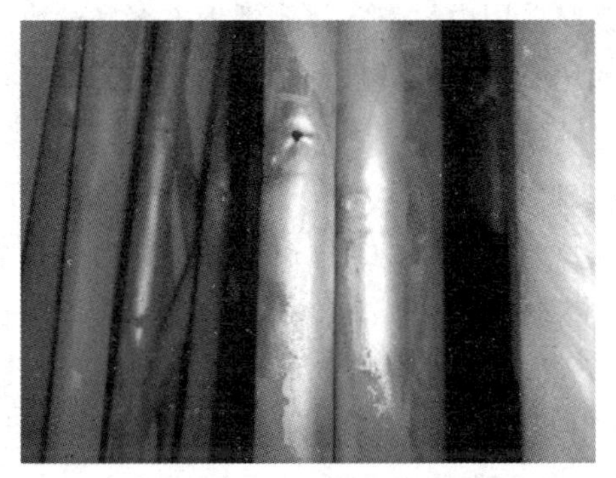

图 5.3.4－11 冷凝器换热管腐蚀穿孔

3）循环水换热器腐蚀问题

煤化工装置处理循环水的热交换器普遍采用了碳钢材料，设备在运行 0.5～1.5 年后，部分换热器出现换热管腐蚀泄漏，造成设备损坏，如图 5.3.4－12、图 5.3.4－13 所示。根据对部分煤化工装置的调研情况，泄漏换热器换热管束外壁粘附大量泥垢；撬开换热管外壁的垢层，可见较深的溃疡状腐蚀凹坑和穿孔，腐蚀从外壁面向内发展，呈垢下腐蚀特征，腐蚀穿孔周围区域无明显鼓胀变形。从泥垢成分分析看，换热管外壁腐蚀产物主要含有 Fe、Si、Ca、Mg、Zn、Cl、S、P 和 O 等元素，应为铁的氧化物和一些含 Si、Mg 及硅酸盐组成的泥垢，但腐蚀产物中 Cl 和 S 元素含量偏高，换热管外壁局部区域腐蚀产物中 Cl 含量高达 5.5%，S 含量高达 0.6%，说明 Cl 和 S 元素参与了换热管孔蚀，是主要腐蚀危害元素，垢下的腐蚀对换热管腐蚀严重。

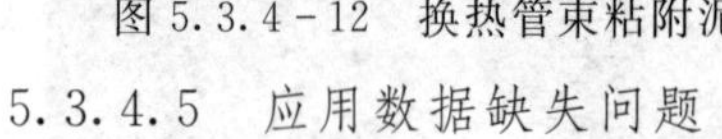

图 5.3.4－12　换热管束粘附泥垢

图 5.3.4－13　换热器腐蚀泄漏部位局部图

5.3.4.5　应用数据缺失问题

1）高温铬钼钢材料的高温性能数据缺失

国家标准中对蠕变限温度的铬钼钢材料仅提供了 10×10^4h（按年操作 8000h 计，相当于 12.5 年）高温持久强度，同时缺少 500℃以上的屈服强度数据。煤化工中的变换炉、甲烷化炉等高温厚壁容器在高温临氢工况下长期使用，预期使用年限 20～30 年，其材料性能会迅速恶化，在设备设计时缺少相关的设计数据，从源头上就难以确保设备的本质安全使用。

2）气化炉烧嘴材料性能数据缺失

气化炉烧嘴长期服役于 1100～1700℃的氧化环境中，所用材料缺少在此温度下材料的机械性能、耐磨性能、抗氧化性能的数据。

3）气化装置中酸性冷凝液复杂多相介质对设备的腐蚀数据、氨汽提系统中设备腐蚀数据、CO_2输送粉煤时对设备的腐蚀数据缺失

煤化工装置投用后，处于酸性冷凝液环境下和氨汽提系统中的部分设备发生多起腐蚀破坏案例，目前尚缺乏系统的实际试验验证和理论研究。开展相关的试验研究工作将有效地指导煤化工装置合理用材。对于 CO_2 输送粉煤装置中普遍采用内衬奥式体不锈钢方案来解决腐蚀问题，尚缺少对 CO_2 输送粉煤过程中腐蚀和磨蚀的速率研究。开展此方面的研究，确定该部分设备及管线的腐蚀和磨蚀程度，适当降低煤输送系统的用材，可降低装置投资。

4）对含高硫、高氯煤经气化后对设备选材的基础数据缺失

目前煤化工中煤的质量逐步降低，其有害成分急剧增加。以中国石化某项目为例，煤气化后含高硫高氯［气相 H_2S 达 0.1135％（mol），液相 Cl^- 达 700×10^{-6}］，给设备用材带来了极大的困难。全面采用双相不锈钢和镍合金，装置投资将难以承受。大量采用不锈钢和碳钢，设备的使用寿命有限。将要建设的煤化工装置，其煤的品质将逐渐降低，给设备用材提出了全新的要求。如何合理平衡装置投资和使用寿命及安全性之间的关系，合理的材料使用是关键。

5）铬钼钢、低温钢复合板热处理相关数据缺失

目前国家标准中对复合板的要求是复合板应经热处理后交货，但标准中对于复合板如何进行热处理，如热处理的温度、保温时间、冷却速度等都无基本要求。国内生产复合板

的供货商对复合板的热处理方法也不同。煤化工中用到了大量的大厚度铬钼钢、中厚度的低温钢复合板，在复合板采购过程中往往出现低温冲击韧性不足的问题，其主要原因就发生在复合板的热处理环节上。

5.3.5 需求与趋势

按国家煤炭深加工发展规划，“十三五”期间将通过升级发展建成一批高效清洁、环境友好、竞争力强的煤制油、煤制烯烃和煤制天然气项目，煤制芳烃实现工业化；大力提升装备国产化能力，开展先进大型煤气化炉和大型空分装置国产化示范，重点开发大型甲醇合成塔等装备。同时满足设备长周期、高负荷、优化运行、提升本质安全水平和可靠性方面的需求。设备用材主要需求和发展趋势如下。

5.3.5.1 大厚度板材

为推进煤化工装置中设备的大型化、高参数化，保证煤化工设备质量，需要批量生产大厚度（厚度100～160mm）、性能稳定国产1.25Cr0.5MoSi钢板及其复合板材料。主要用于气化炉、飞灰过滤器、洗涤塔、变换炉、甲醇合成反应器、甲烷化炉等设备的建造。需能批量生产大厚度、性能稳定国产09MnNiDR（厚度100～140mm）、3.5Ni（100～140mm）钢板，主要用于低温塔器、低温容器等设备的建造。

5.3.5.2 耐磨材料

为延长处理含腐蚀性介质固体物料、磨损相对较轻容器的寿命，同时考虑经济性，可以考虑开发一种抗腐蚀抗磨蚀金属喷涂材料。金属喷涂材料的寿命与装置检修周期或设备的预期使用寿命相匹配，主要解决煤浆槽、灰水槽、蒸发热水塔等内部腐蚀和磨蚀问题。为解决煤化工中固体颗粒对设备的严重磨损，可以考虑开发一种较高性能的金属耐磨材料，该类材料宜具有较好的焊接性，经济性好，可以通过在设备内部或管口内部局部堆焊的方式延长设备使用寿命，主要解决渣罐、煤罐、灰罐、旋风分离器、弯头等设备局部严重磨损问题。

5.3.5.3 抗腐蚀材料

从近年来煤气化装置运行状况表明，由于原料煤本身的多样性、复杂性和特殊性，在煤气化中产生的含硫、氯、氮等元素的化合物以及水溶物对金属有强烈的腐蚀性，特别是煤中Cl^-对煤化工设备及管道的影响和危害最为严重，设备和管道的腐蚀已成为影响煤化工装置安稳长满优运行的主要问题。同时也出现了Cl^-随着合成气迁移到下游装置的情况，使下游装置冷凝液中Cl^-含量超标，造成设备和管道腐蚀。当然，这些部位适当温度和压力范围内的设备选用合适级别的双相不锈钢（如UNS S31803/UNS S32205、UNS S32750等）、镍合金等可以解决此腐蚀问题，但设备投资较高。由于双相不锈钢本身“475℃脆性”的特性，对于操作温度高于250℃的设备不宜使用，也不宜采用双相不锈钢复合板，因此，对于高温高压的设备不宜采用双相钢。在开展相应腐蚀机理的研究同时，需要开发耐高Cl^-腐蚀及多项腐蚀介质腐蚀的耐蚀钢，以期解决高硫高氯煤经气化后设备用材问题。

第 6 章　石油石化用材检测、失效与腐蚀防护

6.1　石化用材的检测与评价

石油石化行业是金属材料大用户，钢铁材料中的板、管、丝、带及型材都有应用，尤其是板材和管材应用最多。由行业特点所决定，石油石化用材料的使用环境通常非常苛刻，对材料各方面要求非常高，并且有大量的特殊要求，因此对于石油石化用材的分析测试，除了通常钢铁材料所要求的常规分析测试技术和手段之外，还有很多特有的检测技术和手段。可以说，石油石化用材从研发到生产，再到使用，涉及的分析检测技术和手段覆盖了金属材料领域几乎所有的分析检测技术。

石油石化用钢材生产和使用中涉及的分析测试检验技术可以大致分为通用理化测试技术和特有检验检测技术，有在实验室中心进行的，也有在工程现场实施的。通用理化分析测试技术又可分为物理测试和化学分析两大类。其中物理测试部分包含金相分析、金属力学性能测试、电子光学分析、X 射线衍射分析、金属材料物理性能测试、无损检测等。化学分析技术包含化学分析法、光学分析、电化学分析、核分析与质谱分析、相分析、冶金气体分析等。石油石化用钢材特有的检验检测也有很多，比如硫化氢腐蚀开裂试验、氢致开裂试验、耐压（静水压）强度试验、油管套管的螺纹参数检查、上/卸扣试验等。

在所有的分析测试技术中，有些技术比较通用，可以比较高效率地进行测试，有成熟的分析方法标准，分析测试结果可以用来表征产品的基本性能指标，因此被纳入产品标准中，作为产品出厂检验和用户验收的检验手段。还有很多分析测试技术可以对钢铁材料进行全方位多角度的分析测试，但是没有作为产品标准要求的检测项目纳入产品标准，通常是在金属材料研发试制或对材料有详尽分析需求时使用。金属材料的分析测试技术包罗万象，涉及面非常广，下面结合分析测试技术的分类，仅就石油石化用钢材研发、生产和使用中经常用到的分析检测技术进行一些简要介绍。

6.1.1　金属材料理化测试技术

6.1.1.1　金相分析

金相分析是运用肉眼、放大镜、显微镜对金属材料的宏观及微观组织进行观察研究的方法，生产实际中常称为金相检验。宏观组织检验（也称为低倍检验）是用 10 倍以下的放大镜或人的裸眼直接观察金属材料内部所具有的各组成物的直观相貌，微观组织检验主

要是指在光学显微镜下观察金属材料内部具有的各组成物的直观形貌。

1）宏观分析

宏观分析是用肉眼或低倍放大镜观察金属内部组织结构及缺陷，典型的宏观分析内容包括：宏观断口分析、偏析、疏松、缩孔、气泡、翻皮、轴心晶间裂纹、白点、发纹、外来非金属夹杂物、异金属夹杂物、分层等。

在石油石化用材的使用中，可能会在验收阶段使用宏观分析的方法检查钢材的质量。

2）显微分析

显微分析是利用显微镜对金相样品进行观察、辨认金属的结构、组织状态和分布的一种光学分析方法。显微分析分为两个方面，一方面是对特定的微观组织或缺陷进行鉴别、判定，如对晶粒度、非金属夹杂物和显微组织的评级；另一方面是对金属的微观结构进行分析、研究，如对合金相变的观察，从而找出组织与材料性能的内在联系。在常规的理化测试中，显微分析主要是对特定微观缺陷或组织进行评定。

显微分析的步骤包括金相样品制备、显微组织显示和显微组织观察。显微分析的典型显微组织即材料交货或使用状态所具有的显微组织，包括带状组织、网状组织、魏氏组织、奥氏体钢中的 α 相、过热组织、过烧组织、脱碳组织、晶粒度等。

显微分析中一项重要的常规分析是非金属夹杂物分析，对材料的性能有重要影响。非金属夹杂物是金属在熔炼和凝固过程中生成或混入，保留在固态金属中，并在随后热、冷加工中发生不同程度形态变化的，具有非金属特性的组成物。夹杂物通常对钢材的性能有害，但在一定条件下，也可显示一定的有益作用。

显微分析是材料检测和评价的一个重要项目，对于重要用途的石油石化用材，显微组织、晶粒度和非金属夹杂物一般是常规检测和评价项目。

6.1.1.2　金属材料力学性能测试

金属材料力学性能测试是通过不同力学试验及相应测量以求得金属的各种力学性能指标的试验技术。由于作用力特点的不同，如力的种类（静态力、动态力、摩擦力等）、施力方式（速度、大小及方向的变化，局部或全面施力等）、应力状态（简单应力——拉、压、弯、剪、扭，复杂应力——两种以上简单应力的复合）等的不同，以及金属在受力状态下所处环境的不同（温度、压力、介质、特殊空间等），使金属在受力后表现出各种不同的行为，显示出各种不同的力学性能。金属力学性能是金属在力作用下所显示与弹性和非弹性反应相关或涉及应力一应变关系的性能。金属力学性能的高低，表征金属抵抗各种损伤作用能力的大小，是评定金属材料质量的主要判据，也是金属制件设计时选材和进行强度计算的主要依据。力学性能测试的基本任务，是确定合理的金属力学性能指标，并准确而尽可能快速地测出这些指标。

金属制件的服役条件是极端复杂的，这就造成金属力学性能测试条件的复杂化和多样化。金属力学性能测试过程需要考虑的参量很多，通常有以下几种。

（1）温度：常温、中温、高温、低温，温度按照一定规律反复变化。

（2）应力：拉伸、压缩、弯曲、剪切、扭转、复合应力，应力按一定规律变化、应力随机变化。

（3）应变：轴向、径向、表面、弹性、塑性、总应变。

（4）环境：空气、真空、控制气氛、腐蚀介质、核子辐照、磨蚀、高压、海水、水蒸气、高速飞行、宇宙空间。

（5）应力（应变）速率：低速、中速、高速、超高速。

（6）应力（应变）循环频率：低频、中频、高频、超高频。

（7）时间：瞬间、短时、长时、极短时、极长时。

（8）试样的尺寸和形状：一般、特小、特大、棒状、板状、管状、矩形、漏斗形、丝状、带状、薄膜、环形、带缺口、带人工裂纹或缺陷、模拟实物缩小模型、全尺寸构件。

考虑上述不同参量进行金属力学性能测试，长期以来形成许多力学性能测试项目，可以分成不同的大类：短时拉伸试验、冲击韧性试验、蠕变试验、疲劳试验、断裂韧性试验、硬度试验、扭转试验、压缩试验、剪切试验、磨损试验、金属工艺性能试验等。

石油石化用材通常涉及到高温、高压、高腐蚀性、高磨损、恶劣条件下长期服役等复杂要求，因此在力学性能测试上，在很多情况下，除了常规的力学检测项目外，还往往涉及比较复杂的力学性能测试，比如高温力学性能试验、低温力学性能试验、疲劳试验、持久蠕变试验等。

6.1.1.3 无损检测

无损检测是在不损坏试件完好性条件下对其中缺陷的组织状况和几何尺寸进行检查和测量的方法，其中以检测缺陷应用最广，故常称为“无损探伤”。“不损坏被检物体的完好性”首先表现在不需要从物体上截取试样，因而也就不会破坏被检物体的完整性；其次不会给被检测物体带来任何物理及化学变化，因而可对试件进行全部的而不是抽样的检测，乃至对生产过程中的产品进行“在线检测”，所以无损检测已成为一种监督产品质量的可靠性方法。

无损检测方法涉及物理学、电子学、冶金学、机械学乃至化学等学科，因而是一门综合性很强的技术。无损检测的常用方法主要包括超声检测法、涡流检测法、射线检测法、磁粉检测法、渗漏检测法、渗透检测法、热学及红外检测法等。无损检测并不是控制材料或焊缝“零缺陷”，而是限制其不能存在超标缺陷。

无损检测是石油石化领域对金属材料进行质量检测的最常用的技术手段之一，覆盖了石油石化用材服役的各个阶段。石油石化用材的供货厂家在产品出厂时通常会对钢材进行无损探伤；在石油石化设备的制造过程中，关键的环节或部位要进行无损检测；而在材料的服役过程中，也会经历若干次的定检或巡检，主要手段也是无损检测。可见，无损检测是石油石化行业最常用的一项检测技术。

6.1.1.4 化学分析

金属材料的化学分析是一套庞大的分析技术，运用很多不同学科的理论实现化学分析的目的。石油石化用材的化学分析一般只涉及材料的成品分析，常常用到的化学分析手段包括化学分析法、光学分析法和冶金气体分析。

1）化学分析法

化学分析法是以物质的化学反应为基础确定物质化学成分或组成的方法，主要包括重量分析法和滴定分析法（旧称容量分析法），是传统的经典分析方法。

化学分析法精密度和准确度高，设备简易，适应性强，对准确度要求高的分析，如仲裁分析，化学分析法仍然是最佳选择。但由于化学分析法需要人工操作，工作强度大，对人员的技术要求很高，且效率偏低，现在已经越来越多地被仪器分析法所代替，但化学分析法水平的高低依然是衡量一个化学分析实验室技术水平的一个重要标杆，在有些要求较高的情况下或对某些特定的元素分析，化学分析法依然是不可替代的。

2）光学分析

基于物质的电磁辐射或电磁辐射与物质相互作用而建立起来的一类分析化学方法。这些电磁辐射包括从 γ 射线到无线电波的所有电磁波谱范围，而不只局限于光学光谱区。电磁辐射与物质相互作用的方式有发射、吸收、反射、折射、散射、干涉、衍射、偏振等。

依据电磁辐射与物质相互作用的性质来划分，建立了在不同物理基础上的各类光学分析方法。光学分析方法一般根据电磁辐射与物质相互作用性质的不同，可以分为光谱法和非光谱法两大类，在分析化学中，光谱法比非光谱法的用途更为广泛。

光谱法是基于物质与辐射能作用时，测量由物质内部发生量子化的能级之间的跃迁而产生的发射、吸收或散射辐射的波长和强度进行分析的方法。光谱法可分为原子光谱和分子光谱。原子光谱是由原子外层或内层电子能级的变化产生的，表现形式为线光谱。属于这类分析方法的有原子发射光谱法（AES）、原子吸收光谱法（AAS）、原子荧光光谱法（AFS）以及 X 射线荧光光谱法（XFS）等。分子光谱是由分子中电子能级、振动和转动能级的变化产生的，表现形式为带光谱。属于这类分析方法的有紫外可见分光光度法（UV-Vis）、红外光谱法（IR）、分子荧光光谱法（MFS）和分子磷光光谱法（MPS）等。

光谱分析方法是目前材料化学分析中应用最广的化学分析手段。

3）金属中气体分析

以化学、物理和物理化学方法对金属中的气体元素或杂质进行分析的方法统称金属中气体元素分析。随着现代科学的发展，根据金属中碳和硫的行为及其特点，金属中气体分析所含元素的概念已由原来的氢、氧、氮 5 种元素，发展到氢、氧、氮、碳和硫 5 种元素。碳和硫与氢、氧、氮一样在高温和试剂的作用下可以定量地转变为气相，这些气体化合物如 O_2、N_2、H_2、H_2O、CO、CH_4、C_2H_2、NH_3、H_2S、SO_2等，可以用一些方法对其进行检测，然后计算出其在所测金属中的含量。

金属中气体的分析通常指金属中氢、氧、氮的分析。金属中气体对于金属的机械和冶金性能有各种影响，诸如耐蚀性、硬度、膨胀度、传导性、可轧制性、变形性、晶核生成性、可烧结性以及含核性能等。这些影响可以从有益、有害至极为有害。例如，金属中的氢脆、氢损伤和钢中的白点都是氢引起的。钢中氮化物、氧化物或非金属夹杂物，对金属产生重大影响。因此，对于金属中的气体需要制定准确的定量测试方法和使用精确检测的仪器。

金属中碳和硫可以由凝聚相转变成 CO_2 和 SO_2 后用气体分析方法测定。钢铁材料中，碳和硫对材料性能具有重大影响，因此，对碳和硫的准确快速分析对钢铁材料的研究、生产和使用意义重大。

材料的化学成分是与材料的牌号和性能直接相对应的，但材料的化学分析不属于材料的性能测试，在石油石化领域，化学分析通常是作为验收项目，检验材料牌号的正确性和符合性，很多情况下，如果供货方保证，用户甚至可以对化学成分项目不进行分析。对于石油石化用材，化学分析的高端技术和手段往往是在供货方，用户方通常是仅仅具备常规通用的化学分析手段。

6.1.2 石油石化用材部分相关检验测试技术

6.1.2.1 高温拉伸试验

由于石油石化用材在高温环境下服役的情况较多，因此高温拉伸试验是一项常见的石油石化用材测试项目。

高温拉伸试验是在室温以上的高温下进行的拉伸试验。高温拉伸试验时，除考虑应力和应变外，还要考虑温度和时间两个参量。温度对材料的高温拉伸性能影响很大，因此对温度的控制要求很严格。一般采用管式电炉对试样加热，炉子工作空间要有足够，通常用仪表进行自动温度控制。金属高温拉伸试验时对试验温度偏差及温度梯度要求要满足标准的规定。

高温拉伸试验时，试样施力的时间，即拉伸速度对拉伸性能有显著影响。为此，高温拉伸试验时必须将试样的拉伸速度控制在规定范围内。

金属材料的高温拉伸试验所规定的性能判据与常温拉伸试验时基本相同，但一般是测定抗拉强度、屈服强度、伸长率和断面收缩率四大性能判据。

石油石化用材的一个典型产品高压锅炉用无缝钢管执行的产品标准 GB/T 5310 在附录中规定了钢管的高温拉伸性能指标。

6.1.2.2 低温拉伸试验

近年来，我国液化天然气（LNG）的需求不断增长，大型 LNG 储罐的建设速度很快，对低温用钢的需求量很大，其中 9％Ni 钢是典型的 LNG 储罐用低温用钢，低温拉伸试验是对 9％Ni 钢质量进行判定的一个重要试验。

低温拉伸试验是在室温以下的低温下进行的拉伸试验。低温拉伸试验时，试样及上下夹头均浸入充满气态或液态制冷剂的低温拉伸槽中，也可采用细孔喷射制冷法使试样冷却。试验时试样应在相应的冷却温度下保持足够长的时间，使用液体冷却介质时，保持时间应不少于 5min，采用气体冷却介质时，保持时间应不少于 15min。

测量低温介质温度通常采用低温温度计、低温热电偶及相关的自动记录指示仪。

低温拉伸试验时的制冷剂通常有冰、固体二氧化碳（干冰）、液氮、液氦、液氢等，调温剂通常采用氯化钠、氯化钙、氯化铵、乙醇、三氯甲烷、石油醚等。

低温拉伸试验时试样变形的测量比较困难，因此金属低温拉伸试验时通常要测定抗拉强度、伸长率、断面收缩率几个性能数据。

6.1.2.3　蠕变试验

石化领域中有大量的炼化装置要在高温高压下长期服役，所用材料的蠕变性能是保证炼化装置长期安全运行必须要考虑的因素。蠕变试验就是考核材料蠕变性能的一项典型试验。

蠕变试验是蠕变金属在恒定温度和恒定载荷（或恒定应力）作用下，随时间延长产生缓慢塑性变形的现象。温度愈高，应力愈大，蠕变速度愈快。它可研究金属蠕变的物理本质、蠕变抗力及其影响因素，对于高温构件设计选材、强度计算及寿命评估十分重要。

蠕变温度是金属在高于某一温度时才发生显著蠕变的温度，一般碳钢的蠕变温度约为350℃。蠕变应力是材料发生蠕变时承受的应力，称为蠕变强度，在特定条件下，蠕变强度即为蠕变极限。蠕变变形是材料在蠕变过程中产生的塑性变形，工程上以伸长百分率表示，典型高温构件常以规定的蠕变变形作为构件的蠕变设计准则。蠕变试验是在规定温度及恒定负荷下测定试样蠕变变形随时间变化的试验，在变动负荷下的蠕变试验称为动蠕变试验。蠕变曲线是蠕变变形与试验时间关系的曲线，金属的典型蠕变曲线可分为三个阶段。蠕变第一阶段中，蠕变速率随时间而降低，称为蠕变减速阶段；蠕变第二阶段的蠕变速率保持恒定，称恒速蠕变阶段或稳态蠕变阶段；蠕变第三阶段的蠕变速率显著增大，称为蠕变加速阶段。通过蠕变曲线可观察材料蠕变变形全过程，并测出蠕变初始变形和总变形以及第二阶段蠕变速率。材料的蠕变速率是高温承压装置长时工作构件设计选材的重要依据之一。

蠕变极限是在恒定温度及恒定负荷作用下，材料试样至规定时间的蠕变变形率（总的或残余的）或蠕变第二阶段的蠕变速率不超过其规定值的最大应力。蠕变极限是评定材料蠕变抗力的性能判据，是高温构件设计的重要依据。

蠕变回复是蠕变试验过程中或试验结束后，卸除试样上的载荷，变形随时间的延长逐渐减小的现象，与材料类型、受力状态以及温度范围有关。蠕变回复是评定材料高温性能的一个方面，为了设计和选材的目的，有时需求出材料蠕变回复的大小、回复速率及其与时间的相互关系。

6.1.2.4　持久强度试验

对于高温高压条件下服役的金属材料，持久强度也是进行设备设计的一个重要参数。持久强度由持久强度试验来测试。

持久强度试验是在规定温度及恒定载荷作用下测定试样至断裂的持续时间的试验。通过试验可求得材料的持久强度极限及持久塑性。持久强度极限是在规定温度下材料达到规定时间而不致断裂的最大应力。

持久塑性是试样在恒定温度及恒定载荷长时作用下产生的塑性变形，是评定材料高温性能的重要判据之一。持久塑性过低，会使材料在使用过程中产生脆性断裂。持久断后伸长率是试样断裂后，在室温下测得试样计算长度增量与试样原始标距之比的百分率。持久断面收缩率是试样断裂后，最小横截面的缩减量与原横截面积之比的百分率。持久缺口敏感度是缺口试样与光滑试样在相同应力作用下试验至断裂的持久时间之比，或缺口与光滑试样在相同的断裂持续时间下两者的持久强度极限之比。持久强度曲线是持久应力与断裂时间的关系曲线，工程上一般在双对数坐标上绘制此曲线。试验时在各种温度 T 和应力 σ 下，测出各个试样的断裂时间 τ，作出各种温度下的 σ-τ 曲线，再根据曲线外推或内插出各种温度下达到规定断裂时间的应力，即为材料的持久强度。

持久强度试验数据外推时，应求得在较短的试验时间间隔内断裂时间与应力和温度的关系，用此关系曲线或参量计算法，推算出长时断裂时间间隔内应力与温度的关系。高温下长时工作的构件如锅炉、压力容器等用材，常要求提供 10×10^4h 或 20×10^4h 发生断裂破坏的承载应力，用适当的外推方法即可求得此数据。

石油石化用材的典型产品高压锅炉用无缝钢管执行的产品标准 GB/T 5310 在附录中规定了各种牌号钢管的 10×10^4h 持久强度推荐数据。

6.1.2.5　落锤试验

落锤试验是考核石油石化用材性能的一项典型试验。

落锤试验是头部为一半径 25mm 的钢制圆柱的重锤从一定高度由落锤试验设备上沿垂直导轴自由落下冲击到砧座上的试样而进行的实验。落锤试验由于设备简单、试样制备容易、试验结果再现性好、能一定程度模拟实际构件中存在的焊接缺陷、试验结果可以与压力容器的使用和破坏情况很好地关联起来并且可以根据实验结果求出零塑性转变温度（NDT）和绘制断裂分析图（FAD）等优点，目前在工程实践中广泛采用。

落锤试验所用试样的厚度接近钢板厚度（一般尺寸为 25mm×90mm×350mm）且需保留一轧制面，在试样宽度中间沿长度方向堆焊一层脆性焊道，并在焊道中央开一缺口，然后冷却到实验温度，保温后迅速移至落锤试验机的砧座上，借自由落下的一定能量的重锤冲击试样。需要的冲击能量通常根据试样厚度和试样材料的屈服极限来确定。

在石油石化用材中，对管线钢进行的落锤试验最多。

6.1.2.6　低温冲击试验

在石油石化用钢中，很多材料都需要进行低温冲击试验。

低温冲击试验通常是在 0℃以下进行的冲击试验。金属材料构件往往因温度降低而发生低温脆断现象，低温冲击试验的研究具有很大意义。

低温冲击试验时，冲击试验机应配置冷却试样的冷却装置，其中装有固体二氧化碳（−78℃）、液氮（−196℃）等冷却剂，并安装有控制温度恒定的装置。试样在冷却装置中保温应不少于 15min。试样从冷却介质移至冲击试验机上需一定时间（一般是 3～5s），因此在冷却介质中的温度要比试验温度更低一些，所低的温度称为过冷度。根据冷却的温度范围，标准规定了 1～4℃不等的过冷度。

一般在每个试验温度试验的试样数量应不少于 3 个。利用系列温度冲击试验可确定金属的韧脆转变温度，即由于温度降低造成金属由韧性状态转变为脆性状态的温度，可表示金属低温脆化倾向的大小。LNG 储罐用的 9%Ni 钢就需要考核其液氮温度下的低温冲击性能。

6.1.2.7 金属在硫化氢环境中抗特殊形式环境开裂试验（GB/T 4157）

GB/T 4157 是由 NACE-TM 0177-96《H_2S 环境中抗特殊形式的环境开裂材料的实验室试验方法》修改得到，是用于含 H_2S 水环境中，在腐蚀与拉应力共同作用下金属的抗开裂试验。室温下的硫化物应力开裂（SSC）与高温下的应力腐蚀开裂（SCC）统称为环境（EC）开裂。

在进行环境试验前须注意试验的各影响因素，如电池效应、试验温度、材料的均匀性等。同时，在试验过程中必须排除试验环境所产生的不良效应，例如，苛刻试验环境导致某些低强度钢的氢致开裂、鼓泡以及马氏体钢和沉淀硬化不锈钢的环境开裂等。

某些材料需要测试高温高压下的环境开裂腐蚀敏感性，在采取高温高压下的试验应注意补充 H_2S 气体至规定分压，实验装置需耐腐蚀，具备试验所需承压能力，使用热电偶控温等。

标准中的环境开裂试验包括拉伸试验、弯梁试验、C 形环试验、双悬臂梁（DCB）试验四种方法。

6.1.2.8 奥氏体不锈钢晶间腐蚀敏感性的测试（ASME A262）

ASME A262 规定了奥氏体不锈钢晶间腐蚀敏感性测试 5 种方法，即奥氏体不锈钢草酸浸蚀组织分类晶间腐蚀敏感性方法（A 法）、奥氏体不锈钢硫酸-硫酸铁测定晶间腐蚀敏感性方法（B 法）、奥氏体不锈钢硝酸测定晶间腐蚀敏感性方法（C 法）、奥氏体不锈钢铜屑-硫酸铜-硫酸测定晶间腐蚀敏感性方法（E 法）、含钼奥氏体不锈钢铜屑-硫酸铜-50%硫酸测定晶间腐蚀敏感性方法（F 法）。

A 法用于材料筛选，当试验结果显示为接受时，则不必再用其他方法鉴别；当结果显示为不可接受时，试样应根据试验结果继续在其他指定酸中（B 法、C 法、E 法、F 法）进行检测。B 法是在硫酸铁与 50%硫酸中煮沸 120h 的试验方法，当含钼锻造不锈钢出现 δ 相析出时，不能使用该法。C 法主要用于超低碳不锈钢和稳定化不锈钢经过敏化处理后的晶间腐蚀敏感性试验，该法可用于锻钢、铸钢以及不锈钢焊接材料上。E 法可以测试富铬碳化物引起的腐蚀敏感性，但是不能测试因 δ 相析出引起的腐蚀敏感性。F 法可以测试富铬碳化物析出造成的晶间裂纹敏感性，也能够评价超低碳钢对由于焊接或热处理造成的晶间裂纹的抵抗力。

对于应用于压力容器的不锈钢的晶间腐蚀敏感性可结合 GB/T 21433《不锈钢压力容器晶间腐蚀敏感性检验》进行检验。

6.1.2.9 压力管道和容器抗氢致开裂钢性能评价试验方法（NACE TM0284）

NACE TM0284 建立了评估管材及压力容器板材抗氢致开裂的方法，氢致开裂是由于金属材料吸收含水硫化物中的氢引起。该试验目的是短时间内评价不同钢种在同样的试验环境中对氢致开裂的敏感性，并不是模拟工件的操作条件。试剂及仪器如图 6.1.2-1 所示。

对于管材来说试样尺寸应为：长（100±1）mm，宽（20±1）mm，管壁厚大于 30mm 的，样品厚采取 30mm，管壁厚小于 30 的采取全部壁厚。小直径、薄壁电阻焊或无

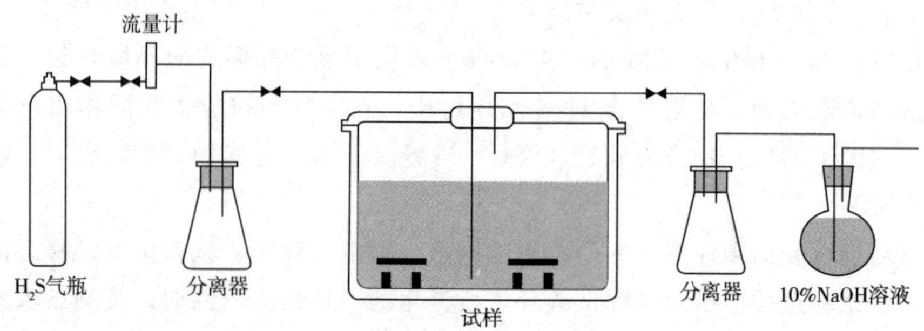

图 6.1.2-1　抗氢致开裂试验系统示意图

缝钢管样品厚大于管道壁厚 80%，每一管道取 3 个试样。标准规定了取管方向及位置。对于压力容器来说尺寸应为：长（100±1）mm，宽（20±1）mm，板厚大于 30mm 的，标准规定了取样方法，板厚小于 30mm 的采取全部板厚。

裂纹测量时，距离小于 0.5mm 应视为 1 个裂纹，所有使用小于 100 倍放大镜能够看到的裂纹应计算在内。

$$裂纹敏感性比值\ CSR=\frac{\sum(a\times b)}{W\times T}\times 100\% \tag{6-1}$$

$$裂纹长度比值\ CLR=\frac{\sum a}{W}\times 100\% \tag{6-2}$$

$$裂纹厚度比值\ CTR=\frac{\sum b}{T}\times 100\% \tag{6-3}$$

式中，a 为裂纹长度；b 为裂纹厚度；W 为截面宽度；T 为截面厚度，如图 6.1.2-2 所示。

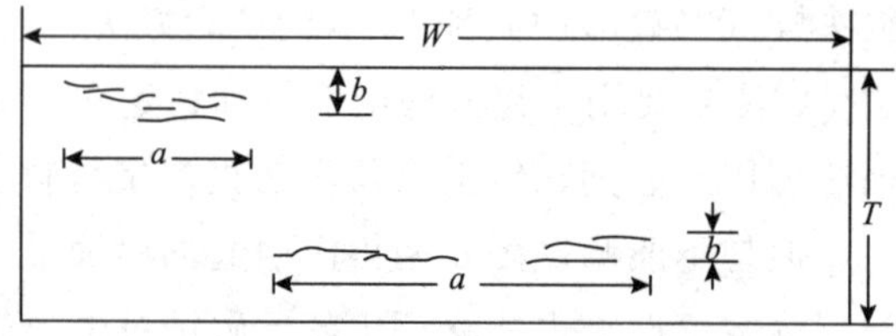

图 6.1.2-2　用于计算 CST、CTR、CLR 的 a、b 值

6.2　金属材料失效分析

金属材料在设计服役寿命之前就出现失效，很容易导致重大或恶性的生产事故，往往带来巨大的人身和经济损失，因此，最大限度地减少金属材料的服役失效是石油石化用材的一个重大课题。金属材料的失效分析虽然属于事后分析，但是对于发现问题，分析原因，积累经验，采取措施，杜绝相同的问题再次发生，进而保证石油石化装置安全运行具有重大意义。

失效分析和失效研究工作对材料的正确选择和使用，对新材料、新工艺、新技术的发展，对产品设计、制造技术的改进，对材料及零部件质量检查、验收标准的制定，对改进设备的操作与维护，对促进设备安全监控技术的发展等方面都会起到重要作用。

石油石化设备和管道用金属材料的失效主要表现为腐蚀、断裂、磨损、变形4种基本类型，其中前三种最为常见。

6.2.1　失效分析的基本要求

几十年来，失效分析已发展成为科学性、技术性很强的综合分析学科。它涉及的科学领域和技术门类十分广泛。一个失效分析工作不仅可能涉及金属学、金属物理、材料力学、金属工学、摩擦学、金属热处理、焊接、金属的腐蚀与防护等专业理论知识，还用到化学分析、金相分析、性能测试、X射线相分析、金属电子显微分析等实验分析测试技术和结果。发生事故的装置或承压设备，涉及的材料种类极为广泛，其中包括碳钢、低合金钢、低合金高强度钢、工模具钢、耐热钢、不锈钢、耐蚀合金、高温合金等。每一种钢类都有其各自的冶炼、加工、焊接、热处理工艺特点，其显微组织、性能指标也存在明显不同。即使是同一类钢，在不同钢种之间，化学成分、工艺特点、使用温度范围和环境介质也有很大差别。因此，失效分析的方法没有固定的模式，失效分析工作者在工作实践中，需要不断学习并逐渐掌握不同类钢、每个钢种各自的工艺特点，通过扎实的理论基础结合长期的实践，才能融会贯通，做好失效分析工作。

在失效分析过程中，特别是要对失效原因做出正确判断，就可能需要联系到失效构件从生产到使用的全部过程，其中包括材料的冶炼、加工、热处理，设备的加工、制造、装配、运输，机械装备投入运行后的使用温度、环境介质、受力状态等因素。在此基础上，失效分析大致可以按如下三个步骤进行：

（1）原始情况的调查和收集；

（2）失效样品及对比分析样品的检查与分析；

（3）结果分析、讨论和结论。

6.2.2　材料失效的冶金学因素

失效分析的目的是判断构件失效的性质及其产生原因，只有查明构件失效的确切原因，才能采取相应的改进措施，避免类似事故的再次发生。

对断裂失效而言，查清裂纹的起源至关重要，因为裂纹的起源往往就是断裂失效的根源所在。

应力腐蚀断裂是张应力和腐蚀介质共同作用的结果，因此，应力腐蚀断裂通常起源于构件的表面。氢致延迟断裂分两种情况，当材料内部存在如夹渣等明显的宏观缺陷时，氢致延迟断裂将起源于构件内部；当构件承受较大张应力，其表面又存在如螺纹、沟槽、台阶、机械碰伤、机械划痕等变截面部位时，氢致延迟断裂往往起源于零件表面应力集中部位。大部分疲劳断裂起源于构件表面；当材料内部存在明显的冶金、焊接、铸造缺陷时，疲劳断裂起始于构件内部；高温蠕变断裂、持久断裂、蒸汽爆炸（饱和水爆炸）断裂一般起源于材料内部。

1）冶金缺陷引起的失效

材料内部存在缩孔、疏松、严重的非金属夹杂、成分偏析等原始冶金缺陷导致石油石化装备失效的事例在事故分析中占有一定比例。在大多数情况下材料内部的这种冶金缺陷是一种宏观的低倍组织缺陷，因此，石油石化装备的过早失效，特别是在设备安装、调试过程中，或是设备投入运行的初期阶段发生的事故大多与材料的冶金材质有关。

2）焊接缺陷引起的失效

石油石化装备或机械构件，特别是石油、化工、电力工业广泛使用的压力容器、输送管道、各类储罐、炉管、反应器、反应塔等，这些装备或构件均存在大量焊缝，焊缝质量的优劣直接关系到设备的正常运行。失效分析的实践表明，多数焊接构件的失效发生或起源于焊缝或热影响区。

焊接构件在施焊及后处理过程中会产生各种缺陷。在载荷、温度、介质等力学和环境因素作用下，这些缺陷均会成为裂纹源并进一步引起实际构件的破坏。

焊缝及热影响区可能出现的焊接缺陷包括，高温裂纹（热裂纹）：凝固裂纹、液化裂纹、低延性裂纹；低温裂纹（冷裂纹）：氢致延迟裂纹、层状裂纹、淬火裂纹（马氏体相变裂纹）、去应力再热裂纹（应力释放裂纹）；气孔；缩孔；疏松；夹杂（非金属夹杂、夹渣、异金属夹杂）；未熔合（熔合不良）；未焊透。

3）铸造缺陷引起的失效

引起石油石化装备失效的铸造缺陷包括缩孔、夹渣、热裂纹、冷裂纹、疏松、气孔等。

4）热加工缺陷引起的失效

热加工包括热锻、热轧、热挤压等工序，热加工时金属加热过程的加热工艺不当或金属变形过程形成热加工缺陷，都会成为将来零件或构件的失效原因，比如热轧时的折叠、异物压入、轧制裂纹或加热工艺制度不合理等。

5）冷加工缺陷引起的失效

金属冷加工有很多种工艺，比如冷轧、冷锻、冷拔、冷拉、冷挤压等，冷加工过程的工艺或操作不当，都会造成缺陷，造成将来零件或构件的失效，比如冷加工折叠就是冷加工缺陷引起失效的一个重要原因。

6）热处理缺陷引起的失效

热处理工艺控制不当引起的零件失效可能涉及各种处理工序：正火与退火、淬火与回火、感应加热与火焰加热、表面淬火以及渗碳、渗氮、渗硼、碳氮共渗等化学热处理等工序，其中，淬火裂纹、淬回火硬度不足是引起零件失效最常见的热处理缺陷。在失效分析中，还遇到过由于过渗碳使渗层碳化物呈连续网状分布以及高频感应加热淬火零件表面硬化区分布不合理引起的构件失效。

7）加工及各种各样的原因均可导致失效

金属零部件和金属构件的失效可能来源于各种各样的缺陷或原因，比如电加工缺陷引起的失效，车、刨、铣、磨等机械加工缺陷引起的失效，制造加工缺陷引起的失效，机械划痕、机械压痕、机械碰伤引起的失效，操作失误导致的失效，设计不合理造成的失效，选材不正确引起的失效，运输过程引起的失效，不可抗拒的自然力引起的失效，介质环境、温度、应力等因素引起的失效。

失效分析就像侦探破案一样，需要利用失效现场和失效证据中的蛛丝马迹，结合背景材料和相应理论进行反复分析和验证，最终找到失效的真正原因。

6.2.3 石油石化用材失效的类型

6.2.3.1 腐蚀失效

腐蚀失效是石油石化领域最常见的材料失效形式，经常遇到的腐蚀失效方式应力腐蚀失效外，还有小孔腐蚀失效，晶间腐蚀失效，腐蚀疲劳失效，空泡腐蚀失效，缝隙腐蚀失效，高温氢腐蚀失效，严重超温、渗碳引起的腐蚀失效等。

6.2.3.2 断裂失效

断裂失效也是常见的金属失效形式。常见的断裂失效有拉伸断裂失效、冲击断裂失效、剪切断裂失效、疲劳断裂失效、高温蠕变断裂失效、高温持久断裂失效、金属脆化断裂失效、氢致延迟断裂失效等。

6.2.3.3 磨损失效

在金属失效的类型中，有一类失效是磨损失效，会发生在金属构件上，比如黏着磨损、磨料磨损、疲劳磨损、腐蚀磨损、复合磨损等造成的磨损失效。在石化领域，炼油催化裂化装置及其管路系统存在冲蚀磨损的环境，这类磨损失效也时有发生。

6.2.3.4 变形失效

还有一类失效是变形失效，包括两种基本类型：涉及体积变化的尺寸畸变——膨胀或收缩；涉及几何形状的畸变——弯曲或翘曲。过载是变形失效的主要原因之一，不正确的工艺规范、选材或处理不当是引起变形失效的又一原因。

金属在高温和应力长时间作用下发生缓慢而连续塑性变形的现象称为蠕变现象，所发生的塑性变形称为蠕变变形。

6.3 石油化工装置常见腐蚀类型

6.3.1 硫化氢腐蚀

6.3.1.1 湿硫化氢腐蚀环境的定义

设备和管道接触的介质存在液相水，且具备下列条件之一时应称为湿硫化氢腐蚀环境：

(1) 在液相水中总硫化物含量大于 50mg/L[注]；

(2) 液相水中 pH 值小于 4.0，且总硫化物含量不小于 1mg/L；

(3) 液相水中 pH 值大于 7.6 及氢氰酸（HCN）不小于 20mg/L，且总硫化物含量不小于1mg/L；

(4) 气相中（工艺流体中含有液相水）硫化氢分压（绝压）大于0.0003MPa。

注：总硫化物主要指溶解在液相水中的H_2S_{aq}、HS^-、S^{2-}三种硫化物。

6.3.1.2 湿硫化氢腐蚀环境下产生的损伤形式

1）硫化物应力开裂（SSC） sulfide stress cracking

在有水和硫化氢共存的情况下，与腐蚀环境和拉应力［残留的和（或）外加的］有关的一种金属开裂。

硫化物应力开裂与金属表面的因酸性介质腐蚀所产生的原子氢引起的金属脆性有关。在硫化物存在时硫化物会促进氢的吸收。原子氢能扩散进入金属内部，降低金属的韧性，增加裂纹敏感性。

2）氢诱导开裂（HIC） hydrogen-induced cracking

当氢原子扩散进入钢铁材料中并在内部缺陷或夹杂物等陷阱处结合成氢分子（氢气）时，所引起普通碳素钢和低合金钢板内的平面裂纹。

氢诱导开裂裂纹是由于氢聚集后压力增大而产生的。能够引起氢诱导开裂的聚集点常常位于钢中杂质水平较高的地方，这些地方是由于杂质偏析形成具有较高密度的平面型夹渣或异常显微组织（如带状组织）。氢诱导开裂的产生不需要施加外部应力，且与焊接无关。

3）氢鼓泡（HB）hydrogen blistering

发生在钢板表面或近表面的氢诱导开裂常常表现为氢鼓包。

4）阶梯裂纹（SWC）stepwise cracking

在钢材中连接相邻平面内的氢诱导开裂的一种裂纹。连接氢诱导裂纹而产生的阶梯裂纹取决于裂纹间的局部应变和裂纹周围组织因溶解氢而引起的脆化程度。

5）应力导向氢诱导开裂（SOHIC）stress-oriented hydrogen induced cracking

与主应力（残余的或施加的）方向垂直的一些阶梯小裂纹，使已有的HIC裂纹连接起来像阶梯形状的一组裂纹（通常是细小的）。这种开裂可被归类为由外应力和氢诱导开裂及周围的局部应变引起的硫化物应力开裂。应力导向氢诱导开裂（SOHIC）与硫化物应力开裂（SSC）和氢诱导开裂（HIC）及阶梯裂纹（SWC）有关。

6.3.1.3 损伤机理

1）SSC开裂

在湿的硫化氢环境中，氢致破坏是因为产生原子氢而引起的。原子氢是腐蚀反应的副产物，原子氢会扩散进入钢中。如下所示，钢与含水硫化氢发生腐蚀反应时，就会产生原子氢（H）和分子氢（H_2）：

一般认为H_2S在水中发生离解：

$$H_2S \longrightarrow H^+ + HS^-$$

$$HS^- \longrightarrow H^+ + S^{2-}$$

钢在H_2S水溶液中发生电化学反应：

阳极反应　$Fe \longrightarrow Fe^{2+} + 2e$

二次过程　$Fe^{2+} + S^{2-} \longrightarrow FeS$

阴极反应　$2H^{+} + 2e \longrightarrow 2H$

$2H$（渗透）$\rightarrow H_2$

在普通酸性条件下，钢的表面会形成分子氢 H_2，当存在硫化物垢膜时，硫化物会成为负催化剂，对反应 $2H \rightarrow H_2$ 没有促进作用，原子氢渗透进入钢材，并在晶体结构中聚集起来，从而影响钢的机械性能。其他化合物如硫化物、氢氰酸（HCN）、磷、锑、硒及砷酸根离子，阻碍原子氢转化成分子氢，原子氢在材料表面的浓度升高，相应地增加了扩散进入钢材的氢的总量。原子氢能够以每天每几个立方厘米的速度扩散进入钢材中。依靠扩散进入钢材中，原子氢能够以下列几种方式影响材料性能：

(1) 在夹杂物处，氢原子会重新组合形成分子氢，因为分子氢太大而无法继续扩散通过钢材，所以被截获。如果夹杂物足够大，内部的氢压力会大得足以使材料变形或者在表面形成凸起（鼓泡）。

(2) 高浓度的原子氢会直接造成钢的氢脆或者氢致开裂，特别是高强度钢。在没有进行焊后热处理的低强度钢的热影响区，常常发生氢脆和氢致开裂。在氢深度饱和阶段，钢材会发生湿硫化氢开裂。由于存在细微的氢气泡，造成金属晶格上发生应变，结果使结构变脆。在这些情况下，当受到应力作用时，结构会发生断裂而不仅仅是变形。在制造、热处理或焊接过程中，大多数结构中会存在许多微裂纹。没有原子氢时，这些微裂纹不会变得越来越严重。但是，存在原子氢时，即使应力很小，也会发生脆性断裂破坏。

(3) 硫化物应力腐蚀开裂可在钢表面上焊缝金属和热影响区的高硬度的局部区域萌生（图6.3.1-1和图6.3.1-2）。高硬度区有时可发现于焊缝盖面焊道和未通过后续焊道进行回火（软化）处理的连接焊缝处。高强度钢对硫化物应力腐蚀开裂很敏感。未进行热处理的材料、焊缝、热影响区（HAZ）可能含有高硬度区域。

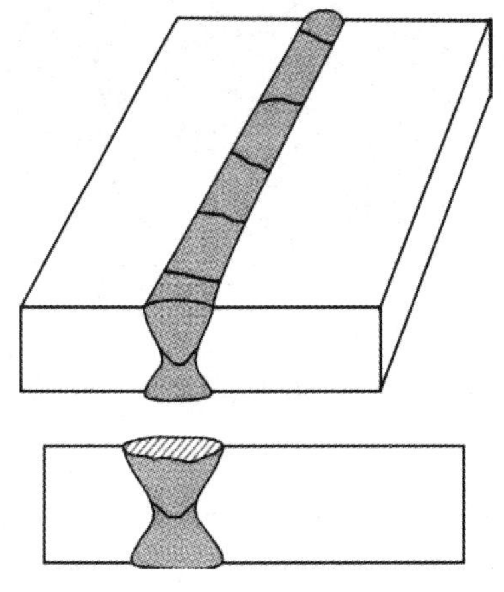

图6.3.1-1　硬焊缝的SSC损伤示意图

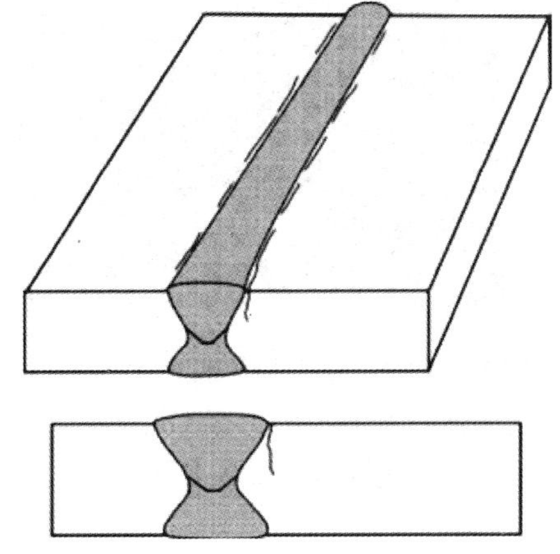

图6.3.1-2　硬化的热影响区的SSC损伤示意图

2）氢鼓包

氢鼓包可能作为管道或压力容器的内/外表面壁厚范围内产生的表面隆起形成。由于钢表面上的硫化物腐蚀过程期间形成的氢原子扩散到钢内，并在钢内诸如夹渣或分层等不连续处聚集，从而形成鼓包。氢原子相互结合形成氢分子，氢分子过大而无法扩散出来，压力在发生局部变形的点聚集，从而形成鼓包。鼓包是由于腐蚀产生的氢造成的，而非工艺流中的氢气造成（图 6.3.1－3 和图 6.3.1－4）。鼓包已经偶尔在管道中发现过，但极少在焊缝中间发现。氢致开裂损伤可发生于出现鼓包或次表面分层的任何部位。

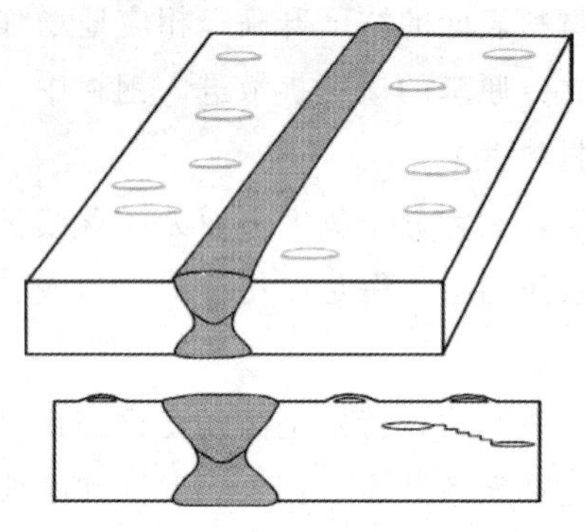

图 6.3.1－3　氢鼓包和氢致开裂损伤的示意图

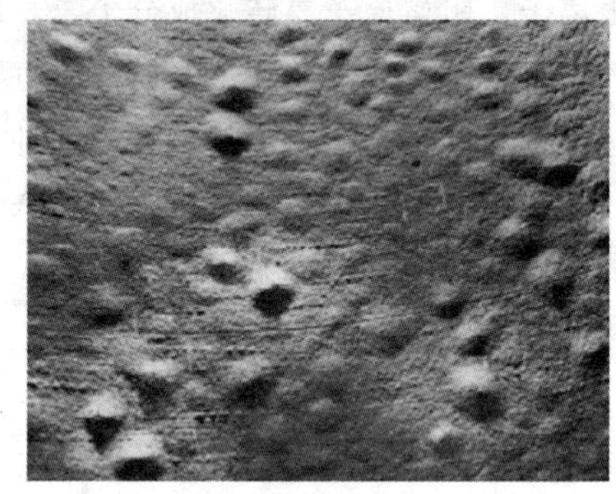

图 6.3.1－4　钢制压力容器表面上的大量氢鼓包

3）氢致开裂（HIC）

在金属不同层面或表面上，邻近的氢鼓泡连接而形成内部台阶开裂，也称阶梯状开裂（图 6.3.1－5 和图 6.3.1－6）。HIC 的形成不需要外加应力。开裂扩展源于在鼓泡内部积聚的内压及其对周边形成的应力。在这些高应力区域的相互作用使得不同层面上的鼓泡连接并扩展而形成开裂。钢中不同层面上鼓泡的连接被称为阶梯状裂纹。

图 6.3.1－5　加氢热高分出口冷却器壳体

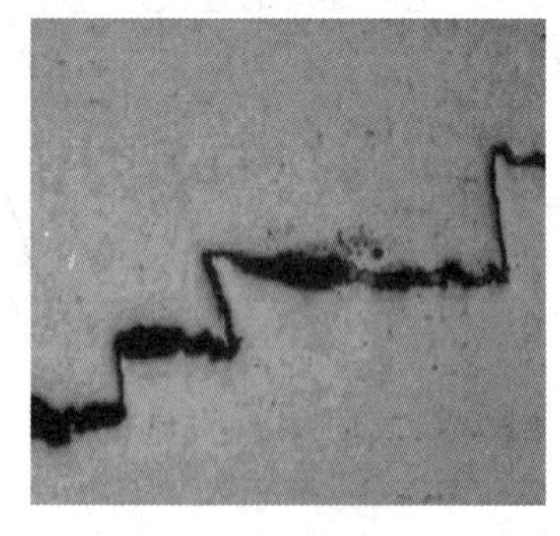

图 6.3.1－6　阶梯状开裂特性的高倍放大

4）应力导向氢致开裂（SOHIC）

由氢致开裂组成的小鼓泡的堆砌，并由于局部拉伸应力作用在钢的厚度方向上而形成的开裂。SOHIC 是 HIC 一种特殊形态，通常出现在与焊缝热影响区（HAZ）邻近的基体金属中，此处存在由焊接带来的较高残余应力。SOHIC 也可能发生在其他高应力点，例如其他环境开裂（如 SSC）尖端或不规则形状区域（如焊缝边缘）等。近似垂直的小鼓泡叠加和互相连接裂纹沿贯穿厚度的方向取向，这是由于它们沿垂直于压力容器焊缝中的拉伸应力的所致（图 6.3.1－7 和图 6.3.1－8）。

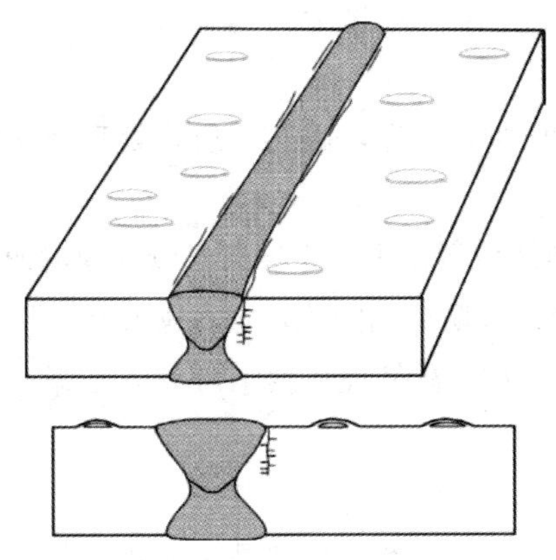
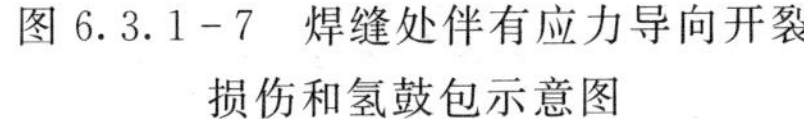

图 6.3.1－7　焊缝处伴有应力导向开裂损伤和氢鼓包示意图

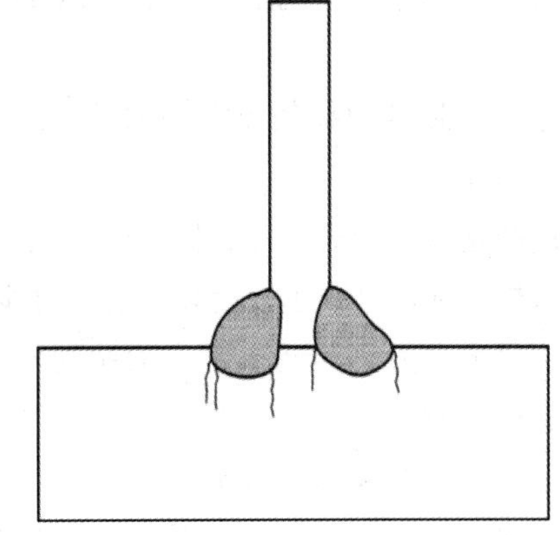

图 6.3.1－8　角焊缝处的应力导向氢致开裂示意图（通常为 SSC 与 SOHIC 开裂的组合）

6.3.1.4　影响因素

影响和区分各种湿硫化氢损伤形式的最重要因素是 pH 值、硫化氢含量、温度、材料特性（化学成分、硬度、微观组织、强度等）和拉伸应力水平（外加应力或残余应力）。

1）pH 值影响

氢渗透或扩散速率在 pH 值为 7 时最小，而在较高和较低 pH 值时都会增大。增大氨含量可能会促使 pH 值升高到可发生开裂的范围内。水相中氰化氢（HCN）的存在会显著增大碱性（高 pH 值）酸水溶液中的渗透性。

2）H_2S 浓度影响

氢渗透作用由于水相硫化氢浓度增大而致硫化氢分压的增大而增强。水相 50mg/L 硫化氢通常用作为湿硫化氢损伤的起始浓度。也存在如下情形，即在较低浓度下或在通常并没预计存在硫化氢的极端异常条件期间已经发生开裂。已经发现，水中存在低至 1mg/L 的硫化氢也足以导致钢充氢进行。

在抗拉强度超过 620MPa 左右的钢或具有焊缝的局部区或焊缝热影响区硬度超过 237 HBW 的钢，当硫化氢分压超过 0.0003MPa 左右时，硫化氢应力腐蚀开裂敏感性会随着硫化氢分压的增大而增强。

3）温度影响

已经发现，鼓包、氢致开裂和应力导向氢致开裂损伤会在温度介于环境温度和 150℃ 或更高温度之间发生。硫化物应力腐蚀开裂一般在温度低于 20～100℃范围内发生。

4）强度与硬度影响

随着材料的强度增高，应力腐蚀破裂的敏感性也增高，产生破裂临界应力值 σ_{th} 与材料屈服极限的比值也就越小，材料强度级别越高则容易发生破裂。除了强度外，硬度也是重要因素。硬度主要是硫化物应力腐蚀开裂中存在的问题。炼油厂应用环境中使用的典型低强度碳钢应按照 NACE RP0472 控制以产生焊缝硬度小于 200 HBW。除非出现硬度值超过 237 HBW 的局部区域，否则这类钢一般对硫化物应力腐蚀开裂不敏感。氢鼓包、氢致开裂（HIC）和应力导向氢致开裂（SOHIC）损伤与一般和硬度无关。

5）应力影响

鼓包和氢致开裂损伤无需外加应力或残余应力时即会产生，因此焊后热处理无法防止这类损伤发生。

浅层硫化物应力裂纹等高局部应力或缺口状不连续性可作为应力导向氢致开裂的萌生部位。焊后热处理通过减小硬度和残余应力能非常有效地预防或消除硫化物力应力腐蚀开裂。

应力导向氢致开裂受局部应力驱动，因此焊后热处理在某种程度上可有效地减小应力导向氢致开裂损伤。

6）氢氰酸（HCN）影响

氢氰酸是承压设备发生氢鼓泡和氢致开裂的一个重要因素，特别是在催化裂化装置和延迟焦化装置中。与氨一样，氢氰酸是在含氮进料中生成的。氢氰酸破坏了正常情况下碳钢表面存在的硫化铁保护膜，并将它转化成可溶性氰亚铁酸盐络合物，使金属外露。结果，钢被迅速腐蚀，原子氢渗入金属，形成氢鼓泡，或使金属发生开裂。

7）钢中的主要元素影响

（1）C：是奥氏体形成元素，随着碳含量增加容易出现碳化物偏析，造成偏析区的硬度与周围组织出现差异，导致 HIC 腐蚀。

（2）Mn、Si：Mn 的偏析容易在焊缝及热影响区产生马氏体和贝氏体等高强度、低韧性的显微金相组织，表现出极高的硬度，增加焊后组织开裂倾向，对设备抗 SSC 性能极为不利。因此 Mn 含量高的低合金钢不宜用于制造湿硫化氢环境中的压力容器，目前通用的做法是控制 Mn 含量。Si 元素含量偏高时，焊缝及热影响区的硬度较高，同时 Si 元素易偏析于晶粒边界，会助长晶间裂纹的形成。

（3）P：即使含量很低时，裂纹也能在 MnS 上形核，即使很低（S 的质量分数 0.001%），裂纹也能在氧化物夹杂以及晶界上形核并扩展。

（4）S：在钢中形成 MnS 的带状分布和 FeS 非金属夹杂物，致使局部显微组织疏松，增加湿硫化氢环境下 HIC 或 SOHIC 的敏感性。

（5）Nb：延缓奥氏体的再结晶，在铁素体转变过程中增加铁素体的成核速度和成核点，从而细化铁素体晶粒，但是 Nb 增加高温下 r 相的变形抗力，而在轧制过程中夹杂物的变形（尤其是 MnS 的变形）是由 r 相和夹杂之间的相对强度控制的。r 相的变形越高，夹杂物就越长（即 Nb 增加了夹杂物的长宽比），随着铌含量增加，MnS 的长宽比增大，HIC 敏感性越大，但是铌的加入能有效改善抗 SSC 性能。

（6）Ni：Ni 在抗硫化氢应力腐蚀中有不利因素。Ni 元素在金相组织中易偏析，偏析后降低了钢板的 A_1 相变点温度，在高温回火时易形成未回火马氏体组织而造成钢板本身性能的降低。另外，元素 Ni 还可与 H_2S 水溶液生成一种特殊的硫化物，该硫化物组织疏松，极易使氢渗透而出现裂纹，设计时要限制其含量不能接近或达到1%，一般控制 Ni 在

0.5%以下。

（7）Cu：Cu能加速氢原子的再结合速度，进而减少氢的活性，提高材料在酸性介质中的耐腐蚀性。在H_2S饱和人工海水中，含铜量大于0.2%的钢中能形成一种FeS_{1-x}和Cu的黑色保护层，使腐蚀速度和氢吸收速度减少，而在NACE A溶液中则看不出Cu对HIC敏感性的作用。

（8）Ca和稀土元素（La、Ce）：可使夹杂物球化，MnS夹杂变成CaS或含CaS的复合夹杂，使Al_2O_3类夹杂成为铝酸钙型氧化物夹杂，这类夹杂物为球形，呈弥散分布，在钢的轧制温度下基本不变形，轧制后仍为球形。因此Ca处理可以使钢的氢致开裂敏感性下降。但若钙加入量过多则会形成CaS集聚，Ca/S有个最佳值，S含量越低，该比值的容许值越大。

8）金相组织影响

氢致开裂虽然在MnS上形核，但却沿偏析区扩展，故偏析较大的带状组织会使材料的抗HIC性能变坏。裂纹沿铁素体扩展，当铁素体硬度提高（如固溶强化）时就能使裂纹长度增加。裂纹的形核和扩展与珠光体无关，故珠光体含量（提高钢的强度）对HIC影响不大。轧后进行常化或调质处理，可以使偏析区的硬度下降，因此可以降低氢致开裂敏感性。如果轧后高温快冷，则可以使带状组织减轻或消除，从而使抗HIC性能大大提高。金相组织对抗H_2S应力腐蚀破裂影响很大，其抗破裂能力按以下顺序减弱：回火马氏体组织在铁素体基体加球状碳化物组织→淬火后经充分回火的金相组织→正火和回火的金相组织→正火后的金相组织→未回火的网状淬火马氏体和贝氏体。总之，凡是晶格在热力学上越处于平衡状态的组织，其抗应力腐蚀破裂性能越好。

9）非金属夹杂物的影响

夹杂物界面是氢的强陷阱。在钢与腐蚀性气体（H_2S）的接触面上通过电化学腐蚀反应，氢离子在阳极获得电子而变成氢原子。然后，原子氢渗入腐蚀层，扩散进入钢中，富集在夹杂物（特别是长条状的MnS）周围，形成分子氢。当夹杂物顶端的分子氢压升高到大于临界值时就会产生裂纹，同时在裂纹顶端出现局部塑性变形区，随着氢压的增大，这些裂纹能向前扩展或互相连接。当两个平行的裂纹靠得很近时，裂纹间的相互干涉较大，容易使裂纹弯曲而成台阶状的裂纹。由于HIC主要在长条状的MnS夹杂物上形核，而且单位面积上夹杂物总长度愈大，HIC愈容易产生。因此，钢中加入Ca、Re，使长条状的MnS变为球形的硫化物夹杂，会大大改善钢的抗氢致开裂（HIC）的性能。

10）冶金因素

夹渣和分层存在为扩散氢提供积聚的场所，导致鼓包和氢致开裂损伤。钢的化学成分和制造方法也影响敏感性。由于轧制方法不同，钢板夹杂物在板中心呈片状分布，而管材的夹杂物受到了破碎，鼓包和氢致开裂损伤大多发生在板材。改善钢的纯净度和加工工艺可以使鼓包和氢致开裂损伤减到最小程度，但仍然还会有钢对应力导向氢致开裂的敏感。

从材料化学成分方面来说，影响湿硫化氢腐蚀的主要化学元素是锰、硫、碳等元素。

湿硫化氢用钢质量保证措施：

（1）纯净度的控制。

强化精炼工艺操作，最大限度控制 P、S 等杂质含量，确保钢质纯净。

（2）钙处理。

对钢水进行钙处理，使得氧化物和硫化物夹杂转变为外包硫化钙的低熔点钙铝酸盐球状复合夹杂物，夹杂物细化且分布均匀，从而减轻硫化物的危害，在不降低强度的条件下，显著地提高钢的塑性和冲击韧性，改善钢材的各向异性，保证钢板组织性能的均匀性。同时可以大大改善钢的氢致开裂敏感性。

（3）微合金化。

充分利用 Nb、V 形成碳氮化物，通过在钢组织中的溶解和析出对钢进行晶粒细化和沉淀强化。通过微合金化，可以降低影响韧性和焊接性能最大的碳含量，确保在低碳含量情况下仍获得高的强度、良好的低温冲击韧性。

（4）控制轧制及热处理。

采用控制轧制工艺，以发挥微合金元素的细化晶粒和强化基体的作用，得到细小的晶粒尺寸和理想的组织，获得良好的强韧配合并提高抗硫化物腐蚀性能。热处理可使钢板组织均匀，晶粒细化，并可消除部分轧制应力，在不降低或少许降低强度的前提下提高钢板的塑韧性。另外，对于含 Nb、V 等的钢种，通过正火，可使微合金碳氮化合物进一步析出，以增加沉淀强化的效果。

6.3.1.5 评价方法

（1）NACE TM 0284《管道、压力容器抗氢致开裂钢性能评价的试验方法》（等同于相当于国内标准 GB/T 8650，见 6.1.2.9）

（2）NACE TM 0177《在 H_2S 环境金属耐硫腐蚀开裂和硫腐蚀开裂的实验室试验方法》（等同于国内标准 GB/T 4157）。该标准推荐了 4 种 H_2S 腐蚀试验方法，常用的有恒负荷拉伸法（A 法）和三点弯曲法（B 法），规定了试验用的饱和 H_2S 水溶液。标准中的 A 法是根据应力腐蚀门槛值的大小或指定应力值下的断裂时间长短，判断材料抗 H_2S 腐蚀性能的优劣，标准中没有规定 σ_{th} 的具体指标。三点弯曲法（B 法）与恒负荷拉伸法（A 法）相比，具有试验周期短、数据分散性小、设备简单等优点，适用于抗 H_2S 材料研制过程中的筛选对比试验。

TM0177 试验方法是最早发展的，并被广泛用于评价高强度、低合金钢和其他材料的 SSC 敏感性能，通常这些材料没有发生大量内部开裂。一些情况下需要观察起泡现象。TM 0177 所定义的试验方法利用外加应力试样可有效地评价 SSC，它对于定义阈值应力特别有用。TM0177 试验方法表明在一些钢材中随着裂纹的内部连接（如 SOHIC），能够产生贯穿厚度排列扩展的鼓泡。但是在另一些情况下，具有大量内部开裂的试样并不发生破裂。因此，用 TM0177 试验区分材料对 SOHIC 的敏感性可能发生混淆。

（3）MR0175/ISO 15156-2《石油与天然气工业－材料用于油气生产含 H_2S 环境－第二部分 抗裂碳钢和低合金钢，和铸铁应用》Part2 附录 B.5. 可以通过测试评价 HIC 实验。

(4) NACE 标准 TM0103《评价湿硫化氢环境下钢板的抗应力导向氢致开裂（SOHIC）性能的实验室试验方法》。通常对 SSC 和 HIC 评价的标准试验方法；在对钢进行评价和评定时，NACE 标准 TM0177 和 TM0284 被广泛应用于确定钢材抗 SSC 和 HIC 的性能。但是，这些试验方法都不能直接得出 SOHIC 固有的特殊机理和开裂类型。由于 SOHIC 与 SSC 与 HIC 有不同点，SOHIC 中这些鼓泡的方向非常不同。钢中外加或残余拉伸应力（典型的在焊缝热影响区附近）的存在就产生了这些鼓泡的多种排列形式，并且相互连接的裂纹在贯穿厚度方向上取向。NACE 标准 TM0284 尽管是一个评价 HIC 的合适试验方法，但由于缺乏施加的拉伸应力，因此不能提供与 SOHIC 这样的贯穿厚度开裂的评价。该标准介绍的试验方法可以作为制造、使用或选择碳钢时进行试验室评价材料 SOHIC 的基础，是基于滞止开裂方法所提供的 SOHIC 评价方法。

(5) RBI 评估方法。NACE 出版物 8X194 推荐采用 API 580 与 API 581《基于风险的检验》评估开裂的可能性与失效的后果。

6.3.2　CO_2腐蚀

二氧化碳俗称碳酸气，在标准状态下，CO_2是无色无臭略带酸性的气体，相对分子质量为 44.01，不能燃烧，容易被液化；其密度约为空气的 1.53 倍。CO_2分子是直线型的，属于非极性分子，但可溶于分子极强的溶剂，也可溶于原油和凝析油中。CO_2的物理状态有气态、液态和固态三种，和环境温度和压力密切相关，其相图分布如图 6.3.2－1 所示。

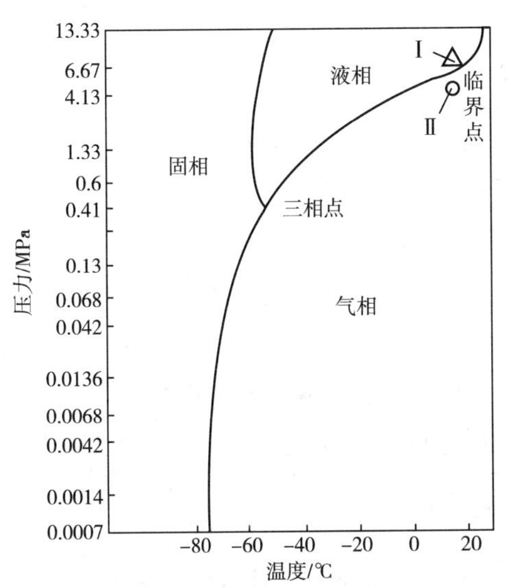

图 6.3.2－1　CO_2相图分布

对于密闭容器中的CO_2，其液相密度值将随温度升高而降低，变化范围为：463.9～1177.9kg/m³，而气相CO_2密度将随温度升高而增大，变化范围为：13.8～463.9kg/m³。固态CO_2（干冰）密度为：1512.4～1595.2kg/m³，随着温度的增加稍有下降。在临界温度下，液体CO_2会发生气化现象，在一定的温度和压力下，也会出现液体和气体共存的现象，气体和液体达到平衡状态，形成饱和蒸气，其相应的压力为饱和蒸气压。图 6.3.2－2 为CO_2气体饱和蒸气压曲线。

6.3.2.1　CO_2的腐蚀形态

CO_2对设备和管道的腐蚀可形成全面腐蚀（均匀腐蚀），也可形成局部腐蚀。形成全面腐蚀时，金属的全部或者大面积上均匀地受到破坏。形成局部腐蚀时，金属的表面某些局部区域发生严重的腐蚀，而其他部位并未腐蚀或者腐蚀轻微，CO_2的局部腐蚀种类主要有：点蚀、台地腐蚀和流动诱使局部腐蚀。CO_2的腐蚀根据温度不同，经常出现的三种腐

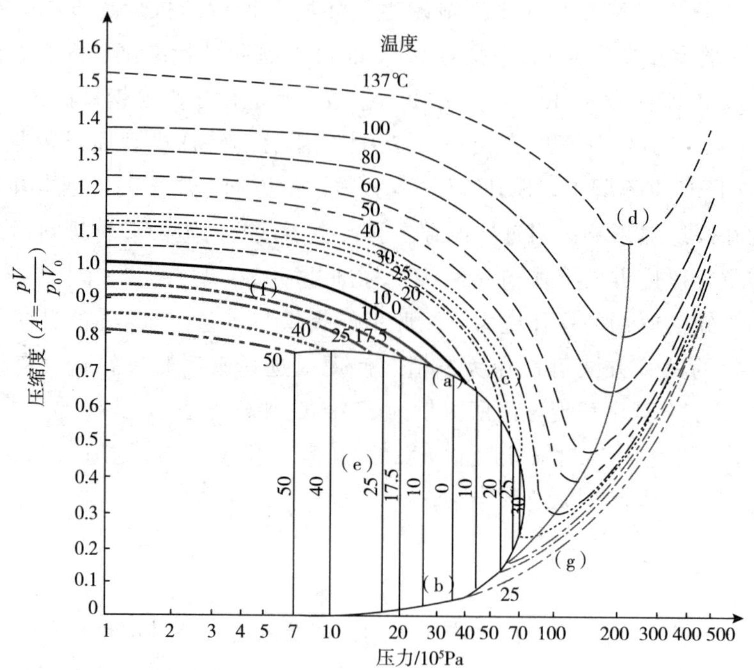

图 6.3.2－2　CO_2气体饱和蒸气压曲线

(a) —饱和蒸气压线；(b) —饱和液体线；(c) —临界温度线 ($T=3$)

(d) —波义尔轴线；(e) —汽液两相区；(f) —汽相区（过热蒸气区，体积为 0)；

(g) —液相区（其气相体积为 0)

蚀情况：

(1) 60℃以下，金属表面存在少量软而附着力小的 $FeCO_3$ 腐蚀产物膜，金属表面光滑，容易发生均匀腐蚀；

(2) 100℃附近，腐蚀产物层厚而松，容易发生严重的均匀腐蚀和局部腐蚀；

(3) 150℃以上，腐蚀产物时细致、紧密、附着力强、具有保护性的 $FeCO_3$ 和 Fe_3O_4，降低了金属的腐蚀速度。

6.3.2.2　CO_2腐蚀程度的分级

API RP581 根据 CO_2腐蚀程度进行了详细的腐蚀程度分级，具体规定见表 6.3.2－1。

表 6.3.2－1　API RP581 对 CO_2腐蚀程度分级　　mm/a

分类	均匀腐蚀速率	点蚀速率
轻度腐蚀	<0.025	<0.127
中度腐蚀	0.025～0.125	0.127～0.201
严重腐蚀	0.126～0.254	0.202～0.381
极严重腐蚀	>0.254	>0.381

6.3.2.3　CO_2腐蚀机理

多年来，CO_2的腐蚀机理一直是研究的热点，干燥的 CO_2 气体是没有腐蚀性的。当 CO_2溶于水中时，会促使金属发生电化学腐蚀，根据 CO_2产生腐蚀的不同形态，可以提出不同的腐蚀机理。以 CO_2 对碳钢和含铬钢的腐蚀为例，有全面腐蚀也有局部腐蚀，表 6.3.2－2 为这两种材料的腐蚀机理。

表 6.3.2－2　CO_2腐蚀机理

钢种	类型1（低温）	类型2（中等温度）	类型3（高温）
碳钢	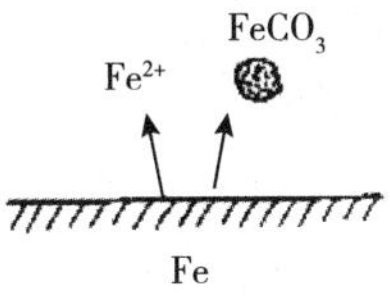 Fe^{2+}　$FeCO_3$　Fe	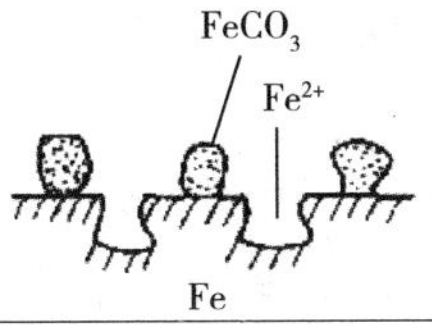 $FeCO_3$　Fe^{2+}　Fe	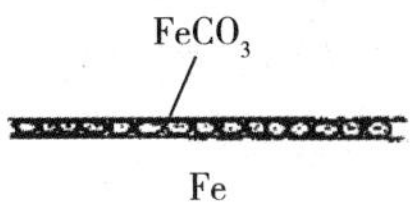 $FeCO_3$　Fe
含铬钢	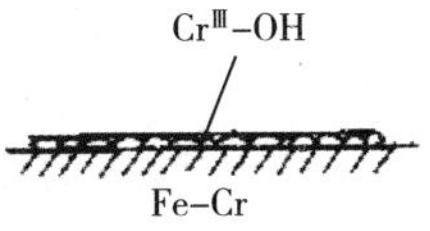 Cr^{III}–OH　Fe–Cr	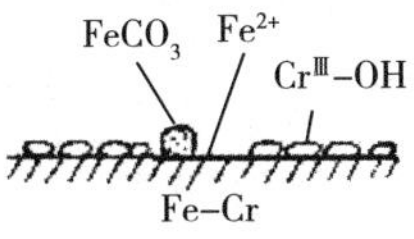 $FeCO_3$　Fe^{2+}　Cr^{III}–OH　Fe–Cr	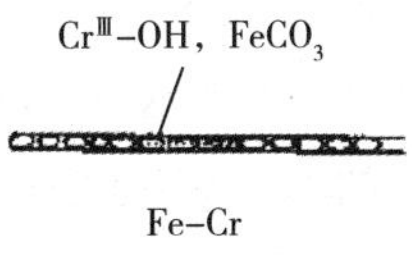 Cr^{III}–OH，$FeCO_3$　Fe–Cr

1）CO_2全面腐蚀机理

Fe 在 CO_2水溶液中腐蚀腐蚀基本是阳极反应：

$$Fe + OH^- \longrightarrow FeOH + e$$

$$FeOH \longrightarrow FeOH^+ + e$$

$$FeOH^+ \longrightarrow Fe^{2+} + OH^-$$

亦即铁的阳极氧化过程。

腐蚀阴极主要有以下两种过程（下标 ad 代表吸附在金属表面的物质，sol 代表溶液中的物质）：

（1）非催化的氢离子阴极还原反应。

当 pH＜4 时

$$H_3O + e \longrightarrow H_{ad} + H_2O$$

$$H_2CO_3 \longrightarrow H^+ + HCO_3^-$$

$$HCO_3^- \longrightarrow H^+ + CO_3^{2-}$$

当 4＜pH＜6 时

$$H_2CO_3 + e \longrightarrow H_{ad} + HCO_3^-$$

当 pH＞6 时

$$2HCO_3^- + 2e \longrightarrow H_2 + 2CO_3^{2-}$$

（2）表面吸附 $CO_{3,ad}^{2-}$的 H 离子催化还原反应。

$$CO_{2,sol} \longrightarrow CO_{2,ad}$$

$$CO_{2,ad} + H_2O \longrightarrow H_2CO_{3,ad}$$

$$H_2CO_{3,ad}^- + e \longrightarrow H_{ad} + HCO_{3,ad}^-$$

$$HCO_{3,ad}^- + e \longrightarrow H_{ad} + H_2O$$

$$H_2CO_{3,ad}^- + H_3O^+ \longrightarrow H_2CO_{3,ad} + H_2O$$

两种阴极反应的实质都是由于CO_2溶解后形成的 HCO_3^- 电离出 H^+ 的还原过程。

总的腐蚀反应：

$$CO_2 + H_2O + Fe \longrightarrow FeCO_3 + H_2$$

金属材料在CO_2水溶液的腐蚀从本质上说是一种电化学腐蚀，符合一般的电化学腐蚀特征。

2）CO_2的局部腐蚀机理

CO_2的局部腐蚀是腐蚀产物（$FeCO_3$）、垢（$CaCO_3$）或其他的生物膜在钢表面不同的区域覆盖度不同，不同覆盖度的区域之间形成了具有很强自催化特性的腐蚀电偶或闭塞电池，CO_2的局部腐蚀就是这种腐蚀电偶作用的结果。

6.3.2.4　CO_2腐蚀的影响因素

CO_2腐蚀的收众多因素的影响，概括起来主要有两类，一类是环境因素，主要包括CO_2的分压、介质温度、pH 值、溶液中的 Cl^- 和 H_2S 含量、介质流速和流态、施加载荷（内部和外部）等，另一类是材料因素，主要是材料种类、材料中合金元素和杂质含量的含量及控制等。

1）介质含水量

无论在气相和液相里，CO_2腐蚀的发生都离不开水对金属材料的浸湿作用，因此，水在介质中的含量是影响CO_2腐蚀的一个重要因素。一般来说，当水含量小于 30%（质量分数）时，会形成油包水（水/油）乳液，水包在油中，水相对材料表面的浸湿作用将会得到抑制，发生CO_2腐蚀的倾向较小；当水含量大于 40%（质量分数）时，会形成水包油（油/水）乳液，油包在水中，水相对材料的浸湿作用将加强，水相对材料表面发生浸湿而产生CO_2腐蚀。所以 30%（质量分数）含水量时判断是否发生CO_2腐蚀的一个经验判据。图 6.3.2-3 给出了含CO_2油水混合介质中对碳钢腐蚀速率的影响，很明显，随着含水量的增加，CO_2的腐蚀速率增加，当含水量 45%（质量分数）时，腐蚀速率出现一个突跃，这可能是因为介质从油包水乳液快速向水包油乳液转变的缘故。

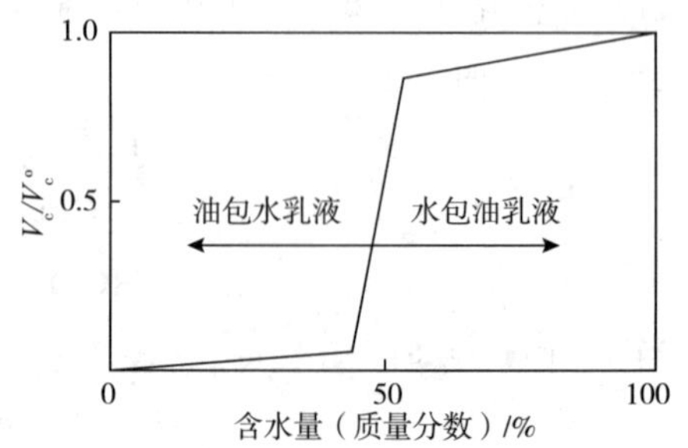

图 6.3.2-3　含CO_2油水介质中水的质量分数对碳钢腐蚀速率的影响

2）介质温度

大量的研究结果显示，温度是CO_2腐蚀的重要参数，在 60℃附近CO_2腐蚀在腐蚀动力学上有质的变化。

碳酸亚铁（$FeCO_3$）的溶解度有其负的温度系数，溶解度随温度的升高而降低，因此，在 60～110℃，铁的表面可生成具有一定保护作用的腐蚀产物 $FeCO_3$，使腐蚀速率出现过渡区，该温度范围内，局部腐蚀比较突出，而低于 60℃，材料表面不能形成保护膜，钢的腐蚀速率出现第一个最大值（含 Mn 钢在 40℃附近，含 Cr 钢在 60℃），因而，在 110℃附近出现第二个最大值，表面产物层也有 $FeCO_3$ 变成厚而松散的无保护性的 Fe_3O_4 和 $FeCO_3$ 膜，并随温度升高 Fe_3O_4 量增加并占据主导地位），对于含 Cr 高的材料，在高温时主要转变成铬的氧化物。

根据温度对 CO_2 腐蚀的影响，CO_2 腐蚀可分为以下四种情况：①＜60℃，腐蚀产物为 $FeCO_3$，软而无附着力，金属表面光滑，主要发生均匀腐蚀；②60～110℃，材料表面可形成具有一定保护性的腐蚀产物，局部腐蚀比较突出；③110℃附近，均匀腐蚀速度高，局部腐蚀严重，腐蚀产物为厚而松的 $FeCO_3$ 粗晶体；④110℃以上，生成细致、紧密、附着力强的 Fe_3O_4 和 $FeCO_3$ 膜，腐蚀速率较低。图 6.3.2－4 给出了含 CO_2 介质中温度对不同铬含量钢种腐蚀速率的影响。

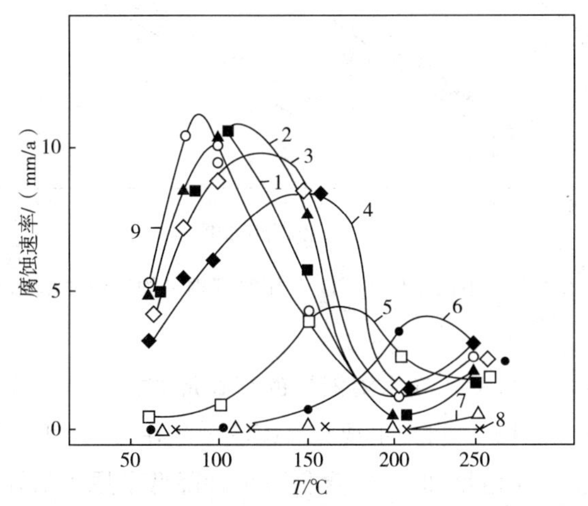

图 6.3.2－4　CO_2 介质中温度对不同含铬量钢腐蚀速率的影响

铬含量：1—1%　2—2%　3—3%　4—5%　5—9%

6—13%　7—17%　8—25%　9—0%

3）CO_2 分压

CO_2 分压在判断 CO_2 腐蚀中起着重要作用，目前在油气工程中根据 CO_2 分压判断 CO_2 腐蚀的经验规律如下：

CO_2 分压/MPa	腐蚀的严重程度
<0.021	不产生
0.021～0.21	中等
>0.21	严重

图 6.3.2－5 给出了 CO_2 分压和材料平均腐蚀速率二者之间的关系，二者的对数值近似满足线性关系。

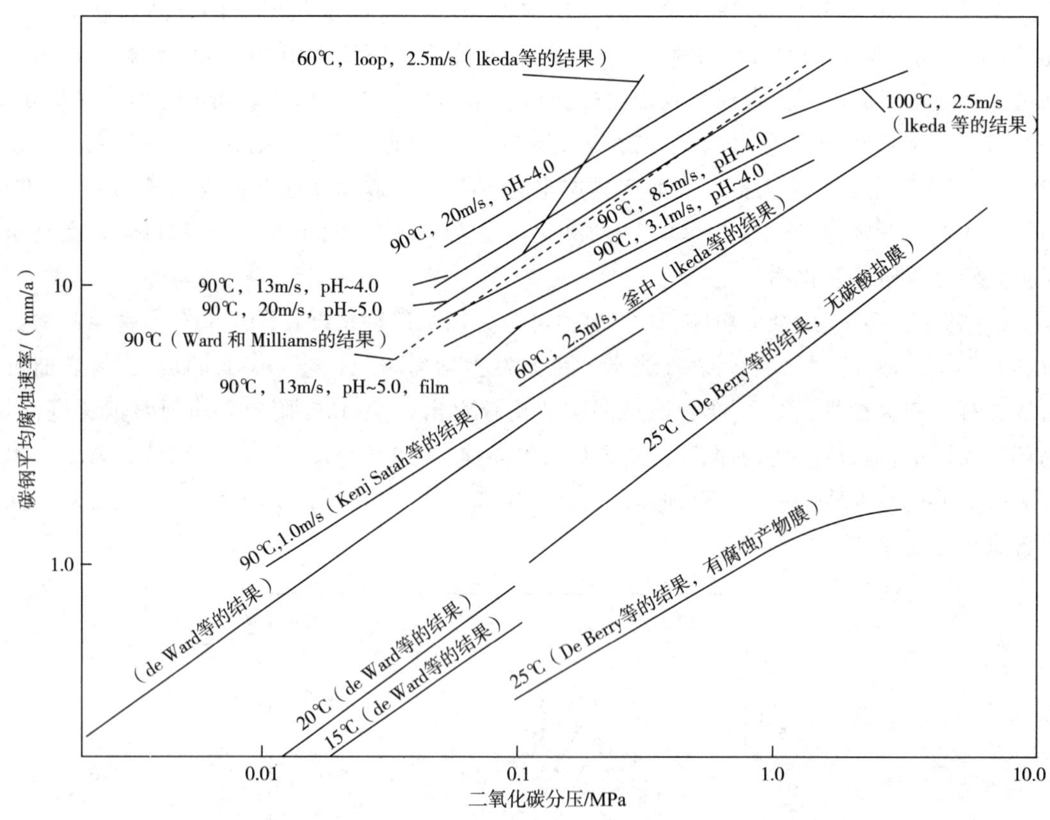

图 6.3.2-5　不同条件下 CO_2 分压对碳钢平均腐蚀速率的影响

4）介质的 pH 值

pH 值得变化直接影响 H_2CO_3 在水溶液中的存在形式。当 pH 值小于 4 时，主要以 H_2CO_3 存在；当 pH 值在 4～10 之间，主要以 HCO_3^- 存在；当 pH 值大于 10 时，主要是 CO_3^{2-} 存在。一般来说，pH 值增加，H^+ 含量减少，降低了原子氢还原反应速度，从而降低了腐蚀速率。图 6.3.2-6 为 pH 值对 H_2CO_3 在水溶液中存在形式的影响。

pH 值不仅是二氧化碳分压和温度的函数，也与水中 Fe^{2+} 及其他离子浓度有关。在除氧水中，若无 Fe^{2+} 等离子，CO_2 溶于水后可使 pH 值显著下降，有很强的腐蚀性。另外，pH 值升高，会影响 $FeCO_3$ 的溶解性，随着 pH 值增大，$FeCO_3$ 的溶解性将降低。在局部高 pH 值处，接近钢表面的 Fe^{2+} 离子便沉积为 $FeCO_3$ 膜，引发腐蚀的不均匀性。

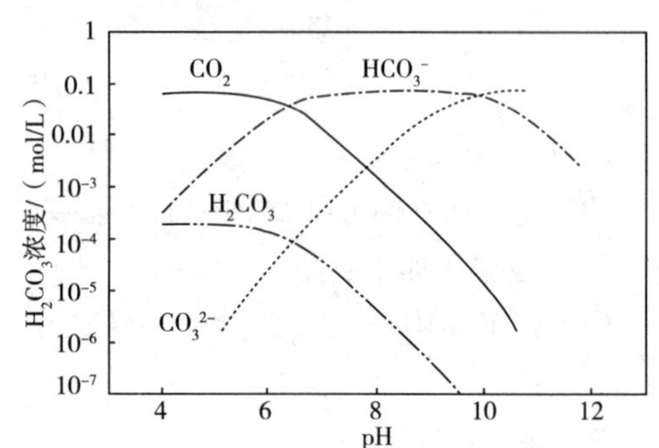

图 6.3.2-6　pH 值对 H_2CO_3 在水溶液中存在形式的影响

5）介质中氯离子含量

在常温下，Cl^- 的加入使得 CO_2 在溶液中的溶解度降低。但介质中如果存在 H_2S，结果会截然相反。一般认为，Cl^- 浓度只有达到一定程度以上点蚀才能发生，这一临界浓度和材料本身有本质的联系。目前，对 Cl^- 在 CO_2 溶液中的腐蚀机理仍然存在一定的争议。

6）介质中 H_2S 含量 CO_2 和 H_2S 腐蚀可以引起材料的应力腐蚀开裂（SSC），不同浓度的 H_2S 对 CO_2 腐蚀的影响见表 6.3.2－3。其中 H_2S 对 CO_2 腐蚀的影响可分为二类，第一类，介质温度较低时（60℃左右），H_2S 通过加速腐蚀的阴极反应而加快腐蚀进行。第二类，介质温度在 110℃左右时，H_2S 超过33mg/kg时，局部腐蚀降低但均匀腐蚀增加。介质温度在 150℃左右时，发生第三类腐蚀，金属表面形成 $FeCO_3$ 或 FeS 保护膜，抑制腐蚀的进行。

表 6.3.2－3 不同浓度的 H_2S 对 CO_2 腐蚀的影响

H_2S浓度/（mg/kg）	类型1	类型2	类型3
<3.3	$FeCO_3$ Fe^{2+}	Fe^{2+} $FeCO_3$	$FeCO_3$
33	$FeCO_3$ Fe^{2+} FeS	Fe^{2+} FeS	$FeCO_3$ FeS
330	FeS $FeCO_3$ Fe^{2+} FeS	$FeCO_3$ Fe^{2+} FeS FeS	$FeCO_3$ FeS

7）介质中 O_2 的影响

O_2 和 CO_2 共存在水中会引起严重腐蚀，O_2 时金属材料腐蚀反应中主要的阴极去极化剂之一。当钢铁表面未形成保护膜时，O_2 的增加，碳钢的腐蚀速率增加；如果钢铁表面形成保护膜，O_2 的存在几乎不影响碳钢的腐蚀速率。在饱和的 O_2 溶液中，CO_2 的存在也将大大提高钢铁材料的腐蚀速率。

8）施加载荷、时间及其他因素

在 CO_2 介质中施加载荷（内在的和施加的）将大大加速碳钢的腐蚀速率，增加材料产生 SSC 的可能性。并且连续载荷比间断载荷引起更为严重的腐蚀。一般认为，在前 50h 时间内，随着时间的增加，碳钢的腐蚀速率在增加，当超过 50h 后，碳钢腐蚀速率将随时间的增加而降低，这主要是保护膜形成的作用，另外，介质流速、垢等其他因素也会对 CO_2 的腐蚀产生影响。

9）材料因素

CO_2腐蚀环境中，对碳钢和低合金钢的合金元素对 CO_2腐蚀的影响很大。主要 Cr、C 元素起到主要作用。Cr 是提高材料耐 CO_2腐蚀的主要元素之一，Cr 在碳酸盐膜中的富集，会是膜更加稳定，图 6.3.2-7 给出了 Cr 含量对合金在 CO_2溶液中的耐蚀性影响。一般认为，当 Cr 含量在合金中达到 0.5%（wt），合金耐 CO_2腐蚀的性能将会提高一倍。但在高温时（大于 150℃），Cr 对 CO_2腐蚀的影响不明确，有研究表明，Cr 的存在还会降低合金对 CO_2的耐蚀性。C 对 CO_2腐蚀的影响主要是通过合金的显微组织性能决定的。对珠光体一铁素体组织的碳钢和低合金钢，当合金受到 CO_2溶液腐蚀时，Fe_3C 会暴露在钢铁表面充当腐蚀阴极形成腐蚀电偶，加速合金腐蚀；另一方面，Fe_3C 会形成腐蚀产物膜的主要结构而抑制腐蚀过程。因此，C 含量的高低对 CO_2溶液的腐蚀具有双重作用，具体情况应根据材料的组织、腐蚀环境等因素具体分析。

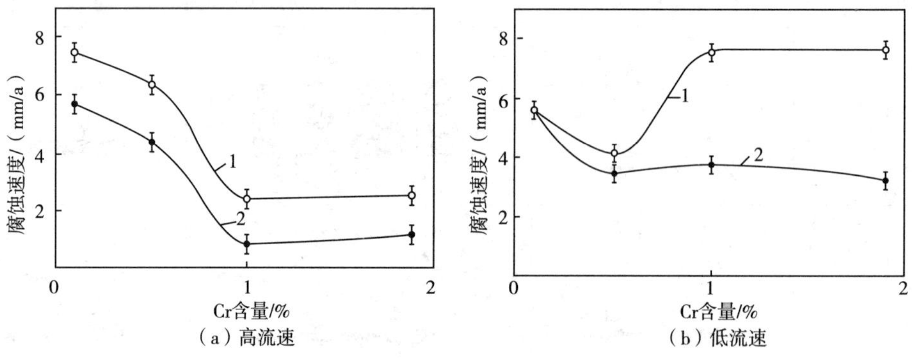

图 6.3.2-7 Cr 含量对合金在 CO_2溶液中的耐蚀性影响

1—局部腐蚀；2—均匀腐蚀

6.3.3 连多硫酸引起应力腐蚀（PTA SCC）

PTA SCC 是指在敏感奥氏体不锈钢和其他敏感奥氏体合金中发生的沿晶开裂。这种腐蚀破坏会给设备造成严重的损坏，通常靠近焊缝或高应力区域，开裂蔓延迅速，在数分钟或小时内就会穿透管线和部件的壁厚，而且不容易发现，直到开工或有时在操作中出现裂纹时才发现。

6.3.3.1 PTA SCC 腐蚀机理

连多硫酸属于结构式为 $H_2S_xO_y$的酸类，其中 x 通常范围为 1～5，y 的范围可以是1～6，所生成的连多硫酸最大可能性是 $x=4$，即 $H_2S_4O_6$。并不是所有含硫的酸都会导致 PTA SCC。H_2SO_4也可以导致晶间腐蚀，但是它们本身不会引起这种腐蚀。

连多硫酸的生成需要设备内表面的含硫腐蚀产物和氧、水反应而形成的，当这类反应物出现在敏感的奥氏体不锈钢及其他奥氏体合金工艺设备时，PTA SCC 就会发生。通常发生在停工期间。其最终反应平衡方程为：

$$8FeS+11O_2+2H_2O\longrightarrow 4Fe_2O_3+2H_2S_4O_6$$

6.3.3.2　环境影响因素

（1）形成连多硫酸的最主要氧气来源是设备打开后暴露于大气引进的。还有一部分是由含氧的清洗液及用于吹扫的不纯氮气和/或含有少量氧气的密闭气体。

（2）液体水是停工过程中的主要产物，主要生成于设备和管道内用蒸汽吹扫的冷凝水。其他停工过程中清洗用水等可见来源，另外，降雨或易达到露点的潮湿环境，这些条件都可以形成液态水。停工检修和检测活动也都会引入少量水，诸如通过水压试验和高压水洗等。

（3）在炼厂过程单元中易产生的铁或其他硫化金属垢物的环境中，PTA SCC更加易发。因为在停工时有潮湿空气的条件下这些高温垢物容易变湿，导致PTA的形成。如果设备材质对PTA敏感就会形成连多硫酸应力腐蚀开裂。

6.3.3.3　材料因素

在适当环境条件下，对于大多数奥氏体不锈钢和奥氏体合金都会产生PTA SCC。奥氏体不锈钢和其他奥氏体高合金钢发生连多硫酸应力腐蚀开裂与具体钢的化学成分有相当大的关系。PTA SCC通常发生在制造过程中已产生敏化（如焊接接头）或在敏化温度范围内长期运行的高碳（最大碳含量0.08%）奥氏体不锈钢和奥氏体合金上。

奥氏体钢和奥氏体合金材料出现敏化的温度范围大致位于370℃到815℃之间。具体各种奥氏体不锈钢敏化温度范围可参看NACE SP0170《Protection of Austenitic Stainless Steels and Other Austenitic Alloys from Acid Stress Corrosion Cracking During a S hut-down of Refinery Equipment》。图6.3.3-1为304/304L和321/347敏化温度—时间的关系图。敏化通常是指含铬碳化物在晶间沉积所致。这会导致位于晶界的铬减少，从而降低这个区域的耐蚀能力。PTA和亚硫酸会导致敏感的奥氏体不锈钢和镍基合金发生应力腐蚀开裂（SCC）。裂纹总是为晶间型，且萌生和扩展时要求相对低的拉伸应力。焊接态普通或高碳不锈钢如304/304H和316/316H，在焊缝热影响区对SCC特别敏感。低碳奥氏体钢（<0.03%C）在低于427℃下不敏感，稳定型不锈钢如321和347对PTA不敏感，特别是它们经过稳定热处理后。奥氏体不锈钢和合金材料对PTA SCC的敏感性通过ASTM G35腐蚀实验来确定。工业经验表明，奥氏体低碳不锈钢和经过加入稳定化元素

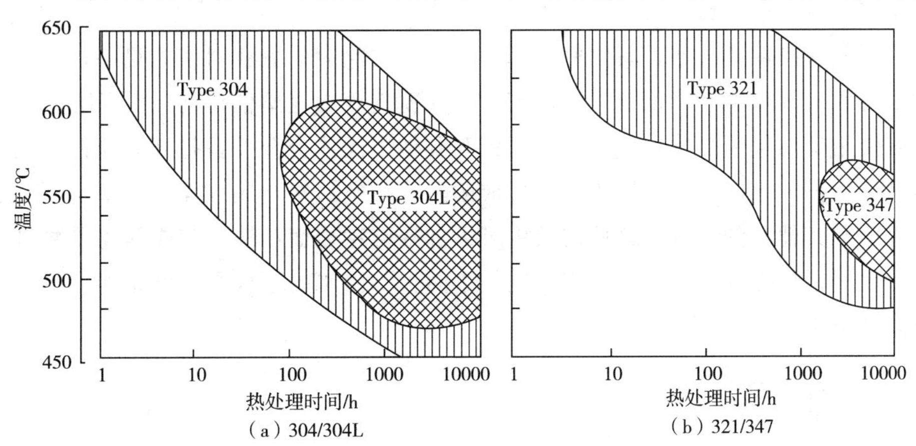

图6.3.3-1　304/304L和321/347材料温度—时间敏化图

的奥氏体钢堆焊层及锻制内构件，在反应器操作温度小于450℃时耐PTA SCC。某些奥氏体不锈钢在649℃以上温度暴露一段时间后会通过从晶粒内部转移一部分铬到晶间区域从而实现“自愈”。

铌是一种铁素体稳定化元素。在高温下铁素体可以转变成σ相。因此在材质承受温度高于538℃时或进行固溶或稳定化热处理时应规定Nb：C比（至少8：1）和/或限制铁素体量小于等于10%。

某些奥氏体钢对PTA SCC敏感性可参看表6.3.3-1和表6.3.3-2。

表6.3.3-1 运行温度低于等于427℃ PTA SCC敏感性

	固溶化处理	焊前稳定化处理	焊后稳定化处理
所有普通300系列不锈钢和合金600和800	中	—	—
H级300系列不锈钢	高	—	—
L级300系列不锈钢	低	—	—
321不锈钢	中	中	低
347不锈钢、合金20、合金625，所有奥氏体堆焊层	低	低	低

表6.3.3-2 运行温度高于427℃ PTA SCC敏感性

	固溶化处理	焊前稳定化处理	焊后稳定化处理
所有普通300系列不锈钢和合金600和800	高	—	—
H级300系列不锈钢	高	—	—
L级300系列不锈钢	中	—	—
321不锈钢	高	高	低
347不锈钢、合金20、合金625，所有奥氏体堆焊层	中	低	低

6.3.3.4 奥氏体不锈钢停工保护

参考NACE标准RP0170，在装置停工过程采取措施避免PTA SCC的发生。其主要考虑因素有：

（1）氮气吹扫保护。通过紧固密封及干氮气吹扫除氧的方式对工艺设备进行防护。干氮气吹扫可使水露点温度降低到环境温度以下，氮气吹扫也给催化剂提供了防护。

（2）使用碱洗进行防护。奥氏体不锈钢和其他奥氏体合金设备打开后应使用碳酸钠溶液进行碱洗防护，溶液中和金属表面上形成的酸，排空后在金属表面上留下了一薄层碱性的膜可以中和其他酸的形成。这些溶液中可以加入碱性表面活性剂和或其他缓蚀剂。

（3）使用干性空气防护。使用干性空气来防护自由水的形成是一种很经济的方法，同时可以降低PTA SCC的可能性。

6.3.4 环烷酸腐蚀

环烷酸是一类含有饱和环状结构和一个或多个羧基的有机酸的总称。虽然这些酸在相对分子质量上有显著差异，但它们的通式可用R（CH_2）COOH表示，式中R通常指环戊基或环已基。环烷酸是石油中有机酸的主要组分，占有机酸总量的50%以上。较高相对分子质量的环烷酸是由多个羧酸组成的混合物。环烷酸不溶于水，可溶于有机溶剂。

6.3.4.1　环烷酸腐蚀机理

由于原油中总是含有硫化氢，环烷酸腐蚀反应为：

$$Fe+2RCOOH \longrightarrow Fe(RCOOO)_2+H_2$$

$$Fe+H_2S \longrightarrow FeS+H_2$$

$$Fe(RCOOO)+H_2S \longrightarrow FeS+2RCOOH$$

$$FeS+2ROOOH \longrightarrow Fe(RCOOO)_2+H_2S$$

环烷酸腐蚀通常发生在加工总酸值大于0.5mg KOH/g原油，操作温度介于220～400℃的条件下。环烷酸可与金属裸露表面直接反应生成环烷酸铁，而不需要水的参与。环烷酸铁盐可溶于油中，腐蚀表面不易成膜，由于表面不生成积垢，腐蚀后形成轮廓清晰的蚀坑或流线状槽纹。在有H_2S的情况下会形成一层硫化物钝化膜，它可以随酸浓度的大小提供某种程度的保护，但环烷酸可与硫化物膜反应生成可溶性环烷酸铁。

6.3.4.2　影响因素

1）温度

研究发现170～190℃时即可发生明显腐蚀（0.247mm/a），190～210℃时腐蚀性最强，因此低温环烷酸腐蚀也应当引起重视。随温度升高环烷酸腐蚀速率增加，直到温度足够高使环烷酸分解为低质量有机酸，环烷酸分解通常发生在420℃以上。一般认为环烷酸腐蚀的温度区间为220～400℃，温度更高时环烷酸将发生分解，温度更低时基本不发生腐蚀。在一定温度下，腐蚀速率与中和值大致成正比，但是，温度每升高37.8℃腐蚀速率就会增至3倍。不同原油所含环烷酸的种类与数量不同，温度一浓度的峰值也不同，炼厂经验表明温度超过400℃就不再有环烷酸腐蚀发生。

一般认为环烷酸/硫腐蚀存在两个腐蚀峰值温度，分别为270～280℃和350～400℃。前一个腐蚀高峰由环烷酸腐蚀引起，后一个高峰由H_2S等活性硫参与反应引起。但目前有关高酸原油腐蚀评价研究表明无论是碳钢还是不锈钢，腐蚀速率均随温度的升高而升高，某些材质在300℃以后腐蚀速率还出现拐点。在一定酸值下，温度在288℃以上时，每上升55℃，环烷酸对碳钢和低合金钢的腐蚀率将增加1倍。

在减压过程中，最严重的腐蚀通常发生在288℃。原因是环烷酸在实沸点在370～425℃范围内的物流中容易浓缩，减压的作用是降低沸点110～160℃。

2）酸值

原油和馏分油的酸值是衡量环烷酸腐蚀的重要因素，通常情况下原油酸值大于0.5mgKOH/g，或者馏分油酸值大于1.5mgKOH/g时即可发生明显的环烷酸腐蚀。经验表明，在一定温度范围内存在一个临界酸值，高于此值，腐蚀速率将明显加快。但对于不同的炼油厂和原油种类来说其临界酸值是不同的。现场调查表明明显的环烷酸腐蚀发生在总酸值大于0.5mgKOH/g的情况下；同时另一些现场研究发现总酸值的门槛值在1.5～2.0之间；还有报道说在酸值明显小于0.5的轻质印尼原油炼制中发现了环烷酸腐蚀。由于酸的种类不同和硫含量的影响仍然可能发生严重的腐蚀，因此，由于不同的原油含有的环烷酸和硫化物种类不同，即使两种原油具有相同的酸值，也可能具有不同的腐蚀性。虽然在一定材质和原油组分的条件下可形成表面保护膜，但表面膜的稳定性依赖于流速，特别是剪切应力和温度。因此，简单地讲发生腐蚀的酸值门槛值是不合适的。

酸值测定常用的ASTM D664的电位滴定法受到酸性气体如H_2S、CO_2以及可水解盐类如$MgCl_2$和$CaCl_2$等的影响。总酸值TAN（Total Acid Number）和环烷酸含量NAT（Nap hthenic Acid Titration）随不同温度下蒸馏馏分的不同而发生变化。原油种类不同，NAT在原油及各侧线中所占TAN的比值有很大的差异。

3）硫化物种类及含量

环烷酸腐蚀和硫腐蚀是同时进行的，并且硫化物对环烷酸腐蚀有着极为重要的影响，它们之间的相互作用又十分复杂，硫化物既可增强也可降低原油的腐蚀性。

通常认为H_2S可抑制环烷酸腐蚀。研究表明在260℃时的硫化氢对环烷酸腐蚀的抑制作用比较明显。文献认为硫含量对环烷酸腐蚀的影响存在一临界值。硫含量低于临界值时，环烷酸可破坏硫化物腐蚀产物，生成油溶性的环烷酸铁和H_2S，使腐蚀加重。若硫含量高于临界值，则H_2S在金属表面可生成稳定的硫化亚铁保护膜，减缓环烷酸的腐蚀作用。也就是所说的低硫高酸腐蚀比高硫高酸的腐蚀还要严重。虽然高硫含量通常认为能够抑制环烷酸腐蚀，但是过高的活性硫含量将加剧高温硫腐蚀。Cooper则认为288℃以上的腐蚀速率增加主要由硫腐蚀引起。

研究表明硫腐蚀和环烷酸腐蚀是一个连续统一体，当H_2S含量在一个适度的范围内时才可明显抑制环烷酸冲刷腐蚀，而当H_2S浓度超过一定值时高流速可去除保护性硫化物膜，形成硫冲刷腐蚀，并且环烷酸的存在可加速腐蚀，使其腐蚀速率甚至高出环烷酸冲刷腐蚀。通过环烷酸与硫化氢腐蚀体系热力学分析得出一些规律，图6.3.4－1表明在327℃下不同硫化氢分压与环烷酸分压对碳钢金属表面的腐蚀能力，相图有三个区组成：免蚀区（Fe），钝化区（FeS、FeS_2）和腐蚀区［Fe（RCOO）$_2$］。当硫化氢与环烷酸均低分压时金属不腐蚀，低硫化氢与高环烷酸时进入腐蚀区，随硫化氢分压的增加进入钝化区的范围增加，直到有足够的环烷酸分压才进入腐蚀区。这也说明了低硫高酸腐蚀性强和高硫可以抑制环烷酸腐蚀。目前对于硫化物对环烷酸腐蚀的影响规律的认识尚不够充分，对于所形成的表面膜在含环烷酸高温原油中的性质还缺乏了解，仍需要相当多的研究。

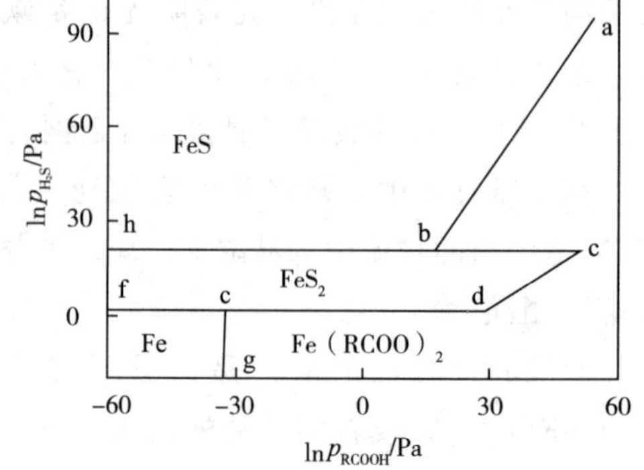

图6.3.4－1　在327℃下
Fe－H_2S－RCOOH系统相图

4）流速

流速是影响环烷酸腐蚀的非常重要的因素。在高温、高流速的情况下，即使酸值很低(0.3mgKOH/g)，碳钢仍具有较高的腐蚀速率。现场经验中，凡是有阻碍流体流动从而引起流态发生变化的地方环烷酸腐蚀特别严重，如三通、弯头和泵等。

Heler 根据生产统计数据，给出了各种材质的腐蚀速率与温度及流速的关系，数据显示 316 不锈钢用于流速大、冲击强的区域如弯头、泡罩等时，其腐蚀速率比用于流速低、冲击小的区域时高出一个数量级。无论是硫腐蚀还是环烷酸腐蚀均随流速的增加而加剧，流体产生的剪切应力能够去除保护性硫化物膜，而剪切应力与流速成正比，但同时也应当考虑流体状态的影响。

5）材质

在环烷酸腐蚀环境中，抗腐蚀能力从高到低的顺序是 317＞316L＞18－8 型，而它们的抗腐蚀能力又远大于 Q345 型和 Cr5Mo。现场经验表明含 Mo 的 316、317 不锈钢是目前使用的耐环烷酸腐蚀比较好的材质。在极苛刻的环境，即使是高合金材料如 12Cr、316、317 等，甚至是含 6%Mo 的不锈钢在某些严重的情况下也显示出对环烷酸腐蚀比较敏感。

从现场经验和实验室研究来看，Mo 元素在材料抵抗环烷酸腐蚀中起到重要的作用。Mo 加入后，不锈钢组织由单相变为双相，并且随 Mo 含量的增加，铁素体含量增加，显微硬度增加，这将有益于提高材料的抗冲蚀性能。另外，Mo 可有效增强表面膜，减少表面活性点，提高不锈钢在酸性介质中的抗点蚀能力。而在炼油厂环烷酸腐蚀中，点蚀也是一个重要形式。因此，随不锈钢中 Mo 含量的增加其抗环烷酸腐蚀能力提高。316 是使用最多的材料，但必须保证 Mo 大于 2.5%。

6.3.4.3　环烷酸腐蚀速率的预测

APIR P581《Risk-based Inspection Met hodology》给出了不同材料的高温硫与环烷酸腐蚀率。使用者可根据原油中的 TAN 值、硫含量、流速等查表进行预测。如果速度大于 30m/s，表中的腐蚀率要乘以 5。

6.3.5　高温硫腐蚀

高温硫化物的腐蚀环境是指 240℃以上的重油部位硫、硫化氢和硫醇形成的腐蚀环境。在炼油临氢装置中由于氢的存在加速 H_2S 的腐蚀，在 240℃以上形成高温 H_2S+H_2 腐蚀环境。

1）腐蚀机理

在高温条件下，活性硫与金属直接反应，它出现在与物流接触的各个部位，表现为均匀腐蚀，其中硫化氢的腐蚀性很强。化学反应如下：

$$H_2S+Fe \longrightarrow FeS+H_2$$

$$S+Fe \longrightarrow FeS$$

$$RSH+Fe \longrightarrow FeS+\text{不饱和烃}$$

高温硫腐蚀速度的大小，取决于原油中活性硫的多少，但是与总硫量也有关系。当温度升高时，一方面促进活性硫化物与金属的化学反应，同时又促进非活性硫的分解。温度低于120℃时，非活性硫化物未分解，在无水情况下，对设备无腐蚀。但当含水时，则形成炼油厂各装置低温轻油部位的腐蚀，特别是在相变部位（或露点部位）造成严重的腐蚀；温度120～240℃时，原油中活性硫化物未分解；温度240～340℃时，硫化物开始分解，生成硫化氢，对设备也开始产生腐蚀，并且随着温度的升高腐蚀加剧；温度340～400℃时，硫化氢开始分解为H_2和S，S与Fe反应生成FeS保护膜，具有阻止进一步腐蚀的作用。但在有酸存在时（如环烷酸），FeS保护膜被破坏，使腐蚀进一步发生；温度426～430℃时，高温硫腐蚀最为严重；温度大于480℃时，硫化氢几乎完全分解，同时由于烃的结焦保护了设备，腐蚀性开始下降。

高温硫腐蚀开始时速度很快，一定时间后腐蚀速度会恒定下来，这是因为生成了硫化铁保护膜的缘故。而介质的流速越高，保护膜就容易脱落，腐蚀将重新开始。流速超过30m/s时腐蚀率可能有5倍的增加。

能够引起硫腐蚀的硫的化合物有元素硫、聚硫化物、硫化氢（H_2S）、脂族硫化物、脂族二硫化物。从腐蚀观点看，硫化氢是硫的化合物中最具活性的腐蚀剂。对大多数其他硫的化合物，就腐蚀而言，在原油到达炼厂并被加热到较高温度之前，它们呈现惰性。究竟是这些复合的硫的化合物本身还是这些化合物转化成的硫化氢造成了腐蚀破坏，依然需要进一步研究。有资料介绍，高温下二硫醚腐蚀最严重。高温硫腐蚀一般发生在含硫油接触的220℃以上的部位，伴随温度的升高，腐蚀加剧。260℃以上高温时原油中硫化物如表6.3.5-1所示，由上至下腐蚀率递增。

表6.3.5-1 高温下原油中硫化物腐蚀速率预测

260℃	316℃	371℃	427℃	482℃
硫醚	元素硫	硫化氢	硫化氢	硫化氢
元素硫	元素硫	硫醇	硫醇	硫醇
硫化氢	硫醚	元素硫	元素硫	硫醚
硫醇	硫醇	硫醚	硫醚	元素硫
二硫化物	二硫化物	二硫化物	二硫化物	二硫化物

原油中所含硫化物除硫化氢、低级硫醇和元素硫外，还存在大量的对普通碳钢无直接腐蚀作用的有机硫化物，如高级硫醇、多硫化物、硫醚等。原油中的硫醚和二硫化物在130～160℃已开始分解，其他有机硫化物在250℃左右的分解反应也会逐渐加剧。最后的分解产物一般为硫醇、硫化氢和其他相对分子质量较低的硫醚和硫化物，由于原油产地不同，各种硫化物的热稳定性也不一样，因此其分解作用的快慢和分解程度的高低也不同。这些有机硫化物分解生成的元素硫、硫化氢则对金属产生强烈的腐蚀作用。

2）影响因素

（1）温度的影响

温度影响表现在两个方面，一是温度升高促进了硫、硫化氢、硫醇等与金属的化学反应；二是温度升高促进了原油中非活性硫的热分解。原油中所含的某些硫化物，只有在

240℃以上才开始分解成硫化氢，有些结构复杂的硫化物，在 350～400℃时分解最快，到 500℃时硫化物基本分解完毕。

(2) H_2S 浓度

硫化氢是所有活性硫化物中腐蚀性最大的。无论是原油、成品油或半成品油中所含的 H_2S 浓度越高，则腐蚀性越大。所以，一般以 H_2S 浓度的高低来衡量油品腐蚀性的大小，但是，含硫量高不等于 H_2S 浓度高。也就是说，油品的腐蚀性与原油的总含硫量之间并不成正比例关系，而是取决于其中硫化物的性质和在炼制过程中其热分解的程度。

(3) 流速

流速越高，金属表面上的硫化铁腐蚀产物保护膜越易脱落，界面不断更新，金属的腐蚀也就进一步加剧，超过 30m/s 腐蚀明显加快。

(4) 钢中的合金元素

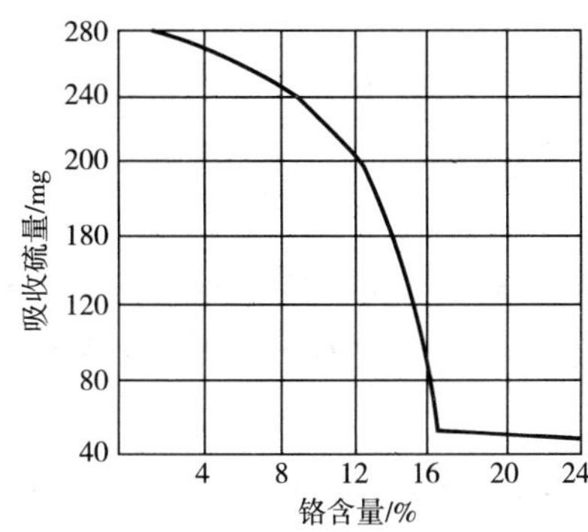

图 6.3.5-1　铬含量与吸硫量的关系
Fe-Cr 合金 480℃ 28.5h

材料的材质不同，抗高温硫腐蚀的性能也不同。抵抗高温硫化氢腐蚀的能力主要是随设备材质中铬含量的增加而增加，铬是具有钝化倾向的元素，由于铬的存在，促进了钢材表面的钝化，因而能够减少钢材对硫化氢的吸收量，如图 6.3.5-1 所示。

高温下的硫化氢对铬镍钢的腐蚀率远比碳钢小。如在 250℃以下的温度时，碳钢的腐蚀率比 18—8 型铬镍钢要高 10 倍，在 370℃左右要高 47 倍，高于这个温度以后各种钢材的腐蚀率均显著下降。含铬合金钢耐蚀的主要原因是因为受高温硫化氢腐蚀后，能在钢材表面形成双层的垢层，其外层为多孔状的硫化亚铁，内层为致密的 Cr_2O_3。当铬含量为 5%以上时，则能生成比较稳定的尖晶石型化合物，如 $FeCr_2O_4$ 的垢层，因而使铬钢表面对高温硫化氢具有一定的耐蚀性。铬钢中加人硅，可以形成抗氧化的硅酸铁层，铬钢中加入铝，也有和硅相同的作用，能耐热抗腐蚀。

3) 高温硫腐蚀速率的预测

估算高温硫腐蚀率可参考经修正的麦克诺米（McMonomy）曲线，见图 5.1.1-1。也可根据 NACE Pub 34103 的有关图表和公式进行计算求得，亦可根据 API RP581《Risk-based Inspection Methodology》中不同材料的高温硫腐蚀速率表查得。

6.3.6　高温氢腐蚀（HTHA）

在高温高压下，分子氢分解成原子形态，然后渗透到钢里。在钢里，氢与碳化铁或溶解的碳反应形成甲烷，导致脱碳作用和开裂。化学反应如下：

$$C_{(Fe)} + 2H_2 \longrightarrow CH_4$$

这里 $C_{(Fe)}$ 表示碳化物或溶解的碳。

形成的甲烷由于相对分子质量大而不能渗出钢外。甲烷积聚在内部空隙或缺陷处，引起高应力的形成，最终导致金属裂缝、开裂或者起泡。这种积聚会影响材料的载荷能力，被称作氢侵蚀。氢蚀可分为表面脱碳、内部脱碳。

1）HTHA 产生的条件：

（1）碳钢，C-½Mo、Cr-Mo 低合金钢（如½ Cr-½ Mo，1 Cr-½ Mo，1¼ Cr-½Mo，2¼ Cr-1 Mo，3 Cr-1 Mo，5 Cr-½ Mo，7 Cr-1 Mo 和 9 Cr-1 Mo）；

（2）操作温度大于等于 177℃；

（3）操作氢分压大于等于 0.345MPa。

2）表面脱碳

表面脱碳并不产生裂纹。在这点上，与钢材暴露在其他气体中产生的表面脱碳相类似，如空气、氧气或二氧化碳。表面脱碳通常影响钢的强度和硬度有轻微的和局部的降低，而延性增加。表面脱碳的机理目前认为是基于碳迁移到表面，并在表面形成碳的气体化合物，使钢出现贫碳（形成的气体化合物为 CH_4 或存在含氧气体时形成 CO）。气体会加速这种反应进行。溶解碳向表面扩散以致速率控制机理表现为碳的扩散。由于碳化物不断析出溶解碳，所以碳化物的稳定性直接关系到表面脱碳的速度。

3）内部脱碳

内部脱碳是因为氢向钢中渗透并反应生成甲烷 。所生成的甲烷不能自钢中逸出，通常聚集在晶界，产生高的局部应力，最终导致钢材的微裂、裂缝或鼓泡。氢损伤钢材的微裂将导致力学性能的明显劣化。

钢中添加碳化物稳定元素可降低内部微裂的可能性，例如铬、钼、钨、钒、钛和铌等元素可形成更加稳定的合金碳化物来减少成核位置，这些合金碳化物能抵抗氢的破坏，从而降低形成甲烷的可能性。非金属夹杂物的存在有增加氢鼓包损伤的趋向，当钢中含有杂质偏析、条型夹杂物或分层时，氢或甲烷在这些部位聚集可导致严重的鼓泡。

4）影响因素

（1）对于 HTHA 来说，温度和氢分压的影响是十分明显的，温度升高，提高氢分压都会使 HTHA 腐蚀速率加快，但在一定的氢分压下，对材料有一起始腐蚀温度，但氢分压在某一温度也对应于一个起始腐蚀温度。图 6.3.6－1 为碳钢在氢环境中 HTHA 腐蚀的边界条件。

（2）C 含量及合金元素

由于 C 的质量分数增加，钢中生成甲烷的几率增加，促进了 HTHA 的发生，实验证明，不含 C 的纯铁是不会发生氢腐蚀的。另外一方面，随着 C 含量的增加，在高温下，C 的活性也在增加，与氢的结合形成甲烷的能力增强。图 6.3.6－2 为高温状态下低碳低合金钢中碳含量与碳活性之间的关系。当然，为了保证材料在高温下具有需要的强度，钢种的碳含量应达到一定的要求。

低合金钢中的合金元素对 HTHA 有一定的影响，Nb、V、Ti 等元素可以提高材料的抗氢腐蚀性能，图 6.3.6－3 为常用合金元素对钢氢蚀起始温度的影响。这主要是因为这些元素和碳的结合力很强，在钢中能形成稳定的碳化物，起到固碳的作用，使在钢中形成甲烷的可能性大大降低，从而有利于防止 HTHA 的发生。

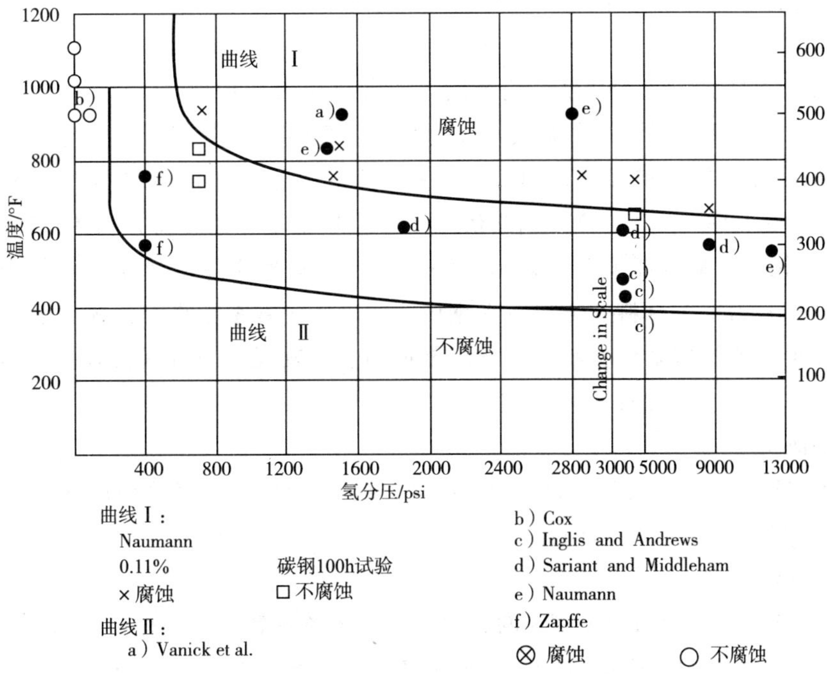

图 6.3.6－1　碳钢在氢环境中 HTHA 腐蚀的边界条件

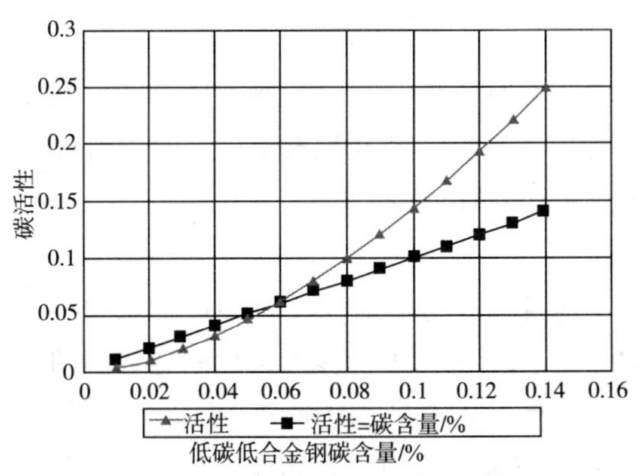

图 6.3.6－2　低碳低合金钢中碳含量与碳活性之间的关系

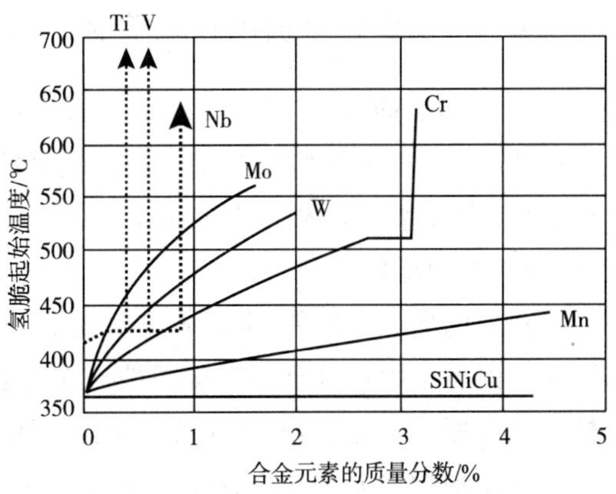

图 6.3.6－3　常用合金元素对 0.01%C 钢氢蚀起始温度的影响

（3）时间

从 HTHA 的腐蚀机理可知，氢蚀是钢中脱碳和渗碳体的分解以及甲烷的形成和微裂纹的扩展。因此，氢蚀的过程大致可分为三个阶段。

孕育期，钢的性能没有变化；

性能迅速变化阶段，迅速脱碳，裂纹快速扩展；

最后阶段，固溶体中碳耗尽，材料性能急剧恶化，失去强度和韧性，产生开裂。

从目前的研究来看，钢的孕育期时间对材料抗氢腐蚀性能是最重要的，但对服役材料孕育期的确定还没有明确的结论，需要进一步的研究。

（4）应力

近期的研究揭示，设备中存在残余应力或者热应力会加剧 HTHA 的腐蚀。研究人员在一些 2.25Cr-1Mo 钢管的高温氢侵蚀中发现，高热应力起着显著的作用，但在同一系统中承受更高氢分压和温度的其他 2.25Cr-1Mo 钢管，却没有被侵蚀。另外研究发现，具有 5%变形率 2.25Cr-1Mo 钢潜伏期变短，且密度迅速下降。具有 39%变形率的 2.25Cr-1Mo 钢在任何温度下，都显示无潜伏期。表明当这种钢暴露于氢气中时，微裂和裂纹就立即开始了。材料变形对氢在钢中溶解度和扩散系数也有影响，随着变形量的增加，氢在钢中的扩散系数变小，而溶解度增加。还发现，当材料具有拉应力时，氢在渗透率增加。

（5）其他因素

通过研究和工程经验发现，材料的晶粒度、组织及组织中碳化物的形态和分布、热处理状态等对 HTHA 都会产生影响。

5）预防措施

目前，工程上防止 HTHA 腐蚀的有效措施是选择耐氢腐蚀的材料，炼油工业上通行做法是采用 API RP941《避免钢在氢环境中产生高温氢腐蚀的操作极限》结出的 Nelson 曲线，见图 2.1.2－2。

6.3.7 高温氢加硫化氢腐蚀

H_2S/H_2腐蚀通常发生在加氢装置。高温 H_2S/H_2腐蚀是一种均匀腐蚀的形式，它发生在约 204℃以上的典型温度，这种硫腐蚀形式有别于高温硫和环烷酸腐蚀。大多数炼厂里，H_2/H_2S 腐蚀的阈值温度是 260℃，但要根据硫化氢的含量而定。

1）腐蚀机理

在氢的促进下可使 H_2S 加速对钢材的腐蚀，其腐蚀产物不如在无氢环境生成物那样致密、附着牢固，具有一定保护性。在富氢环境中，原子氢能不断侵入硫化膜造成膜的疏松多孔，原子氢与 H_2S 能得以互相扩散渗透，因而 H_2S 的腐蚀就不断进行。在工艺侧表现为厚度均匀损失，并伴有硫化铁皮的形成。硫化铁皮大约为损失金属体积的 5 倍，并可能呈现多层结构，并疏松的附着于金属表面。

2）影响因素

（1）浓度：H_2S 体积分数在 1%以下时，随 H_2S 浓度增加，腐蚀率急骤增加。当体积分数超过 1%时，腐蚀率基本不再变化；

（2）温度：315～480℃时，随着温度增加，则腐蚀率急骤增加。温度每增加 55℃，则腐蚀率大约增加 2 倍（以 3 乘初始数值）；

（3）时间：腐蚀率随着时间的增长而逐渐下降。超过 500h 的腐蚀率比短时间的腐蚀数据小 2～10 倍；

（4）压力：在高温 H_2＋H_2S 腐蚀中，压力大小对腐蚀速度没有影响；

(5) 合金中Cr含量的增加提高了耐蚀性（见图6.3.7－1），但7Cr、9Cr钢的耐蚀性提高很少。

3）腐蚀速率的计算

H_2S/H_2环境下腐蚀速率的计算可按照NACE Pulb34103《石化炼厂加氢装置硫腐蚀总览》中提供的计算方法进行计算，也可采用图5.1.1－2提供的腐蚀曲线进行查得，另外API RP581提供了直接腐蚀数据。

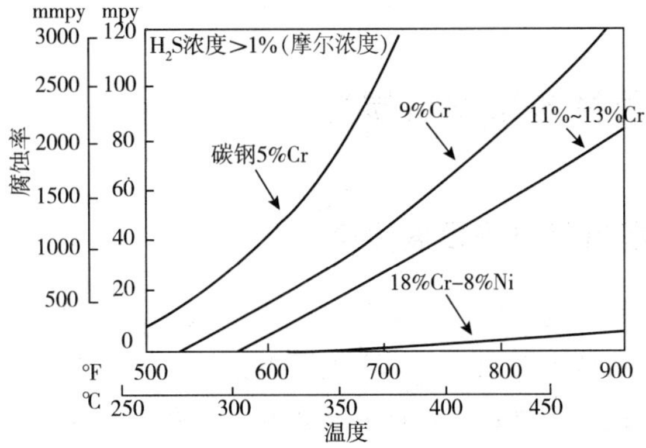

图6.3.7－1　H_2/H_2S环境中不同合金的腐蚀速度曲线

第7章　石油石化用材的未来发展与展望

7.1　油气田用材未来发展展望

7.1.1　井筒工程用材未来发展展望

随着油气勘探开发程度的不断深入和领域进一步拓展，深层特深、深海、极地、干热岩、可燃冰等资源开发将成为石油工程业务的主要战场。为了满足油气开采环境和条件变化的需要，在科技技术进步的推动下，深井超深井、大位移水平井、多底井、智能井、仿生井、地热井、干热岩井、可燃冰井、深海极地井等将广泛应用，传统意义上的油气井管材将不能完全满足多种资源高效经济勘探开发的要求。材料的冶炼工艺、热处理工艺和加工制造工艺不断提高和完善，井筒工程用材及产品的性价比也将不断提高，抗腐蚀钻杆、超高强度钻杆、钛合金钻杆、铝合金钻杆、复合材料钻杆、智能钻杆等一批高性能钻杆应运而生，并得到推广应用。稀有金属、石墨烯、纳米等新型材料的发展与进步，将广泛应用于油气井工程用材，非钢材料管材和超高强度金属管材被大众接受、形成共生并存的局面，进一步推进油套管、钻杆、膨胀管、波纹管、连续油管等油井管材向高强度、高韧性、智能化、数字化、防腐蚀、经济型、高可靠、多样化发展，井筒工程用材及产品服役工况和服役环境的适应能力大幅增强，为智能化、数字化油建建设和油气资源高效经济开发提供有力支持。

7.1.1.1　油套管

随着勘探开发的不断深入和新兴能源领域的拓展，油套管发展将在API、非API油井管系列的基础上向多样化、个性化方向发展，抗腐蚀、高韧性、耐蚀合、超高抗挤、耐高温等合金油井管广泛应用，新材料复合型、智能型、记忆型、个性化等高性能、低成本、多功能油套管成为油气生产的主力军。

7.1.1.2　钻杆

根据油气勘探开发需求和未来石油工程技术发展趋势，高抗硫钻杆、超高强度钻杆、高强度抗硫钻杆性能进一步提高，能够满足不同工况和地层条件的需求。铝合金、钛合金等高性能合金钻杆将被推广应用，钻杆钻深能力进一步增强。碳纤维复合材料钻杆、智能钻杆研发速度进一步加快，既具有高强度、高韧性、高抗硫的性能，也具有井下数据高速传输能力，将成为自动化钻井、智能钻井和仿生井钻井的有力保障。

7.1.1.3 膨胀管、波纹管和连续油管

在材料技术和加工工艺的驱使下，膨胀管、波纹管和连续油管的塑性变形能力和机械强度进一步增强、系列进一步完善，高强度高塑性连续油管材料、钛合金/玻璃纤维等新型连续油管材料广泛应用，智能型连续管、记忆性膨胀管、高强度波纹管成为研发重点。

7.1.1.4 钻通设备

根据油气勘探开发需要，钻通设备未来发展的主要方向是：高抗 H_2S 多相合金防喷器广泛应用；耐腐蚀合金钢防喷器能够完全满足 H_2S、CO_2、盐水、海水等高强度腐蚀介质、低温作业环境的需求，广泛应用于深海、冷海、极地等恶劣环境；密封件通过改进耐磨性、耐油、耐酸碱性进一步提高，满足高温、高酸井控需求；智能材料有可能引入井控装置及井下防喷器的生产制造。

7.1.2 未来长输管线新材料的发展展望

受土地、环保、建设、运营等因素制约，在西气东输四线及以后的管道建设中，迫切需要开发超大输气量管道建设技术，而特厚 X80 钢板/带、X90/100 钢板/带是制约超大输气量管道技术发展的关键瓶颈。预计未来 5～10 年西气东输四线和五线工程，需要特厚 X80 钢板/带、X90/100 钢板/带约 820×10^4 t 以上；西气东输六线至八线工程，需要特厚 X80 钢板/带、X90/100 钢板/带约 1230×10^4 t 以上。因此，开发特厚 X80、X90/X100 材料制造技术、制管技术和环焊技术是超大输量管道建设的关键，是未来超大输量管道建设的基石。

新疆油田和大庆油田外输管道冬季最低温度为－34℃或更低，输送管的低温脆断问题需引起高度重视，因此应积极开发低温环境用高强度钢管，高强度低温管道的焊接施工问题、焊接材料的匹配问题应同时开展研究和开发。

我国处于地震多发区域，如西二线和西三线管道沿线经过相当长的强震区当地震发生时，这些地区的管道将发生较大的位移和变形，为适应大应变环境，管道应该采用大基于应变设计用钢管。需要开发具有较低屈强比、高形变硬化能力和均匀伸长率的基于应变设计用应变钢管。

未来 10 年，我国深水油气田开发技术的规划发展将由 1000m 延深到 3000m，深海管线钢的应用比例将逐渐提高。目前国产深海管线最大应用厚度只有 31.8mm，国际先进水平达到 44mm；目前深海管线最大强度水平仅应用到 X70 级别，海油设计单位希望达到 X80 级别，现有的陆地 X80 管线材料由于服役环境不同，很难满足海洋环境特殊的施工、服役要求，需要开发 36.5～41.0mm 厚度的 X70 级别以上深海油气管道。

目前我国油气田集输管道每年用钢量近百万吨，使用环境复杂，包括 H_2S、CO_2、高 Cl^- 等腐蚀环境，目前使用材料多为 20 钢为代表的碳钢管，腐蚀严重。CO_2 驱油新技术也增加了油田集输管网中 CO_2 的含量。对现有的油气田集输管道进行升级改造，开发并推广应用中 Cr 等耐蚀集输管线将会取得良好的经济和社会效益。

随着能源的进一步开发，油气田腐蚀环境也逐步向高 Cl^-、高 CO_2、高 H_2S 的环境延

伸，材料耐腐蚀等级要求逐渐增高。为了降低开采成本，延长管道的使用寿命，双金属复合管在石油产品输送、炼化行业获得了广泛认可，美国石油协会（API）已经制定了双金属复合管道钢规范。石油天然气行业通常选用不锈钢、镍基合金上述材料作为内层管，以保证该管道的耐腐蚀性能。而外层材料通常为X42-X70等材料，以保证该管道的强度。内覆复合管可采用热轧制、热挤压、堆焊、爆炸复合、粉末冶金等制造工艺；衬里复合钢管可通过全长扩径、冷拉拔成型或其他工艺制造。据报道，国外双金属复合管目前在油气田应用已近20×10^4t，而国内还未大规模推广使用，未来在石油石化领域将有广阔的发展空间。双金属复合管需要研究以下几个方面的内容：

（1）丰富和完复合管产品类型与制造工艺。加快开发适应高温、高压、高强度、高腐蚀环境的冶金复合管和复合管件，开发海洋腐蚀用铜复合管和钛复合管，开发高耐蚀性的铁－镍基合金复合管。

（2）进一步开发和完善复合管管端焊接技术，尤其开发能够降低复合管焊接施工难度的管端结构焊接技术和现场自动化焊接技术。

（3）着力开展复合管件制造技术的完善、规范化和标准化工作。

7.1.3 未来海洋装备新材料的发展展望

国家海洋战略对我国海洋装备发展提出了新的需求，深海油气开采、可燃冰、锰结核资源开发、南海岛礁建设、深海空间站、极地资源开发、海洋风电、海洋移动核电等任务对我国高端海洋材料的自主创新能力带来了新的挑战。高强韧、大规格、低成本、耐腐蚀成为海洋装备新材料发展的总体趋势。具体包括：

（1）满足下一代深海平台发展需求的890MPa级海工平台用钢及配套焊材、型材体系的研发及应用。

（2）满足极地海工平台－80～－60℃考核要求的高强度钢板、焊材、型材、系泊链等低温钢体系开发。

（3）用于400～500英尺自升式平台的180～210mm超大厚度齿条钢及大规格无缝支撑管产业化、工程化。

（4）可满足200 kJ/cm以上热输入焊接的E36以上大线能量焊接钢板及配套焊接材料研发应用。

（5）满足大型导管架平台减重需求的E460级别通用型平台厚板及配套焊接材料应用技术。

（6）满足国际海事组织（IMO）规范的大型油船、FPSO货油舱用耐蚀钢板、型材及配套焊材国产化应用。

（7）化学品船、LNG船用双相不锈钢、因瓦合金的国产化应用。

（8）满足深海空间站发展要求的1000MPa级以上钛合金厚板及配套材料研发应用。

（9）海水管系用长寿命、低成本钛合金管、钛－钢复合管研制应用。

7.2　石化装备发展对材料的新要求

石化行业未来将向大型化、规模化、集成化、数字化以及环境友好型的方向发展。在石化装备领域，“绿色能源材料”的应用将会得到快速发展，绿色能源材料特点主要体现在材料的高纯洁性、良好的耐蚀性、优良的焊接性、长周期服役的安全性。根据我国目前材料生产商、装备制造商的装备水平、生产能力和技术水平、国际石化材料的发展水平及方向，着眼于未来五年、十年石油化工行业装置大型化、劣质原油的加工、新工艺和新技术的应用，材料行业的基础研究、应用研究的技术进步，钢铁行业的装备、工艺的不断更新，可从根本上解决目前石化材料应用中存在的问题。从我国的石化行业材料应用中存在的问题来看，主要体现在以下几个方面：

(1) 超大直径、超大壁厚的设备、管线为制造、检验、运输、安装和质量控制等方面带来很大的技术难题；

(2) 加氢高压设备采用的铬钼钢在长期使用中出现的回火脆性、氢脆、氢腐蚀、堆焊层的氢剥离等问题一直困扰着设备长周期使用；

(3) 不锈钢的晶间腐蚀破坏、氯离子应力损伤和焊接问题至今没有解决；

(4) 碳钢的湿硫化氢腐蚀问题造成的设备、管线泄漏时有发生；

(5) 加工高硫、高酸原油的设备、管线、仪表阀门对碳钢、低合金钢、不锈钢的腐蚀问题成为石化装置的根本问题；

(6) 双相钢性能的特殊性造成焊接有较大的难度，使得采用双相钢的设备出现焊缝破坏，管线材料难以推广；

(7) 国内镍基合金生产品种较少和投资较高的原因，使得设计选材的匮乏和使用困难；

(8) 由于国内低温用钢生产技术、设备制造经验（如 $16\times10^4\,m^3$、$20\times10^4\,m^3$ LNG 储罐的制造）较少的原因以及价格因素，为低温钢的大量使用带来阻碍；

(9) 国内镍基合金、高端铬钼钢、低温钢以及大直径、厚壁厚奥氏体不锈钢的管线、2500PSi 阀门、低温用大直径焊管、阀门等材料仍然需要进口，为装置建设进度和投资增加不少困难；

(10) 一台 $10\times10^4\,m^3$ 以上容器的大型原油储罐和 $16\times10^4\,m^3$ LNG 储罐的需要焊接上万米的焊缝，为焊接技术和焊接效率带来很大挑战。

为此，新材料的开发和应用已成为我国钢铁和石化行业共同面临的当务之急，另外，我国石化装备行业走出国门，在国际舞台上与世界先进水平装备制造业同台竞争，融入“一带一路”的国家发展政策，更需要石化先进材料的技术支撑。展望未来石化行业的技术发展和进步，石化新材料的开发与应用重点应着力于以下领域。

(1) 高强度、较好的焊接性能、强度与韧性良好匹配；

(2) 高纯净度的石化用材料（较低的 As、Sn、Sb 等杂质元素）；

(3) 高清洁度的石化用材料(较低的 P、S、H、O、N 等),如 P、S 质量分数降低到 0.0001%的水平,材料的耐损伤及耐蚀水平可提高 1 倍以上

(4) 更耐蚀(高硫、高酸)超级奥氏体、双相钢、铁素体不锈钢等应用于石化行业;

(5) 微合金化低合金钢(强度高、韧性好、焊接性能好)的全面发展与应用(长输管线用 X100、X120 等);

(6) 品种齐全的碳钢、低合金钢材料的应用(如调质钢、TMCP 工艺生产的材料应用于石化行业);

(7) 可耐各种严重腐蚀环境、牌号齐全的镍基合金材料的应用;

(8) 可以替代进口的高端铬钼钢、镍基合金、低温材料用国产焊接材料的技术发展与应用;

(9) 可替代镍基低温材料的 Ni-Mn-N 系列低温用钢;

(10) 可以进行 3D 打印复杂结构部件的技术应用(如接管、阀门等可以进行 3D 打印成型);

(11) 纳米级新材料应用于工艺介质的反应、分离、聚合等工艺过程中。

7.2.1 未来石油化工行业新材料的发展展望

7.2.1.1 新一代高压、高温(操作温度 500℃以上)可用于炼油加氢、煤气化领域的 Cr-Mo 钢

目前,大型炼油加氢装置的加氢反应器设备直径最大为 5800mm,设备壁厚最大为 350mm 以上,均采用 2.25Cr-1Mo-0.25V 材料制造。国内最重的加氢反应器达到 2400t 左右,设备造价每台为 1.7 亿元以上。设备的重型化为材料的冶炼、锻造、加工和设备制造与运输、安装等带来一系列的技术难题。为此更高强度级别、良好强度与韧性匹配、较好焊接性能的铬钼钢应列入材料研发计划,具体要求:

(1) 强度级别为 720~850MPa;

(2) 无回火脆性及氢脆损伤;

(3) 设备壁厚及重量降低 20%~30%;

(4) 低温-30℃冲击值大于 200J。

7.2.1.2 新一代采用特殊工艺(TMCP 等)生产的、用于大型中低压设备和管道的通用型高强度低合金钢

装置大型化带来大型塔器直径可达到 8000mm 以上,管线直径超过 4000mm,设备壁厚 100mm 以上,单台塔器重量 300~1000t,材料和制造成本成倍提高,管线现场制作(焊接、热处理、检验等)难度加大。新一代采用特殊工艺(TMCP 等)生产的、可用于大型中低压设备和管道的通用型、高强度低合金钢在压力容器和压力管道方面的市场前景广阔,具体要求为:

(1) 通用型屈服强度级别为 390~460MPa 容器用正火钢;

(2) 中高强度为大于 490MPa 容器用 TMCP 容器用钢;

（3）高强度为690MPa容器用调质钢。

在这个方面，ASME、欧盟等国外标准已将上述材料纳入到标准中，截至目前国内在这方面的工作刚刚起步。通过在目前国内成熟的低合金钢的基础上调整和优化材料冶炼工艺，改进和创新热处理工艺，成分的微合金化处理等措施形成我国中、高强度系列的压力容器用钢。

7.2.1.3　采用特殊、新型轧制工艺生产的、能复合各种耐蚀合金（不锈钢、钛、镍基合金、铜等）、可以大量替代设备内壁堆焊的新一代复合材料

目前国内轧制复合技术日趋成熟，轧制复合钢板的基层厚度为6～200mm，复层厚度1～20mm，其复合工艺为真空复合、连续轧制，复合钢板的常温结合强度可达到300MPa以上，基层和复层的结合率为100%。大直径轧制复合管的应用可较好的解决我国天然气输送中介质腐蚀问题，而且在炼油化工方面替代堆焊结构的容器用材，在这一方面，轧制复合钢板未来发展方向主要是：

（1）采用特殊工艺生产的基材厚度可达到200mm、能够轧制压力容器各种材料的轧制复合板，解决爆炸复合板对环境的影响问题；

（2）覆层材料可采用各种耐蚀材料，如不锈钢、镍基合金、钛材、铜等合金材料，可适应不同的石油化工行业腐蚀环境的材料选择；

（3）炼油设备采用轧制复合板可大量替代设备的堆焊结构，节省工程投资；

（4）采用特殊工艺进行轧制复合管的制造，可解决天然气开采中使用的碳钢管的腐蚀问题；

（5）采用特殊工艺制造的无缝复合管，可用于具有腐蚀介质的大直径天然气输送管线中；

（6）采用双面（基板内外表面为耐蚀材料）复合轧制的复合材料可应用于大型储存腐蚀介质的、靠近沿海具有大气腐蚀的球罐及相关储运设施，替代传统的内外表面涂料，耐蚀性一劳永逸。

7.2.1.4　超级奥氏体不锈钢、双牌号不锈钢、铁素体不锈钢、双相钢等特殊目的的不锈钢

随着国内原油加工的劣质化以及含氯原油的掺炼，炼油装置的设备和管线的氯离子腐蚀问题以及盐的结晶腐蚀问题已严重危害装置长周期的安全运行。超级奥氏体不锈钢、双牌号不锈钢、铁素体不锈钢、双相钢等材料在炼化领域的应用将会提升到更高的层面，这一方面的具体考虑为：

（1）超级奥氏体不锈钢具有奥氏体不锈钢的组织和良好的焊接性能，强度指标可达到常规奥氏体不锈钢的1.5倍，采用奥氏体不锈钢的设备和管道可使壁厚及重量降低30%～50%左右；

（2）超级奥氏体不锈钢具有较好的耐腐蚀性能，可以耐海水、氯离子、高硫、高酸等苛刻腐蚀环境；

（3）超级奥氏体钢可以使用在含有高盐分的海洋开采原油的管线、设备等承压部件。

目前，超级奥氏体不锈钢已在军工中采用。

(4) 双牌号不锈钢即具有常规不锈钢的高强度性能，又具有超低碳不锈钢的耐腐蚀性能，采用双牌号不锈钢可解决目前不锈钢的焊接接头性能弱化问题；

(5) 目前双牌号不锈钢在国外已经大量使用，我国在低温LNG接收站的设备、大直径的管线中开始采用，双牌号不锈钢与超低碳不锈钢的价格是基本一样的，目前国内钢厂可部分供货。

(6) 铁素体不锈钢由于成分控制、热处理、焊接等难点在石化行业应用较少，但铁素体不锈钢与奥氏体不锈钢相比，在耐应力腐蚀、氯离子腐蚀等方面要更好，随着冶炼技术、热处理技术的不断发展，铁素体不锈钢将会有较好的应用前景，如0Cr13、00Cr17Mo2等；

(7) 特殊目的的新一代不锈钢如沉淀硬化不锈钢、铸造不锈钢等将会应用在石化装置的压缩机缸体、泵壳、搅拌轴等需要高强度、耐磨部件；

(8) 近年来双相钢（如2205、2507）在石化行业的容器、管线上应用逐渐增多，双线钢与奥氏体不锈钢相比，具有较高的强度，较好的耐应力腐蚀、耐氯离子腐蚀的性能；

(9) 超级双相钢S32707双相钢国外已研制成功，该材料耐应力腐蚀、耐氯离子腐蚀可媲美镍基合金，但价格只有镍基合金的三分之一，可应用于氯离子腐蚀严重的场合；

(10) 低合金双相钢（如S32102等）具有较低的合金元素（Ni1.0%～2.8%），同时具有奥氏体不锈钢的耐蚀性能，可代替奥氏体不锈钢应用于石化行业，有效降低工程投资。

7.2.1.5 新一代低温用新材料

近年来，清洁能源逐渐成为我国能源行业新热点。LPG、LNG、页岩气等已渐次替代煤炭等消费资源，另一方面面，煤化工行业的发展在我国方兴未艾，在这些领域，LNG、页岩气的储存于运输，煤化工装置的设备和管线，其低温材料需求量巨大，但目前我国还未形成品种齐全、系列化的低温材料，而且，对低温材料的低温服役性能研究的也不系统，为此，开发新一代、系列化的低温材料已迫在眉睫。

(1) 3.5%Ni、5%Ni、7%Ni低温用钢的工程技术开发；

(2) 7%Ni及其他节镍型代替9%Ni钢的技术基础研究及工程应用研究，降低$16\times10^4m^3$、$20\times10^4m^3$ LNG储罐的工程投资；

(3) Ni-Mn系列低温用钢的技术研发和工程应用，降低镍系低温钢材料的工程材料造价；

(4) 低温材料的使用性能评价研究。

7.2.1.6 品种齐全、适应不同耐蚀环境的镍基合金材料

目前石油化工行业使用的国产镍基合金数量较少，85%以上的镍基合金材料需要进口，未来应全面研发石油化工用镍基合金材料，满足加工劣质原油装置和含氯原油加工以及烟气脱硫等装置急需的合金材料。这些主要是Inconel625、800，600、601，690、945，哈氏合金C276、C3、C4，蒙乃尔400，合金20等板材、大直径厚壁管材和无缝钢管等

品种。

7.2.2　石化行业用焊接材料及焊接技术

石化行业用高端焊接材料目前大部分仍需进口，这部分材料在压力容器和压力管道制造中占据不低的成本，而且，焊接接头的质量控制的重要性在压力容器使用中具有主导地位，从压力容器和压力管道腐蚀案例分析来看，60%以上的损伤均发生在焊接部位，焊接材料的国产化工作仍然任重道远，需要持续不断的努力才能解决我国在这个领域的技术难题。

（1）高端铬钼钢、镍基合金、低温用钢焊接材料的技术开发与应用，截至目前上述材料的焊接材料还需要从国外进口，其技术难点主要是焊条成分控制、焊剂配方、焊道成型等工艺方面的技术难点；

（2）超厚设备、管道焊接工艺技术的应用，提高焊接效率、解决焊缝质量控制问题；

（3）承压设备、管道、大型原油储罐、LNG储罐等大线能量焊接工艺技术；

（4）压力容器和压力管道不清根焊接工艺研究及技术应用。

石化新材料的研究和应用离不开钢铁行业的支持与协作，随着我国能源行业产品结构调整与升级，达到环境友好型石化炼厂的水平以及炼油装置大型化、油品加工劣质化、安全运行长周期的要求，石化新材料的量能需求将会逐步提高。通过系统建立石化用材的标准体系，完善材料的应用评价标准，提升石化材料的技术水平，完全可以形成从材料研究与开发、材料生产、装备制造、服役性能评价全产业链、具有世界先进水平中国装备制造业。

参考文献

[1] 郭为民．加氢设备用2.25Cr-1 Mo厚钢板的开发．压力容器，2013，30（6）：60－68.

[2] 张建晓，贾小斌，方婧，尉洪阳．制造加氢反应器用Cr-Mo中温抗氢钢．电焊机，2007，37（8）：50－55.

[3] 章小浒，段瑞，张国信．压力容器用钢板在GB 150.2中的应用．石油化工设备技术，2014，35（1）：48－52.

[4] Abhay K. Jha，Sus hant K. Manwatkar，P. Rames h Narayanan，et al. Case Studies in Engineering Failure Analysis 2013，1（1）：265－272.

[5] T. A. Napp，A. Gamb hir，T. P. Hills，N. Florin，et al. A review of the tec hnologies，economics and policy instruments for decarbonising energy-intensive manufacturing industries. Renewable & Sustainable Energy Reviews，2014，30（2）：616－640.

[6] 张毅，李鹤林．我国油井管现状及存在的问题．焊管，1999，22（5）.

[7] 郑磊，傅俊岩．高等级管线钢的发展现状．钢铁，2006，41（10）.

[8] 李鹤林，田伟．油井管供需形势分析与对策．钢管，2010，39（1）.

[9] Cizek P，Wynne B P，Davies C H J，etal. Effect of composition and austenite deformation on the transformation characteristics of low-carbon and ultralow-carbon microalloyed steels. Metallurgical & Materials Transactions A，2002，33（5）：1331－1349.

[10] Mangonon P L. Effect of alloying elements on the microstructure and properties of a hot-rolled low-carbon low-alloy bainitic steel. Metallurgical Transactions A，1976，7（9）：1389－1400.

[11] Growther D N，Mintz B. Influence of grain size on hot ductility of plain carbon steels. Materials Science and Tec hnology，1986，2（9）.

[12] Buzzic helli（CSM，Rome），L. Scopesi（SNAM，Milan）. Fracture propagation control in very high strength gas pipelines［C］. In：The 1999 ATS International Steelmaking Conference. Paris，Novembre，2000.

[13] Bing Liu，Hong Z hang. Strain Based Design Criteria of Pipelines［J］. Journal of loss Prevention in the Process Industries，2009，22（6）：884－888.

[14] 李鹤林，李霄，吉玲康等．油气管道基于应变的设计及抗大变形管线钢的开发与应用［J］．焊管，2007，30（5）：5－11.

[15] 陆世英．不锈钢［M］．北京：原子能出版社，1999：2－358.

[16] 吴玖．双相不锈钢［M］．北京：冶金工业出版，2000：1－4.

[17] 康喜范．超级不锈钢的近代进展［J］．不锈，2003，（3）：1－10.

[18] 张国信，李双权．双相不锈钢的性能及其在石化行业的应用［J］．石油化工设备技术，2007，28（4）：55－59.

[19] 刘福伦．双相不锈钢管在大型石化装置中的应用［J］．石油化工设计，2003，20（1）：39－42.

[20] 李春树．双相不锈钢及其在炼油工业中的应用［J］．全面腐蚀控制，2003，17（5）：12－14.

[21] 熊建新．双相不锈钢在石化行业的运用与展望［J］．不锈，2007，（1）：1－8.

[22] 曾庆楠．不锈钢耐蚀性及双相钢在制盐设备中的应用［J］．中国井矿盐，2003，34（3）：34－37.

[23] 孙长庆．超级奥氏体不锈钢的发展，性能与应用（上）［J］．化工设备设计，1999，36（6）：38－44.

[24] 孙长庆．超级奥氏体不锈钢的发展，性能与应用（下）［J］．化工设备与管道，2000，37（1）：52－57.

[25] 余存烨．石化设备不锈钢选用评述［J］．全面腐蚀控制，2008，22（6）：37－46.

[26] 王凯旋．新型通用性镍基耐蚀合金的研究［D］．兰州理工大学，2005.

[27] 王成，巨少华，荀淑玲，等．镍基耐蚀合金研究进展［J］．材料导报，2009，23（2）：71－76.

[28] 肖国章，高霞，库宏刚．高酸性气田用镍基耐蚀合金油套管的生产工艺．钢管，2014，43（5）：8－12.

[29] 张忠铧，张春霞，陈长风，等．高酸性腐蚀气田用镍基合金油套管的开发，钢管，2011，40（4）：23－28.

[30] 智库在线．2007年中国不锈钢行业调研报告［R］，2007.

[31] 张红斌，李丽霜．MONELK500镍铜耐蚀合金的工程性能［J］．特钢技术，1996，（3）：31－35.

[32] 邢卓．Hastelloy C系列合金综述［J］．化工设备与管道，2007，（2）：56－63.

[33] G. d. smith. Future trends in key nickel alloy markets［J］. Springer-Verlag，2006，58（9）：38－39.

[34] Debarbadillo John-J，Mannan Sarwan-K. Alloy 718 for Oilfield Applications［J］. JOM，2012，64（2）：265－270.

[35] 林黎颖．Hastelloy系耐蚀合金的性能及其应用［J］．腐蚀与防护，1997，18（5）：212－215.

[36] 杨瑞成，牛绍蕊，李智，等．Ni-Cr-Mo-Cu-Mx合金的耐蚀性能研究［J］．铸造技术，2008，29（12）：1685－1688.

[37] GB/T 15007—2008 耐蚀合金牌号［S］.

[38] Patel S J. A Century of Discoveries，Inventors，and New Nickel Alloys［J］. JOM，2006，58（9）：18－20.

[39] John-F-Grubb. Review of N08367 sea water service experience［J］，2005.

[40] Joanne mclntyre Sarah-Thompson. Special metals corporation：Innovator of the future celebrates 100years of excellence［J］. Stainless Steel World，2006，（5）.

[41] 刘海定，王东哲，魏捍东，等．高性能镍基耐腐蚀合金的开发进展［J］．材料导报A，2013，27（3）：99－105.

[42] 刘海定，王东哲，魏捍东，等．高性能镍基耐腐蚀合金商业化开发进展．新材料产业，2011，（7）：17－23.

[43] 徐晓刚，郑建国．蒙耐尔合金在氟化工生产中的应用及腐蚀行为研究［J］．化工机械，2005，32（6）：381－384.

[44] 毕中南，董建新．高铬Ni-Cr基高温合金的应用与发展［J］．材料导报网刊，2007，2（1）：6－10.

[45] 郝祥寿．不锈钢冶炼设备和工艺路线［J］．特殊钢，2005，（2）：30－33.

[46] 陈守明．对优化特钢工艺的思考和建议 _ 陈守明 [N]．中国冶金报．2003－12－30.
[47] 王一德．国外特殊钢产业的特点及发展趋势 [J]．钢铁，2013，48 (6)：1－6.
[48] 陈焕铭，胡本芙，张义文，等．飞机涡轮盘用镍基粉末高温合金研究进展 [J]．材料导报，2002，16 (11)：20－22.
[49] 姜维良．哈斯特罗依（Hastelloy）型耐蚀合金的性能及其应用 [J]．机械工程材料，1979，(6)：63－69，72，93.
[50] 严伟明．宝钢核电蒸发器用 690U 型管国产化项目投产 [N/OL]．中国工业报．2010－1－12.
[51] 王丹丹，李溪滨，刘如铁，等．镍基耐海水腐蚀材料的研究概况 [J]．湖南冶金，2004，32 (1)：9－25.
[52] 杨瑞成，聂福荣，郑丽平，等．镍基耐蚀合金特性，进展及其应用 [J]．甘肃工业大学学报，2002，(4)：34－38.
[53] 孟凡国，董建新，张麦仓，等．油井管用镍基耐蚀合金的两种冶炼工艺比较 [J]．世界钢铁，2013，(4)：41－45.
[54] 王宝顺，罗坤杰，张麦仓，等．油井管用镍基耐蚀合金的研究与发展 [J]．世界钢铁，2009，(5)：42－49.
[55] 乐精华，盖广平，裴耀贵，等．英康乃尔和英康洛依合金及其应用 [J]．阀门，2005，(4)：24－26＋48.
[56] 谢锡善，董建新，胡尧和，等．铁镍基高温耐蚀合金的研究与发展 [J]．世界钢铁，2009，(1)：50－55.
[57] 张丽娜，董建新，张麦仓，姚志浩．油井管用铁镍基耐蚀合金研究 [J]．世界钢铁，2013，(1)：58－67.
[58] 王会阳，安云岐，李承宇，等．镍基高温合金材料的研究进展 [J]．材料导报，2011，25 (专辑 18)：482－486.
[59] 陆世英，康喜范．镍基耐蚀合金的发展、耐蚀特点和应用 [C]．中国国际不锈钢新材料与耐蚀合金论坛，2008.
[60] 邢娜，何立波，高真凤，等．高酸性腐蚀油气田用镍基合金油套管开发现状 [J]．上海金属，2013，35 (4)：59－62.
[61] 赵雪会，白真权，冯耀荣，等．热处理温度及析出相对镍基合金腐蚀性能的影响 [J]．材料热处理学报，2112，33 (8)：39－44.
[62] 姚席斌，熊昕东．元坝高含硫气藏超深水平井完井技术研究及实践 [J]．钻采工艺，2012，(3)：32－35.
[63] 钱进森，陈长风，李晟伊，等．元素 S 对镍基合金 G3 在高温高压 H_2S/CO_2 气氛中腐蚀行为的影响 [J]．中国有色金属学报，2012，22 (8)：2214－2222.
[64] 施赛菊．油井用 028 合金无缝钢管的研制 [D]．东北大学，2008.
[65] 王文明，张毅．酸性气体腐蚀环境油井管选材分析与评价 [J]．腐蚀与防护，2010，31 (8)：645－648.
[66] 王文明，张毅．双相钢和镍基合金腐蚀试验对比分析 [J]．钢管，2012，41 (2)：25－29.
[67] Bruce D，Craig. Selection guidelines for corrosion resistant alloys in the oil and gas industry. Materials selection for the oil and gas industry，1995.

[68] 李文军，朱新乐，高军松．哈氏合金 B—3/304 爆炸复合板封头的制造［J］．应力容器，2009，26（5）：56—59.

[69] 王平．世界首台哈氏 B—3 合金大型压力容器的研制［C］．第十五次全国焊接学术会议论文集，2010.

[70] 张利民，陆宏玮，李晓光．Hastelloy C-276 合金材料在常压焦油蒸馏塔上的应用［J］．煤化工，2007，（6）：30—31，41.

[71] 冯勇，罗纯东．Ineoloy825 材料在加氢裂化装置高压空冷器上的应用［J］．炼油技术与工程，2006，36（5）：24—26.

[72] 邵以华，汪建羽．催化裂化装置用特殊膨胀节的选材及应用［J］．化工设备与管道，2009，46（6）：44—47.

[73] 姜志阳，徐艳迪，付国强．普光高含硫酸性气田主体开发用管道材料选用［J］．石油工程建设，2009，35 增刊：4—7.

[74] 蒋成禹，徐济进，严铿，赵勇．俄罗斯海军用钛情况及我们的思考．钛工业进展，2003，20（6）：32—36.

[75]《稀有金属材料加工手册》编写组．稀有金属材料加工手册．北京：冶金工业出版社，1984：1—3.

[76] 邹武装．钛及钛合金在航天工业的应用及展望．中国有色金属，2016，(1)：70—71.

[77] 王向东，逯福生，贾翃，郝斌．2012 年中国钛工业发展报告．钛工业进展，2013，30（2）：1—6.

[78] 颜润浦，赵吉庆，杨钢，等．工业纯钛在盐酸中的腐蚀行为．腐蚀与防护，2015，36（2）：182—186.

[79] 李晓君，戚连义，姜奕阳．钛的耐腐蚀性能．化学工程师，2000，(1)：46—49.

[80] Tkasaki A，Furuya Y. Hydrogen evolution from chemically etched titanium aluminides. Journal of Alloys and Compounds，1996，242（1—2）：167—172.

[81] Takasaki A，Ojima K，Taneda Y. New phase formation in titanium aluminide during chemical etching. Scripta Metallurgica et Materialia，1994，30（9）：1095—1098.

[82] 刘强，宋生印，李德君，白强．钛合金油井管的耐腐蚀性能及应用研究进展．石油矿场机械，2014，43（12）：88—94.

[83] Nesic S Key. Issues Related to Modeling of Internal Corrosion of Oil and Gas Piplines A Review. Corrosion Science，2007，49（12）：4308—4338.

[84] Ogundele G I，White W E. Some Observation on Corrosion of Carbon Steel in Aqueous Envionment Containing Carbon Dioxide. Corrosion，1986，42（2）：71—77.

[85] 余存烨．钛腐蚀氢脆及其防止措施．全面腐蚀控制，2002，16（1）：7—10.

[86] 郭敏，彭乔．钛及其合金的氢脆腐蚀．辽宁化工，2001，30（8）：345—348.

[87] 潘罗坤．舰船用钛及钛合金经济性分析．材料开发与应用，2010，(5)：85—88.

[88] Sc hutz R W，Watkins H B. Recent developments in titanium alloy application in the energy industry. Materials Science and Engineering A，1998，(243)：305—315.

[89] 胡辛禾．钛合金钻杆—短半径水平钻井最佳选择．石油机械，2000，28（6）：61.

[90] 袁文义，张泉海．国外钛合金钻杆的研究进展．新疆石油科技，2006，16（3）：13—16.

[91] 王桂生，田荣璋．钛的应用技术．中南大学出版社，2007：230—250.

[92] 余存烨．化工用钛材的中美标准对比及评述．化工设备与管道，2002，39（5）：57—60.

[93] 丁忠军，李德威，周宁，等．载人深潜器支持母船发展现状与思考．船舶工程，2012，34（4）：7－9.
[94] 宁丹枫．阀门材料的选择与应用［C］//首届阀门技术研讨会．北京：2011.
[95] 梁静，梁绪发．超低温阀门用奥氏体不锈钢［J］．阀门，2008（3）：15－18.
[96] 乐精华，王锐科，董霞，等．工业阀门用铸造双相不锈钢［J］．通用机械，2012（5）：76－78.
[97] 王成，巨少华，荀淑玲，等．镍基耐蚀合金研究进展［J］．材料导报，2009，23（3）：71－76.
[98] 宫恩祥，周生贵，徐绍生，等．哈氏合金 HastelloyC276 在醋酸高速泵中的应用［J］．水泵技术，2009（1）：35－38.
[99] 高敬，姚丽．国内外钛合金研究发展动态［J］．世界有色金属，2001（2）：4－7.
[100] 胡军．锆及锆合金阀门设计制造标准体系的研究［J］．阀门，2013（4）．
[101] 曲鹏．原位自生碳化物锆基复合材料的组织与力学性能［D］．燕山大学，2012.
[102] 张先勇，冯进，罗海兵，等．现代陶瓷材料在阀门中的应用形式及技术现状［J］．阀门，2006（4）：26－30.
[103] 余碧颜．泵、阀门和配件用的不锈钢的选择［J］．化工技术与开发，1982（1）．
[104] 佚名．耐蚀材料的选材顺序［J］．表面工程资讯，2006（1）：31－31.
[105] 刘凯宁．阀门国际标准比较及选用浅析［J］．阀门，2010（3）：36－40.
[106] GB/T 19830—2011 石油天然气工业　油气井套管或油管用钢［S］．
[107] GB/T 23802—2015 石油天然气工业油管、套管和接箍毛坯用耐蚀合金钢管［S］．
[108] GB/T 20972—2007 石油天然气工业油气开采中用于含硫化氢环境的材料［S］．
[109] GB/T 29166—2012 石油天然气工业　钢制钻杆［S］．
[110] GB/T 20659—2006 石油天然气工业　铝合金钻杆［S］．
[111] GB/T 20972.1—2007 石油天然气工业　油气田开采中用于含 H_2S 环境的材料　第 1 部分：选择抗裂纹材料的一般原则［S］．
[112] GB/T 20972.1—2007 石油天然气工业　油气田开采中用于含 H_2S 环境的材料　第 2 部分：抗开裂碳钢、低合金钢和铸铁［S］．
[113] GB/T 20972.1—2007 石油天然气工业　油气田开采中用于含 H_2S 环境的材料　第 3 部分：抗开裂耐蚀合金和其他合金［S］．
[114] GB/T20174—2006 石油天然气工业　钻井和采油设备　钻通设备［S］．
[115] SY/T 5561—2014 钻杆［S］．
[116] SY/T 5144—2013 钻铤［S］．
[117] SY/T 6950—2013 耐蚀合金套管和油管［S］．
[118] SY/T 6730—2008 钻通设备　旋转防喷器［S］．
[119] SY/T 5127—2002 井口装置和采集树设备规范［S］．
[120] SY/T 6857.1—2012 石油天然气工业　特殊环境用油井管　第 1 部分：含 H_2S 油气田环境下碳钢和低合金钢有关和套管选用推荐做法［S］．
[121] Q/SH 0015—2006 含硫化氢含二氧化碳气井油套管选用技术要求［S］．
[122] SY/T 6857.2—2012 石油天然气工业　特殊环境用油井管　第 2 部分：酸性油气田用钻杆［S］．
[123] SY/T 6697—2007 钻杆管体［S］．
[124] API SPEC 16A：Specification for drill-through equipment third edition（钻通设备第三版规范）［S］．

[125] API 6A：Specification for wellhead and christmas tree equipment（井口装置和采集树设备规范）[S]．

[126] ISO 10423：Petroleum and natural gas industries-drilling and production equipment-wellhead and Christmas tree equipment（石油和天然气工业—钻探和开采设备—进口和采集树装置）[S]．

[127] API SPEC 5CT—2011：Especificación para tubería de revestimiento y tubería de producción（石油油套管和油套管生产规范）[S]．

[128] EFC 16：Guidelines on materials for carbon and low alloy steels for H_2S-containing environments in oil and gas production（油气开采中用于含 H_2S 环境的碳钢和低合金钢材料要求指南）[S]．

[129] EFC 17：Corrosion resistant alloys for oil and gas production：Guidance on garneral requirement and test method for H_2S service（油气开采中用于含 H_2S 环境的耐蚀合金的通用要求和试验方法）[S]．

[130] ISO 13680：Petroleum and natural gas industries-Corrosion-resistant alloy seamless tubes for use as casing，tubing and coupling stock-technical delivery conditions（石油天然气工业油管、套管和接箍毛坯用耐蚀合金钢管）[S]．

[131] ISO 11960（fourth edition）：Petroleum and natural gas industries-steel pipes for use as casing or tubing for wells（石油天然气工业—井下用油套管）[S]．

[132] NACE MR0175/ISO15156—2005 Petroleum and natural gas industries—Materials for use inH_2S-containing Environments in oil and gas production-Part 1：General principles for selection of cracking-resistant materials [S]．

[133] 路保平，李国华等．石油钻井作业手册，北京：中国石油大学出版社，2014.

[134] 赵金洲，张桂林等．钻井工程技术手册，北京：中国石化出版社，2005.

[135] 严泽生，孙开明等．套管油管使用手册，北京：石油工业出版社，2011.

[136]《钻井手册（甲方）》编写组．《钻井手册（甲方）》（上、下），北京：石油工业出版社，1990.

[137] 董星亮，曹式敬，唐海雄等．海洋钻井手册，北京：石油工业出版社，2011.

[138] 吴志均，陈刚，郎淑敏，等．天然气钻井井控技术的发展 [J]．石油钻采工艺，2010，32（5）：56—60.

[139] 贺景春，李春龙，井溢农．特殊套管国内外发展现状及包钢的对策 [J]．包钢科技，2007，33（6）：1—4.

[140] 张毅，赵仁存，张汝忻．国内外高强度钻杆的技术质量评述 [J]．钢管，2000，29（5）：1—8.

[141] 李建强，于丽松，牛成杰，等．石油钻杆的生产现状与发展趋势 [J]．焊管，2011，34（11）：35—38.

[142] 韩秀明．浅谈连续油管技术的现状与展望 [J]．石油管材与仪器，2015（2）：1—3.

[143] 李琛，张红，马建民．含硫油气井防硫钻杆技术 [C] // 石油装备技术发展学术交流会．2005.

[144] 周冬梅，王斌，卢金柱．酸性环境下油井管的选材策略 [J]．腐蚀与防护，2011，32（4）：308—311.

[145] 闫怡飞，董卫，邵兵，等．CO_2 和 H_2S 共存酸性环境 OCTG 材料选用研究 [J]．中国石油大学学报（自然科学版），2015（4）：159—164.

[146] GB/T 9711—2017 石油天然气工业 管线输送系统用钢管 [S]．

[147] SY/T 0599—2006 天然气地面设施抗硫化物应力开裂和抗应力腐蚀开裂的金属材料要求 [S]．

[148] ISO 15156/NACE MR0175：Petroleum and natural gas industries-Materials for use in H_2S-contai-

ning environment in oil and gas production [S].

[149] 国家质量监督检验检疫总局特种设备安全监察局. 全国压力管道设计审批人员培训教材: 3版 [M]. 北京: 中国石化出版社, 2015.

[150] 王引真, 熊伟, 王彦芳. 油气管道选材 [M]. 北京: 中国石化出版社, 2010.

[151] 路民旭, 张雷, 杜艳霞. 油气工业的腐蚀与控制 [M]. 北京: 化学工业出版社, 2015.

[152] 郭生武, 袁鹏斌. 油田腐蚀形态导论 [M]. 北京: 石油工业出版社, 2009.

[153] 巴玺立, 孙铁民, 何军, 等. 国内外气田地面工程技术研究进展 [J]. 石油规划设计, 2006, 17 (2): 16-20+58.

[154] 白晓东, 孙铁民, 李冰, 等. 论油气地面工程十二五科技发展方向 [J]. 石油规划设计, 2012, 23 (2): 1-4.

[155] 郑重, 刘清华, 杨向莲, 等. 胜利油田地面集输系统腐蚀状况分析 [J]. 化工管理, 2013 (8): 36-36.

[156] 叶帆, 杨伟. 塔河油田集输管道腐蚀与防腐技术 [J]. 油气储运, 2010, 29 (5): 354-358.

[157] 李庆, 李秋忙. 油气田地面工程技术进展及发展方向 [J]. 石油规划设计, 2012, 23 (6): 1-4.

[158] 张煜, 冯永训. 海洋油气田开发工程概论 [M]. 北京: 中国石化出版社, 2011.

[159] 黄维, 张志勤, 高真凤, 等. 日本海洋平台用厚板开发现状 [J]. 轧钢, 2012, 29 (3): 38-42.

[160] Keinosuke Hamada, Toshiaki Wake. Making and fabricating of steel components for jack-up rig legs [J]. Kawasaki Steel Technical Report, 1982, 6.

[161] Yoshihide Nagai, Hidenori Fukami. YS500N/mm^2 high strength steel for offshore structures with good CTOD properties at welded joints [J]. Nippon Steel Technical Report, 2004, 90.

[162] 陈立人, 张冠军. 国内外钢科技的新进展与石油机械用钢研究 [J]. 石油机械, 2005, 33 (12): 50-54.

[163] Kozaburo Otani, Keiichi Hattori. Development of ultra heavy-gauge (210mm Thick) 800N/mm^2 tensile strength plate steel for racks of jack-up rigs [J]. Nippon Steel Technical Report, 1993, 58.

[164] 杨忠民. 我国海洋工程用钢发展现状 [J]. 新材料产业, 2013 (11): 17-19.

[165] 刘振宇, 周砚磊, 狄国标, 等. 高强度厚规格海洋平台用钢研究进展及应用 [J]. 中国工程科学, 2014, 16 (2): 31-38.

[166] 唐学生. 海洋工程用钢需求现状及前景分析 [J]. 船舶物资与市场, 2010 (1): 10-12.

[167] 梁羽, 张文斌, 陈裕彬, 等. 深水海底管道的直缝埋弧焊钢管特点及 DWTT 性能影响因素分析 [J]. 新技术新工艺, 2014 (4): 102-105.

[168] 邝展婷. 海工用钢急"盼"国家标准 [J]. 船舶与配套, 2013 (8): 14-16.

[169] 杜伟, 李鹤林. 海洋石油装备材料的应用现状及发展建议 (上) [J]. 石油管材与仪器, 2015, 1 (05): 1-7.

[170] 杜伟, 李鹤林. 海洋石油装备材料的应用现状及发展建议 (下) [J]. 石油管材与仪器, 2015, 1 (06): 1-5.

[171] 王海涛, 池强, 李鹤林, 等. 海底油气输送管道材料开发和应用现状 [J]. 焊管, 2014 (8): 25-29.

[172] 胡春红, 朱绍宇, 赵娜, 等. 海底管道管材的类型及选用原则 [J]. 石油和化工设备, 2015 (4): 31-34.

[173] 马坤明, 孙国民, 雷震名, 等. 海底管道的管材选用探讨 [J]. 材料开发与应用, 2012 (4): 106-110.

[174] 罗世勇，贾旭，徐阳，等．机械复合管在海底管道中的应用［J］．管道技术与设备，2012（1）：32－34.
[175] 传建，张光明，安维峥．深水管汇选材的国产化研究和实践［J］．中国海洋平台，2014，29（6）：20－24.
[176] 宋儒鑫．深水开发中的海底管道和海洋立管［J］．中国造船，2002，43（s1）：238－251.
[177] 陈国明，刘秀全，畅元江，等．深水钻井隔水管与井口技术研究进展［J］．中国石油大学学报（自然科学版），2013，37（5）：129－139.
[178] 王建军，林凯，宫少涛，等．海洋深水钻井隔水管材料性能标准研究［J］．天然气工业，2010，30（4）：84－86.
[179] 畅元江，陈国明，许亮斌，等．超深水钻井隔水管设计影响因素［J］．石油勘探与开发，2009，36（4）：523－528.
[180] 李鹤林等．海洋石油装备与材料［M］．北京：化学工业出版社，2016.
[181] 周廉等．中国海洋工程材料发展战略咨询报告［M］．北京：化学工业出版社，2014.
[182] API RP 2A-WSD，Recommended Practice for Planning，Designing and Constructing Fixed Offshore Platform-Working Stress Design［S］.
[183] BS4360 Specification for Welded Structural Steels［S］.
[184] DNV OS F101—2013 Submarine Pipeline System［S］.
[185] CCS—1992 海上固定平台入级与建造规范［S］.
[186] SY/T 10037—2010 海底管道系统规范［S］.
[187] CCS—1992 海上固定平台入级与建造规范［S］.
[188] CCS—1992 海底管道系统规范［S］.
[189] CCS—2012 材料与焊接规范［S］.
[190] CCS—2014 海上浮式装置入级规范［S］.
[191] GB712—2011 船舶及海洋工程用结构钢［S］.
[192] GB/T 5313—2010 厚度方向性能钢板［S］.
[193] YB/T 4283—2012 海洋平台结构用钢板［S］.
[194] SY/T 7044—2016 海底管道用大口径无缝钢管［S］.
[195] GB/T 9711－2017 石油天然气工业 管线输送系统用钢管［S］.
[196] GB/T 20972.1—2007 石油天然气工业 油气田开采中用于含 H_2S 环境的材料 第1部分：选择抗裂纹材料的一般原则［S］.
[197] GB/T 20972.2—2007：石油天然气工业 油气田开采中用于含 H_2S 环境的材料 第2部分：抗开裂碳钢、低合金钢和铸铁［S］.
[198] GB/T 20972.3—2007：石油天然气工业 油气田开采中用于含 H_2S 环境的材料 第3部分：抗开裂耐蚀合金和其它合金［S］.
[199] ISO 15156/NACE MR0175：Petroleum and natural gas industries-Materials for use in H_2S-containing environment in oil and gas production［S］.
[200] 国家质量监督检验检疫总局特种设备安全监察局．全国压力管道设计审批人员培训教材：3版［M］．北京：中国石化出版社，2015.
[201] 王引真，熊伟，王彦芳．油气管道选材［M］．北京：中国石化出版社，2010.

[202] 路民旭，张雷，杜艳霞．油气工业的腐蚀与控制［M］．北京：化学工业出版社，2015.
[203] CITIC-CBMM中信微合金化技术中心．石油天然气管道工程技术及微合金化钢［M］．冶金工业出版社，2007.
[204] 中信微合金化技术中心编．含铌管线钢的焊接性和耐酸性［M］．冶金工业出版社，2013.［11］刘雯，邹晓波．国外天然气管道输送技术发展现状［J］．石油工程建设，2005，31（3）：20－23.
[205] 高晋．长距离输气管道工程线路钢管选型与供管方案［J］．石油工程建设，2009（s1）：8－11.
[206] 贺永德主编．现代煤化工技术手册．北京：化学工业出版社，2010.
[207] 王基铭．石油石化工业发展与对材料装备业的需求．当代石油石化，2012（4）．
[208] 亢万忠．当前煤气化技术现状及发展趋势．大氮肥，2012，35（1）．
[209] 王辅臣，于广锁，龚欣等．大型煤气化技术的研究与发展．化工进展，2009，28（2）．
[210] 汪寿建．现代煤气化技术发展趋势及应用综述．化工进展，2016，35（3）．
[211] 王霞，宋文轩．大型煤化工装置压力容器选材、设计和制造研究．2009年全国石油化工设备暨设备网年会会刊．
[212] 宋文轩．再论大型煤化工装置压力容器选材、设计和制造．化工设备与管道，2012，49（2）．
[213] 周超．干粉煤气化装置配套变换装置中的腐蚀．化工设备与管道，2012，49（5）．
[214] 臧庆安．煤气化装置损伤机理分析及腐蚀情况调查．化学过程与装备，2012（9）．
[215] 陈秋平，使进．耐硫变换工艺管道焊缝开裂原因分析与整治．大氮肥，2013，36（1）．
[216] 潘旭东，王向明．循环水中氯离子控制及对不锈钢腐蚀机理探讨．工业水处理，2013，33（3）．
[217] 陈秋平．煤气化装置几起设备问题浅析．石油化工设备，2012，41（2）．
[218] 张健，汤慧萍等．高温气体净化用金属多孔材料的发展现状．稀有金属材料与工程，2006，35（增刊2）．
[219] 杨保军，汤慧萍等．高温气固分离用多孔材料展望．材料保护，2013，46（增刊2）．
[220] 成雷．粉煤加压气化炉烧嘴技术研究与开发．大氮肥，2011，34（2）．
[221] 朱广胜，杨兴彦，周军．水煤浆气化炉烧嘴改造与应用．氮肥技术，2013，34（6）．
[222] 鲍君峰，崔颖，侯玉柏，张康．超音速热喷涂技术的发展与现状．热喷涂技术，2011，3（4）．
[223] 路阳，丁明辉，王智平等．超音速火焰喷涂研究与应用．材料导报，2011，25（10）．